国家出版基金项目
NATIONAL PUBLICATION FOUNDATION

国家出版基金资助项目
“十四五”时期国家重点出版物出版专项规划项目

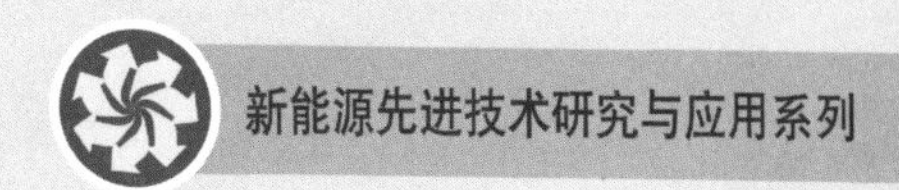

容性能量转移型高压大容量 DC/DC 变换器

Capacitive Energy Transfer DC/DC Converter for High Voltage and Large Capacity Applications

李彬彬　赵晓东　李　磊　张书鑫　徐殿国　著

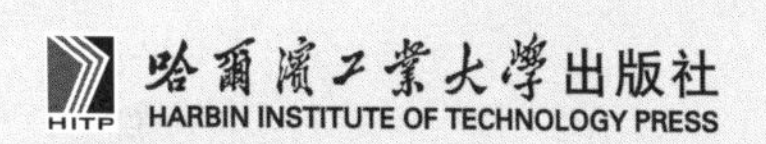

内容简介

本书全面系统地论述了基于容性能量转移原理的新型 DC/DC 变换技术及其应用。全书共分 14 章：第 1 章介绍高压大容量 DC/DC 变换器的应用场景与技术要求，并系统梳理相关拓扑的发展历程，引出 CET 拓扑的基本思想；第 2～7 章针对直流输电互联场景，介绍不同类型的 CET 拓扑结构，具体包括典型基本拓扑、低成本组合式拓扑、低成本新型三开关子模块、宽电压范围拓扑、双极系统互联型拓扑及有源滤波型拓扑；第 8～12 章针对高变压比应用场景，按非隔离和隔离两类 CET 拓扑分别展开详细介绍，具体包括高变压比非隔离拓扑、其他非隔离衍化拓扑、多输入端口非隔离拓扑、升压型隔离拓扑及降压型隔离拓扑；第 13 章针对直流电网潮流调控场景，详细介绍基于 CET 原理的新型线间潮流控制器；第 14 章给出 CET 实验样机软硬件设计过程，以进一步加深读者的理解。

本书可作为高等院校电气类专业学生的参考教材，亦可作为工程技术人员的自学参考用书。

图书在版编目(CIP)数据

容性能量转移型高压大容量 DC/DC 变换器/李彬彬等著. —哈尔滨：哈尔滨工业大学出版社，2024. 3

(新能源先进技术研究与应用系列)

ISBN 978-7-5767-1189-9

Ⅰ. ①容… Ⅱ. ①李… Ⅲ. ①直流变流器 Ⅳ. ①TM46

中国国家版本馆 CIP 数据核字(2024)第 029026 号

策划编辑　王桂芝　林均豫
责任编辑　王会丽　王　爽
出版发行　哈尔滨工业大学出版社
社　　址　哈尔滨市南岗区复华四道街 10 号　邮编 150006
传　　真　0451-86414749
网　　址　http://hitpress.hit.edu.cn
印　　刷　辽宁新华印务有限公司
开　　本　720 mm×1 000 mm　1/16　印张 29.75　字数 566 千字
版　　次　2024 年 3 月第 1 版　2024 年 3 月第 1 次印刷
书　　号　ISBN 978-7-5767-1189-9
定　　价　168.00 元

国家出版基金资助项目

新能源先进技术研究与应用系列

总　序

能源是人类社会生存发展的重要物质基础,攸关国计民生和国家安全。当前,随着世界能源格局深刻调整,新一轮能源革命蓬勃兴起,应对全球气候变化刻不容缓。作为世界能源消费大国,牢固树立和贯彻落实创新、协调、绿色、开放、共享的发展理念,遵循能源发展"四个革命、一个合作"战略思想,推动能源生产和利用方式发生重大变革,建设清洁低碳、安全高效的现代能源体系,是我国能源发展的重大使命。

由于煤、石油、天然气等常规能源储量有限,且其利用过程会带来气候变化和环境污染,因此以可再生和绿色清洁为特质的新能源和核能越来越受到重视,成为满足人类社会可持续发展需求的重要能源选择。特别是在"双碳"目标下,构建清洁、低碳、安全、高效的能源体系,加快实施可再生能源替代行动,积极构建以新能源为主体的新型电力系统,是推进能源革命,实现碳达峰、碳中和目标的重要途径。

"新能源先进技术研究与应用系列"图书立足新时代我国能源转型发展的核心战略目标,涉及新能源利用系统中的"源、网、荷、储"等方面:

(1)在新能源的"源"侧,围绕新能源的开发和能量转换,介绍了二氧化碳的能源化利用,太阳能高温热化学合成燃料技术,海域天然气水合物渗流特性,生物质燃料的化学烟,能源微藻的光谱辐射特性及应用,以及先进核能系统热控技术、核动力直流蒸汽发生器中的汽液两相流动与传热等。

(2)在新能源的“网”侧,围绕新能源电力的输送,介绍了大容量新能源变流器并联控制技术,面向新能源应用的交直流微电网运行与优化控制技术,能量成型控制及滑模控制理论在新能源系统中的应用,面向新能源发电的高频隔离变流技术等。

(3)在新能源的“荷”侧,围绕新能源电力的使用,介绍了燃料电池电催化剂的电催化原理、设计与制备,Z源变换器及其在新能源汽车领域中的应用,容性能量转移型高压大容量电平变换器,新能源供电系统中高增益电力变换器理论及其应用技术等。此外,还介绍了特色小镇建设中的新能源规划与应用等。

(4)在新能源的“储”侧,针对风能、太阳能等可再生能源固有的随机性、间歇性、波动性等特性,围绕新能源电力的存储,介绍了大型抽水蓄能机组水力的不稳定性,锂离子电池状态的监测和状态估计,以及储能型风电机组惯性响应控制技术等。

该系列图书是哈尔滨工业大学等高校多年来在太阳能、风能、水能、生物质能、核能、储能、智慧电网等方向最新研究成果及先进技术的凝练。其研究瞄准技术前沿,立足实际应用,具有前瞻性和引领性,可为新能源的理论研究和高效利用提供理论及实践指导。

相信本系列图书的出版,将对我国新能源领域研发人才的培养和新能源技术的快速发展起到积极的推动作用。

秦裕琨

2022年1月

前言

在我国“双碳”战略目标的指引下，光伏、风电等新能源正在迎来大规模开发阶段。直流输电是实现新能源大容量远距离输送、增强电网互联可控性、提升电网对新能源接纳能力的关键技术。尤其是模块化多电平换流器拓扑的成功应用，使直流输电技术在世界范围得到飞跃式发展，一系列工程投入运行，电压等级、换流容量不断提高。为了大范围平抑可再生能源发电的波动性与随机性，直流输电技术正逐渐向着多端化与网络化方向发展，以实现广域内能源资源的优化配置，提升电能输送的灵活性和可靠性。我国在直流电网方面的研究和工程探索已经走在了国际前列，目前已建成世界上电压等级最高、输送容量最大的张北柔性直流电网试验示范工程，首次实现可再生能源经直流电网向特大城市供电。与此同时，中压直流配电网近年来也得到了快速发展，我国已建成了江苏同里、珠海唐家湾、杭州大江东等一系列直流配电工程。

但需要客观地指出，与交流电网百余年的发展历史相比，直流电网尚处在初步发展阶段，若干关键基础性技术问题亟待攻克。其中，正如变压器对于传统交流电网的重要性一样，直流电网同样需要变压设备来互联不同电压等级的直流系统。直流变压无法利用电磁感应原理，必须依赖电力电子 DC/DC 变换技术。尽管目前存在着种类繁多的 DC/DC 变换器拓扑，但这些拓扑多用作低压供电电源，受限于器件电压等级、损耗、成本、滤波器体积重量、电压电流变化率等因素，难以适应中高压、大容量的应用场景。为此，研究新型高效率、低成本的高压大容量 DC/DC 变换器拓扑，对于推动多电压等级直流电网的发展具有重要的研究意义与工程价值，同时这些研究成果也有望应用于新能源直流汇集、新能源制氢等新兴工业中。

面向高压大容量 DC/DC 变换器的发展需求，本书论述了基于容性能量转移原理的新型 DC/DC 变换技术，以充分利用晶闸管、二极管导通损耗低、功率密度高的优势与子模块桥臂电压电流波形高度可控的特点，构造出一系列高效率、低成本、轻型化的高压大容量 DC/DC 变换器拓扑，并系统介绍了其工作原理、运行控制方法以及典型应用场景。

全书共分为 14 章。

第 1 章介绍高压大容量 DC/DC 变换器的应用场景与技术要求，并系统梳理相关拓扑的发展历程，引出 CET 型拓扑的基本思想。

第 2 章详细介绍容性能量转移原理，并归纳 CET DC/DC 变换器拓扑的特点，然后以 Buck－Boost 型 CET 拓扑作为示例，详细介绍拓扑的工作原理和参数设计方法，并衍化得到若干 CET 型 DC/DC 变换器的典型基本拓扑。

第 3 章将不同类型的 CET 基本拓扑进行组合，通过机械开关切换拓扑的电路状态，构造组合式 CET 拓扑，详细介绍其工作原理并论证其低成本、低损耗的优势。

第 4 章以减少子模块器件数目和损耗为出发点，提出一种可以输出两个电平的新型三开关子模块。

第 5 章基于 Buck－Boost 型 CET 拓扑构造宽电压范围 CET 拓扑，详细介绍拓扑的宽电压运行原理、故障阻断特性、调制方法以及控制策略。

第 6 章针对两个伪双极直流系统互联的场景，提出储能桥臂极间复用的方法，可省去两相电路元件，同时提出真一伪双极互联型 CET 拓扑及其功率不对称运行控制方法。

第 7 章针对高压小功率应用场景，为减少换流阀的数目、降低拓扑成本，提出仅使用一个储能桥臂和两个换流阀进行能量传输的有源滤波型 CET 拓扑结构。

第 8 章围绕全直流海上风电场高变压比的需求，提出并联分流、串联分压原理的高变压比型 CET 拓扑，详细介绍其电路结构和运行原理。

第 9 章进一步衍化出半桥等压型、混合等流型、半桥等流型三种高变压比 CET 拓扑。

第 10 章对多输入端口高变压比型 CET 拓扑展开讨论，详细分析其拓扑构造、换流原理以及启动方法。

第 11 章介绍一种基于储能桥臂与晶闸管阀组、二极管阀组相配合的升压型隔离 CET 拓扑结构,详细介绍其电路结构、工作原理以及控制策略,指出其技术经济性,同时介绍拓展至双向功率传输时的拓扑结构。

第 12 章分别针对宽输出电压范围和宽输入电压范围两种情况,详细介绍了降压型隔离 CET 的运行特性、工作原理及控制策略。

第 13 章提出 CET 直流潮流控制器,详细介绍其工作原理、控制方法、多端口拓扑以及衍生拓扑,并论证其技术经济性优势。

第 14 章以一台 600V/10kW 的小功率 CET 实验样机为例,详细介绍其软硬件设计过程,以加深读者对本书中实验结果的理解。

本书相关研究工作得到了国家自然科学基金面上项目“基于柔性换流机理的全直流海上风电场 DC/DC 拓扑及其运行控制方法研究”(52177173),“中央高校基本科研业务费专项资金资助(HIT. OCEF. 2022009)”,国家自然科学基金青年项目“基于能量存储原理的高压大容量直流－直流变换拓扑及其控制技术研究”(51807033),以及黑龙江省自然科学基金优秀青年项目(YQ2023E019)的支持,在此表示衷心感谢。

本书相关研究工作的开展,得益于作者所在研究团队中多位研究生的创新性工作,全书由李彬彬和徐殿国负责总体撰写,其中赵晓东、李磊和张书鑫对本书做出了非常重要的贡献,因此也很荣幸能够与他们合作撰写本书。在撰写过程中,研究生王志远、田昊、王宁、全月、程达、张玉洁、刘建莹、张逸伦、李瑞铁等协助完成了大量的材料整理工作,在这里对他们的辛苦付出致以感谢!

限于作者水平,加之时间仓促,书中难免存在不足与疏漏之处,诚挚地恳请广大读者予以批评指正。

李彬彬

2024 年 1 月

目 录

第1章

绪　论

本章首先回顾直流输电技术的发展历程，分析直流电网的发展趋势，并指出高压大容量DC/DC变换器是推动其发展的核心装备。然后，针对高压大容量DC/DC变换器，分析其潜在应用场景，并归纳其技术要求，重点梳理现有高压大容量DC/DC变换器拓扑的国内外研究现状，总结各研究路线的技术特点和局限性。最后，简要介绍容性能量转移型高压大容量DC/DC变换器的拓扑结构及其换流原理。该类拓扑丰富了高压大容量DC/DC电能变换理论，有助于促进多电压等级直流电网以及其他中高压大容量电能变换装备的技术发展。

1.1 概　述

截至目前,化石能源(煤炭、石油、天然气等)仍是人类最主要的能量来源。随着数百年来的持续开采与消耗,化石能源将不可避免地走向枯竭。此外,化石能源燃烧会造成大量的温室气体排放。随着人类活动与社会经济的不断发展,全球二氧化碳排放量持续上升[1],如图1.1所示。大量的碳排放引发"温室效应",对全球气候变化产生一系列负面影响,逐渐成为人类发展面临的巨大挑战之一。减少碳排放已成为当今国际社会的共识,全球已有194个国家加入《巴黎协定》,计划将全球平均气温上升幅度较前工业化时期限制在2 ℃以内,并将1.5 ℃温控目标确立为应对气候变化的努力方向。联合国政府间气候变化专门委员会(IPCC)发布的《全球温控1.5 ℃特别报告》指出,为避免对自然生态系统造成不可逆转的损害,务必在2050年左右实现全球"零净排放"[2]。

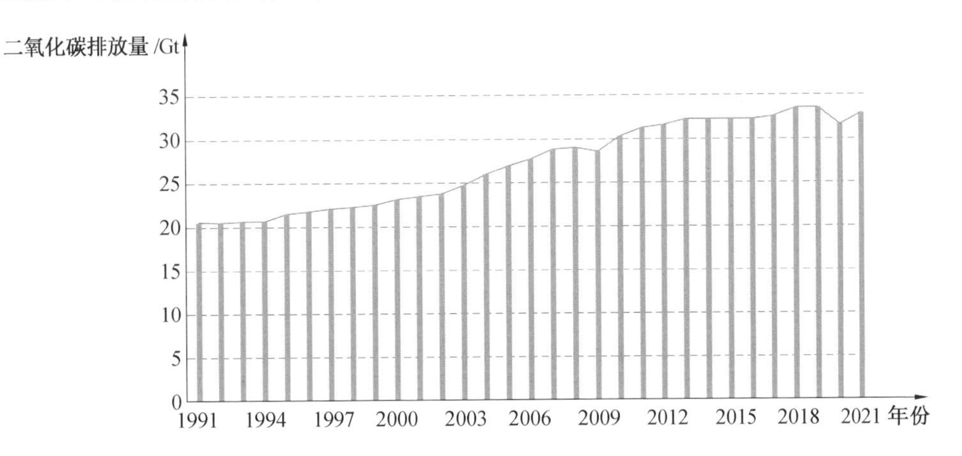

图1.1　1991—2021年全球二氧化碳排放量

我国是世界上最大的能源消费国，能源结构仍以化石能源为主。2020 年，我国化石能源占一次能源消费比重约为 85%，其中煤炭占比为 60%，石油占比为 20%，能源对外依存度较高。我国也是世界上最大的碳排放国，二氧化碳排放量占全球总量的 1/3，其中近 90% 的碳排放来自于能源行业（燃烧和工业生产过程），仅燃煤发电即占能源行业总碳排放的 45% 左右。与此同时，我国可再生能源的发展也取得了举世瞩目的成就。截至 2020 年底，我国累计光伏发电与风力发电装机容量达 540 GW，如图 1.2 所示，两项新能源的总量与新增量均连续多年位列世界第一。我国还是全球最大的光伏组件生产国，为推动光伏发电技术进步与成本降低做出了巨大贡献。

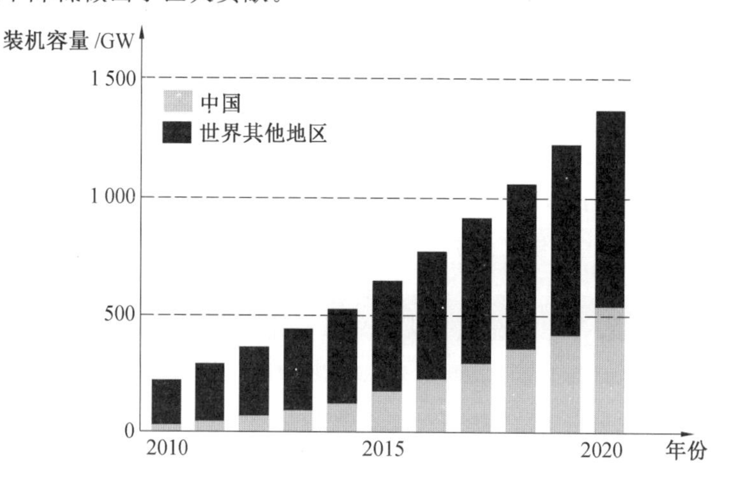

图 1.2　2010—2020 年光伏发电与风力发电装机容量[2]

2020 年 9 月，我国政府在第七十五届联合国大会上向世界宣布："中国将提高国家自主贡献力度，采取更加有力的政策和措施，力争 2030 年前二氧化碳排放达到峰值，努力争取 2060 年前实现碳中和[3]。"这一雄心勃勃的"双碳"目标，将用比发达国家更短的时间，以更快的速度和更高的效率，实现更大体量的碳中和[4]。到 2030 年，我国非化石能源消费比重将在 25% 左右，风力发电、太阳能发电总装机容量在 1 200 GW 以上，约为 2020 年的 2.2 倍，森林覆盖率在 25% 左右，森林蓄积量达到 190 亿 m^3，二氧化碳排放量达到峰值并实现稳中有降[5]。到 2060 年，绿色低碳循环发展的经济体系和清洁低碳安全高效的能源体系全面建立，能源利用效率达到国际先进水平，非化石能源消费比重将在 80% 以上，光伏发电与风力发电容量将较 2020 年增长 7 倍，相比之下煤炭占比将由 60% 降低至 5%。与此同时，我国的空气质量将显著提高，$PM_{2.5}$ 平均浓度将在 2030 年降低至当前的 40%、2060 年则降低至 9%。

电力行业是“双碳”目标的关键领域与主战场。随着电气化水平不断提高，电力需求仍将持续增长，电力行业不仅要承担超大规模的可再生能源建设任务，还要承接工业、交通、建筑等领域因电气化而转移的能源消耗与排放。因此，2021年3月，中央财经委员会第九次会议上提出，建立清洁低碳安全高效的能源体系，深化电力体制改革，构建“以新能源为主体的新型电力系统”。国家电网与南方电网公司先后发布《国家电网公司“碳达峰、碳中和”行动方案》[6]、《南方电网建设新型电力系统行动方案(2021—2030年)白皮书》[7]，规划新型电力系统的建设目标与发展路径。国家电投、国家能源、中国华能、大唐集团、三峡集团等发电企业集团也纷纷制订了“双碳”行动计划，计划大规模提升可再生能源装机容量。

1.2 直流输电与直流电网概述

1.2.1 直流输电技术

随着光伏发电、风力发电等可再生能源装机规模不断扩大，如何有效实现大规模可再生能源的接纳与送出成为迫切需要解决的课题[8]。我国幅员辽阔，可再生能源资源与主要负荷中心在地域上呈逆向分布的特点，因此跨区域、远距离、大容量电能传输成为电力系统发展的必然选择。高压直流输电(high voltage direct current，HVDC)技术相比传统的交流输电技术，在远距离大容量与电缆输电等场景的建设成本与运行损耗更低，近年来逐渐成为可再生能源远距离或远海电力输送的主要方式[9-12]。

根据电力电子器件与电路拓扑的发展历程，HVDC可划分为三代技术。第一代HVDC基于可控汞弧阀，自1954年首个HVDC工程(瑞典哥特兰岛工程)以来，至1977年共建设了12个工程。汞弧阀由于制造技术复杂、价格昂贵、易出现逆弧现象、可靠性较差，因此限制了该技术的推广应用。自晶闸管器件诞生以来，基于晶闸管的电网换相换流器(line commutated converter，LCC)逐渐取代了汞弧阀，成为第二代HVDC技术并获得大规模应用，LCC又称常规直流输电技术。目前全世界范围已建设了上百个LCC－HVDC工程，最高电压等级和容量达到±1 100kV/12 000 MW[13]。但晶闸管为半控型器件，仅能触发开通，无法控制关断，因此LCC在工作原理上需要借助电网电压进行换流，容易出现换相失败等问题。随着绝缘栅双极型晶体管(insulated gate bipolar transistor，IGBT)等全控型电力电子器件的发展，采用电压源型换流器(voltage source converter，VSC)实现直流输电逐渐成为可能[14-15]，相比LCC－HVDC，VSC－HVDC具有以下技术优势。

(1) 不依赖交流电网。

LCC－HVDC 要求受端交流电网必须为强电网，以保证足够的换相电压，否则容易出现换相失败问题；而 VSC－HVDC 采用全控型器件，可主动关断电流，因此受端可以是弱电网甚至无源网络，并且具有黑启动能力，特别适合于海上风电并网、孤岛供电等场景。

(2) 无须安装无功补偿装置。

LCC－HVDC 运行时需要吸收大量无功功率，可达传输功率的 40%～60%，务必配置大容量的无功补偿装置；而 VSC－HVDC 能够独立控制有功功率和无功功率，不需要无功补偿，反而可向交流电网提供无功功率支撑。

(3) 谐波含量低。

基于电网换流的 LCC－HVDC 严格按工频周期动作，电压波形中包含大量低次谐波，需要安装笨重的滤波器；而 VSC－HVDC 可采用脉冲宽度调制(pulse width modulation,PWM) 技术，电压波形质量高，显著降低了对滤波器的要求，随着多电平技术的应用，甚至无须安装滤波器。

(4) 易于功率反转与多端运行。

LCC－HVDC 属于电流源型换流器，其直流电流方向固定，当构成多端直流输电系统时，只能依靠机械开关的停电倒闸操作才能实现换流站功率反向传输，过程烦琐；而 VSC－HVDC 直流电压极性固定，通过控制电流方向即可实现功率快速反转，适合组成多端直流输电系统及直流电网。

(5) 占地面积小。

VSC－HVDC 相比于 LCC－HVDC，能够减小无功补偿装置和滤波装置体积，特别适用于海上平台或城市中心等对占地面积要求较高的场合。

基于以上优点，VSC－HVDC 在远距离海上风电、可再生能源并网、孤岛供电、城市供电系统改造及异步电网互联等方面具有良好的应用前景。为凸显其灵活性特点，我国学者将 VSC－HVDC 命名为柔性直流输电技术。早期的柔性直流输电工程普遍采用两电平换流器或中点钳位型三电平换流器，为了承受较高电压，每个桥臂由大量 IGBT 串联组成，存在复杂的器件均压问题、du/dt 高、损耗大、可靠性较低、安装维护困难等。2001 年，一种新型 VSC 拓扑——模块化多电平换流器(modular multilevel converter,MMC) 被提出[16-17]，其电路结构如图 1.3 所示。MMC 含有六个桥臂，每个桥臂由一系列子模块(sub－module,SM) 及电感串联而成。子模块通常采用半桥电路，含有两个 IGBT 和一个电容器。通过按正弦规律改变桥臂中投入的子模块电容数目，即可得到包含一系列

台阶的桥臂电压。上下桥臂通过互相配合，可同时在交流与直流端口产生平滑、高质量的电压波形。

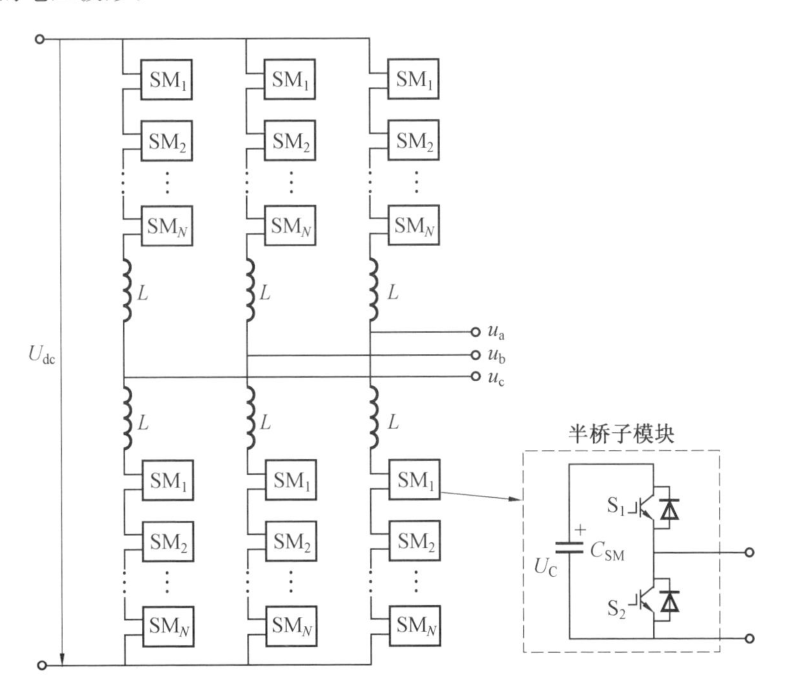

图 1.3　模块化多电平换流器电路结构

MMC 与传统两电平或三电平换流器相比，避免了 IGBT 串联，显著降低了技术复杂度；采用多电平电压波形逼近正弦波，降低了器件的开关频率(低于150 Hz) 和换流器损耗(低于 1%)；同时降低了谐波含量，基本不必额外配置滤波器。MMC 具有的模块化、高效率、低谐波、易维护等特点，使柔性直流输电技术在世界范围得到飞跃式发展[18-20]。自 2010 年首个 MMC 柔性直流输电工程问世以来，全世界已有约 50 个投运或在建的柔性直流输电工程采用了 MMC 方案，涵盖异步电网互联、孤岛供电、大规模海上风电接入等不同场景，电压等级从 ±150 kV 逐渐发展至 ±800 kV，单个换流站容量由 100 MW 提升至 5 000 MW。

1.2.2　直流电网概述

目前，点对点柔性直流输电技术的发展及工程应用已相对成熟，为了进一步提升可再生能源的消纳能力，柔性直流输电技术正逐渐向着多端化与网络化方向发展。如图 1.4(a) 所示，通过将一系列直流输电线路互联，能够实现广域内能源资源的优化配置，大范围平抑可再生能源发电的波动性与随机性。为了提供冗余、提高可靠性，在多端直流输电的基础上增加换流站间的连接，即可构成具有网孔结构的直流电网[21-23]，如图 1.4(b) 所示，直流电网已成为目前直流输电领域重要的研究热点之一[5]。世界上已有多个国家和机构提出了直流电网的规划或设想，用来实现跨区域、大范围的能源优化配置与利用，例如我国的“全球能源互联网”计划、欧洲的“Supergrid”计划以及美国的“Grid 2030”计划等，均旨在以直流电网为骨干网架建立跨国、跨区域的电力传输网络，促进可再生能源消纳[24-25]。我国在多端直流与直流电网方面的技术研究与工程探索已经走在了国际前列[26]，建成了世界上电压等级最高、输送容量最大、输电距离最长的特高压多端柔性直流输电工程——昆柳龙直流工程，额定电压为 ± 800 kV，输送容量达8 000 MW。我国也建设了全球首个直流电网工程——张北柔性直流电网工程，包含 4 座 ± 500 kV MMC 换流站，换流容量总计 9 000 MW，灵活地实现了风电、光伏及抽水蓄能的互补协同[27]。

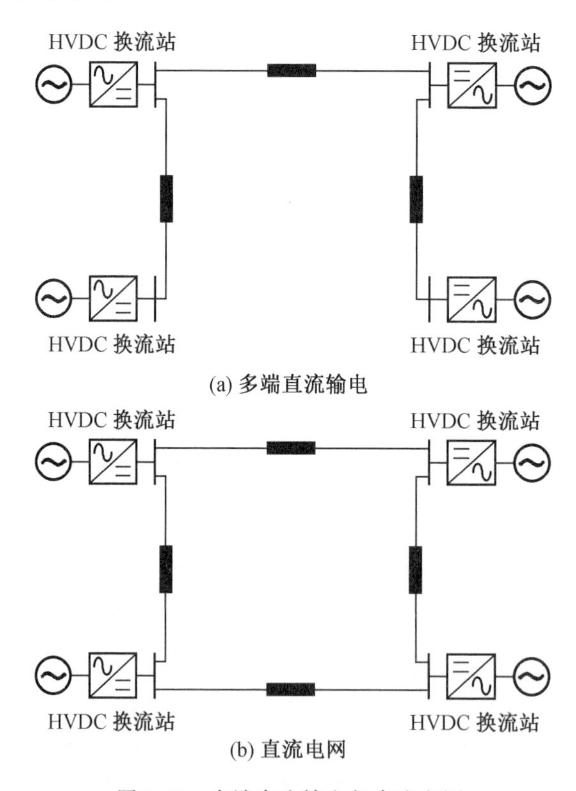

图 1.4　多端直流输电与直流电网

与此同时，中低压直流配电网技术也在快速兴起。在原有交流配电网的基础上，增加直流配电线路以构成中压直流骨干网架，能够精简配电系统的电能变换环节，降低配电线路损耗，提高分布式新能源接纳能力，便于储能装置接入，增强潮流控制的灵活性[28]。目前国内已经建成多个交直流混合配电网示范项目，包括珠海唐家湾多端柔性交直流配电示范工程、张北柔性变电站及交直流混合配电网示范工程、杭州江东新城智能柔性直流配电网示范工程、苏州同里综合能源服务中心示范工程等。随着电力电子技术的发展与成本的下降，直流配电网凭借其灵活性的优势将拥有广阔的发展前景。

然而需要指出，与传统交流电网百余年的发展历史相比，目前直流电网的研究仍处于起步阶段，若干基础性和关键性问题亟待攻克。直流电网本质上是由一系列MMC换流器和其他电力电子互联装备（包括直流变压器和直流潮流控制器等）组合而成。这些互联装备的研发是目前直流电网技术发展面临的主要挑战之一。由于缺乏统一的技术标准，目前直流输电工程的电压等级普遍存在差异，正如交流变压器对于传统交流电网的重要性一样，直流电网也需要直流变压器来实现不同电压等级直流线路的互联，如图1.5所示。然而，直流变压无法利用电磁感应原理，必须依赖电力电子DC/DC变换技术。尽管目前基于经典电力电子原理存在种类繁多的DC/DC变换器拓扑，但这些拓扑多用作低压供电电源，受限于器件应力、损耗、成本、滤波器体积重量、du/dt 与 di/dt 等因素，无法扩展到中高压、大容量等级。为此，研究新型高效率、轻量化、低成本的高压大容量DC/DC变换器拓扑结构及其相关运行控制方法等基础性问题，对于推动多电压等级直流电网的发展具有重要的研究意义与工程应用价值。此外，在直流电网中，潮流将根据各直流线路的电阻大小被动分布，缺乏足够的控制自由度，且直流线路电阻较小易引发较大的潮流分布差异，进而导致某些直流线路发生过

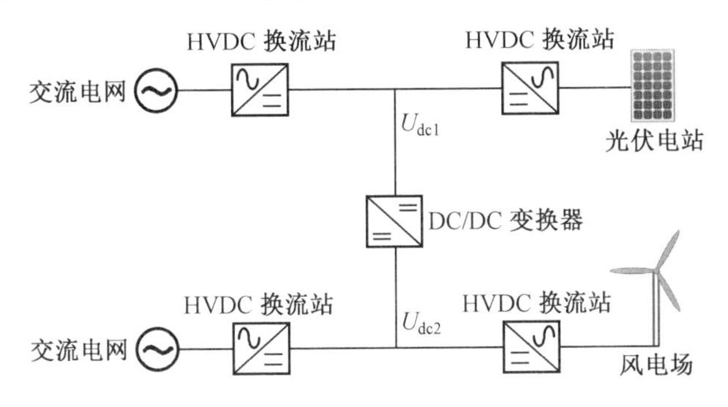

图1.5　不同电压等级直流线路互联示意图

载。因此有必要引入直流潮流控制器对直流电网中的潮流进行优化控制，其中基于 DC/DC 变换器的直流潮流控制器可实现多条线路间的潮流调控，不依赖于外部交流电网，具有容量及损耗较小的优点，成为支撑直流电网发展的另一关键技术。

1.3 高压大容量 DC/DC 变换器应用场景与技术要求

1.3.1 高压大容量 DC/DC 变换器应用场景

本书中“高压大容量”指的是直流电压等级不低于±10 kV、功率容量不低于 10 MW 的 DC/DC 变换器。与传统的交流变压器相比，此类高压大容量 DC/DC 变换器通常更为复杂，包含大量的功率半导体器件、电容器、中高频磁性元件以及控制、传感、通信、信号处理、脉冲驱动等一系列电子电路。然而，DC/DC 变换器除了能够实现电压变换，还能够提供很多传统交流变压器不具备的功能，例如潮流控制、故障电流阻断、稳定性提升等。高压大容量 DC/DC 变换器的潜在应用场景包括以下方面。

(1) 连接不同电压等级的直流线路。例如，实现 500 kV 与 800 kV 直流输电线路的互联，促进现有点对点直流输电线路向多端直流及直流电网升级发展。

(2) 连接不同主接线方式的直流系统[29]。实现不对称单极、对称单极(图 1.6(a))，以及双极(图 1.6(b))接线方式之间的功率传输。DC/DC 变换器需考虑不同的接地与电气隔离要求。

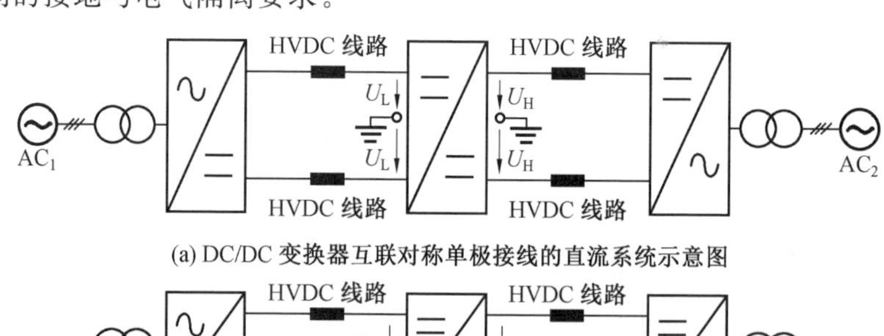

(a) DC/DC 变换器互联对称单极接线的直流系统示意图

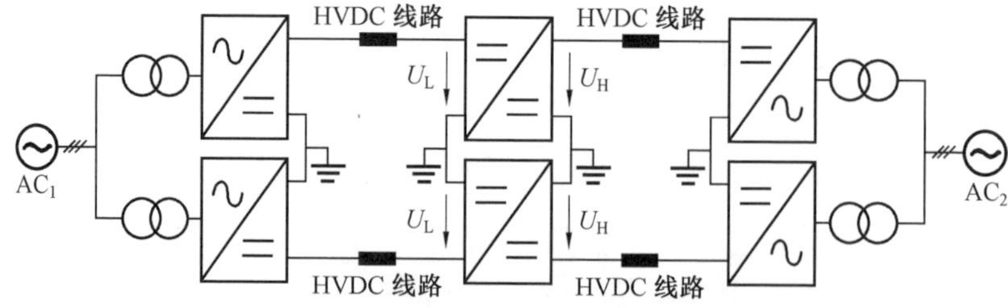

(b) DC/DC 变换器互联双极接线的直流系统示意图

图 1.6 DC/DC 变换器连接不同主接线方式示意图

(3) 连接常规直流与柔性直流[30]。如图1.7所示，由于LCC－HVDC中晶闸管具有单向导电性，因此DC/DC变换器的一个直流端口需要能够改变电压极性以实现功率反转。

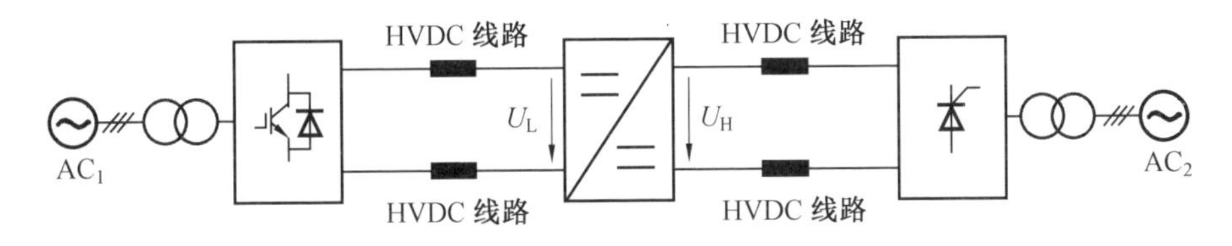

图1.7　DC/DC变换器连接不同类型直流输电示意图

(4) 连接不同厂商的直流线路。不同厂商建造的直流输电工程，器件特性、参数范围、控制保护方式均有所不同，利用DC/DC变换器互联有助于降低互操作性要求，缩短改造、调试时间。

(5) 连接中压直流与高压直流。采用DC/DC变换器实现中压直流配电系统与高压直流输电线路之间的互联。例如，远海风电场等大规模新能源经中压直流汇集后采用高压直流送出，如图1.8(a)所示；亦可作为直流输电分接装置(HVDC Tap)，从直流输电线路上分接出少部分功率，给输电走廊附近的村庄或小城镇供电，如图1.8(b)所示。此类场景中DC/DC变换器需要具备高电压变比，并具有功率单向传输的特点。

(6) 补偿输电线路压降[31]。在输电距离达1 000 km以上的远距离输电场景，满载运行时输电线路电压降落严重，将限制受端换流站的功率容量。此时可考虑在线路中间引入DC/DC变换器抬升线路电压。

(7) 限制或阻断故障电流。除了直流变压之外，直流电网的另一大挑战在于短路故障保护。因为直流系统不存在电流自然过零点且故障电流上升速度快，高压直流断路器的开断难度远远高于交流断路器，造价较为昂贵。因此将直流

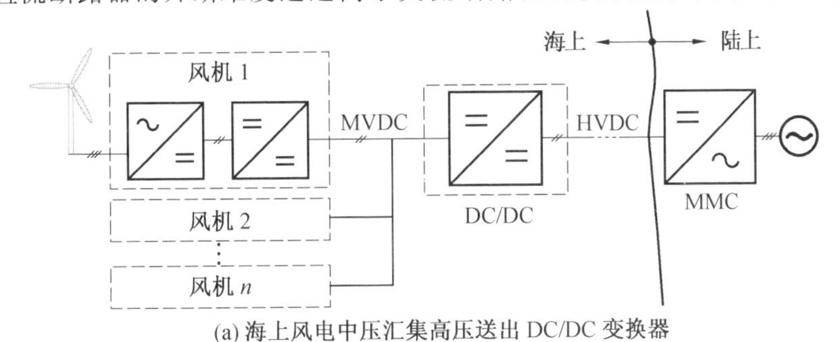

(a) 海上风电中压汇集高压送出DC/DC变换器

图1.8　中压直流与高压直流互联DC/DC变换器

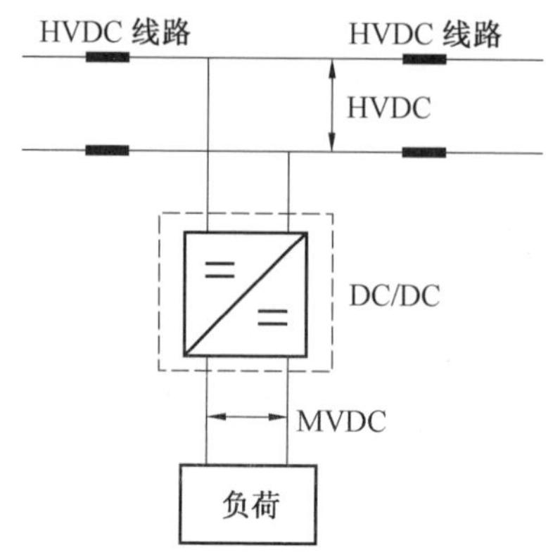

(b) 直流输电分接 DC/DC 变换器

续图 1.8

断路器集成于 DC/DC 变换器中，使其兼具故障电流限制或阻断的功能，防止一侧直流故障影响另一侧直流系统的正常运行，起到“防火墙”的作用，将具有非常大的应用价值。DC/DC 变换器根据两侧端口的故障保护要求，应具有故障电流的单向或双向阻断能力。

(8) 提升直流系统的稳定性。结合适当的控制策略，DC/DC 变换器能够等效增加直流系统的阻尼或惯量，实现振荡抑制或阻碍其传播，提升系统的稳定性。

(9) 实现多端口直流互联。DC/DC 变换器通过复用部分元器件，可具备多个直流端口(端口数 $n \geqslant 3$)，如图 1.9 所示，充分发挥其控制灵活性，实现多条直流线路之间的低成本互联。

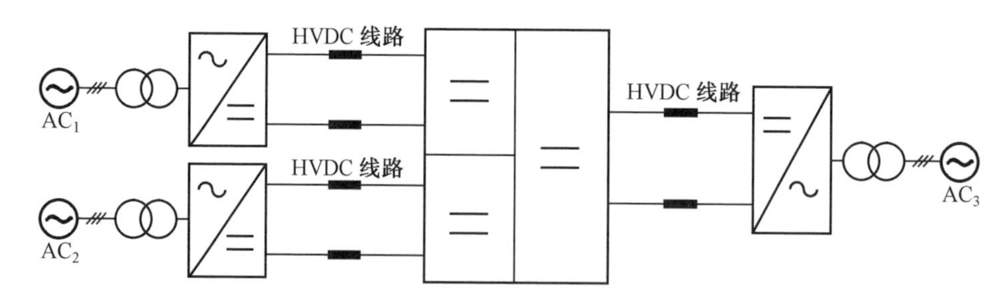

图 1.9　三端口 DC/DC 变换器

(10) 调控直流电网潮流。直流电网的优势是具有 $N-1$ 冗余能力，接线结构含有网孔，但也因此无法通过换流站实现各个线路潮流的独立调控。采用 DC/DC 变换器能够增加潮流控制的自由度，并根据其与直流线路的连接方式可分为并联型直流潮流控制器与串联型线间直流潮流控制器两种结构，如图 1.10 所示。

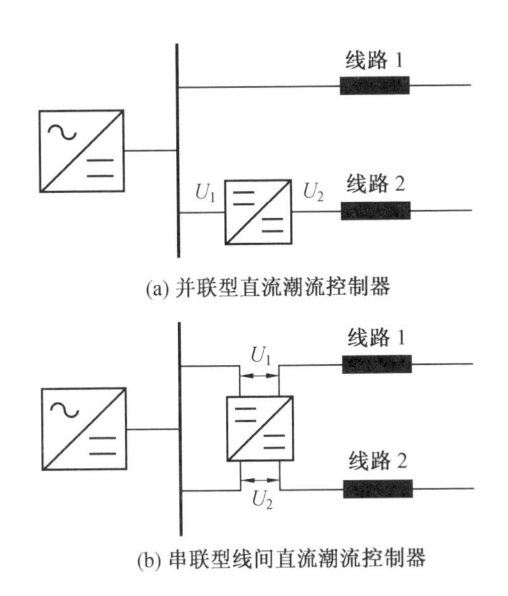

(a) 并联型直流潮流控制器

(b) 串联型线间直流潮流控制器

图 1.10 作为直流潮流控制器的 DC/DC 变换器

1.3.2 高压大容量 DC/DC 变换器技术要求

基于以上应用场景，高压大容量 DC/DC 变换器需要考虑以下主要技术要求。

(1) 高电压大容量。DC/DC 变换器要承担高达数十，甚至数百千伏(kV)的直流电压，承载数十到数百兆瓦(MW)的功率。如此高的电压与功率等级，远远超过了任何类型功率半导体器件的耐受水平，因此 DC/DC 变换器有三种拓扑构造方案，分别是器件串联、子模块串联，以及同时包含两种串联技术的混合方案。对于器件串联方案，虽然二极管、晶闸管串联技术成熟，在常规直流输电工程中已经大规模应用，但并不具备主动关断能力，应用于 DC/DC 变换器中需要解决反向关断电压的来源问题。IGBT、IGCT 等全控型器件虽然能够主动关断，却存在数百个器件串联后的动静态均压难题以及因开关动作引发严重的 du/dt 问题。子模块串联方案则由半桥或全桥等功率模块串联构成 DC/DC 变换器桥臂，通过增加子模块数目能够灵活地提高电压等级，并具有冗余容错能力、低 du/dt、安装维护方便等优势，此外由于子模块电容器的钳位作用，子模块之间的均压控制相对容易。对于混合方案的 DC/DC 变换器，则将器件串联功率密度高的优势与子模块桥臂的灵活性相结合，子模块桥臂能够为串联器件提供更好的开通和关断环境，限制 du/dt，两者配合工作实现 DC/DC 变换。

（2）高效率。效率始终是各类电力电子装置追求的主要目标。对于高压大容量 DC/DC 变换器，过高的损耗不仅造成电能的浪费，还会带来严重的发热问题，增加散热难度。DC/DC 变换器的损耗主要包括功率半导体器件损耗以及滤波电感、变压器等无源元件损耗。在高压大容量情况下，功率半导体器件的开关频率通常在数百赫兹左右，器件的导通损耗一般要高于开关损耗。滤波电感、变压器的损耗主要包含磁芯铁损与绕组铜损，其损耗占比亦不容忽视。

（3）轻量化、低成本。体积重量与成本是制约高压大容量 DC/DC 变换器工程应用的主要因素，特别是海上平台等对载荷及运输要求极为严苛的场景，需考虑选用压接型功率半导体器件封装以及紧凑的结构设计，限制损耗以减小散热系统体积重量，限制子模块电容器容量。另外，因为高电压绝缘要求，若 DC/DC 变换器中采用滤波电感、变压器等磁性元件，其体积重量与成本均将显著增加。需要指出的是，相比于直流输电中的 MMC DC/AC 换流器，高压大容量 DC/DC 变换器的工作频率不必固定在 50 Hz，可通过提升工作频率降低子模块电容器、变压器等无源元件的体积重量。

（4）高可靠性。高压大容量 DC/DC 变换器包含的元器件数目非常多，发生失效或故障的概率很高，因此必须考虑冗余设计，防止因个别器件损坏而中断运行。对于器件串联拓扑，通常要采用压接型封装，利用其失效短路的特点保证电流能够持续流通。对于子模块串联的拓扑，则需要配备冗余子模块及旁路开关，当某个子模块故障后，利用旁路开关将其切除并用冗余子模块替换。此外，子模块电容器通常应选用具有自愈能力的金属化薄膜电容，比传统铝电解电容具有更高的可靠性和更长的使用寿命。

（5）功率流动方向。理想的高压大容量 DC/DC 变换器应允许功率在两个直流端口之间双向流动。但对于新能源送出等功率传输方向固定的场景，可以构造单向 DC/DC 拓扑，从而能够采用部分二极管等单向导电的功率半导体器件，降低拓扑的成本与复杂度。

（6）直流电压范围。高压大容量 DC/DC 变换器在启动及故障恢复过程，通常要限制直流电压的上升速率，避免在线路以及绝缘设备的分布电容中产生过高的冲击电流。若 DC/DC 变换器具备宽运行电压范围，则很容易实现软启动，也能够更好地适应所连接直流系统的电压动态变化。此外，直流输电线路在遭遇严重空气污染、线路附近发生山火或雷雨等恶劣环境下，常常会降压运行以降低绝缘击穿等故障风险，这也要求所连接的 DC/DC 变换器能够在宽电压范围内稳定工作。

(7) 电气隔离。若在 DC/DC 变换器中间采用交流变压器，构成含 DC/AC 电路、交流变压器、AC/DC 电路的三级功率变换结构，能够实现输入输出两个直流端口的完全隔离，消除直接电气连接，从而减少彼此之间的干扰，简化绝缘设计。但需要指出，其中的交流变压器因承担大功率并耐受高电压，造价将极其高昂，且体积重量大，运输安装困难。另外，由于功率流动需要经过三级变换，损耗发热较为严重。因此，在很多场景下，非隔离型 DC/DC 变换器在转换效率、经济性及体积重量方面更具优势。但对于对称单极直流系统的互联，如图 1.6(a) 所示，当高压侧发生单极接地故障时，直流正负极线路之间电压差不变，非故障线路对地电压将变为额定电压的两倍。倘若采用非隔离型 DC/DC 变换器，因两侧直流系统存在电气联系，低压侧线路对地最大电压将接近高压侧非故障线路电压，因此为保障设备安全，低压系统的线路及设备均需按照高压侧的绝缘等级设计。当电压变比相差较大时，非隔离型 DC/DC 拓扑因提升绝缘等级而增加的成本将不容忽视。对于真双极系统的互联，如图 1.6(b) 所示，当发生单极接地故障时，由于直流侧中性点接地，而另一极的电压几乎不受影响，因此非故障线路的电压等级不变，从经济性出发宜采用非隔离型 DC/DC 变换器[32]。另外需要指出，结合机械隔离开关，非隔离型 DC/DC 变换器同样能够在检修、停机等工况下实现两侧直流系统的电气隔离。

(8) 高电压变比。高电压变比是 DC/DC 变换器的一大挑战。例如，在全直流海上风电场应用中，DC/DC 变换器中的功率半导体器件既要耐受中压直流侧高达数十千安(kA) 的电流应力，又要承担高压直流侧数百千伏(kV) 的电压应力。这对于非隔离型 DC/DC 变换器，将导致功率半导体器件的安装容量(器件数目、器件额定电压、额定电流三者的乘积) 远远高于传输的功率，带来严重的损耗与成本问题。因此高电压变比场景通常要采用隔离型 DC/DC 变换器拓扑，利用中间交流变压器的电压匹配作用解决这一问题，但还要考虑交流变压器带来的成本、体积及损耗问题。

(9) 故障电流阻断。若 DC/DC 变换器具备直流故障电流阻断能力，则可省去昂贵的直流断路器。这要求当某侧直流系统发生短路故障时，DC/DC 变换器能够将直流端口电压降为零或变为负值，从而令故障电流衰减或下降至零，同时 DC/DC 变换器另一侧直流端口的电压应不受影响。

1.4　高压大容量 DC/DC 变换器拓扑发展

传统的高压大容量 DC/DC 变换器拓扑结构可归纳为面对面型与自耦型两类。面对面型 DC/DC 变换器拓扑如图 1.11(a) 所示，采用两个 DC/AC 电路通过交流环节面对面连接，在中间交流环节可加入变压器实现高电压变比和电气隔离的作用。自耦型 DC/DC 变换器拓扑如图 1.11(b) 所示，两个子电路串联连接，共同承担高压侧直流电压。但两个子电路在直流电压与电流的作用下将持续充电或放电，必须要在彼此之间通过额外的交流环节传递部分功率，以维持各子电路的功率平衡。

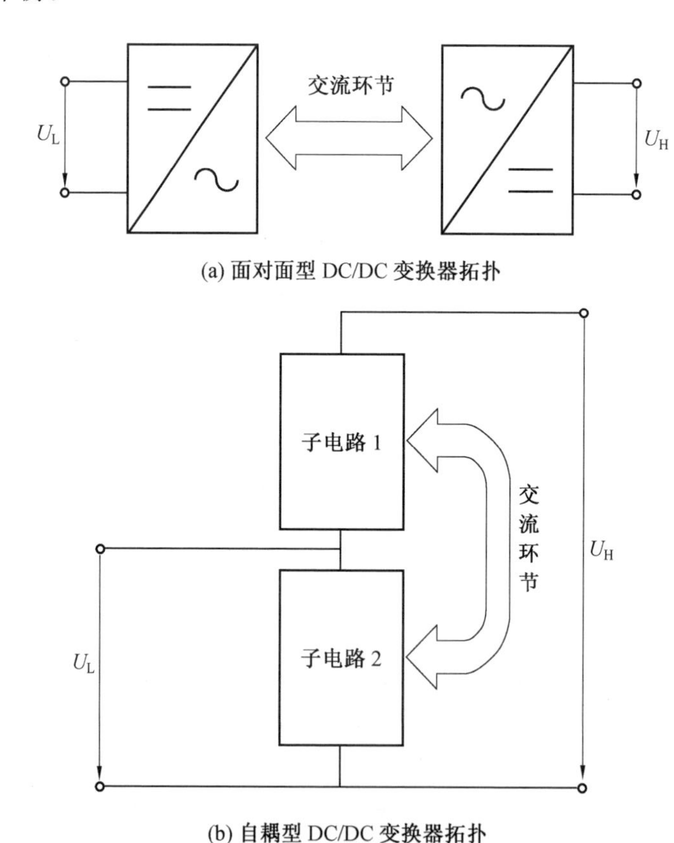

图 1.11　传统高压大容量 DC/DC 变换器拓扑

1.4.1 面对面型高压大容量DC/DC变换器拓扑

目前面对面型高压大容量DC/DC变换器主要包括器件串联拓扑、模块串并联组合拓以及MMC拓扑。

(1) 器件串联面对面型DC/DC变换器拓扑。

基于晶闸管串联的面对面型双向DC/DC变换器拓扑如图1.12(a)所示。该拓扑通过调节晶闸管的触发频率来控制输出功率，并利用直流侧电抗器与交流电容器的谐振作用，在每个开关周期结束时谐振电容电压将高于直流侧电压，实现晶闸管的反压关断[33]。由于晶闸管的阻断电压、导通电流、过载及浪涌电流能力等指标均远超其他全控型功率半导体器件，且串联均压技术成熟、成本低、导通损耗小，因此易满足高电压、大容量的要求。针对新能源送出等功率单向流动的场景，该拓扑副边可采用串联的二极管阀组[34]，如图1.12(b)所示，并可进一步扩展为图1.12(c)所示的三相结构，提升变换器的功率密度[35]。此类拓扑通过激发无源元件谐振来关断晶闸管，因此对晶闸管触发时序的精确性与无源元件的参数稳定性极为敏感，容易因外界扰动或参数变化造成换流失败而失控，并由此引发直通短路故障。从波形质量角度，此类拓扑的输入输出直流电流脉动大、谐波严重，需要安装笨重昂贵的高压滤波装置。另外，谐振导致低压侧的晶闸管阀组与谐振电容均需耐受约1.4倍的高压侧直流电压[36]，这在高电压增益的DC/DC应用场景是难以接受的。

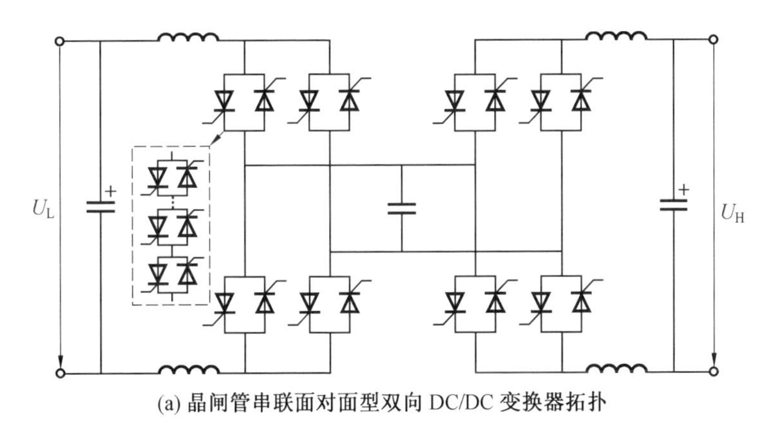

(a) 晶闸管串联面对面型双向DC/DC变换器拓扑

图1.12 晶闸管串联面对面型DC/DC变换器拓扑

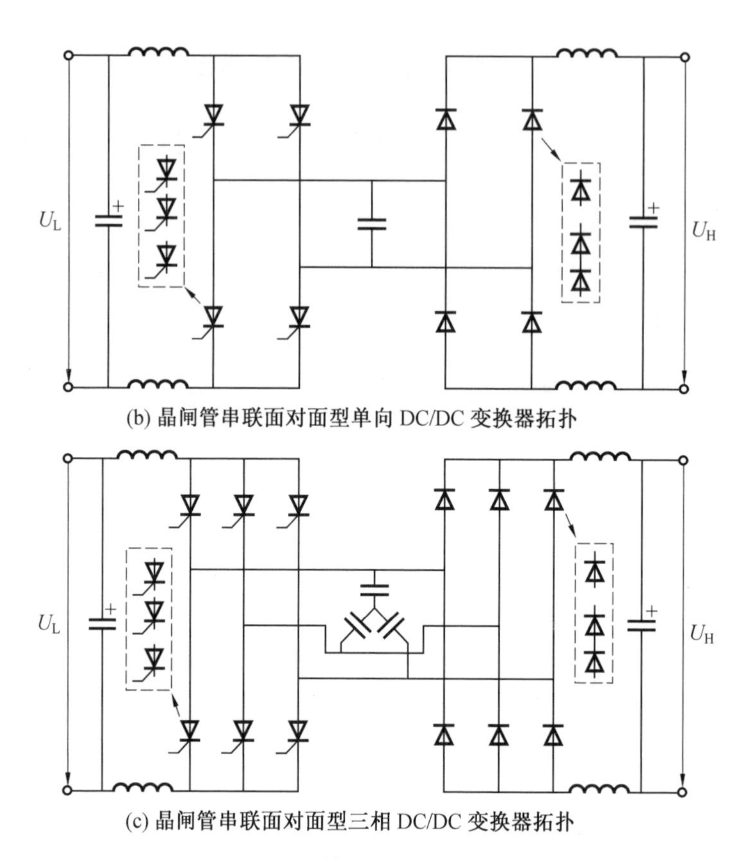

(b) 晶闸管串联面对面型单向 DC/DC 变换器拓扑

(c) 晶闸管串联面对面型三相 DC/DC 变换器拓扑

续图 1.12

基于 IGBT、IGCT 等全控型器件的高压大容量 DC/DC 变换器拓扑类型则更为丰富，其中最典型的是双有源桥(dual active bridge，DAB) 变换器，其结构如图 1.13(a) 所示。该拓扑由 R. W. De Doncker 教授发明[37]，采用两个两电平逆变器通过电感和变压器在交流侧相连。由于全控型器件具有自关断能力，换流方式为器件主动换流，可分别在原副边产生方波电压，在中间交流环节激励出梯形波电流，并通过调节原副边方波电压的移相角即可改变传输功率，控制简单，功率器件工作于零电压软开关。基于 IGCT 串联作为开关，国际上目前已研制出的 DAB 变换器最大容量达 ±10 kV/ ±10 MW[38]。进一步地，对于单向功率流动场景，DAB 副边可采用二极管整流[39]，如图 1.13(b) 所示，但由于仅原边方波电压占空比可控，从而中间交流环节的电流呈三角波形，显著增大了器件的电流应力与损耗，且输入输出电流谐波含量较大。虽然通过串联器件理论上可使

DAB 拓扑达到百千伏电压等级，但串联阀的长度过长，在如此高电压下，du/dt、di/dt 以及杂散参数引发的过电压问题将严重危害变压器等设备的绝缘安全[36]，且全控型器件串联的静动态均压设计困难。因此，目前功率器件厂商均不推荐全控型器件直接串联的方案，或不提供这方面的技术支持[40]。

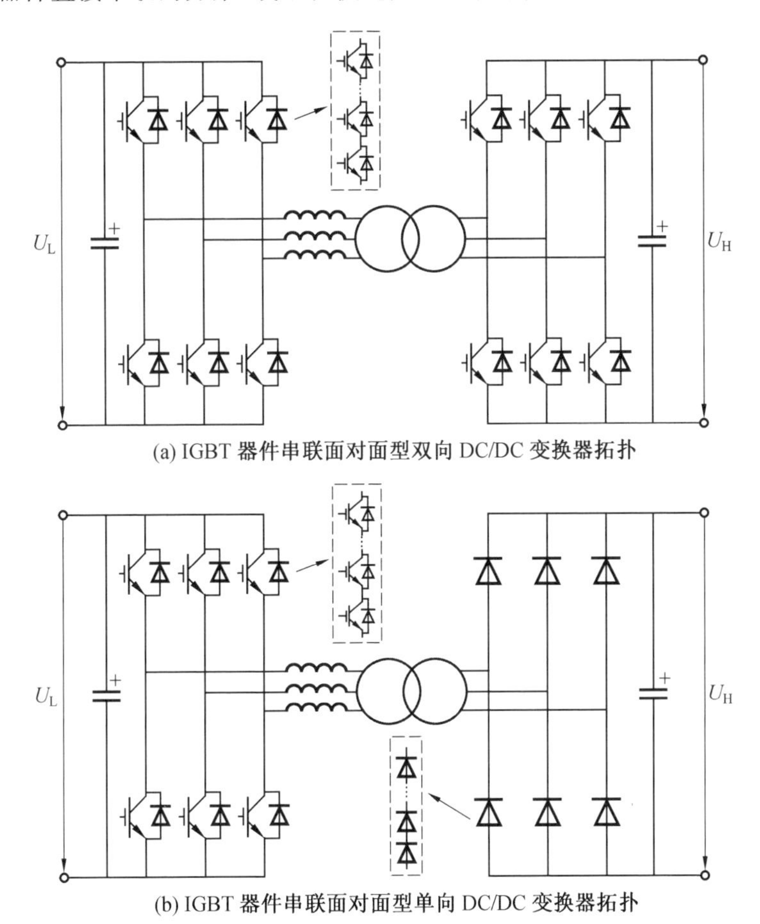

(a) IGBT 器件串联面对面型双向 DC/DC 变换器拓扑

(b) IGBT 器件串联面对面型单向 DC/DC 变换器拓扑

图 1.13　全控器件串联面对面型 DC/DC 变换器拓扑

(2) 模块串并联组合面对面型 DC/DC 变换器拓扑。

为避免全控型器件的直接串联，将若干 DAB 变换器以模块形式串并联组合是一种有效提高电压和功率等级的方案[41]，如图 1.14 所示。但需要指出，在直流输电等高压大容量场景下，该拓扑结构至少要包含数十甚至数百个 DAB 模块，其中各 DAB 模块变压器均耐受数百千伏的绝缘等级，受爬电距离和空气间隙等绝缘因素的制约[42-43]，每个变压器均要按极高的绝缘等级设计，体积大，造价高昂。因此串并联组合 DC/DC 拓扑应用场景通常局限在中低压直流配电网[40]，例如珠海唐家湾直流配电工程、杭州大江东直流配电工程、张北交直流配网及柔性变电站示范工程等，其中 DC/DC 变换器的最高直流电压等级为 ±10 kV，容量一般不超过 5 MW。

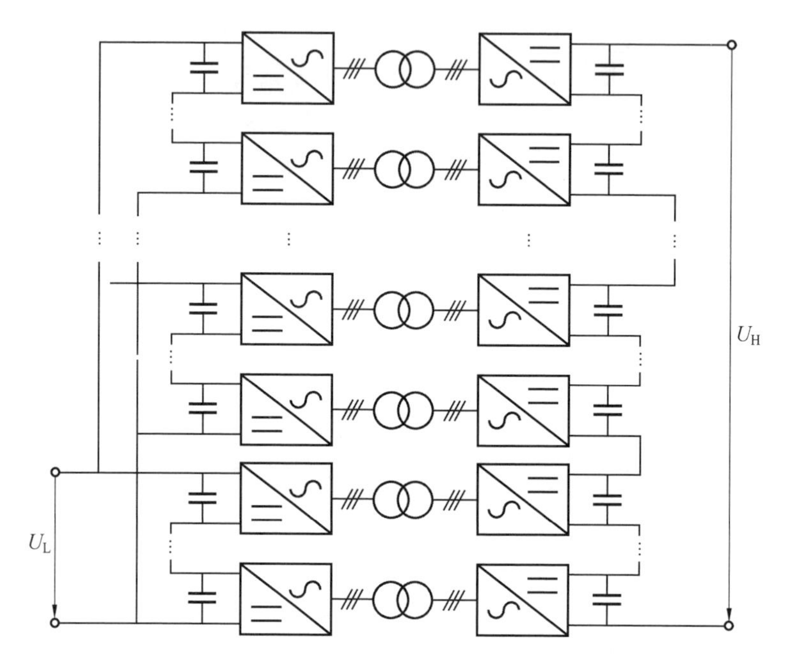

图 1.14　模块串并联组合面对面型 DC/DC 变换器拓扑

(3)MMC 面对面型 DC/DC 变换器拓扑。

近年来，随着模块化多电平换流技术的快速发展，基于 MMC 构造高压大容量 DC/DC 变换器拓扑的想法得到了广泛关注[29]，其核心思想是采用子模块级联构建桥臂，替代全控型器件的直接串联，并利用子模块中的低压电容器取代直流母线上的高压电容组，实现拓扑的模块化设计。MMC 面对面型 DC/DC 变换器的典型结构如图 1.15(a) 所示，两个 MMC 面对面相连，在中间交流环节可采用变压器改变电压增益。由于交流环节仅存在于拓扑内部，因此变压器的工作频率可高于工频，提升至数百赫兹，降低变压器的成本与体积重量[44]。MMC 类拓扑的特点是将各子模块的开关动作隐藏在桥臂内部，因为子模块数目较多，桥臂整体对外几乎不呈现明显的开关特性，各桥臂电压电流波形平滑连续。中间交流环节亦可设计为方波电压波形[45-46]，借鉴 DAB 的原理进行移相控制，产生梯

形电流波形，相比于正弦电流波形能够降低电流应力和导通损耗。然而，MMC运行于DAB移相控制模式存在回流功率问题，特别是当输入输出直流电压变比与变压器匝数比不一致时，梯形电流波形会发生畸变，加剧回流功率带来的损耗，因此难以适应宽直流电压运行范围。为解决这一问题，可协同调节MMC方波电压的幅值与移相角[47]。在MMC移相工作的思想下，学者Peng Li巧妙地提出利用晶闸管阀组与全桥子模块桥臂来构造面对面型DC/DC拓扑，如图1.15(b)所示，以充分发挥晶闸管阀组导通损耗低的优势[48-49]。

综上，面对面型DC/DC拓扑的共同特征是具有中间交流环节，通常采用笨重昂贵的变压器，功率传输经过多级全功率变流环节，元器件数目多，功率损耗较高，体积大且成本高昂。然而，面对面型DC/DC拓扑的一个突出优点是具备直流故障电流阻断能力。当某侧直流系统出现短路故障时，仅需封锁子模块IGBT的驱动信号，将中间交流环节电压降为零，即可避免另一侧直流系统向短路点注入功率，故障电流得以逐渐衰减至零。

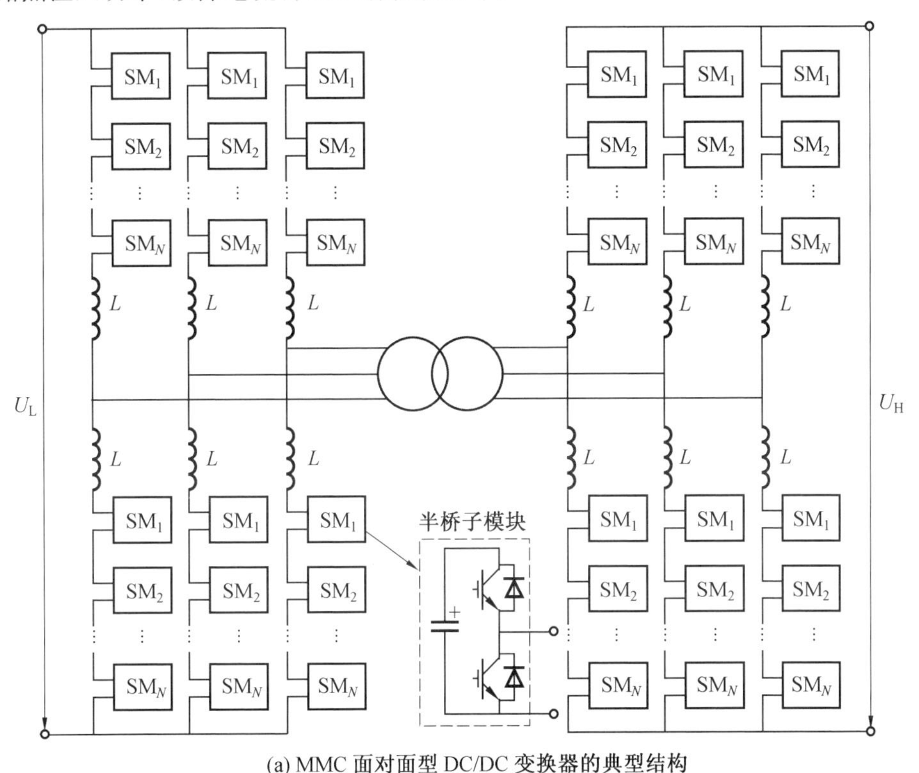

(a) MMC面对面型DC/DC变换器的典型结构

图1.15 MMC面对面型DC/DC变换器拓扑

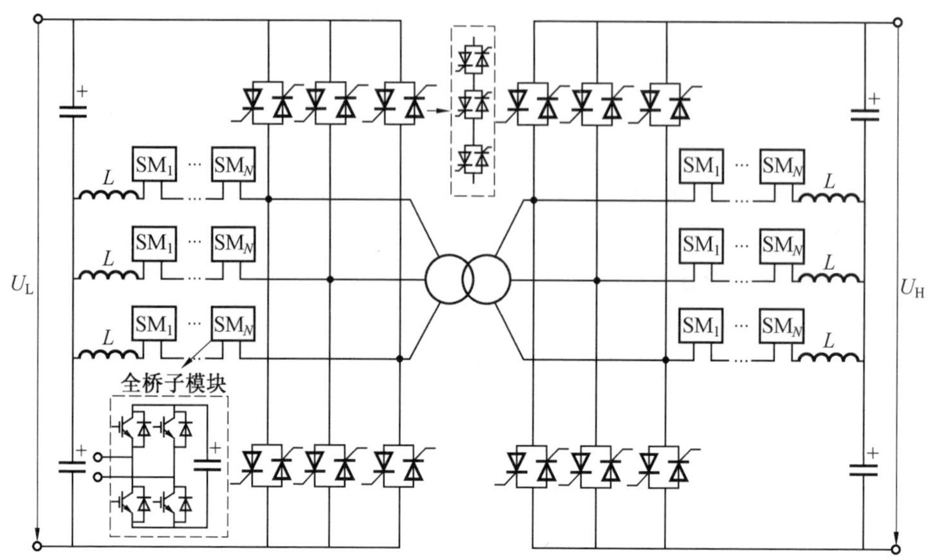

(b) 桥臂辅助换流面对面型 DC/DC 变换器拓扑

续图 1.15

1.4.2 自耦型高压大容量 DC/DC 变换器拓扑

自耦型 DC/DC 变换器是指它的高压侧和低压侧直流端口之间有直接电气连接，低压侧电路也是高压侧电路的一部分，主要包括 MMC 自耦型与桥臂自耦型两种拓扑。

(1)MMC 自耦型 DC/DC 变换器拓扑。

如图 1.16 所示，将两个 MMC 直流侧串联、交流侧通过变压器并联，即巧妙地构造出 MMC 自耦型 DC/DC 变换器拓扑[50-51]。由于部分功率可通过直接电气连接进行传递，中间交流环节仅传递剩余部分功率，因此拓扑效率较高。相比于 MMC 面对面型拓扑，该交流变压器虽然功率容量能够降低，但需要承担一定的直流电压偏置，绝缘设计难度和制造成本升高。这是因为高压变压器普遍采用油纸绝缘结构，在不同电压作用下电场的分布情况具有明显区别[52]。当承受交流电压时，绝缘材料内部的电场分布与介电常数成反比，而变压器油和绝缘纸的介电常数较接近，因此电场分布相对均匀。然而当承受直流电压时，绝缘材料内部的电场分布与电阻率成正比，变压器油和绝缘纸的电阻率相差可达几个数量级，此时绝缘纸承受大部分的绝缘应力，容易被击穿产生沿面放电现象。因此 MMC 自耦型 DC/DC 变换器拓扑的交流变压器需要考虑专门的绝缘设计。

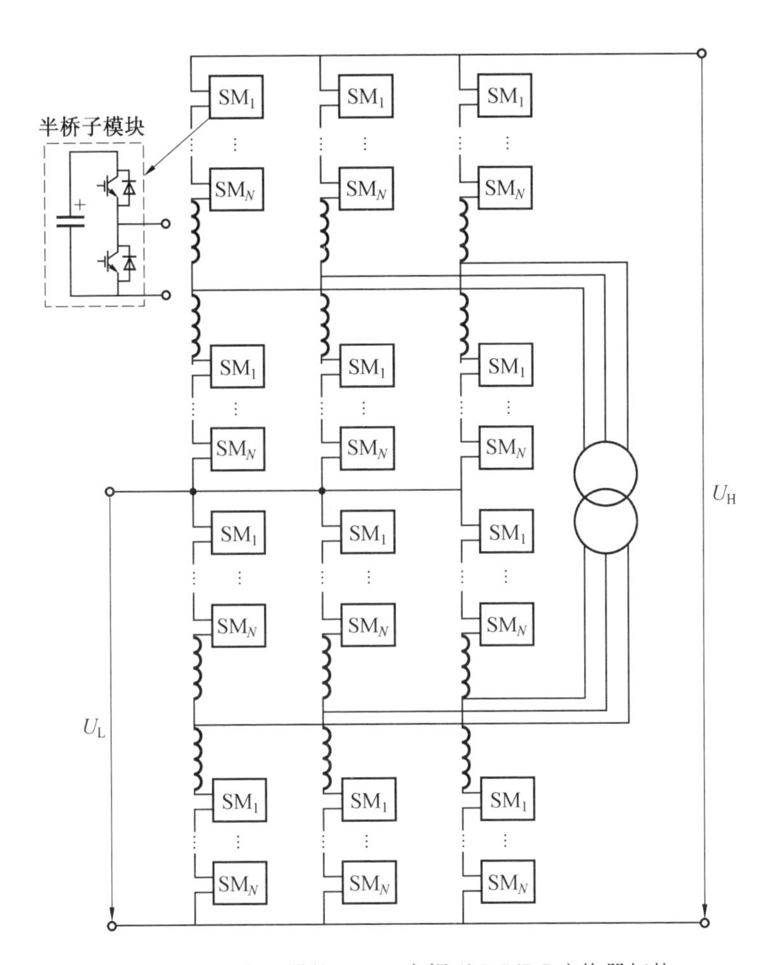

图 1.16　基于变压器的 MMC 自耦型 DC/DC 变换器拓扑

MMC 自耦型 DC/DC 拓扑亦可采用电容器替代交流变压器[53-54]，如图 1.17 所示，通过电容器隔直通交的作用实现功率传递。然而该电容器耐受高压直流偏置并要限制其电压波动，在直流输电应用中必须采用大容量的高压电容组，还存在启动充电及绝缘安全等难题。进一步地，可采用子模块桥臂替代高压电容组[55]，如图 1.18 所示，利用分散在各子模块中的低压电容器来降低成本与绝缘设计难度，增强控制能力，但该结构额外引入了大量的功率半导体器件，增加了损耗与成本。

MMC 自耦型 DC/DC 变换器拓扑可以灵活地扩展到多端口结构[56]，用于连接三个及以上不同电压等级的直流系统。另外，可将其中一个 MMC 替换成二极

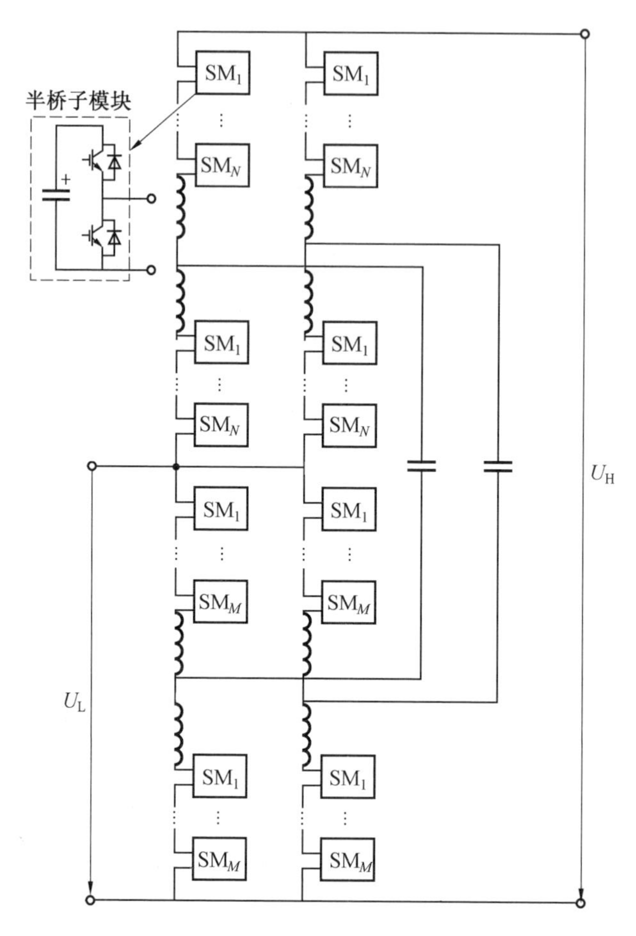

图 1.17 基于飞跨电容的 MMC 自耦型 DC/DC 变换器拓扑

管整流桥，适用于单向功率流动的场景[57]。通过加入一定数目的全桥子模块，MMC 自耦型 DC/DC 变换器拓扑也能够具备直流故障电流的阻断能力[58-59]。

(2) 桥臂自耦型 DC/DC 变换器拓扑。

将传统的 MMC 三相输出端并联，直接产生直流电压，即可构成桥臂自耦型 DC/DC 变换器拓扑[60]，如图 1.19 所示。为了维持上下桥臂中子模块电容电压的稳定，必须注入同频率的交流电压与环流，在桥臂间形成功率传递。注入的交流电压幅值应尽可能高，从而在传递相同功率情况下降低注入环流的幅值，限制器件的电流应力与损耗。因此，桥臂子模块数目应考虑耐受直流电压与交流电压两个分量。另外，注入的三相环流波形通常相位交错 120°，以避免对高压直流电

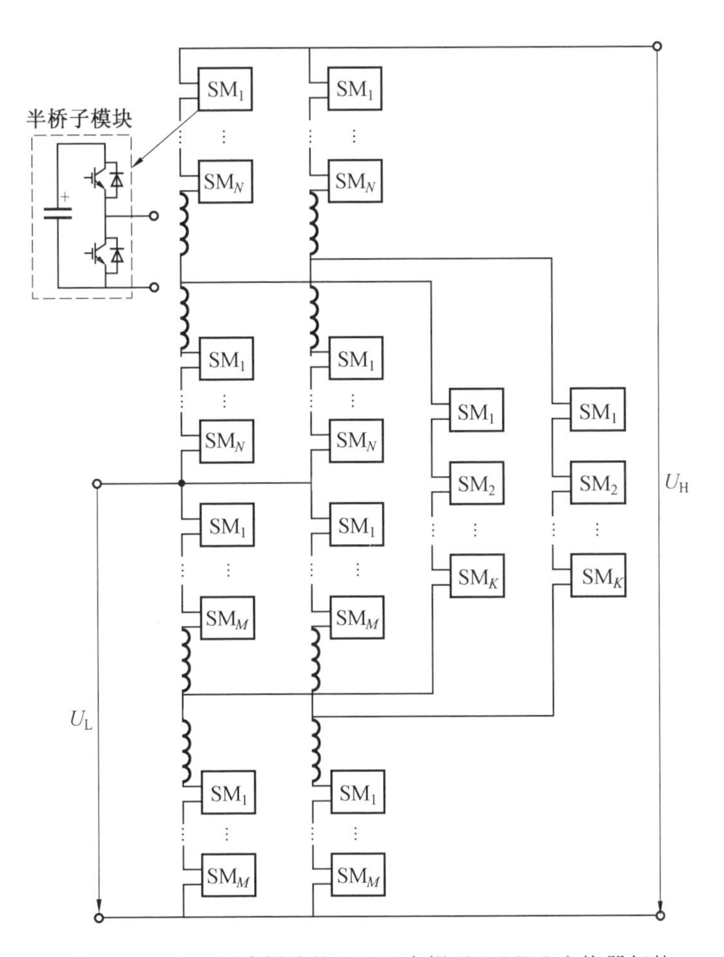

图 1.18　基于飞跨桥臂的 MMC 自耦型 DC/DC 变换器拓扑

流造成影响。桥臂自耦型 DC/DC 拓扑的缺点是需要在低压直流侧安装笨重的高压滤波电感(数百毫亨,例如在 14 MW 的 DC/DC 变换器中就需要使用高达 990 mH 的滤波电感[61]),以滤除注入的交流电压。为减小所需的高压滤波电感,可在低压直流侧也引入一个子模块桥臂[62-64],以有源滤波的方式消除电压谐波,但代价是拓扑的成本与损耗随之显著增加。通过在上桥臂中加入一定数目的全桥子模块,该拓扑同样可以具备故障电流阻断能力[63-64]。

值得指出的是,桥臂自耦型 DC/DC 拓扑与 MMC 自耦型 DC/DC 拓扑虽然电路结构不同,但呈现出的特点是相似的。两者均依靠交流电压、交流电流分量实现功率平衡,并且都需要安装较为笨重的磁性元件(变压器或滤波电感)。

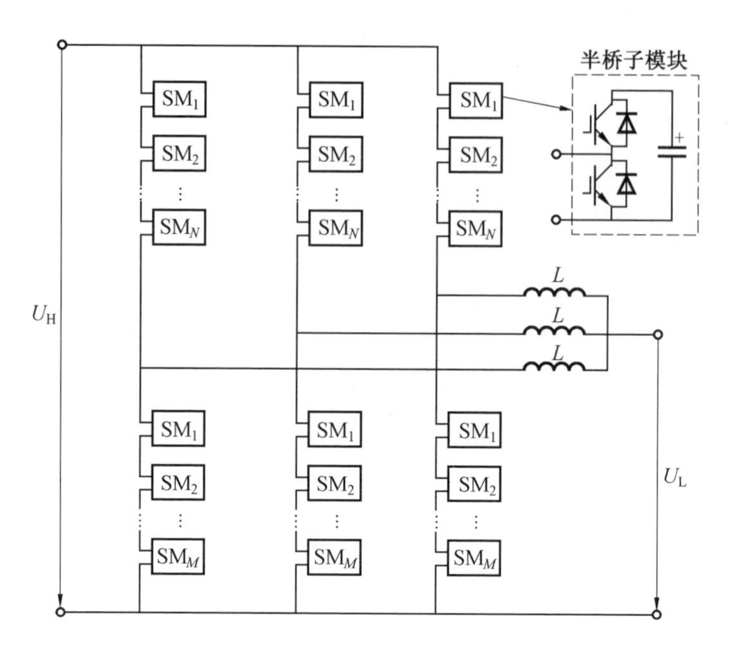

图 1.19 桥臂自耦型 DC/DC 变换器拓扑

1.4.3 高压大容量 DC/DC 变换器拓扑研究现状总结

综合上述研究现状可知，现有拓扑结构虽然在原理上可以实现高压大容量的 DC/DC 变换，但普遍局限于沿用 MMC 的拓扑思路，存在以下几个方面的局限。

(1) 在转换效率方面，面对面型 DC/DC 拓扑需要逆变、整流以及中间交流变压器多级全功率变换环节，而自耦型 DC/DC 变换器拓扑亦需要在桥臂间进行部分功率的二次传递。电流流过的功率器件数目过多，导通损耗严重，特别是对于存在正弦电流分量的拓扑，桥臂电流幅值会进一步升高，加剧损耗。此外，对于采用交流变压器或大型滤波电感的拓扑，还存在显著的铜损和铁损。这些原因造成现有 DC/DC 拓扑的功率损耗普遍较高。

(2) 在体积重量方面，上述 DC/DC 拓扑桥臂电压中除了直流分量外，通常还要承担一定的交流分量，导致子模块数目多。拓扑的转换效率较低，相应散热及冷却系统的体积也不容忽视。另外，若拓扑中采用了交流变压器或滤波电感，这些磁性元件由于高压绝缘的技术要求也将变得极为笨重。这些原因导致拓扑具有较高的占地面积与承重要求，特别是在海上柔性直流输电系统互联的情况中，

DC/DC 变换器的体积重量将成为最主要的制约因素。

(3) 在工程成本方面，上述 DC/DC 拓扑的器件数目甚至远高于相同功率等级的 MMC DC/AC 换流器，且含直流电压偏置的变压器和大型滤波电感的造价昂贵。由于转换效率较低，换流损耗造成的运行成本也不可小觑，直流输电系统的功率等级通常为百兆瓦以上，仅增加 0.1% 的损耗在几十年的运行周期下也会带来相当大的经济损失。

1.5　容性能量转移型高压大容量 DC/DC 变换器

容性能量转移(capacitive energy transfer，CET) 型 DC/DC 变换器则另辟蹊径，探索基于储能桥臂与换流开关相配合的新型高压大容量直流变压原理。图 1.20 所示为典型的 CET 型 DC/DC 拓扑示意图。储能桥臂由功率子模块级联而成，能够灵活改变桥臂中投入的子模块电容数目，从而具有宽输出电压范围与灵活的电流控制能力，主动实现电压调控和电流波形跟踪，并为换流开关提供理想的开通与关断条件。换流开关则是在极低的电压、电流应力下开通与关断，完成电路状态的切换与功率传递，且换流开关的 du/dt 与 di/dt 均可得到储能桥臂的主动约束，因此半控型器件晶闸管与不可控器件二极管亦可应用。

容性能量转移型 DC/DC 拓扑中储能桥臂仅需承担直流电压，无须额外注入交流电压分量，可以显著降低子模块数目与功率器件数量。通过巧妙地设计储能桥臂电流波形以及多相交错设计，能够合成平滑的输入输出直流电流，无须安装笨重的滤波器，可实现拓扑的轻量化设计。此外，晶闸管与二极管具有导通损耗低、功率密度高、成本低、串联技术成熟等优势。因此，储能桥臂与换流开关在性能上相互取长补短，通过探索其电路组合形式与协同配合机制，能够衍化出一系列新型高效率、轻量化、紧凑型的高压大容量 DC/DC 拓扑。此类拓扑丰富了高压大容量 DC/DC 电能变换理论，也有助于促进多电压等级直流电网以及其他中高压大容量电能变换装备的技术发展。

在后续章节中，本书将围绕容性能量转移型直流变压原理，重点针对其构造原理、低成本拓扑、新型子模块进行探讨，并针对故障阻断与宽运行电压范围、不同极性互联、有源滤波、高电压变比、隔离型拓扑、潮流控制器以及实验样机设计方面加以详细介绍。相关理论与方法均得到了详细的仿真与实验验证，旨在为多电压等级直流电网的发展提供些许技术参考。

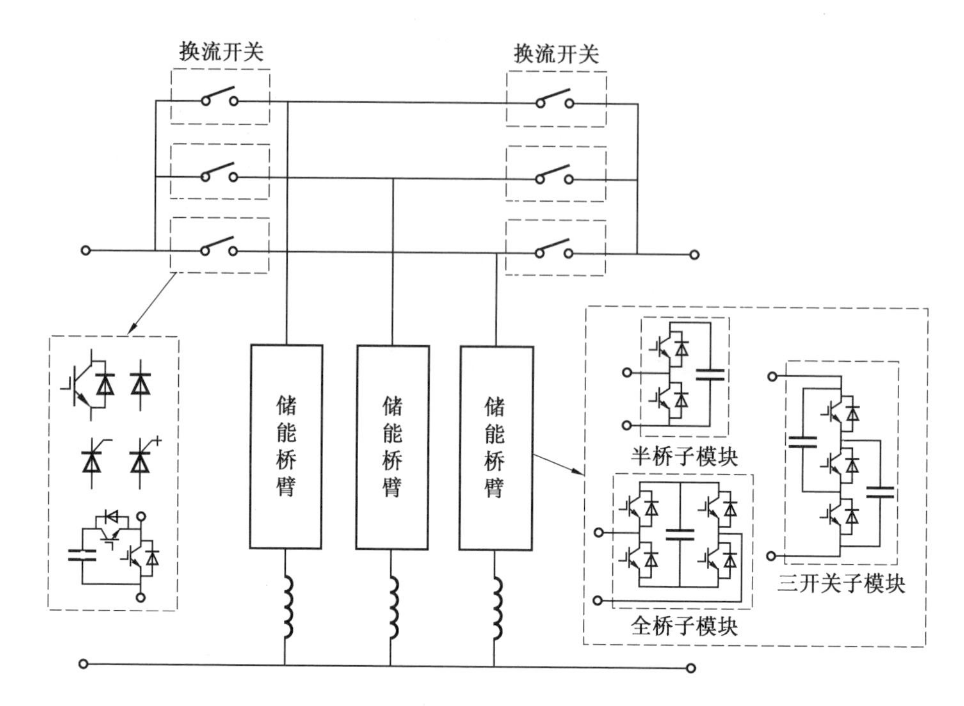

图 1.20　典型的 CET 型 DC/DC 拓扑示意图

本章参考文献

[1] International Energy Agency. global- energy- related- co2- emissions-1990- 2021[EB/OL]. [2021-4-20] (2023-2-16). https:// www. iea. org/ data-and-statistics/charts/.

[2] International Energy Agency. 中国能源体系碳中和路线图[R/OL]. [2021-9-1] (2023-2-16). https://www. iea. org/ reports/ an- energy-sector- roadmap- to- carbon- neutrality- in- china.

[3] 习近平. 继往开来，开启全球应对气候变化新征程[N]. 人民日报，2020-12-13(2).

[4] 卢纯. 开启我国能源体系重大变革和清洁可再生能源创新发展新时代——深刻理解碳达峰、碳中和目标的重大历史意义[J]. 人民论坛·学术前沿，2021(14)：28-41.

[5] 中共中央国务院. 中共中央国务院关于完整准确全面贯彻新发展理念做好碳达峰碳中和工作的意见[J]. 信息技术与标准化，2021(12)：1-4.
[6] 国家电网有限公司. 国家电网公司"碳达峰、碳中和"行动方案[J]. 国家电网，2021(3)：50，52.
[7] 南方电网建设新型电力系统行动方案(2021—2030 年)白皮书[R]. 广州：中国南方电网有限责任公司，2021.
[8] 刘振亚，张启平，董存，等. 通过特高压直流实现大型能源基地风、光、火电力大规模高效率安全外送研究[J]. 中国电机工程学报，2014，34(16)：2513-2522.
[9] 汤广福，庞辉，贺之渊. 先进交直流输电技术在中国的发展与应用[J]. 中国电机工程学报，2016，36(7)：1760-1771.
[10] 周孝信，鲁宗相，刘应梅，等. 中国未来电网的发展模式和关键技术[J]. 中国电机工程学报，2014，34(29)：4999-5008.
[11] BRESESTI P, KLING W L, HENDRIKS R L, et al. HVDC connection of offshore wind farms to the transmission system[J]. IEEE Transactions on Energy Conversion, 2007, 22(1): 37-43.
[12] BAHRMAN M P, JOHNSON B K. The ABCs of HVDC transmission technologies[J]. IEEE Power & Energy Magazine, 2007, 5(2): 32-44.
[13] 刘泽洪，郭贤珊，乐波，等. ±1100 kV/12000 MW 特高压直流输电工程成套设计研究[J]. 电网技术，2018，42(4)：1023-1031.
[14] OOI B T, WANG X. Voltage angle lock loop control of the boost type PWM converter for HVDC application[J]. IEEE Transactions on Power Electronics, 1990, 5(2): 229-235.
[15] OOI B T, WANG X. Boost-type PWM HVDC transmission system[J]. IEEE Transactions on Power Delivery, 1991, 6(4): 1557-1563.
[16] MARQUARDT R. Stromrichterschaltungen mit verteilten energie speichern: DE10103031A1[P]. 2001-01-24.
[17] LESNICAR A, MARQUARDT R. An innovative modular multilevel converter topology suitable for a wide power range[C]// 2003 IEEE Bologna PowerTech Conference. Bologna: IEEE, 2003: 1-6.
[18] DEBNATH S, QIN J, BAHRANI B, et al. Operation, control, and

applications of the modular multilevel converter: A review[J]. IEEE Transactions on Power Electronics, 2015, 30(1): 37-53.

[19] PEREZ M A, BERNET S, RODRIGUEZ J, et al. Circuit topologies, modeling, control schemes, and applications of modular multilevel converters[J]. IEEE Transactions on Power Electronics, 2014, 30(1): 4-17.

[20] 李彬彬，徐梓高，徐殿国. 模块化多电平换流器原理及应用[M]. 北京：科学出版社，2021.

[21] 贺之渊，陆晶晶，刘天琪，等. 柔性直流电网故障电流抑制关键技术与展望[J]. 电力系统自动化，2021，45(2)：173-183.

[22] 汤广福，罗湘，魏晓光. 多端直流输电与直流电网技术[J]. 中国电机工程学报，2013，33(10)：8-17,24.

[23] 姚良忠，吴婧，王志冰，等. 未来高压直流电网发展形态分析[J]. 中国电机工程学报，2014，34(34)：6007-6020.

[24] HAILESELASSIE T M, UHLEN K. Power system security in a meshed north sea HVDC grid[J]. Proceedings of the IEEE, 2013, 101(4): 978-990.

[25] 鲁宗相，蒋锦峰. 解读美国"Grid 2030"电网远景设想[J]. 中国电力企业管理，2004(5)：38-41.

[26] 辛保安，郭铭群，王绍武，等. 适应大规模新能源友好送出的直流输电技术与工程实践[J]. 电力系统自动化，2021，45(22)：1-8.

[27] 汤广福，王高勇，贺之渊，等. 张北 500 kV 直流电网关键技术与设备研究[J]. 高电压技术，2018，44(7)：2097-2106.

[28] 董旭柱，华祝虎，尚磊，等. 新型配电系统形态特征与技术展望[J]. 高电压技术，2021，47(9)：3021-3035.

[29] 杨晓峰，郑琼林，林智钦，等. 用于直流电网的大容量 DC/DC 变换器研究综述[J]. 电网技术，2016，40(3)：670-677.

[30] 游洪程，蔡旭. LCC-VSC 直流互联变压器[J]. 中国电机工程学报，2017，37(20)：6014-6026.

[31] JOVCIC D, KISH G, DARBANDI A, et al. DC-DC converters in HVDC grids and for connections to HVDC systems[R]. CIGRE technical

brochure 827, CIGRE.
[32] 王新颖，汤广福，魏晓光，等. MMC-HVDC输电网用高压DC/DC变换器隔离需求探讨[J]. 电力系统自动化，2017，41(8)：172-178.
[33] JOVCIC D. Bidirectional, high-power DC transformer[J]. IEEE Transactions on Power Delivery, 2009, 24(4): 2276-2283.
[34] JOVCIC D. Step-up DC-DC converter for megawatt size applications [J]. IET Power Electronics, 2009, 6(2): 675-685.
[35] ROBINSON J, JOVCIC D, JOOS G. Analysis and design of an offshore wind farm using a MV DC grid[J]. IEEE Transactions on Power Delivery, 2010, 25(4): 2164-2173.
[36] ADAM G P, GOWAID I A, FINNEY S J, et al. Review of DC-DC converters for multi-terminal HVDC transmission networks[J]. IET Power Electronics, 2016, 9(2): 281-296.
[37] DEDONCKER R W, DIVAN D M, KHERALUWALA M H. A three-phase soft-switched high-power-density DC/DC converter for high-power applications[J]. IEEE Transactions on Industry Applications, 1991, 27(1): 63-73.
[38] 赵彪,崔彬,马已青,等. 基于IGCT-Plus和中频隔离的大容量直流变压器[J]. 中国电机工程学报，2023，43(3)：1114-1122.
[39] SANG Y, JUNYENT-FERRÉ A, GREEN T C. Operational principles of three-phase single active bridge DC/DC converters under duty cyclecontrol[J]. IEEE Transactions on Power Electronics, 2020, 35(8): 8737-8750.
[40] 赵彪，安峰，宋强，等. 双有源桥式直流变压器发展与应用[J]. 中国电机工程学报，2021，41(1)：288-298,418.
[41] ENGEL S P, STIENEKER M, SOLTAU N, et al. Comparison of the modular multilevel DC converter and the dual-active bridge converter for power conversion in HVDC and MVDC grids[J]. IEEE Transactions on Power Electronics, 2014, 30(1): 124-137.
[42] 王威望，刘莹，何杰峰，等. 高压大容量电力电子变压器中高频变压器研究现状和发展趋势[J]. 高电压技术，2020，46(10)：3362-3373.

[43] BAHMANI M A, THIRINGER T, KHAREZY M. Design methodology and optimization of a medium-frequency transformer for high-power DC-DC applications[J]. IEEE Transactions on Industry Applications, 2016, 52(5): 4225-4233.

[44] LUTH T, MERLIN M M C, GREEN T C, et al. High-frequency operation of a DC/AC/DC system for HVDC applications[J]. IEEE Transactions on Power Electronics, 2014, 29(8): 4107-4115.

[45] KENZELMANN S, RUFER A, DUJIC D, et al. Isolated DC/DC structure based on modular multilevel converter[J]. IEEE Transactions on Power Electronics, 2014, 30(1): 89-98.

[46] GOWAID I A, ADAM G P, MASSOUD A M, et al. Quasi two-level operation of modular multilevel converter for use in a high-power DC transformer with DC fault isolation capability[J]. IEEE Transactions on Power Electronics, 2014, 30(1): 108-123.

[47] XING Z W, RUAN X B, YOU H C, et al. Soft-switching operation of isolated modular DC/DC converters for application in HVDC grids[J]. IEEE Transactions on Power Electronics, 2016, 31(4): 2753-2766.

[48] LI P, FINNEY S J, HOLLIDAY D. Active-forced-commutated bridge using hybrid devices for high efficiency voltage source converters[J]. IEEE Transactions on Power Electronics, 2017, 32(4): 2485-2489.

[49] LI P, ADAM G P, FINNEY S J, et al. Operation analysis of thyristor-based front-to-front active-forced-commutated bridge DC transformer in LCC and VSC hybrid HVDC networks[J]. IEEE Journal of Emerging & Selected Topics in Power Electronics, 2017, 5(4): 1657-1669.

[50] SCHÖN A, BAKRAN M M. A new HVDC-DC converter for the efficient connection of HVDC networks[C]// PCIM Europe Conference Proceedings. Nuremberg: VDE, 2013: 1-8.

[51] 林卫星，文劲宇，程时杰. 直流一直流自耦变压器[J]. 中国电机工程学报，2014，34(36)：6515-6522.

[52] 韩晓东，翟亚东. 高压直流输电用换流变压器[J]. 高压电器，2002，38(3)：5-6.

[53] DU S, WU B, TIAN K, et al. A novel medium-voltage modular multilevel DC-DC converter[J]. IEEE Transactions on Industrial Electronics, 2016, 63(12): 7939-7949.

[54] DU S, WU B, XU D, et al. A transformerless bipolar multistring DC-DC converter based on series-connected modules[J]. IEEE Transactions on Power Electronics, 2017, 32(2): 1006-1017.

[55] DU S, WU B, ZARGARI N. Atransformerless high-voltage DC-DC converter for DC grid interconnection[J]. IEEE Transactions on Power Delivery, 2018, 33(1): 282-290.

[56] LIN W, WEN J, CHENG S. Multiport DC-DC autotransformer for interconnecting multiple high-voltage DC systems at low cost [J]. IEEE Transactions on Power Electronics, 2015, 30(12): 6648-6660.

[57] ZHOU M, XIANG W, ZUO W P, et al. A unidirectional DC-DC autotransformer for DC grid application[J]. Energies, 2018, 11(3): 1-16.

[58] SCHÖN A, HOFMANN V, BAKRAN M M. Optimisation of the HVDC auto transformer by using hybrid MMC modulation[J]. IET Power Electronics, 2018, 11(3): 468-476.

[59] SUO Z, LI G, LI R, et al. Submodule configuration of HVDC-DC autotransformer considering DC fault[J]. IET Power Electronics, 2016, 9(15): 2776-2785.

[60] FERREIRA J A. The multilevel modular DC converter[J]. IEEE Transactions on Power Electronics, 2013, 28(10): 4460-4465.

[61] KISH G J, RANJRAM M, LEHN P W. A modular multilevel DC/DC converter with fault blocking capability for HVDC interconnects[J]. IEEE Transactions on Power Electronics, 2014, 30(1): 148-162.

[62] DU S, WU B. A transformerless bipolar modular multilevel DC-DC converter with wide voltage ratios[J]. IEEE Transactions on Power Electronics, 2017, 32(11): 8312-8321.

[63] ZHANG F, LI W, JOOS G. A transformerless hybrid modular multilevel DC-DC converter with DC fault ride-through capability[J].

IEEE Transactions on Industrial Electronics, 2019, 66(3): 2217-2226.

[64] VIDAL-ALBALATE R, SOTO-SANCHEZ D, BELENGUER E, et al. Sizing and short-circuit capability of a transformerless HVDC DC-DC converter[J]. IEEE Transactions on Power Delivery, 2020, 35(5): 2363-2377.

第2章

CET型DC/DC变换器原理与典型拓扑

本章首先介绍经典低压DC/DC变换器的能量转移原理，在此基础上采用基于子模块串联的容性储能桥臂作为能量缓冲元件，将器件串联组成换流阀，构造容性能量转移型DC/DC变换器。其次归纳容性能量转移型DC/DC变换器拓扑的特征，并通过与经典低压DC/DC变换器拓扑对比揭示其运行特点。本章以Buck—Boost型CET拓扑作为示例，详细介绍该拓扑的工作原理和参数设计方法，并通过仿真和实验对所提拓扑进行验证。最后通过对其他经典的低压DC/DC变换器拓扑进行重新构造，衍化得到一系列典型CET型DC/DC变换器拓扑。

容性能量转移型 DC/DC 变换器的本质思想是充分利用晶闸管、二极管导通损耗低、功率密度高、成本低的优势，结合子模块桥臂灵活的电压电流波形控制能力，为晶闸管、二极管阀组提供极低应力的开关条件，实现高效率的高压大容量电能变换，同时保证高质量的波形与优良的调控性能。本章通过回顾经典低压 DC/DC 变换器的工作原理，对比阐述容性能量转移原理及其 DC/DC 变换器拓扑特点，并针对示例拓扑具体介绍工作原理与控制方法，在此基础上衍化得到一系列典型 CET 型 DC/DC 变换器拓扑。

2.1　容性能量转移原理

2.1.1　经典低压 DC/DC 变换器的能量转移原理

图 2.1 所示为经典低压 Buck－Boost 型 DC/DC 变换器电路工作状态，两个换流开关互补导通。当换流开关 1 导通时，输入直流电压 U_{dc1} 向储能电感充电；当换流开关 2 导通时，储能电感中储存的能量释放到输出侧。Buck－Boost 变换器电感电压与电流波形如图 2.2 所示。可见，经典低压 DC/DC 变换器的工作原理是通过换流开关的主动通断控制，对储能电感进行充、放电，实现输入输出端口间感性的能量转移[1]。

经典低压 DC/DC 变换器的换流开关需要主动切断电流，开关过程中电压电流应力较大，在中高压应用场景，将面临极高的 du/dt 与 di/dt，储能电感同样需耐受较高的 du/dt 应力。受器件电压等级、变换器损耗、储能电感绝缘难度以及滤波器体积重量等因素制约，此类 DC/DC 变换器拓扑难以应用于高压大容量场景。

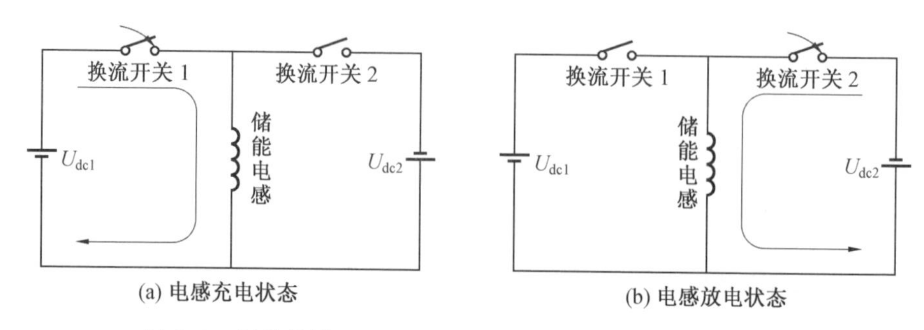

图 2.1　经典低压 Buck－Boost 型 DC/DC 变换器电路工作状态

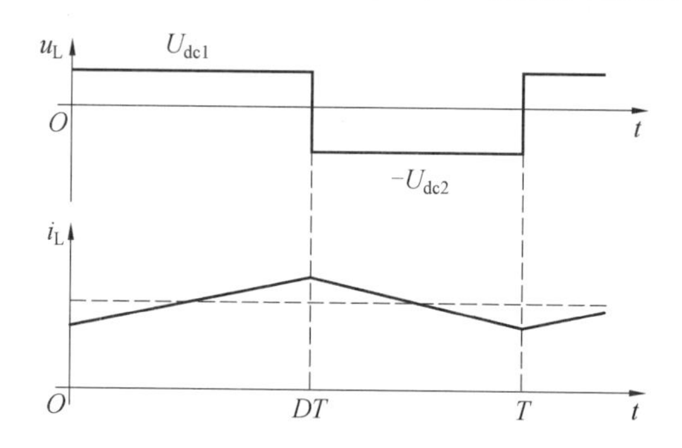

图 2.2　Buck－Boost 变换器电感电压与电流波形

2.1.2　DC/DC 变换器的容性能量转移原理

在经典低压 DC/DC 变换器感性能量转移原理的启发下，可对应地提出基于容性能量转移原理的 DC/DC 变换器拓扑。将经典低压 DC/DC 变换器中的储能电感替换为容性储能桥臂，具体由一系列子模块与一个较小的桥臂电感串联组成，因此能够通过改变投入的子模块电容数目来灵活调节桥臂电压，实现对桥臂电流的精细控制。另外，采用基于器件串联的换流阀来替换低压 DC/DC 变换器中的换流开关，可改变储能桥臂与直流侧的连接状态。CET 型 DC/DC 变换器的容性能量转移原理如图 2.3 所示，当换流阀 1 处于通态而换流阀 2 处于断态时，储能桥臂并联至 U_{dc1} 侧，桥臂电流 i_p 被控制为如图 2.4 所示幅值为 I_{dc1} 的梯形波，该电流对桥臂中的子模块电容进行充电。反之，当换流阀 1 处于断态而换流阀 2 处于通态时，储能桥臂并联至 U_{dc2} 侧，桥臂电流 i_p 被控制为幅值是 $-I_{dc2}$ 的梯形波，该电流使桥臂中子模块电容放电，因此输入输出端口的能量转移是通过电容实现的。

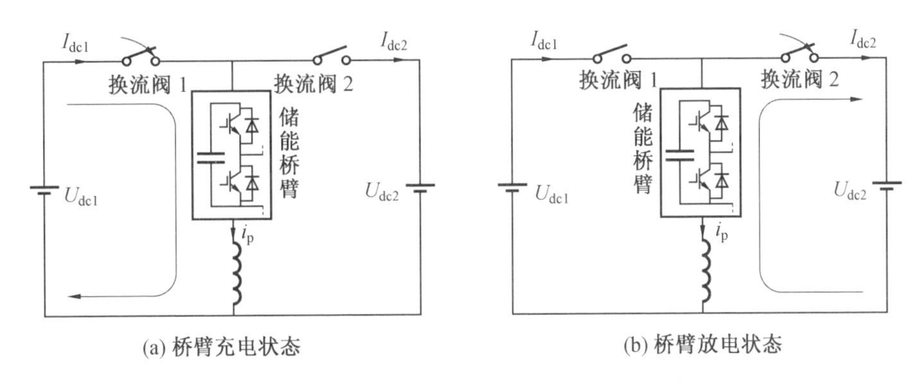

图 2.3 CET 型 DC/DC 变换器的容性能量转移原理

如图 2.4 所示，当需要开通换流阀 1 时，储能桥臂首先将桥臂电压调节为 U_{dc1}，从而换流阀 1 能够在零电压零电流的条件下开通。当需要关断换流阀 1 时，储能桥臂首先调节作用在桥臂电感上的电压差，使控制桥臂电流逐渐降为零，进而实现换流阀在零电流和低电压应力下的关断。与之对应，在开通换流阀 2 之前，储能桥臂电压将提前输出 U_{dc2}，从而令换流阀 2 能够在零电压零电流的条件下开通，并类似地可在零电流条件和低电压应力下关断。综上，CET 型 DC/DC 变换器的容性储能桥臂能够对桥臂电压及充、放电电流波形进行精确控制，相比传统 DC/DC 变换器的控制，效果显著增强。换流阀不承担主动导通或切断电流的作用，主要是配合储能桥臂换流，能够工作在软开关状态，因此可尝试采用晶闸管等半控型器件甚至是不可控的功率二极管组成换流阀组，且阀组的 $\mathrm{d}u/\mathrm{d}t$

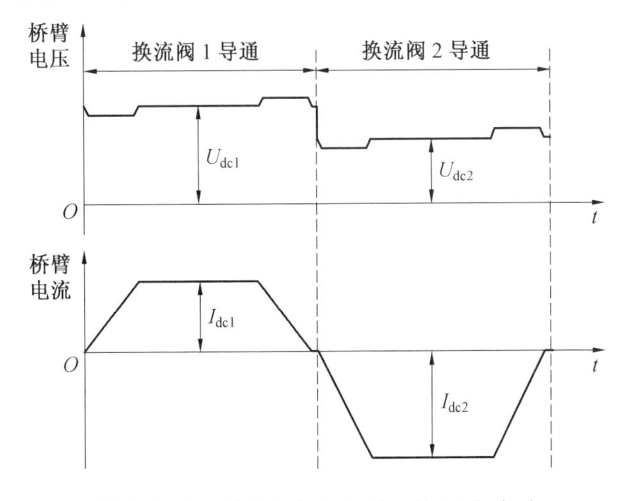

图 2.4 CET 拓扑储能桥臂电压与电流波形

与 di/dt 均可以得到储能桥臂的主动约束。输入输出端口转移的能量由桥臂中各子模块电容器缓冲，桥臂能量平衡需要对各电容电压进行主动的监测控制，维持电容电压的稳定。容性能量转移型DC/DC拓扑中各桥臂只需承担稳定的直流电压，无须注入交流电压或电流分量，因此相比MMC类DC/DC拓扑，子模块数量降低，而且由于桥臂电感仅需限制开关电流纹波，无须额外使用笨重的交流变压器或滤波电感，感性元件的体积重量显著降低。综上，容性能量转移原理非常适用于实现高压大容量DC/DC变换。

2.1.3 容性能量转移型DC/DC变换器拓扑构造

由于CET拓扑中储能桥臂需要交替进行充、放电，仅靠单一桥臂无法提供连续的输入、输出电流。为解决这一问题，可将三个相同的CET电路进行并联，组成含三相结构的CET拓扑，其基本结构如图2.5所示。该拓扑具有以下特征。

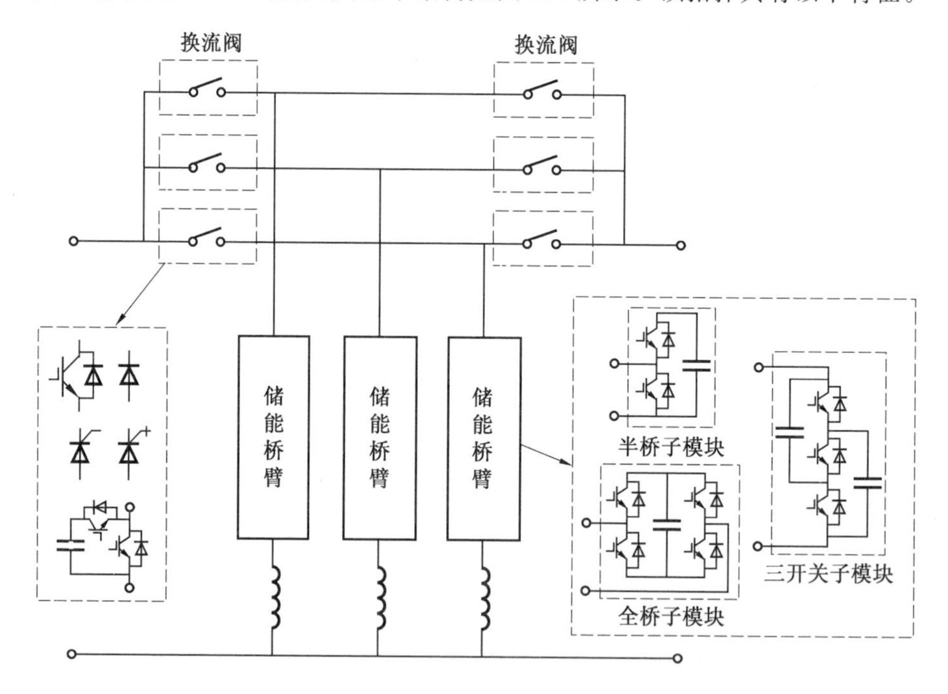

图2.5 含三相结构的CET拓扑基本结构

(1) 三相结构。

CET拓扑由三相相同的电路组成，每相中包括一个储能桥臂和两组换流阀。需要注意的是，储能桥臂和换流阀的连接方式不局限于图2.5所示，从而可

衍化得到不同的 CET 拓扑，还可以引入变压器构造隔离型拓扑（详见第 11 章）。

（2）换流阀。

为耐受较高的电压水平，换流阀由一定数量的功率半导体器件串联组成。换流阀可以采用 IGBT、IGCT 等全控型电力电子器件，储能桥臂能够为换流阀提供零电压零电流的开通关断条件，降低了器件串联时动态均压的技术难度。为了降低成本和损耗，换流阀亦可采用可靠性高、导通压降低、串联技术成熟的半控型器件晶闸管，由储能桥臂为晶闸管提供理想的开通与可靠的反压关断条件，并可约束换流阀的 du/dt 与 di/dt。甚至对于功率单向传输的场景，换流阀还可采用不可控器件二极管。

（3）储能桥臂。

储能桥臂是实现容性能量转移的载体，由一定数量的子模块串联组成，并且串联了桥臂电感。电感的作用是限制子模块投切带来的电流纹波，由于子模块数目较多，桥臂等效开关频率通常较高，因此桥臂电感取值较小，体积小、质量轻。通过控制储能桥臂的电流，输入输出的功率将经过桥臂中子模块电容器的缓冲。桥臂中子模块基本与传统 MMC 相同，可以采用半桥或全桥子模块，或者选择其他类型的子模块来实现故障阻断功能或降低子模块成本，例如双子模块、电压单极性全桥子模块、钳位双子模块、三开关子模块等[2-4]。

（4）波形交错。

三相换流阀与储能桥臂的电压、电流波形相同，但相位依次交错 120°。因此任意时刻总有一个储能桥臂与输入直流端口相连，一个储能桥臂与输出直流端口相连，而另一个储能桥臂用于换流。这使得输入输出电流维持为平滑的直流电流，无须在直流端口安装滤波器，展现了轻量化的优势。

基于这一思路，可对包括 Buck 变换器、Boost 变换器、Buck－Boost 变换器等经典的 DC/DC 拓扑进行重新构造，能够衍生出一系列容性能量转移型 DC/DC 拓扑结构。且每种拓扑根据换流阀组采用不同的功率半导体器件、储能桥臂采用不同的子模块结构，可使拓扑具备不同的性能（如升降压、功率双向流动、故障保护等），以适应不同的应用场景。

2.1.4　容性能量转移型 DC/DC 变换器拓扑特点

与经典低压 DC/DC 变换器拓扑相比，CET 拓扑存在以下几点区别。

（1）拓扑换流特点。

经典的低压 DC/DC 变换器通过换流开关的主动控制，实现了电感充、放电过程的切换。然而在CET拓扑中，储能桥臂作为一个可控的电压源，与MMC中的子模块桥臂类似，承担了电流调控的任务，实现对电容充、放电能量的主动控制。换流阀则在储能桥臂的作用下被动换流，从而可以实现软开关。根据这一原理，半控的晶闸管甚至不可控的二极管也可以用来构成换流阀。

(2) 功率调控特点。

经典的低压DC/DC变换器需要通过改变换流开关的占空比来调节变换器的输出电压及功率。然而在CET拓扑中，换流阀的占空比固定不变，变换器要依靠储能桥臂调节充、放电的电流幅值来实现电压或功率的调控。

(3) 能量平衡特点。

在经典的低压DC/DC变换器中，承担能量存储任务的往往是电感。基于电感的伏秒平衡原则，变换器自动实现了电感存储能量的平衡。然而在CET拓扑中，储能桥臂的能量存储在各个子模块的电容器中，需要实时监测各子模块的电容电压，并通过调节电容的充电或放电功率来维持平衡。

(4) 波形质量特点。

经典的低压DC/DC变换器依靠提高开关频率、加装滤波器等措施保证输入输出波形质量。即使采用交错并联技术能够一定程度改善谐波特性，但滤波器也是必不可少的。CET拓扑由于各桥臂子模块数目多，等效开关频率高，桥臂电流的开关频率纹波较小，而三相桥臂的梯形波电流能够同时在输入输出直流侧合成平滑连续的直流电流，完全省去了滤波器，且具有良好的控制动态响应。

2.2　CET型DC/DC变换器拓扑示例

为说明CET型DC/DC变换器拓扑的工作原理，本节以图2.6所示的Buck-Boost型CET拓扑作为示例，详细介绍其工作原理和参数设计方法，并进行仿真和实验验证。该拓扑包含三相相同的结构(j=a,b,c)，每相包括两个换流阀与一个储能桥臂，其中换流阀由晶闸管及反并联二极管串联组成，储能桥臂含N个半桥子模块以及桥臂电感L。图中U_{L}和U_{H}分别代表低压侧和高压侧的直流电压，I_{L}和I_{H}分别代表低压侧和高压侧的直流电流。$i_{\mathrm{H}j}$和$i_{\mathrm{L}j}$分别代表各相的高压侧和低压侧电流，$i_{\mathrm{P}j}$代表各相储能桥臂电流，$u_{\mathrm{P}j}$代表各相储能桥臂电压。

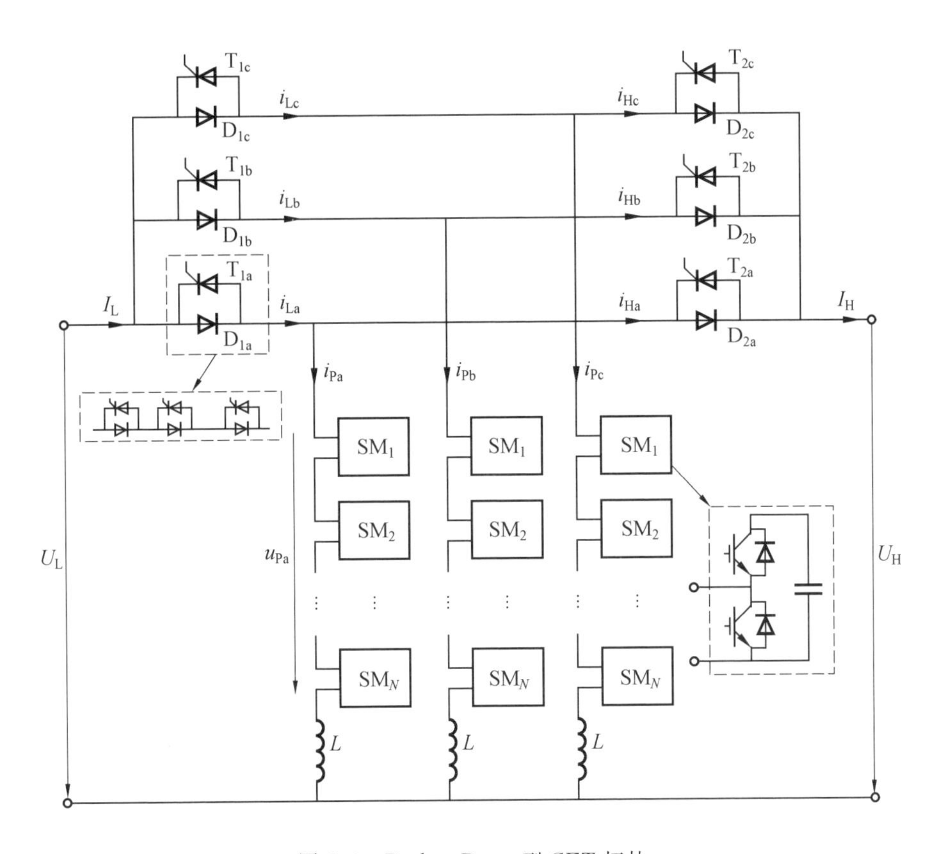

图 2.6　Buck－Boost 型 CET 拓扑

2.2.1　Buck－Boost 型 CET 拓扑工作原理

Buck－Boost 型 CET 拓扑的工作原理根据功率传递方向略有不同。下面首先以功率由高压侧向低压侧传递时进行介绍。图 2.7 所示为该拓扑的运行波形，因为 CET 拓扑三相结构的对称性，这里仅展示 a 相的波形。在$[t_0,t_4]$时段，T_{1a}被触发导通，储能桥臂并联至低压侧放电。在$[t_4,t_8]$时段，T_{2a}被触发导通，储能桥臂并联至高压侧充电。储能桥臂以一定频率交替连接两个直流侧进行充、放电，该频率称为 CET 拓扑的工作频率 f，对应的工作周期为 $T=1/f$。首先对放电过程$[t_0,t_4]$进行介绍。

在$[t_0,t_1]$时段，晶闸管 T_{1a} 在 t_0 时刻触发导通，储能桥臂并联至低压侧。根据电感的伏安特性，有

$$L\frac{di_{Pa}}{dt}=U_L-u_{Pa} \tag{2.1}$$

式中，储能桥臂电压 u_{Pa} 的大小被控制为 U_L+U_0，因此施加到桥臂电感两端的电压等于 $-U_0$，使储能桥臂电流 i_{Pa} 从零线性变为 $-I_L$，该时长记作 T_c。

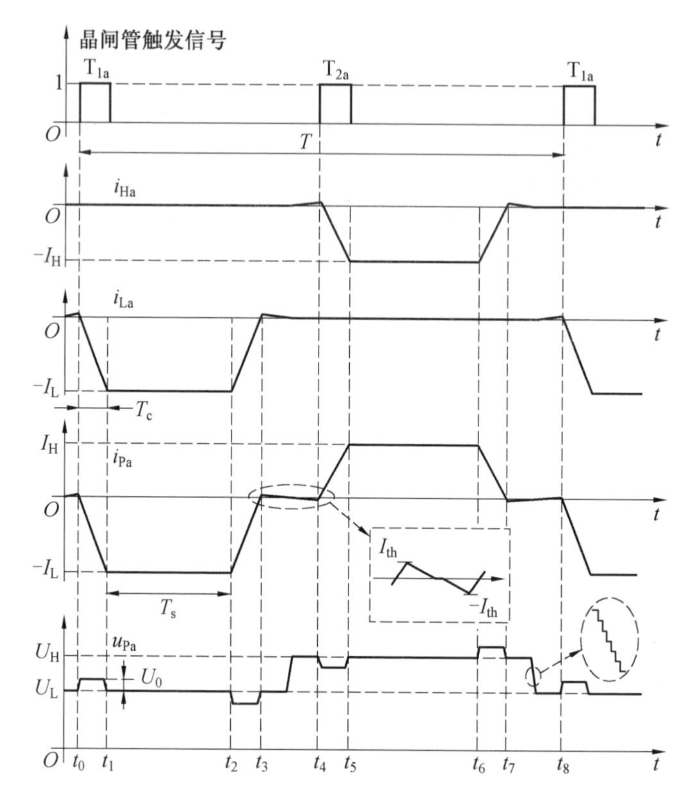

图 2.7　功率由高压侧传向低压侧时的运行波形

在$[t_1,t_2]$时段，储能桥臂维持与低压侧的并联，并控制桥臂电流恒定为 $-I_L$，因此有桥臂电压 $u_{Pa}=U_L$。在该时段中，桥臂将持续向低压直流侧释放功率，该时长记作 T_s。

在$[t_2,t_3]$时段，u_{Pa} 的大小被控制为 U_L-U_0，施加到桥臂电感两端的电压等于 U_0，使得桥臂电流 i_{Pa} 由 $-I_L$ 线性变为零，该换流时长同样为 T_c。

在$[t_0,t_3]$期间，储能桥臂与低压侧交换的能量为

$$\begin{aligned}\Delta E_{[t_0,t_3]}&=\int_{t_0}^{t_3}u_{Pa}i_{Pa}\mathrm{d}t\\&=\int_{t_0}^{t_1}(U_L+U_0)i_{Pa}\mathrm{d}t+\int_{t_1}^{t_2}U_L(-I_L)\mathrm{d}t+\int_{t_2}^{t_3}(U_L-U_0)i_{Pa}\mathrm{d}t\\&=-U_LI_L(T_c+T_s)=-P(T_c+T_s)\end{aligned}\tag{2.2}$$

式中，P 表示 DC/DC 变换器的额定功率，$P=U_{\mathrm{L}}I_{\mathrm{L}}=U_{\mathrm{H}}I_{\mathrm{H}}$。

在$[t_3,t_4]$时段，流经晶闸管 $\mathrm{T_{1a}}$ 的电流在 t_3 时刻降为零。为使 $\mathrm{T_{1a}}$ 可靠关断，控制 u_{Pa} 使流经低压侧换流阀的电流反向，并继续上升达到预设的电流阈值 I_{th}。反向电流将流经 $\mathrm{T_{1a}}$ 的反并联二极管 $\mathrm{D_{1a}}$，且该状态持续时间需超过晶闸管的关断时间 t_{q}，从而使 $\mathrm{T_{1a}}$ 的载流子有充足的时间进行复合并恢复阻断能力，保证晶闸管的可靠关断。当 $\mathrm{T_{1a}}$ 恢复电压阻断能力后，CET 拓扑的储能桥臂将从放电状态转换为充电状态，需要触发高压侧晶闸管 $\mathrm{T_{2a}}$。需要注意的是，晶闸管在导通初期对电流的上升速率有一定的限制。这是因为晶闸管刚触发导通时，会首先在门极附近形成较小的导通区域，再逐渐扩大至整个结面。如果导通初期的 $\mathrm{d}i/\mathrm{d}t$ 过大，会造成门极附近局部电流密度过大，易使晶闸管损坏[4]。为避免这一问题，在触发 $\mathrm{T_{2a}}$ 之前，u_{Pa} 将主动由 U_{L} 上升至略高于 U_{H}，令 $\mathrm{T_{2a}}$ 反并联二极管 $\mathrm{D_{2a}}$ 导通，之后再施加 $\mathrm{T_{2a}}$ 的触发信号。这样就保证了 $\mathrm{T_{2a}}$ 开通前其两端电压近似为零，有效避免了晶闸管结电容或 RC 缓冲电路造成的电流冲击，并进一步结合桥臂电感以及储能桥臂对电流的控制能力，即可保证晶闸管导通初期的 $\mathrm{d}i/\mathrm{d}t$ 远低于器件厂家规定的临界值(通常记作 $\mathrm{d}i/\mathrm{d}t_{\mathrm{crit}}$，一般为几百 A/μs)。

另外，$[t_4,t_8]$时段的储能桥臂充电电流波形与$[t_0,t_4]$时段的放电电流波形类似，只是此时处于导通状态的是晶闸管 $\mathrm{T_{2a}}$，储能桥臂被并联至高压侧充电，通过控制 u_{Pa} 使 i_{Pa} 呈现幅值为 I_{H} 的梯形波。类似地，可求得储能桥臂于$[t_4,t_7]$期间与高压侧交换的能量为

$$\Delta E_{[t_4,t_7]}=\int_{t_4}^{t_7}u_{\mathrm{Pa}}i_{\mathrm{Pa}}\mathrm{d}t=U_{\mathrm{H}}I_{\mathrm{H}}(T_{\mathrm{c}}+T_{\mathrm{s}})=P(T_{\mathrm{c}}+T_{\mathrm{s}}) \tag{2.3}$$

根据式(2.2)与式(2.3)可知，储能桥臂在一个工作周期内释放与吸收的能量保持平衡，CET 拓扑能够平稳运行。

此外，晶闸管在处于断态时，若其两端施加的电压变化率过高，将在结电容中产生较大的电流，通常称为位移电流。位移电流能够起到类似门极触发电流的作用，造成晶闸管的误触发[5]。因此，需要对桥臂电压 u_{Pa} 的电压变化率进行限制，使其不超过器件厂家规定的临界值(通常记作 $\mathrm{d}u/\mathrm{d}t_{\mathrm{crit}}$，一般为几千 V/μs)。通过限制储能桥臂中每次投切子模块的数量[6]，令子模块以一定的时间间隔(1～2 μs)逐个进行投切，从而使 u_{Pa} 的上升、下降波形呈现为阶梯波。

为了得到连续的高、低压侧直流电流，三相储能桥臂的电流波形交错 120°，如图 2.8 所示，各相的电流脉动在输入输出直流侧得以相互抵消。当两个储能桥臂并联换流时，两相储能桥臂的电流此消彼长，且变化速度相同，使得高压侧和低压侧的电流保持为恒定的直流量，不受换流过程影响。

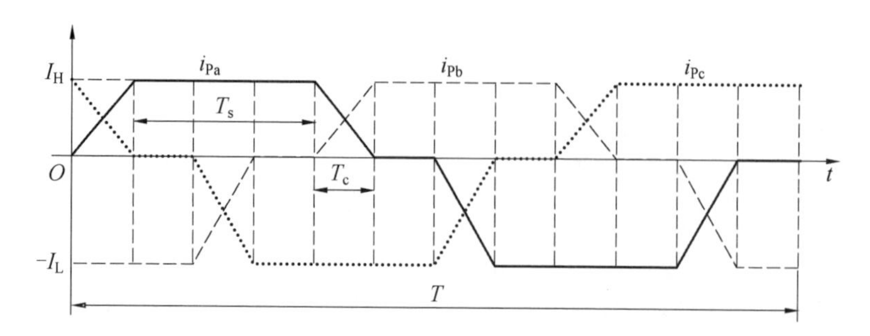

图 2.8　Buck－Boost 型 CET 拓扑三相桥臂电流波形

另外，当 Buck－Boost 型 CET 拓扑由低压侧向高压侧输送功率时，变换器的运行波形如图 2.9 所示。在$[t_0,t_4]$时段，储能桥臂并联至低压侧充电，充电电流流经二极管 D_{1a}。在$[t_4,t_8]$时段，储能桥臂并联至高压侧放电，放电电流流经二极管 D_{2a}。与图 2.7 所示的功率由高压侧传向低压侧的情况相比，无须触发晶闸管，并且不必在储能桥臂电流上叠加阈值为 I_{th} 的换流阀反向电流。

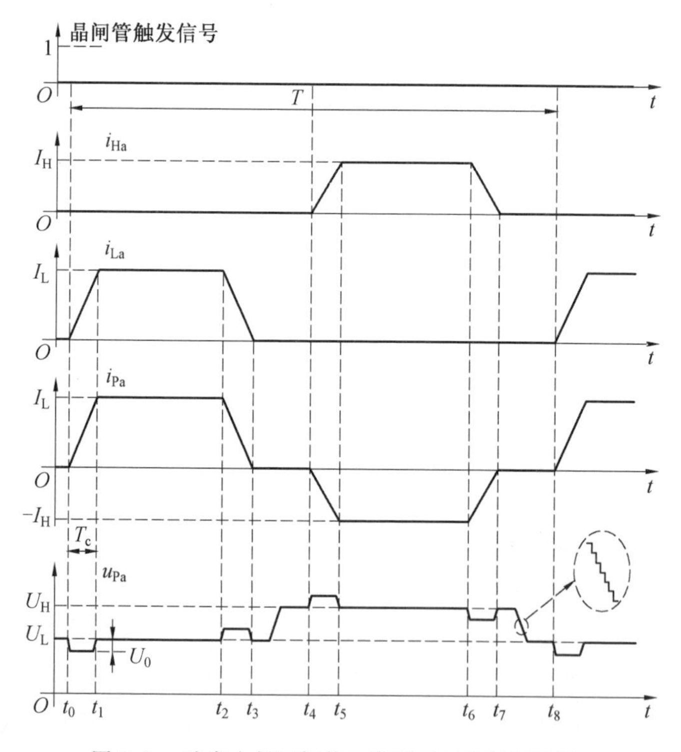

图 2.9　功率由低压侧传向高压侧时的运行波形

2.2.2 Buck－Boost型CET拓扑参数设计

（1）换流阀参数设计。

CET拓扑中，换流阀需要阻断的最大电压为高压侧和低压侧的电压之差，因此换流阀中串联晶闸管和二极管的数量可以表示为

$$N_{\mathrm{thy./dio.}}=\frac{U_{\mathrm{H}}-U_{\mathrm{L}}}{\lambda_{\mathrm{d}}U_{\mathrm{B}}} \tag{2.4}$$

式中，U_{B}为晶闸管和二极管的额定阻断电压；λ_{d}为器件串联的电压降额因子，一般为0.5～0.7。

由于输入输出直流电流均由三相换流阀电流合成，每个换流阀承载电流的时间为120°电角度，因此晶闸管和二极管的通态平均电流可分别表示为

$$I_{\mathrm{F(AV)-T_{1j}}}=I_{\mathrm{F(AV)-D_{1j}}}=\frac{1}{2\pi}\int_{0}^{2\pi/3}I_{\mathrm{L}}\mathrm{d}\theta=\frac{I_{\mathrm{L}}}{3} \tag{2.5}$$

$$I_{\mathrm{F(AV)-T_{2j}}}=I_{\mathrm{F(AV)-D_{2j}}}=\frac{1}{2\pi}\int_{0}^{2\pi/3}I_{\mathrm{H}}\mathrm{d}\theta=\frac{I_{\mathrm{H}}}{3} \tag{2.6}$$

（2）子模块参数设计。

如图2.7和图2.9所示，储能桥臂需要输出的最高电压为$U_{\mathrm{H}}+U_{0}$。若不考虑配置冗余子模块，则每相储能桥臂中需要的半桥子模块数目为

$$N=\frac{U_{\mathrm{H}}+U_{0}}{\left(1-\frac{\varepsilon}{2}\right)U_{\mathrm{C}}} \tag{2.7}$$

式中，U_{C}为子模块电容额定电压；ε为子模块电容电压相对额定电压的最大波动（峰峰值）。

子模块中IGBT的电压应力需要与子模块电容额定电压U_{C}相匹配。对于连接不同电压等级直流输电的DC/DC变换器，其子模块可以借鉴MMC的设计经验，通常U_{C}约为1.6 kV或2.4 kV，分别对应额定电压为3.3 kV或4.5 kV的IGBT器件[7]。IGBT的额定电流应大于储能桥臂电流的最大值I_{L}。

子模块电容用于缓冲储能桥臂充、放电产生的能量波动，需要保证子模块电容电压不超过设定的范围，即

$$\Delta E=\frac{1}{2}NC(U_{\mathrm{Cmax}}^{2}-U_{\mathrm{Cmin}}^{2})=NC\varepsilon U_{\mathrm{C}}^{2} \tag{2.8}$$

式中，ΔE表示储能桥臂最大能量波动，如图2.8所示，T_{c}与T_{s}之和等于工作周期T的1/3，因此由桥臂充电或放电过程的功率积分可得

$$\Delta E=\int_{0}^{0.5T}u_{\mathrm{Pa}}i_{\mathrm{Pa}}\mathrm{d}t=P(T_{\mathrm{c}}+T_{\mathrm{s}})=\frac{P}{3f} \tag{2.9}$$

将式(2.9)代入式(2.8),可得子模块电容量为

$$C=\frac{P}{3fN\varepsilon U_{C}^{2}} \tag{2.10}$$

(3) 桥臂电感参数设计。

桥臂电感的主要作用是限制储能桥臂电流中高频开关纹波大小,而开关纹波的产生原理可以由图2.10来表示。图中 T_{eq} 为储能桥臂的等效开关周期,等于子模块平均开关周期除以桥臂中子模块数量。当桥臂电压在投入 n 个子模块与 $n+1$ 个子模块之间切换的开关周期内,储能桥臂输出 nU_C 电压的持续时间为 DT_{eq},其中 D 表示对应的时间比例,而输出 $(n+1)U_C$ 电压的时间为 $(1-D)T_{eq}$。

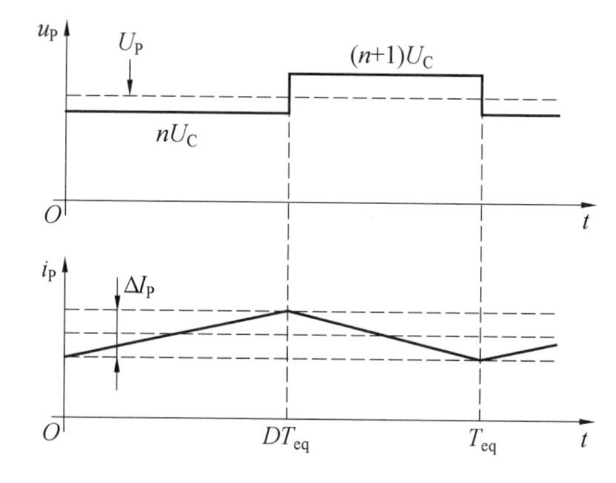

图2.10 储能桥臂电流纹波产生原理

在此开关周期内储能桥臂输出平均电压 U_P 可表示为

$$U_P=DnU_C+(1-D)(n+1)U_C=(n+1-D)U_C \tag{2.11}$$

因此产生的储能桥臂电流的波动值 ΔI_P 可以表示为

$$\Delta I_P=\frac{U_P-nU_C}{L}DT_{eq}=\frac{DT_{eq}(1-D)U_C}{L} \tag{2.12}$$

当 $D=0.5$ 时,Δi_{Pj} 取最大值。代入式(2.12),得到桥臂电感 L 应满足

$$L\geqslant\frac{U_C T_{eq}}{4\Delta I_{max}} \tag{2.13}$$

式中,ΔI_{max} 为容许的最大储能桥臂电流纹波。

2.2.3 Buck－Boost型CET拓扑仿真分析

为了验证所提出的Buck－Boost型CET拓扑,下面针对300 kV与200 kV两个不同电压等级直流输电线路互联的场景进行仿真研究。在实际直流输电工程中,均采用真双极或伪双极结构的接线方式,因此需要在正、负极分别配置一台

DC/DC变换器。然而考虑到双极的对称性，本章仿真中仅研究其中一极，拓扑仿真参数见表2.1。

表2.1　Buck－Boost型CET拓扑仿真参数

仿真参数	数值
额定功率 P/MW	150
高压侧电压 U_H/kV	300
低压侧电压 U_L/kV	200
每相子模块数量 N	200
子模块电容额定电压 U_C/kV	2
子模块电容容量 C/mF	3
桥臂电感 L/mH	10
晶闸管触发或关断阈值电流 I_{th}/A	5
工作频率 f/Hz	200

图2.11所示为Buck－Boost型CET拓扑功率双向传输的仿真波形。在0.1～0.3 s，CET拓扑的功率由高压侧向低压侧传递－150 MW功率。在0.3～0.5 s，传输功率由－150 MW逐渐变为150 MW。在0.5 s时刻，功率完成反转，此后拓扑功率一直保持为150 MW。整个过程中，传输功率P以及高、低压侧的直流电流i_H和i_L均能平滑地跟踪控制指令。a相200个子模块的电容电压u_{SMs}在额定值2 kV附近波动，额定功率下电容电压波动约为12%，与式(2.10)相符。

图2.12所示为功率由高压侧传向低压侧时的三相桥臂电压(u_{Pa}，u_{Pb}，u_{Pc})和储能桥臂电流(i_{Pa}，i_{Pb}，i_{Pc})稳态仿真波形。可以看出，三相储能桥臂的电压、电流波形完全相同，只是在相位上依次滞后120°。由于波形被设计成梯形波，因此换流的两相桥臂电流之和始终保持恒定，三相桥臂电流能够合成连续的输入输出直流电流。

图2.13(a)所示为当功率由高压侧传向低压侧时的a相稳态仿真波形。储能桥臂的充、放电电流分别流经晶闸管T_{2a}和T_{1a}，幅值分别为500 A与750 A，且电流幅值之比符合CET拓扑的电压变比$k=U_H/U_L$。换流阀承受的最大电压为高、低压侧电压之差100 kV。储能桥臂电压在充、放电时分别等于高、低压侧电压300 kV和200 kV，桥臂中无须注入交流电压。图2.13(b)进一步给出了功率由低压侧向高压侧传输时的稳态仿真波形。储能桥臂的充、放电电流分别流经

两个二极管 D_{1a} 和 D_{2a}，桥臂充、放电电流幅值与图 2.13(a) 恰好相反。储能桥臂电压在充、放电时分别等于低、高压侧电压。

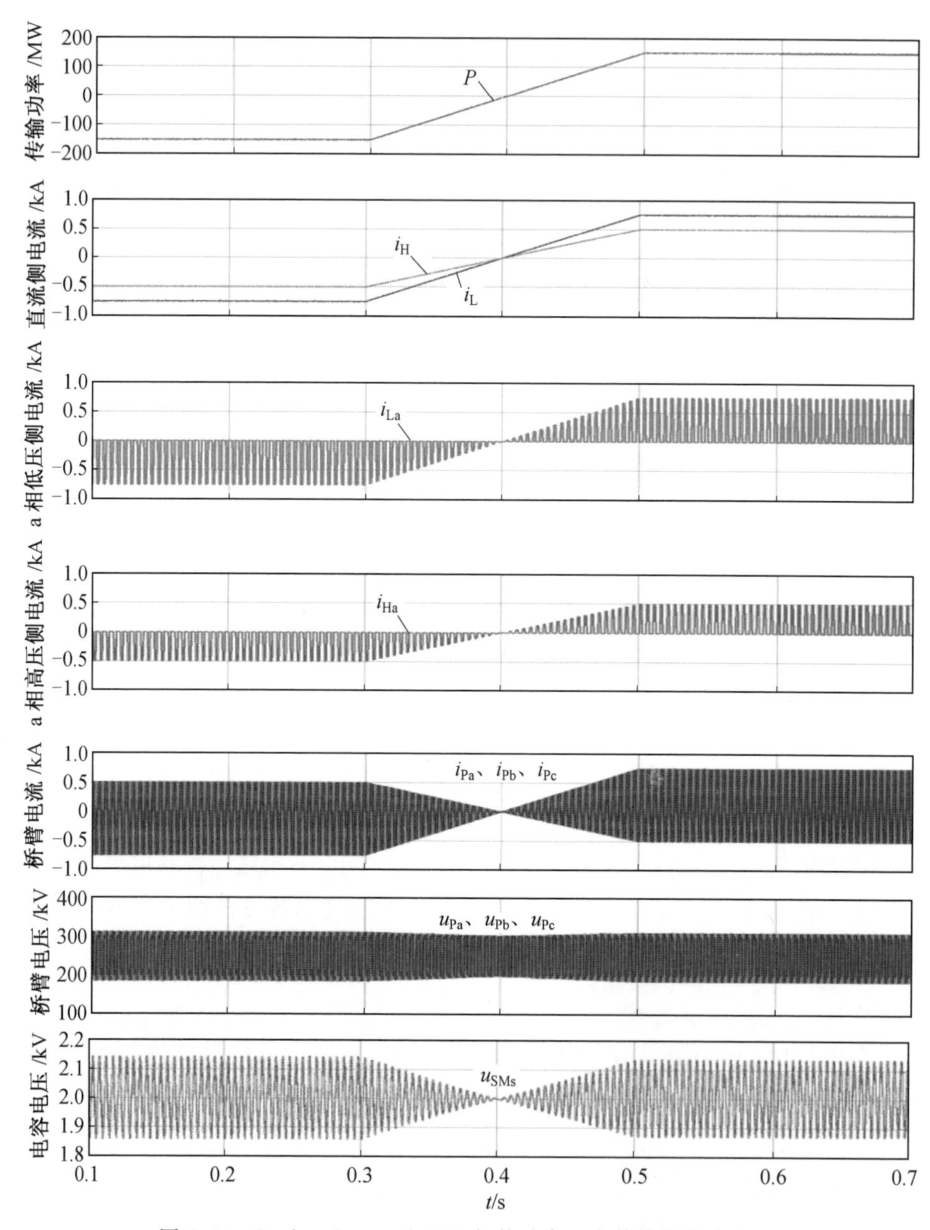

图 2.11　Buck－Boost 型 CET 拓扑功率双向传输的仿真波形

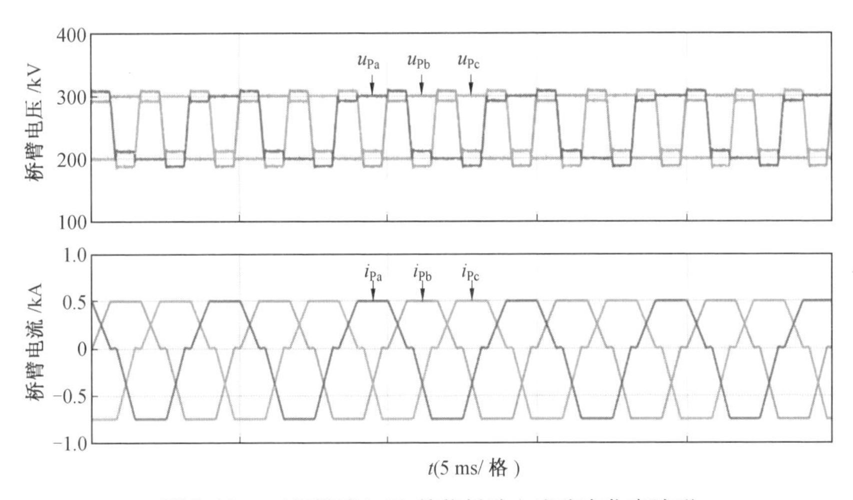

图 2.12　三相桥臂电压、储能桥臂电流稳态仿真波形

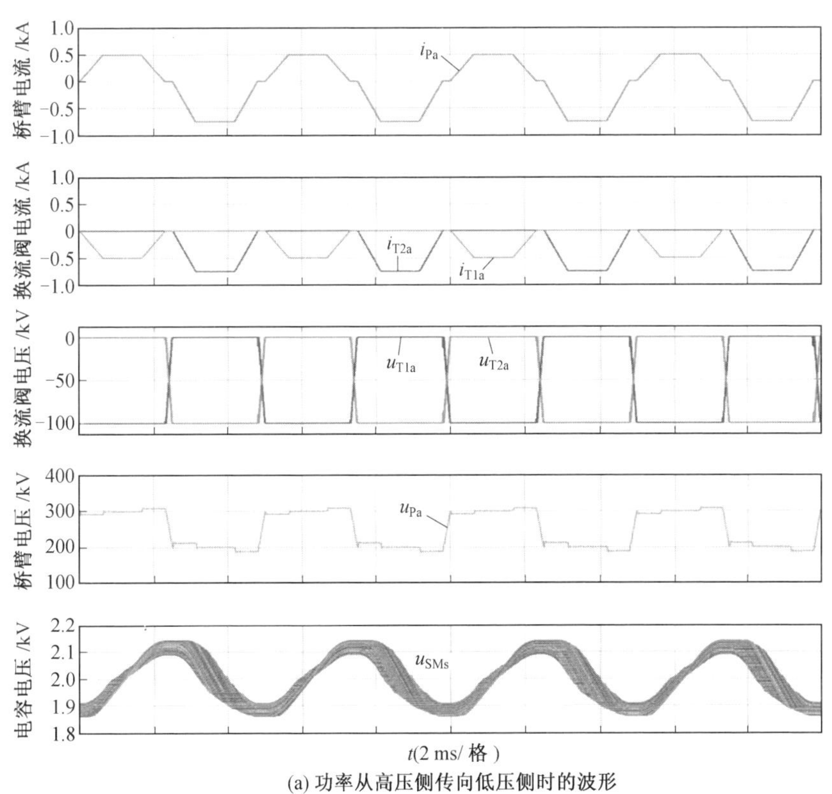

(a) 功率从高压侧传向低压侧时的波形

图 2.13　Buck－Boost 型 CET 拓扑 a 相稳态仿真波形

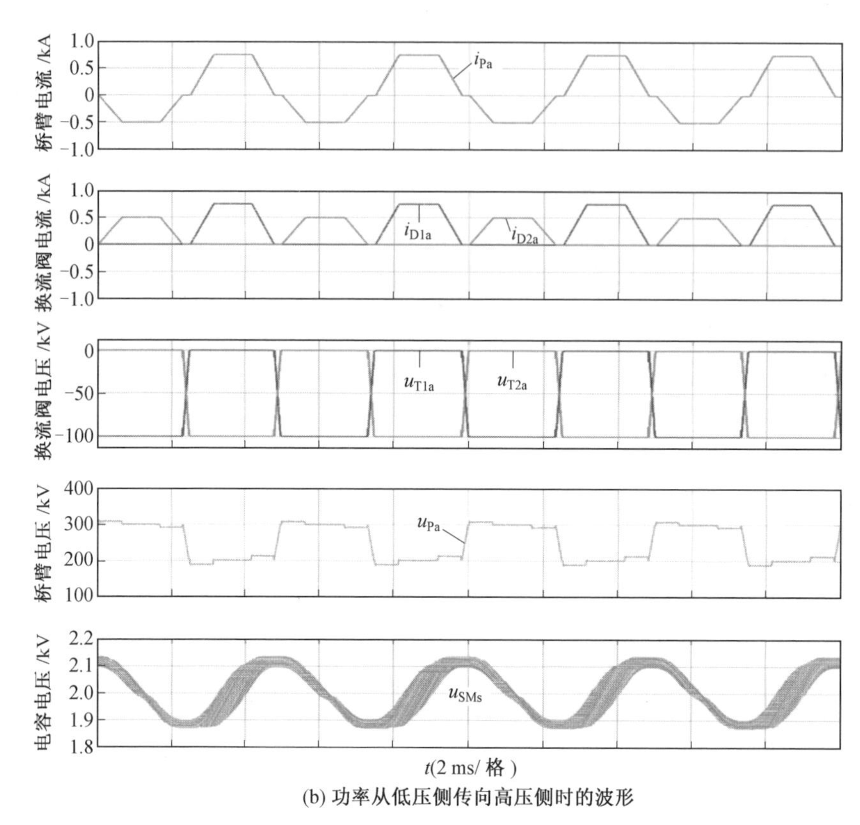

(b) 功率从低压侧传向高压侧时的波形

续图 2.13

图 2.14 所示是换流阀换流过程中，晶闸管关断与开通时换流阀电流及晶闸管触发信号的局部仿真波形。如图 2.14(a) 所示，当需要关断晶闸管 T_{1a} 时，首先将其电流逐渐减小到零并使换流阀电流发生反转，反向电流实际值超过阈值 $I_{th}=5$ A。该反向电流将流过反并联二极管 D_{1a}，使晶闸管可靠关断。另外，如图 2.14(b) 所示，当需要开通晶闸管 T_{2a} 时，先控制换流阀电流流经反并联二极管 D_{2a}，直到该反向电流幅值超过阈值 I_{th} 时才触发晶闸管，保证其零电压开通，从而能够限制晶闸管导通初期电流的上升速率。

针对仿真工况，进一步对提出的 Buck－Boost 型 CET 拓扑进行损耗分析。换流阀采用 7.5 kV/1.77 kA 晶闸管(型号 T1503NH) 与 6.8 kV/1.59 kA 二极管(型号 D1481N)。子模块采用 3.3 kV/1.2 kA IGBT(型号 5SNA1200G330100)。降额因子取 $\lambda_d=0.7$，因此拓扑中各换流阀需要 21 个晶闸管和二极管。图 2.15 所示为 Buck－Boost 型 CET 拓扑中单个半桥模块内各器件的损耗情况，由于换流阀可在近似零电压零电流的环境下实现开通和关断，其开关损耗与导通损耗相比可

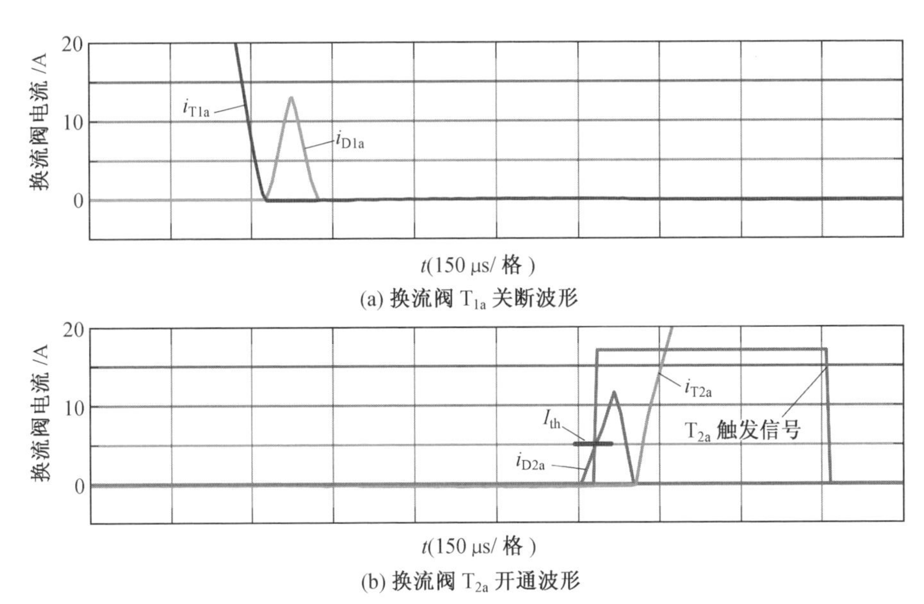

(a) 换流阀 T_{1a} 关断波形

(b) 换流阀 T_{2a} 开通波形

图 2.14　换流阀换流过程局部仿真波形

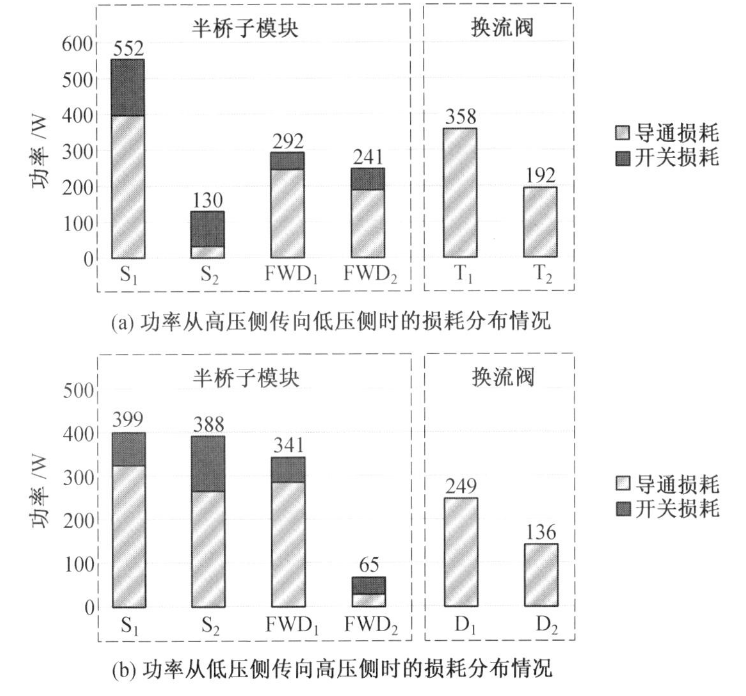

(a) 功率从高压侧传向低压侧时的损耗分布情况

(b) 功率从低压侧传向高压侧时的损耗分布情况

图 2.15　Buck－Boost 型 CET 拓扑中单个半桥模块内各器件的损耗情况

以忽略不计，因此这里换流阀仅考虑其导通损耗。从图中可以看出，子模块损耗的主要来源是开关管 S_1、S_2 及其反并联二极管 FWD_1、FWD_2 的导通损耗。虽然晶闸管和二极管亦有一定的导通损耗，但由于串联器件数目远远低于桥臂中子模块的数目，因此换流阀的损耗相对较低。

将各器件的平均损耗与器件数目相乘，可进一步得到拓扑的总损耗。当功率从高压侧传向低压侧时，提出的 Buck－Boost 型 CET 拓扑的总损耗约为 690.8 kW，效率约为 99.54%，其中子模块总损耗约为 656.1 kW，换流阀总损耗约为 34.7 kW。当功率从低压侧传向高压侧时，拓扑总损耗约为 668.5 kW，效率约为 99.55%，其中子模块总损耗约为 644.2 kW，换流阀总损耗约为 24.3 kW。

2.2.4 Buck－Boost 型 CET 拓扑实验验证

为进一步验证所提 Buck－Boost 型 CET 拓扑，通过搭建实验样机进行实验验证，具体的实验参数见表 2.2。

表 2.2 Buck－Boost 型 CET 拓扑实验参数

实验参数	数值
额定功率 P/kW	4.5
高压侧电压 U_H/V	450
低压侧电压 U_L/V	300
每相子模块数量 N	6
子模块电容额定电压 U_C/V	100
子模块电容容量 C/mF	3
桥臂电感 L/mH	2
晶闸管触发或关断阈值电流 I_{th}/A	2
工作频率 f/Hz	100

图 2.16 所示为功率由低压侧传向高压侧时的稳态实验波形。在该工况下，晶闸管的触发脉冲被闭锁，储能桥臂的电流交替地流经两个二极管。如图 2.16(a) 所示，a 相的六个子模块电容电压 u_{SMs} 在额定值 100 V 附近波动，相对纹波大小为 8.3%，与式(2.10) 相符，且电压平衡效果较好。三相储能桥臂电流(i_{Pa}，i_{Pb}，i_{Pc}) 呈现交错 120° 的梯形波，且充、放电电流幅值分别等于低、高压侧直流电流(i_L，i_H) 幅值，因此能够合成图 2.16(b) 所示连续平滑的直流电流波形。储能桥臂输出电压 u_{Pa} 交替匹配高、低压侧直流电压。此外，如图 2.16(c) 所示，二极管电流(i_{D1a}，i_{D2a}) 和二极管电压(u_{D1a}，u_{D2a}) 实验波形也均与理论波形相吻合。

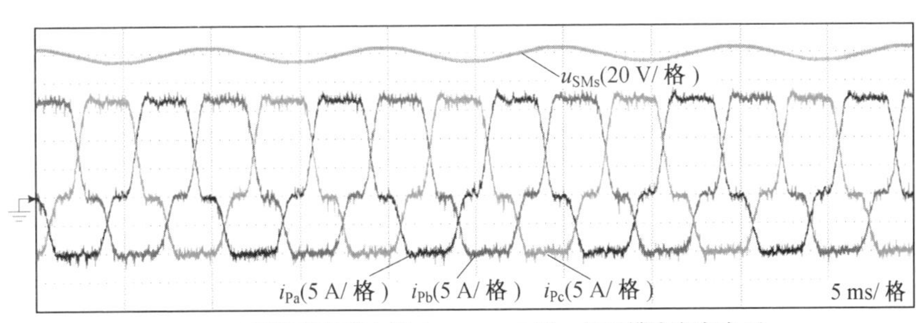

(a) 三相储能桥臂电流 (i_{Pa}, i_{Pb}, i_{Pc}) 及 a 相子模块电容电压 u_{SMs}

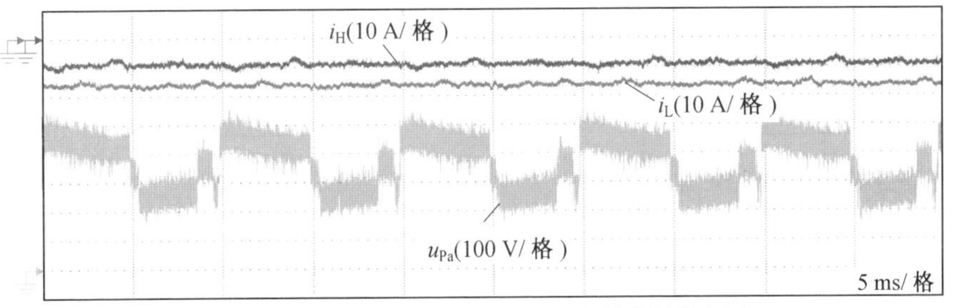

(b) 高低压侧直流电流 (i_H, i_L) 及 a 相储能桥臂电压 u_{Pa}

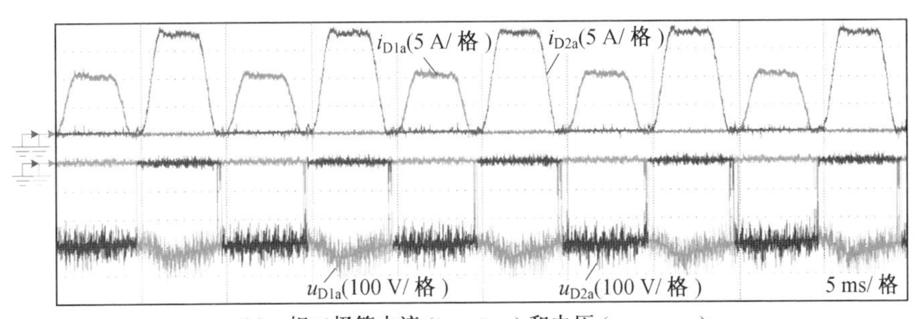

(c) a 相二极管电流 (i_{D1a}, i_{D2a}) 和电压 (u_{D1a}, u_{D2a})

图 2.16　功率由低压侧传向高压侧时的稳态实验波形

图 2.17 所示为功率由高压侧传向低压侧时的稳态实验波形。由图 2.17(a) 可见，子模块电容电压 u_{SMs} 平衡稳定，i_{Pa}、i_{Pb}、i_{Pc} 同样呈现为交错的梯形波波形，但与图 2.16(a) 中波形相比，充、放电电流幅值正好相反。此外，可观察到在晶闸管电流为零时，储能桥臂存在明显的过零电流。这是因为当需要关断晶闸管时，储能桥臂电流减小到零后开始反向，该反向电流流经反并联二极管，确保晶闸管的可靠关断。当需要触发开通晶闸管时，控制储能桥臂电流先流经需开通晶闸管的反并联二极管，当二极管电流超过阈值 $I_{th}=2$ A 时，再施加晶闸管的触发脉冲，为晶闸管创造近似零电压的开通环境，抑制晶闸管开通时的电流上升速率 di/dt。因此，如图 2.17(b) 所示，合成的 i_H 和 i_L 中亦存在由阈值电流引起的较为

明显的电流尖峰。但这是因为实验中高压侧电流为10 A,低压侧电流为15 A,而2 A的阈值电流占据直流电流的比例较大。在实际工程中,选择的阈值电流(例如本章仿真中的$I_{th}=5$ A)与高、低压侧的几百甚至上千安培电流相比几乎可以忽略,因此不会造成直流侧明显的电流尖峰,如仿真工况所示。此外,如图2.17(c)所示,晶闸管电流波形i_{T1a}和i_{T2a}为梯形波,而二极管电流i_{D1a}和i_{D2a}的波形中能观测到阈值电流引起的电流尖峰。图2.17(d)则展示了晶闸管T_{1a}和T_{2a}被交替触发,并能有效实现关断。实验结果中,储能桥臂输出电压u_{Pa}、晶闸管电流(i_{T1a},i_{T2a})以及晶闸管电压(u_{T1a},u_{T2a})均与理论分析吻合。

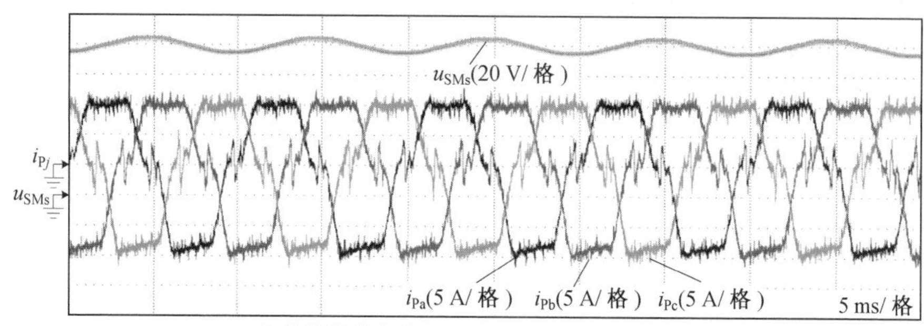

(a) 三相储能桥臂电流(i_{Pa}, i_{Pb}, i_{Pc})及a相子模块电容电压u_{SMs}

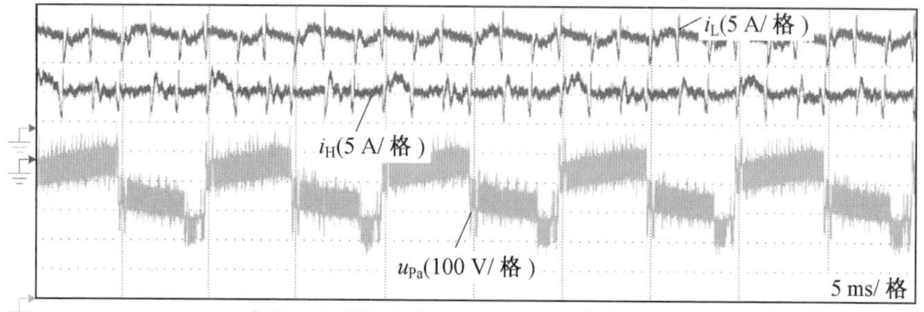

(b) 高低压侧直流电流(i_H, i_L)及a相储能桥臂电压u_{Pa}

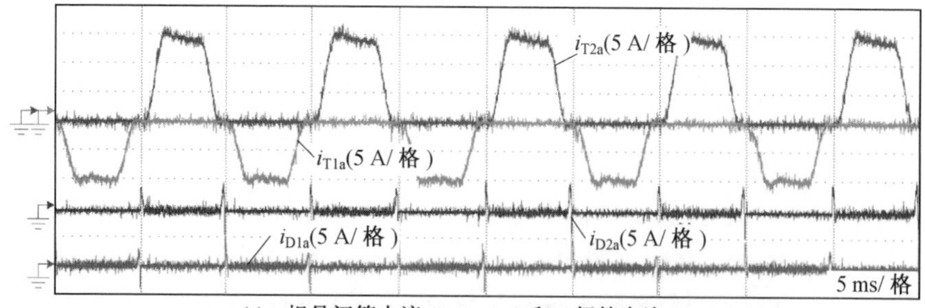

(c) a相晶闸管电流(i_{T1a}, i_{T2a})和二极管电流(i_{D1a}, i_{D2a})

图2.17　功率由高压侧传向低压侧时的稳态实验波形

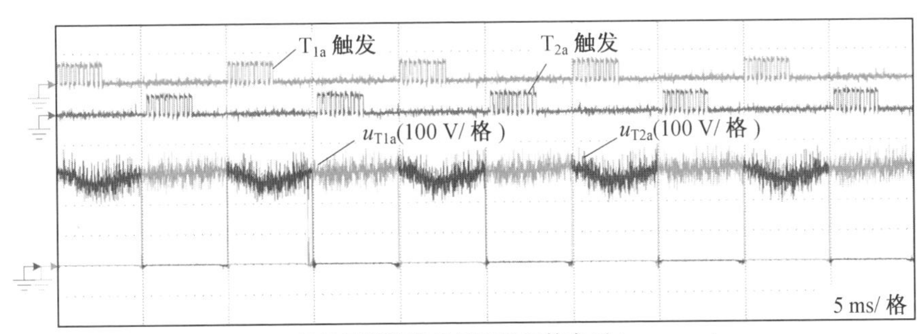

(d) a 相晶闸管触发信号和晶闸管电压 (u_{T1a}, u_{T2a})

续图 2.17

2.3　CET 型 DC/DC 变换器拓扑衍化

2.3.1　典型的 CET 型 DC/DC 变换器拓扑衍化

本节在 2.1 节介绍的拓扑构造原理基础上，对包括 Buck－Boost 变换器、Buck 变换器、Boost 变换器等其他经典的 DC/DC 拓扑进行重新构造，能够衍化得到一系列不同的 CET 型 DC/DC 变换器拓扑，主要包括以下典型拓扑[8]。

(1) 图 2.18(a) 所示为全桥 Buck－Boost 型 CET 变换器拓扑。在工作过程中，桥臂同样分别并联至高压侧和低压侧，与图 2.6 所示拓扑不同的是，其桥臂电流极性保持不变，桥臂电压极性在连接不同直流侧时发生翻转，因此需要使用全桥子模块。该拓扑可用于互联不同极性的直流输电系统，或作为直流电网中的线间潮流控制器(详见第 13 章)。

(2) 图 2.18(b) 所示为 Buck 型 CET 变换器拓扑，该拓扑每相电路需要四个换流阀。在工作过程中，与传统 Buck 型变换器类似，桥臂连接至高低压侧之间进行充电 / 放电，电流梯形波的幅值为 I_H；然后再并联到低压侧放电 / 充电，电流梯形波幅值为 $I_L - I_H$(桥臂电流的方向发生了变化)。桥臂电压极性保持不变，而电流极性在桥臂连接不同直流侧时发生了翻转。该拓扑桥臂承受电压为高低压侧电压之差，子模块数量较少，经济性优势较为明显。

(3) 图 2.18(c) 所示为全桥 Buck 型 CET 变换器拓扑。桥臂先连接到高低压侧之间充电 / 放电，电流梯形波的幅值为 I_H；然后再并联到低压侧放电 / 充电，电流梯形波幅值为 $I_L - I_H$。桥臂电流极性保持不变，而电压极性在桥臂连接不同直流侧时发生了翻转，因此需要使用全桥子模块来实现电压极性的翻转。

(4) 图 2.18(d) 所示为 Boost 型 CET 变换器拓扑。在工作过程中，与传统 Boost 变换器类似，桥臂先连接至高低压侧之间充电 / 放电，电流梯形波的幅值为 I_L；再并联到高压侧放电 / 充电，电流梯形波幅值为 $I_L - I_H$（但桥臂电流的方向发生了变化）。桥臂电压极性保持不变，而电流极性在桥臂连接不同直流侧时需要发生翻转。

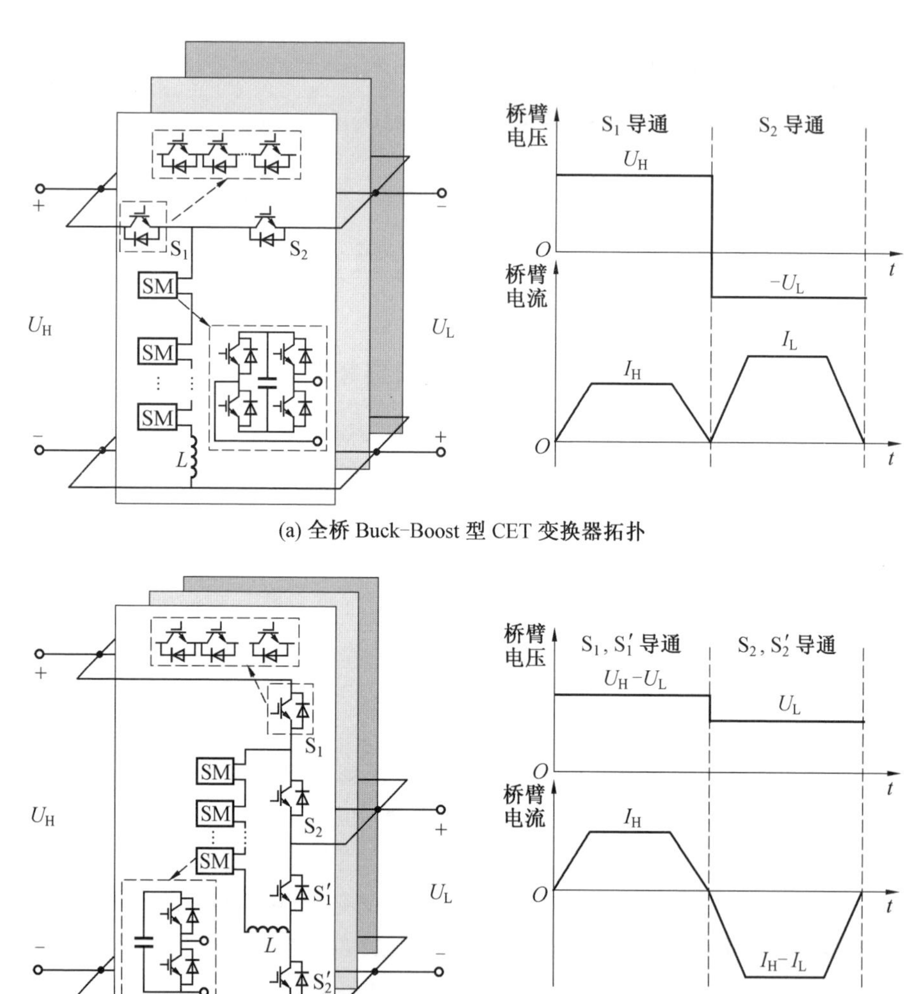

(a) 全桥 Buck-Boost 型 CET 变换器拓扑

(b) Buck 型 CET 变换器拓扑

图 2.18　几种典型的 CET 变换器拓扑

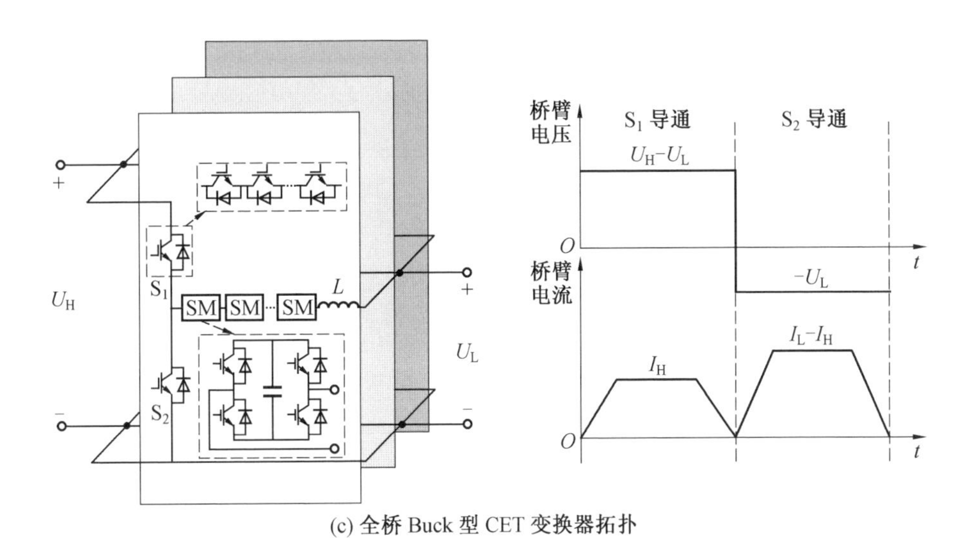

(c) 全桥 Buck 型 CET 变换器拓扑

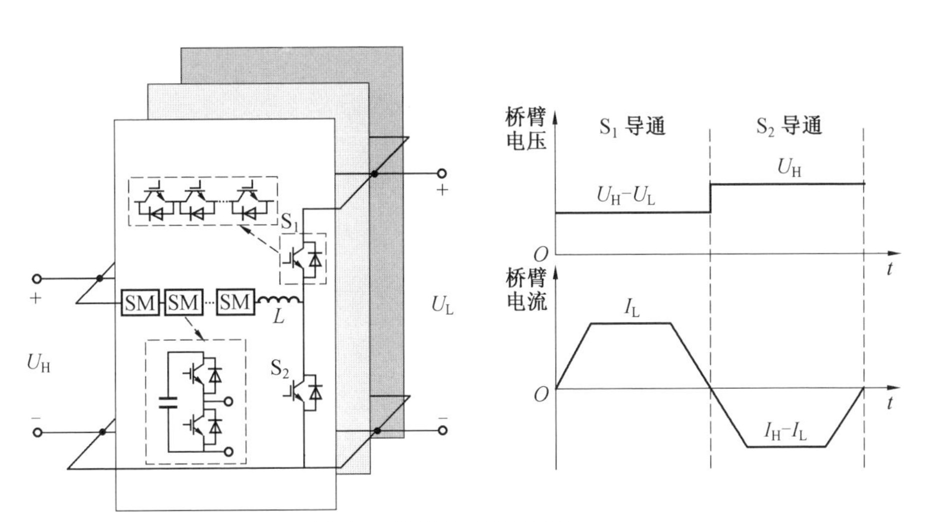

(d) Boost 型 CET 变换器拓扑

续图 2.18

此外，Cuk、Sepic 和 Zeta 等经典 DC/DC 变换电路亦可以按上述方法推演出类似的 CET 拓扑，但其对应的元器件数目过多、成本较高，实用价值不大。

2.3.2 几种典型 CET 拓扑对比

不同类型CET拓扑的特点与性能有所差异。为了能够在不同的工况下选择最合适的拓扑，需要进一步对几种典型的CET拓扑进行对比。参考2.2.2节中介绍的Buck－Boost型CET拓扑参数设计方法，可以计算出本节涉及的几种典型CET拓扑中换流阀中的器件数量、储能桥臂中的子模块数量以及子模块电容容量。由于不同拓扑中所采用开关器件的数量和电压/电流等级不同，因此这里采用器件的安装容量和拓扑总的电容储能需求 $E_{p.u.}$ 作为不同类型CET拓扑的对比指标，其中 $E_{p.u.}$ 为单位功率电容储能(kJ/MW)，具体表达式为

$$E_{p.u.}=\frac{3NCU_C^2}{2P}\times 10^3 \tag{2.14}$$

表2.3给出了五种不同类型CET拓扑的主要参数，其中 $k=U_H/U_L$ 表示拓扑的电压变比。从表中可以看出，各类CET拓扑的性能均与变比 k 的取值有关。为了直观对比，假设各拓扑的储能桥臂电流驱动电压 U_0 均为高压侧电压 U_H 的10%，将各类拓扑的器件安装容量和总的电容储能需求分别以 $3P$ 和 $(1/2\varepsilon f)$ 作为基准值进行归一化，可进一步绘制各类拓扑换流阀器件的安装容量、储能桥臂器件的安装容量和总的电容储能需求与变比 k 的关系曲线，分别如图2.19～2.21所示。图2.19所示为几种典型CET拓扑的换流阀器件安装容量，从图中可以看出，当变比 k 小于2时，Buck－Boost型CET拓扑换流阀器件安装容量最低，而当变比 k 大于2时，Boost型CET拓扑换流阀器件安装容量最低。如图2.20和图2.21所示，Buck型CET拓扑在储能桥臂的器件安装容量和总的电容储能需求方面，在任意变比下均优于其他类型的CET拓扑。然而由于换流阀可以采用器件成本较低且技术成熟的二极管或晶闸管器件，换流阀成本占拓扑总成本较低。因此，Buck型CET变换器拓扑的整体技术经济性最好，本书将在第4章中对其予以详细介绍。

表 2.3　几种典型 CET 变换器拓扑的参数对比

拓扑类型	每相换流阀所需器件	每相储能桥臂所需子模块	换流阀器件的安装容量	储能桥臂器件的安装容量	$E_{\mathrm{p.u.}}$ $\times 10^{-3}$
Buck－Boost	$2\dfrac{U_H-U_L}{U_C}$	$\dfrac{U_H+U_0}{U_C}$	$3\times\left(k-\dfrac{1}{k}\right)P$	$3\times(2.2k)P$	$\dfrac{1}{2\varepsilon f}$
全桥 Buck－Boost	$2\dfrac{U_H+U_L}{U_C}$	$\dfrac{U_H+U_0}{U_C}$	$3\times\left(2+k+\dfrac{1}{k}\right)P$	$3\times(4.4k)P$	$\dfrac{1}{2\varepsilon f}$
Boost	$2\dfrac{U_L}{U_C}$	$\dfrac{U_H+U_0}{U_C}$	$3\times\left(2-\dfrac{1}{k}\right)P$	$3\times(2.2k)P$	$\dfrac{k-1}{2\varepsilon f}$
Buck	$2\dfrac{U_H}{U_C}$	$\max\left\{\dfrac{U_H-U_L+U_0}{U_C}, \dfrac{U_L+U_0}{U_C}\right\}$	$3kP$	$\begin{cases}3\times\left(2.2k+\dfrac{2}{k}-4.2\right)P, & k>2\\ 3\times\left(\dfrac{2}{k}+0.2\right)P, & k\leqslant 2\end{cases}$	$\dfrac{1-\dfrac{1}{k}}{2\varepsilon f}$
全桥 Buck	$2\dfrac{U_H}{U_C}$	$\max\left\{\dfrac{U_H-U_L+U_0}{U_C}, \dfrac{U_L+U_0}{U_C}\right\}$	$3kP$	$\begin{cases}3\times\left(4.4k+\dfrac{4}{k}-8.4\right)P, & k>2\\ 3\times\left(\dfrac{4}{k}+0.4\right)P, & k\leqslant 2\end{cases}$	$\dfrac{1-\dfrac{1}{k}}{2\varepsilon f}$

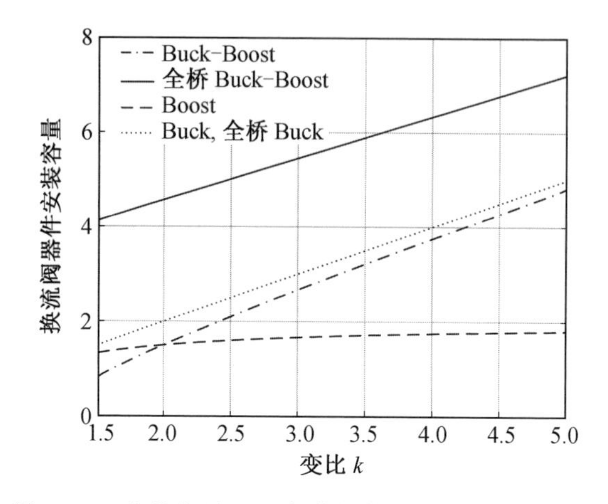

图 2.19　几种典型 CET 拓扑的换流阀器件安装容量

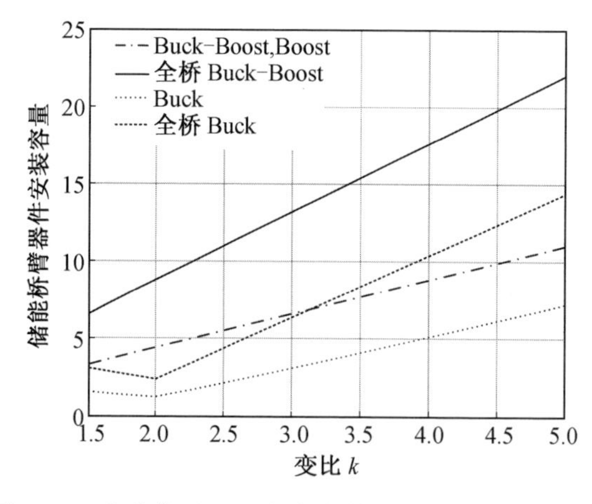

图 2.20　几种典型 CET 拓扑的储能桥臂器件安装容量

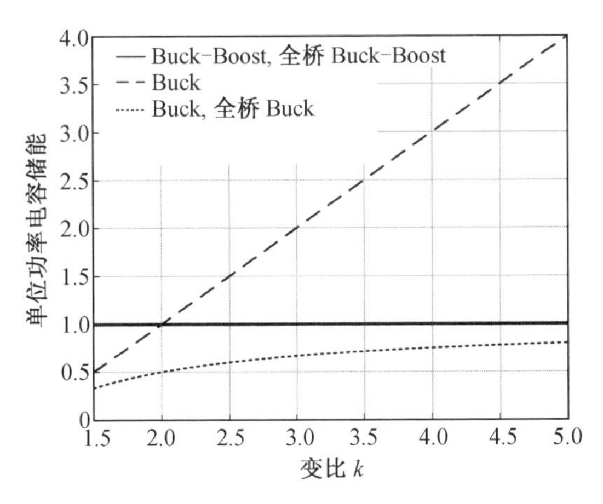

图 2.21　几种典型 CET 拓扑总的电容储能需求

本章参考文献

[1] 陈坚，康勇．电力电子学：电力电子变换和控制技术[M]．3 版．北京：高等教育出版社，2011．

[2] NAMI A，LIANG J Q，DIJKHUIZEN F，et al．Modular multilevel converters for HVDC applications：Review on converter cells and functionalities[J]．IEEE Transactions on Power Electronics，2015，30(1)：18-36．

[3] 李彬彬，张书鑫，程达，等．新型混合式高压直流输电 DC/DC 变换器[J]．电力系统自动化，2018，42(7)：116-122．

[4] LI B B，ZHAO X D，CHENG D，et al．Novel hybrid DC/DC converter topology for HVDC interconnections[J]．IEEE Transactions on Power Electronics，2019，34(6)：5131-5146．

[5] BALIGA B J．Fundamentals of power semiconductor devices[M]．Switzerland：Springer，2007．

[6] GOWAID I A，ADAM G P，MASSOUD A M，et al．Quasi two-level operation of modular multilevel converter for use in a high-power DC transformer with DC fault isolation capability[J]．IEEE Transactions on Power Electronics，2014，30(1)：108-123．

[7] SHARIFABADI K, HARNEFORS L, NEE H, et al. Design, control and application of modular multilevel converters for HVDC transmission systems[M]. New York: John Wiley & Sons, 2016.
[8] 李彬彬，张书鑫，赵晓东，等. 基于容性能量转移原理的高压大容量DC/DC变换器[J]. 中国电机工程学报，2021，41(3)：1103-1114.

第3章 组合式CET拓扑

本章首先提出几种不同的功率单向传输型CET拓扑，并重点介绍换流阀采用二极管的Boost型和Buck—Boost型两种功率单向传输型CET拓扑的工作原理。然后在此基础上，将上述两种功率单向传输型CET拓扑进行组合，通过机械开关切换拓扑的电路状态，构造出功率能够双向传输的组合式CET拓扑，同时实现机械开关的零电压零电流切换，并通过仿真及实验证明所提拓扑及控制方法的有效性。最后通过分析组合式CET拓扑的技术经济性，证实所提拓扑在成本和损耗方面的优势。

3.1 功率单向传输型CET拓扑工作原理

通过采用不同结构的换流阀，能够使CET拓扑具备功率单向传输或双向传输能力。换流阀是否能够实现功率双向传输取决于其本身能否双向导通电流。在功率仅需要单向传输的CET拓扑中，换流阀可以采用二极管、晶闸管、IGCT等单向导通型器件，如图3.1(a)所示。而当CET拓扑需要具备功率双向传输能力时，应采用双向导通电流的换流阀器件，如图3.1(b)所示。

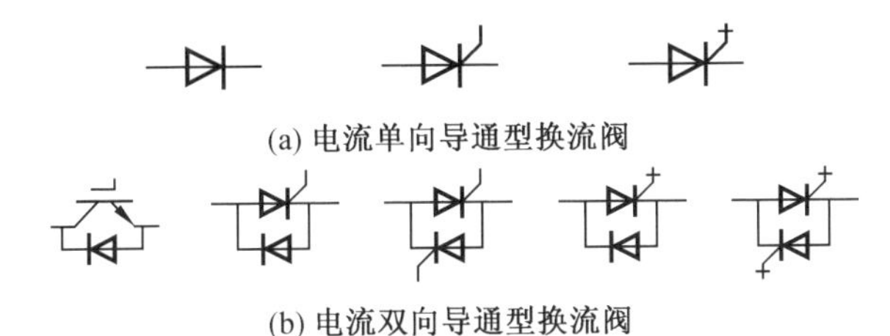

图3.1 典型的换流阀结构

图3.2所示为功率由高压侧向低压侧单向传输的CET拓扑，其中储能桥臂均采用半桥子模块。根据CET拓扑三相的对称性，图中仅绘出了各拓扑的a相结构。可见，图3.2(a)所示的Boost型拓扑的换流阀可采用二极管，相比之下控制最为简单，换流阀更为经济。

图3.3所示为功率单向传输Boost型CET拓扑工作原理波形。在[0, 0.5T]期间，储能桥臂串联至高低压侧之间，桥臂电流向各个子模块电容充电，充电阶段桥臂电流的幅值为I_L。在[0.5T, T]期间，储能桥臂并联至高压侧，子模块电容中存储的能量释放至高压侧，放电阶段的桥臂电流幅值为$I_H - I_L$。储能桥臂交替地串联至高低压侧之间充电、并联至高压侧放电，工作频率为$f(f=1/T)$。在充、放电过程中，储能桥臂的电流均被控制为梯形波，三相储能桥臂电流波形完全相同，相位依次相差120°，从而能够合成连续的高低压侧直流电流。

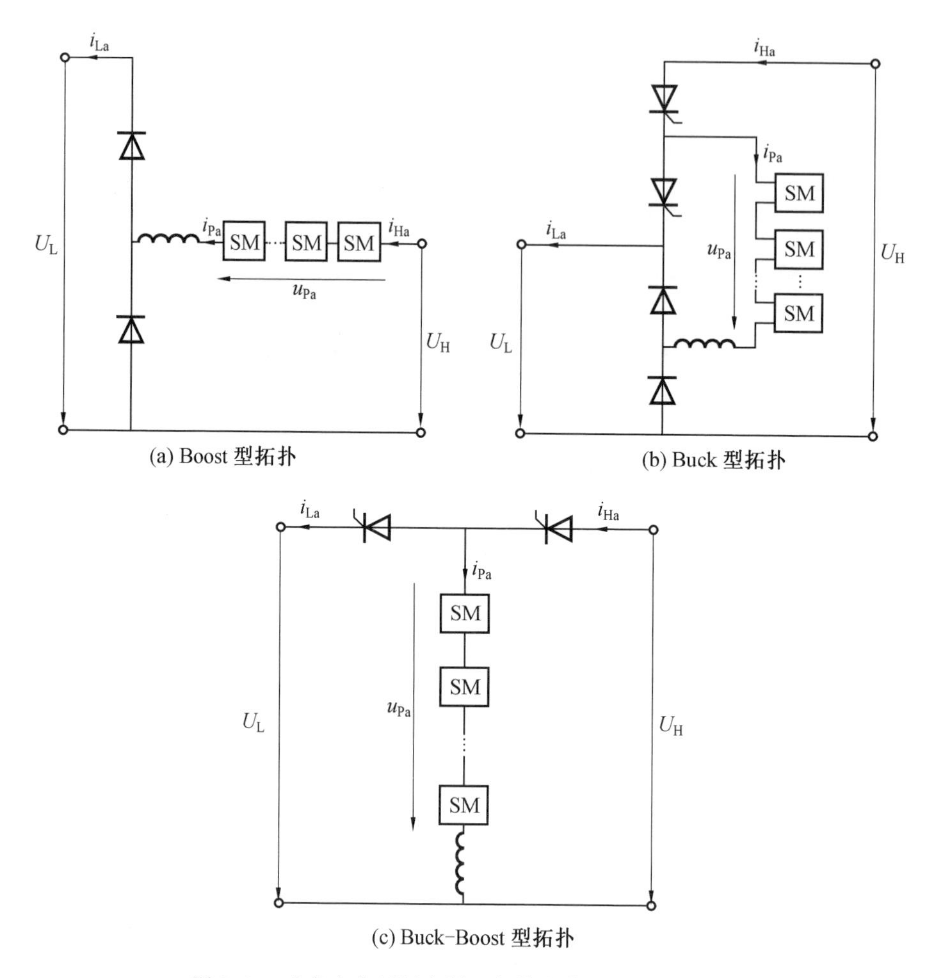

图 3.2　功率由高压侧向低压侧单向传输的 CET 拓扑

对于功率仅需由低压侧向高压侧传输的场景，图 3.4 给出了几种可行的单向功率传输 CET 拓扑，其中储能桥臂均采用半桥子模块。从图中可以看出，仅图 3.4(a) 所示的 Buck－Boost 型拓扑的换流阀可采用二极管。

图 3.5 所示为功率单向传输的 Buck－Boost 型 CET 拓扑工作波形。在 $[0, 0.5T]$ 期间，储能桥臂并联至低压侧，桥臂电流给各个子模块电容充电。在 $[0.5T, T]$ 期间，储能桥臂并联至高压侧，储存在各个子模块电容中的能量被释放到高压侧。在充、放电过程中，储能桥臂的电流被控制成幅值分别为 I_L 和 $-I_H$ 的梯形波，且三相储能桥臂电流波形同样交错 120°，保证平滑的高低压侧直流电流。

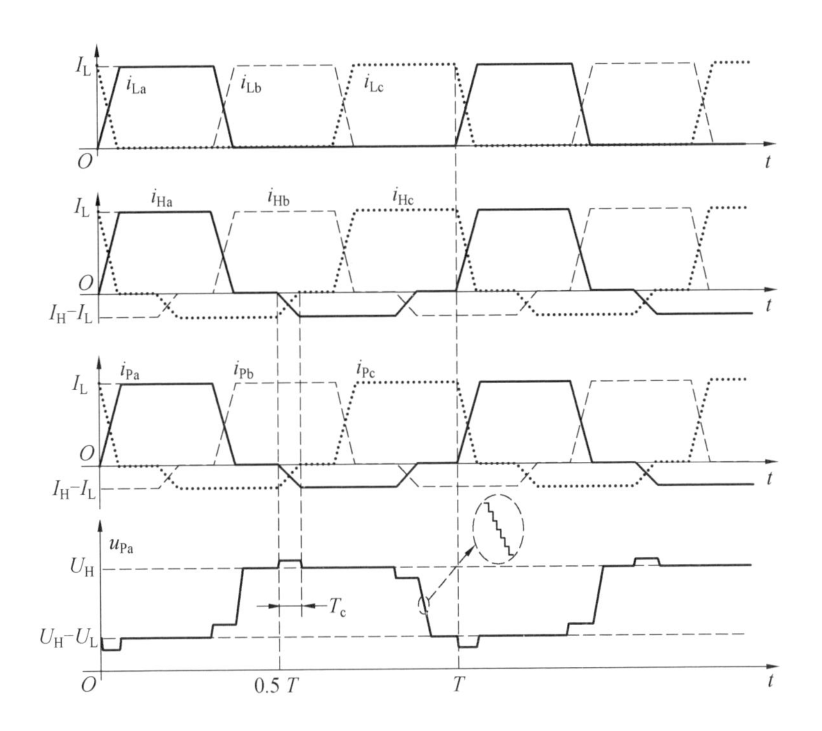

图 3.3　功率单向传输 Boost 型 CET 拓扑工作原理波形

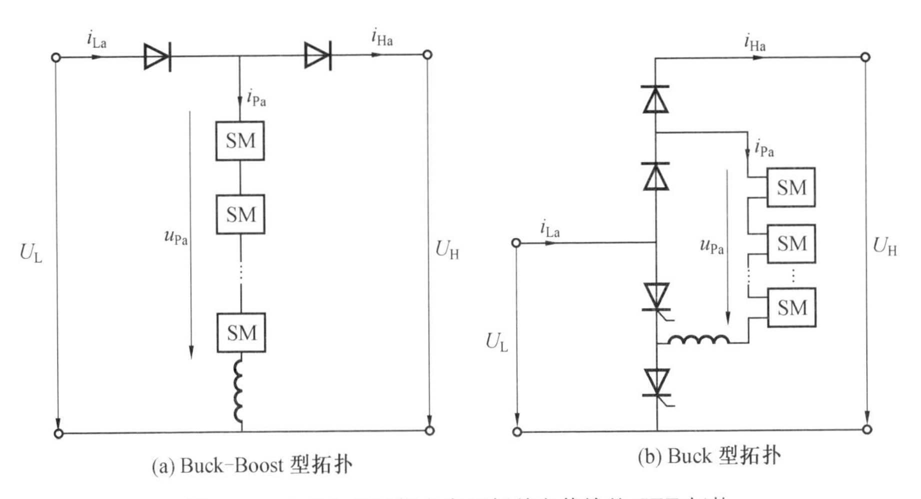

图 3.4　功率由低压侧向高压侧单向传输的 CET 拓扑

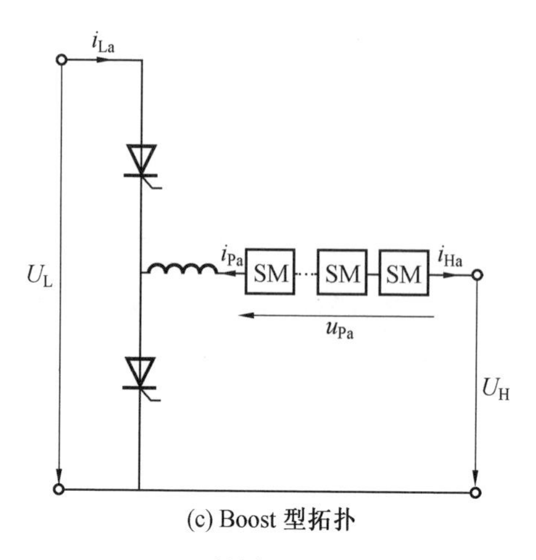

(c) Boost 型拓扑

续图 3.4

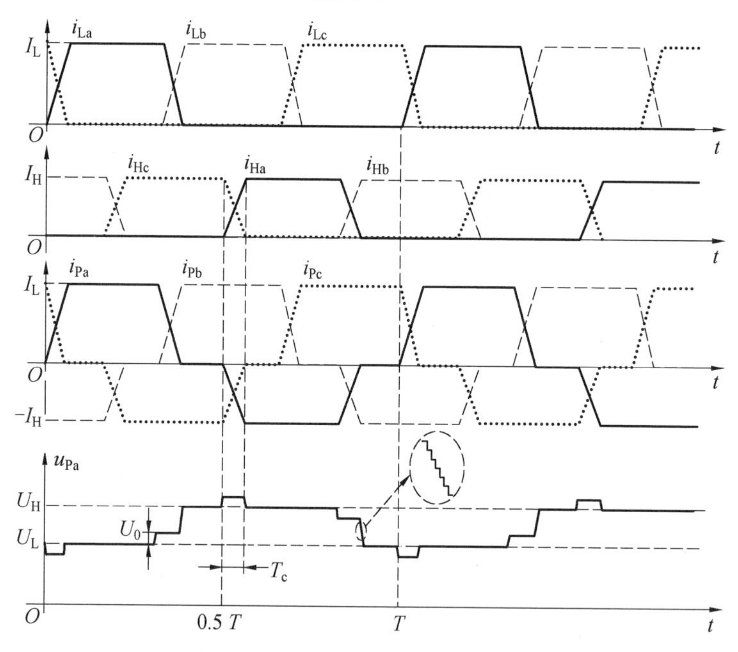

图 3.5　功率单向传输的 Buck－Boost 型 CET 拓扑工作波形

3.2　组合式 CET 拓扑及工作原理

回顾第 2 章中的 Buck－Boost 型 CET 拓扑，换流阀采用晶闸管和二极管，实际上就是图 3.2(c) 与图 3.4(a) 中两种功率单向传输 Buck－Boost 型拓扑的组

合。事实上，CET 变换器亦可由两种不同类型的功率单向传输拓扑组合而成。基于这一思想，本节将图 3.2(a) 和图 3.4(a) 两种换流阀为二极管的拓扑进行组合，并利用机械开关实现电路状态的切换，构造具备功率双向传输能力的组合式 CET 变换器拓扑。

3.2.1　组合式 CET 拓扑结构

图 3.6 所示为组合式 CET 拓扑[3]，该拓扑由三相结构相同的电路组成，每相包括四个二极管换流阀（D_{1j}、D_{2j}、D_{3j}、D_{4j}）、一个由半桥子模块和缓冲电感 L 串联组成的储能桥臂，以及两个机械开关（FD_{1j}、FD_{2j}）。机械开关 FD_{1j} 和 FD_{2j} 分别与换流阀 D_{2j} 和 D_{4j} 并联。U_H 和 U_L 分别代表高压侧和低压侧的直流电压，I_H 和 I_L 分别代表高压侧和低压侧的直流电流。i_{Hj} 和 i_{Lj} 分别代表各相的高压侧和低压侧电流，i_{Pj} 代表各相储能桥臂电流，u_{Pj} 代表各相储能桥臂电压。

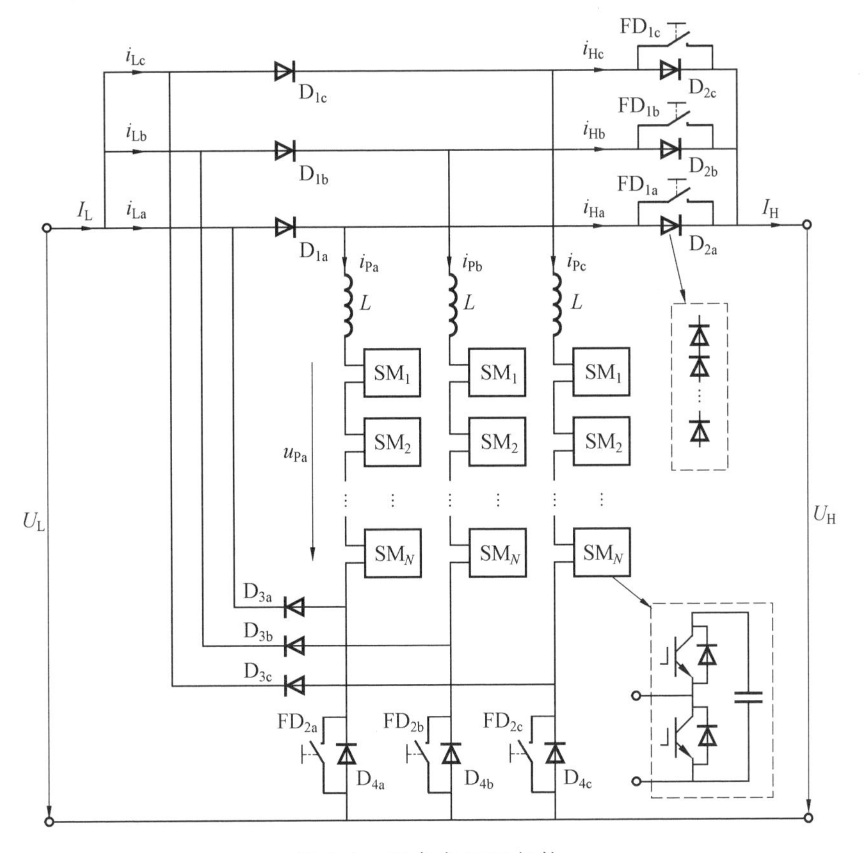

图 3.6　组合式 CET 拓扑

组合式 CET 拓扑具有两种不同的电路状态，如图 3.7 所示，通过改变机械开关的开关逻辑，拓扑可以在两种电路状态之间切换。当 FD_{1a} 处于分闸状态而 FD_{2a} 处于合闸状态时，如图 3.7(a) 所示，D_{4a} 被旁路而 D_{3a} 始终处于截止状态，组合式拓扑处于 Buck－Boost 电路状态，储能桥臂电流交替地流过 D_{1a} 和 D_{2a}，按图 3.4(a) 所示的功率单向传输拓扑进行工作，功率由低压侧向高压侧传递。当 FD_{1a} 处于合闸状态而 FD_{2a} 处于分闸状态时，如图 3.7(b) 所示，D_{2a} 被旁路而 D_{1a} 始终处于截止状态，组合式 CET 拓扑处于 Boost 电路状态，储能桥臂电流交替地流过 D_{3a} 和 D_{4a}，按图 3.2(a) 所示的功率单向传输拓扑进行工作，功率由高压侧向低压侧传递。

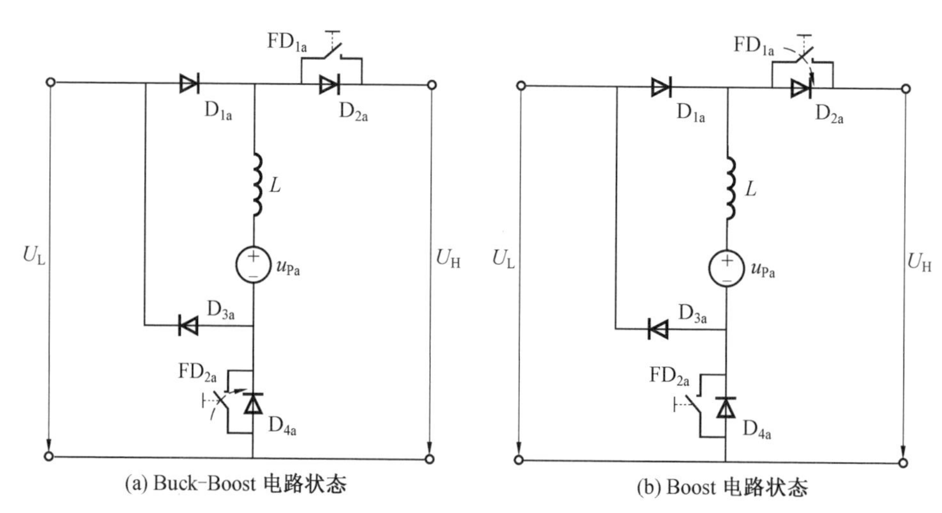

图 3.7　组合式 CET 拓扑的等效电路

3.2.2　组合式 CET 拓扑机械开关切换控制

组合式 CET 拓扑的电路状态不同时，允许的功率传输方向不同。当功率方向需要反转时，需要改变机械开关的开关逻辑实现拓扑电路状态的切换。需要注意的是，机械开关的开关动作速度较慢，因此组合式 CET 拓扑在实现功率反转时存在一定的时间限制。在实际的 HVDC 工程中，功率调节的爬坡速率通常不会很快，不超过每分钟 100 MW[1]，对于机械开关的动作速度要求不是很高。但在一些需要功率快速反转的场合中，亦可采用混合式高压直流断路器中的超快速机械开关(ultra fast disconnector，UFD) 技术，可在 5 ms 内完成切换动作。但 UFD 不具备电流切断能力，需要在小电压零电流条件下完成切换[2]。因此在组合式 CET 拓扑中，可以通过储能桥臂的主动控制，为 UFD 创造零电压零电流

的开关条件(zero voltage zero current switching,ZVZCS)。

为实现机械开关的 ZVZCS,设计的机械开关切换控制时序如图 3.8 所示。当功率由高压侧向低压侧传递时($P_{ref}<0$),FD_{1a} 处于合闸状态($S_{FD1a}=1$),FD_{2a} 处于分闸状态($S_{FD2a}=0$)。若功率方向需要反转,则组合式 CET 变换器拓扑的功率指令 P_{ref} 按照预定的速率下降为零并保持一段时间。此时机械开关电流为零,储能桥臂输出电压与高压侧电压 U_H 相匹配,从而实现机械开关的 ZVZCS。然后两个机械开关的开关逻辑(S_{FD1a} 和 S_{FD2a})分别在一定的时间间隔 T_{delay1} 和 T_{delay2} 后进行切换,该时间间隔主要由机械开关的动作时间决定。机械开关建立起足够的绝缘强度后,功率指令 P_{ref} 按照设定的爬坡速率逐渐增加,实现功率方向的反转。

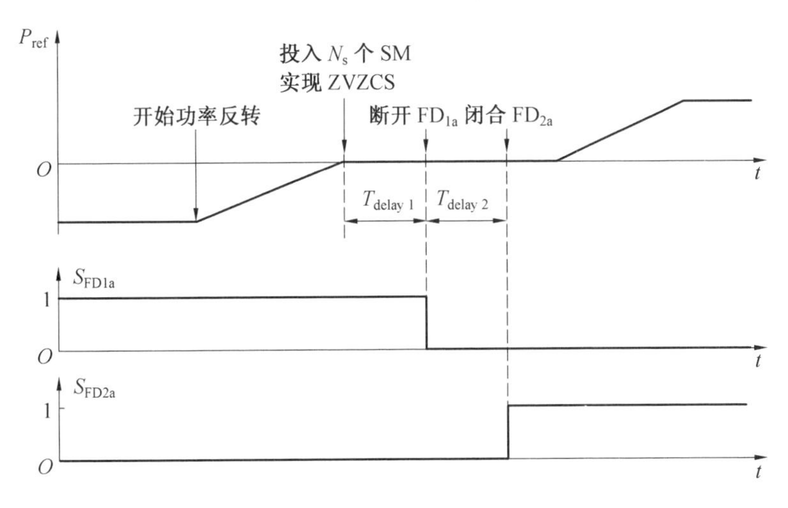

图 3.8　机械开关切换控制时序

3.3　组合式 CET 拓扑参数设计

(1) 子模块参数设计。

根据图 3.3 和图 3.5,组合式 CET 拓扑的储能桥臂需要承担的最大电压为高压侧电压加上电流驱动电压 U_0,不考虑冗余时储能桥臂中子模块数量为

$$N=\frac{U_H+U_0}{(1-\varepsilon/2)U_C} \tag{3.1}$$

因此子模块中所需的 IGBT 数量为 $2N$。同样从图 3.3 和图 3.5 中可以看出,

IGBT 的额定电流应大于流经储能桥臂的最大电流 I_{L}。

关于子模块电容，当拓扑处于 Buck－Boost 电路状态时，功率从低压侧传向高压侧，子模块电容应满足

$$C=\frac{P}{3NU_{\mathrm{C}}^{2}f\varepsilon} \tag{3.2}$$

当拓扑处于 Boost 电路状态时，功率从高压侧传向低压侧，子模块电容应满足

$$C=\frac{P(k-1)}{3NU_{\mathrm{C}}^{2}f\varepsilon} \tag{3.3}$$

式中，k 表示变换器的电压变比，$k=U_{\mathrm{H}}/U_{\mathrm{L}}$。

综合两种情况，子模块电容应选择式(3.2) 和式(3.3) 中的较大者，因此可得储能桥臂子模块电容计算公式为

$$C=\begin{cases}\dfrac{P}{3NU_{\mathrm{C}}^{2}f\varepsilon}, & k<2\\ \dfrac{P(k-1)}{3NU_{\mathrm{C}}^{2}f\varepsilon}, & k\geqslant 2\end{cases} \tag{3.4}$$

(2) 换流阀参数设计。

对于换流阀 D_{1j} 和 D_{2j}，当组合式拓扑处于 Buck－Boost 电路状态时，D_{1j} 和 D_{2j} 交替导通，换流阀处于阻断状态时需要阻断高低压侧电压之差。而当拓扑处于 Boost 电路状态时，D_{2j} 被机械开关旁路，D_{1j} 处于阻断状态，D_{1j} 需要阻断高低压侧电压之差。因此，换流阀 D_{1j} 和 D_{2j} 中串联二极管的数量为

$$N_{\mathrm{D}_{1j},\mathrm{D}_{2j}}=\frac{U_{\mathrm{H}}-U_{\mathrm{L}}}{\lambda_{\mathrm{d}}U_{\mathrm{B}}} \tag{3.5}$$

同理，换流阀 D_{3j} 和 D_{4j} 需要阻断低压侧电压，因此其所需要的串联二极管个数为

$$N_{\mathrm{D}_{3j},\mathrm{D}_{4j}}=\frac{U_{\mathrm{L}}}{\lambda_{\mathrm{d}}U_{\mathrm{B}}} \tag{3.6}$$

关于二极管电流设计方面，所有的换流阀均仅导通 120°，因此换流阀中二极管的通态平均电流计算为

$$I_{\mathrm{F(AV)-D}_{1j}}=\frac{1}{2\pi}\int_{0}^{2\pi/3}I_{\mathrm{L}}\,\mathrm{d}\theta=\frac{I_{\mathrm{L}}}{3} \tag{3.7}$$

$$I_{\mathrm{F(AV)-D}_{2j}}=\frac{1}{2\pi}\int_{0}^{2\pi/3}I_{\mathrm{H}}\,\mathrm{d}\theta=\frac{I_{\mathrm{H}}}{3} \tag{3.8}$$

$$I_{\mathrm{F(AV)-D}_{3j}}=\frac{1}{2\pi}\int_{0}^{2\pi/3}I_{\mathrm{L}}\,\mathrm{d}\theta=\frac{I_{\mathrm{L}}}{3} \tag{3.9}$$

$$I_{F(AV)-D_{4j}} = \frac{1}{2\pi}\int_{0}^{2\pi/3} (I_L - I_H)\mathrm{d}\theta = \frac{I_L - I_H}{3} \tag{3.10}$$

（3）机械开关参数设计。

在组合式 CET 中，机械开关 FD_{1j} 和 FD_{2j} 分别与换流阀 D_{2j} 和 D_{4j} 并联。因此，FD_{1j} 需承受的电压等于高低压侧电压之差 $U_H - U_L$，而 FD_{2j} 需要承受低压侧电压 U_L。机械开关 FD_{1j} 和 FD_{2j} 的电流应力均等于储能桥臂的最大电流 I_L。

3.4　组合式 CET 拓扑仿真及实验验证

3.4.1　组合式 CET 拓扑仿真分析

为验证组合式 CET 变换器拓扑及机械开关切换控制逻辑的有效性，本节搭建了 150 MW、200 kV/300 kV 的仿真模型，详细仿真参数见表 3.1。

表 3.1　组合式 CET 拓扑仿真参数

仿真参数	数值
额定功率 P/MW	150
高压侧电压 U_H/kV	300
低压侧电压 U_L/kV	200
每相子模块数量 N	180
额定子模块电容电压 U_C/kV	2
子模块电容容量 C/mF	2
缓冲电感 L/mH	10
工作频率 f/Hz	250

图 3.9 所示为组合式 CET 拓扑仿真波形。初始时变换器从高压侧向低压侧传输功率 $P = -150$ MW。在此工况下，机械开关 FD_{1j} 为合闸状态，FD_{2j} 为分闸状态。然后在 0.3～0.5 s，DC/DC 变换器功率从 −150 MW 逐渐变为零。当变换器功率到达零之后，机械开关 FD_{1j} 和 FD_{2j} 的开关控制逻辑 S_{FD1a} 和 S_{FD2a} 发生改变，组合式 CET 拓扑电路状态从 Boost 型切换为 Buck−Boost 型。随后功率反向传输，变换器功率由零逐渐变为 150 MW，并在 0.8 s 之后维持在 150 MW 不变。从图中可以看出，三相储能桥臂电流均为梯形波，且互相交错 120°，因此能够合成连续平滑的高低压侧直流电流 i_H 和 i_L。图中 a 相 180 个子模块的电容电压均在额定值 2 kV 附近波动，保持平衡稳定。

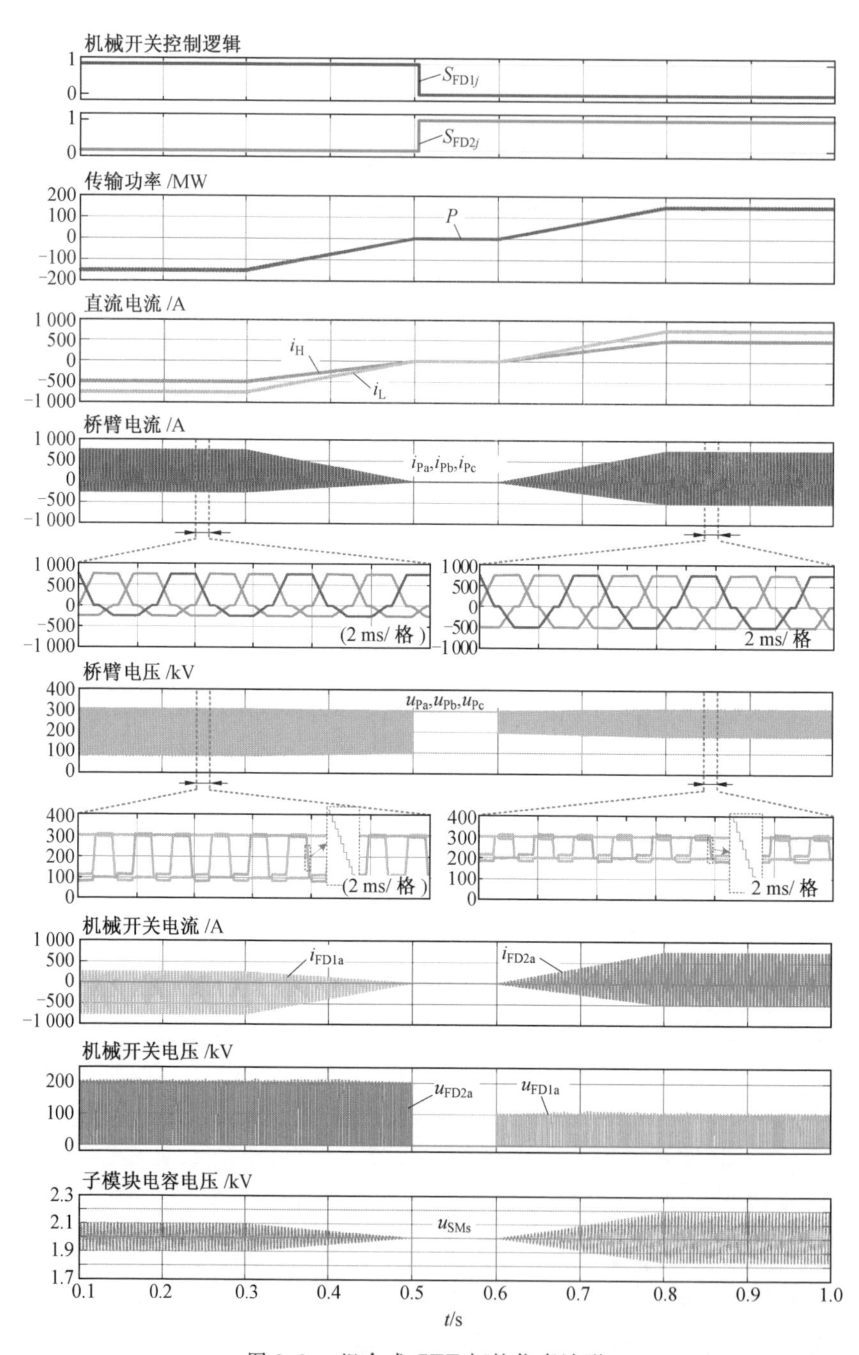

图 3.9　组合式 CET 拓扑仿真波形

图 3.10(a) 所示为功率从高压侧向低压侧传输时的 a 相稳态仿真波形。此时拓扑处于 Boost 电路状态，机械开关 FD_{1a} 保持合闸状态，其电流波形与储能桥臂电流 i_{Pa} 相同，呈现为有正有负的梯形波。其中充电电流幅值为低压侧电流 750 A，放电电流幅值为高低压侧电流之差 250 A。储能桥臂充电电流和放电电流分别流经换流阀 D_{3a} 和 D_{4a}，两者阻断状态下承受的阻断电压均为低压侧直流电压 200 kV。储能桥臂交替地被串联到高低压侧之间，输出电压为电压差 100 kV，或并联至高压侧，输出电压为 300 kV。此外，u_{Pa} 在变化过程中呈现阶梯波，避免产生过大的 du/dt。图 3.10(b) 所示为功率从低压侧向高压侧传输时的 a 相稳态仿真波形。此时拓扑处于 Buck－Boost 电路状态，由于机械开关 FD_{2a} 保持合闸状态，因此其电流波形与储能桥臂电流 i_{Pa} 相同。充电电流和放电电流分

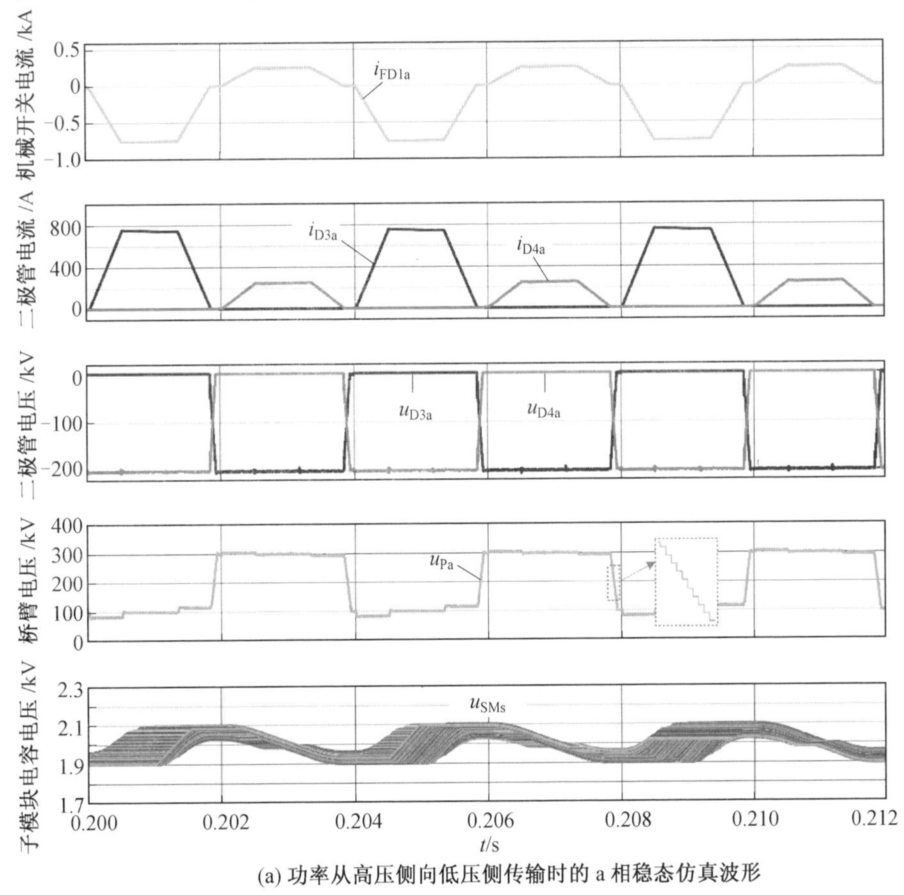

(a) 功率从高压侧向低压侧传输时的 a 相稳态仿真波形

图 3.10　组合式 CET 变换器稳态仿真波形

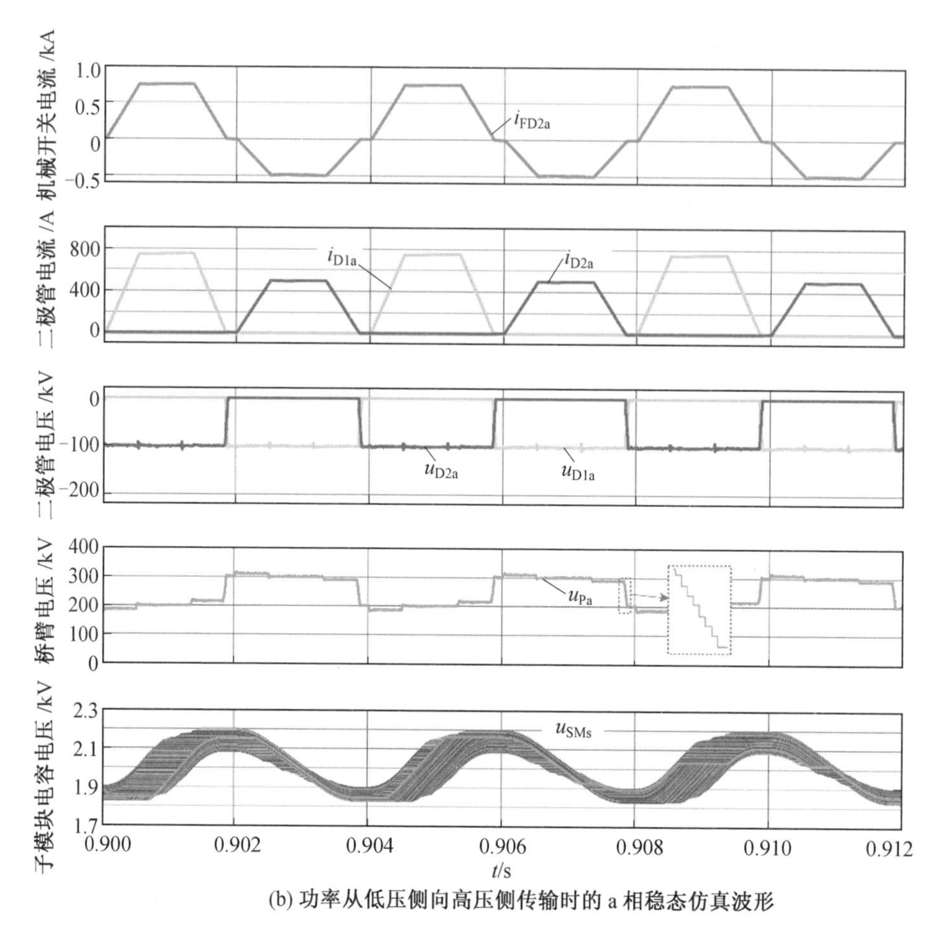

(b) 功率从低压侧向高压侧传输时的 a 相稳态仿真波形

续图 3.10

别流经换流阀 D_{1a} 和 D_{2a}，充、放电电流幅值分别为低压侧电流 750 A 和高压侧电流500 A。这两个换流阀中的一个导通时，另一个处于阻断状态并阻断高低压侧电压之差 100 kV。储能桥臂交替地被并联到高压侧和低压侧，分别输出高压侧电压300 kV 和低压侧电压 200 kV。值得注意的是，在此工况下，子模块电容电压的纹波约为图 3.10(a) 中的 2 倍，考虑到仿真中电压变比 $k=1.5$，该电容电压波动大小与式(3.4) 相符。

图 3.11 所示为机械开关切换过程局部仿真波形。在 0.5 s 时刻，组合式 CET 变换器功率为零，此时机械开关的电流 i_{FD1a} 和 i_{FD2a} 也均为零。储能桥臂输出电压接近高压侧电压 U_H，使机械开关两端的电压接近零，进而再改变机械开关的开关逻辑，实现了机械开关的 ZVZCS 切换。

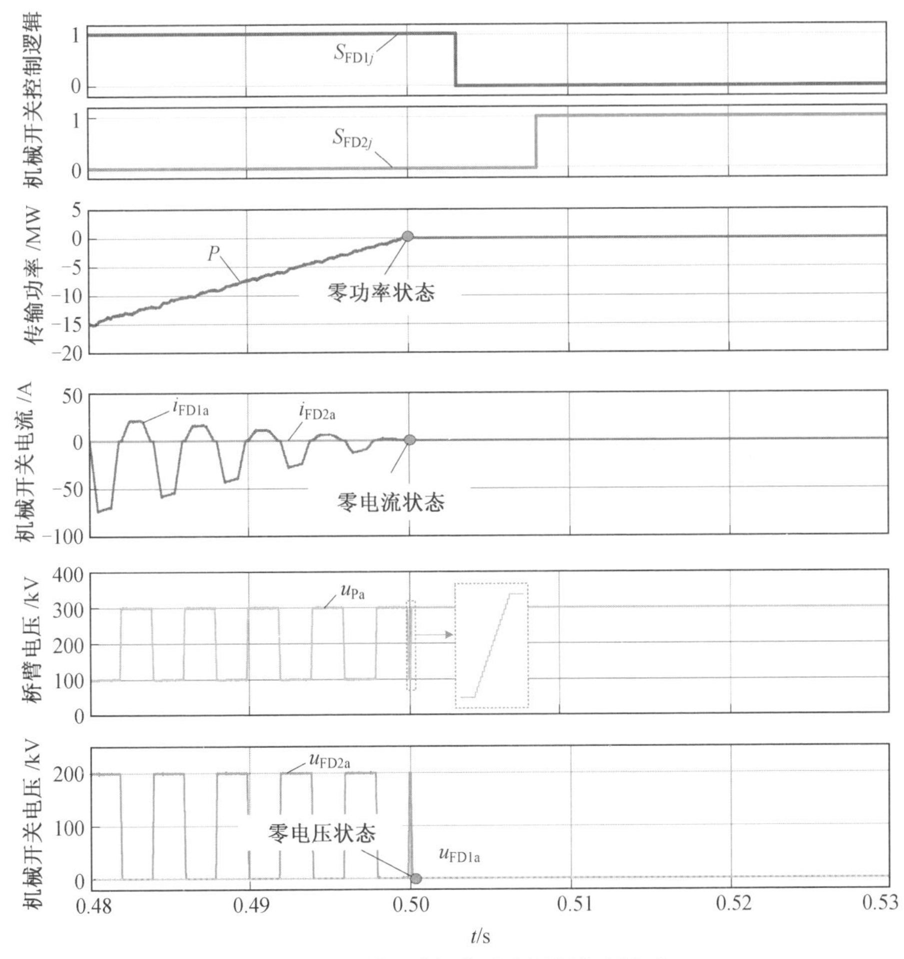

图 3.11　机械开关切换过程局部仿真波形

3.4.2　组合式 CET 拓扑实验验证

在仿真的基础上，进一步搭建小功率组合式 CET 拓扑的实验样机，进行实验验证，实验参数见表 3.2，其中机械开关型号为 LC1D09BDC。实验结果如图 3.12 所示，初始状态时，变换器由高压侧向低压侧传输 4.5 kW 功率，随后功率逐渐发生反转，最后由低压侧向高压侧传输 4.5 kW 功率。在整个运行过程中，高低压侧直流电流 i_H 和 i_L 能够保持连续，但也可以观察到波形中含有一定的波动，这是因为实验样机中储能桥臂的子模块数量较少。此外，各子模块的电容电压始终稳定在 85 V 左右。

表 3.2　组合式 CET 变换器实验参数

仿真参数	数值
额定功率 P/kW	4.5
高压侧电压 U_H/V	500
低压侧电压 U_L/V	300
每相子模块数量 N	7
额定子模块电容电压 U_C/V	85
子模块电容容量 C/mF	1
缓冲电感 L/mH	1
工作频率 f/Hz	250

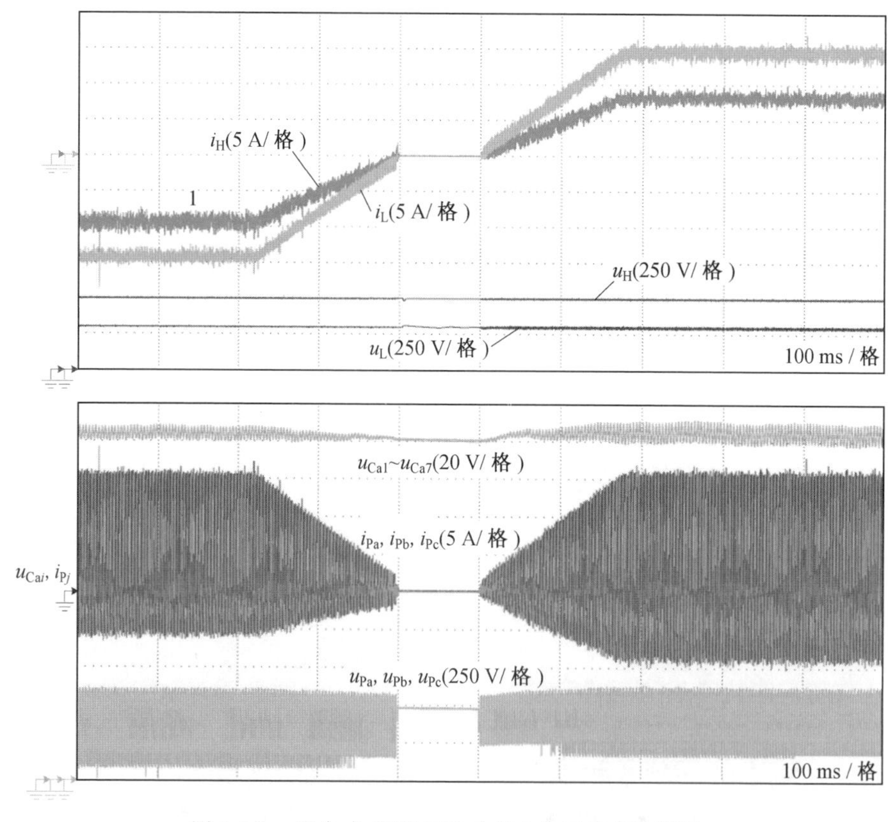

图 3.12　组合式 CET 拓扑功率方向反转实验波形

图 3.13 所示为组合式 CET 变换器功率由高压侧传向低压侧的稳态实验波形。三相储能桥臂电流(i_{Pa},i_{Pb},i_{Pc})呈现交错 120° 的梯形波,合成的高低压侧直流电流 $i_H = -9$ A,$i_L = -15$ A。在此工况下,机械开关 FD_{1j} 处于合闸状态,而 FD_{2j}

处于分闸状态，并且储能桥臂电流始终流过 FD_{1j}。此时组合式拓扑处于 Boost 电路状态，储能桥臂串联在高低压侧之间充电，充电电流幅值等于低压侧电流15 A；储能桥臂并联至低压侧放电，放电电流幅值为高低压侧电流幅值之差 6 A。

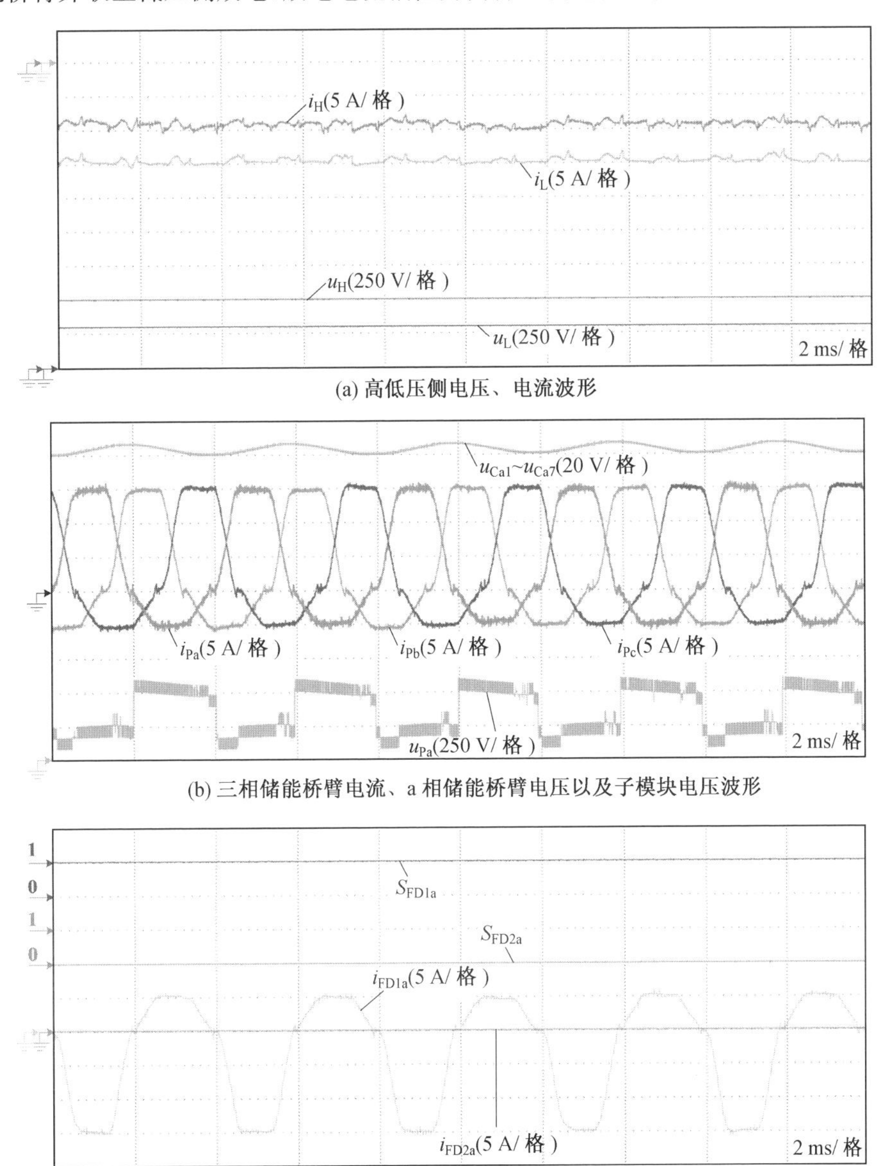

(a) 高低压侧电压、电流波形

(b) 三相储能桥臂电流、a 相储能桥臂电压以及子模块电压波形

(c) 机械开关控制信号与电流

图 3.13　组合式 CET 变换器功率由高压侧传向低压侧的稳态实验波形

图 3.14 所示为组合式 CET 变换器功率由低压侧传向高压侧的稳态实验波形，机械开关的开关逻辑与图 3.13 中相反，直流电流 i_{H} 和 i_{L} 的幅值也相反。在此工况下，机械开关 FD_{1j} 处于分闸状态，而 FD_{2j} 处于合闸状态，并且储能桥臂电流始终流过 FD_{2j}。此时组合式拓扑处于 Buck－Boost 电路状态，储能桥臂与低压侧并联充电，充电电流幅值等于低压侧电流 15 A；并联至高压侧放电，放电电流幅值为高压侧电流 9 A。

图 3.15 所示为组合式 CET 变换器功率方向反转过程中机械开关切换实验波形，包括机械开关 $\mathrm{FD}_{1\mathrm{a}}$ 和 $\mathrm{FD}_{2\mathrm{a}}$ 的电压、电流波形以及机械开关的开关逻辑 S_{FD1a} 和 S_{FD2a}。图 3.16 进一步放大展示了机械开关切换过程波形，从图中可以看出，机械开关电流 i_{FD1a} 和 i_{FD2a} 被控制为 0，储能桥臂电压与高压直流电压相符，为机械开关创造了 ZVZCS 切换条件。

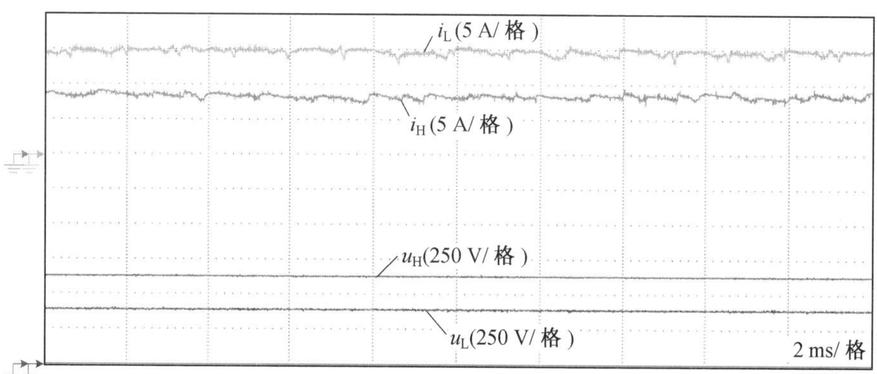

(a) 高低压侧电压、电流

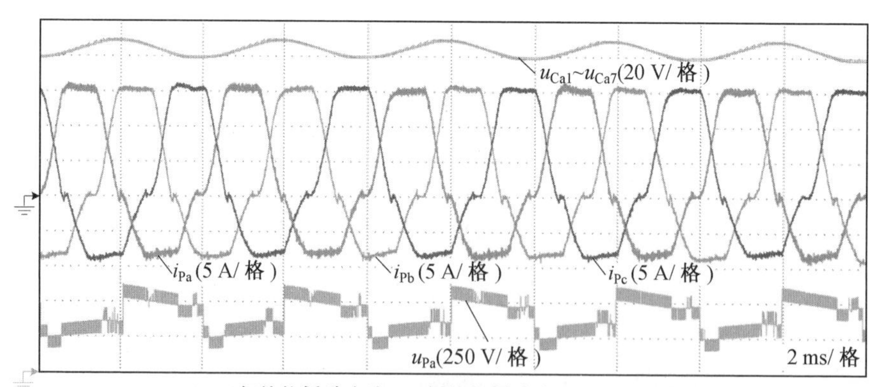

(b) 三相储能桥臂电流、a 相储能桥臂电压以及子模块电压

图 3.14　组合式 CET 变换器功率由低压侧传向高压侧的稳态实验波形

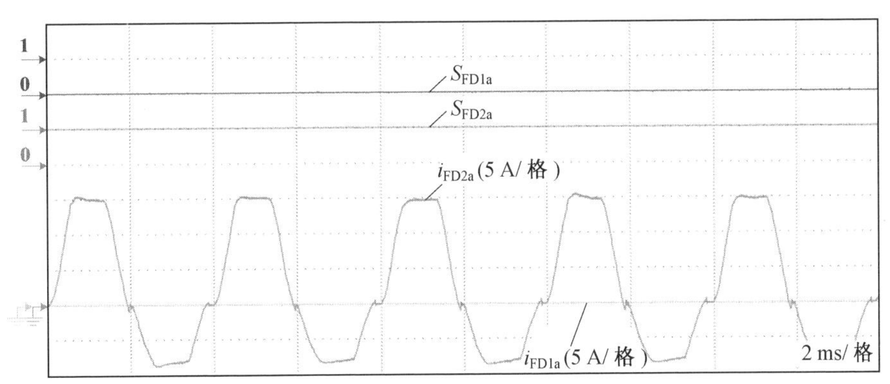

(c) 机械开关控制信号与电流

续图 3.14

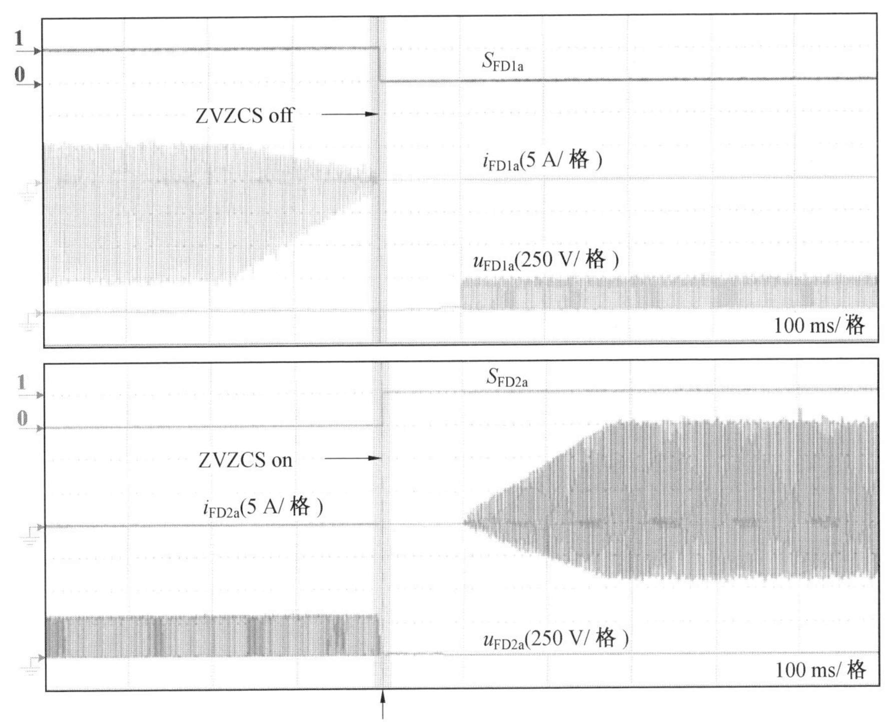

图 3.15　组合式 CET 变换器功率方向反转过程中机械开关切换实验波形

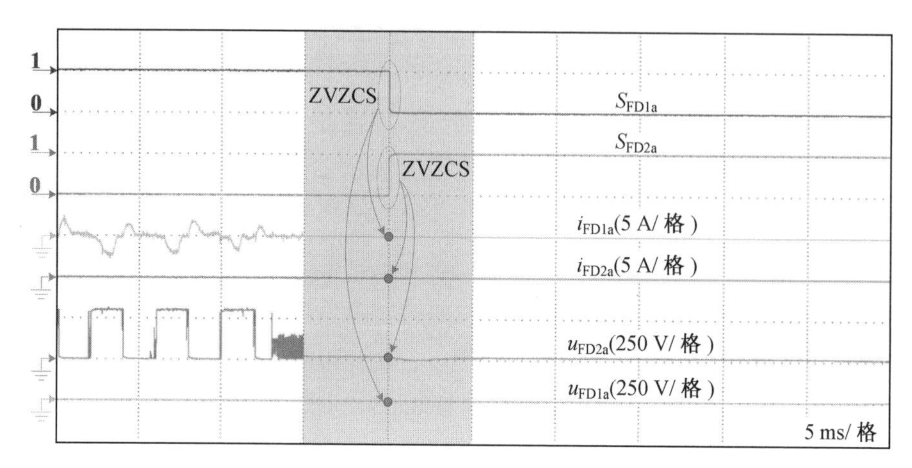

图 3.16　组合式 CET 变换器机械开关切换过程波形

3.5　组合式 CET 拓扑技术经济性分析

为论证组合式 CET 拓扑的技术经济性，本节首先对比换流阀采用 IGBT、晶闸管以及二极管三类功率半导体器件时的经济性。由于换流阀耐压较高，半导体器件需要进行串联，因此这里均仅考虑具备失效短路能力的压接型器件。以本章中仿真工况的换流阀电流大小为例，三类器件对比结果见表 3.3，IGBT、晶闸管和二极管换流阀的器件成本之比约为 22∶3∶1。此外，表中晶闸管和二极管的额定电压和额定电流均大于 IGBT，但通态压降却小于 IGBT，其中二极管的通态压降相比晶闸管还要低约 25%，这不但能够减少串联器件的数量，还能大幅降低换流阀的导通损耗。另外，IGBT 串联不仅需要无源缓冲电路，还需要更为复杂的栅极均压控制。因此，本章提出的组合式 CET 拓扑采用的二极管换流阀在器件成本、运行损耗以及驱动设计等方面均具有一定优势。

表 3.3　IGBT、晶闸管与二极管对比

参数	IGBT	晶闸管	二极管
产品型号	5SNA1300K450300	T1503NH	D1481N
器件价格 / 元	47 800	10 300	3 300
额定电压 /kV	4.5	7.5	6.8
额定电流 /A	1 300	1 770	1 590
典型通态压降 /V	2.8(正向)/2.3(反向)	1.6	1.2
器件串联技术	无源缓冲＋栅极主动控制	无源缓冲电路	无源缓冲电路

针对仿真工况，进一步对比第2章提出的Buck－Boost型CET拓扑和本章提出的组合式CET拓扑的经济性。两者的运行工况完全相同，且储能桥臂的配置也完全相同，器件成本的差异主要体现在换流阀成本。对于Buck－Boost型CET拓扑，当换流阀器件串联电压降额因子λ_d设置为0.7时，每个换流阀需要21个T1503NH型晶闸管与21个D1481N型二极管。对于组合式CET拓扑，在相同降额因子下，换流阀D_{1j}和D_{2j}需要串联21个二极管，换流阀D_{3j}和D_{4j}需要串联42个二极管，根据表3.3中的器件单价，换流阀总成本可节约27%。

根据3.4.1节中的仿真工况，采用PLECS软件对组合型CET拓扑的损耗进行具体分析，其中半桥子模块采用3.3 kV/1.2 kA型号为5SNA1200G330100的IGBT。由于换流阀中二极管的开通关断均处于零电流环境下，其开关损耗可以忽略不计，因此换流阀仅考虑导通损耗。图3.17(a)所示为换流阀中单个二极管的平均损耗，其中D_2和D_4的损耗要明显小于D_1和D_3，这是因为流经D_2和D_4的电流幅值更小。图3.17(b)所示为储能桥臂中单个子模块的平均损耗，其中FWD_1、FWD_2为子模块IGBT S_1和S_2的反并联二极管，可见当功率由低压侧传向高压侧时，子模块的整体损耗更高，这同样是因为储能桥臂电流幅值更高。图3.17(c)将单个二极管和子模块的损耗分别与所需二极管和子模块的数量相乘，求和后得到了变换器的整体半导体器件损耗。当功率从低压侧传向高压侧时，变换器整体效率为99.18%，而当功率反转时效率为99.31%，工作效率较高。

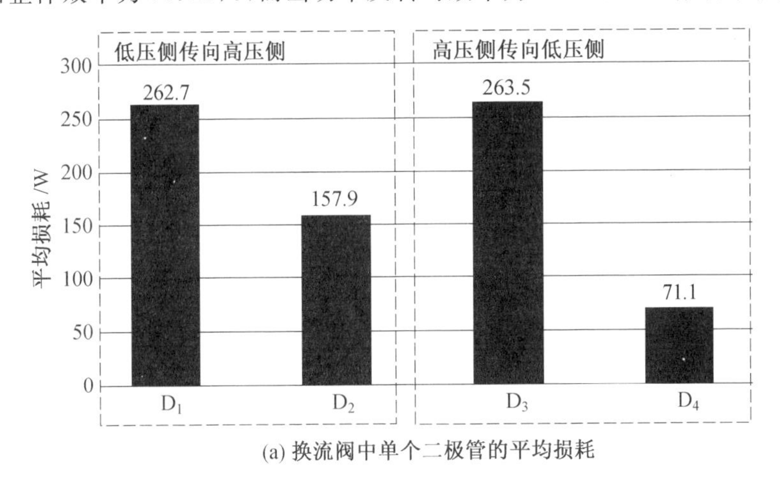

(a) 换流阀中单个二极管的平均损耗

图 3.17　组合式 CET 损耗分析结果

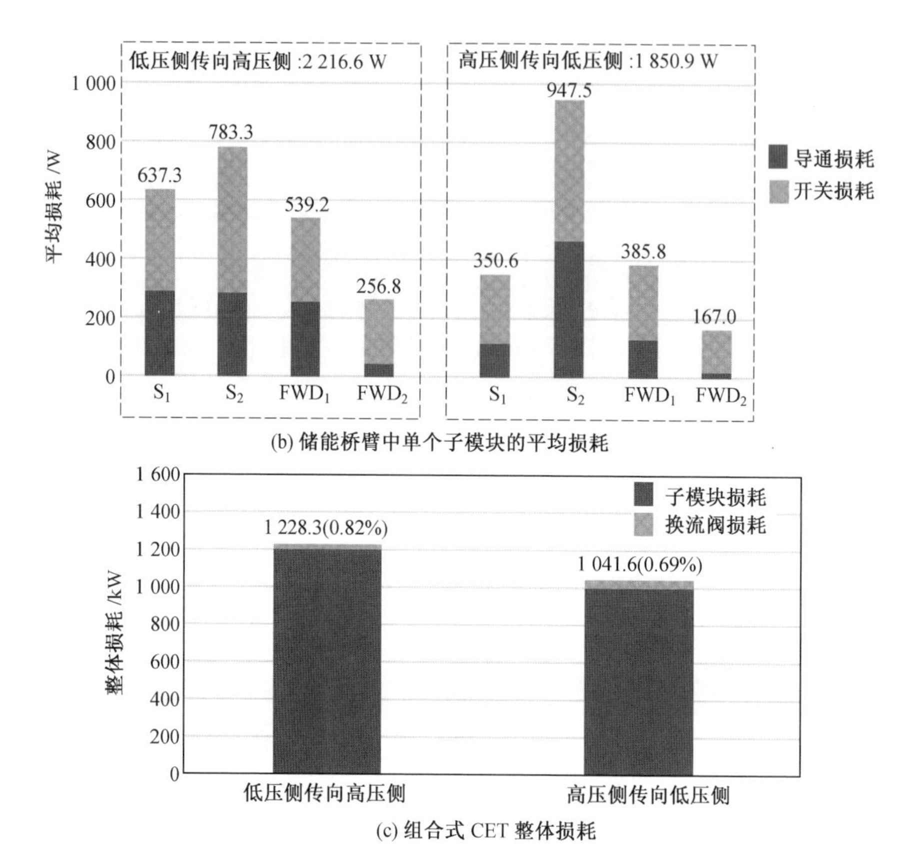

(b) 储能桥臂中单个子模块的平均损耗

(c) 组合式 CET 整体损耗

续图 3.17

本章参考文献

[1] KJAERGAARD J P, SOGAARD K, MIKKELSEN SD. Bipolar operation of an HVDC VSC converter with an LCC converter, overhead line and insulated cable applications[C]// Proc. CIGRÉ HVDC and Power Electron. Inter. Colloq.. San Francisco: CIGRÉ, 2012: 1-7.

[2] HÄFNER J, JACOBSON B. Proactive hybrid HVDC breakers-A key innovation for reliable HVDC grid[C]// Proc. CIGRÉ Symp.. Bologna: CIGRÉ, 2011: 264.

[3] LI B B, ZHAO X D, ZHANG S X, et al. A hybrid modular DC/DC converter for HVDC applications[J]. IEEE Transactions on Power Electronics, 2020, 35(4):3377-3389.

第4章

基于三开关子模块的CET拓扑

本章提出一种可以输出两个电平的新型三开关子模块，相较于两个串联的半桥子模块，可以减少25%的器件数目，同时降低子模块损耗。本章详细介绍三开关子模块的开关状态和调制策略，并以Buck型CET拓扑为例开展仿真和实验验证，最后通过对比论证三开关子模块的技术经济性。

4.1　三开关子模块

4.1.1　三开关子模块基本结构

CET拓扑储能桥臂常用的子模块结构有半桥子模块和全桥子模块，其结构分别如图4.1(a)、(b)所示。全桥子模块可以实现$+U_C$、$-U_C$和零三种输出电压，适用于桥臂电压需要双极性输出的CET，如第2章所述的全桥Buck－Boost型CET拓扑和全桥Buck型CET拓扑，但全桥子模块开关数目较多，器件成本和损耗较高。与之相比，半桥子模块结构更为简单，器件数目相较于全桥子模块减少一半，可以提供$+U_C$和零两种输出电压。本章所提的三开关子模块是在两个半桥子模块的基础上演变而来的，其结构如图4.1(c)所示，由两个电容器(C_1和C_2)和三个开关器件(Q_1、Q_2和Q_3)组成[1-2]。

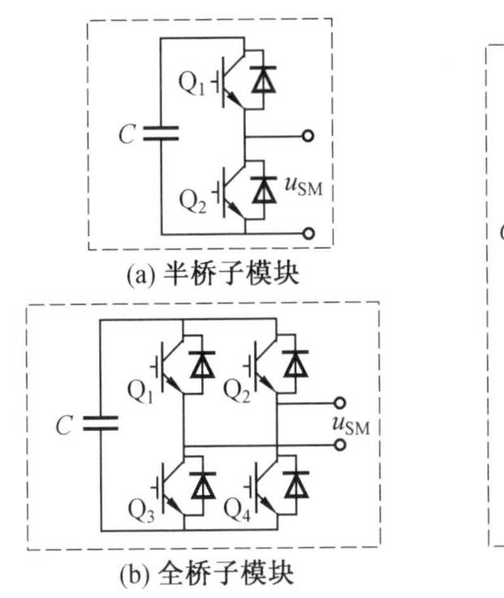

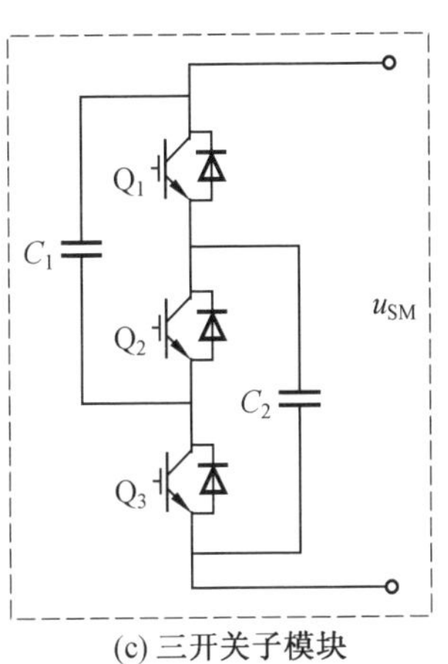

图4.1　子模块结构示意图

4.1.2 三开关子模块开关状态

表 4.1 列出了三开关子模块的全部开关状态，其中设定电流 i_{Pj} 由子模块正极流进为正方向，各电容器电压均为 U_C，开关状态 ① 为闭锁状态。图 4.2 具体给出了三开关子模块在开关状态 ②、③、④、⑤ 时对应的电路图，其中箭头表示电流 i_{Pj} 的实际流动路径。如图 4.2(a)(b) 所示，对于开关状态 ② 或 ③，即 Q_1 或 Q_3 导通时，当电流方向为正($i_{Pj}>0$)时，子模块电容 C_2 或 C_1 单独投入，输出电压为一个子模块电容电压 U_C。当电流方向为负($i_{Pj}<0$)时，电容 C_1、C_2 并联投入，对应电路状态如图 4.2(e) 所示。对于开关状态 ④，其电路状态如图 4.2(c)(d) 所示，无论电流 i_{Pj} 正负，电容 C_1、C_2 均串联投入；当工作在开关状态 ⑤ 时，对应电路状态如图 4.2(e)(f) 所示，无论电流 i_{Pj} 正负，电容 C_1、C_2 均并联投入。综上，三开关子模块仅能提供两种输出电压：U_C 或 $2U_C$，因此基于三开关子模块的储能桥臂输出电压范围为$[NU_C,2NU_C]$。此外，由表 4.1 可知，在任意开关状态下电流只流经一个功率器件或者并联流过两个功率器件，始终只产生一个器件的导通压降。而传统两个半桥子模块共产生两个器件的导通压降，因此在相同工况下，三开关子模块的导通损耗将降低一半。特别地，对于开关状态 ⑤，由于无论电流方向正负，两个开关管并联均分桥臂电流，可以进一步降低导通损耗。因此，本章选取开关状态 ④ 和开关状态 ⑤ 作为有效开关状态。

表 4.1 三开关子模块开关状态列表

开关状态	开关信号	桥臂电流方向	电流流经器件	投入电容状态	子模块输出电压 u_{SM}
①	$Q_1=0,Q_2=0,Q_3=0$	$i_{Pj}>0$	Q_2	C_1 与 C_2 串联	$2U_C$
		$i_{Pj}<0$	$Q_1 // Q_3$	C_1 与 C_2 并联	U_C
②	$Q_1=1,Q_2=0,Q_3=0$	$i_{Pj}>0$	Q_1	C_2	U_C
		$i_{Pj}<0$	$Q_1 // Q_3$	C_1 与 C_2 并联	U_C
③	$Q_1=0,Q_2=0,Q_3=1$	$i_{Pj}>0$	Q_3	C_1	U_C
		$i_{Pj}<0$	$Q_1 // Q_3$	C_1 与 C_2 并联	U_C
④	$Q_1=0,Q_2=1,Q_3=0$	任意	Q_2	C_1 与 C_2 串联	$2U_C$
⑤	$Q_1=1,Q_2=0,Q_3=1$	任意	$Q_1 // Q_3$	C_1 与 C_2 并联	U_C

值得注意的是，在实际应用中两个电容参数不可能完全一致，因此两电容电压会存在一定电压偏差。当电流 $i_{Pj}<0$ 时，如图 4.2(e) 所示，由于二极管的单向导通特性，电流只会流过电压较高的电容，直到两电容电压相同，从而实现自平衡。但是当 $i_{Pj}>0$ 时，如图 4.2(f) 所示，C_1 与 C_2 之间的不平衡电压将产生并联损耗[1-2]。关于三开关子模块的并联损耗将在 4.3.2 节分析。

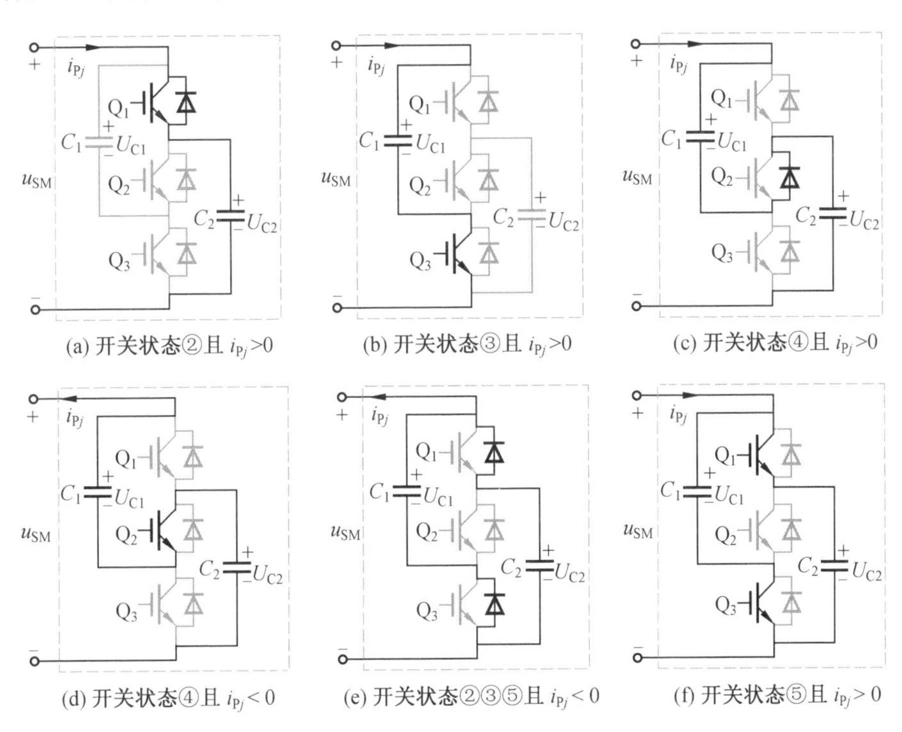

图 4.2　三开关子模块开关状态电路图

4.1.3　三开关子模块调制策略

为了说明三开关子模块的调制策略，这里以 NLC 调制与改进的电压排序均衡控制方法为例进行说明，具体实现逻辑如图 4.3 所示。对于采用三开关子模块的储能桥臂，在每个控制周期 T_s，将电压参考信号 u_{Pa_ref} 除以电容电压 U_C 经取整函数 round(u_{Pa_ref}/U_C) 后得到桥臂需要输出的电平数 N_l。由于每个三开关子模块只能输出两种电平 U_C（开关状态 ⑤）或者 $2U_C$（开关状态 ④），用 N_l 减去子模块总数目 N 即可得到需要输出的 $2U_C$，即处于开关状态 ④ 的子模块数目 N_s。

在得到 N_s 后，按照如图 4.4 所示逻辑分配子模块的开关状态。其中，N_{s_pre} 代表上一控制周期状态 ④ 的子模块数，ΔN 表示本控制周期需要切换至状态 ④ 的子模块数目变化量，$U_C(k)$ 表示第 k 个子模块两电容电压的平均值（$k=1$，2，…，N）。电容电压的平衡控制需要根据当前电流的方向和电容电压排序的结果，最终确定子模块对应开关状态。例如，当 $\Delta N>0$ 且桥臂电流 $i_{Pj}>0$ 时，首先从原来状态 ⑤ 的 $N-N_{s\_pre}$ 个子模块中选取 ΔN 个电容电压最低的子模块切换至状态 ④，使其吸收更多的能量以提升电容电压（其他几种情况类似）；然后，按照图 4.5 所示逻辑选取合适的开关状态，当需要输出 U_C 时选取开关状态 ⑤，当需要输出 $2U_C$ 时选取开关状态 ④。

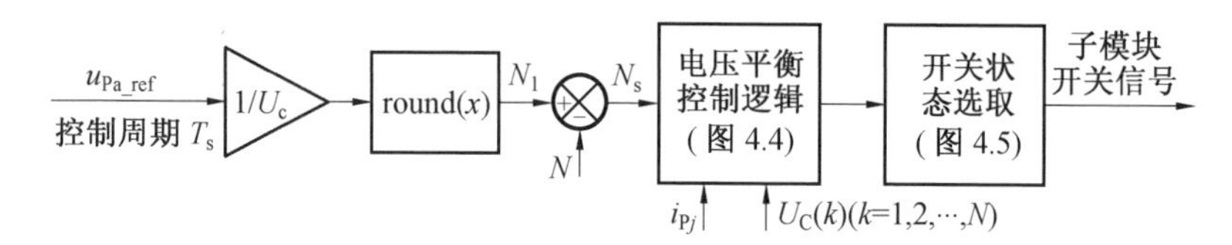

图 4.3　最近电平调制控制框图

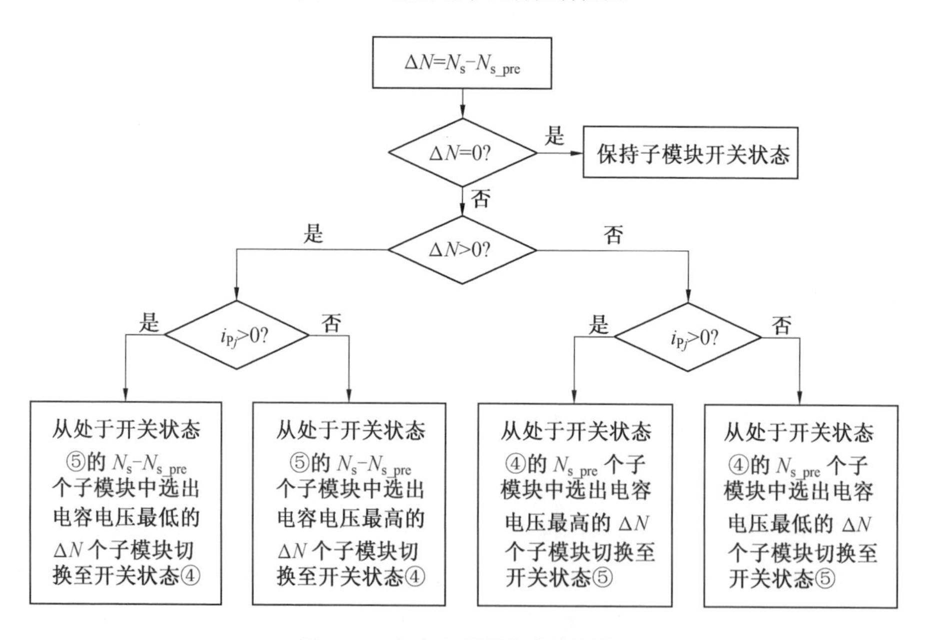

图 4.4　电容电压平衡控制逻辑

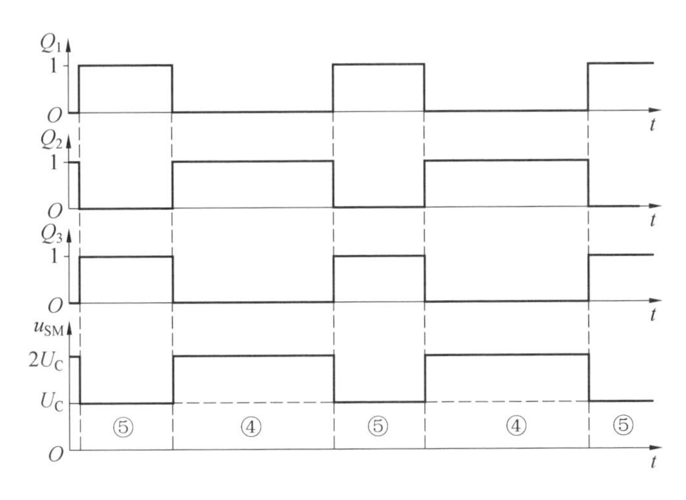

图 4.5　开关状态选取示意图

4.2　三开关子模块 Buck 型 CET 拓扑

4.2.1　三开关子模块 Buck 型 CET 拓扑电路结构

为了说明三开关子模块的有效性和技术经济性，本节以 Buck 型 CET 拓扑为研究对象，详细介绍采用三开关子模块的 Buck 型 CET 拓扑的工作原理与控制方法。该拓扑结构如图 4.6 所示，由三相结构组成，每相包括四个换流阀和一个储能桥臂。换流阀 $S_{1j}/S_{1'j}$ 和 $S_{2j}/S_{2'j}$（j=a，b，c）由 IGBT 串联构成，储能桥臂含 N 个结构相同的三开关子模块。图 4.7 所示为三开关子模块 Buck 型 CET 工作原理波形，图中 i_{Pa}、i_{Pb} 和 i_{Pc} 分别代表三相桥臂电流；i_{Ha}、i_{Hb} 和 i_{Hc} 分别代表三相各自的高压侧输出电流；i_{La}、i_{Lb} 和 i_{Lc} 分别代表三相各自的低压侧输出电流；u_{Pa} 为 a 相桥臂电压；T_h 为拓扑工作周期。

在一个运行周期内，桥臂串联至高低压侧之间进行充电 / 放电，并联到低压侧进行放电 / 充电。运行过程中桥臂电压极性保持为正，无须桥臂输出零电压，因此可以采用三开关子模块。

具体地，以功率正向传输为例，在图 4.7 中[0，0.5T_h]阶段，a 相电路中换流阀 S_{1a} 和 $S_{1'a}$ 开通，储能桥臂串联于高低压直流电压之间，u_{Pa} 提供 U_H-U_L 的电压来控制桥臂电流给子模块中的电容充电。i_{Pa} 被控制为幅值为 I_H 的梯形波。在

电流上升 / 下降阶段，u_{Pa} 给桥臂电感施加幅值为 U_0 的驱动电压，使桥臂电流在 T_c 的时间内完成线性过渡。

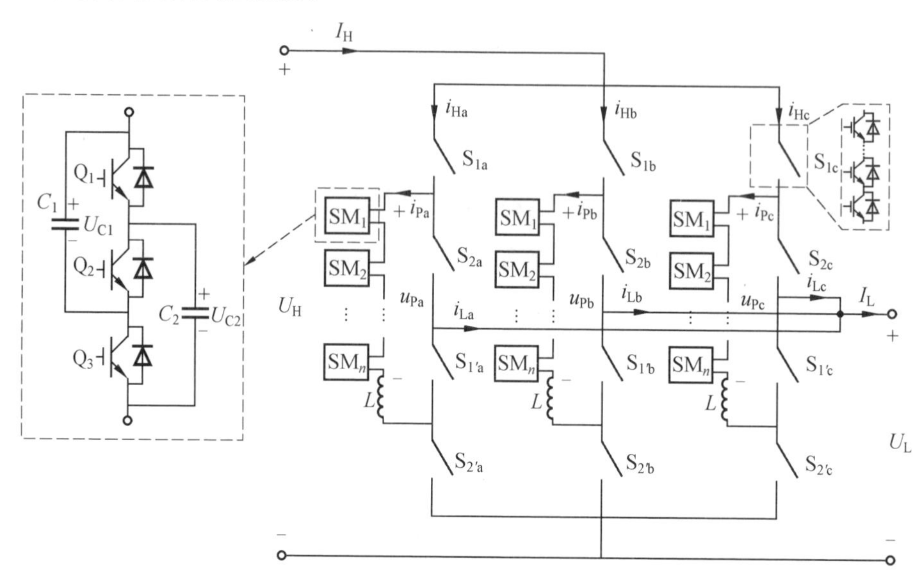

图 4.6　三开关子模块 Buck 型 CET 拓扑结构

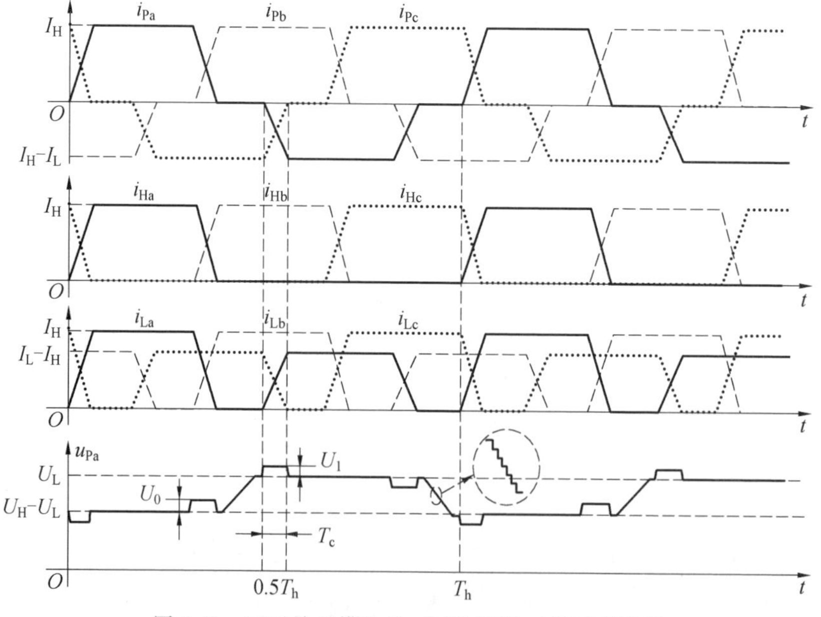

图 4.7　三开关子模块 Buck 型 CET 工作原理波形

在$[0.5T_h, T_h]$阶段，换流阀S_{2a}和$S_{2'a}$开通，储能桥臂并联在低压侧，u_{Pa}需为U_L。i_{Pa}被控制为幅值为$I_H - I_L$的梯形波。同样地，在电流变化过程中，u_{Pa}给桥臂电感施加额外的驱动电压U_1。

在桥臂电流等于零时，通过逐个投入/切除桥臂中的子模块，可以避免u_{Pa}在变化过程中产生过高的du/dt。此外，换流阀的开通/关断均在i_{Pa}等于零时进行，因此所有换流阀均可工作在零电流开关状态。

此外，图4.7中其余两相的桥臂电流波形与a相基本相同，仅依次交错120°，这样高压侧电流（即$i_{Ha}+i_{Hb}+i_{Hc}$）始终等于I_H，而低压侧电流（即$i_{La}+i_{Lb}+i_{Lc}$）始终等于I_L，保证了输入输出直流电流的平滑连续。

4.2.2　三开关子模块Buck型CET拓扑参数设计

(1) 储能桥臂子模块设计。

对于三开关子模块Buck型CET拓扑，每相储能桥臂承受电压为高低压侧电压差$U_H - U_L$或低压侧电压U_L，因此桥臂最大输出电压应高于$U_H - U_L$和U_L。同时，由于三开关子模块能输出两种电平U_C和$2U_C$，因此若不考虑子模块冗余，则每相储能桥臂中需要的子模块数N为

$$N = \frac{\max[U_H - U_L, U_L]}{2U_C} \tag{4.1}$$

式中，U_C为子模块电容的额定电压。确定储能桥臂模块数之后，可知每个桥臂需要的IGBT数量为$3N$。子模块中IGBT的电流应力为桥臂电流的最大值，即

$$I_{stress} = \max[I_H, I_L - I_H] \tag{4.2}$$

需要注意的是，由于三开关子模块不能输出零电平，因此高、低压侧的电压U_H和U_L应满足如下约束条件：

$$\begin{cases} NU_C \leqslant U_L \leqslant 2NU_C \\ NU_C \leqslant U_H - U_L \leqslant 2NU_C \end{cases} \Rightarrow 1.5 \leqslant \frac{U_H}{U_L} \leqslant 3 \tag{4.3}$$

由此可得，基于三开关子模块的Buck型CET适用于变比为1.5～3的场合。当电压变比超出这一范围时，可采用半桥子模块和三开关子模块的混合桥臂。

此外，桥臂中子模块的电容应能承受桥臂的最大能量波动。在每个周期T_h内，桥臂的能量波动表示为

$$\Delta E = \int_0^{0.5T_h} u_{Pj} i_{Pj} \mathrm{d}t = \frac{(U_H - U_L) I_H T_h}{3} \tag{4.4}$$

这部分能量将被桥臂中 N 个三开关子模块的 $2N$ 个电容吸收，则有

$$\Delta E = 2N \times \frac{1}{2} C(U_{C,\max}^2 - U_{C,\min}^2) = 2NC\varepsilon U_C^2 \tag{4.5}$$

式中，ε 为规定的电容电压峰峰纹波率。因此，所需子模块电容容量为

$$C = \frac{T_h I_H (U_H - U_L)}{6N\varepsilon U_C^2} \tag{4.6}$$

(2) 换流阀设计。

为了能够承受较高的电压，换流阀需要由多个 IGBT 串联组成。换流阀 S_1 和 S_2 需要阻断 $U_H - U_L$ 的电压，而换流阀 $S_{1'}$ 和 $S_{2'}$ 需要阻断 U_L 的电压。因此，需要串联的 IGBT 的数量可表示为

$$\begin{cases} N_{1,2} = \dfrac{U_H - U_L}{\lambda_d U_B} \\ N_{1',2'} = \dfrac{U_L}{\lambda_d U_B} \end{cases} \tag{4.7}$$

式中，$N_{1,2}$ 为换流阀 S_1 和 S_2 中串联的 IGBT 的数量；$N_{1',2'}$ 为换流阀 $S_{1'}$ 和 $S_{2'}$ 中串联的 IGBT 的数量；U_B 为每个 IGBT 的额定电压；λ_d 为 IGBT 串联时需要的电压降额因数，取值通常为 0.5 ～ 0.7。

对于换流阀 S_1 和 $S_{1'}$，串联 IGBT 的电流应力为 I_H；对于换流阀 S_2 和 $S_{2'}$，串联 IGBT 的电流应力为 $I_L - I_H$。

4.2.3 三开关子模块 Buck 型 CET 控制策略

为了保证三开关子模块 Buck 型 CET 稳定运行，本节构建了如图 4.8 所示的分层控制方案，以 a 相为例。该控制系统外环为直流功率控制和能量平衡控制，用于实现功率调控与桥臂能量平衡；内环为桥臂电流控制，实现桥臂电流的梯形波跟踪。采用 NLC 调制与子模块电压平衡控制获得各子模块 IGBT 驱动信号。换流阀的驱动信号由同步波形发生器产生。

直流功率控制用来提供当桥臂串联在高低压侧时的电流参考信号，记作 $i_{Pa\_ref\_S}$。$i_{Pa\_ref\_S}$ 的梯形波形状由波形发生器 1 生成，幅值由 P_{ref}/U_H 给定，其中 P_{ref} 是变换器的功率指令。

能量平衡控制通过调节桥臂并联在低压侧时的电流参考信号 $i_{Pa\_ref\_P}$ 来实现桥臂能量的平衡。$i_{Pa\_ref\_P}$ 的幅值由比例积分(proportional－integral，PI)控制器生成。用桥臂子模块电容电压的参考值 U_{Ca_ref} 减去测量得到的平均子模块电容电压 U_{Ca_avg}，将误差送入 PI 控制器。当误差不为零时，意味着桥臂吸收和释放的

能量不平衡，于是 PI 控制器将自动调节 $i_{Pa\_ref\_P}$ 的幅值来重新建立能量平衡。$i_{Pa\_ref\_P}$ 的梯形波形状由波形发生器 2 生成，波形形状与波形发生器 1 相同，但相位滞后 180°，且幅值为 −1。

将 $i_{Pa\_ref\_S}$ 和 $i_{Pa\_ref\_P}$ 相加，合成桥臂电流的参考信号 i_{Pa_ref}。在此基础上引入内环电流控制，通过调节桥臂输出电压参考信号 u_{Pa_ref} 来调节桥臂电流，使其准确跟踪其参考信号。最终电压参考信号 u_{Pa_ref} 输入 4.1.3 节介绍的调制与子模块电压均衡控制模块，得到各子模块的开关信号。

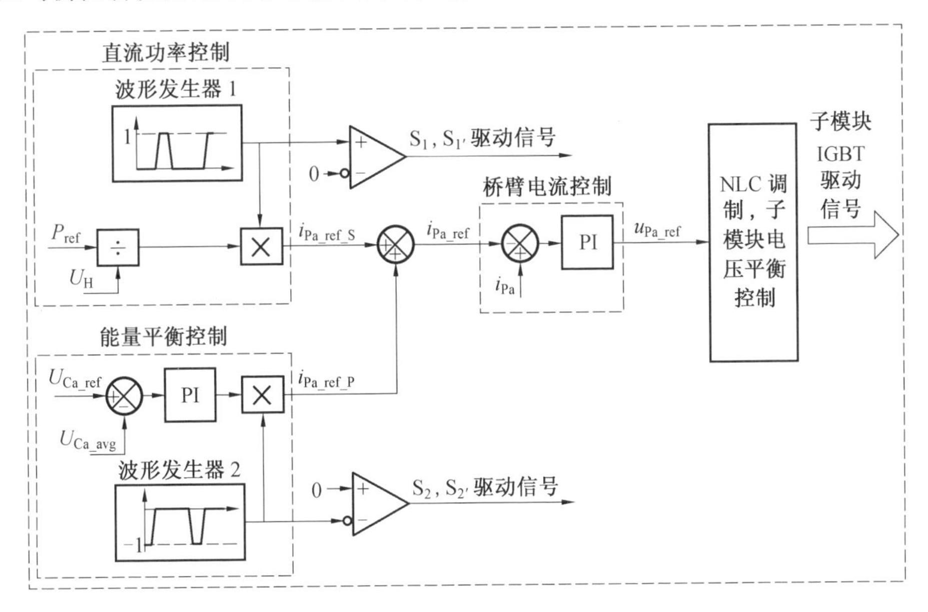

图 4.8　三开关子模块 Buck 型 CET 控制框图

4.3　三开关子模块 Buck 型 CET 拓扑仿真与实验验证

4.3.1　三开关子模块仿真分析

为了验证所提三开关子模块 Buck 型 CET 拓扑的有效性，本小节搭建了 500 kV/300 kV 直流输电线路互联仿真模型，额定传输直流功率为 375 MW。为了提高仿真速度，每个子模块电容电压额定值设置为 4.6 kV，每相储能桥臂由 36 个三开关子模块组成，详细的仿真参数见表 4.2。

表4.2 三开关子模块Buck型CET仿真参数表

拓扑参数	仿真结果
直流功率 P/MW	375
高压侧直流电压 U_H/kV	500
低压侧直流电压 U_L/kV	300
每相桥臂子模块数目 N	36
额定子模块电容电压 U_C/kV	4.6
子模块电容值 $C_1 = C_2$/mF	4
电容电压峰峰纹波率 ε_{pp}/%	10
运行频率 f_h/Hz	200
桥臂电感 L/mH	10

图4.9所示为三开关子模块Buck型CET主要动态响应仿真结果。如图4.9(a)所示，[0 s，0.3 s]期间，从低压侧向高压侧传输375 MW功率；[0.3 s，0.5 s]期间实现功率反转，传输功率由－375 MW线性变化到＋375 MW；[0.5 s，0.7 s]期间保持向低压侧传输＋375 MW功率。图4.9(b)和图4.9(c)分别表示直流侧电压(U_H和U_L)和电流(i_H和i_L)的波形。图4.9(d)和图4.9(e)所示为a相换流阀S_{1a}和$S_{1'a}$的电流(i_{S1a}和$i_{S1'a}$)。三相储能桥臂的电压(u_{Pa}、u_{Pb}、u_{Pc})和电流(i_{Pa}、i_{Pb}、i_{Pc})分别如图4.9(f)和图4.9(g)所示。三相桥臂电压和桥臂电流的放大波形分别如图4.9(h)和图4.9(i)所示。由图4.9(h)和图4.9(i)可知，三相桥臂电压、电流基本相同且相互交错120°，保证合成平滑的高、低压侧直流电流i_H和i_L。当桥臂串联在高、低压侧之间时，桥臂输出电压为200 kV(U_H-U_L)，对应桥臂电流为750 A(I_H)；而当桥臂并联在低压侧时，桥臂输出电压为300 kV，对应桥臂电流为500 A(I_L-I_H)。此外，由图4.9(h)可知，桥臂电压在动态切换过程中呈阶梯上升、下降趋势，从而有效抑制du/dt。图4.9(j)所示为a相36个子模块的电容电压，所有子模块电容电压都维持在额定值4.6 kV附近，验证了子模块平衡控制的有效性。上述仿真结果验证了三开关子模块Buck型CET拓扑的运行原理及其控制策略的正确性。

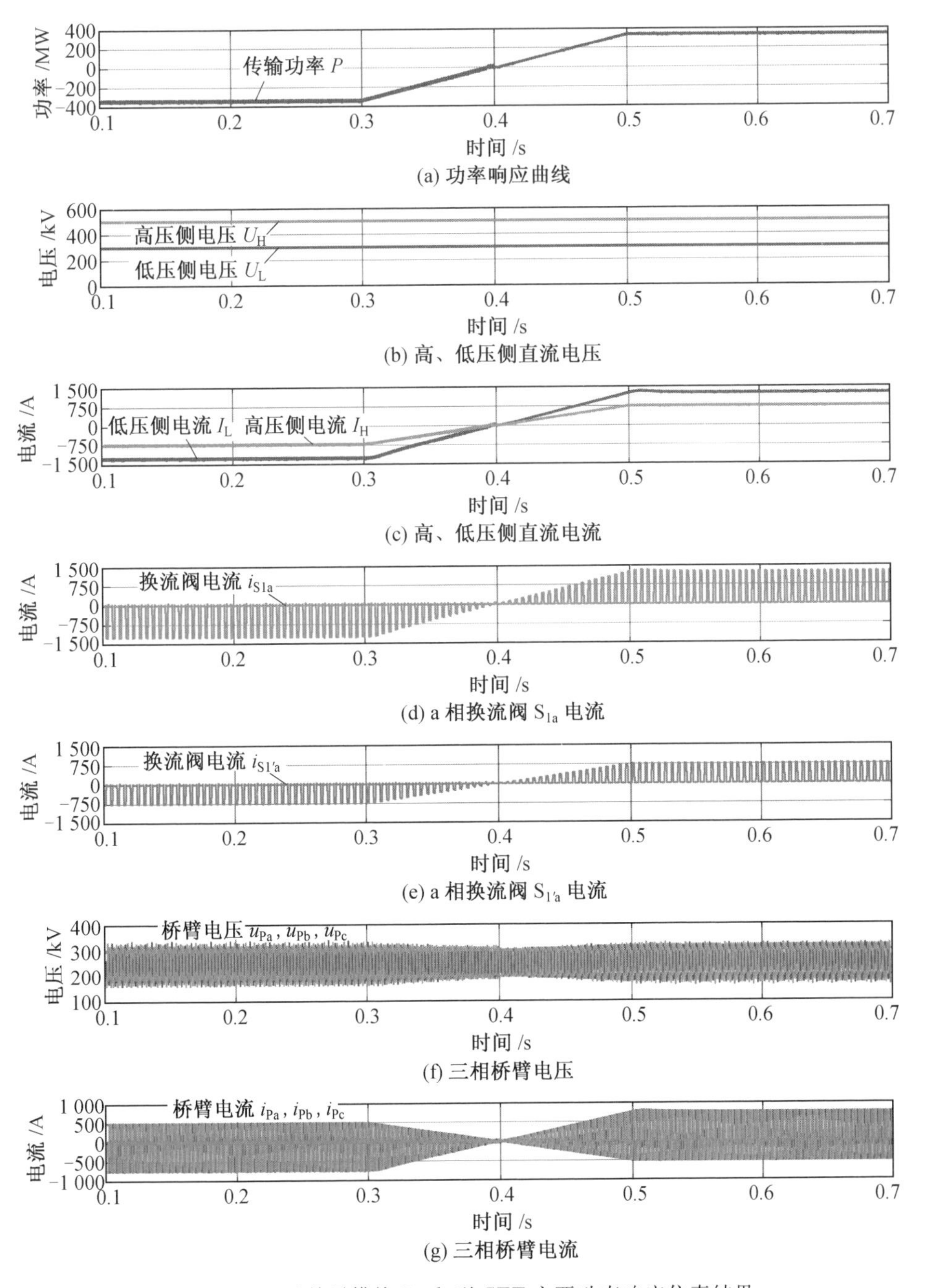

图 4.9　三开关子模块 Buck 型 CET 主要动态响应仿真结果

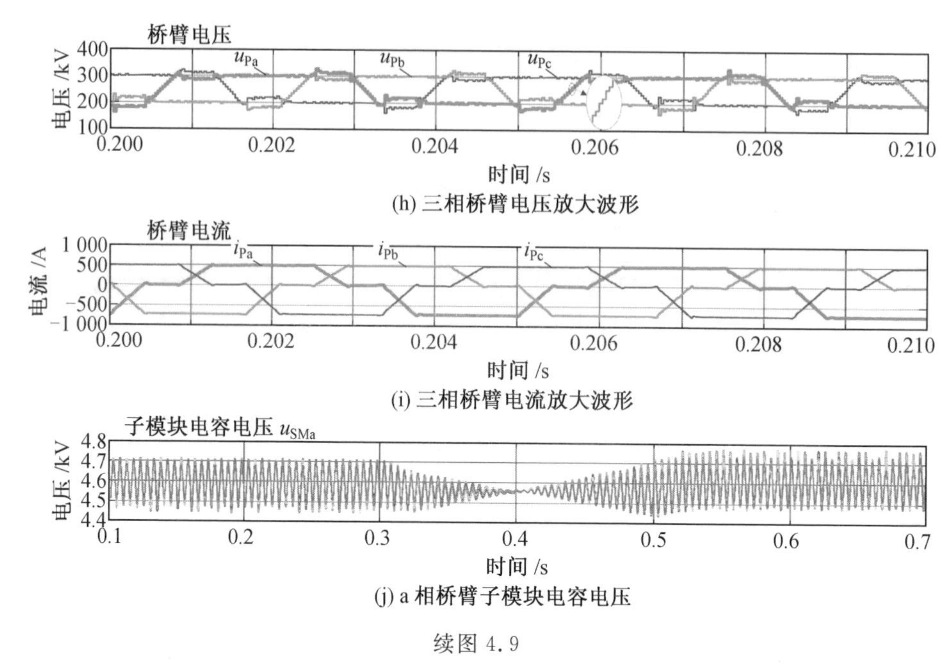

(h) 三相桥臂电压放大波形

(i) 三相桥臂电流放大波形

(j) a 相桥臂子模块电容电压

续图 4.9

图 4.10 所示为 a 相三开关子模块开关过程的仿真波形。其中，图4.10(a) 所示为功率由高压侧向低压侧传输时，一个三开关子模块在 $C_1=C_2$ 条件下的开关动作过程的仿真波形。可见，Q_1 和 Q_3 开关信号相同而与 Q_2 开关信号互补，交替地在开关状态 ⑤ 和开关状态 ④ 之间切换，即模块输出电压在 U_C(4.6 kV) 和 $2U_C$(9.2 kV) 之间切换。当桥臂电流为正时，储能桥臂串联在高、低压侧之间，输出电压约为 200 kV，Q_2 的等效占空比为(200 kV$-NU_C$)/(NU_C)=20.8%，因此此时子模块主要处于状态 ⑤，即 C_1 和 C_2 并联输出的时间较长。当桥臂电流为负时(− 500 A)，储能桥臂并联在低压侧，此时桥臂输出电压较高，为 300 kV(U_L)，Q_2 的等效占空比为(300 kV$-NU_C$)/(NU_C)=81.2%，此时子模块主要处于状态 ④，即 C_1 和 C_2 串联输出的时间较长。仿真结果与理论分析相符，验证了三开关子模块的可行性。

图 4.10(b) 所示为功率由高压侧向低压侧传输时，一个三开关子模块开关动作过程的仿真波形，其中 $C_2=105\%C_1$。由于子模块两电容容量不相同，因此当子模块处于开关状态 ④ 时两电容将会产生电压差，如图中放大的电容电压波形所示，而当桥臂电流 i_{Pa} 为正(流入子模块)且切换至开关状态 ⑤ 时(例如 $t=$ 0.102 4 s)，并联的两个电容电荷将重新分配，迫使两电容电压相同而产生并联损耗。

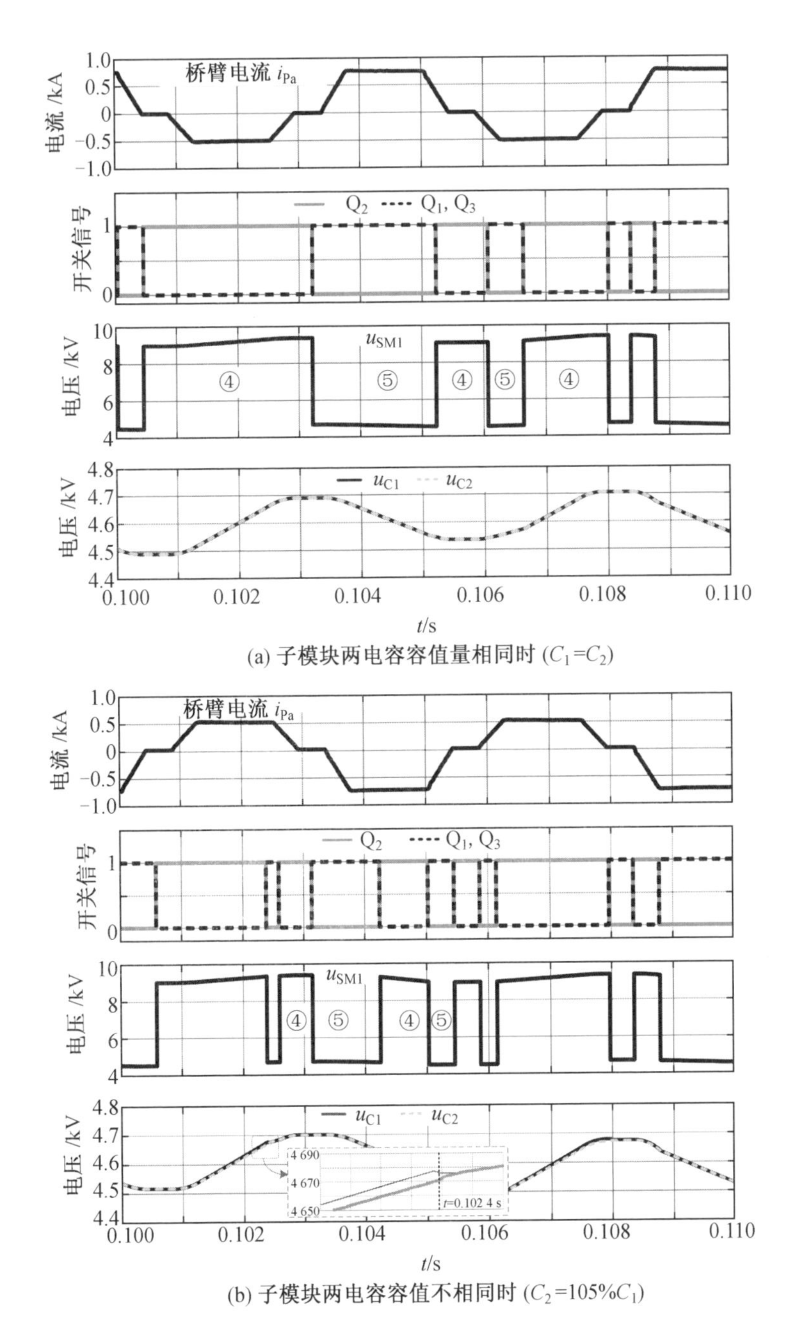

(a) 子模块两电容容值量相同时 (C_1=C_2)

(b) 子模块两电容容值不相同时 (C_2=105%C_1)

图 4.10　a 相三开关子模块开关过程的仿真波形

4.3.2 三开关子模块电容并联损耗分析

由上述仿真结果可知，当三开关子模块处于开关状态④时，若 C_1 和 C_2 的容量不相同，则会使两电容产生电压差。两电容的电压及电压差可表示为

$$\begin{cases} U_{C1} = U_{C0} + \int \dfrac{i_{Pj}\,dt}{C_1} = U_{C0} + \dfrac{i_{Pj}\tau}{C_1} \\ U_{C2} = U_{C0} + \int \dfrac{i_{Pj}\,dt}{C_2} = U_{C0} + \dfrac{i_{Pj}\tau}{C_2} \end{cases} \tag{4.8}$$

$$\Delta U_C = U_{C1} - U_{C2} = \frac{C_2 - C_1}{C_1 C_2} i_{Pj}\tau \tag{4.9}$$

式中，τ 为开关状态④的持续时间；U_{C0} 为上个开关状态⑤结束时两电容初始电压；U_{C1}、U_{C2} 分别为三开关子模块中两电容电压。

当子模块切换至开关状态⑤时，由于两电容电压不相同，因此直接并联时产生的并联损耗可表示为

$$E_{loss} = \frac{1}{2}C_1 U_{C1}^2 + \frac{1}{2}C_2 U_{C2}^2 - \frac{1}{2}(C_1 + C_2)U_{Ceq}^2 \tag{4.10}$$

式中，U_{Ceq} 表示并联后的电容电压，其值可由电荷守恒原理获得，有

$$(C_1 + C_2)U_{Ceq} = C_1 U_{C1} + C_2 U_{C2} \tag{4.11}$$

因此，并联损耗功率可表示为

$$P_{loss} = E_{loss} \times f_s = \left[\frac{1}{2}C_1 U_{C1}^2 + \frac{1}{2}C_2 U_{C2}^2 - \frac{(C_1 U_{C1} + C_2 U_{C2})^2}{2(C_1 + C_2)}\right] \times f_s \tag{4.12}$$

为了估算最大可发生的并联损耗 P_{loss}，下面以仿真场景为例，其中桥臂电流 i_{Pj} 最大值为 800 A，τ 可能的最大值约为 1.5 ms，子模块的开关频率约为 500 Hz。假设存在5%的容差，则令 $C_1 = 4$ mF、$C_2 = 4.2$ mF（实际应用中子模块电容的容差一般都小于 5%[3]）。据此，可以计算出并联能量损耗为 $E_{loss} = 0.209$ J，比 IGBT 的导通损耗（如型号为 5SNA12000G330100 的 IGBT 在 25 ℃下的导通损耗为 $E_{on} = 1.26$ J[4]）低。最大的并联损耗功率为 $P_{loss} = 104.5$ W，根据后续 4.4 节的分析可知子模块并联总损耗约为 1.5 kW，因此电容并联不会对损耗带来严重的影响。

此外，当切换至开关状态⑤时，由于电容电压差 ΔU_C 的存在会在电容并联回路内产生一定的并联回路电流，因此回路电流大小与电压差值正相关。因此，一方面可在控制策略中设定 ΔU_C 阈值，当三开关子模块两电容电压差达到阈值时，将三开关子模块切换至开关状态⑤，对回路电流大小进行抑制。另一方面，

器件自身一般均存在吸收电路，如基于电流驱动型功率器件（如IGCT/GTO）的三开关子模块，该类器件自身都会配备如图4.11所示的di/dt吸收电路。因此，利用器件自身的吸收电路就能对电压差导致的回路电流起到很好的抑制作用。同时需要指出的是，电压差导致的并联回路电流持续时间较短，其RMS很小，几乎不会影响器件结温。

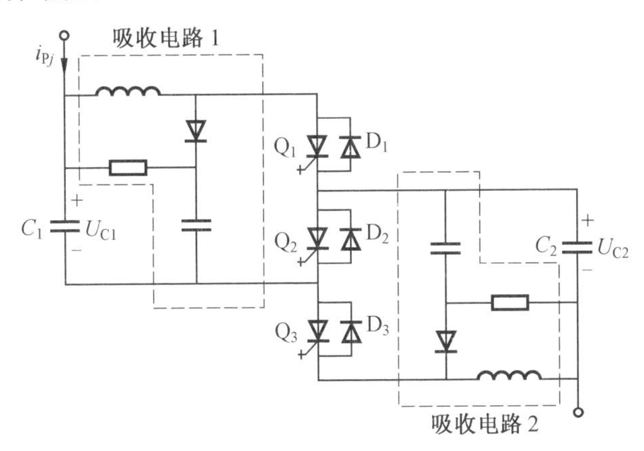

图4.11　基于电流驱动型功率器件的三开关子模块

4.3.3　三开关子模块实验验证

为了进一步验证所提三开关子模块Buck型CET拓扑，在实验室搭建了功率为2.4 kW、电压变比为400 V/200 V的实验样机，其中b相桥臂采用三开关子模块，而a、c相桥臂采用传统半桥子模块，具体实验参数见表4.3。

表4.3　三开关子模块Buck型CET实验参数表

拓扑参数	数值
直流功率 P/kW	2.4
高压侧直流电压 U_H/V	400
低压侧直流电压 U_L/V	200
b相桥臂三开关子模块数目	2
a、c相桥臂半桥子模块数	4
桥臂电感 L/mH	2
半桥子模块电容容量 /mF	4
三开关子模块电容容量 /mF	1.32
子模块电容电压额定值 U_C/V	60
运行频率 f_h/Hz	100

图 4.12 所示为 Buck 型 CET 功率反转动态实验波形。初始情况下，变换器从高压侧向低压侧传输 2.4 kW 功率，随后在 1 s 内传输功率由 2.4 kW 变为 −2.4 kW，之后保持不变。整个实验过程中，高、低压侧电流波形平滑，但存在一定的纹波。这是因为实验中的子模块数量较少，每一个子模块开关动作带来的桥臂电压变化比例较大。而在实际高压直流输电应用中，变换器每相桥臂中包含上百个子模块，电流中的谐波影响较小。

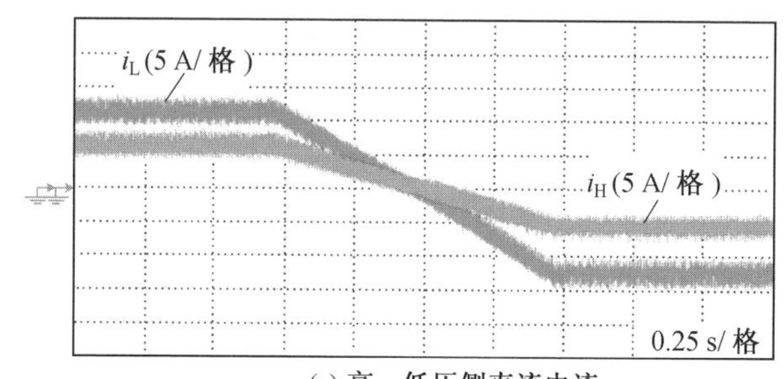

(a) 高、低压侧直流电流

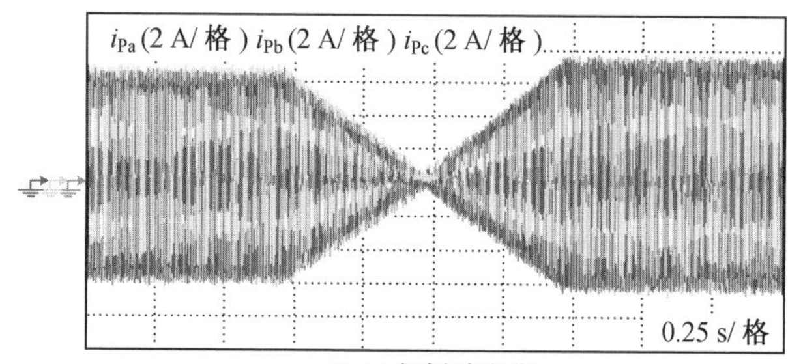

(b) 三相桥臂电流

图 4.12　Buck 型 CET 功率反转动态实验波形

图 4.13 所示为拓扑功率从高压侧向低压侧传输时的稳态放大波形。由波形可见，三相电流波形形状相似，说明三开关子模块能实现与传统半桥子模块相同的控制效果，验证了其可行性。同时，三相电流波形相位互差 120°，因此高、低压侧电流波形能够维持连续。此外，实验波形中，a 相四个半桥子模块的电压 $u_{Ca1}\sim u_{Ca4}$ 和 b 相两个三开关子模块的电容(共四个电容)电压如图 4.13(c) 所示，各电容电压保持平衡，稳定维持在额定值 60 V 附近。波动大小与式(4.6)计算得出的理论波动 ±15% 相符，验证了理论的正确性。

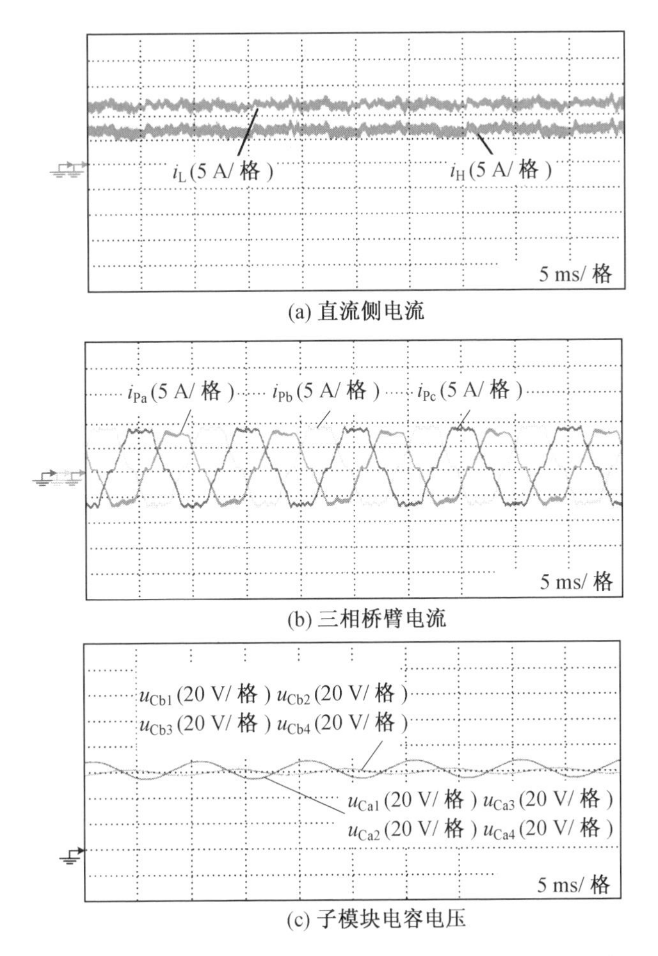

图 4.13 拓扑功率从高压侧向低压侧传输时的稳态放大波形

图 4.14 所示为拓扑功率从低压侧向高压侧传输时的稳态放大波形。与图 4.13 的波形类似,但图 4.14 所示直流电流的方向发生了改变,验证了理论的正确性。

图 4.15 所示为三开关子模块两电容存在 20% 容差时电容电压和电容电流的波形。由电压波形可知,两电容电压很好地平衡在额定值附近;由电流波形可知,由于容差引起的不平衡电压在电容并联时所产生的尖峰电流大约为 2 A,不会对子模块开关器件造成危害。

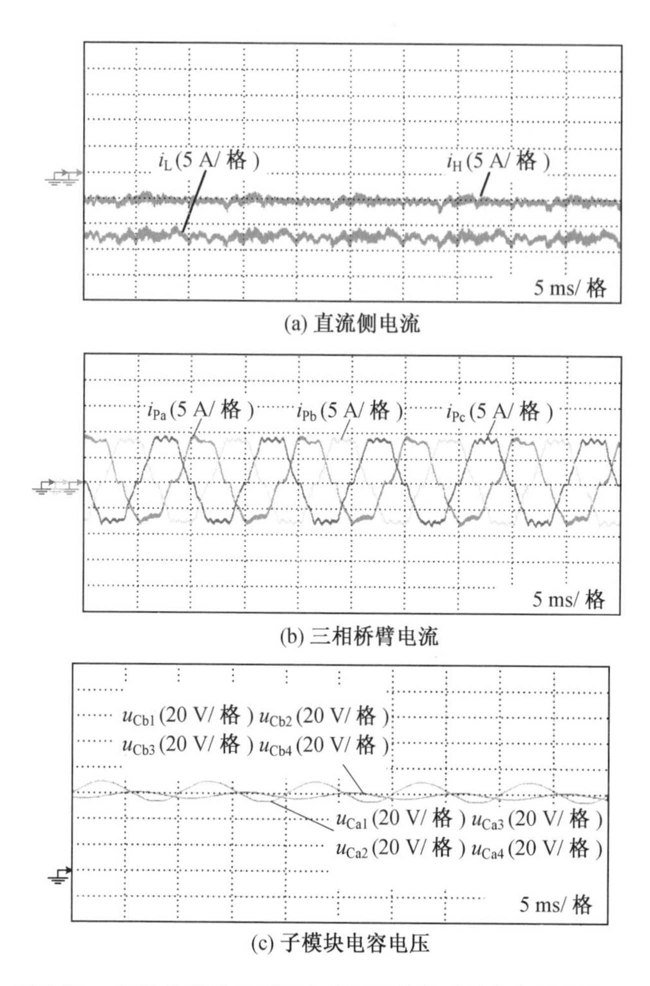

(a) 直流侧电流

(b) 三相桥臂电流

(c) 子模块电容电压

图 4.14　拓扑功率从低压侧向高压侧传输时的稳态放大波形

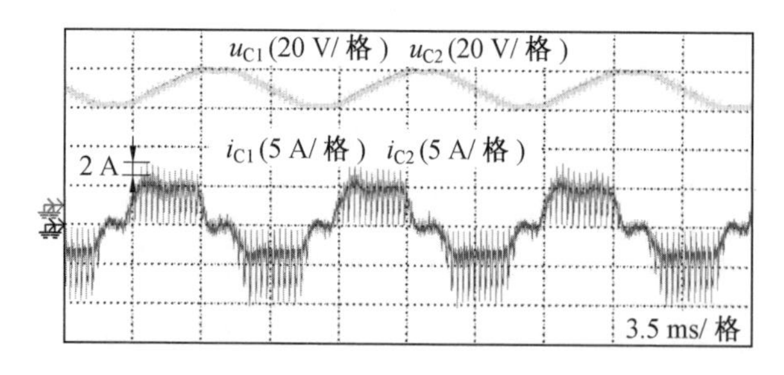

图 4.15　三开关子模块两电容存在 20% 容差时电容电压和电容电流波形

4.4　三开关子模块经济性对比

4.4.1　开关器件数目对比

本节以 500 kV/300 kV、375 MW 的仿真工况为例，对三开关子模块 Buck 型 CET 和基于传统半桥子模块的 Buck 型 CET 进行对比。为了对比的公平性，三开关子模块和半桥子模块均采用相同额定值的电容和开关器件。子模块电容电压额定值设置为 $U_C=2$ kV，采用 3.3 kV/1.2 kA 型号为 5SNA1200G330100 的 IGBT 模块。对于半桥子模块 Buck 型 CET，每相需要 165 个半桥子模块，而三开关子模块 Buck 型 CET 每相需要 83 个三开关子模块。如 4.1 节所述，每个三开关子模块包含两个电容和三个 IGBT，相比之下三开关子模块可节省 1/4 的 IGBT 和二极管。换流阀均采用 4.5 kV/1.3 kA 型号为 5SNA1300K450300 的压接 IGBT，器件降额系数 λ_d 取为 0.7。具体数据见表 4.4。

表 4.4　开关器件数目对比

参数模块	基于半桥子模块数目	基于三开关子模块数目
子模块	165 × 3 = 495	83 × 3 = 249
电容	495 × 1 = 495	249 × 2 = 498
子模块 IGBT	495 × 2 = 990	249 × 3 = 747
电流路径上子模块 IGBT	495 × 1 = 495	249 × 1 = 249
换流阀 S_{1j}/S_{2j} 中串联 IGBT	64 × 3 = 192	64 × 3 = 192
换流阀 $S_{1'j}/S_{2'j}$ 中串联 IGBT	96 × 3 = 288	96 × 3 = 288

4.4.2　三开关子模块损耗对比

本节基于 PLECS 仿真软件对功率器件的损耗进行对比分析。器件的结温均设置为 85℃。由于最近电平调制无法确保子模块开关频率的一致性，根据仿真统计，当功率由高压侧向低压侧传输和由低压侧向高压侧传输时 IGBT 的平均开关频率分别为 384 Hz 和 523 Hz。由于三开关子模块是在两个半桥子模块的基础上演变而来的，因此对比中半桥子模块平均开关频率分别设置为 174 Hz（≈ 384 Hz/2）和 252 Hz（≈ 523 Hz/2）。

图4.16所示为三开关子模块和半桥子模块在功率从高压侧向低压侧传输时的损耗分布。其中Q_1、Q_2、Q_3为子模块IGBT，D_1、D_2、D_3为对应IGBT的反并联二极管。半桥子模块中Q_1（上管）和Q_2（下管）开关信号互补，而三开关子模块Q_1和Q_3开关信号相同且与Q_2开关信号互补。

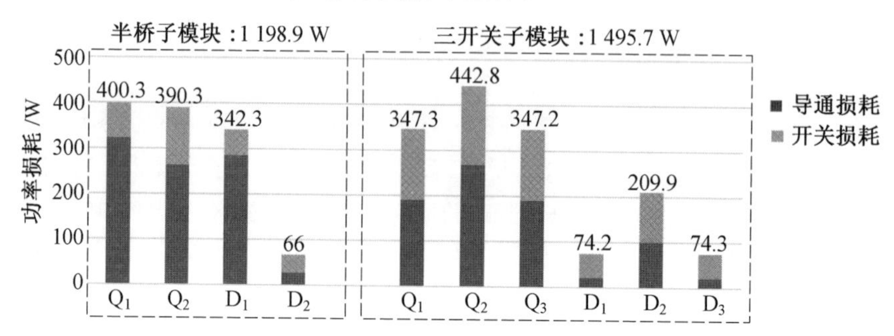

图4.16　功率由高压侧向低压侧传输时子模块损耗比较

对于半桥子模块而言，当储能桥臂串联在高低压侧之间时桥臂电流为750 A，输出电压约为200 kV。Q_1的等效占空比为200 kV/(165 × 2 kV) = 60.6%，即此阶段中平均约454.5 A(=60.6% × 750 A)的电流流经D_1，约295.5 A(=39.4% ×750 A)的电流流经Q_2。当储能桥臂并联在低压侧时桥臂电流为−500 A，输出电压约为300 kV。Q_1的等效占空比为300 kV/(165 × 2 kV)=90.9%，即此阶段中约454.5 A(=90.9% × 500 A)的电流流经Q_1，约45.5 A(=9.1% ×500 A)的电流流经D_2。因此，Q_1通态损耗高于Q_2，而D_1通态损耗显著高于D_2。同理，由于Q_2开关电流为750 A，而Q_1开关电流为500 A，因此，Q_2开关损耗高于Q_1。而D_1和D_2关断前电流分别为750 A和500 A，因此D_1开关损耗（反向恢复损耗）高于D_2。

对于三开关子模块而言，储能桥臂串联在高、低压侧之间时，Q_2的等效占空比为(200 kV − 83 × 2 kV)/(83 × 2 kV) = 20.5%，即此阶段中约153.8 A(=20.5% ×750 A)的电流流经D_2，约596.2 A(=79.5% × 750 A)的电流被Q_1和Q_3均分。当储能桥臂并联在低压侧时，Q_2的等效占空比为(300 kV − 83 × 2 kV)/(83 × 2 kV)=80.7%，即此阶段中约403.5 A(=80.7% × 500 A)的电流流经Q_2，约96.5 A(=19.3% × 500 A)的电流被D_1和D_3均分。由于Q_1和Q_3的分流作用，因此其通态损耗低于Q_2。同理，D_1和D_3通态损耗显著低于D_2。此外，由于Q_1和Q_3的分流作用，其开关电流也降低为375 A(=50% × 750 A)，而Q_2的开关电流为500 A，因此Q_2开关损耗高于Q_1和Q_3。而D_1和D_3关断前电流为250 A(=50% × 500 A)，D_2关断前电流为750 A，因此D_2开关损耗显著高于D_1和D_3。

综上，由于每一时刻每个三开关子模块只有一个 IGBT 承担桥臂电流(开关状态④)或者两个 IGBT 分流承担桥臂电流(开关状态⑤)，相比两个半桥子模块电流通路上的开关器件压降可以减小一半。因此，当功率从高压侧向低压侧传输时，三开关子模块的损耗比两个半桥低 902.1 W，即降低约 37.6% 的损耗。

图 4.17 所示为功率从低压侧向高压侧传输时对应的损耗分布情况。由于功率反向，因此该工况下相当于将功率从低压侧向高压侧传输时 Q_1、Q_2、Q_3 电流分别与 D_1、D_2、D_3 对应电流互换。因此，图 4.17 中 Q_1、Q_2、Q_3 损耗分布规律与图 4.16 中 D_1、D_2、D_3 相同，而图 4.17 中 D_1、D_2、D_3 损耗分布规律则与图 4.16 中 Q_1、Q_2、Q_3 相同。需要注意的是，由于该工况下 Q_2 开关电流为 750 A，因此其开关损耗比较显著。但同样由于三开关子模块只有一个 IGBT 承担桥臂电流或者两个 IGBT 分流承担桥臂电流，因此该工况下三开关子模块的损耗比两个半桥低 865.9 W，即降低约 35.4% 的损耗。

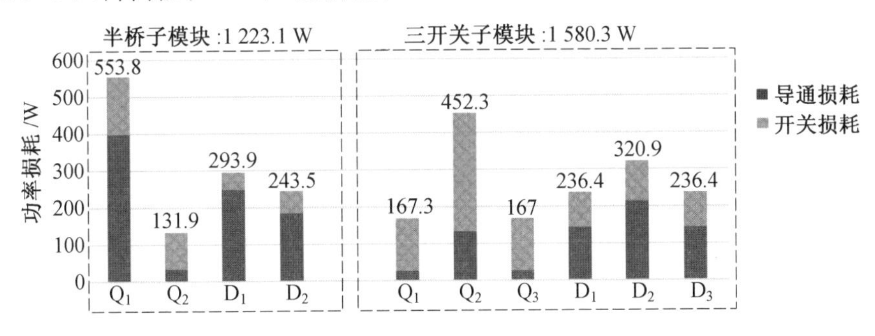

图 4.17　功率从低压侧向高压侧传输时子模块损耗比较

由于采用半桥子模块和采用三开关子模块的 CET 拓扑换流阀一样，因此两者换流阀损耗一致。由于桥臂的主动控制可以实现换流阀组的 ZCS 软开关，因此开关损耗很小，仅需考虑导通损耗。图 4.18(a) 所示为功率从高压侧向低压侧传输时换流阀的损耗图。当储能桥臂串联在高、低压侧之间时，750 A 桥臂电流流经 S_{1j} 中的 IGBT 和 $S_{1'j}$ 中的反并联二极管，而二极管通态压降低于 IGBT，因此此时 $S_{1'j}$ 中单个期间损耗低于 S_{1j}。同样，当桥臂并联在低压侧放电时，−500 A 桥臂电流流经 S_{2j} 中的 IGBT 和 $S_{2'j}$ 中的反并联二极管，因此 S_{2j} 中单个期间损耗低于 $S_{2'j}$。当功率反向传输时，桥臂电流方向反向，具体损耗数据如图 4.18(b) 所示。

基于图 4.16 ~ 图 4.18 的数据并结合表 4.4，即可获得基于三开关子模块和基于传统半桥子模块的 Buck 型 CET 拓扑的变换器总损耗，如图 4.19 和图 4.20 所示。图 4.19 所示为功率从高压侧向低压侧传输时基于三开关子模块和基于半桥子模块的 Buck 型 CET 拓扑的变换器总损耗。由图 4.19 可知，采用本章所提三开关子模块的变换器总损耗比采用半桥子模块降低了 22.9%。类似地，当功率反向传输时，变换器总损耗如图 4.20 所示，基于三开关子模块的 Buck 型 CET 总损耗比基于传统半桥子模块降低了 21.5%。这验证了所提三开关子模块的效率优势。

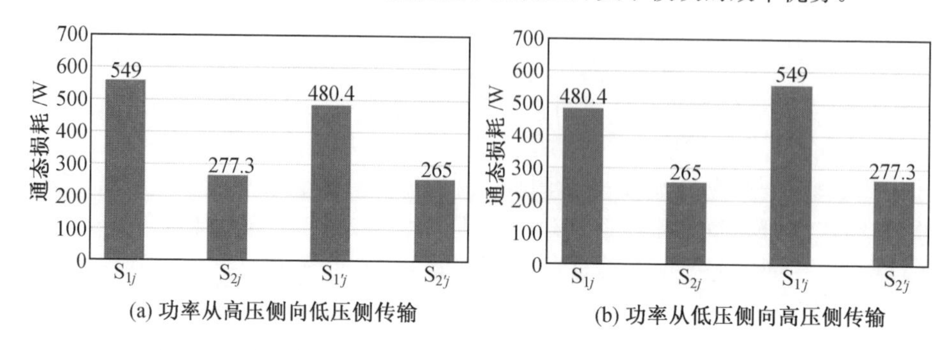

图 4.18　换流阀 S_{1j}/S_{2j} 和 $S_{1'j}/S_{2'j}$ 中每个 IGBT 器件的通态损耗

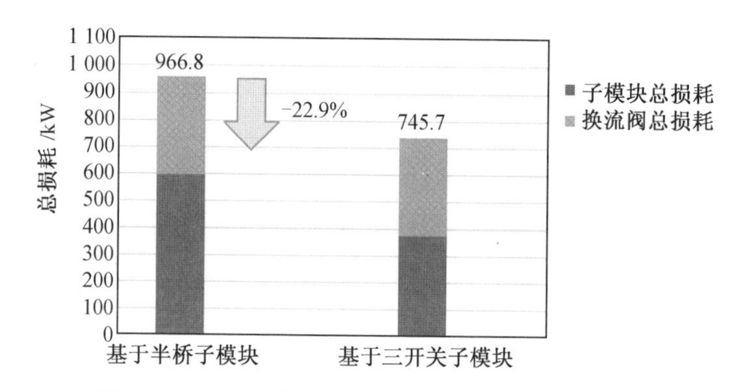

图 4.19　功率从高压侧向低压侧传输时变换器总损耗

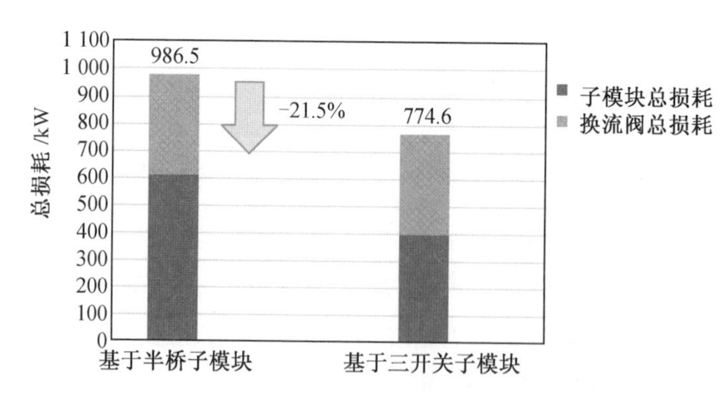

图 4.20　功率从低压侧向高压侧传输时变换器总损耗

本章参考文献

[1] 李彬彬，张书鑫，程达，等. 新型混合式高压直流输电 DC/DC 变换器[J]. 电力系统自动化，2018，42(7)：116-122.

[2] LI B B，ZHAO X D，CHENG D，et al. Novel hybrid DC/DC converter topology for HVDC interconnections[J]. IEEE Transactions on Power Electronics，2019，34(6)：5131-5146.

[3] XU J，ZHAO C，LIU W，et al. Accelerated model of modular multilevel converters in PSCAD/EMTDC[J]. IEEE Transactions on Power Delivery，2013，28(1)：129-136.

[4] ABB，Semiconductor data sheets. Documentation. [Online].[2016-3-14](2023-2-16). Available：http://new. abb. com/ semiconductors/ igbt-and-diode-modules.

第5章

宽电压范围CET拓扑

针对不同电压等级直流输电线路互联应用场景，本章充分结合晶闸管阀组的双向电压阻断能力与串联技术成熟的特点介绍一种宽电压范围CET拓扑，该拓扑能够适应宽直流电压运行范围，并具备直流故障电流阻断的能力。本章首先介绍宽电压范围CET拓扑的工作原理，重点分析在短路故障情况下，故障电流暂态响应特性，并给出直流限流电抗器的设计依据。其次为降低拓扑运行损耗，提出运行频率随传输功率变化的控制策略，同时揭示各桥臂能量平衡控制的耦合问题，提出相间能量解耦控制方法。最后通过仿真和实验验证宽电压范围CET拓扑的故障阻断能力以及控制与调制方法的有效性。

5.1　直流电网的短路故障及宽电压范围运行概述

与传统的交流电网相比，直流电网在未加限流电抗器的情况下呈低阻尼特点。当发生直流短路故障后，变换器中的储能元件放电将造成故障电流迅速上升。一般 1 ～ 2 ms 故障电流就会超过功率半导体器件的耐流值，可能烧毁器件或导致变换器闭锁停运，造成严重的经济损失[1-3]。

高压直流断路器作为直流电网的故障阻断装置，在故障电流上升过程中，起到切断故障电流的作用，阻止故障扩散到其他直流线路。由于故障电流上升速率快、没有自然过零点，电弧难以熄灭，因此对高压直流断路器的速动性和断流能力要求极高。高压直流断路器一般可分为机械式高压直流断路器、固态高压直流断路器和混合式高压直流断路器。现有的机械式高压直流断路器切断速度较慢[4]，基于电力电子器件的固态断路器虽然能够满足速度要求，但会在稳态运行时带来极大的导通损耗。混合式高压直流断路器结合了两者的优点[5]，具备损耗小、分断时间短、可靠性高和稳定性强等优点，但是器件数目较多、复杂度较高。目前，混合式高压直流断路器装置在我国舟山、南澳、张北等示范工程成功投运，但装置的投入成本仍然较高，如在张北四端柔性直流电网中安装的 16 台高压直流断路器成本为 13.6 亿元，约为项目总投资的 10.9%[6]。

在直流电网中安装具备故障阻断能力的 DC/DC 变换器，能够防止某直流侧的短路故障向另一直流侧扩散，起到直流短路故障阻断的作用。因此，可将高成本的高压直流断路器替换为低成本的高压隔离刀闸，有利于降低系统投入成本和运行损耗，同时可利用 DC/DC 变换器控制灵活的特点，实现故障的快速阻断。因此，设计具有故障阻断能力的 DC/DC 变换器，具有重要的研究意义和应用价值[7-8]。

在某些极端天气情况下，如空气重度污染、山火、雷暴雨或干旱等，高压直流线路易发生闪络、放电等现象，目前工程中常常会降低线路运行电压来保证安全性[9-10]。因此，当采用DC/DC变换器实现直流线路互联时，还应具备较宽电压的运行能力。特别地，当发生短路故障时，变换器的直流侧电压为零，这种情况可看成是宽电压范围运行能力的一种特例，即需要变换器具备电压降至零的运行能力。此外，变换器的宽电压范围运行能力还有助于实现直流侧电压的软启动（或故障后的重启动），从而更好地避免在启动过程中因线路及绝缘设备的分布电容产生过高的浪涌电流。

5.2 宽电压范围CET拓扑运行原理

5.2.1 宽电压范围CET拓扑结构及工作原理

宽电压范围CET拓扑的结构如图5.1所示，该结构由三相结构相同的电路组成($j=a,b,c$)，每相包括两个换流阀与一个储能桥臂。换流阀由反向并联的晶闸管T_{ij}串联组成($i=1,2,3,4$)，储能桥臂由N个结构相同的半桥子模块串联而成。其中，U_L和I_L分别是低压侧电压和电流，U_H和I_H分别是高压侧电压和电流。i_{Lj}和i_{Hj}分别是低压侧和高压侧的相电流，i_{Pj}和u_{Pj}分别是桥臂电流和桥臂电压。

宽电压范围CET拓扑能够实现功率双向传输，图5.2(a)所示为功率从低压侧传向高压侧的工作波形。各相储能桥臂的工作原理相同，以a相为例，根据储能桥臂的放、充电过程，在一个工作周期$T(T=1/f)$内分为放电时段$[t_0,t_1]$和充电时段$[t_1,t_2]$。在$[t_0,t_1]$时段，晶闸管T_{2a}触发导通，其他晶闸管保持关断状态，储能桥臂并联至高压侧，储能桥臂中各个子模块电容储存的能量向高压侧释放，桥臂电流被控制成幅值为$-I_H$的梯形波。需要注意的是，为使桥臂电流的变化率不会发生突变，降低桥臂电流的控制难度，本节在梯形波的基础上做了改进，设计驱动电压$u_0(t)$是幅值为U_0的正弦半波，控制桥臂电流从零按正弦波形逐渐变为$-I_H$。在$[t_1,t_2]$时段，晶闸管T_{1a}触发导通，其他晶闸管保持关断，储能桥臂并联至低压侧，桥臂电流给各个子模块电容充电，桥臂电流被控制成幅值为I_L的梯形波。从三相结构来看，一个工作周期T亦可分为多个换流阶段T_c和恒流阶段T_h，$T=6\times(T_c+T_h)$。当有两相储能桥臂同时并联至低压侧或高压侧时，两相桥臂电流之和保持为I_L或I_H时为换流阶段。当仅有两相储能桥臂分别并联至低压侧和高压侧时，三相桥臂电流维持恒定时为恒流阶段。三相交错120°运行，换流阶段和恒流阶段依次出现，使得低压侧和高压侧均为连续的直流电流。

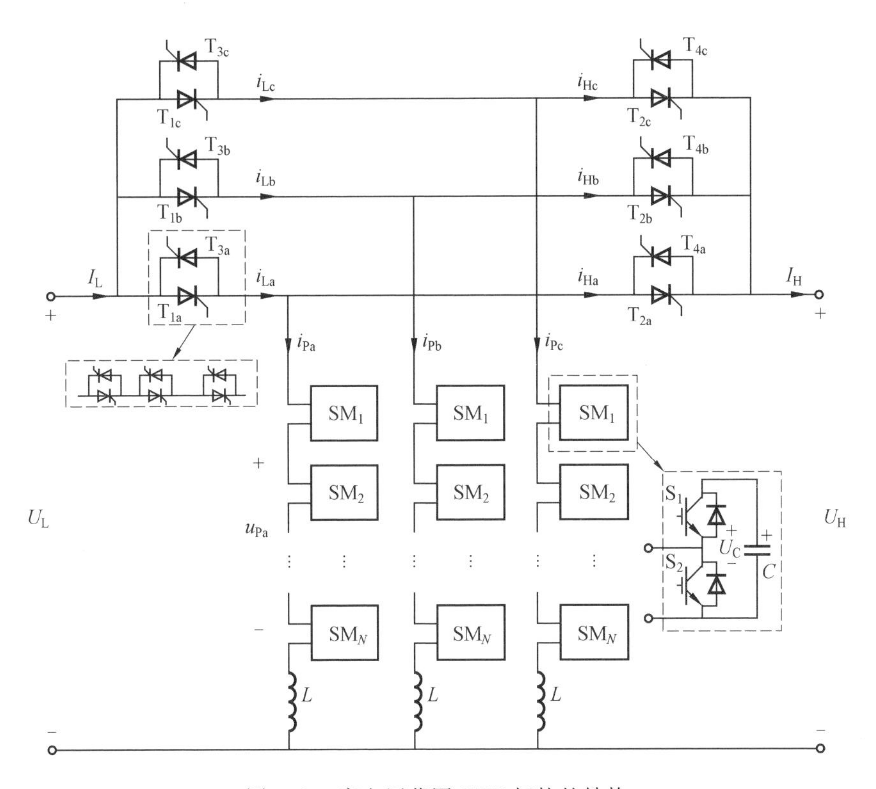

图 5.1　宽电压范围 CET 拓扑的结构

图 5.2(b) 所示为功率从高压侧传向低压侧的工作波形，其工作原理与图 5.2(a) 类似，不同之处在于晶闸管换流阀 T_{3a} 和 T_{4a} 交替被触发导通，桥臂电流幅值分别被控制成幅值为 I_H 和 $-I_L$ 的梯形波。

宽电压范围 CET 拓扑的换流阀全部为晶闸管换流阀，挑战在于如何确保其可靠地开通和关断。在可靠开通方面，可采用第 2 章提到的方法，即通过灵活调节储能桥臂电压，使晶闸管在很小的正向电压条件下触发，同时保证晶闸管导通初期的 $\mathrm{d}i/\mathrm{d}t$ 低于允许的临界值。在可靠关断方面，当晶闸管电流降为零之后，需要持续地向晶闸管施加一定的反压，以确保晶闸管的反向恢复电荷耗尽，使其 PN 结恢复正向电压阻断能力。第 2 章提到的关断方法利用反并联二极管的导通压降作为晶闸管的反压，然而该反压幅值较小，需要较长时间才能使晶闸管的反向恢复电荷耗尽，关断时间较长。宽电压范围 CET 拓扑在电流降为零之后，由于反向并联的晶闸管呈阻断状态，因此可以通过调节桥臂电压 u_{pa} 与低压侧或高压侧的电压差，给晶闸管两端施加足够的反压 U_0，确保晶闸管能够快速、可靠地关断，如图 5.2 中晶闸管两端电压 u_{Ta1}、u_{Ta2}、u_{Ta3} 和 u_{Ta4} 所示。

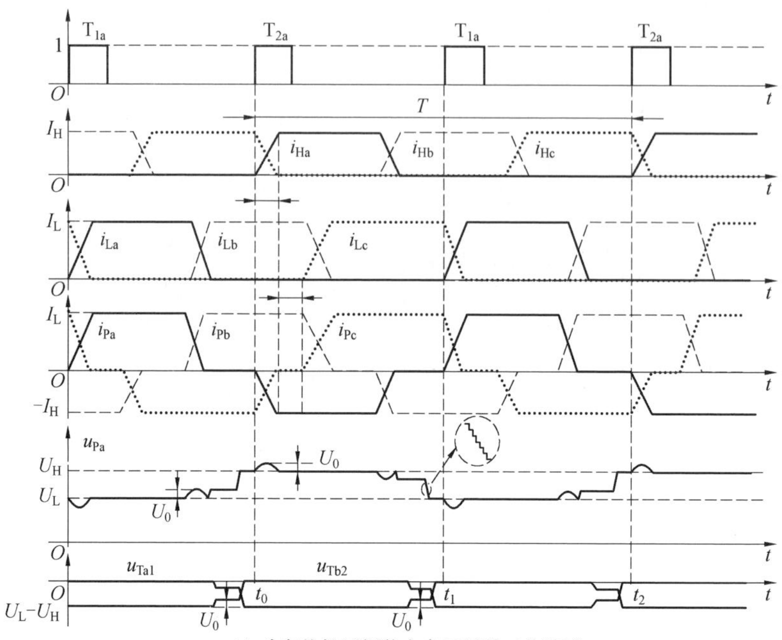

(a) 功率从低压侧传向高压侧的工作波形

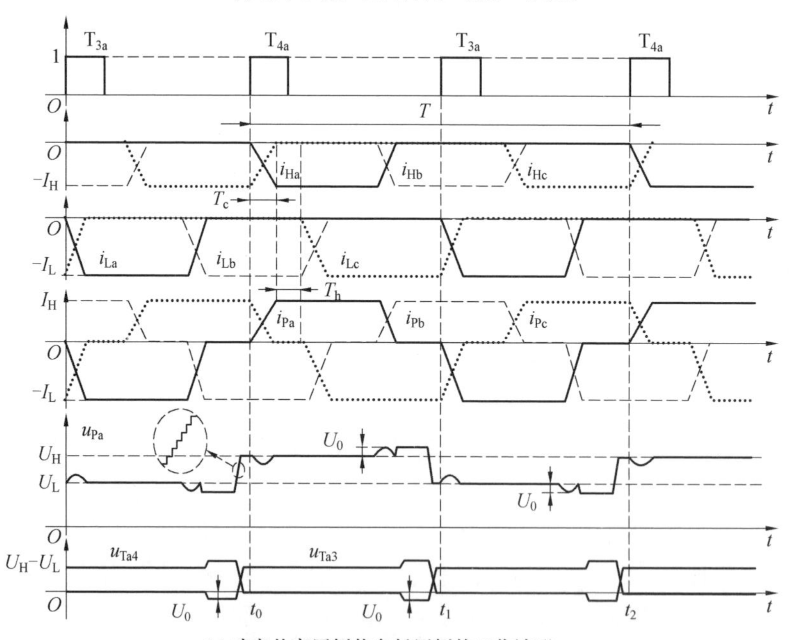

(b) 功率从高压侧传向低压侧的工作波形

图 5.2　宽电压范围 CET 工作波形

5.2.2　宽电压范围 CET 拓扑直流故障阻断原理

由拓扑的基本工作原理可知，在任意阶段，每相拓扑中只有一个换流阀处于导通状态。而且，只有在成功关断已导通的晶闸管换流阀后，驱动信号才会发送给另一待导通的晶闸管换流阀。因此，当拓扑的任意直流侧发生短路故障时，总有处于关断状态的晶闸管换流阀在故障路径中，只要晶闸管换流阀能够支撑整个直流电压，即可阻断故障并隔离故障点。

在拓扑的控制器识别到直流短路故障发生后，通过闭锁子模块和晶闸管的驱动信号，即可实现故障阻断。考虑到所提拓扑的对称性以及各相运行的独立性，下面以功率由低压侧向高压侧传输时 a 相电路为例，分析直流故障阻断过程。根据故障发生位置和储能桥臂充、放电阶段的不同，故障阻断过程可分为以下四种情况。

(1) 低压侧发生直流短路故障且储能桥臂处于充电阶段。

如图 5.3(a) 所示，当低压侧向储能桥臂充电时，低压侧发生短路故障，处于关断状态的 T_{2a} 将承担高压侧电压。此时故障点和储能桥臂有电气连接，但由于晶闸管单向通流的特点，储能桥臂并不会向故障点放电，因此无故障电流路径。在低压侧电压跌落后，桥臂电流随之降为零，原本导通的晶闸管换流阀 T_{1a} 承受反压而关断。

(2) 低压侧发生直流短路故障且储能桥臂处于放电阶段。

如图 5.3(b) 所示，当储能桥臂向高压侧放电时，低压侧发生短路故障，处于关断状态的 T_{1a} 需支撑高压侧电压。此时故障点和储能桥臂无电气连接，没有故

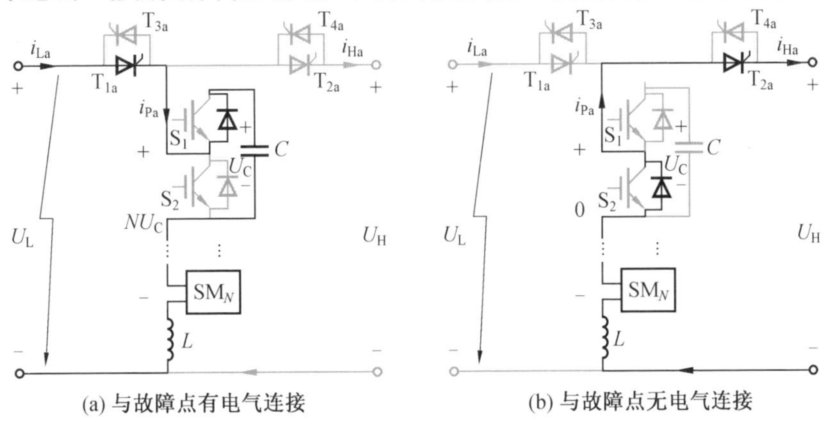

图 5.3　低压侧发生直流短路故障时的故障阻断过程

障电流路径。在检测到低压侧发生故障后，控制器闭锁子模块和晶闸管的驱动信号，储能桥臂对外输出的电压为零，原本导通的晶闸管换流阀 T_{2a} 将承受反压 U_H 而迅速关断。

(3) 高压侧发生直流短路故障且储能桥臂处于充电阶段。

如图 5.4(a) 所示，当低压侧向储能桥臂充电时，高压侧发生短路故障，处于关断状态的 T_{2a} 支撑低压侧电压。此时故障点和储能桥臂无电气连接，没有故障电流路径。在检测到高压侧发生故障后，控制器闭锁子模块和晶闸管的驱动信号，桥臂电流快速降为零，晶闸管换流阀 T_{1a} 将承受反压 NU_C-U_L 而关断。

(4) 高压侧发生直流短路故障且储能桥臂处于放电阶段。

如图 5.4(b) 所示，当储能桥臂向高压侧放电时，高压侧发生短路故障，处于关断状态的 T_{1a} 支撑低压侧电压。此时故障点和储能桥臂有电气连接，储能桥臂的子模块电容将向故障点放电产生故障电流，因此存在故障电流路径。在拓扑检测到高压侧发生故障后，闭锁子模块和晶闸管的驱动信号，故障电流只能流经子模块 IGBT 的续流二极管，该续流过程将需要一段时间来消耗存储在缓冲电感中的能量，直至故障电流衰减到零为止，从而隔离高压侧直流短路故障。

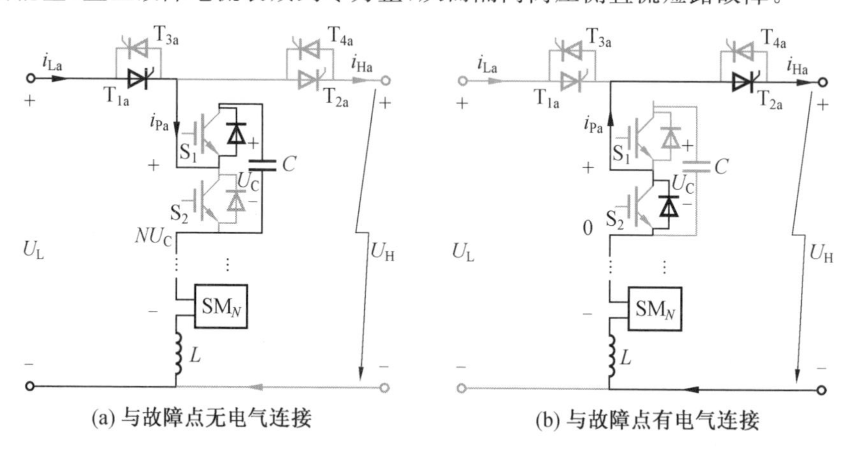

(a) 与故障点无电气连接　　(b) 与故障点有电气连接

图 5.4　高压侧发生直流短路故障时的故障阻断过程

综上分析，当功率从低压侧传向高压侧时，共有四种故障类型。其中，最为严重的是高压侧发生直流短路故障且储能桥臂处于放电阶段，此阶段的故障阻断过程需要一定时间耗散存储在缓冲电感中的能量，而其他三种故障类型可迅速实现故障阻断。需要注意的是，全部晶闸管换流阀的耐压均应按照高压侧电压设计。此外，由于所提拓扑的结构是对称的，因此直流短路故障发生在功率由高压侧传向低压侧时，同样具备直流故障阻断能力。

5.2.3　宽电压范围运行原理

宽电压范围 CET 拓扑的储能桥臂由 N 个半桥子模块串联而成，即储能桥臂电压 u_{Pj} 的范围为 $0 \sim NU_C$，可以在该范围内匹配直流侧电压的变化。另外，晶闸管换流阀相对于储能桥臂具有对称性，且耐压设计均为高压侧直流电压，则任意一侧直流电压的高低不会影响另一侧，换流阀能够承受两侧的压差。即使当高压侧电压远低于低压侧电压时，拓扑仍能正常运行。宽电压范围 CET 拓扑结构与第 2 章的 Buck－Boost 拓扑相似，拓扑的参数设计方法可参考 2.2.2 节。

5.3　宽电压范围 CET 拓扑故障电流暂态特性分析

由 5.2.2 节分析可知，当功率由低压侧传向高压侧时，高压侧发生直流短路故障且储能桥臂处于放电阶段的故障类型最为严重。为了限制故障电流上升速度，考虑在拓扑的高压侧线路上串联限流电抗器 L_0。同时，根据拓扑工作原理可知，故障发生在换流与恒流阶段将分别对应一相或两相储能桥臂放电。据此，本节将分别分析故障发生在这两种情况下的故障电流暂态特性，求解高压侧故障电流 $i_H(t)$ 的时域表达式，以指导限流电抗器 L_0 的设计。

5.3.1　换流阶段故障电流暂态特性

以故障发生在换流阶段的初始时刻 t_f 为例（假设 a 相和 c 相处于放电阶段），故障电流波形如图 5.5 所示。由于在故障初期 CET 拓扑仍按正常情况运行，因此 a 相和 c 相储能桥臂会在各自桥臂电抗器上生成相反的换流驱动电压 u_0 来实现晶闸管换流。同时，由于限流电抗器 L_0 比桥臂电抗器大一个数量级左右，因此故障电流的上升速度主要受 L_0 限制，而 i_{Pc} 则在驱动电压 U_0 的作用下减小，并于

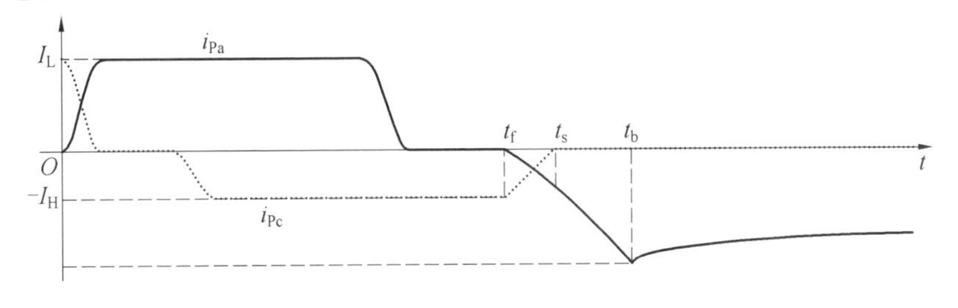

图 5.5　故障发生在换流阶段时的桥臂电流波形

t_s 时刻减小到零。在 t_s 之后，仅由 a 相储能桥臂向高压侧放电。于 t_b 时刻检测到故障后，控制器立即闭锁子模块和晶闸管的驱动信号。随后，故障电流经储能桥臂子模块的二极管续流，i_{Pa} 将缓慢下降。具体主要包括以下三个阶段。

阶段 1[t_f，t_s]：两相储能桥臂换流过程。图 5.6(a)(b) 分别为两相储能桥臂换流时的等效电路和简化电路，其中 R_e 为故障回路等效电阻。需要注意的是，由于在这个过程中要实现桥臂电流换流，因此 a 相和 c 相的桥臂电压分别为 U_H+U_0 和 U_H-U_0，如图 5.6(a) 所示。在两相储能桥臂组成的并联回路中，桥臂电压差值 $2U_0$ 作用在两个桥臂电感上，实现换流，使得 c 相的桥臂电流减小至零。与此同时，两相储能桥臂均向故障点贡献故障电流，即 $i_H=i_{Pa}+i_{Pc}$。

假设故障期间桥臂输出电压维持不变，对应简化电路如图 5.6(b) 所示，对所示回路 ① 和回路 ② 列写电压方程式可得

$$U_H+U_0-L\frac{\mathrm{d}i_{Pa}(t)}{\mathrm{d}t}=L_0\frac{\mathrm{d}i_H(t)}{\mathrm{d}t}+R_e i_H(t) \tag{5.1}$$

$$U_H-U_0-L\frac{\mathrm{d}i_{Pc}(t)}{\mathrm{d}t}=L_0\frac{\mathrm{d}i_H(t)}{\mathrm{d}t}+R_e i_H(t) \tag{5.2}$$

$$i_H(t)=i_{Pa}(t)+i_{Pc}(t) \tag{5.3}$$

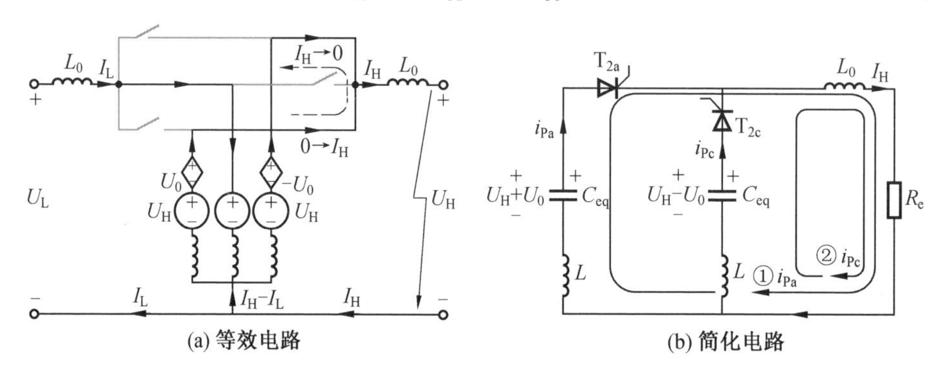

图 5.6　阶段 1 的等效电路及简化电路

将式(5.1) 和式(5.2) 相加减，可以整理得到

$$\begin{cases} U_H=\left(L_0+\dfrac{L}{2}\right)\dfrac{\mathrm{d}i_H(t)}{\mathrm{d}t}+R_e i_H(t) \\ 2U_0=L\dfrac{\mathrm{d}}{\mathrm{d}t}(i_{Pa}(t)-i_{Pc}(t)) \end{cases} \tag{5.4}$$

对于上述一阶线性微分方程组，代入初始条件 $i_{Pa}(t_f)=0$ 和 $i_{Pc}(t_f)=i_H(t_f)=I_H$ 可解得

$$\begin{cases} i_{\mathrm{H}}(t)=i_{\mathrm{Pa}}(t)+i_{\mathrm{Pc}}(t)=\dfrac{U_{\mathrm{H}}}{R_{\mathrm{e}}}-\left(\dfrac{U_{\mathrm{H}}}{R_{\mathrm{e}}}-I_{\mathrm{H}}\right)\mathrm{e}^{-s_0(t-t_{\mathrm{f}})} \\ i_{\mathrm{Pa}}(t)-i_{\mathrm{Pc}}(t)=\dfrac{2U_0}{L}(t-t_{\mathrm{f}})-I_{\mathrm{H}} \end{cases} \tag{5.5}$$

式中，s_0 为特征根，表达式为

$$s_0=\frac{R_{\mathrm{e}}}{L_0+L/2} \tag{5.6}$$

从式(5.5)的解可知，故障电流 $i_{\mathrm{H}}(t)$ 呈指数形式上升。

将式(5.5)中两个电流表达式相加减即可得a、c两相桥臂电流表达式为

$$\begin{cases} i_{\mathrm{Pa}}(t)=-\dfrac{1}{2}\left(\dfrac{U_{\mathrm{H}}}{R_{\mathrm{e}}}-I_{\mathrm{H}}\right)\mathrm{e}^{-s_0(t-t_{\mathrm{f}})}+\dfrac{U_0}{L}(t-t_{\mathrm{f}})+\dfrac{1}{2}\dfrac{U_{\mathrm{H}}}{R_{\mathrm{e}}}-\dfrac{1}{2}I_{\mathrm{H}} \\ i_{\mathrm{Pc}}(t)=-\dfrac{1}{2}\left(\dfrac{U_{\mathrm{H}}}{R_{\mathrm{e}}}-I_{\mathrm{H}}\right)\mathrm{e}^{-s_0(t-t_{\mathrm{f}})}-\dfrac{U_0}{L}(t-t_{\mathrm{f}})+\dfrac{1}{2}\dfrac{U_{\mathrm{H}}}{R_{\mathrm{e}}}+\dfrac{1}{2}I_{\mathrm{H}} \end{cases} \tag{5.7}$$

根据 $i_{\mathrm{Pc}}(t)$ 表达式可知，$i_{\mathrm{Pc}}(t)$ 能否衰减到零取决于限流电抗器 L_0 的大小，其必要条件为 $i_{\mathrm{Pc}}(t)$ 的导数应为负，即 $\mathrm{d}i_{\mathrm{Pc}}(t)/\mathrm{d}t<0$，据此可推导得到限流电抗器 L_0 的取值范围为

$$\frac{\mathrm{d}i_{\mathrm{Pc}}(t)}{\mathrm{d}t}=\frac{1}{2}s_0\left(\frac{U_{\mathrm{H}}}{R_{\mathrm{e}}}-I_{\mathrm{H}}\right)\mathrm{e}^{-s_0(t-t_{\mathrm{f}})}-\frac{U_0}{L}<0$$

推出

$$L_0>\frac{U_{\mathrm{H}}-I_{\mathrm{H}}R_{\mathrm{e}}-U_0}{2U_0}L \tag{5.8}$$

阶段2$[t_{\mathrm{s}},t_{\mathrm{b}}]$：单相储能桥臂放电过程。由于c相桥臂电流 $i_{\mathrm{Pc}}(t)$ 在驱动电压 U_0 作用下衰减到零，晶闸管换流阀 $\mathrm{T}_{2\mathrm{c}}$ 关断，因此该阶段仅有a相储能桥臂放电，即 $i_{\mathrm{H}}(t)=i_{\mathrm{Pa}}(t)$。本阶段对应的简化电路如图5.7所示，该过程的时域微分方程与式(5.1)相同。但该阶段的初值为 $u_{\mathrm{P}}(t_{\mathrm{s}})=U_{\mathrm{H}}+U_0$ 和 $i_{\mathrm{Pa}}(t_{\mathrm{s}})=i_{\mathrm{H}}(t_{\mathrm{s}})=I_{\mathrm{Pa}}(t_{\mathrm{s}})$，其中电流初值 $I_{\mathrm{Pa}}(t_{\mathrm{s}})$ 可通过将 $i_{\mathrm{Pc}}(t_{\mathrm{s}})=0$ 代入式(5.5)解得。因此，代入初值条件可解得本阶段故障电流时域表达式为

$$i_{\mathrm{H}}(t)=i_{\mathrm{Pa}}(t)=\frac{U_{\mathrm{H}}+U_0}{R_{\mathrm{e}}}-\left(\frac{U_{\mathrm{H}}+U_0}{R_{\mathrm{e}}}-I_{\mathrm{Pa}}(t_{\mathrm{s}})\right)\mathrm{e}^{-s_1(t-t_{\mathrm{s}})} \tag{5.9}$$

式中，s_1 为特征根，表达式为

$$s_1=\frac{R_{\mathrm{e}}}{L_0+L} \tag{5.10}$$

由于桥臂电感远小于限流电抗器，因此在此阶段的特征根 s_1 与阶段1的特征根 s_0 基本相同，即故障电流上升速度基本一致。

阶段3$[t_{\mathrm{b}},\infty]$：经过一段时间，控制器在 t_{b} 时刻检测到故障，CET拓扑闭

锁。由于控制器闭锁子模块和晶闸管的驱动信号，因此故障电流只能流经子模块 IGBT 的二极管续流，桥臂将被旁路，得到如图 5.8 所示的电感续流电路。对该电路列写方程：

$$i_{\mathrm{H}}(t)R_{\mathrm{e}}+(L_0+L)\frac{\mathrm{d}i_{\mathrm{H}}(t)}{\mathrm{d}t}=0 \tag{5.11}$$

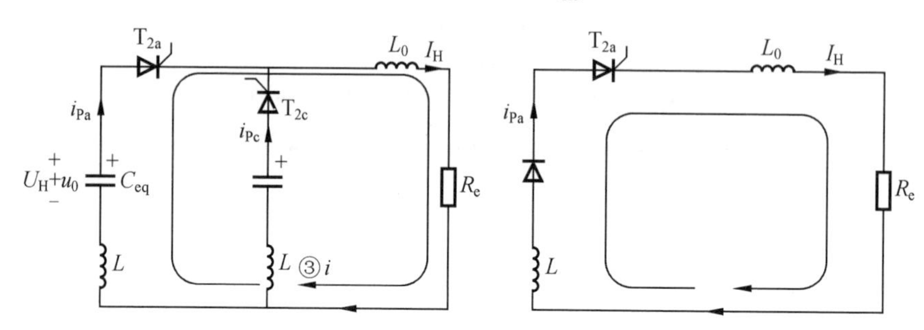

图 5.7　阶段 2 的简化电路　　　　图 5.8　阶段 3 的简化电路

t_{b} 时刻故障电流 $I_{\mathrm{Pa}}(t_{\mathrm{b}})$ 可由式(5.9)得到，据此可确定高压侧故障电流 $i_{\mathrm{H}}(t)$ 在阶段 3 的表达式为

$$i_{\mathrm{H}}(t)=I_{\mathrm{Pa}}(t_{\mathrm{b}})\mathrm{e}^{-s_1(t-t_{\mathrm{b}})} \tag{5.12}$$

由式(5.12)可知，CET 闭锁后故障电流将自然衰减到零。

5.3.2　恒流阶段故障电流暂态特性

以故障发生在恒流阶段的时刻 t_{f} 为例(假设 a 相处于放电阶段)，故障电流波形和简化电路分别如图 5.9 和图 5.10 所示。在故障初期，a 相储能桥臂向高压侧放电，贡献故障电流，故障电流 i_{Pa} 快速上升。当故障电流 i_{Pa} 于 t_{b} 时刻被检测到后，控制器立即闭锁子模块和晶闸管的驱动信号。随后，故障电流 i_{Pa} 经子模块的反并联二极管续流，缓慢自然衰减至零。因此，故障发生在恒流阶段时故障电流的暂态特性主要包括两个阶段，其暂态特性分析过程与故障发生在换流阶段时阶段 2 和阶段 3 的分析类似，本节不再赘述。

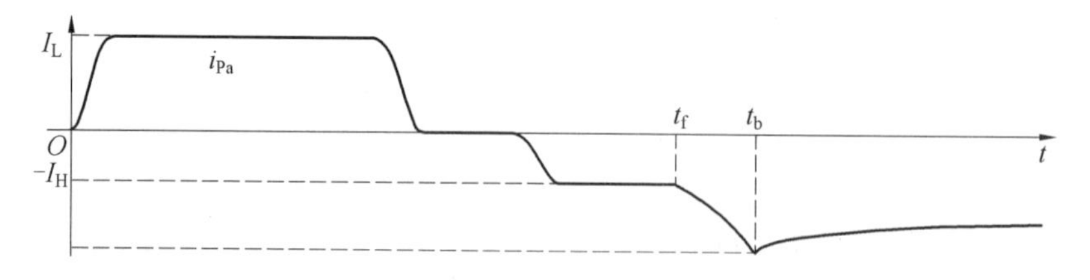

图 5.9　故障发生在恒流阶段时的故障电流波形

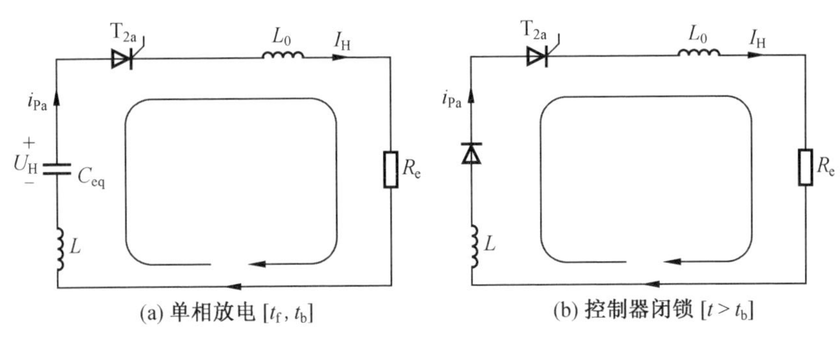

图 5.10　故障发生在恒流阶段时的简化电路

5.3.3　限流电抗器设计

限流电抗器能够有效抑制故障电流的上升速度，避免故障电流急剧增大而烧毁CET拓扑中的开关器件。但采用较大的电抗会降低拓扑的控制灵活性和系统的稳定性等，因此本节基于故障电流暂态特性，以拓扑检测时间为1 ms、限制故障电流峰值在 $2.5I_H$ 以内为目标，分析限流电抗器的合理取值。根据5.3.2节中故障电流的暂态特性分析，将 $t_b-t_f=1$ ms和 $i_H(t_f)=2.5I_H$ 代入故障电流在上升期间的表达式(式(5.5)、式(5.7)和式(5.9))，即可求得限流电抗器 L_0 的电抗值。

为了详细分析限流电抗器 L_0 的取值对故障电流上升速度的影响，本节基于后续仿真参数绘制了当故障发生在a、c相储能桥臂换流阶段时，不同限流电抗器 L_0 条件下故障电流 i_H 和c相桥臂电流 i_{Pc} 的暂态变化波形，如图5.11所示。其中，故障回路等效电阻 $R_e=1\ \Omega$、驱动电压 $U_0=18.6$ kV、故障瞬间初值 $i_{Pa}(t_f)+i_{Pc}(t_f)=i_H(t_f)=I_H=500$ A、$i_{Pa}(t_f)-i_{Pc}(t_f)=-500$ A、高压侧额定电压 $U_H=300$ kV、桥臂电抗 $L=10$ mH。L_0 分别取值为75 mH、150 mH、225 mH、300 mH、400 mH。

通过图5.11(a)可以看出，限流电抗器 L_0 越大，对故障电流上升速度的约束能力越强。当限流电抗器 L_0 取值为400 mH时，故障电流在1 ms内从500 A上升到了1 233 A，满足在1 ms故障检测时间内将故障电流峰值限制在 $2.5I_H$ (=1 250 A)以内的设计目标。图5.11(b)所示为c相储能桥臂电流波形 i_{Pc}，将 $U_H=300$ kV、$R_e=1\ \Omega$、$U_0=18.6$ kV以及 $L=10$ mH代入式(5.8)可知，能使 i_{Pc} 衰减到零的临界限流电抗值 $L_0=75$ mH。因此，在图5.11(b)中，当 $L_0=75$ mH时，i_{Pc} 维持恒定500 A电流。

在相同参数下，图5.12给出了故障发生在a相储能桥臂放电的恒流阶段时，不同限流电抗器 L_0 条件下故障电流 i_H 的暂态变化波形。该波形与图5.11(a)基本一致，这是因为该类型故障下桥臂电抗与限流电抗始终串联，特征根始终为式(5.10)所示的 s_1，与故障发生在换流阶段时的特征根一致。因此，两种故障类型严重程度相似。

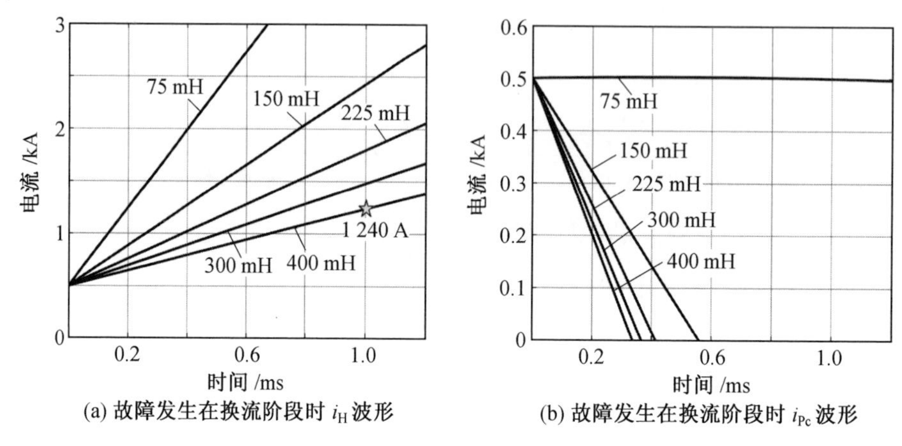

(a) 故障发生在换流阶段时 i_H 波形　　(b) 故障发生在换流阶段时 i_{Pc} 波形

图 5.11　故障发生在换流阶段时故障电流 i_H 和 i_{Pc} 的暂态变化波形

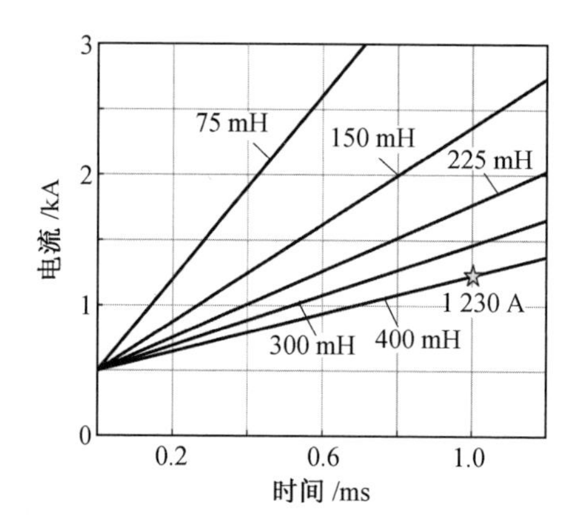

图 5.12　故障发生在恒流阶段时故障电流 i_H 的暂态变化波形

5.4　宽电压范围 CET 拓扑调制及控制策略

5.4.1　宽电压范围 CET 拓扑调制策略

调制策略是决定输出电流谐波特性及损耗大小的关键。目前应用较为广泛的调制策略为最近电平调制(nearest level control，NLC)[11-12]，其原理是采用取

整函数，利用阶梯波来逼近参考波形，实现简单，但需要考虑 NLC 的动态效果。

从图 5.2 所示的工作原理波形可以看出，当桥臂电流保持在梯形波的顶部时，桥臂电压几乎保持不变。这意味着在电压输出恒定期间对 NLC 动态效果要求不高，只需要考虑桥臂电流的纹波约束条件。当桥臂电流处于梯形波的上升/下降区域时，桥臂电压呈正弦波形。这一阶段对 NLC 动态效果要求较高，应确保桥臂电流波形的跟随效果。此外，在桥臂电流为零期间，桥臂电压需要在较短时间内实现高、低压侧电压的转换，极易出现 NLC 电平数目的跳变，将会严重影响波形的跟随效果。

为了提高电流动态跟随能力，且不会产生较多的开关动作。本节针对宽电压范围 CET 拓扑，将 NLC 和 PWM 进行结合[13]，其控制框图如图 5.13 所示。其中，每相储能桥臂中有且仅有一个子模块工作在 PWM 状态。

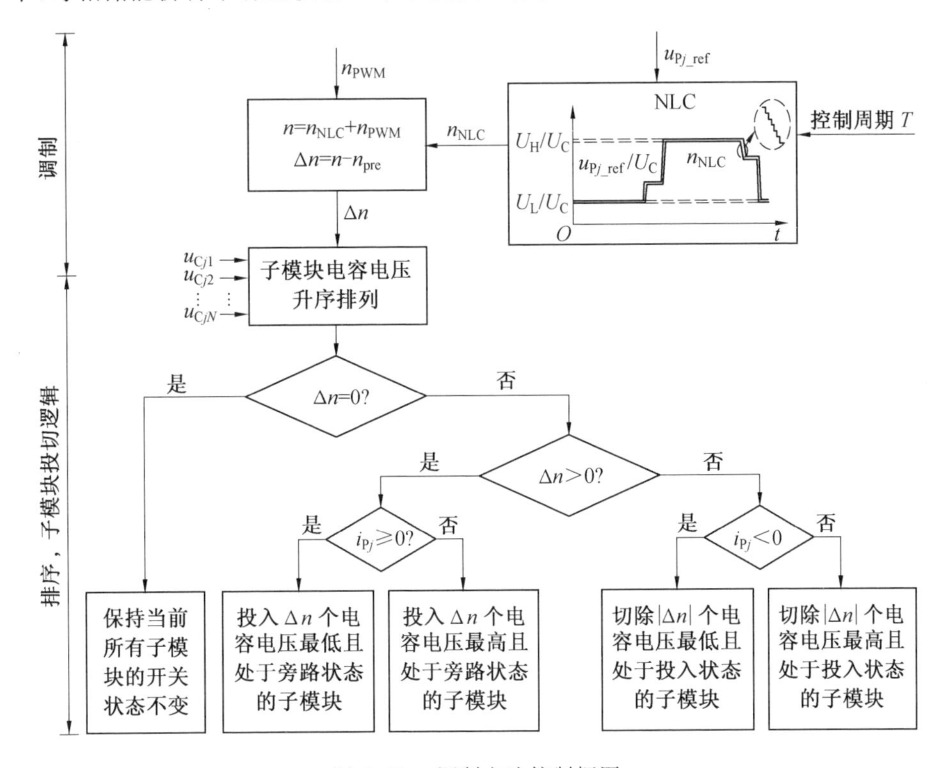

图 5.13　调制方法控制框图

首先，桥臂电压参考信号 u_{Pj_ref} 经过向下取整函数，得到 NLC 部分需要投入

的模块数目 n_{NLC} 为

$$n_{NLC} = \text{floor}\left(\frac{u_{Pj\_ref}}{U_C}\right) \tag{5.13}$$

剩余的小数部分作为 PWM 部分输入的调制信号，可得

$$u_{PWM} = u_{Pj\_ref} - U_C n_{NLC} \tag{5.14}$$

将 u_{PWM} 和三角载波进行比较可得到需要投入的模块数 n_{PWM}，进而可得桥臂需要投入的模块数目 $n = n_{NLC} + n_{PWM}$。将 n 与上一个控制周期投入的模块数目 n_{pre} 作差，可得本次控制周期需要新增投入的子模块数目 Δn。将各相桥臂子模块电容电压分别进行升序排列，根据 Δn 的取值和平衡逻辑选择将要进行投切的子模块。例如，当 $\Delta n > 0$ 且桥臂电流 $i_{Pj} > 0$ 时，选择 Δn 个电容电压最低且处于旁路状态的子模块投入；当桥臂电流 $i_{Pj} < 0$ 时，则选择 Δn 个电容电压最高且处于旁路状态的子模块投入。

需要注意的是，PWM 部分载波频率 f_{PWM} 的设计需要确保桥臂电流的动态跟随能力。由于桥臂电流控制的动态响应速度远快于能量平衡 / 功率 / 电压等外环控制，因此可忽略外环控制的影响，假设桥臂电流的参考是固定不变的。图 5.14 所示为桥臂电流的闭环控制框图，其开环传递函数可以表示为

$$G(s) = G_c(s) G_d(s) G_L(s) \tag{5.15}$$

式中，$G_c(s)$ 代表 PI 控制器；$G_d(s)$ 是采用 PWM 调制引起的数字控制延时[14]；$G_L(s)$ 代表桥臂电感，其传递函数分别为

$$G_c(s) = k_p + \frac{k_i}{s} \tag{5.16}$$

$$G_d(s) = e^{-1.5s/f_{PWM}} \tag{5.17}$$

$$G_L(s) = \frac{1}{sL} \tag{5.18}$$

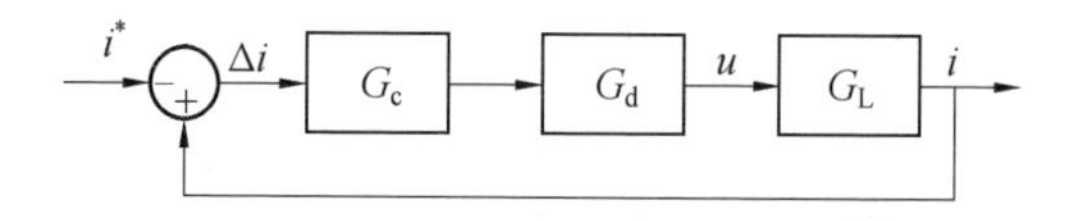

图 5.14　桥臂电流的闭环控制框图

因此，该系统的开环截止频率 ω_c 及其相位 $\varphi(\omega_c)$ 可表示为

$$\omega_c = \sqrt{\frac{k_p^2}{2L^2} + \sqrt{\left(\frac{k_p^2}{2L^2}\right)^2 + \left(\frac{k_i}{L}\right)^2}} \tag{5.19}$$

$$\varphi(\omega_c)=\arctan\left(\frac{k_p\omega_c}{k_i}\right)-\frac{1.5\omega_c}{f_{PWM}} \tag{5.20}$$

根据式(5.19)和式(5.20)，可得到载波频率 f_{PWM} 和相位裕度之间的关系。根据控制理论，相位裕度为 45° 时系统能够保持稳定。因此，选取相位裕度为 45° 时，可进一步绘制出不同载波频率 f_{PWM} 下系统闭环增益的频率响应曲线，如图 5.15 所示。

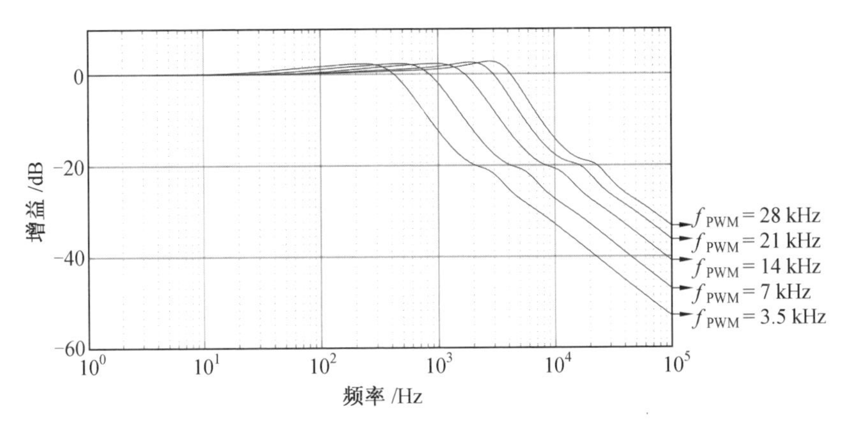

图 5.15　不同载波频率 f_{PWM} 下系统闭环增益的频率响应曲线

在伯德图中，增益为 −3 dB 时对应的频率为系统的控制带宽。通过图 5.15 可以发现，在相同的相位裕度下，系统的控制带宽随着 f_{PWM} 的增加而增加。因此，在桥臂电流上升 / 下降期间，由于桥臂电流波形是频率为 $1/(2T_c)$ 的正弦波，为确保桥臂电流的动态跟随能力，应设计较高的载波频率 f_{PWM1}，以保证系统的控制带宽。在桥臂电流处于梯形波顶部时，桥臂电流的频率为零，系统的控制带宽不必过高，可降低载波频率至 f_{PWM2}，以减小拓扑的开关损耗。但 f_{PWM2} 会直接影响这一过程中桥臂电流纹波 ΔI 的大小，开关频率与电流纹波的关系可根据桥臂电感与电流纹波的关系公式(2.13)求得(电流纹波范围一般不超过额定值的 5%)。此外，在桥臂电流为零期间，为了保证电压转换的快速性，宜采用较高的载波频率 f_{PWM1}。需要注意的是，由于该过程中桥臂电流为零，快速的开关动作并不会显著增加开关损耗。综上，PWM 的调制原理如图 5.16 所示，为了兼顾桥臂电流的动态跟随能力和开关损耗，设计了变化的载波频率 f_{PWM1} 和 f_{PWM2}。

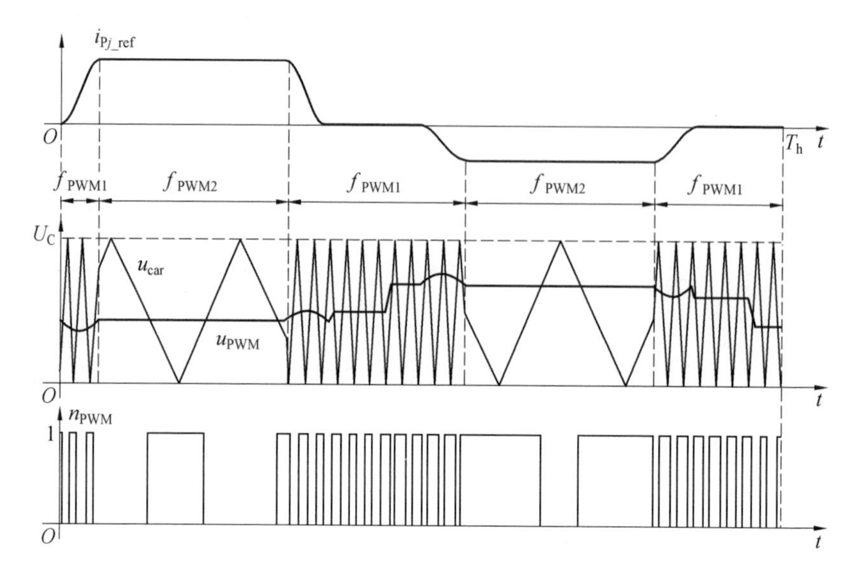

图 5.16　PWM 的调制原理

5.4.2　宽电压范围 CET 拓扑控制策略

图 5.17 所示为宽电压范围 CET 拓扑的控制框图，以 a 相为例。其中定电压/功率控制和桥臂电流控制与第 4 章相似，本节不再赘述。但由于拓扑还需实现故障阻断和软启动等功能，应设计其他必要的控制策略，如故障检测逻辑和

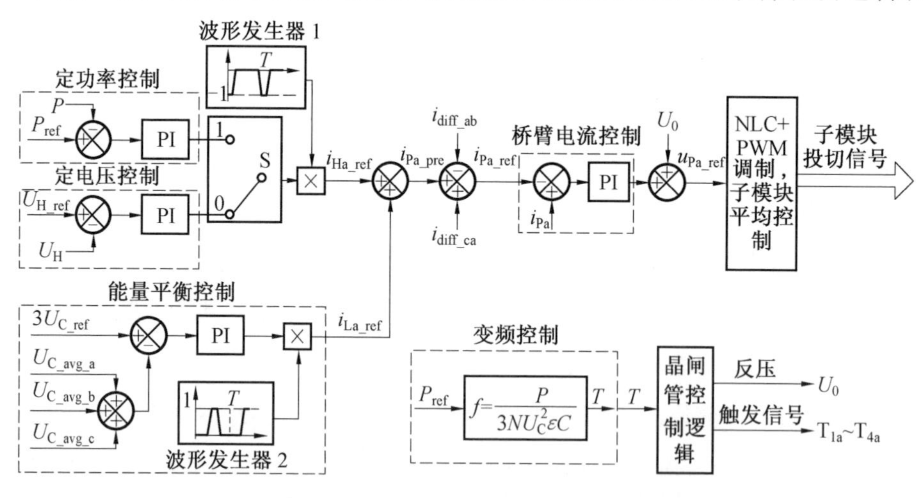

图 5.17　宽电压范围 CET 拓扑的控制框图

升、降压运行控制等。此外，由于拓扑直流侧连接限流电抗器，传统的桥臂能量平衡控制无法调节各相之间能量不均衡的问题，进而影响拓扑的电流波形质量和稳态运行，因此设计了总能量平衡控制与相间能量解耦控制相结合的平衡控制策略。

(1) 宽电压范围CET拓扑故障检测逻辑。

拓扑为了实现故障阻断，在检测到故障之后，需要控制器立刻闭锁子模块和晶闸管的驱动信号，其中有效的故障检测逻辑是首要条件。如图5.18所示，故障信号的判断主要是对直流侧发生的短路故障进行检测，包括直流侧电压(即U_H，U_L)是否低于直流电压阈值U_{th}，以及直流侧电流(即I_H,I_L)是否高于直流电流阈值I_{th}。若同时满足以上两个条件，即控制器判定CET拓扑发生故障，则故障信号为有效，闭锁所有子模块和晶闸管的触发信号。

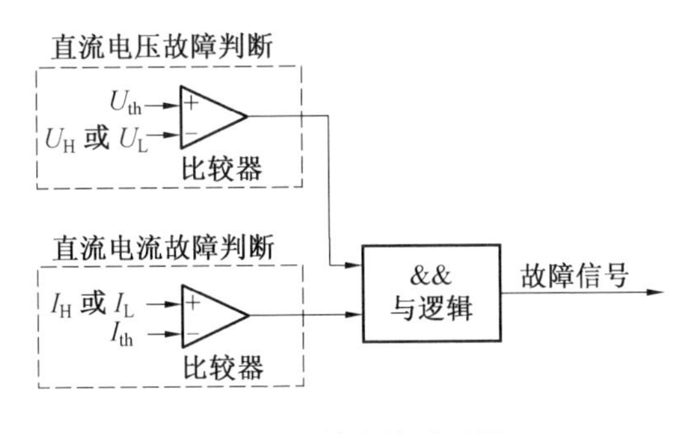

图5.18　故障检测逻辑

(2) 升、降压及变运行频率控制。

受限于储能桥臂开关器件的最大耐流，直流侧应当按比例减小拓扑的传输功率，以避免桥臂电流过大。此外，通过式(2.10)可知，在子模块电容容量固定且电容电压波动峰峰值ε保持不变的前提下，拓扑的传输功率P与运行频率f成正比，即降压运行时还可以等比例地减小f。当f降低时，在相同的时间内，拓扑运行波形的周期数减少，则桥臂间换流的次数减少，能够有效降低换流阶段的开关动作次数。

综上分析，结合拓扑的升、降压功能和变运行频率特性，运行频率f与传输功率P的关系如图5.19所示。即当传输功率P低于阈值P_{min}时，需要避免f过低导致每个运行周期储能桥臂充、放电时间过久，使得能量平衡调节时间过长，因此设计运行频率f保持f_{min}不变，其中f_{min}的取值受到系统动态响应的限制。

当传输功率 P 大于功率额定值 P_{rated} 时，运行频率 f 受到晶闸管反压时间的约束，将保持额定值 f_{rated}。综上，运行频率 f 和传输功率 P 的关系可表示为

$$f=\begin{cases} f_{\text{rated}}, & P \geqslant P_{\text{rated}} \\ \propto P, & P_{\min} \leqslant P < P_{\text{rated}} \\ f_{\min}, & P < P_{\min} \end{cases} \tag{5.21}$$

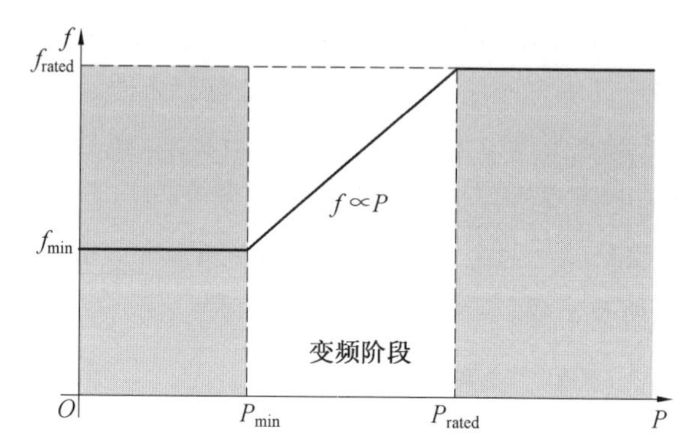

图 5.19　运行频率 f 与传输功率 P 的关系

(3) 相间能量解耦控制。

当拓扑直流侧连接的限流电抗器较大时，仍采用传统能量平衡控制，将存在相间能量的相互耦合。图 5.20(a) 所示为传统能量平衡控制框图，其控制原理是将各相储能桥臂全部子模块的实际电容电压平均值 $U_{\text{C\_avg\_}j}$ 与参考值 $U_{\text{C\_ref}}$ 进行比较，经 PI 调节后得到各相低压侧电流参考值 $i_{\text{L}j\text{\_ref}}$。图 5.20(b) 所示为相间能

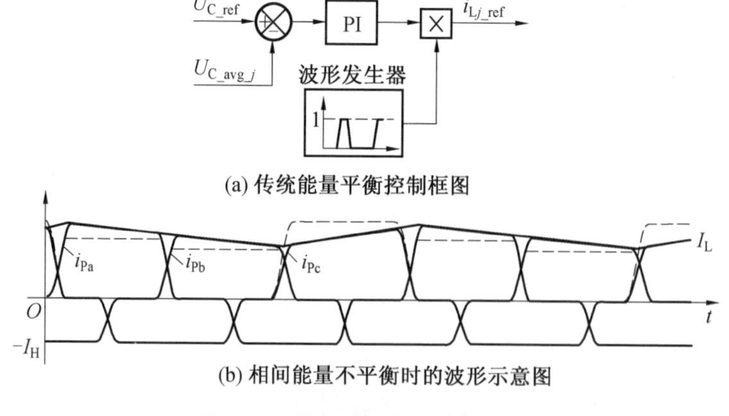

图 5.20　相间能量耦合的示意图

量不平衡时的波形示意图，经过传统能量平衡控制得到的充电电流参考值如图中虚线所示，实际桥臂电流如图中实线所示。可以看到，各相电流参考值是不一致的，此外实际桥臂电流和电流参考值也并不一致。这是因为当各相的能量不平衡时，能量较低的相会提高电流参考值以从低压侧获取更多能量，能量较高的相则与之相反。特别是当限流电抗器较大时，根据 $\mathrm{d}i/\mathrm{d}t=\Delta U/L$ 可知，直流侧电流的变化速度较慢，各相无法在一个周期内将该相的桥臂电流调节至参考值，这将进一步加剧各相能量的耦合(如图中a相和b相不能及时控制电流减小至参考值，而c相也不能调节电流增大至参考值)，导致各相储能桥臂的能量始终无法达到平衡，从而影响直流侧电流的波形质量和拓扑的稳定工作。

为解决上述相间能量耦合问题，本节提出适用于宽电压范围CET拓扑的相间能量解耦控制。其原理是利用在换流阶段通过相间能量解耦控制得到的相间能量差值调节量 i_{diff}，直接调节各相桥臂电流的参考值。以a相能量较低时为例进行分析，如图5.21(a)所示，调节前的桥臂电流参考如图中虚线所示，实线为调节后的桥臂电流参考，对应的能量解耦控制原理框图如图5.21(b)所示。若a相桥臂电容电压平均值 $U_{\mathrm{C\_avg\_a}}$ 小于c相桥臂电容电压平均值 $U_{\mathrm{C\_avg\_c}}$，电压偏差 $U_{\mathrm{C\_avg\_c}}-U_{\mathrm{C\_avg\_a}}$ 将送入一个PI控制器得到换流阶段a、c相间能量差值调节量的幅值，然后与a、c相换流阶段参考波形相乘得到换流阶段相间能量平衡调节量 $i_{\mathrm{diff\_ca}}$。如图5.21(a)所示，该调节量 $i_{\mathrm{diff\_ca}}$ 将在a、c相换流时加到a相储能桥臂换流阶段参考波形上，而在c相桥臂电流参考中减去该调节量(保证换流过程中直流电流不受影响)，使得a相充电电流波形面积变大而放电电流波形面积减小，进而使a相储能桥臂电容电压抬升，而c相储能桥臂刚好相反。同理，若a相桥臂电容电压平均值 $U_{\mathrm{C\_avg\_a}}$ 小于b相桥臂电容电压平均值 $U_{\mathrm{C\_avg\_b}}$，则相间能量平衡调节量 $i_{\mathrm{diff\_ab}}$ 将在a、b相换流阶段，使a相储能桥臂在充电时多吸收能量，在放电时少释放能量，且不影响拓扑直流侧电流波形。据能量求取表达式 $\int_{t_0}^{t}u(t)i(t)\mathrm{d}t$，可计算出一个运行周期 T 内经相间能量解耦控制调节的最大能量 $\Delta E_{\max}$ 为

$$\Delta E_{\max}=\left(\int_{t_0}^{t_0+T_{\mathrm{c}}}i_{\mathrm{diff\_ca}}\mathrm{d}t+\int_{t_0'}^{t_0'+T_{\mathrm{c}}}i_{\mathrm{diff\_ab}}\mathrm{d}t\right)(U_{\mathrm{L}}+U_{\mathrm{H}})=I_{\mathrm{s}}T_{\mathrm{c}}(U_{\mathrm{L}}+U_{\mathrm{H}}) \tag{5.22}$$

式中，I_{s} 为调节量的限幅。此外，为简化计算，式(5.22)忽略了驱动电压 U_0 的影响。

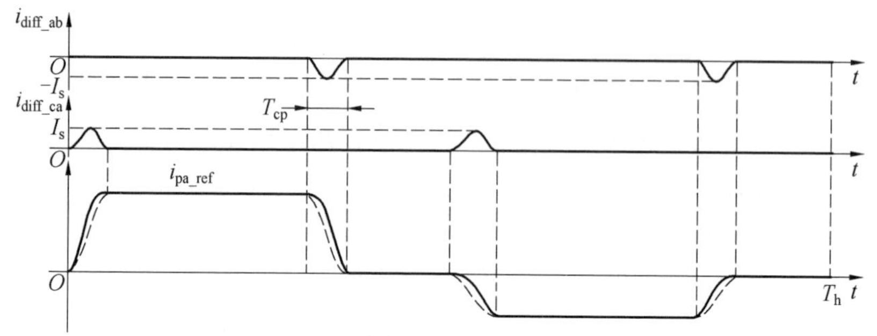

(a) a 相能量解耦原理波形

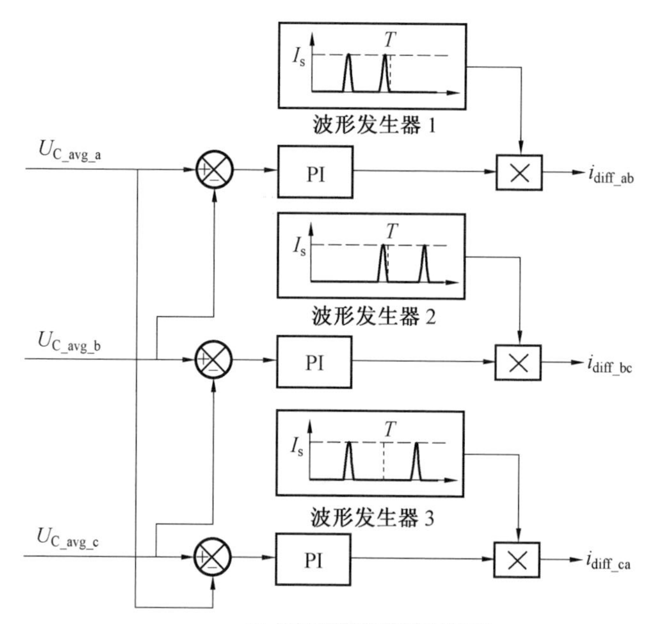

(b) 相间能量解耦控制框图

图 5.21　相间能量解耦控制原理

5.5　宽电压范围CET拓扑仿真和实验验证

5.5.1　宽电压范围CET拓扑仿真分析

为了验证提出的宽电压范围CET拓扑的稳态运行性能、NLC+PWM调制策略、故障阻断能力，以及升、降压能力，本节针对额定传输功率 $P=150$ MW、直流电压分别为300 kV和200 kV的场景进行仿真，具体的仿真参数见表5.1。

表5.1　宽电压范围CET拓扑的仿真参数

参数	数值
额定传输功率 P/MW	150
低压侧电压 U_L/kV	200
高压侧电压 U_H/kV	300
运行频率 f/Hz	150
桥臂电感 L/mH	10
电容电压波动值 ε/%	10.94
PWM载波频率 /kHz	25(f_{PWM1}),2.5(f_{PWM2})
NLC控制频率 f_{con}/kHz	10
储能桥臂子模块个数 N	144
子模块电容容量 C/mF	4
额定子模块电容电压 U_C/kV	2.3
限流电抗器 L_0/mH	400

图5.22所示为功率从低压侧传到高压侧时的稳态运行仿真波形。图5.22(a)中高、低压侧连接恒定的电压源，故保持在 $U_L=200$ kV、$U_H=300$ kV。图5.22(b)表示低压侧电流 $I_L=750$ A和高压侧电流 $I_H=500$ A。图5.22(c)(d)分别表示三相桥臂电流(i_{Pa}，i_{Pb}，i_{Pc})和桥臂电压(u_{Pa}，u_{Pb}，u_{Pc})的波形，可以看出三相电流、电压均互差120°，且电流波形平滑、畸变率较低。图5.22(e)给出了a相储能桥臂144个子模块的电容电压，可见各个子模块电容电压保持平衡稳定。

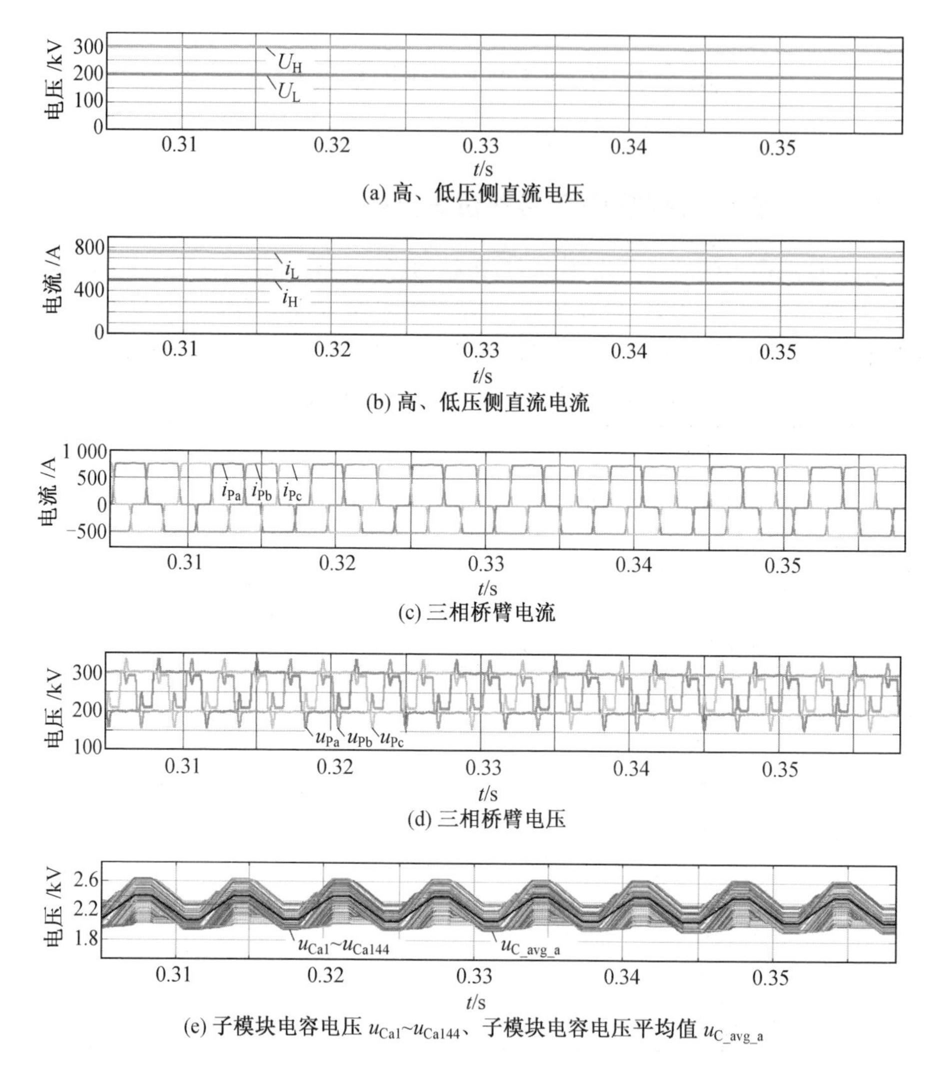

(a) 高、低压侧直流电压

(b) 高、低压侧直流电流

(c) 三相桥臂电流

(d) 三相桥臂电压

(e) 子模块电容电压 u_{Ca1}~u_{Ca144}、子模块电容电压平均值 $u_{C\_avg\_a}$

图 5.22　功率从低压侧传到高压侧时的稳态运行仿真波形

为进一步验证所提 NLC + PWM 调制方法，在表 5.1 给出的仿真参数下，图 5.23 给出了 a 相电路调制过程的仿真波形。可以看出，在换流阶段载波频率升高，而在恒流阶段载波频率降低，且在较低的载波频率 f_{PWM2} 下，图 5.23(a) 中桥臂电流纹波为 21 A，与通过式(2.13) 计算的纹波理论值 23 A 基本相符。此外，图 5.23(b) 中调制输出数目 $n_a = n_{NLC\_a} + n_{PWM\_a}$。

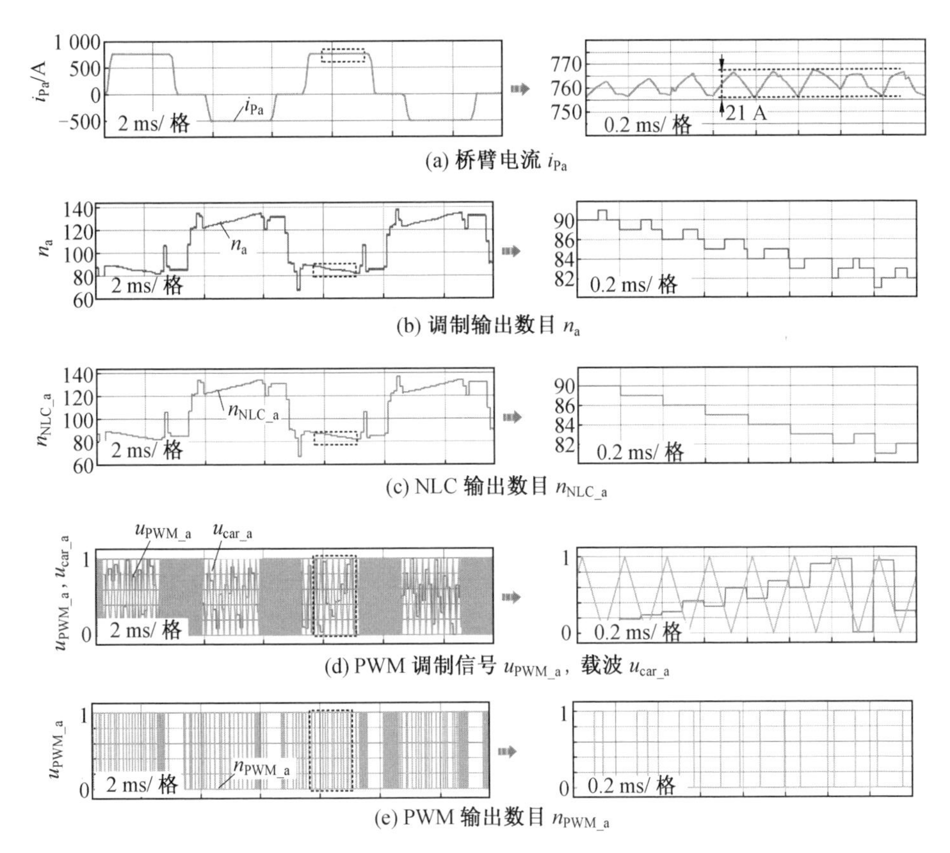

图 5.23　NLC＋PWM 调制方法仿真波形(a 相)

为验证拓扑的故障阻断能力，对故障发生在换流阶段和恒流阶段分别进行了仿真验证。故障发生在换流阶段的仿真波形如图 5.24 所示，其中以拓扑检测时间为 1 ms、限制故障电流峰值在 $2.5I_H$(＝1 250 A) 以内为目标，选取限流电抗器 L_0＝400 mH。在[0.1 s，0.21 s] 期间，拓扑稳态运行。在 t_f＝0.21 s，高压侧发生短路接地故障，高压侧电压 U_H 迅速减小到零。c 相电流在 a 相和 c 相储能桥臂电压的差值($2U_0$) 作用下，约在 330 μs 内快速减小到零，而 a 相电流持续增加，在 1 ms 后到达 1 240 A(＜1 250 A)。c 相桥臂电流衰减速度、高压侧电流 I_H 的上升时间和峰值均与 5.3 节的分析结果相同。当控制器检测到故障发生后，闭锁全部子模块和晶闸管的触发信号。在故障闭锁之后，故障电流经桥臂子模块反并联二极管续流，故障电流缓慢衰减，同时子模块电容电压基本保持不变。此外，图 5.25 进一步给出了故障发生在恒流阶段的仿真波形。可以看出，在 400 mH 限流电感的作用下，故障电流在 1 ms 内限制在 1 250 A 以内。

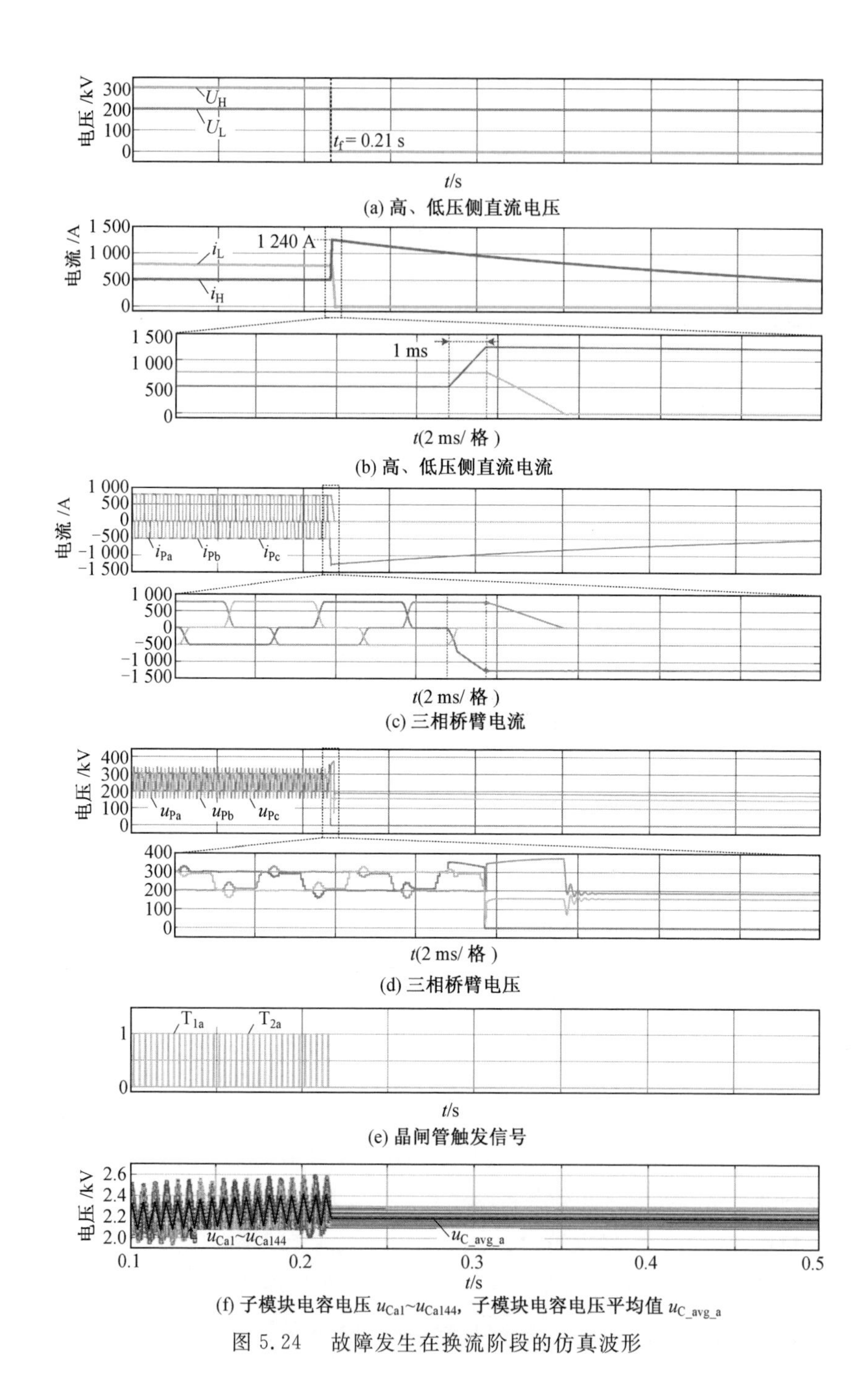

图 5.24　故障发生在换流阶段的仿真波形

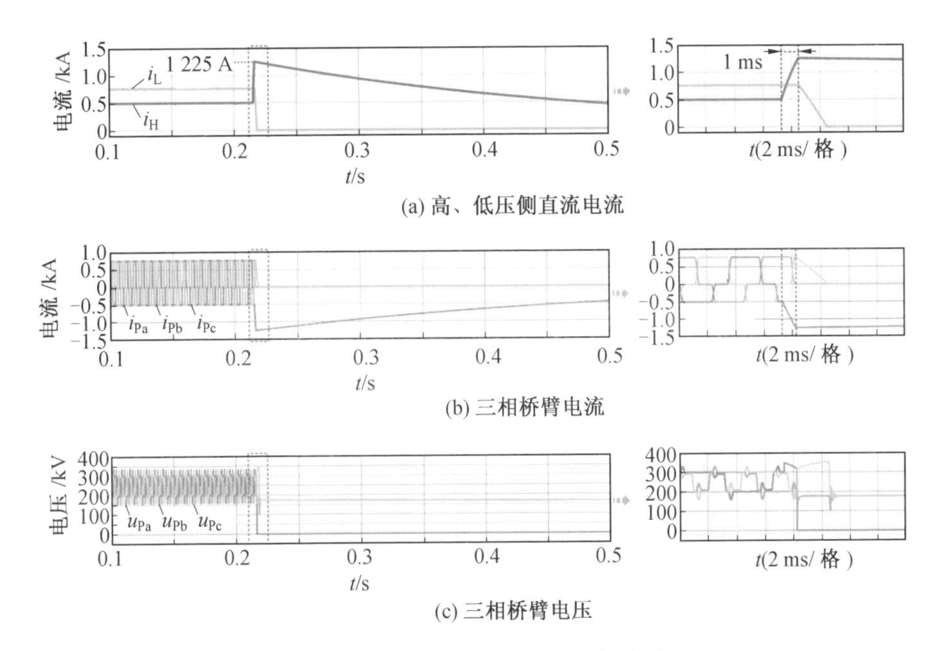

图 5.25　故障发生在恒流阶段的仿真波形

为进一步证明故障过程理论分析的正确性，将仿真结果和根据 5.3 节得到的理论分析结果相对比，具体如图 5.26 所示。可以看出仿真结果和理论计算波形吻合，且两种故障类型的严重程度基本一致。

图 5.27 进一步给出了 CET 拓扑软启动的仿真波形，其中最小运行频率设计为 $f_{min}=37.5$ Hz。如图 5.27(a) 所示，在[0 s，0.3 s] 期间，低压侧电压 U_L 保持为额定值 200 kV，直流侧电压由零平滑上升至额定值 300 kV，在 0.3 s 之后，两侧电压均维持额定值运行。同样地，对应着图 5.27(b) 所示的直流侧电流(i_H，i_L)，由于传输功率缓慢增长至额定值，因此 i_H 和 i_L 均逐渐上升至额定值。特别地，图 5.27(c) 对应着运行频率 f 的变化波形，f 从 37.5 Hz 缓慢加速至额定值 150 Hz，与 5.4 节中变运行频率控制方法的理论分析相符，可减少低功率模式下子模块开关动作的次数。图 5.27(d) 和(e) 分别表示三相桥臂电流和桥臂电压的波形。在图 5.27(f) 中显示了 a 相中全部子模块电容电压在额定电压 2.3 kV 附近保持了较好的平衡，其中黑色虚线波形是子模块中电容电压的平均值 $U_{C\_avg\_a}$。在整个拓扑软启动的动态过程中，波形平滑变化，仿真结果验证了升、降压理论分析和控制策略的正确性。

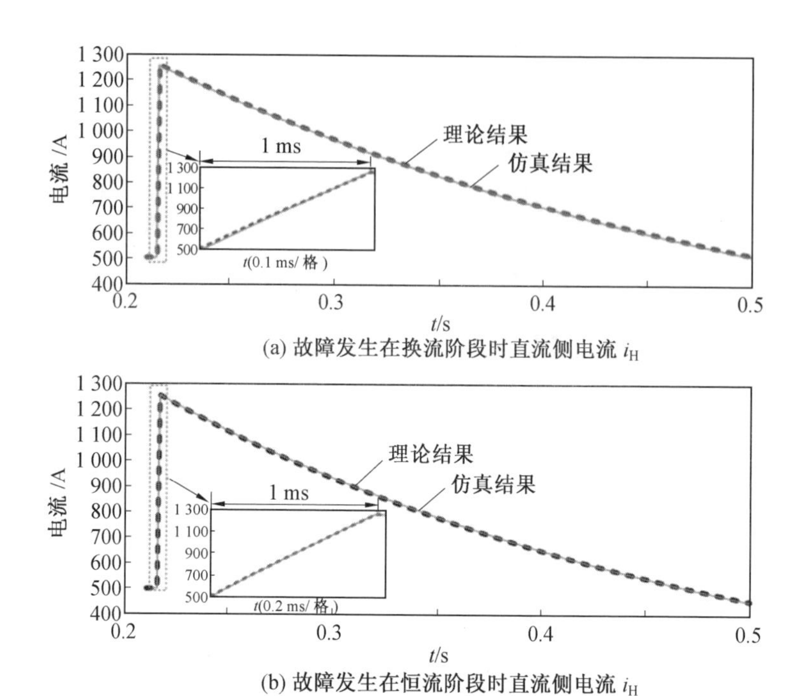

(a) 故障发生在换流阶段时直流侧电流 i_H

(b) 故障发生在恒流阶段时直流侧电流 i_H

图 5.26　故障电流仿真和理论分析结果对比

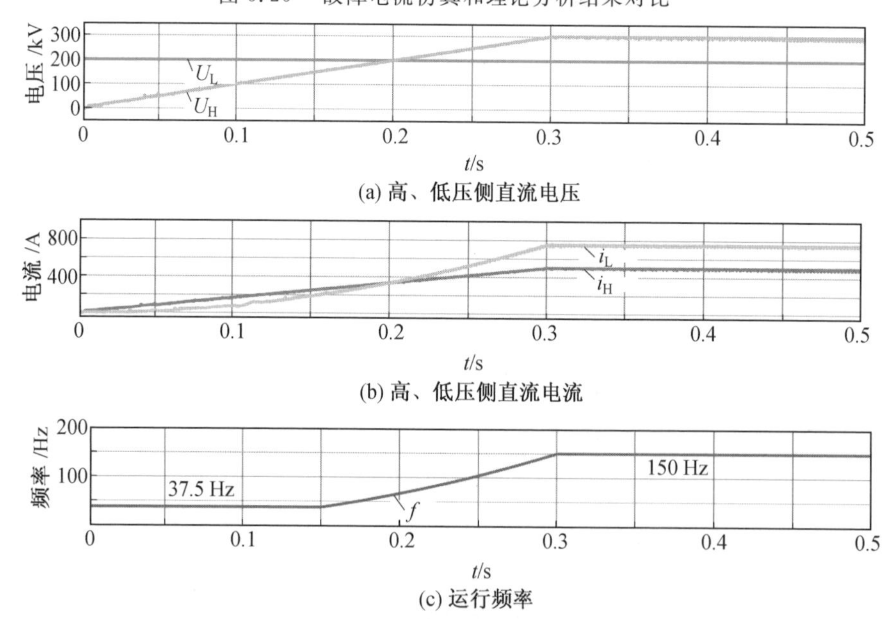

(a) 高、低压侧直流电压

(b) 高、低压侧直流电流

(c) 运行频率

图 5.27　软启动过程的仿真波形

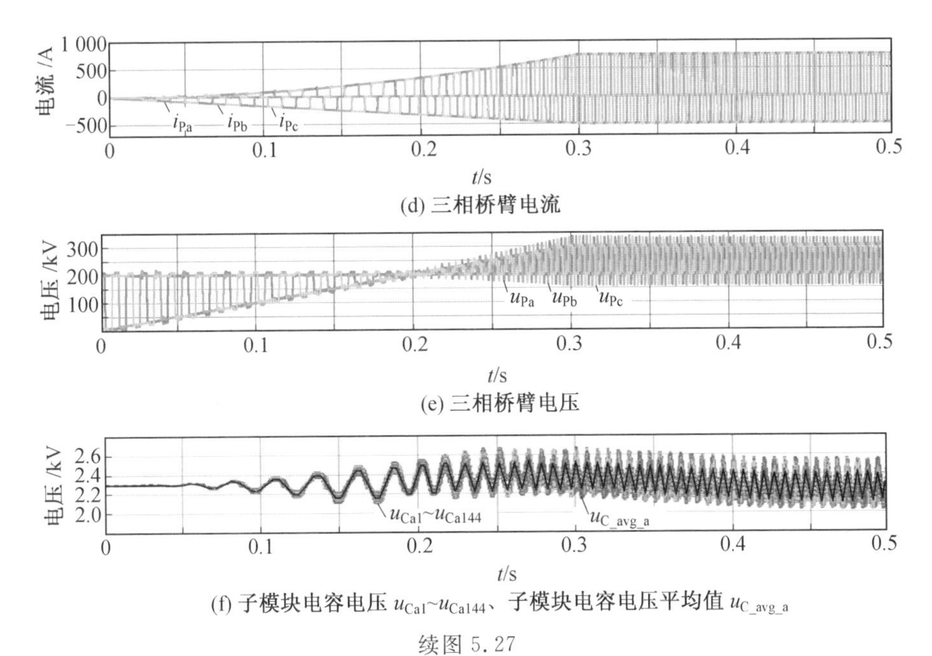

(d) 三相桥臂电流

(e) 三相桥臂电压

(f) 子模块电容电压 u_{Ca1}~u_{Ca144}、子模块电容电压平均值 $u_{C\_avg\_a}$

续图 5.27

图 5.28 所示为相间能量解耦控制的仿真波形，其中，为了直观地对比各相桥臂能量偏差，用各相子模块电容电压之和 $u_{C\_sum\_j}$ 表示各相桥臂能量。在[0.2 s,0.5 s]期间，由于未采取相间能量解耦控制，各相子模块电容电压之和并不相等，直流电流 i_H 纹波较大。在 t_c = 0.5 s时刻使能相间能量平衡解耦控制之后，三相子模块电容电压之和逐渐回归相等，直流电流 i_H 波形纹波明显下降。仿真结果验证了相间能量解耦控制的有效性。

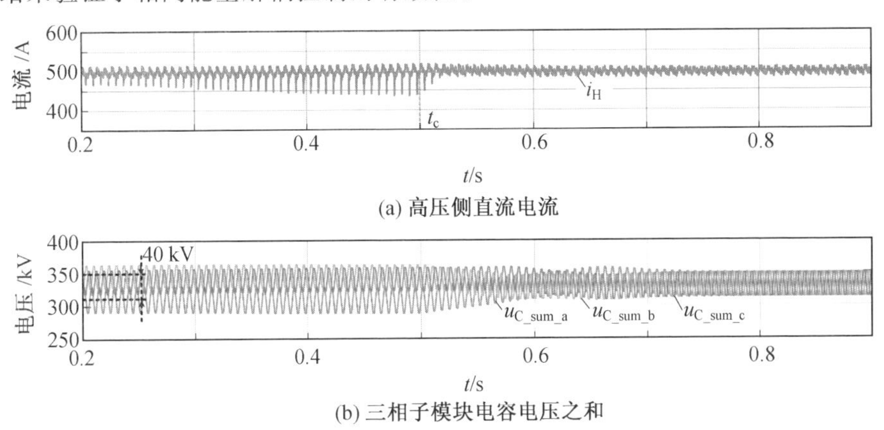

(a) 高压侧直流电流

(b) 三相子模块电容电压之和

图 5.28　相间能量解耦控制的仿真波形

此外，仿真统计了 $U_H = 300$ kV 时不同传输功率 P 下子模块的等效开关频率 f_{SM}，定量地给出变运行频率控制策略下的开关频率降低情况，如图 5.29 所示。f_{SM} 主要包括 PWM 和 NLC 两个部分的开关频率。可以看出，在不同传输功率下，PWM 部分引起的开关动作随运行频率而线性降低，而 NLC 部分由于桥臂电压保持恒值的时间增加也显著下降。当传输功率 $P = 37.5$ MW 时，f_{SM} 相对于满载运行时降低了约 53.3%。因此，当传输功率降低时能够减少子模块开关动作次数，降低开关损耗。

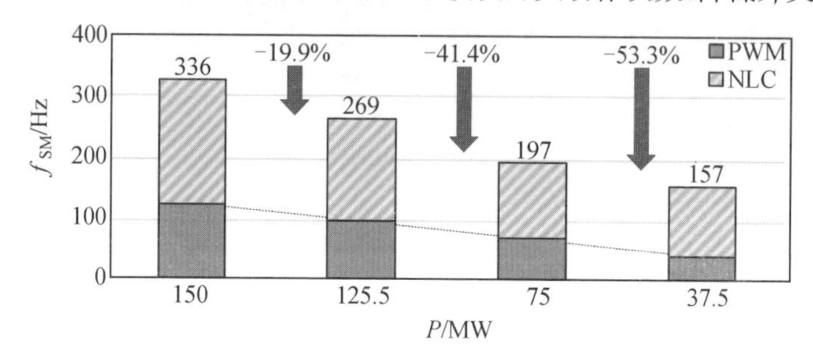

图 5.29 $U_H = 300$ kV 时不同传输功率下子模块等效开关频率(f_{SM})仿真统计

5.5.2 宽电压范围 CET 拓扑实验验证

为了进一步验证所提的宽电压范围 CET 拓扑，通过实验样机进行了实验验证，具体的实验参数见表 5.2。实验样机的高压直流侧并联了由短路电阻 $R_e = 5\ \Omega$ 和晶闸管构成的支路，可通过触发晶闸管模拟短路故障。为了约束故障电流的上升速率，以拓扑检测时间为 100 μs、限制故障电流峰值在 $2.5I_H$ 以内为设计目标，选取限流电抗器 $L_0 = 3$ mH。此外，为了更好地验证该 CET 拓扑的升、降压及变运行频率控制，实验样机的高压侧连接 45 Ω 的电阻负载，高压侧运行在定电压控制模式下，便于调节 U_H 的变化。

表 5.2 宽电压范围 CET 拓扑实验参数

参数	数值
额定传输功率 P/kW	4.5
低压侧电压 U_L/V	300
高压侧电压 U_H/V	450
额定运行频率 f/Hz	100
桥臂电感 L/mH	2
电容电压波动值 ε/%	5.8
桥臂子模块个数 N	6
子模块电容容量 C/mF	3
PWM 频率 f_{PWM}/kHz	36
额定子模块电容电压 U_C/V	120

本实验以功率从低压侧向高压侧传递时为例进行稳态实验验证，传输功率为额定值 4.5 kW，图 5.30 所示为该拓扑的稳态运行实验波形。从图 5.30(a) 中可以看出，高压侧电压 U_H 稳定在 450 V，拓扑运行频率 $f=100$ Hz。根据图 5.30(b) 中三相桥臂电流(i_{Pa}，i_{Pb}，i_{Pc}) 波形相同且各相之间互差 120°，可知图 5.30(a) 中直流电流 i_L 和 i_H 的波形连续平滑。通过放大观测低压侧电流 i_L，可以看出其电流开关纹波周期约为 30 μs，与设计的载波频率 $f_{PWM}=36$ kHz 基本相符；电流纹波整体大小约为 0.5 A，略大于理论计算值 0.47 A。需要注意的是，由于实验中子模块数目较少，会导致直流电流波形与图 5.22 中仿真波形相比存在更显著的谐波。特别地，i_H 的波形相较于 i_L 谐波量更小，原因在于高压侧连接直流负载 $R=45\ \Omega$，对电流谐波具备更强的阻尼效果。此外，图 5.30(b) 中 a 相的 6 个子模块电容器电压 $u_{Ca1}\sim u_{Ca6}$，稳定在 120 V 并保持良好的平衡，验证了能量平衡控制的有效性。

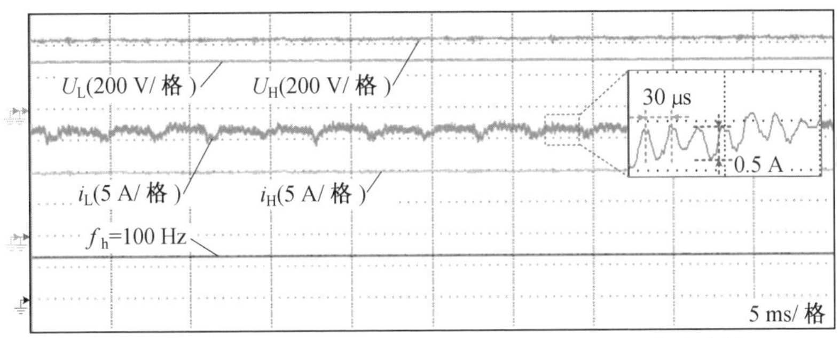

(a) 高、低压侧电压 (U_H, U_L), 高、低压侧电流 (I_H, I_L), 运行频率 f_h

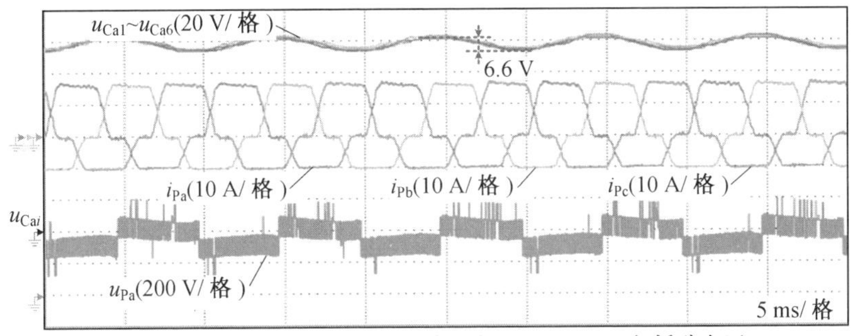

(b) a 相电容电压 u_{Ca1}~u_{Ca6}, 三相桥臂电流 (i_{Pa}, i_{Pb}, i_{Pc}), a 相桥臂电压 u_{Pa}

图 5.30　宽电压范围 CET 拓扑的稳态运行实验波形

图 5.31 所示为宽电压范围 CET 拓扑升、降压运行实验波形，且整个过程中还实现了变运行频率控制。图 5.31(a) 中首先将高压侧电压 U_H 保持在额定值 450 V，此时 CET 拓扑运行在升压状态。然后将其缓慢降低至 225 V，高压侧电

压低于 U_L = 300 V,CET 拓扑工作在降压状态。最后电压回升至 450 V,验证了拓扑的宽电压范围运行能力。与此同时,依据传递功率的变化,CET 拓扑运行频率 f 从 100 Hz 降为 25 Hz(其放大仿真结果如图 5.31(b) 所示),再回到 100 Hz,整个过程波形平滑。图 5.31(b) 中所有电容电压保持稳定平衡,且电容电压相对波动的峰峰值基本保持不变,验证了 CET 拓扑的变运行频率控制的有效性。

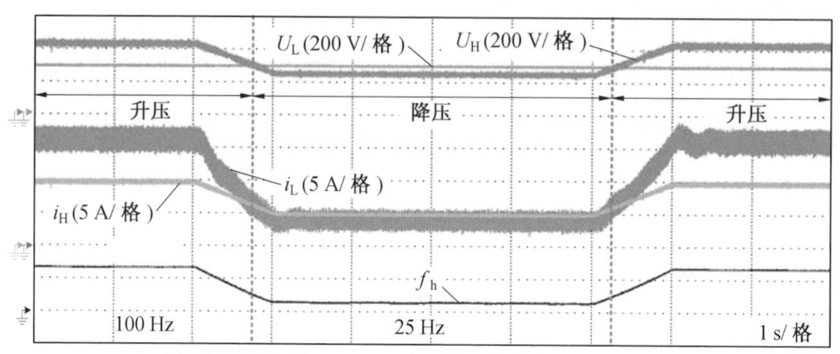

(a) 高、低压侧电压 (U_H, U_L), 高、低压侧电流 (I_H, I_L), 运行频率 f_h

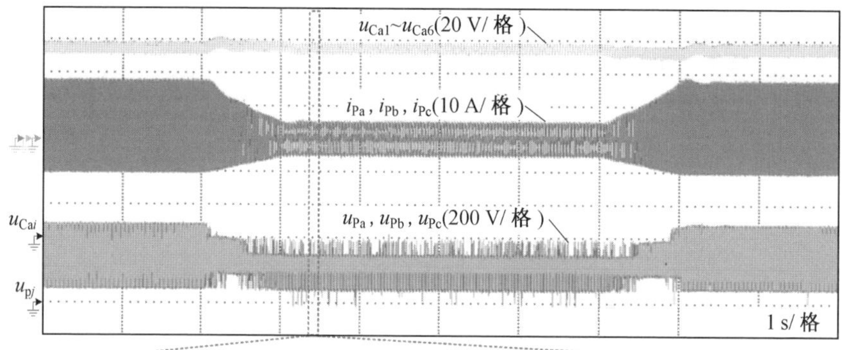

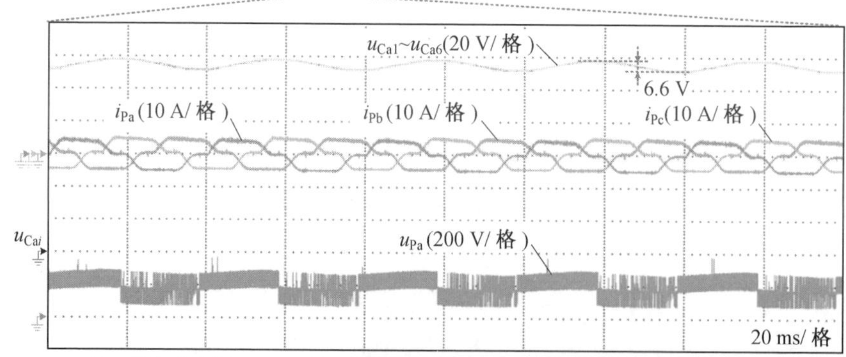

(b) a 相电容电压 u_{Ca1}~u_{Ca6}, 三相桥臂电流 (i_{Pa}, i_{Pb}, i_{Pc}), 三相桥臂电压 (u_{Pa}, u_{Pb}, u_{Pc})

图 5.31 宽电压范围 CET 拓扑升、降压运行实验波形

图 5.32 所示为拓扑软启动及故障阻断过程的实验波形。首先，拓扑进入稳态工作之前需要实现对每个子模块电容进行预充电。否则由于初始时刻低压侧和储能桥臂存在较大的电压差，将会在拓扑启动瞬间产生较大的浪涌电流，易损坏开关器件。先触发晶闸管 T_{1j}，通过限流电阻从低压侧对子模块电容进行不控充电；之后旁路限流电阻，桥臂子模块电容电压以 3 A 恒流充电至额定电压值 120 V。在电容电压达到额定值之后，控制高压侧直流电压 U_H 逐渐上升到额定值 450 V。

拓扑正常运行一段时间后，在 t_f 时刻高压侧发生短路接地故障，U_H 迅速减小至零，伴随着故障电流 i_H 快速上升。此时 a 相桥臂和故障点直接连接，由于高压侧连接 3 mH 的限流电抗器，约经过 100 μs 的故障检测时间，故障电流 i_H 达到了故障电流阈值 25 A，如图 5.32(a) 所示。由图 5.32(b) 中子模块电容电压波形和图 5.32(c) 中晶闸管触发信号可以看出，变换器立即闭锁子模块和晶闸管触发信号，有效地阻断了故障电流并且实现了故障点的隔离。

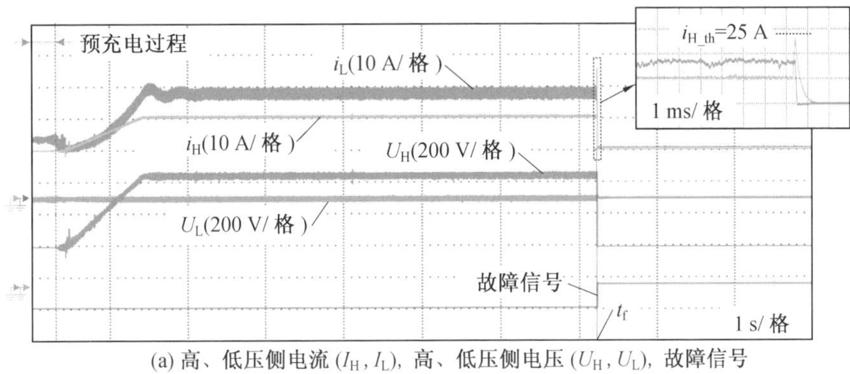

(a) 高、低压侧电流 (I_H, I_L)，高、低压侧电压 (U_H, U_L)，故障信号

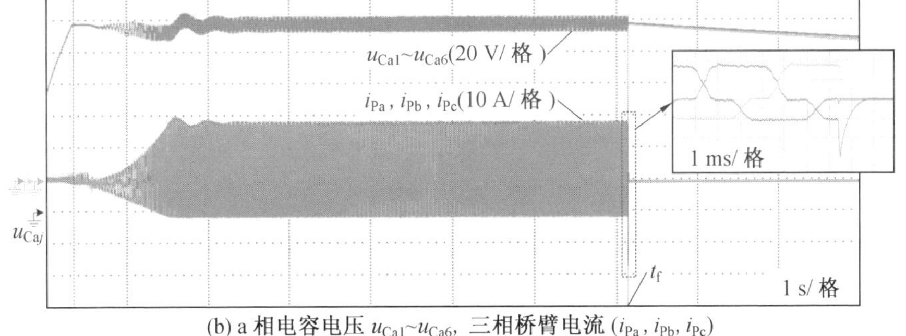

(b) a 相电容电压 u_{Ca1}~u_{Ca6}，三相桥臂电流 (i_{Pa}, i_{Pb}, i_{Pc})

图 5.32　拓扑软启动及故障阻断过程的实验波形

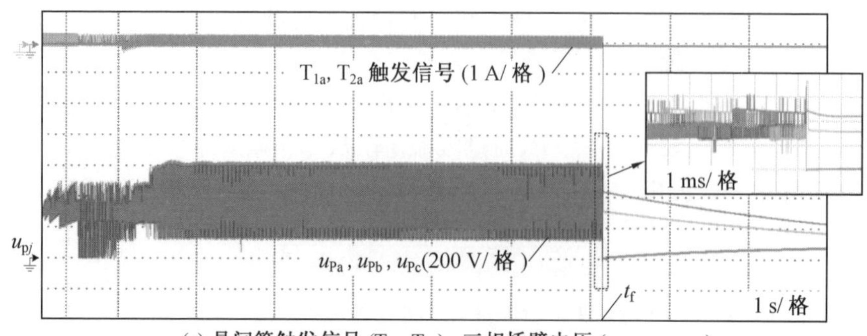

(c) 晶闸管触发信号 (T_{1a}, T_{2a}), 三相桥臂电压 (u_{Pa}, u_{Pb}, u_{Pc})

续图 5.32

本章参考文献

[1] 贺之渊，陆晶晶，刘天琪，等. 柔性直流电网故障电流抑制关键技术与展望[J]. 电力系统自动化，2021，45(2)：173-183.

[2] 贺之渊，王威儒，谷怀广，等. 兼备故障限流及开断功能的直流电网集成化关键设备发展现状及展望[J]. 中国电机工程学报，2020，40(11)：3402-3418.

[3] 李斌，何佳伟. 多端柔性直流电网故障隔离技术研究[J]. 中国电机工程学报，2016，36(1)：87-95.

[4] KONTOS E，PINTO R T，RODRIGUES S，et al. Impact of HVDC transmission system topology on multiterminal DC network faults[J]. IEEE Transactions on Power Delivery，2015，30(2)：844-852.

[5] AHMED N，ÄNGQUIST L，MAHMOOD S，et al. Efficient modeling of an MMC-based multiterminal DC system employing hybrid HVDC breakers[J]. IEEE Transactions on Power Delivery，2015，30(4)：1792-1801.

[6] 张北柔直项目启动产品招标，柔直技术将成为直流输电重要线路[EB/OL]. [2018-4-29](2023-2-16). 国金证券股份有限公司，2018.

[7] 李彬彬，张玉洁，张书鑫，等. 具备故障阻断能力的柔性直流输电 DC/DC 变换器[J]. 电力系统自动化，2020，44(5)：53-59.

[8] LI B B，ZHANG B X，ZHANG Y J，et al. Design and implementation of

a high-power DC/DC converter for HVDC interconnections with wide DC voltage range and fault-blocking capability[J]. IEEE Journal of Emerging and Selected Topics in Power Electronics, 2022, 10(1): 785-799.

[9] 孙开宁，晏青，彭钟. 国家电网直流输电系统降压运行损耗分析[J]. 新疆电力技术，2014(2): 51-53.

[10] XU K C, HU J B, MIAO M. Analysis and control of hybrid modular multilevel converter with scheduled DC voltage reducing in a HVDC system[C]//12th IET International Conference on AC and DC Power Transmission (ACDC 2016). Beijing: IET, 2016: 1-6.

[11] HU P, JIANG D. A level-increased nearest level modulation method for modular multilevel converters[J]. IEEE Transactions on Power Electronics, 2015, 30(4): 1836-1842.

[12] MESHRAM P M, BORGHATE V B. A simplified nearest level control (NLC) voltage balancing method for modular multilevel converter (MMC)[J]. IEEE Transactions on Power Electronics, 2015, 30(1): 450-462.

[13] ROHNER S, BERNET S, HILLER M, et al. Modulation, losses, and semiconductor requirements of modular multilevel converters[J]. IEEE Transactions on Industrial Electronics, 2010, 57(8): 2633-2642.

[14] MA J, WANG X, BLAABJERG F, et al. Real-time calculation method for single-phase cascaded H-bridge inverters based on phase-shifted carrier pulsewidth modulation[J]. IEEE Transactions on Power Electronics, 2020, 35(1): 977-987.

第6章 双极系统互联型 CET 拓扑

本章首先介绍 DC/DC 变换器用于直流系统不同主接线方式互联时，存在的单极互联、真双极互联、伪双极互联以及真一伪双极互联四种应用场景，并明确不同场景中 DC/DC 变换器的技术要求。然后针对伪双极互联场景，提出储能桥臂极间复用的方法，可省去两相电路元件，并在此基础上提出伪双极互联型 CET 拓扑，设计基于充、放电时间调整的储能桥臂极间复用能量平衡方法。最后通过仿真和实验对所提的拓扑及控制方法进行验证，同时对伪双极互联型 CET 拓扑的技术经济性进行分析。另外，针对真一伪双极互联的应用场景，提出真一伪双极互联型 CET 拓扑及其真双极侧功率不对称运行控制方法，使拓扑可在真双极侧发生单极故障时保持健全极继续运行，并通过仿真进行验证。

本章首先介绍 DC/DC 变换器用于直流系统不同主接线方式互联时，存在的四种应用场景，阐明这四种场景各自的特点和适用情况，并分析不同场景对 DC/DC 变换器的要求。针对两个伪双极直流系统互联的场景，提出储能桥臂极间复用的方法，可省去两相电路元件。同时，在此基础上提出伪双极互联型 CET 拓扑，设计调整充、放电时间的储能桥臂极间复用能量平衡方法。通过仿真和实验对所提的拓扑及控制方法进行验证，同时对伪双极互联型 CET 拓扑的技术经济性进行分析，指出其适用范围。另外，针对真－伪双极互联的应用场景，提出真－伪双极互联型 CET 拓扑及其真双极侧功率不对称运行控制方法，保留了真双极系统双极可独立运行的可靠性和灵活性优势。最后给出真－伪双极互联型 CET 拓扑仿真结果，证明所提拓扑及控制方法的有效性。

6.1　不同主接线方式的互联 DC/DC 变换器

直流系统根据主接线方式，可以分为单极接线和双极接线，其中双极接线分为真双极接线和伪双极接线。因此，根据两端连接的直流系统的主接线方式，DC/DC 变换器有单极系统互联、真双极系统互联、伪双极系统互联和真双极与伪双极系统互联四种应用场景，需要分别考虑其不同的接地要求和拓扑结构。

6.1.1　单极系统互联 DC/DC 变换器

本书前述章节所提 CET 拓扑本质上都是单极结构，拓扑低压侧和高压侧的零电位端均与大地相连，可直接实现单极系统互联，示意图如图 6.1 所示。直流系统的单极接线仅需一条 HVDC 线路，电流的回路由大地提供。但较大的入地电流会对邻近的环境造成影响，如对沿途的建筑构件或地下管道产生腐蚀作用，在很多国家甚至不允许采用这种技术方案。为了避免较大的入地电流，可以增加一根金属回线。金属回线上的电压主要是导体上流过电流而产生的压降，因此对地绝缘应力很小，可采用低绝缘的金属回线从而节约工程费用。值得注意的是，由于直流电压的不对称性，单极系统中两侧换流站的交流变压器需要承受较高的直流电压偏置。相比于普通交流变压器，该直流偏置显著提高了交流变压器的绝缘设计难度和工程造价[1]。

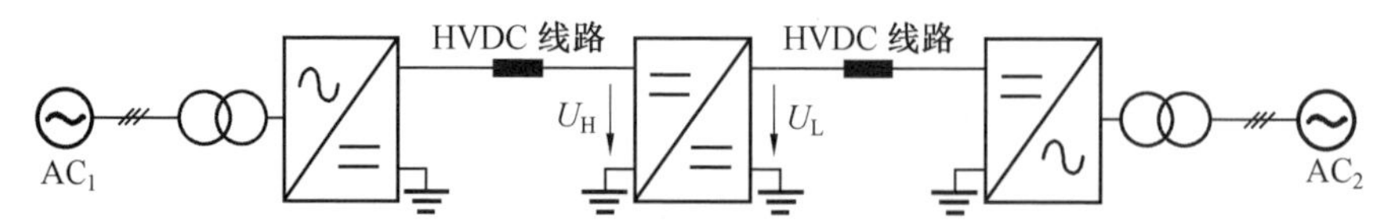

图 6.1　单极系统互联示意图

6.1.2　真双极系统互联 DC/DC 变换器

在实际工程中，绝大多数的直流系统采用的是双极接线，即需要两条正、负极性相反的 HVDC 线路[2]。在真双极系统中，为了使两条 HVDC 线路呈现对称的正、负极性，系统的直流侧和交流侧均需接地。真双极系统互联示意图如图 6.2 所示，由于该 DC/DC 变换器存在与大地相连的零电位端，因此将两台单极结构的 DC/DC 变换器串联即可。真双极系统的正、负极能够独立运行，某一极的运行情况不会影响到另一极。当正、负极的传输功率对称时，大地回路几乎不流过电流，而当传输功率不对称时，大地回路会流过与传输功率差匹配的电流。特别是某一极发生故障后，另一极能够通过大地回路以单极系统的方式继续运行，并保持传输 50% 的额定功率，系统的可靠性较高。然而，真双极系统的交流变压器也需要承受直流电压偏置，且交流变压器较为复杂、昂贵。因此，真双极系统只有在对可靠性有严格要求或输电线路容量极大的场合中具有优势。

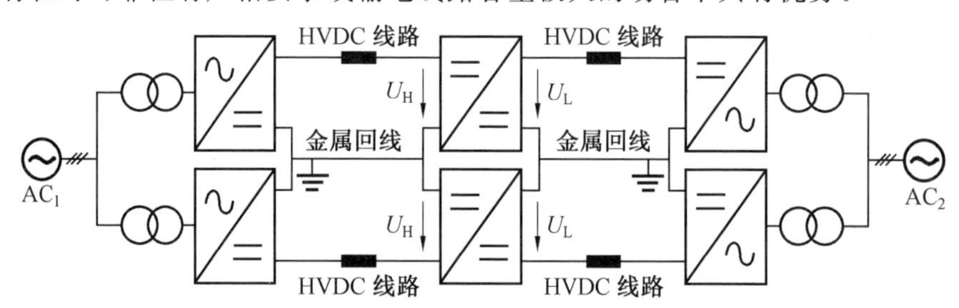

图 6.2　真双极系统互联示意图

6.1.3　伪双极系统互联 DC/DC 变换器

在伪双极系统中，只需在系统交流侧或直流侧采用中间电位接地即可。伪双极系统互联示意图如图 6.3 所示，互联 DC/DC 变换器可以采用一套真双极互联 DC/DC 变换器。但由于 DC/DC 变换器并不需要与大地相连的零电位端，因

此在伪双极系统互联的应用中，采用具有零电位端的真双极互联 DC/DC 变换器显得有些浪费。需要注意的是，伪双极系统中交流变压器不需要承受直流电压偏置，这大大降低了其工程造价。此外，伪双极系统的正、负极无法独立运行，一旦某一极发生故障，由于无法构成闭合的电流回路，因此传输的功率不得不全部中断。在目前容量小于 1 000 MW 的实际工程中，通常对系统的可靠性没有严格的要求，直流系统多采用技术经济性较好的伪双极系统。

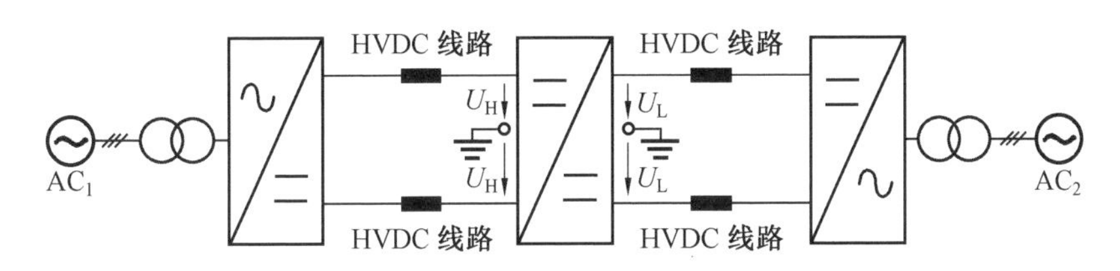

图 6.3　伪双极系统互联示意图

6.1.4　真双极与伪双极系统互联 DC/DC 变换器

在直流电网中，亦存在真双极与伪双极系统互联的需求，其示意图如图 6.4 所示。为了保留真双极侧正、负极独立运行的能力，该互联 DC/DC 变换器也可考虑采用真双极系统互联 DC/DC 变换器的设计，但由于伪双极侧不需要与大地相连，因此需要改进拓扑的设计。该互联 DC/DC 变换器可看作一个三端口 DC/DC 变换器，其中两个端口串联作为真双极侧，第三个端口独立作为伪双极侧。

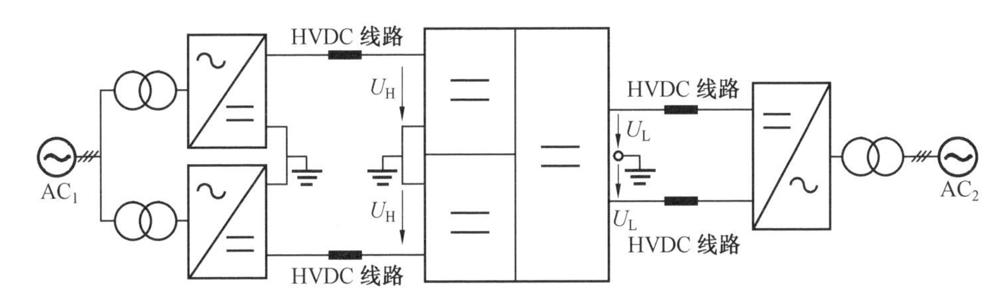

图 6.4　真双极与伪双极系统互联示意图

综上所述，单极系统互联 DC/DC 变换器可采用单极结构的 CET 拓扑（简称单极 CET 拓扑），真双极系统互联 DC/DC 变换器可采用两个串联的单极 CET 拓扑。伪双极系统互联 DC/DC 变换器和真双极与伪双极系统互联 DC/DC 变换器也可以采用真双极互联 CET 拓扑的设计，但为提高技术经济性并满足场景的接

地要求,可在真双极互联 CET 拓扑的基础上对拓扑结构进行优化改进。

6.2　伪双极互联型 CET 拓扑

6.2.1　储能桥臂极间复用方法

单极 CET 拓扑的低压侧零电位端、高压侧零电位端均与大地直接相连,在这种连接方式下,拓扑只需采用三相共地的储能桥臂,其中两相桥臂分别连接至两个直流侧(或一相连接至任一直流侧,另一相连接至两个直流侧之间),第三相桥臂负责换流。以 Buck 型 CET 拓扑为例,将两个单极 CET 的零电位端相连、直流侧串联,构成的真双极互联型 CET 拓扑示意图如图 6.5(a) 所示(以两相储能桥臂为例)。拓扑共需要六相储能桥臂,运行原理与单极 CET 拓扑完全相同,可直接应用于伪双极系统互联场景。

但由于伪双极系统的互联拓扑不需要与大地相连,储能桥臂不必再共地连接,可直接连接至直流侧的正、负极,实现储能桥臂的极间复用。因此,可利用储能桥臂极间复用方法对图 6.5(a) 所示拓扑进行改造,改造后的伪双极互联型 CET 拓扑示意图如图 6.5(b) 所示(以两相储能桥臂为例)。拓扑不再需要六相共地的储能桥臂,只需采用四相不共地的储能桥臂,其中一相桥臂连接至低压侧的正、负极之间,一相桥臂连接至低压侧正极和高压侧正极之间,一相桥臂连接至低压侧负极和高压侧负极之间,第四相桥臂负责换流。

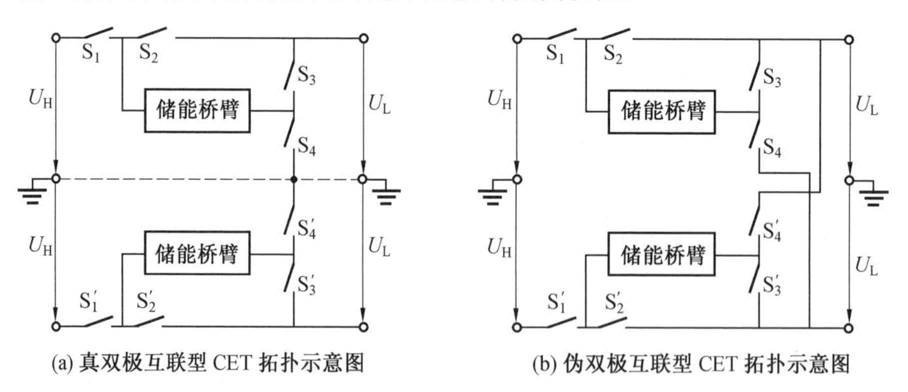

图 6.5　储能桥臂极间复用方法

6.2.2　伪双极互联型 CET 拓扑结构及工作原理

伪双极互联型 CET 拓扑的结构如图 6.6 所示[3]，拓扑由四相相同的结构组成(j=a,b,c,d)，每相包括四个 IGBT 换流阀 S_{ji}(i=1,2,3,4) 和一个储能桥臂。换流阀 S_{ji} 由 IGBT 串联组成，储能桥臂包含 N 个半桥子模块以及桥臂电感 L。其中，U_H 和 U_L 分别是高压侧和低压侧的单极电压，I_H 和 I_L 分别是高压侧和低压侧的电流，i_{Pj} 和 u_{Pj} 分别是桥臂电流和桥臂电压。

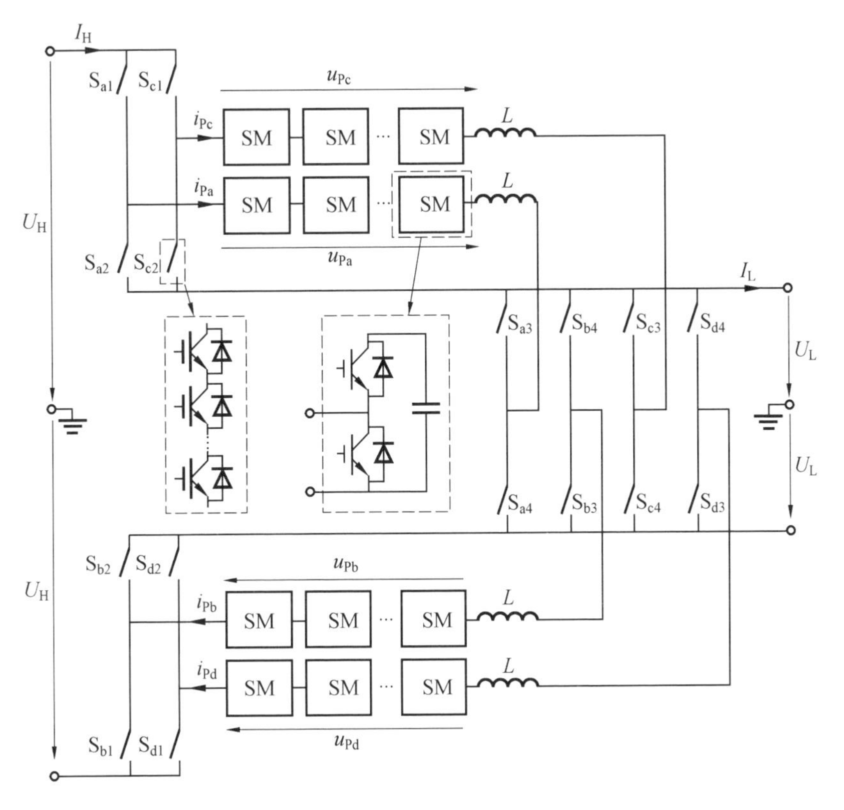

图 6.6　伪双极互联型 CET 拓扑的结构

单相储能桥臂的理论工作波形如图 6.7 所示，以功率从高压侧传向低压侧时的 a 相为例。图中 u_{Sa1} ～ u_{Sa4} 是换流阀的电压，u_L 是桥臂电感两端的电压。根据储能桥臂的充、放电过程，一个工作周期 $T(T=1/f)$ 有充电时段$[t_0, t_{4'}]$、放电时段$[t_5, t_{7'}]$及两个换流阀开关状态切换时段$[t_{4'}, t_5]$和$[t_{7'}, t_8]$，充电时段时长是放电时段时长的两倍。

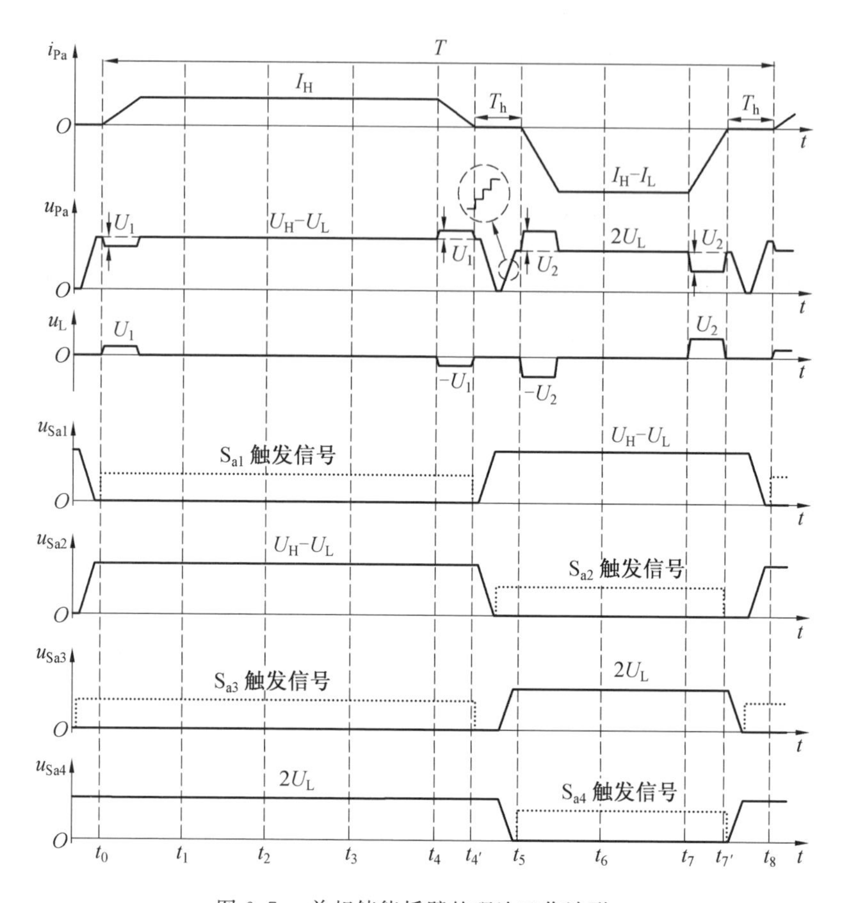

图 6.7　单相储能桥臂的理论工作波形

在$[t_0, t_{4'}]$时段，S_{a1} 和 S_{a3} 处于导通状态，S_{a2} 和 S_{a4} 处于关断状态，因此储能桥臂串联在高压侧和低压侧的正极之间，等效电路如图 6.8(a) 所示。储能桥臂电压 u_{Pa} 由高压侧和低压侧的电压差 $U_H - U_L$ 决定，电流流经换流阀 S_{a1} 和 S_{a3}，储能桥臂处于充电状态，桥臂电流 i_{Pa} 被控制成幅值为 I_H 的梯形波。

在$[t_{4'}, t_5]$时段，需关断 S_{a1} 和 S_{a3}，导通 S_{a2} 和 S_{a4}。在 $t_{4'}$ 时刻，换流阀电压 u_{Sa1} 和 u_{Sa3} 为零，S_{a1} 和 S_{a3} 即可实现 ZVS 关断。但此时 u_{Sa2} 和 u_{Sa4} 两端电压分别为 $U_H - U_L$ 和 $2U_L$，需设计 S_{a2} 和 S_{a4} 的 ZVS 开通方法。由于 u_{Sa2} 和 u_{Sa4} 分别等于 u_{Pa} 和 $2U_L - u_{Pa} - u_{Sa2}$，首先调节 u_{Pa} 逐渐降为零可实现 S_{a2} 的 ZVS 开通，随后将 u_{Pa} 逐渐升到 $2U_L$ 可创造 S_{a4} 的 ZVS 开通条件。

在$[t_5, t_{7'}]$时段，储能桥臂并联在低压侧的正极和负极之间，等效电路如图6.8(b)所示，u_{Pa}由低压侧正、负极之间的电压$2U_L$决定，电流流经换流阀S_{a2}和S_{a4}，储能桥臂处于放电状态。桥臂电流i_{Pa}被控制成幅值为$I_H - I_L$的梯形波。

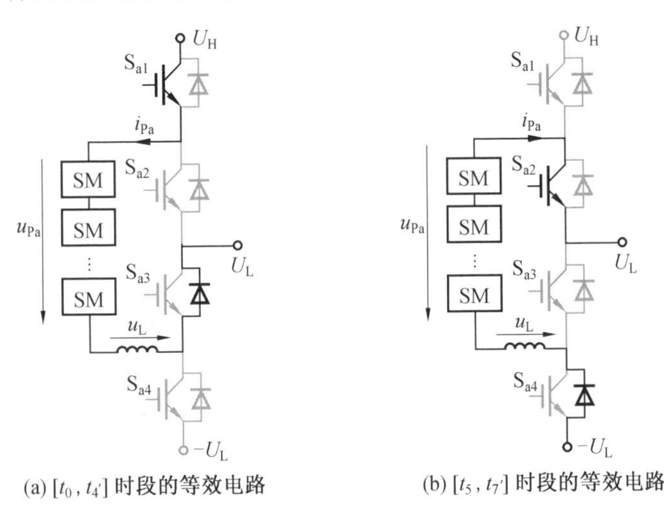

(a) $[t_0, t_{4'}]$时段的等效电路　　(b) $[t_5, t_{7'}]$时段的等效电路

图6.8　单相储能桥臂的等效电路

在$[t_{7'}, t_8]$时段，需导通S_{a1}和S_{a3}，关断S_{a2}和S_{a4}。与$[t_{4'}, t_5]$时段的方法相同，在$t_{7'}$时刻关断S_{a2}和S_{a4}后，将u_{Pa}逐渐降为零再升到$U_H - U_L$，可先后实现S_{a3}和S_{a1}的ZVS开通。

在一个工作周期内，子模块中的能量波动ΔE为

$$\Delta E = \int_{t_0}^{t_4} (U_H - U_L) I_H \mathrm{d}t + \int_{t_5}^{t_7} 2U_L (I_H - I_L) \mathrm{d}t = 0.5T(U_H I_H - U_L I_L) \tag{6.1}$$

若不考虑拓扑的损耗，式(6.1)等于零，即储能桥臂吸收和释放的能量相等。虽然$(U_H - U_L)I_H$是$U_L(I_H - I_L)$的两倍，但是$[t_0, t_4]$时长是$[t_5, t_7]$时长的两倍。通过这样的设计，实现了储能桥臂的能量平衡。

为了保持两侧连续的直流电流，本节设计了伪双极互联型CET拓扑的相间交错运行方式，理论波形如图6.9所示。四相电路的桥臂电流和桥臂电压波形是完全相同的，由于四相储能桥臂均可以被低压侧正、负极复用，四相储能桥臂的电压、电流波形在相位上需要依次交错90°。在每个工作周期T内，可将拓扑运行划分为八个时段。

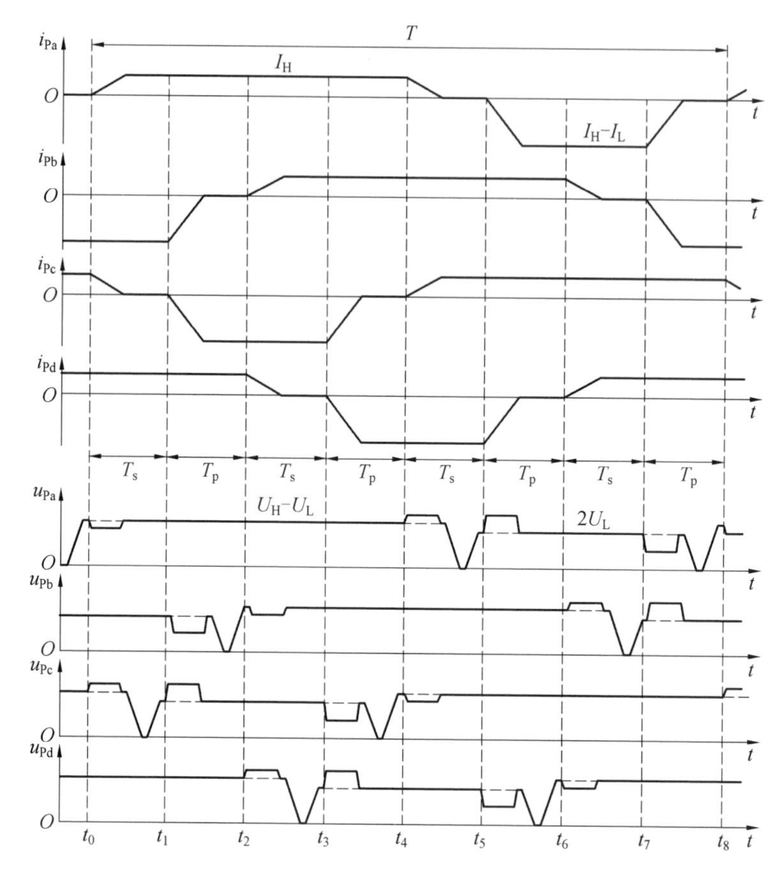

图 6.9　伪双极互联型 CET 拓扑相间交错运行的理论波形

在$[t_0,t_1]$时段，等效电路如图 6.10(a) 所示。其中 b 相储能桥臂并联在低压侧，i_{Pb} 保持为 I_H-I_L，d 相储能桥臂串联在高压侧和低压侧的负极之间，i_{Pd} 保持为 I_H。a 相和 c 相储能桥臂同时串联在高压侧和低压侧的正极之间换流，即 i_{Pa} 从零增加至 I_H，i_{Pc} 从 I_H 降为零，并且它们的变化速率相同。因此，对于高压侧，正极电流等于 $i_{Pa}+i_{Pc}$，负极电流等于 i_{Pd}，两者均为 I_H。对于低压侧，正极电流 $i_{Pa}+i_{Pc}-i_{Pb}$ 和负极电流 $i_{Pd}-i_{Pb}$ 均维持为 I_L。

在$[t_1,t_2]$时段，等效电路如图 6.10(b) 所示。a 相和 d 相储能桥臂分别串联在高压侧和低压侧的正、负极之间，i_{Pa} 和 i_{Pd} 保持恒定的直流电流 I_H，因此高压侧正、负极电流都一直等于 I_H。b 相和 c 相储能桥臂并联在低压侧换流，即 i_{Pb} 从 I_H-I_L 变为零，i_{Pc} 从零变为 I_H-I_L，且二者电流变化速率相同，因此 i_{Pb} 和 i_{Pc} 之和保持为 I_H-I_L。于是，对于低压侧，正极电流等于 $i_{Pa}-i_{Pb}-i_{Pc}$，负极电流等于 $i_{Pd}-i_{Pb}-i_{Pc}$，它们都维持为恒定的直流电流 I_L。

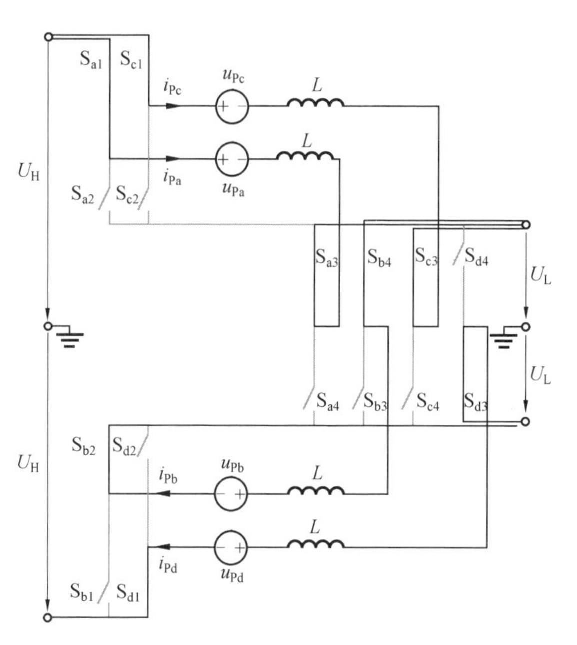

(a) $[t_0, t_1]$ 时段

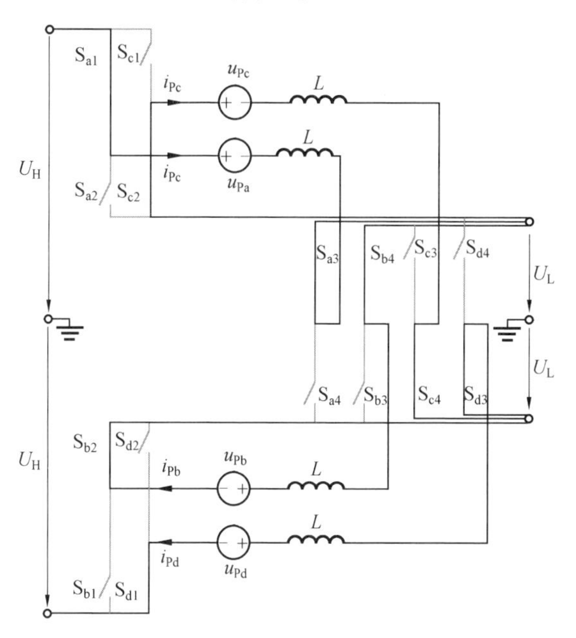

(b) $[t_1, t_2]$ 时段

图6.10　伪双极互联型CET拓扑的等效电路

如图 6.9 所示，$[t_0, t_1]$ 时段被记作 T_s，而$[t_1, t_2]$ 时段被记作 T_p。之后的六个时段的原理和前两个时段相同，T_s 和 T_p 始终交替出现，$T=4\times(T_s+T_p)$。在 T_s 时段，换流发生在同时串联在高压侧和低压侧正极(或负极)的两相。在 T_p 时段，换流发生在同时并联在低压侧的两相。基于这种交错运行的设计，高、低压侧始终可以保持直流电流的连续，且任意一相储能桥臂中子模块电容的能量平衡也得以保证。

6.2.3　伪双极互联型 CET 拓扑控制策略

本节基于 6.2.2 节所提的运行方式，设计了伪双极互联型 CET 拓扑的控制策略，以 a 相为例，控制框图如图 6.11 所示。与单极 CET 拓扑的控制方法类似，相比之下，主要区别有以下两点。

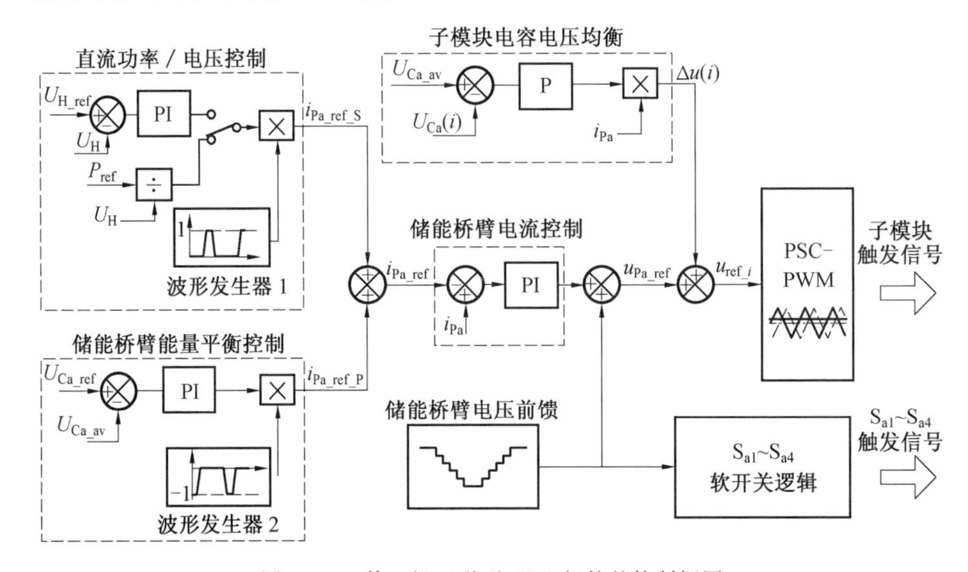

图 6.11　伪双极互联型 CET 拓扑的控制框图

(1) 为了实现储能桥臂的充、放电能量平衡，波形发生器 1 和 2 产生的梯形波的时长不再相等，其中波形发生器 2 对应的是储能桥臂并联至低压侧时的梯形波，其对应的充 / 放电时长是波形发生器 1 的一半。

(2) 增加了储能桥臂电压前馈控制和换流阀软开关逻辑两个部分。其中储能桥臂电压前馈控制部分在储能桥臂电流为零的时段内生效。在此期间，储能桥臂电压 u_{Pa} 在前馈控制作用下逐渐从 U_H-U_L 或 $2U_L$ 变为零，然后再恢复到 $2U_L$ 或 U_H-U_L，为换流阀的 ZVZCS 创造条件。换流阀软开关逻辑则在储能桥臂电压前馈的作用下，当满足换流阀 ZVZCS 条件时触发相应的换流阀。四相结

构的控制方法相同，但时序上依次交错 90°，保证直流电流的连续。

6.2.4　伪双极互联型 CET 拓扑仿真分析

为了验证伪双极互联型 CET 拓扑结构及控制方法，本节搭建了仿真模型，拓扑的仿真参数见表 6.1。

表 6.1　伪双极互联型 CET 拓扑的仿真参数

仿真参数	数值
额定功率 P/MW	480
高压侧电压 U_H/kV	500
低压侧电压 U_L/kV	160
每相子模块数量 N	200
额定子模块电容电压 U_C/kV	2
子模块电容容量 C/mF	5.1
桥臂电感 L/mH	10
载波频率 f_c/Hz	550
工作频率 f/Hz	200

如图 6.12 所示，拓扑起初从高压侧向低压侧传输额定 480 MW 功率；在 0.3～0.5 s，直流功率从 480 MW 逐渐变为 −480 MW；然后，变换器的传输功率稳定在 −480 MW。图中还展示了高、低压侧直流电流 i_H 和 i_L，四相桥臂电流（i_{Pa}，i_{Pb}，i_{Pc}，i_{Pd}）和桥臂电压（u_{Pa}，u_{Pb}，u_{Pc}，u_{Pd}），以及 a 相 200 个子模块电容电压，在整个仿真过程中，子模块电容电压均衡效果良好。

图 6.13 所示为桥臂电压和桥臂电流的局部波形，从图中可以看出，四相储能桥臂的桥臂电压和桥臂电流完全相同，相位上依次相差 90°，因此高、低压侧直流电流能够维持连续平滑。

进一步以功率从高压侧传向低压侧为例验证单相电路的仿真波形，图 6.14 所示是 a 相电路的仿真波形，仿真结果与图 6.7 中的理论波形相符。i_{Pa} 呈现为充、放电时间不相等的梯形波，充电时幅值为高压侧电流 I_H = 480 A，放电时幅值为高、低压侧电流之差 $I_L - I_H$ = 1 020 A。子模块电容电压均衡效果良好。此外，从四个换流阀的驱动信号时序可以看出，S_{a4} 的驱动信号延迟于 S_{a2}，S_{a1} 的驱动信号延迟于 S_{a3}，且均发生在换流阀电压为零时，验证了设计的换流阀 ZVZCS 方法的有效性。

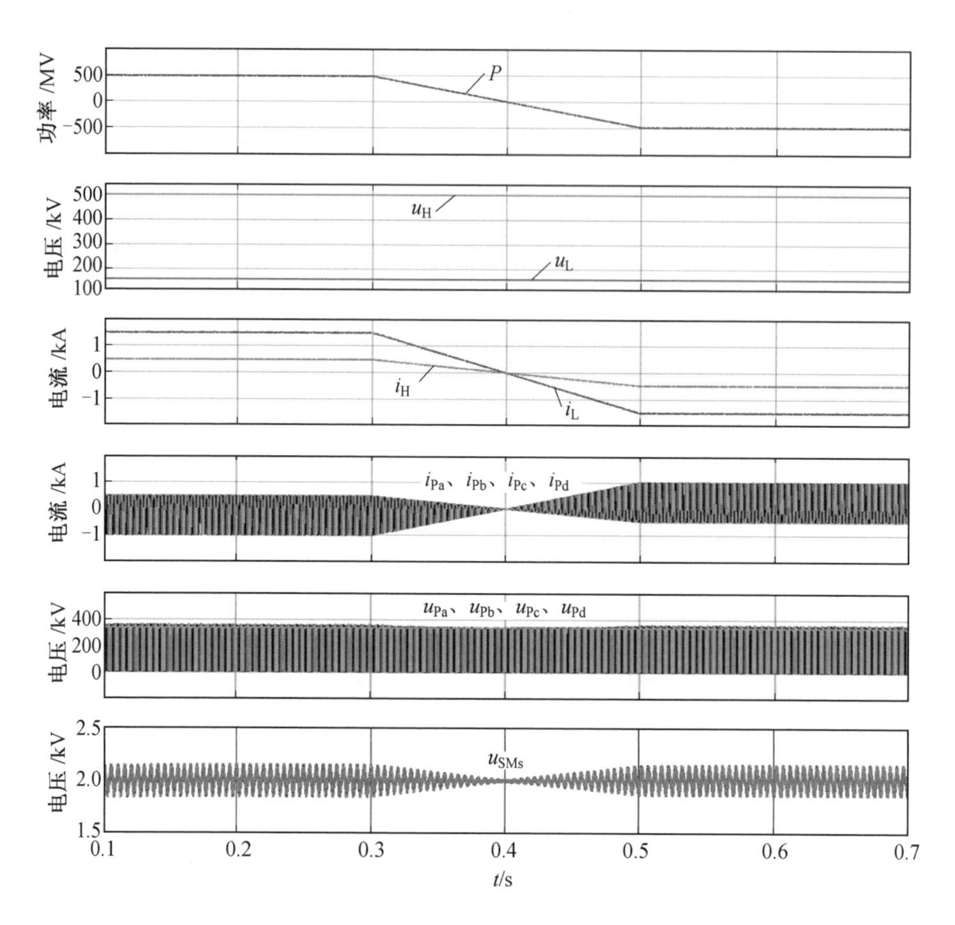

图 6.12　伪双极互联型 CET 拓扑的仿真结果

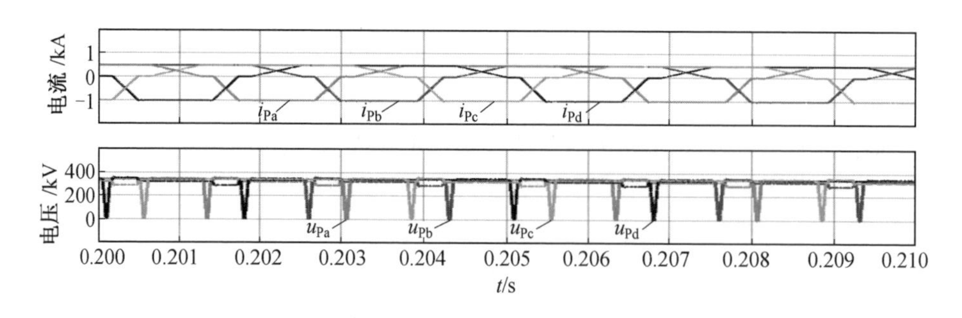

图 6.13　储能桥臂电压、电流局部波形

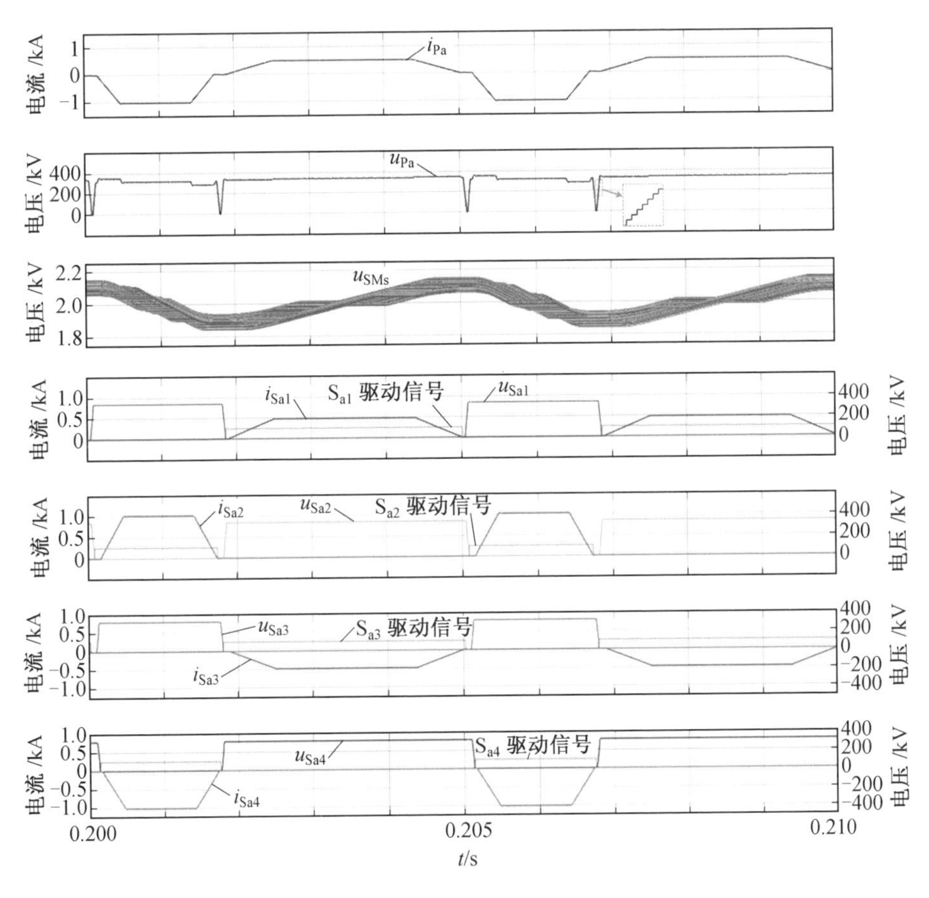

图 6.14　功率从高压侧传向低压侧时的稳态仿真结果

6.2.5　伪双极互联型 CET 拓扑实验验证

伪双极互联型CET拓扑的实验参数见表6.2。图6.15所示为伪双极互联型CET拓扑实验波形。初始时，直流电流 i_H 和 i_L 分别为4 A和12 A，代表拓扑从高压侧向低压侧传输2.4 kW的直流功率，然后功率开始下降并彻底反转，直流电流的幅值也反转，在整个过程中，高、低压侧直流电流 i_H 和 i_L 保持稳定。此外，可以看出，子模块电容电压始终保持在额定值50 V附近波动，且均衡效果良好。

以功率从高压侧传向低压侧为例，图6.16所示为拓扑的稳态实验波形。可看出，四相电流波形几乎相同，呈现充、放电时间不相等的梯形波，但相位依次滞后90°。这保证了高、低压侧电流 i_H 和 i_L 的连续。

表 6.2　伪双极互联型 CET 拓扑的实验参数

实验参数	数值
额定功率 P/kW	2.4
高压侧电压 U_H/V	300
低压侧电压 U_L/V	100
每相子模块数量 N	5
额定子模块电容电压 U_C/V	50
子模块电容容量 C/mF	3
桥臂电感 L/mH	2
载波频率 f_c/kHz	3
工作频率 f/Hz	100

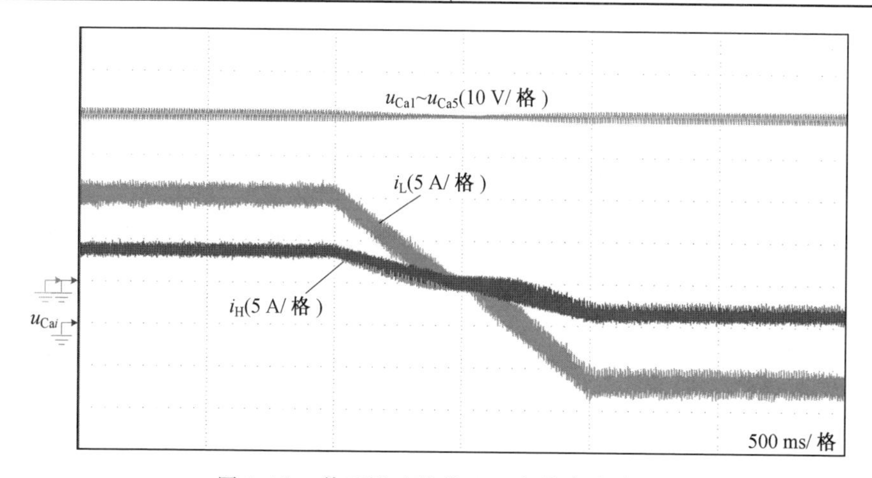

图 6.15　伪双极互联型 CET 拓扑实验波形

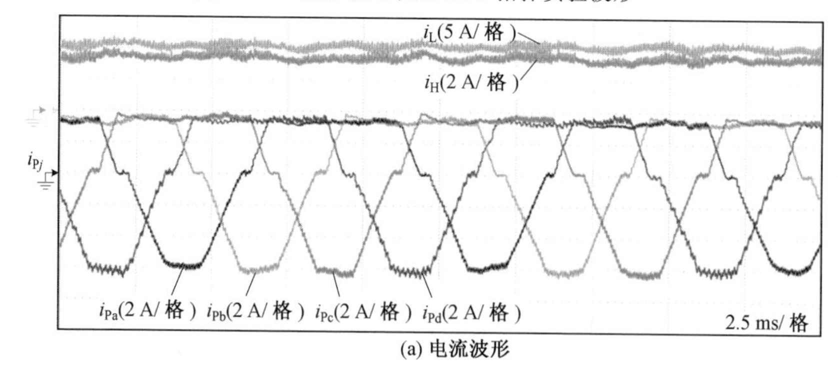

(a) 电流波形

图 6.16　功率从高压侧传向低压侧时的稳态实验波形

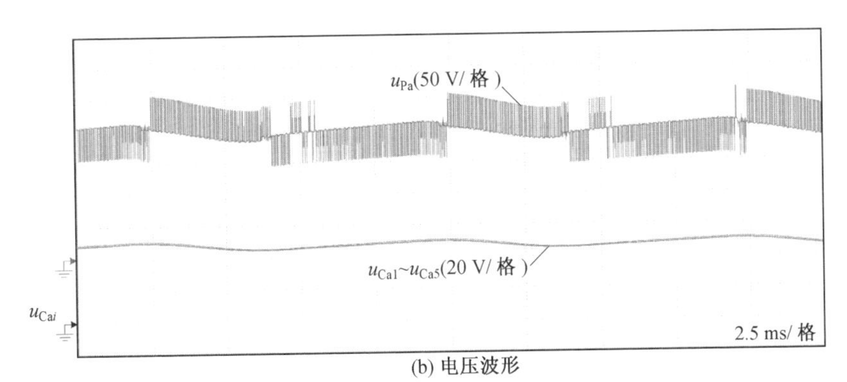

(b) 电压波形

续图 6.16

图 6.17 所示为拓扑的换流阀软开关实验波形。如图 6.17(a) 所示，S_{a1} 在 u_{Sa1} 从零开始上升之前关断，S_{a2} 在 u_{Sa2} 降为零之后开通。如图 6.17(b) 所示，S_{a3} 在 u_{Sa3} 从零开始上升前关断，S_{a4} 在 u_{Sa4} 降为零之后开通。因此，S_{a1} ～ S_{a4} 全部可以实现 ZVS。

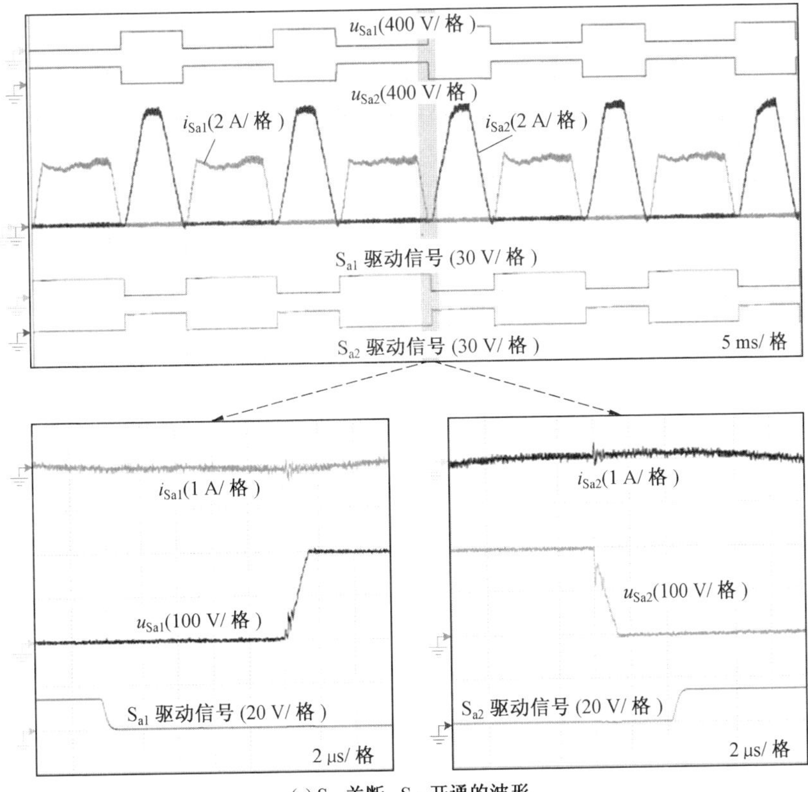

(a) S_{a1} 关断，S_{a2} 开通的波形

图 6.17　换流阀软开关实验波形

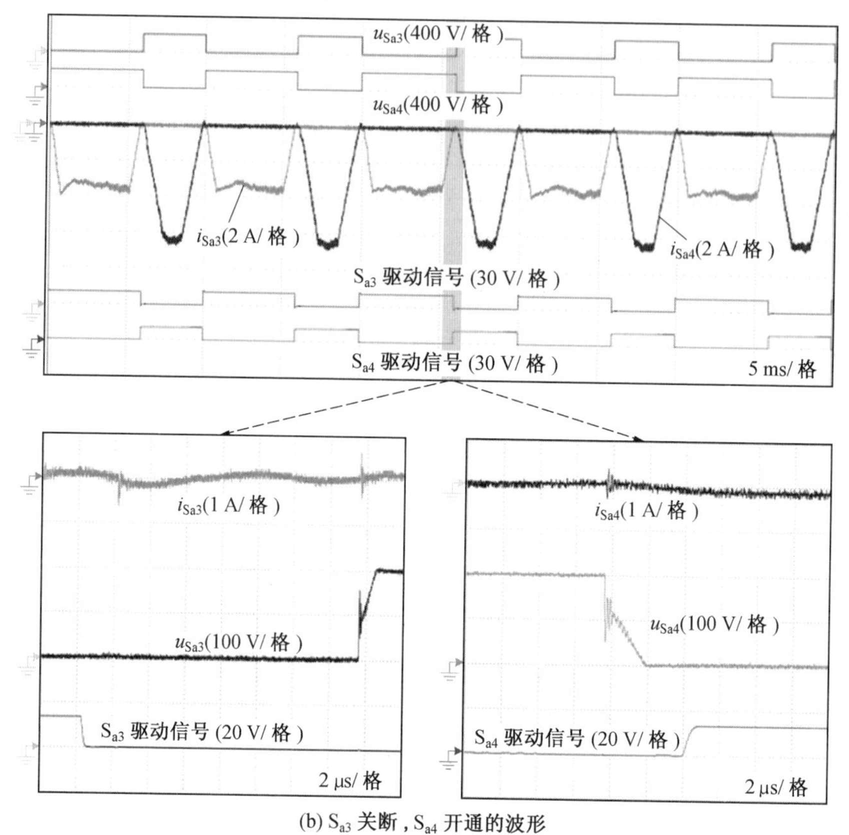

(b) S_{a3} 关断，S_{a4} 开通的波形

续图 6.17

6.2.6 伪双极互联型 CET 拓扑技术经济性分析

为了分析采用储能桥臂极间复用方法拓扑的技术经济性，本节在传输相同功率但不同电压变比 k 的情况下，比较伪双极互联型 CET 拓扑与真双极互联型 CET 拓扑的总 IGBT 器件安装容量，绘制的关系曲线图如图 6.18 所示，图中总 IGBT 器件安装容量以 $3P$ 作为基准值进行了归一化。

从图中可看出，两种拓扑的总 IGBT 器件安装容量均随着电压变比 k 的变化而变化。当 $k<2.25$ 时，真双极系统互联型 CET 拓扑的总 IGBT 器件安装容量更小。反之，当 $k>2.25$ 时，伪双极互联型 CET 拓扑的总 IGBT 器件安装容量更小。因此，所提出的伪双极互联型 CET 拓扑适用于电压变比 $k>2.25$ 的应用场景。

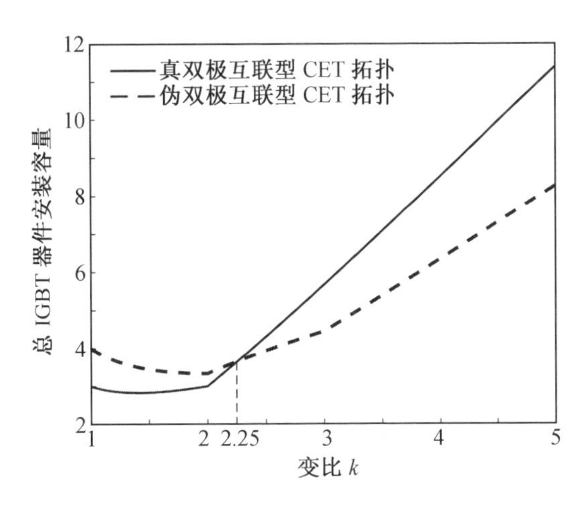

图 6.18　两种拓扑的总 IGBT 器件安装容量

值得注意的是，伪双极互联型 CET 拓扑与真双极互联型 CET 拓扑的单位功率电容储能需求是完全相同的。

6.3　真－伪双极互联型 CET 拓扑

6.3.1　真－伪双极互联型 CET 拓扑及真双极侧功率不对称运行原理

将真双极互联型 CET 拓扑直接应用于真双极和伪双极系统互联时，若真双极系统正、负极功率不对称运行，则大地回路中有电流流过，拓扑需保留与大地相连的零电位端，不能采用储能桥臂极间复用方法对其进行改造。此外，由于伪双极系统不需要连接大地，因此需要隔离真双极系统的地与伪双极系统。

真－伪双极互联型 CET 拓扑如图 6.19 所示[4]，拓扑由两个 Buck－Boost 型拓扑串联构成，每相配置一个接地阀实现真双极系统的地与伪双极系统隔离，接地阀由双向晶闸管 T_{1j}/T_{2j} 构成。当真双极系统处于功率对称运行工况时，大地回路中没有电流，接地阀闭锁，拓扑的运行原理与单极 CET 拓扑的运行原理完全相同，在此不再赘述。

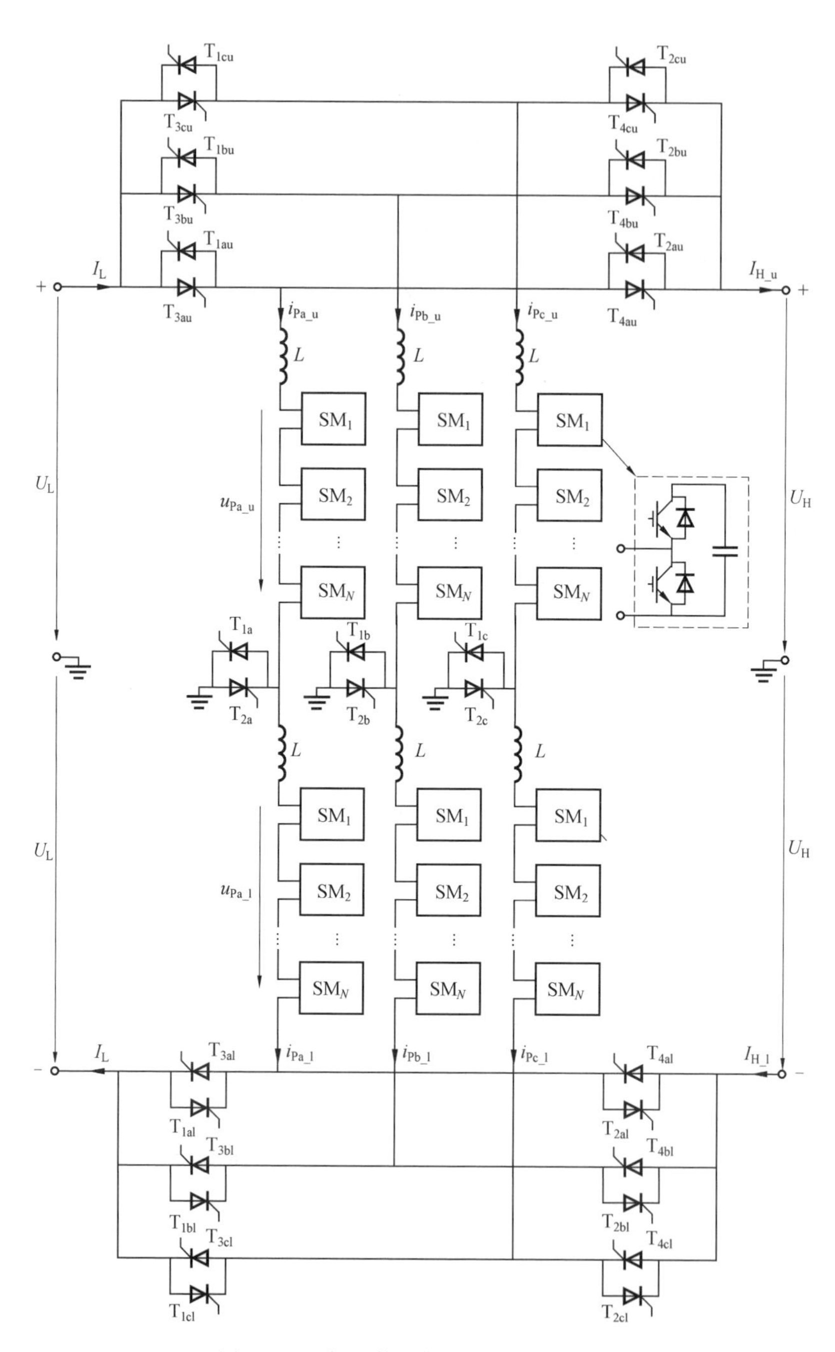

图 6.19 真－伪双极互联型 CET 拓扑

当真双极系统的正、负极功率不对称运行时，需要控制真－伪双极互联型CET拓扑的接地阀，以功率从伪双极低压侧传向真双极高压侧时的a相拓扑为例。当储能桥臂连接至真双极高压侧放电时，如图6.20(a)所示，拓扑的接地阀处于开通状态，此时与真双极正极相连的储能桥臂和与真双极负极相连的储能桥臂的桥臂电压均为U_H，而桥臂电流不相等(分别记作I_{H_u}和I_{H_l})。在此阶段，两个储能桥臂释放的能量并不相等。而当储能桥臂连接至伪双极低压侧充电时，如图6.20(b)所示，拓扑的接地阀处于关断状态，流经两个储能桥臂的桥臂电流均等于I_L。为了维持两个储能桥臂各自的能量平衡，充电时两个桥臂电压必然不相等(分别记作u_{Pa_u}和u_{Pa_l})。

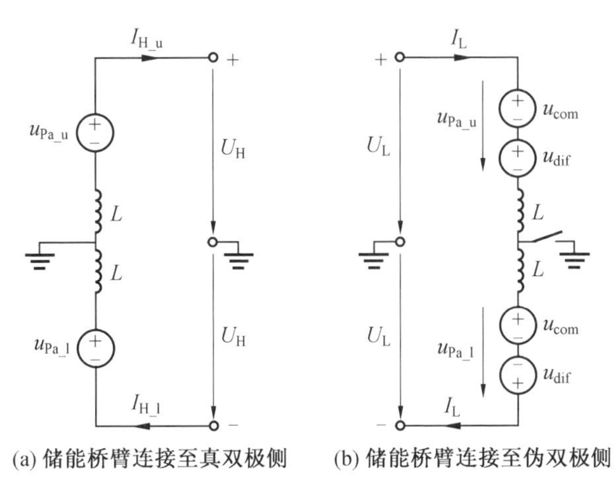

图6.20　真－伪双极互联型CET拓扑的等效电路

当真双极侧发生单极故障时，某一极传输功率为零。这种工况是功率不对称运行的极限情况，具体运行方式如图6.21所示，其中以功率从伪双极低压侧流向真双极高压侧为例，并假设真双极系统的负极发生了接地短路故障。当储能桥臂连接至伪双极低压侧时(即图中[0,0.5T])，与伪双极正极相连的储能桥臂的桥臂电压与$2U_L$相匹配，而与伪双极负极相连的储能桥臂处于旁路状态。当储能桥臂连接至真双极高压侧时(即图中[0.5T,T])，与真双极正极相连的储能桥臂的桥臂电压与U_H匹配，与真双极负极相连的储能桥臂电压为零。

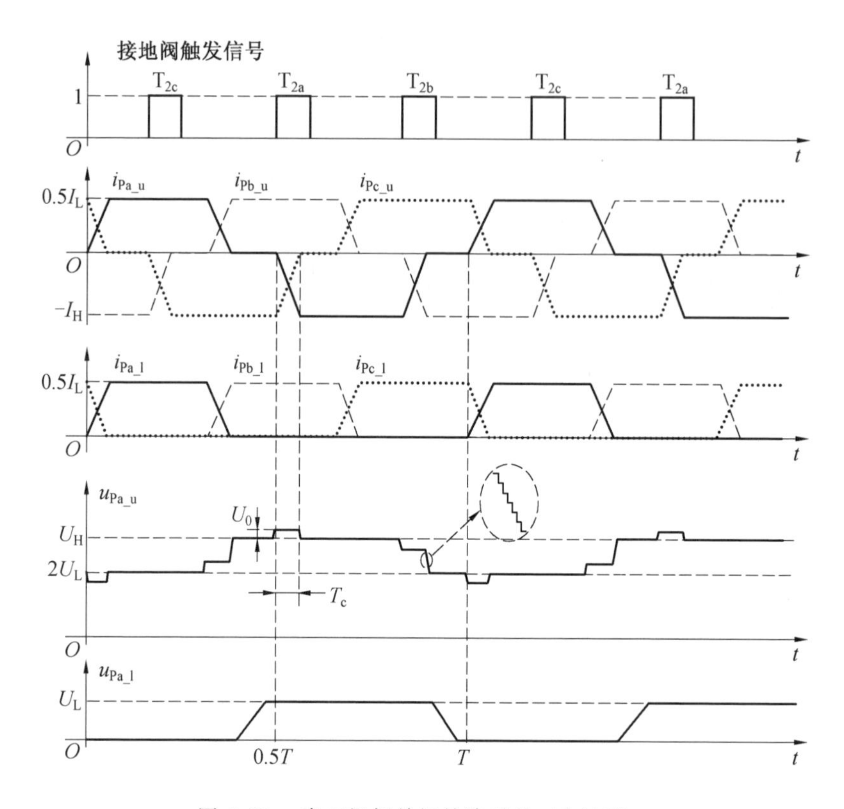

图 6.21 真双极侧单极故障时的工作波形

6.3.2 真双极侧功率不对称运行控制方法

为了实现拓扑在功率不对称运行时储能桥臂的能量平衡，本节提出了真双极侧功率不对称运行的控制方法。当储能桥臂连接至伪双极低压侧时，将两个储能桥臂输出电压解耦成共模分量 u_{com} 和差模分量 u_{dif}。从图 6.20(b) 中可以看出，改变差模电压 u_{dif} 的大小并不会对电流 i_L 的控制产生影响，但通过调节差模电压，能够改变两极储能桥臂在连接至伪双极侧时吸收或释放的能量，实现了储能桥臂的能量平衡。

图 6.22 所示为真－伪双极互联型 CET 拓扑在真双极侧功率不对称运行工况下的控制框图。正极和负极功率控制指令分别负责在储能桥臂连接至真双极高压侧时，控制两极传输不等量的直流功率。当储能桥臂连接至伪双极低压侧时，相能量平衡控制和储能桥臂能量平衡控制分别负责生成共模电压 u_{com} 和差模电压 u_{dif}。最后，桥臂电压参考信号 $u_{Pa\_u\_ref}$ 和 $u_{Pa\_l\_ref}$ 分别被送到PSC－PWM调

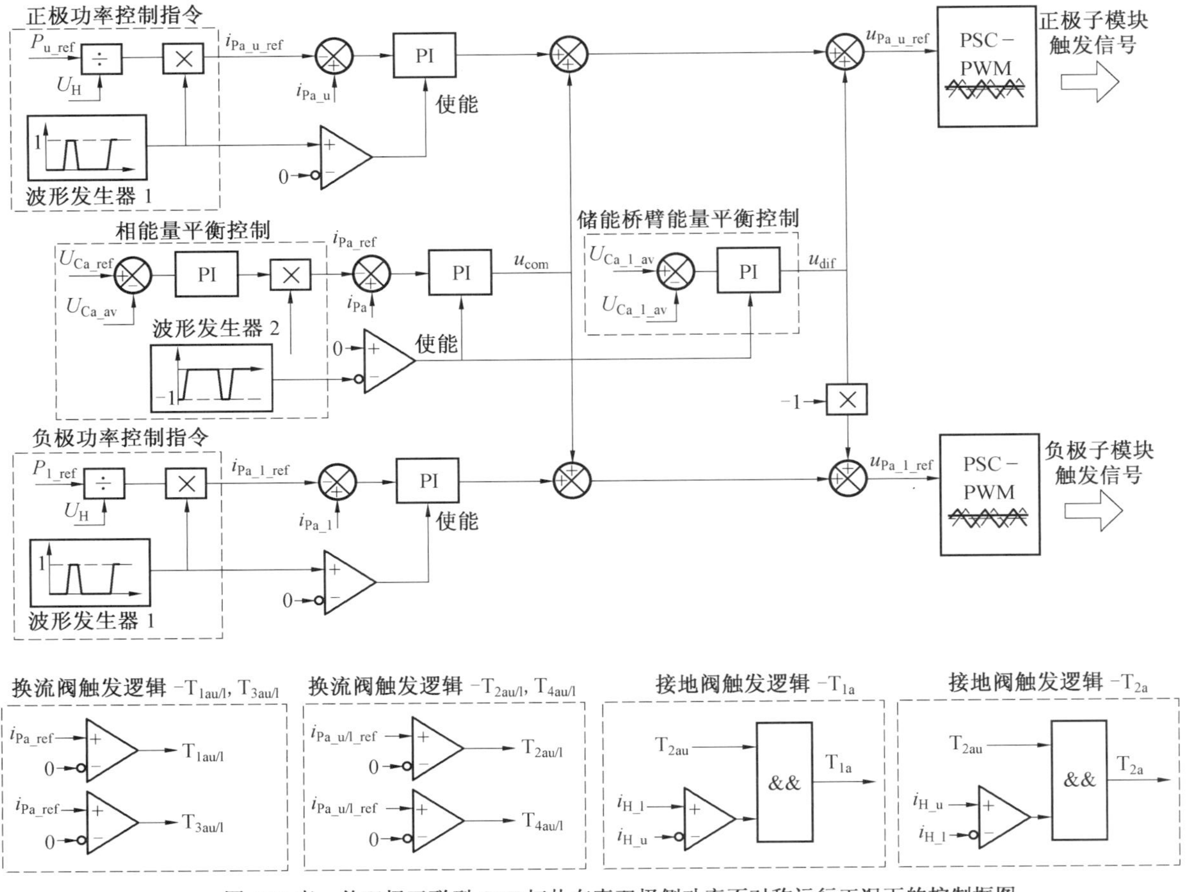

图 6.22 真－伪双极互联型 CET 拓扑在真双极侧功率不对称运行工况下的控制框图

制环节，产生两个储能桥臂各自的子模块触发信号。另外，真－伪双极互联型 CET 拓扑与单极 CET 拓扑相比，换流阀的触发逻辑没有区别，但增加了接地阀的触发逻辑。当储能桥臂连接至真双极高压侧时触发接地阀，具体触发 T_{1a} 还是 T_{2a} 则由入地电流的方向决定。

6.3.3 真－伪双极互联型 CET 拓扑仿真分析

本节对真－伪双极互联型 CET 拓扑功率不对称运行控制方法进行仿真验证，详细的仿真参数见表 6.3。

表 6.3 真－伪双极互联型 CET 拓扑的仿真参数

仿真参数	数值
额定功率 P/MW	400
高压侧电压 U_H/kV	500
低压侧电压 U_L/kV	200
储能桥臂子模块数量 N	200
额定子模块电容电压 U_C/kV	3
子模块电容容量 C/mF	2
桥臂电感 L/mH	10
载波频率 f_c/Hz	550
工作频率 f/Hz	200

图 6.23 所示为真－伪双极互联型 CET 拓扑工作于真双极侧正、负极功率不对称工况下的仿真结果。从图中可以看出，真双极正极电流 i_{H_u} 为 500 A，真双极负极电流 i_{H_l} 为 300 A，伪双极侧电流 i_L 为 1 000 A。与正极和负极相连的储能桥臂的桥臂电流 i_{Pa_u} 和 i_{Pa_l} 波形均呈现三相依次滞后 120° 的梯形波，但当两个储能桥臂连接至真双极高压侧时，i_{Pa_u} 和 i_{Pa_l} 的幅值分别为 －500 A 和 －300 A，而连接至伪双极低压侧时，i_{Pa_u} 和 i_{Pa_l} 的幅值均为 1 000 A。另外，从两个储能桥臂的桥臂电压 u_{Pa_u} 和 u_{Pa_l} 波形中可以看出，储能桥臂连接至伪双极低压侧时的共模电压 u_{com} =200 kV，差模电压 u_{dif} =50 kV。仿真结果验证了拓扑具备真双极侧功率不对称运行的能力。

图 6.24 所示为真－伪双极互联型 CET 拓扑真双极侧发生单极故障时的仿真结果。故障发生在负极，发生故障后，负极停止运行。从图中可以看出，与正

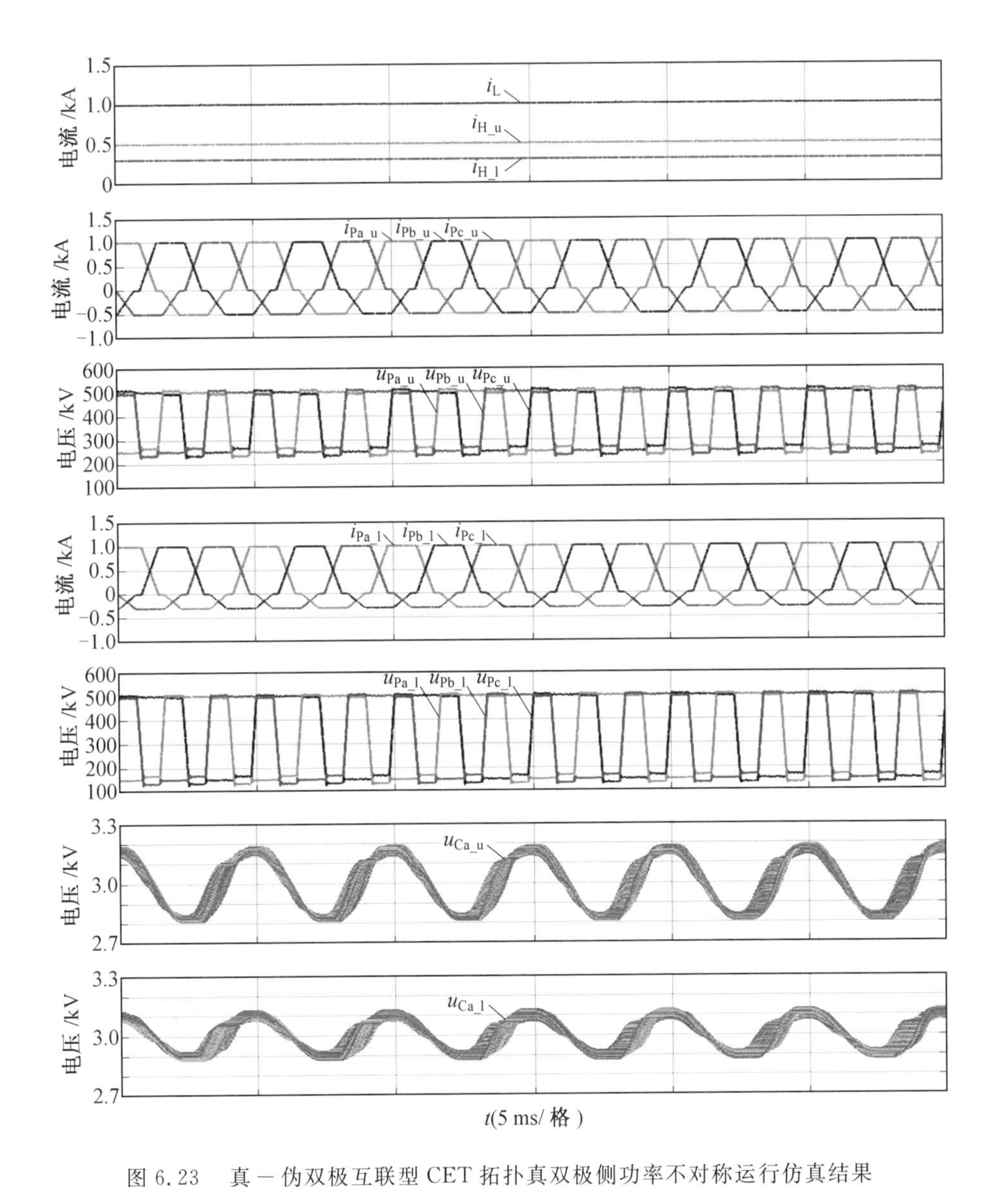

图 6.23　真－伪双极互联型 CET 拓扑真双极侧功率不对称运行仿真结果

极相连的桥臂电流 i_{Pa_u} 仍然是三相依次滞后 120° 的梯形波，对应连接至真双极高压侧时的电流幅值为 －400 A，而连接至伪双极低压侧时的电流幅值为 500 A。桥臂电压 u_{Pa_u} 在 $2U_L=400$ kV 和 $U_H=500$ kV 两种状态下来回切换。因此，与正极相连的储能桥臂的充、放电功率等于拓扑额定功率的 50%。而与负极相连的储能桥臂连接至真双极高压侧时桥臂电流幅值为零，连接至伪双极低压侧时桥臂电流幅值为 500 A，而桥臂电压始终为零。因此，与负极相连的储能桥臂的充、放电功率始终为零。仿真结果证明，当真双极侧发生单极故障时，拓扑仍能保持单极继续运行并传输 50% 额定功率。

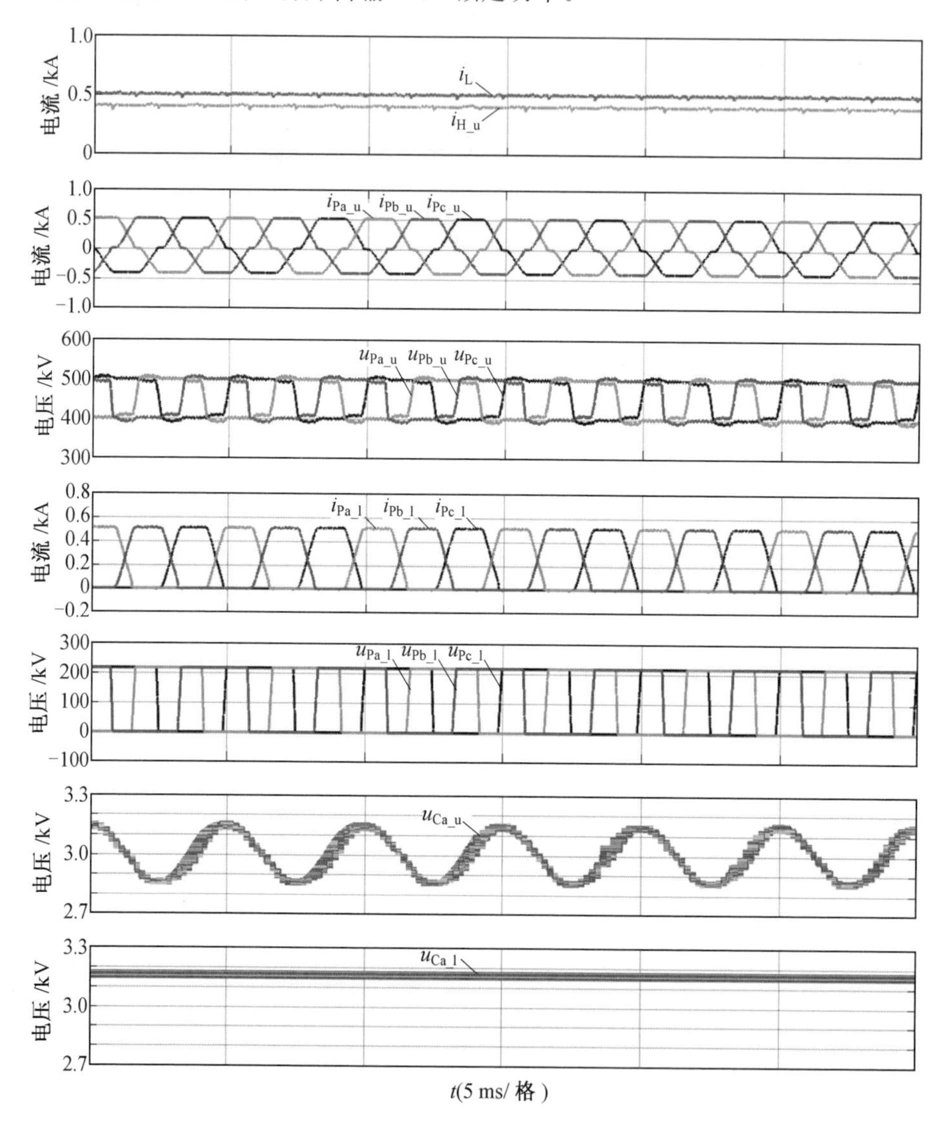

图 6.24　真一伪双极互联型 CET 拓扑真双极侧单极故障仿真结果

本章参考文献

[1] 李彬彬，徐梓高，徐殿国. 模块化多电平换流器原理及应用[M]. 北京：科学出版社，2021.

[2] SHARIFABADI K, HARNEFORS L, NEE H, et al. Design, control and application of modular multilevel converters for HVDC transmission systems[M]. New York: John Wiley & Sons, 2016.

[3] ZHANG S X, LI B B, CHENG D, et al. A monopolar symmetrical hybrid cascaded DC/DC converter for HVDC interconnections[J]. IEEE Transactions on Power Electronics, 2021, 36(1): 248-262.

[4] ZHANG S X, LI B B, ZHAO X D, et al. A transformerless hybrid modular step-up DC/DC converter for bipolar and symmetrical monopolar HVDC interconnection.[C]// 2019 4th IEEE Workshop on the Electronic Grid (eGRID). Xiamen:IEEE, 2019: 1-6.

第7章

有源滤波型CET拓扑

本章针对高压小功率应用场景，以节省换流阀数目为目的，提出有源滤波型CET拓扑。所提拓扑使用一个储能桥臂进行能量传输，并配置两个有源滤波桥臂保证输入输出电流连续，相比三相CET拓扑可减少2/3的换流阀。首先详细介绍有源滤波型CET拓扑的运行原理。其次为降低开关器件电流应力，提出储能桥臂充、放电电流等幅值运行方式，并给出参数和控制策略设计方法。此外，分析指出各桥臂能量平衡控制的耦合作用，进而设计出基于前馈的能量平衡解耦控制方法。以上内容均通过仿真和实验进行验证。最后，根据滤波桥臂的电气连接方式，衍生出其他多种有源滤波型CET拓扑，并对它们进行对比分析。

在百兆瓦级的大功率DC/DC变换场景中，输入输出电流可达数千安培。前述章节中所展示的CET拓扑通过三相结构交错运行的方式，使换流阀流过的平均电流仅为输入输出电流的1/3，降低了器件的电流应力。然而，在数十兆瓦以下的DC/DC变换场景中，输入输出电流较小，现有的晶闸管、二极管等器件完全可以独立承担该电流应力，不必采用三相电路结构。因此，本章针对高压小功率应用场景，以节省换流阀器件数目为目的，对前述章节中的三相CET拓扑进行优化，提出有源滤波型CET拓扑结构。所构造拓扑仅使用一个储能桥臂和两个换流阀进行能量传输，此外在高、低压侧引入有源滤波桥臂来保证输入输出直流电流的平滑连续。相比于三相CET拓扑，可以大幅减少换流阀的数目以及相应的驱动、冷却、均压等辅助单元，从而降低拓扑成本，提高可靠性。

7.1　有源滤波型CET拓扑结构及运行原理

7.1.1　有源滤波型CET拓扑构造方法

对于图7.1(a)所示的单相CET拓扑，仅含一个储能桥臂和两个换流阀。为实现功率的传输，储能桥臂需要在高、低压侧交替进行充、放电。然而，仅靠单一桥臂无法提供连续的输入输出直流电流，其输入输出电流波形均为断续的梯形波，如图7.1(b)所示。为保证高、低压侧电流的平滑连续，前序章节中CET拓扑采用三相储能桥臂交错120°的方式运行，从而高、低压侧直流端口始终有桥臂与之连接，维持电流的连续性，但这一方式需要为各相储能桥臂配备相应的换流阀，导致换流阀器件数目较多。

为减少换流阀数目，本章提出在高、低压侧安装滤波器来平抑输入输出电流的波动。根据所采用滤波器的类型不同，具体可分为无源滤波和有源滤波两种方案。

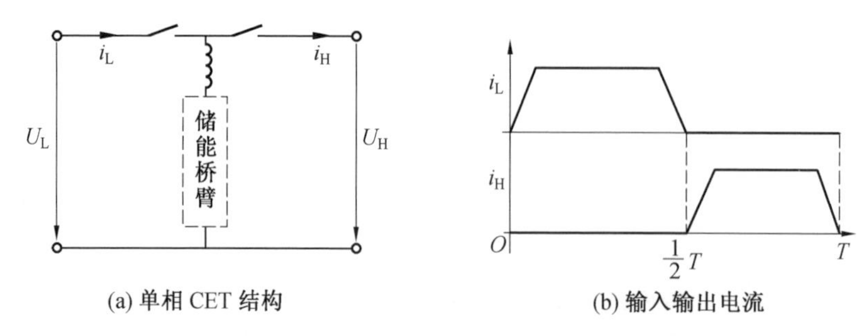

(a) 单相 CET 结构　　(b) 输入输出电流

图 7.1　单相 CET 结构及其输入输出电流波形

无源滤波方案如图 7.2(a) 所示，高、低压侧均并联了高压母线电容来平抑电流波动。为了达成较好的电流波动抑制效果，电容的容量应足够大，代价是高压电容的体积庞大、成本高昂。此外，当高压侧或低压侧出现短路故障时，母线电容将直接向故障点放电，加剧故障电流。

有源滤波方案则如图 7.2(b) 所示，在高、低压侧分别并联了由子模块级联而成的滤波桥臂，利用桥臂的高可控性对电流进行主动控制，使得高低压侧直流电流保持平滑连续[1]。相比于无源滤波方案，用来缓冲能量的电容分散在滤波桥臂的子模块中，尽管电容数目增多，但其耐压和绝缘等级大大降低，同时子模块电容能够允许更大的波动，可减小电容容量。此外，当高压侧或者低压侧发生直流短路故障时，通过闭锁子模块即可防止电容向故障点馈入电流。因此，有源滤波方案具有更好的滤波效果、更小的体积，更适合用来平抑输入输出电流的波动。

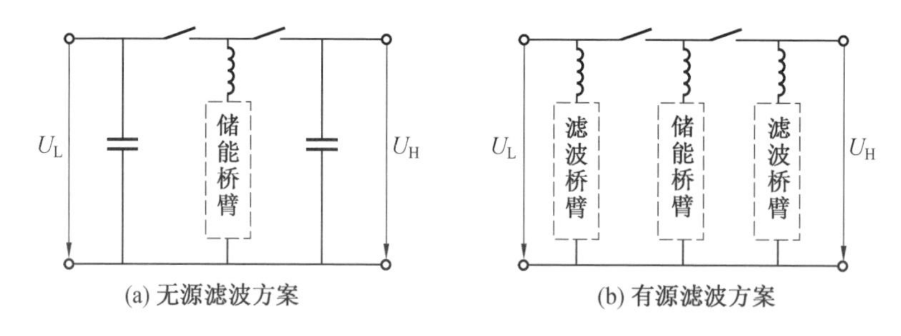

(a) 无源滤波方案　　(b) 有源滤波方案

图 7.2　两种滤波方案

7.1.2　有源滤波型 CET 拓扑工作原理

为具体展示该类拓扑的运行原理和控制特性，本章将主要针对图 7.3 所示的有源滤波型 CET 拓扑进行详细分析。该拓扑由全桥 Buck 型 CET 拓扑的一相电

路以及两个滤波桥臂组成。其中，储能桥臂 A_M 由级联的全桥子模块组成，两个换流阀 T_1、T_2 均由反并联的晶闸管串联组成，两个滤波桥臂 A_D、A_U 均由半桥子模块级联组成。三个桥臂的桥臂电感分别为 L_M、L_U、L_D。A_D 与低压侧并联连接，A_U 与高压侧和低压侧的两个正极端口连接。u_M、u_D、u_U 和 i_M、i_D、i_U 分别表示桥臂 A_M、A_D 和 A_U 的电压和电流。U_L、U_H 和 I_L、I_H 分别表示低压侧和高压侧的电压和电流。由第 2 章可知，根据经典的 DC/DC 拓扑结构可衍生出 Buck 型、Boost 型、Buck－Boost 型等多种 CET 结构。因此，根据滤波桥臂不同的连接位置，同样能够衍生出多种有源滤波型 CET 拓扑，详见本章 7.5 节。

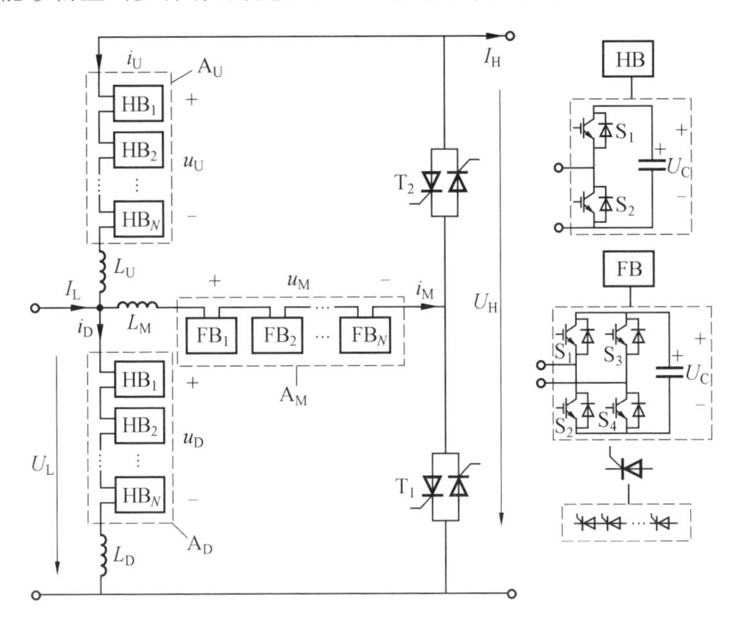

图 7.3　有源滤波型 CET 拓扑具体示例

有源滤波型 CET 拓扑中的储能桥臂是实现输入输出端口间功率传递的媒介，其运行方式与前述章节类似。以功率由低压侧向高压侧传递为例，当储能桥臂与低压侧并联时，从低压侧吸收能量；而当储能桥臂连接至高压侧和低压侧之间时，则向高压侧释放能量。滤波桥臂通过控制投切子模块的数量可以灵活调节桥臂电压，进而控制其桥臂电流来补偿储能桥臂在高、低压侧产生的梯形波电流，使得高、低压侧电流保持平滑连续。根据储能桥臂和有源滤波桥臂的运行状态，该拓扑在一个运行周期内可以分为图 7.4 所示的四个运行阶段，对应的运行波形如图 7.5 所示。

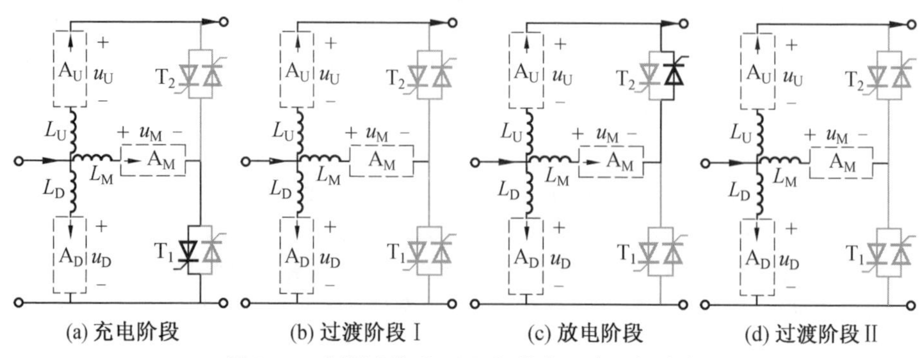

图 7.4　有源滤波型 CET 拓扑的四个运行阶段

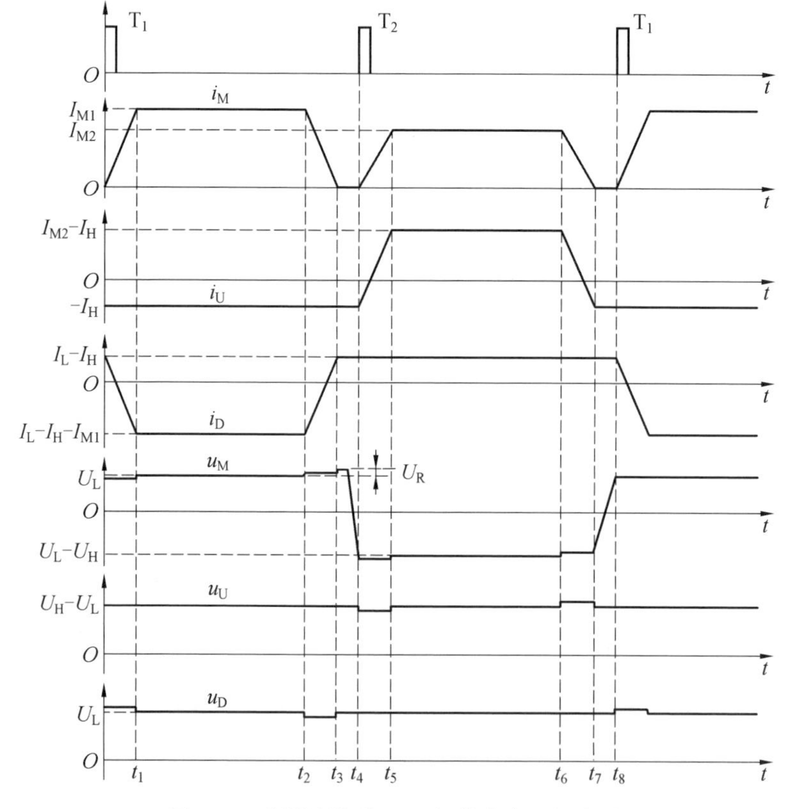

图 7.5　有源滤波型 CET 拓扑基本运行波形

在$[0,t_3]$时段内，拓扑处于图 7.4(a) 所示的充电阶段，T_1 被触发并维持导通，T_2 保持关断，储能桥臂 A_M 与低压侧并联，储存来自低压侧的能量。在该时段开始时，A_M 的电压 u_M 低于低压侧电压 U_L，桥臂电感 L_M 在该电压差的作用下，

电流 i_M 从零开始线性上升，并在 t_1 时刻，到达额定值 I_{M1}。t_1 时刻之后，u_M 等于 U_L，L_M 上的电压为零，i_M 保持在额定值。在额定电流条件下，A_M 的子模块电容持续充电。在 t_2 时刻，令 u_M 高于 U_L，L_M 则承受负压，i_M 由额定电流逐渐下降，并在 t_3 时刻降低至零。

在该时段内，由于仅有滤波桥臂 A_U 与高压侧连接，为了保证高压侧电流的平滑连续，A_U 的电流 i_U 始终保持为 $-I_H$，该电流由低压侧通过 A_U 流入高压侧，A_U 的电压 $u_U=U_H-U_L$，桥臂电感 L_U 的电压为零。储能桥臂 A_M 与滤波桥臂 A_U 均与低压侧并联连接，但由于 A_M 的充电电流为梯形波，为保证低压侧电流为直流电流，需要控制 A_D 的电流 i_D 来补偿电流 i_M 与稳态电流 I_L-I_H 的差。因此，在 $[0,t_1]$ 时段内，A_D 的桥臂电压 u_D 高于低压侧电压 U_L，桥臂电感 L_D 在负压作用下，电流 i_D 由 I_L-I_H 逐渐下降到 $I_L-I_H-I_{M1}$。在 $[t_1,t_2]$ 时段内，保持 u_D 等于 U_L，i_D 则保持为 $I_L-I_H-I_{M1}$，而在 $[t_2,t_3]$ 时段内，u_D 低于 U_L，i_D 逐渐回升到 I_L-I_H。

在 $[t_3,t_4]$ 时段，拓扑处于图 7.4(b) 所示的过渡阶段 Ⅰ。该阶段首先关断换流阀 T_1，之后开通 T_2，将储能桥臂 A_M 连接至高、低压侧之间。为关断 T_1，A_M 将电压 u_M 调整至高于 U_L，使 T_1 承受反向电压 U_R，并持续数百微秒以保证其可靠关断。之后，A_M 逐渐将输出电压 u_M 从 U_L 调整至 U_L-U_H，使得 T_2 两端电压差逐渐接近于零，使其能够在极低的电压应力条件下触发开通。在该阶段内，A_U 和 A_D 的电压分别维持在 U_H-U_L 和 U_L，电流维持为 I_H 和 I_L-I_H，确保高、低压侧直流电流不受影响。

在 $[t_4,t_7]$ 时段，拓扑处于图 7.4(c) 所示的放电阶段，T_2 被触发并维持导通，T_1 保持关断，储能桥臂 A_M 连接至高、低压侧之间，并与滤波桥臂 A_U 并联。为了将储存在子模块电容中的能量释放到高压侧，在电压 u_M 的作用下，A_M 的电流从零逐渐上升到额定值 I_{M2}。保持额定电流放电一段时间后，i_M 从 t_6 时刻开始逐渐下降，并在 t_7 时刻下降到零。为了保证高、低压侧电流的平滑连续，需要控制 A_D 电流 i_D 保持在 I_L-I_H，同时控制 A_U 电流 i_U 来补偿 i_M 与稳态电流 I_H 的差值。

在 $[t_7,t_8]$ 时段，拓扑处于图 7.4(d) 所示的过渡阶段 Ⅱ，储能桥臂 A_M 由串联在高、低压侧之间的状态切换至与低压侧并联。A_M 逐渐将其输出电压 u_M 从 U_L-U_H 调整到 U_L。在该过程中，T_2 持续承受反压而关断，两端的电压逐渐上升至 U_H，T_1 两端的电压逐渐接近于零。在 A_U 和 A_D 的控制下，电流 i_U 和 i_D 保持在 I_H 和 I_L-I_H。

通过上述运行方式，有源滤波型 CET 拓扑在整个运行周期中始终能够保证高、低压侧直流电流的平滑连续。当功率由高压侧向低压侧传输时，运行原理与上述过程类似，不再赘述。

7.2 有源滤波型 CET 拓扑控制方法

7.2.1 等时间运行方式和等幅值运行方式

前述章节的三相 CET 拓扑储能桥臂的电流波形如图 7.6(a) 所示，其特点是充、放电的时间保持一致，但充、放电的电流幅值不同，该运行方式称为等时间运行方式。由第 2 章所述的运行原理可知，三相电路结构波形交错，高、低压侧直流端口电流某时段内仅由一个储能桥臂提供。为保证端口电流为稳定的直流电流，桥臂电流被约束为高压侧电流 I_H 或低压侧电流 I_L，因此三相 CET 拓扑桥臂电流波形的充、放电幅值均被固定。在对储能桥臂中的开关器件进行选型时，由于该运行方式下桥臂的充、放电电流幅值不同，开关器件需按照最大幅值来设计，因此开关器件的安装容量大、成本高。

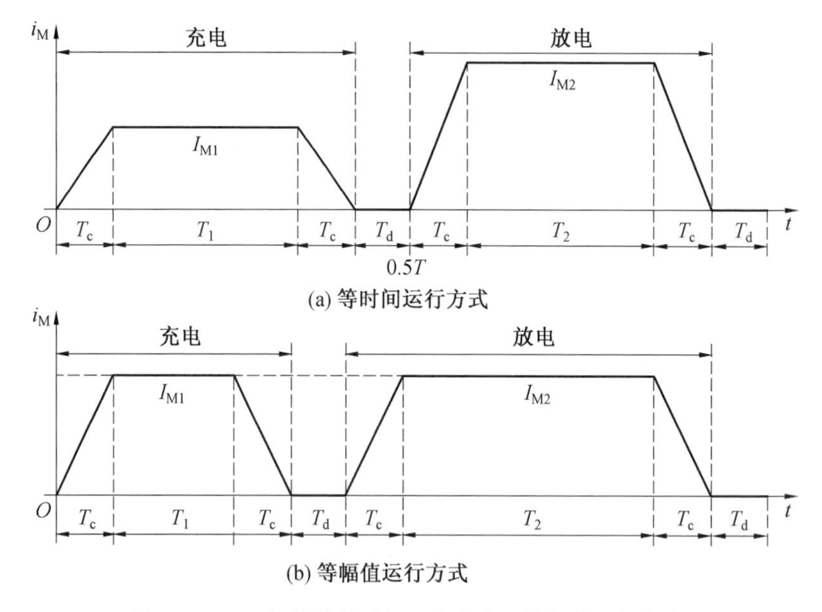

图 7.6 CET 拓扑的等时间运行方式和等幅值运行方式

对于有源滤波型 CET 拓扑，储能桥臂的充、放电过程始终有滤波桥臂的配合。在充、放电过程中，虽然储能桥臂和滤波桥臂的电流之和被限制在高压侧电流 I_H 或低压侧电流 I_L，但是可以通过调节电流在两个桥臂之间的分配，灵活地

调整储能桥臂的充、放电电流幅值。因此,有源滤波型CET拓扑不仅可以按照等时间方式运行,还可以按照充、放电电流等幅值的方式运行。在该运行方式下,储能桥臂的电流波形如图7.6(b)所示,无论是在充电状态还是在放电状态,储能桥臂电流波形的幅值保持一致[2]。为维持充、放电能量平衡,这里对桥臂的充、放电时间进行调节,因此CET拓扑的这一运行方式称为等幅值运行方式。

考虑充、放电能量平衡及两种运行方式的特点,下面对两种运行方式下的充、放电电流幅值进行定量分析。两种方式下的过渡阶段时间 T_d、换流时间 T_c 设置相等。首先,根据储能桥臂的充、放电能量平衡,可得

$$I_{M1}(T_1 + T_c)U_{M1} = I_{M2}(T_2 + T_c)U_{M2} = PT \tag{7.1}$$

式中,U_{M1} 和 U_{M2} 分别为桥臂处于充、放电状态下的桥臂电压;P 为拓扑的输出功率;T_1 和 T_2 分别为储能桥臂的充、放电时间。定义 T 为运行周期,表示为

$$T = 4T_c + 2T_d + T_1 + T_2 \tag{7.2}$$

在等时间运行方式下,桥臂的充、放电时间相等,即 $T_1 = T_2 = 1/2(T - 4T_c - 2T_d)$,于是可得桥臂充、放电电流幅值分别为

$$I_{M1} = \frac{2PT}{U_{M1}(T - 2T_c - 2T_d)} \tag{7.3}$$

$$I_{M2} = \frac{2PT}{U_{M2}(T - 2T_c - 2T_d)} \tag{7.4}$$

在等幅值运行方式下,桥臂的充、放电电流幅值相等,即 $I_{M1} = I_{M2}$,从而可得桥臂充、放电时间的关系:

$$\frac{T_1 + T_c}{T_2 + T_c} = \frac{U_{M2}}{U_{M1}} \tag{7.5}$$

进一步地,结合式(7.2),可分别求解得到 T_1、T_2:

$$T_1 = \frac{U_{M2}}{U_{M1} + U_{M2}}(T - 2T_c - 2T_d) - T_c \tag{7.6}$$

$$T_2 = \frac{U_{M1}}{U_{M1} + U_{M2}}(T - 2T_c - 2T_d) - T_c \tag{7.7}$$

将式(7.6)、式(7.7)代入式(7.1),可得桥臂充、放电电流幅值为

$$I_{M1} = I_{M2} = \left(\frac{U_{M1} + U_{M2}}{U_{M1}U_{M2}}\right)\frac{PT}{T - 2T_c - 2T_d} \tag{7.8}$$

比较式(7.3)、式(7.4)以及式(7.8),假设 $U_{M1} > U_{M2}$,可知

$$\begin{aligned}\frac{2PT}{U_{M1}(T - 2T_c - 2T_d)} &< \left(\frac{U_{M1} + U_{M2}}{U_{M1}U_{M2}}\right)\frac{PT}{T - 2T_c - 2T_d} \\ &< \frac{2PT}{U_{M2}(T - 2T_c - 2T_d)}\end{aligned} \tag{7.9}$$

由式(7.9)可以看出，等幅值运行方式下的桥臂电流幅值介于等时间运行方式下的两个电流幅值之间。在进行器件参数设计时，开关器件的最大电流应力在等幅值运行方式下更低。因此，采用等幅值方式有助于降低开关器件的电流应力，从而降低有源滤波型 CET 拓扑器件的安装容量和成本。

7.2.2 等幅值运行方式控制方法

为保证有源滤波型 CET 拓扑的稳定运行，需要对输出电压 / 功率以及三个桥臂的能量平衡进行控制。对于采用等幅值运行方式的有源滤波型 CET 拓扑，储能桥臂的充、放电电流幅值保持一致，不能分别进行控制。拓扑的可控变量包括储能桥臂电流幅值 I_M、充电时间 T_1 或放电时间 T_2、高压侧电流 I_H、低压侧电流 I_L。下面以低压侧向高压侧传递功率为例进行控制策略设计。

针对输出电压 / 功率控制，最直接的方式是对高压侧电流 I_H 进行控制，由于滤波桥臂 A_U 始终与高压侧相连接，可令 A_U 控制 I_H 以实现对输出电压 / 功率的控制。

针对三个桥臂的能量平衡控制，首先对各桥臂在一个运行周期内的功率进行积分，得到各桥臂在一个运行周期内储存的能量，计算结果分别为

$$W_M = \int_0^T u_M i_M \mathrm{d}t = I_M U_L (T_1 + T_c) - I_M (U_H - U_L)[T_2 + T_c] \tag{7.10}$$

$$W_D = \int_0^T u_D i_D \mathrm{d}t = U_L[(I_L - I_H)T - I_M(T_1 + T_c)] \tag{7.11}$$

$$W_U = \int_0^T u_U i_U \mathrm{d}t = (U_H - U_L)[I_M(T_2 + T_c) - I_H T] \tag{7.12}$$

式中，T_1 和 T_2 之和为常数，由式(7.2)可得 $T_2 = T - 4T_c - 2T_d - T_1$。从式(7.10)～(7.12)可以看出，通过调节 T_1 或 I_M 可以改变桥臂 A_M 所储存的能量，通过调节 I_L、I_M 或者 T_1 可以改变桥臂 A_D 所储存的能量，通过调节 I_M 或 T_1 可以改变桥臂 A_U 所储存的能量。因此，根据可控变量 T_1、I_M、I_L 与桥臂能量的关系，设计桥臂 A_D 控制 I_L 以保持自身的能量平衡，桥臂 A_M 和 A_U 的能量平衡则分别通过控制 T_1 和 I_M 实现。

但是，上述能量平衡方式的设计会使各桥臂的能量平衡控制器相互影响。可以看到，桥臂 A_M 的能量平衡亦受到变量 I_M 的影响，桥臂 A_D 的能量平衡亦受到变量 T_1、I_M 的影响，桥臂 A_U 的能量平衡亦受到变量 T_1 的影响，各桥臂能量平衡控制存在耦合。例如，为实现 A_M 的桥臂能量平衡，控制器将对 T_1 进行调整。然而，A_D 和 A_U 的桥臂能量平衡也会受到 T_1 变化的影响。进一步，I_M 的调节也

会对 A_D 的能量平衡产生影响。各桥臂能量平衡控制之间的耦合,会导致能量平衡控制困难,增加桥臂能量不平衡的风险。

为避免各桥臂能量平衡控制的相互耦合,本节在各桥臂能量平衡控制器的输出端增加前馈环节来进行调整,以抵消三个被控量在能量平衡调节过程中的相互影响。以 A_U 为例,其桥臂能量平衡通过控制 I_M 实现,受 T_1 影响。为使 T_1 的变化不再影响 A_U 能量,应使 W_U 对 T_1 的导数始终为零,即

$$\frac{\partial W_U(I_M)}{\partial T_1}=(U_H-U_L)\left[I_M-\frac{\partial I_M}{\partial T_1}(T_2+T_c)\right]=0 \tag{7.13}$$

由式(7.13)可得

$$\frac{\partial I_M}{I_M}=\frac{\partial T_1}{T_2+T_c} \tag{7.14}$$

进一步求解并将式(7.2)代入,可得

$$I_M=\frac{C_U}{T-3T_c-2T_d-T_1} \tag{7.15}$$

式(7.15)即为齐次微分方程(7.13)的解,C_U 表示任意常数,考虑实际的系统,此处为 A_U 能量平衡控制器的输出。将式(7.15)代入式(7.12)可得

$$W_U=(U_H-U_L)[C_U-I_H T_s] \tag{7.16}$$

可以看到,当 A_U 能量平衡控制器的输出按照式(7.15)所示的方式进行前馈调整后,A_U 的能量仅受自身能量平衡控制器的控制,不再受 T_1 变化的影响,实现了与其他桥臂能量平衡控制之间的解耦。

基于同样的思路,为使 A_M 的能量不受 I_M 的影响,A_D 的能量不受 I_M 和 T_1 的影响,应满足以下方程:

$$\frac{\partial W_M(T_1)}{\partial I_M}=0 \tag{7.17}$$

$$\begin{cases}\dfrac{\partial W_D(I_L)}{\partial I_M}=0\\[2ex]\dfrac{\partial W_D(I_L)}{\partial T_1}=0\end{cases} \tag{7.18}$$

对上述方程求解可得

$$T_1=\frac{C_M}{I_M}+\left[(T-3T_c-2T_d)-\frac{U_L}{U_H}(T-2T_c-2T_d)\right] \tag{7.19}$$

$$I_L=\frac{T_1+T_c}{T}I_M+C_D \tag{7.20}$$

式中,C_M 和 C_D 分别为 A_M 和 A_D 能量平衡控制器的输出。将式(7.19)、式(7.20)

代入式(7.10)、式(7.11)可得

$$W_M = U_H C_M \tag{7.21}$$

$$W_D = U_L(C_D - I_H)T \tag{7.22}$$

可以看到，A_M 和 A_U 的能量平衡均可以被独立控制，不受其他桥臂影响。通过引入前馈环节，抵消了能量平衡控制之间的相互影响，实现了各桥臂能量平衡控制的解耦。

基于上述对输出电压/功率和能量平衡的设计，等幅值运行方式的控制策略如图 7.7 所示。输出电压/功率的实际值与参考值经过 PI 控制器后产生高压侧电流指令 I_{H_ref}，同时各桥臂实际测量得到的平均电容电压与参考值进行比较，经过各自的能量平衡控制器分别产生 C_U、C_D、C_M，经过前馈环节后产生储能桥臂电流幅值指令 I_{M_ref}、低压侧电流指令 I_{L_ref} 和充电时间指令 T_1。上述各指令通过波形发生器环节后生成三个桥臂的参考电流信号 i_{M_ref}、i_{D_ref}、i_{U_ref}。电流参考信号与实际桥臂电流进行比较，并在各自的 PI 控制器作用下产生桥臂电压参考信号 u_{M_ref}、u_{D_ref}、u_{U_ref}。电压参考信号通过适当的调制方式(NLC、PSC－PWM 等)和子模块平衡逻辑处理后，最终生成各子模块 IGBT 的开关信号。此外，根据拓扑的功率传递方向和运行阶段，控制器在波形的既定时刻向对应的晶闸管施加触发信号。

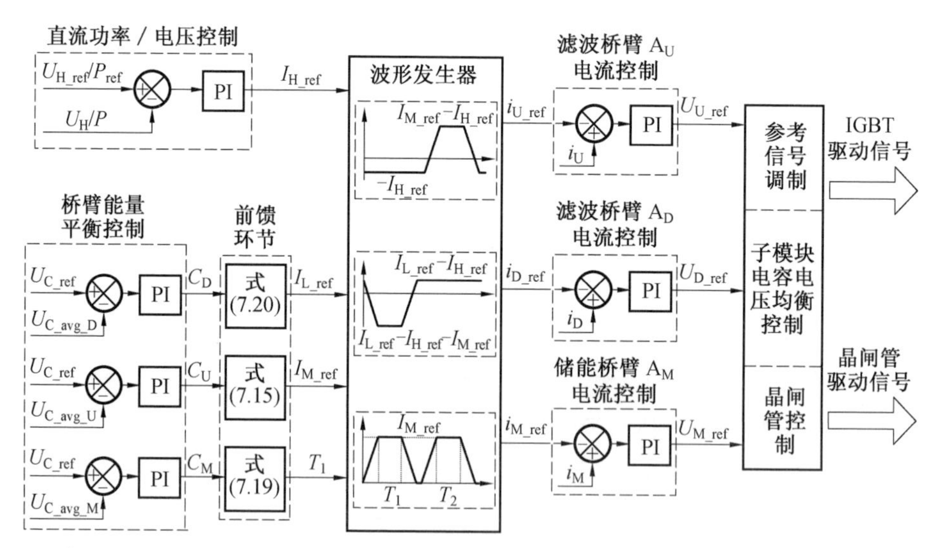

图 7.7　等幅值运行方式的控制策略

7.3　有源滤波型 CET 拓扑参数设计与技术经济性对比

7.3.1　有源滤波型 CET 拓扑参数设计

(1) 子模块数目。

根据有源滤波型 CET 拓扑的工作原理，滤波桥臂 A_D 始终与低压侧并联，承担的电压为低压侧电压 U_L；滤波桥臂 A_U 始终连接在高压侧和低压侧之间，承担的电压为 U_H-U_L；储能桥臂 A_M 则交替地连接至低压侧或高、低压侧之间，所需承担的电压为 U_H-U_L 与 U_L 两者中的最大值。考虑到电容电压波动，桥臂 A_U、A_D、A_M 所需的子模块数量 N_{SM_U}、N_{SM_D}、N_{SM_M} 分别为

$$N_{SM\_U}=\frac{U_H-U_L}{(1-\varepsilon/2)U_C} \tag{7.23}$$

$$N_{SM\_D}=\frac{U_L}{(1-\varepsilon/2)U_C} \tag{7.24}$$

$$N_{SM\_M}=\frac{\max(U_L,U_H-U_L)}{(1-\varepsilon/2)U_C} \tag{7.25}$$

(2) IGBT 与电容。

滤波桥臂为级联半桥子模块结构，储能桥臂为级联全桥子模块结构，由各桥臂子模块数目可得拓扑所需的总 IGBT 数目为

$$N_{IGBT}=2N_{SM\_U}+2N_{SM\_D}+4N_{SM\_M} \tag{7.26}$$

将 $U_{M1}=U_L$、$U_{M2}=U_H-U_L$ 代入式(7.8)，可得流过 A_M 的电流幅值为

$$I_M=\frac{PT}{U_L(T-2T_c-2T_d)} \tag{7.27}$$

类似地，可得到 A_U 的电流幅值为 I_H 和 I_M-I_H，A_D 的电流幅值为 I_L-I_H 和 $I_M-I_L-I_H$。各桥臂 IGBT 电流应力为各自桥臂电流的最大值。

拓扑稳态运行时，子模块电容应满足充、放电能量平衡。在一个周期内对各桥臂充、放电功率进行积分，可得各桥臂在一个周期中所传递的能量为

$$\Delta E_{cap\_M}=PT\left(1-\frac{1}{k}\right) \tag{7.28}$$

$$\Delta E_{cap\_U}=P\left(1-\frac{1}{k}\right)\left(1-\frac{T_r}{T}\right)\left(T-\frac{1}{k}(T-2T_r-2T_d)\right) \tag{7.29}$$

$$\Delta E_{\mathrm{cap\_D}} = P\left(1-\frac{1}{k}\right)\left(1-\frac{T_{\mathrm{r}}}{T}\right)\left(T-\frac{k-1}{k}(T-2T_{\mathrm{r}}-2T_{\mathrm{d}})\right) \tag{7.30}$$

在子模块电容电压平衡控制作用下，桥臂所需传递的能量由其内部各个子模块电容共同承担。为了将子模块电容电压波动大小限制在一定的范围内，各桥臂的子模块电容容量应满足

$$C_{\mathrm{SM\_M}} = \frac{PT\left(1-\frac{1}{k}\right)}{\varepsilon N_{\mathrm{SM\_M}} U_{\mathrm{C}}^2} \tag{7.31}$$

$$C_{\mathrm{SM\_U}} = \frac{P\left(1-\frac{1}{k}\right)\left(1-\frac{T_{\mathrm{r}}}{T}\right)\left(T-\frac{1}{k}(T-2T_{\mathrm{r}}-2T_{\mathrm{d}})\right)}{\varepsilon N_{\mathrm{SM\_U}} U_{\mathrm{C}}^2} \tag{7.32}$$

$$C_{\mathrm{SM\_D}} = \frac{P\left(1-\frac{1}{k}\right)\left(1-\frac{T_{\mathrm{r}}}{T}\right)\left(T-\frac{k-1}{k}(T-2T_{\mathrm{r}}-2T_{\mathrm{d}})\right)}{\varepsilon N_{\mathrm{SM\_D}} U_{\mathrm{C}}^2} \tag{7.33}$$

(3) 晶闸管阀。

当储能桥臂与低压侧并联时，换流阀 T_1 导通、T_2 闭锁，T_2 承受的电压为 U_{H}。当储能桥臂连接到高压侧和低压侧之间时，换流阀 T_2 导通、T_1 闭锁，T_1 承受的电压亦为 U_{H}。因此，换流阀 T_1、T_2 中需要串联晶闸管的数目均为

$$N_{\mathrm{Thy.}} = \frac{U_{\mathrm{H}}}{\lambda U_{\mathrm{B}}} \tag{7.34}$$

换流阀 T_1、T_2 中晶闸管的平均电流可分别通过对$[0, t_3]$和$[t_4, t_7]$两个时段内的电流 i_{M} 积分得到

$$I_{\mathrm{T1\_avg}} = \frac{1}{T}\int_0^{t_3} i_{\mathrm{M}}\,\mathrm{d}t = \frac{k-1}{k} I_{\mathrm{L}} \tag{7.35}$$

$$I_{\mathrm{T2\_avg}} = \frac{1}{T}\int_{t_4}^{t_7} i_{\mathrm{M}}\,\mathrm{d}t = \frac{1}{k} I_{\mathrm{L}} \tag{7.36}$$

7.3.2 与三相 CET 拓扑经济性对比

以传输功率 45 MW、低压侧电压 150 kV、高压侧电压 450 kV 为例，基于 7.3.1 节与第 2 章所分析的三相 CET 拓扑参数设计方法，对比分析有源滤波型 CET 拓扑以及第 2 章中的 Buck－Boost 型、Buck 型、全桥 Buck 型、Boost 型 CET 拓扑，具体对比的参数包括子模块数目、开关器件数目、电容储能需求、IGBT 安装容量等，对比结果见表 7.1，其中 $U_{\mathrm{C}}=2$ kV、$U_{\mathrm{B}}=5$ kV、$f=100$ Hz、$\varepsilon=10\%$。

表7.1 经济性对比结果

对比参数	有源滤波型	全桥 Buck 型	Boost 型	Buck 型	Buck－Boost 型
晶闸管数目	360	1 080	360	1 080	720
子模块数目	375	450	675	450	675
电容储能需求 /(kJ·MW^{-1})	72	33.3	100	33.3	50
IGBT 数目	1 050	1 800	1 350	900	1 350
IGBT 应力 /A	375	200	300	200	300
IGBT 安装容量 /MW	675	720	810	360	810

有源滤波型CET拓扑与三相CET拓扑对比结果具体分析如下。

(1) 晶闸管数目。有源滤波型CET拓扑仅需要两个换流阀，相比三相CET拓扑节省了四个换流阀，在晶闸管数目上具有优势。与全桥Buck型CET拓扑和Buck型CET拓扑相比，尽管换流阀承担的电压均为450 kV，但有源滤波型CET拓扑所需的晶闸管数目仅为前者的1/3。

(2) 子模块数目。在三相CET拓扑中，桥臂的子模块数目取决于充、放电状态中的桥臂最大电压。Buck型和全桥Buck型CET拓扑桥臂最大电压为300 kV，而Boost型和Buck－Boost型CET拓扑桥臂最大电压为450 kV。在有源滤波型CET拓扑中，储能桥臂的最大桥臂电压为300 kV。两个滤波桥臂分别连接至低压侧和高低压侧之间，桥臂电压分别为300 kV和150 kV。因此，在子模块总数上相比三相CET拓扑更少，能够减少相关控制及绝缘设计成本。

(3) 电容储能需求。在传递相同功率的情况下，有源滤波型CET拓扑的储能桥臂与Buck型和全桥Buck型CET拓扑中三个储能桥臂的电容储能需求一致。但是，有源滤波型CET拓扑还额外需要两个滤波桥臂来平抑输入输出侧的功率波动，增加了额外的电容储能需求。可以看到，有源滤波型CET拓扑在电容储能需求上将高于Buck型、Buck－Boost型、全桥Buck型CET拓扑。

(4)IGBT。在相同的电压和功率等级之下，有源滤波型CET拓扑仅有一个储能桥臂进行功率传输。因此，相比于三相CET拓扑中的一个储能桥臂，有源滤波型CET拓扑的储能桥臂需要传输的功率更多，桥臂电流幅值更高，导致IGBT的电流应力更大。通过采用等幅值运行方式，并调整过渡阶段时间 T_d 和换流时间 T_c，可对IGBT电流应力进行一定的优化，使得有源滤波型CET拓扑的IGBT电流应力仅为全桥Buck型和Buck型的1.875倍，Boost型和Buck－Boost型的

1.25 倍。此外，拓扑在子模块数目上具有优势且仅有一个桥臂使用全桥模块，其总的 IGBT 数目和 IGBT 安装容量低于全桥 Buck 型、Boost 型、Buck－Boost 型 CET 拓扑。

由上述对比分析可知，相比于三相 CET 拓扑，有源滤波型 CET 拓扑节省了串联晶闸管数目和子模块数目。虽然在 IGBT 电流应力和电容储能需求方面不具优势，但有源滤波型 CET 拓扑能够减少串联晶闸管和子模块数目，节省大量的驱动、控制等辅助电路，简化结构设计与绝缘设计，最终有助于降低成本、提升可靠性，使该结构在中小容量下更具优势。

7.4 有源滤波型 CET 拓扑仿真与实验验证

7.4.1 有源滤波型 CET 拓扑仿真分析

为验证有源滤波型 CET 拓扑结构的有效性和控制策略的可行性，本节搭建了额定功率 45 MW、低压侧直流电压 150 kV、高压侧直流电压 450 kV 的仿真模型。其中，桥臂 A_D 的子模块数目为 100，桥臂 A_U 和 A_M 的子模块数目为 200，详细的仿真参数见表 7.2。

表 7.2 有源滤波型 CET 拓扑仿真参数

参数	数值
额定传输功率 P/MW	45
高压直流侧电压 U_H/kV	450
低压直流侧电压 U_L/kV	150
桥臂 A_D 子模块数目	100
桥臂 A_U、A_M 子模块数目	200
子模块额定电容电压 U_C/kV	2
子模块电容 C/mF	4
工作频率 f/Hz	100
电流上升下降时间 T_r/ms	0.3
过渡阶段时间 T_d/ms	0.7
桥臂电感 L/mH	10

有源滤波型 CET 拓扑高、低压侧电压和电流波形如图 7.8 所示。在 0.4 s 之

前，功率由高压侧传递到低压侧，高压侧电压为450 kV、低压侧电压为150 kV，低压侧电流为－300 A，高压侧电流为－100 A，传递的功率为45 MW。从0.4 s开始，高压侧向低压侧传递的功率逐渐线性降低并在0.5 s到零。在0.5 s之后，功率由低压侧向高压侧传递并逐渐线性上升到45 MW。可以看到在[0.4 s, 0.6 s]时段内，高低压侧电流跟随功率变化指令分别由－100 A和－300 A逐渐线性变化到100 A和300 A。在0.6 s之后，高、低压侧电流保持恒定。高、低压侧电压分别保持在额定电压450 kV和150 kV。上述结果表明，拓扑对传输功率具有良好的控制能力，并且能够保证直流电流的平滑连续。

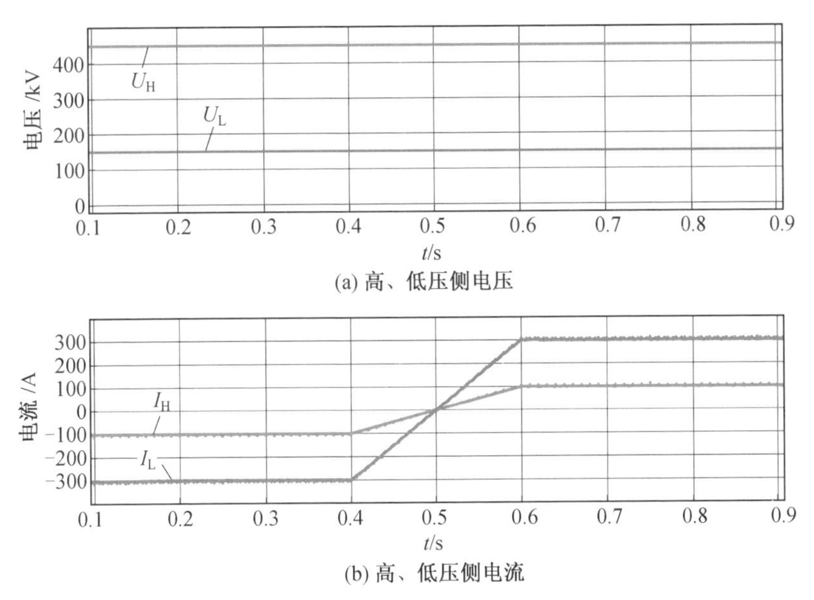

图7.8　有源滤波型CET拓扑高、低压侧电压和电流波形

在两个功率传递方向下，各桥臂电压和电流的仿真波形如图7.9所示。当能量从高压侧向低压侧传递时，图7.9(a)给出了储能桥臂和有源滤波桥臂的电压(u_M、u_D、u_U)和电流(i_M、i_D、i_U)波形。电压u_D和u_U的稳态值分别为150 kV和300 kV，该数值与低压侧电压及高低压侧的电压差相匹配。在放电状态下，电压u_M的稳态值为150 kV，与低压侧直流电压相等，电流i_M的幅值为－375 A，与式(7.27)的计算结果一致，电流i_U和i_D的幅值分别为100 A(等于I_H)和175 A(等于$I_L-I_H-I_M$)。在充电状态下，电压u_M的稳态值切换为－300 kV，为高、低压侧的电压之差，电流i_M的幅值与放电状态下一致，电流i_U和i_D的幅值则分别为－275 A(等于I_H-I_M)和－200 A(等于I_H-I_L)。当功率由低压侧向高压侧传递时，储能桥臂和有源滤波桥臂的电压和电流波形如图7.9(b)所示，各个桥臂的

电压和电流波形亦均与理论分析相符。

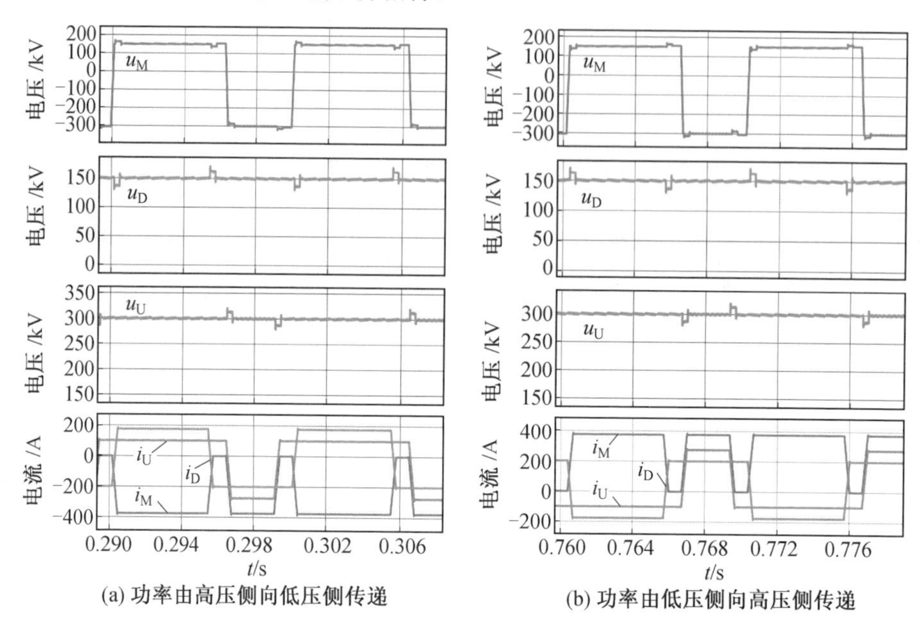

(a) 功率由高压侧向低压侧传递　(b) 功率由低压侧向高压侧传递

图 7.9　两个功率传递方向下各个桥臂的电压和电流波形

为验证所提控制策略的能量平衡效果，当拓扑处于功率由低压侧向高压侧传递的稳态时，分别在 0.5 s、0.9 s、1.3 s 将桥臂 A_U、A_D、A_M 中每个子模块的电容与 500 Ω 电阻进行并联，进而打破原有的能量平衡状态，人为制造不平衡。图 7.10 给出了各桥臂子模块电容的平均电压($U_{C\_avg\_D}$、$U_{C\_avg\_U}$ 和 $U_{C\_avg\_M}$)、能量平衡可控变量(T_1、I_M 和 I_L)以及各桥臂能量平衡控制器的输出(C_M、C_U 和 C_D)波形。

在 0.5 s 之前各个桥臂处于能量平衡状态，子模块电容的平均电压均为 2 kV，各桥臂能量平衡控制器的输出保持稳定，能量平衡可控变量不变。在 0.5 s 时，将桥臂 A_U 中各子模块的电容与电阻并联，使得子模块电容的充电能量小于放电能量，子模块电容电压 $U_{C\_avg\_U}$ 下降。由图 7.10(b) 和(c) 可以看出，为了使子模块电容电压稳定在额定值 2 kV，桥臂 A_U 能量平衡控制器的输出 C_U 增大，使储能桥臂电流幅值 I_M 增加，进而使子模块电容的充电能量增加，结果与式(7.15) 和式(7.16) 的理论分析相符。由于 I_M 发生了变化，在式(7.20) 所示的前馈环节作用下，可控变量 I_L 主动调整大小，使桥臂 A_D 的子模块电容电压保持稳定。可以看出，桥臂 A_D 能量平衡控制器的输出与 0.5 s 前保持一致，验证了前馈环节可以抵消 I_M 变化对桥臂 A_D 能量平衡的影响。

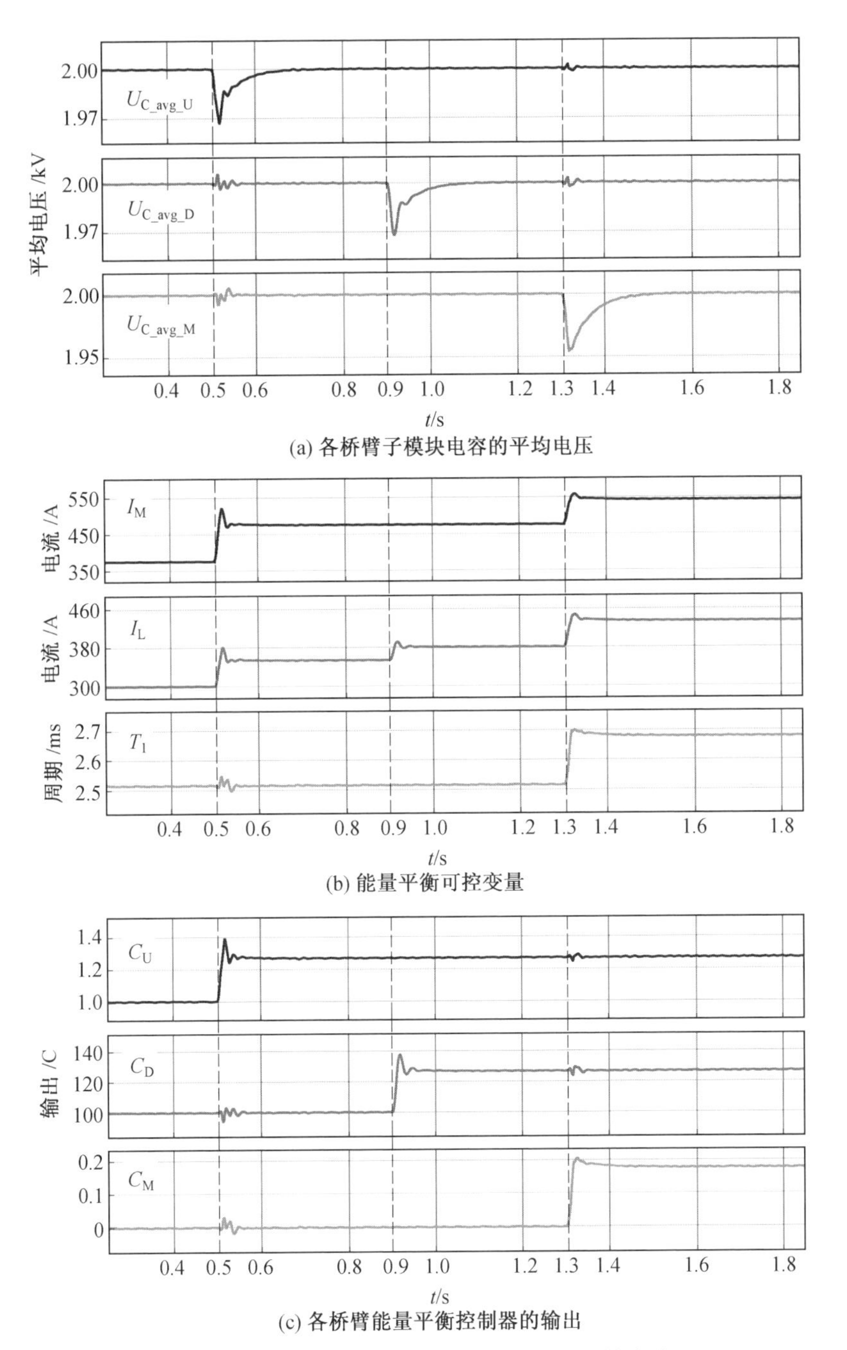

图 7.10　有源滤波型 CET 拓扑能量平衡控制波形

在 0.9 s 时，将桥臂 A_D 中各子模块的电容与电阻并联。在 1.3 s 时，将桥臂 A_M 中各子模块的电容与电阻并联。由仿真结果可以看出，在子模块电容能量不平衡时，对应桥臂的能量平衡控制器通过调整其输出维持子模块电容电压的稳定，验证了能量平衡效果。同时，各桥臂能量平衡控制器的输出互不影响，验证了前馈环节的能量平衡控制解耦能力。

7.4.2 有源滤波型 CET 拓扑实验验证

本节通过实验进一步验证有源滤波型 CET 拓扑的运行原理与控制策略。实验平台的功率等级为 1.5 kW，低压侧电压为 150 V，高压侧电压为 300 V，每个桥臂均包含六个子模块，具体参数见表 7.3。

表 7.3　有源滤波型 CET 拓扑实验参数

参数	数值
额定传输功率 P/kW	1.5
高压侧电压 U_H/V	300
低压侧电压 U_L/V	100
桥臂子模块个数 N	6
额定子模块电容电压 U_C/V	50
储能桥臂子模块电容 /mF	5
滤波器桥臂子模块电容 /mF	3
额定运行频率 f/Hz	100
桥臂电感 L/mH	2

图 7.11 所示为高、低压侧电压(U_H、U_L）和电流(I_H、I_L）的实验波形。功率首先由低压侧向高压侧传递，然后逐渐降低为零并发生反转，最终由高压侧向低压侧传递。整个过程中高、低压侧电压分别保持在 300 V 和 150 V，输入输出电流均平滑连续。在该实验中，除功率动态变化阶段外，高压侧传输的功率大小始终被控制为 1.5 kW，可以看到高压侧的电流稳定在 5 A(或 −5 A，功率由高压侧向低压侧传递)。由于实验样机模块数目少、子模块开关频率高，开关损耗较大，因此输入功率需补偿实验平台的损耗。实验结果验证了拓扑控制策略的可行性。

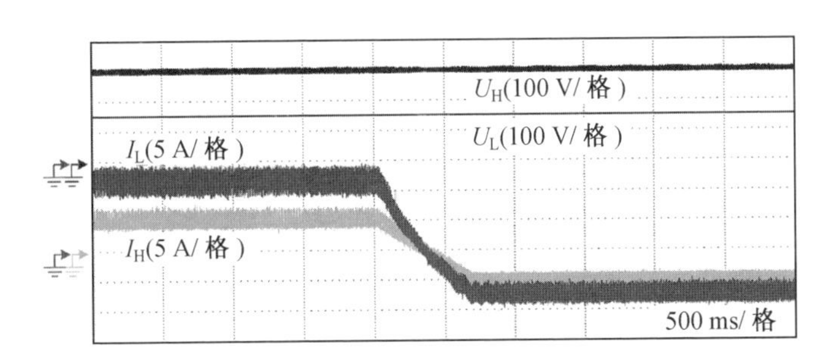

图7.11　功率动态变化时高、低压侧电压和电流的波形

稳态工况下，有源滤波型CET拓扑各桥臂的细节波形如图7.12所示。图7.12(a)所示为功率由低压侧向高压侧传递时，各桥臂的桥臂电压、桥臂电流

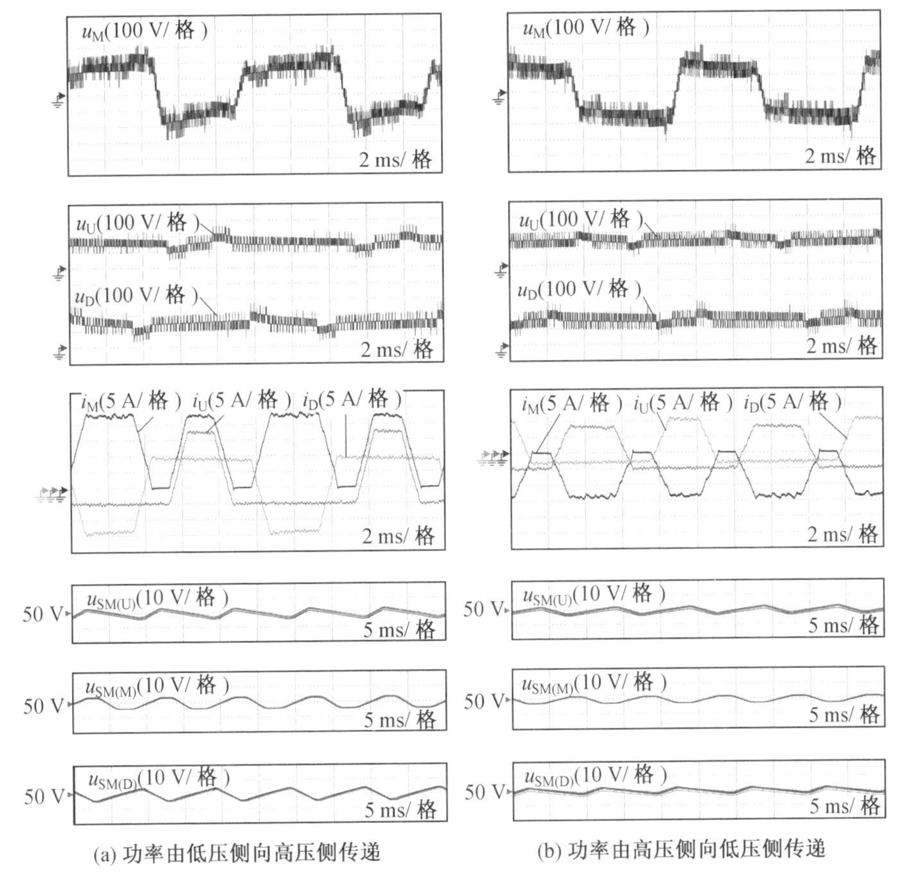

图7.12　稳态工况下，有源滤波型CET拓扑各桥臂的细节波形

和子模块电容电压波形。可以看到，储能桥臂的输出电压幅值在 ±150 V 左右，与 U_L 和 U_H-U_L 相符。两个滤波桥臂的输出电压为 150 V，与所连接的电压相符。为补偿实验平台损耗，保证子模块电容电压的能量平衡，储能桥臂电流 i_M 的幅值 I_M 为 22.5 A，桥臂 A_U 的电流幅值分别为 17.6 A 和 −5 A，与 I_M-I_H 和 $-I_H$ 相符；桥臂 A_D 的电流幅值分别为 9 A 和 −13.5 A，与 I_L-I_H 和 $I_H-I_L-I_M$ 相符，桥臂电流均被控制为梯形波，验证了拓扑的运行原理。此外，在能量平衡控制器的作用下，储能桥臂的稳态充电时间 T_1 为 2.5 ms，高于理论数值 2 ms，可以看到各子模块电容电压均保持在额定值 50 V 左右波动，验证了拓扑的能量平衡效果。图 7.12(b) 所示为功率由高压侧向低压侧传递时变换器各桥臂的细节波形，实验结果亦符合理论分析。

7.5　有源滤波型 CET 拓扑衍化

有源滤波型 CET 拓扑存在多种衍化拓扑，其中的储能桥臂和两个换流阀，借鉴本书第 2 章中的 Buck 型、Boost 型、全桥 Buck 型结构，还可以构成图 7.13 所示的连接方式。

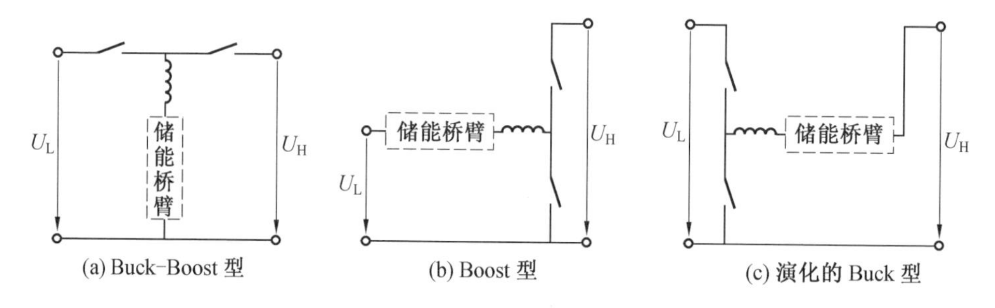

图 7.13　储能桥臂与换流阀的不同连接方式

为了保证输入输出电流连续，有源滤波型 CET 拓扑需要两个滤波桥臂来对输入输出电流分别进行控制。滤波桥臂的位置存在与高压侧并联、与低压侧并联，以及串联至高、低压侧中间三种情况，对以上情况进行组合可以衍生出图 7.14 所示的三种滤波结构。对于图 7.14(a) 所示的 Ⅰ 型滤波结构，滤波桥臂 A 与低压侧并联以承担低压侧电压，滤波桥臂 B 连接到高、低压侧之间承担压差，低压侧的电流波动抑制由两个桥臂共同负责，高压侧的电流波动抑制由滤波桥

臂 B 单独负责。对于图 7.14(b) 所示的 Ⅱ 型滤波结构，滤波桥臂 B 与高压侧并联以承担高压侧电压，滤波桥臂 A 连接到高、低压侧之间承担压差，低压侧电流波动抑制仅由滤波桥臂 A 负责，高压侧电流波动抑制由两个滤波桥臂一起负责。对于图 7.14(c) 所示的 Ⅲ 型滤波结构，两个滤波桥臂分别与低压侧和高压侧并联以承担两侧的电压，并各自负责两侧的电流波动抑制。

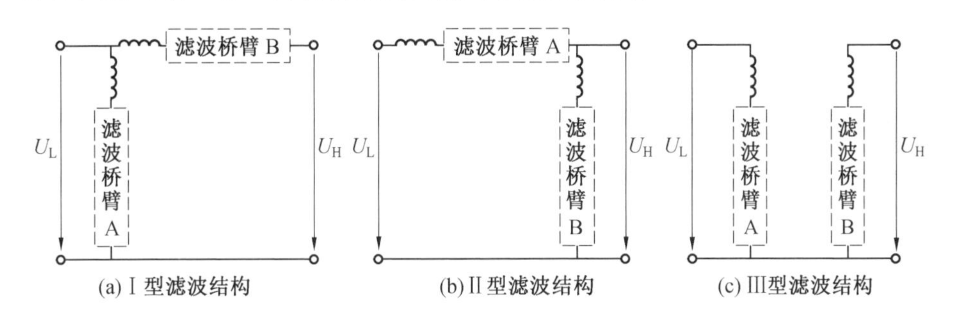

图 7.14　滤波桥臂的基本结构及衍生

对上述三种 CET 结构和三种滤波结构进行灵活的组合，可以构造出如图 7.15 所示的 9 种拓扑结构。Ⅰ 型滤波结构具有更少的模块数目且两个桥臂可以分担低压侧功率波动，在器件数目和电容容量上具有优势，因此本节以采用该结构的 ①、④、⑦ 有源滤波型 CET 拓扑为例，针对电容储能需求、电流应力、IGBT 安装容量、开关器件数目四个方面进行对比，对比结果如图 7.16 所示。为了方便展示，IGBT 安装容量使用输入功率进行标幺化处理，IGBT 最大电流应力使用低压侧电流 I_L 进行标幺化处理，开关器件数目使用 U_H/U_B 进行标幺化处理。

由对比结果可以看出，由于拓扑 ④ 中的储能桥臂只需要传输一部分功率，剩余的功率可以直接在直流侧之间传输，因此与拓扑 ① 和 ⑦ 相比，电容储能需求更低，最大电流应力更小，具有更好的成本和体积优势。由于拓扑 ④ 的储能桥臂采用全桥子模块且换流阀需要承担高压侧电压，相比其他拓扑需要更多的 IGBT 和晶闸管。虽然拓扑 ④ 的开关器件数目相对较多，但是由于最大电流应力低，可以看到其总的 IGBT 安装容量在较宽的变比范围内($0.8 < k < 5$)都具有优势。

拓扑 ① 和 ⑦ 中的储能桥臂均需要承担高压侧电压，因此其 IGBT 数目相等。对于拓扑 ⑦，其晶闸管数目随着变比的增加而减少，但是其最大电流应力和电容储能需求显著上升，不适宜应用在高变比场景。对于拓扑 ①，在变比 $k > 5$ 时 IGBT 安装容量较低，而在变比较高时，电容储能需求和最大电流应力与拓扑

④ 接近。

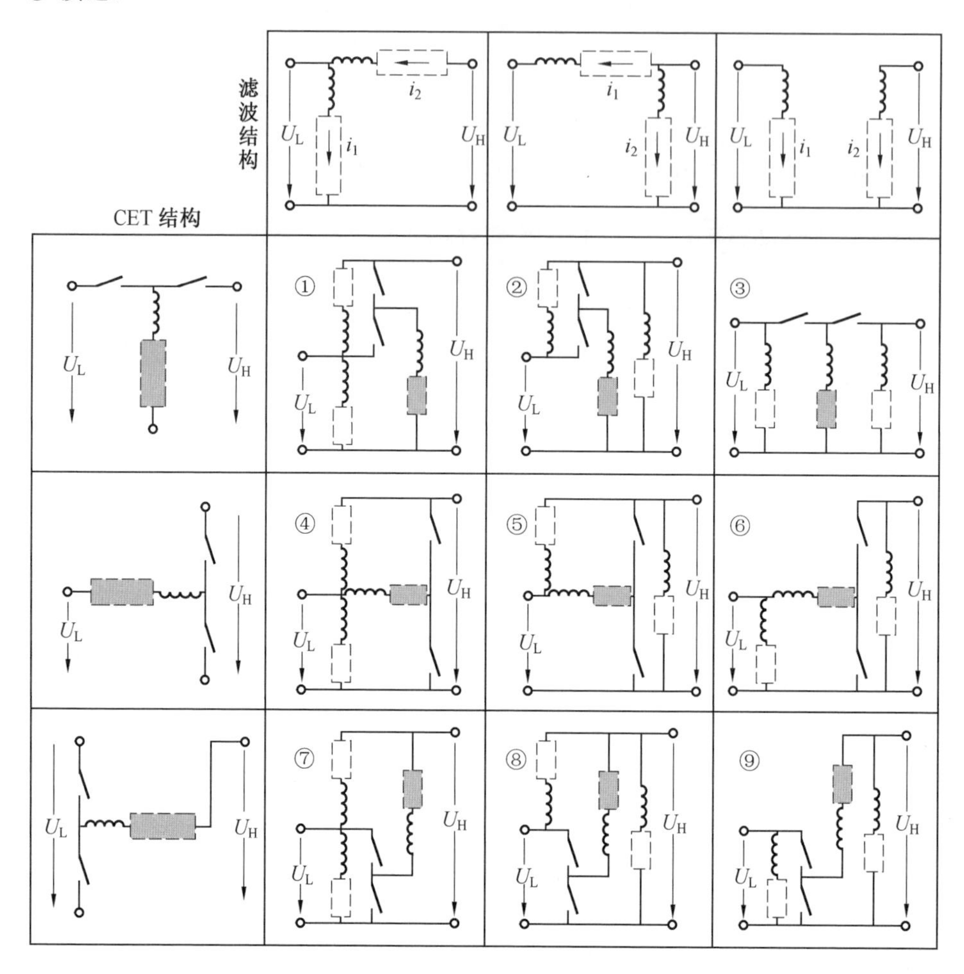

图 7.15 9 种有源滤波型 CET 拓扑

由上述对比结果可以看出，拓扑 ④，即本章前述几节所分析的拓扑，在电容储能需求、IGBT 安装容量、IGBT 电流应力方面均具有优势，在高压小功率应用场景具有应用前景。

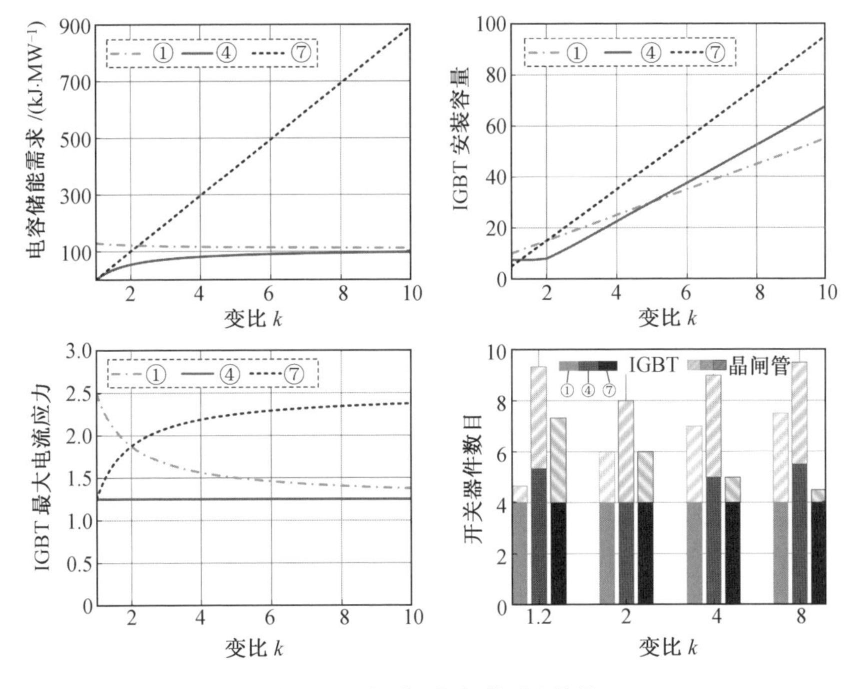

图 7.16　①、④、⑦ 拓扑对比结果

本章参考文献

[1] WANG Z, WANG N, LI B, et al. A capacitive energy transfer high voltage DC/DC converter with active filtering arms[C]//18th International Conference on AC and DC Power Transmission (ACDC 2022). Online Conference. China: IET, 2022: 638-643.

[2] LIU S, WANG G. A novel non-isolated boost-type alternate arm DC transformer with bidirectional fault-blocking capability[J]. IEEE Transactions on Power Delivery, 2021, 36(3): 1795-1808.

第8章

高变压比 CET 拓扑

本章首先介绍海上风电的发展趋势与挑战，针对全直流海上风电送出方案中DC/DC变换器高变压比的需求，提出储能桥臂串、并联动态切换的高变压比型 CET 拓扑。然后详细介绍该拓扑的基本结构、运行原理、参数设计、控制策略以及仿真结果，并与传统高压大容量 DC/DC 拓扑进行技术经济性对比，论证所提拓扑在体积重量方面的优势。在此基础上构造出伪双极高变压比型 CET 拓扑，并介绍其运行原理和参数设计方法。最后，针对直流输电分接装置(HVDC Tap)等场景，对降压型高变压比 CET 拓扑进行简要介绍。

8.1　海上风电发展与挑战

海上风电已成为新时代国家能源发展的重要方向之一[1]。海上风电场与陆上风电场相比，风能资源更为丰富、风速更高更稳定，可直接接入沿海负荷中心，年利用小时数显著提高，且不占用土地资源、不受地形地貌影响，具有巨大的开发潜力。我国海上风电虽然起步较晚，但近年来得到了迅猛发展，根据最新统计数据[2]，2021 年我国新增海上风电装机容量为 10.8 GW，截至 2021 年底，我国海上风电累计装机容量已达 26.39 GW，居世界首位。展望未来，海上风电更是一个充满机遇的领域，多个国家已制定了雄心勃勃的海上风电发展规划，大批传统能源企业也转型向海上风电产业发展，全球风能理事会预计[3]：到 2030 年全球将新增海上风电装机 205 GW，2050 年则突破 1 000 GW。随着近海风能资源开发逐渐饱和，目前，海上风电正逐渐向着风电机组超大型化与风电场深远海化的趋势发展。为降低建设成本，单台风电机组的容量越来越大，表 8.1 汇总了全球装机容量 10 MW 以上的海上风电机组。根据国际可再生能源署预计[4]，到 2030 年海上风电机组的单机容量有望超过 20 MW。另外，国家电网经济技术研究院研究指出[5]，未来大规模海上风电场的平均离岸距离将大于 100 km，单个风电场的发电容量将超过 500 MW，甚至可达 1 000 MW，如何高效、经济地实现大规模海上风电的大范围汇集与远距离送出成为当下迫切需要解决的关键问题。

表 8.1　全球装机容量 10 MW 以上的海上风电机组

整机厂商风电机组型号	最大容量 /MW	叶轮直径 /m
中国海装 H256－16 MW	16.00	256
明阳智能 MySE 16.0－242	16.00	242
维斯塔斯 V236－15.0 MW	15.00	236
西门子歌美飒 SG14－236 DD	15.00	236
通用电气 GE Haliade－X 14 MW	14.00	220

续表 8.1

整机厂商风电机组型号	最大容量 /MW	叶轮直径 /m
东方风电 D13000－211	13.00	211
金风科技 GWH242－12 MW	12.00	242
电气风电 EW11.0－208	11.00	208
明阳智能 MySE 11－203	11.00	203
西门子歌美飒 SG11－193 DD	11.00	193
东方风电 D10000－185	10.00	185
明阳智能 MySE8－10 MW	10.00	—
中国海装 H210－10 MW	10.00	210

目前大部分海上风电场均采用交流汇集(35 kV 或 66 kV),经海上升压站升压,再通过高压交流海底电缆接入岸上电网。但由于交流电缆有电容效应与输电损耗大等缺点,限制了这种方案的输送容量和距离,一般仅适用于 400 MW 以下、离岸距离 70 km 以内的海上风电场[6]。随着 MMC 技术的发展,柔性直流输电可有效解决无功功率与输电损耗问题,成为当前大容量、远距离海上风电送出的首选方案[7]。海上风电柔性直流送出系统结构如图 8.1 所示,该系统采用交流海缆汇集风机电能,经变压器升压后由海上 MMC 换流站转换为高压直流,通过直流电缆输送至陆上,再由陆上换流站转换为交流电并网。截至 2021 年底,世界范围内已有 22 个海上风电柔直工程投入运行或正在规划建设,见表 8.2,其中包括我国已投运的首个海上风电柔性直流输电项目——江苏如东海上风电柔直示范项目,其直流电压等级为±400 kV,输送容量为1 100 MW。然而柔直换流站中MMC换流阀与工频变压器等关键设备的体积重量非常大,海上平台建造困难、工程造价高昂,例如江苏如东工程换流站海上平台仅上部组块即为七层建筑,高 44 m,平面尺寸 84 m×94 m,总重约 2.2×10^4 t。目前世界上最大吊装能力的起重船为 1.2×10^4 t,尚无法满足海上平台的吊装重量要求。海上平台的安装只能采用浮拖法,即利用船舶压载和自然潮汐作用,导致安装运输极为困难且工期很长。此外,MMC换流站损耗高、直流侧故障电流无法抑制,且受交流汇集系统线路无功、频率、相位、幅值、正负序分量等因素影响,与风电机组、线路、变压器存在复杂的频率电压稳定问题[8]。随着海上风机的大型化发展,同样截面积的电缆可连接的风电机组台数将越来越少[9],且海上大型风机的排布间距在2 km以上,汇集系统总的电缆长度不得不显著增加,相应的交流汇集电缆成本与损耗问题日益突出。

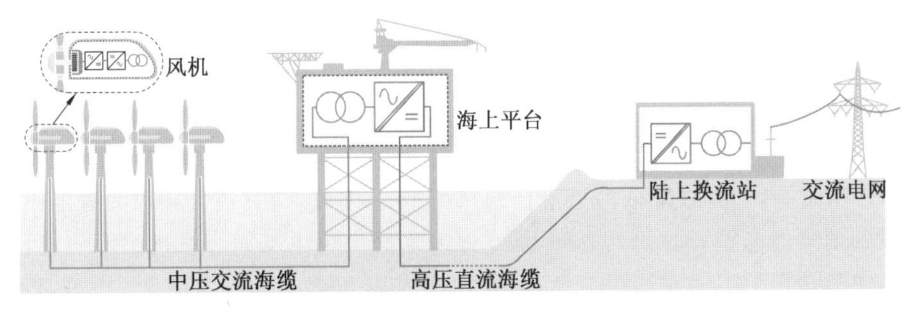

图 8.1　海上风电柔性直流送出系统结构

表 8.2　全球海上风电柔性直流工程列表(含规划)

序号	工程名称	电压等级/kV	传输容量/MW	电缆长度/km	平台重量/t	投运时间/年
1	BorWin1	±150	400	200	5 000	2012
2	BorWin2	±300	800	200	13 400	2015
3	SylWin1	±320	864	205	15 000	2015
4	HelWin1	±250	576	130	12 000	2015
5	HelWin2	±320	690	130	10 200	2015
6	DolWin1	±320	800	165	9 300	2015
7	DolWin2	±320	916	135	23 000	2016
8	DolWin3	±320	900	160	18 000	2017
9	BorWin3	±320	900	160	18 000	2019
10	如东海上柔直	±400	1 100	108	22 000	2021
11	DolWin6	±320	900	90	—	2023
12	DolWin5	±320	900	130	—	2024
13	Dogger Bank A	±320	1 200	207	—	2024
14	Dogger Bank B	±320	1 200	207	—	2024
15	汕头中澎二	±320	1 000	>95	—	2024
16	Sunrise Wind	±320	924	160	—	2024
17	BorWin5	±320	900	230	—	2025
18	BorWin6	±320	930	235	—	2027
19	BalWin1	±525	2 000	—	—	2029
20	BalWin2	±525	2 000	—	—	2030
21	BalWin3	±525	2 000	—	—	2030

为解决上述问题，可在高压直流送出的基础上，进一步采用直流汇集(±30～±60 kV)，构成全直流海上风电场方案[10]。该系统架构能够有效简化海上风电场的电能变换环节，利用直流电缆扩大汇集范围、降低汇集损耗，不存在无功、锁相稳定等问题，并省去了笨重的工频升压变压器与功率密度较低的MMC换流阀，可有效降低海上平台的载荷[11]。因此，全直流方案成为海上风电领域的前瞻性与基础性研究方向，是支撑未来海上风电场大容量机组汇集、大规模远距离送出的有效途径[5]。全直流海上风电场的典型结构如图8.2所示，将传统风机中背靠背变流器的DC/AC逆变器用DC/DC变换器替代，构成直流型风电机组，输出中压直流进行汇集，并在海上平台采用高压大容量DC/DC变换器进行二次升压，将电能以高压直流的形式送出。

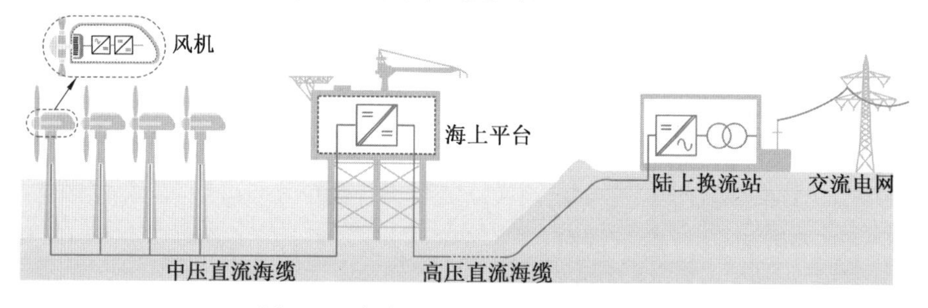

图8.2　全直流海上风电场的典型结构

在这种应用场景下，DC/DC变换器面临着高电压变比的技术挑战，电压变比达5～8倍，而且功率半导体器件既要耐受低压侧高达数十千安的电流应力，又要承担高压侧数百千伏的电压应力。这意味着功率半导体器件的安装容量远远高于其传输功率，带来严重的损耗与成本问题。

8.2　高变压比型 CET 拓扑

8.2.1　高变压比型 CET 拓扑构造原理

当第2章的Buck－Boost型CET拓扑应用在高变压比场景中时，其储能桥臂在连接低压侧时的电流应力为I_L，连接高压侧时的电压应力为U_H。在额定功率为P、电压变比为k时，储能桥臂的IGBT器件安装容量为$6kP$。电压变比越高，器件安装容量越大，拓扑的损耗和成本都会显著提高。本书前面所提到的各种CET拓扑在高变压比情况下也都存在类似的问题。

为解决这一问题，本章在经典 Marx 发生器电容并联充电、串联放电原理的启发下，提出高变压比型 CET 拓扑。将 Marx 发生器的储能电容替换为储能桥臂，开关替换为换流阀，利用换流阀配合储能桥臂完成串、并联转换。多个储能桥臂能够与低压侧并联充电，均分低压侧大电流，再串联向高压侧放电，均分高压侧电压，从而显著减小储能桥臂的电流应力和电压应力，降低器件安装容量。

以 Buck－Boost 型 CET 拓扑为例，通过增加若干换流阀，将储能桥臂分解为四个耐受低压等级的储能桥臂，即构造出高变压比型 CET 拓扑，如图 8.3 所示，其中 Str_1 ～ Str_4 为四个储能桥臂，S_{11} ～ S_{14} 为换流阀。当 S_{11} ～ S_{14} 均闭合、S_2 断开时，拓扑各储能桥臂并联接入低压直流端口充电，均分低压侧的大电流。当 S_{11} ～ S_{14} 均断开、S_2 闭合时，各储能桥臂串联向高压侧放电，均分高压侧的电压。在实际应用中，需结合运行工况设计储能桥臂个数。

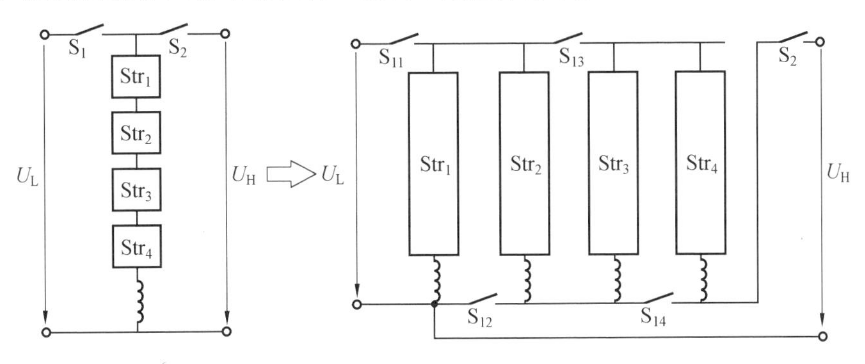

图 8.3　高变压比型 CET 拓扑

8.2.2　高变压比型 CET 拓扑基本结构与运行原理

在全直流海上风电场中，DC/DC 拓扑功率由低压侧向高压侧传输，因此换流阀可采用功率单向的器件。基于 Buck－Boost 型 CET 拓扑构成的高变压比型 CET 拓扑结构如图 8.4 所示[12]，含三相结构相同的电路（j＝a，b，c），每相电路由 M 个半桥桥臂、M 个全桥桥臂、M 个二极管换流阀 D_{jn}、M 个晶闸管换流阀 T_{jn} 和一个高压侧二极管换流阀 D_{jH} 组成（$n=1,2,\cdots,M$），其中，由 N 个全桥子模块（FB）串联构成的储能桥臂为全桥桥臂，由 N 个半桥子模块（HB）串联构成的储能桥臂为半桥桥臂，换流阀 T_{jn} 由晶闸管串联组成，换流阀 D_{jn}、D_{jH} 由二极管串联组成。每相拓扑中半桥桥臂与全桥桥臂依次相连，第一个半桥桥臂通过二极管换流阀 D_{j1} 与低压侧相连，第 M 个全桥桥臂通过二极管换流阀 D_{jH} 与高压侧相连。U_L 和 I_L 分别是低压侧电压和电流，U_H 和 I_H 分别是高压侧电压和电流。i_{Lj}

和 i_{Hj} 分别是低压侧和高压侧的相电流，i_{Fjn} 和 u_{Fjn} 分别是第 n 个全桥桥臂的桥臂电流和桥臂电压，i_{Hjn} 和 u_{Hjn} 分别是第 n 个半桥桥臂的桥臂电流和桥臂电压，C 和 U_C 分别是子模块电容容值和额定电压。

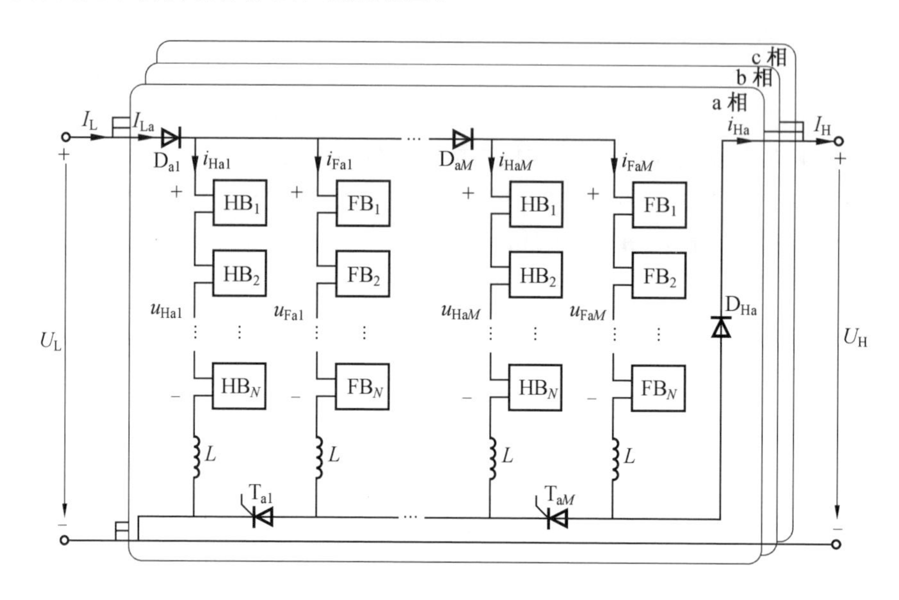

图 8.4　高变压比型 CET 拓扑结构

高变压比型 CET 拓扑通过三相电路交错运行设计，实现两侧电流的平滑连续，工作原理波形如图 8.5 所示。根据构造原理，一个工作周期 T 内每相电路包含并联充电和串联放电两个阶段，电流路径如图 8.6 所示。由于所有半桥桥臂和全桥桥臂的工作原理相同，本节以 a 相第 n 个半桥桥臂、全桥桥臂和换流阀为例介绍工作原理，波形如图 8.5(c) ～ (g) 所示。

(1) 并联充电阶段[t_0，$T/2$]。

在 t_0 时刻，各储能桥臂与低压侧的电压极性相同，桥臂电压大小均为 U_L，晶闸管换流阀 T_{an} 触发导通，二极管换流阀 D_{an} 同时导通，二极管换流阀 D_{aH} 因承受反压 U_H 而阻断，各储能桥臂与低压侧并联充电，如图 8.5(a) 所示。在[t_0，t_3]时段，通过调节储能桥臂电压，使其作用在桥臂电感上，将桥臂电流 i_{Fan} 和 i_{Han} 控制成方向相同且幅值均为 $I_L/2M$ 的梯形波，从而低压侧的大电流 i_{La} 得以均匀分配在 $2M$ 个储能桥臂中。

在[t_3，t_4]时段，由于各桥臂电流和换流阀电流已降至零，通过调节全桥桥臂电压高于半桥并持续数百微秒，使晶闸管换流阀 T_{an} 两端因承受反压 U_R 而关断。在[t_4，$T/2$]时段，调节全桥桥臂电压极性反转，半桥桥臂电压极性保持不

变，各桥臂电压大小均转换至$U_H/2M$，二极管换流阀D_{an}则承受反压U_H/M而阻断。在电压极性反转过程中，控制全桥桥臂电压呈阶梯状变化，确保晶闸管的阳极电压变化率不超过临界值$(dv/dt)_{crit}$，避免误导通。

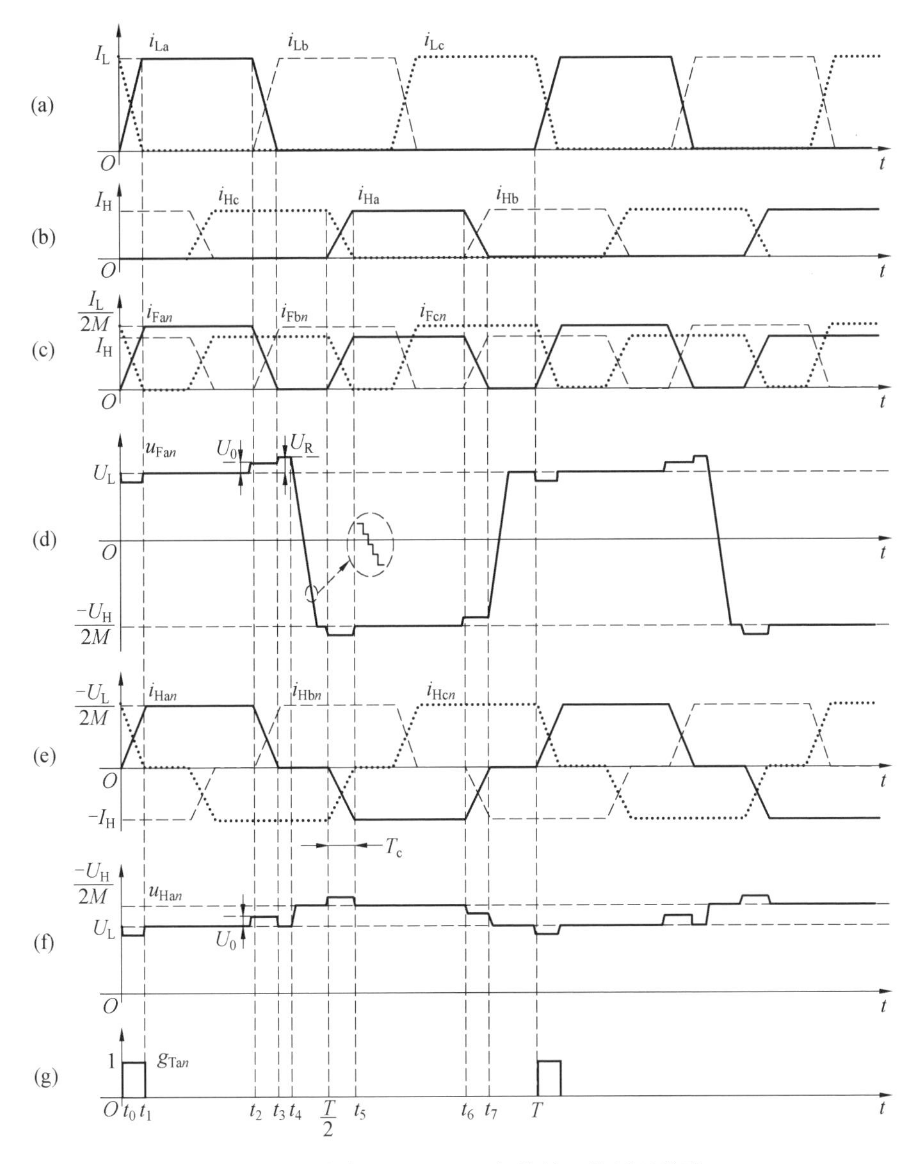

图 8.5　高变压比型 CET 拓扑的工作原理波形

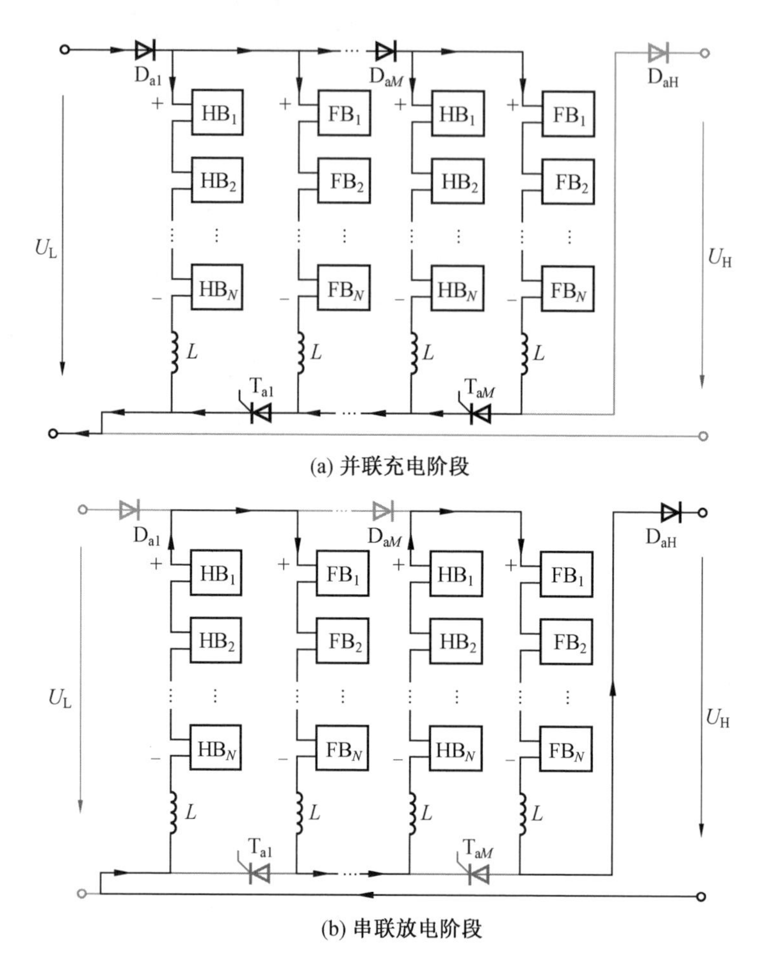

图 8.6　并联充电和串联放电阶段的电流路径

(2) 串联放电阶段[$T/2$,T]。

在 $T/2$ 时刻,半桥桥臂与高压侧的电压极性相同、全桥桥臂与高压侧的电压极性相反,各桥臂电压大小均为 $U_H/2M$,二极管换流阀 D_{aH} 导通,各储能桥臂与高压侧串联放电,如图 8.6(b) 所示,高压侧电压 U_H 由 $2M$ 个储能桥臂共同承担。在[$T/2$,t_7]时段,桥臂电流 i_{Fan} 和 i_{Han} 被控制成方向相反且幅值均为 I_H 的梯形波。在[t_7,T]时段,通过调节全桥桥臂电压极性再次反转,半桥桥臂电压极性不变,桥臂电压大小均转换至 U_L,使二极管换流阀 D_{aH} 因承受反压 U_H 而阻断。

总而言之,在一个工作周期 T 内,高变压比型 CET 拓扑的各储能桥臂在换流阀的配合下,与低压侧并联充电并均分低压侧的大电流,与高压侧串联放电并共

同承担高压侧的高电压，实现容性能量的转移，储能桥臂的电流应力相较于 Buck-Boost 型 CET 拓扑降低至 $I_L/2M$。

8.2.3　高变压比型 CET 拓扑参数设计

(1) 储能桥臂个数 M 和储能桥臂的子模块数 N。

当高变压比型 CET 拓扑处于并联充电阶段时，各储能桥臂的桥臂电压需等于低压侧电压 U_L；处于串联放电阶段时，$2M$ 个储能桥臂的桥臂电压需等于高压侧电压 U_H。考虑充分利用各储能桥臂的子模块，储能桥臂个数 M 应由高压侧电压 U_H 与低压侧电压 U_L 的比值决定

$$M=\text{floor}\left(\frac{U_H}{2U_L}\right)=\text{floor}\left(\frac{k}{2}\right) \tag{8.1}$$

式中，floor(X) 表示不大于 X 的最大整数。需要注意的是，这里也可以考虑选用 ceil(X)（表示不小于 X 的最小整数），即 ceil(X) 得到的储能桥臂个数相较于 floor(X) 得到的会多于两个。但本书考虑到拓扑的储能桥臂个数越多，由此产生的安装、控制和保护等额外的成本投入会越高，因此选用 floor(X) 设计。

由式(8.1) 可知，$U_H/2M>U_L$，即拓扑在串联放电阶段时的各储能桥臂的桥臂电压将大于在并联充电阶段时的各桥臂电压，因此在不考虑冗余子模块时，储能桥臂的子模块数 N 可表示为

$$N=\frac{U_H}{2MU_C} \tag{8.2}$$

(2) 子模块 IGBT 和电容容值 C。

根据式(8.1) 和式(8.2) 得到的储能桥臂个数 M 和各储能桥臂的子模块数 N 的表达式，可得高变压比型 CET 拓扑共有 $3U_H/2U_C$ 个半桥子模块和 $3U_H/2U_C$ 个全桥子模块，则拓扑中 IGBT 器件的总数量为 $9U_H/U_C$。

在选择子模块 IGBT 型号时，主要考虑电流应力和电压应力。各 IGBT 的电流应力由桥臂电流的最大值决定，即 $\max(I_H, I_L/2M)$。由式(8.1) 可知 $M<U_H/2U_L$，因此 $I_L/2M$ 大于 I_H，即 IGBT 电流应力为并联充电阶段桥臂电流的幅值 $I_L/2M$。另外，IGBT 的电压应力由子模块电容额定电压 U_C 确定。

由高变压比型 CET 拓扑的工作原理可知，子模块电容在并联充电阶段时储存能量，在串联放电时释放能量。为了维持子模块电容电压平衡，在一个工作周期 T 内，每个子模块电容储存和释放的能量必须相等，则每个储能桥臂在一个工作周期 T 内的能量波动为

$$\Delta E=\int_0^{T/2}u_{\text{Han}}i_{\text{Han}}\,\mathrm{d}t=\int_{T/2}^{T}u_{\text{Han}}i_{\text{Han}}\,\mathrm{d}t=\frac{\frac{1}{3}U_L I_L T}{2M}=\frac{\frac{1}{3}P}{2Mf} \tag{8.3}$$

该能量波动由桥臂中各子模块电容承担，于是有

$$\frac{\frac{1}{3}P}{2Mf}=\frac{1}{2}NC(U_{\mathrm{Cmax}}^{2}-U_{\mathrm{Cmin}}^{2})=NCU_{\mathrm{C}}^{2}\varepsilon \tag{8.4}$$

联立式(8.3) 和式(8.4)，可得子模块电容容值 C 应满足

$$C=\frac{\frac{1}{3}P}{2MNU_{\mathrm{C}}^{2}f\varepsilon} \tag{8.5}$$

进一步地，高变压比型 CET 拓扑三相电路总的电容储能需求可以表示为

$$E_{\mathrm{p.u.}}=\frac{6MNCU_{\mathrm{C}}^{2}}{2P}=\frac{1}{2f\varepsilon} \tag{8.6}$$

(3) 二极管换流阀和晶闸管换流阀。

当高变压比型 CET 拓扑处于串联放电阶段时，二极管换流阀 D_{jn} 和晶闸管换流阀 T_{jn} 均处于阻断状态，电压应力由相邻的半桥桥臂和全桥桥臂的电压差决定。由图 8.5(d) 和图 8.5(f) 可得，该电压应力为 U_{H}/M，因此二极管换流阀 D_{jn} 或晶闸管换流阀 T_{jn} 中串联二极管或串联晶闸管个数为

$$N_{\mathrm{D}_{jn}/\mathrm{T}_{jn}}=\frac{U_{\mathrm{H}}}{\lambda MU_{\mathrm{B}}} \tag{8.7}$$

当拓扑处于并联充电阶段时，二极管换流阀 D_{jn} 和晶闸管换流阀 T_{jn} 均处于导通状态。此时各桥臂电流的幅值均为 $I_{\mathrm{M}}/2M$，但需要注意的是，越靠近低压直流侧的二极管换流阀和晶闸管换流阀的电流幅值越大，这是因为二极管和晶闸管承载从第 n 个半桥或全桥桥臂直到第 M 个全桥桥臂中所有桥臂的电流。因此，流过各二极管换流阀和晶闸管换流阀的电流幅值分别为

$$I_{\mathrm{D}_{jn}}=\frac{I_{\mathrm{L}}(M-n+1)}{M} \tag{8.8}$$

$$I_{\mathrm{T}_{jn}}=\frac{I_{\mathrm{L}}(2M-2n+1)}{2M} \tag{8.9}$$

式中，当 $n=1$ 时，流过换流阀的电流幅值最大。

另外，高压侧二极管换流阀 $\mathrm{D}_{j\mathrm{H}}$ 在并联充电阶段时阻断，在串联放电阶段时导通。处于阻断状态时电压应力为 U_{H}，因此所需的串联二极管个数为

$$N_{\mathrm{D}_{j\mathrm{H}}}=\frac{U_{\mathrm{H}}}{\lambda U_{\mathrm{B}}} \tag{8.10}$$

8.2.4 高变压比型 CET 拓扑运行控制策略

为了保证高变压比型 CET 拓扑的稳定运行，并联充电和串联放电分别对应各

自的控制逻辑，以 a 相为例，分别如图 8.7(a) 和(b) 所示。当拓扑处于并联充电阶段时，通过调节从低压侧吸收的能量，以确保子模块电容中所储存能量的平均值恒定；而当拓扑处于串联放电阶段时，控制传输功率或高压侧电压为恒定值。

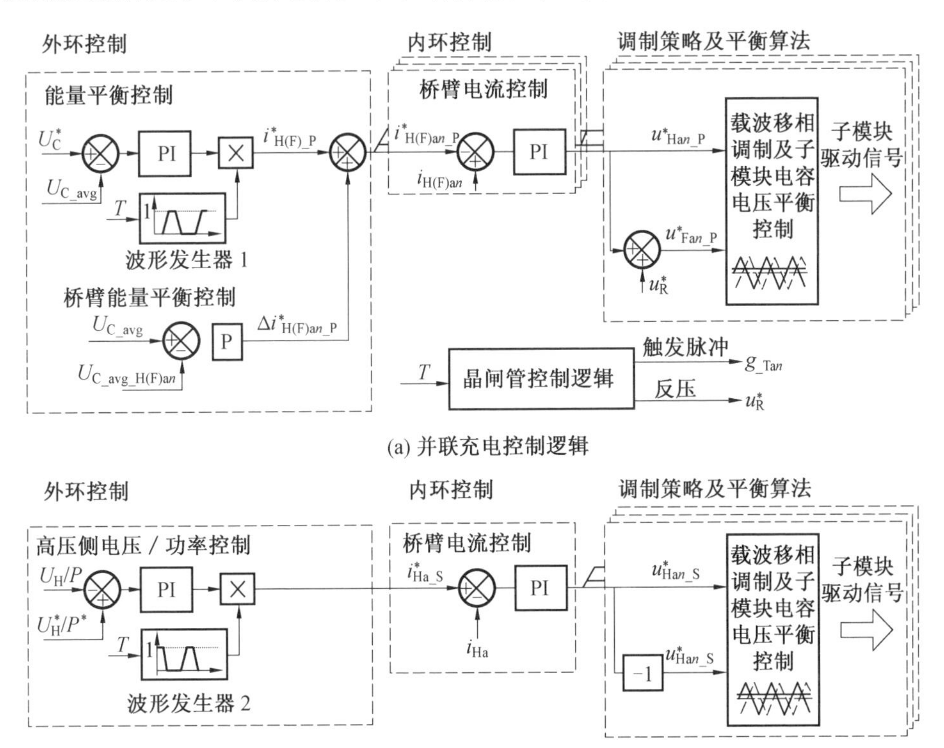

(a) 并联充电控制逻辑

(b) 串联放电控制逻辑

图 8.7　运行控制策略框图

图 8.7(a) 所示为拓扑处于并联充电时的控制逻辑框图，采用双闭环控制，外环为能量平衡控制，内环为桥臂电流控制。首先通过将 a 相所有子模块电容电压的平均值 U_{C_avg} 与参考信号 U_C^* 进行比较，并将误差作为能量平衡控制外环 PI 控制器的输入，得到并联充电阶段桥臂电流幅值参考信号的初始值 $i^*_{H(F)\_P}$。另外还需要考虑各桥臂间的能量平衡，将各桥臂子模块电容电压的平均值 $U_{C\_avg\_H(F)an}$ 与 U_{C_avg} 进行比较，并通过桥臂能量平衡控制器得到并联充电阶段桥臂电流幅值的补偿量 $\Delta i^*_{H(F)an\_P}$。将 $i^*_{H(F)\_P}$ 和 $\Delta i^*_{H(F)an\_P}$ 相加作为幅值，并与波形发生器 1 的梯形波相乘后，得到并联充电阶段最终的桥臂电流参考信号 $i^*_{H(F)an\_P}$。然后，将实际的桥臂电流 $i_{H(F)an}$ 与参考信号 $i^*_{H(F)an\_P}$ 进行比较，通过内环 PI 控制器作用，得到并联充电阶段标幺化的桥臂电压参考信号 $u^*_{Han\_P}$ 和 $u^*_{Fan\_P}$。此外，晶闸管控制逻辑在并

联充电阶段生成触发脉冲信号 $g_{\_Tan}$ 控制晶闸管开通，在并联切换阶段生成标幺化的反压参考信号 u_R^*，并将其叠加至全桥桥臂的电压参考信号中，使晶闸管承担反压而可靠关断。

图 8.7(b) 所示为拓扑处于串联放电时的控制逻辑框图，仍为双闭环控制，外环是功率控制或高压侧电压控制，内环是桥臂电流控制。首先将实际采集的高压侧电压 U_H 或计算得到的传输功率 P 与参考信号 U_H^* 或 P^* 进行比较，通过 PI 控制器得到串联放电阶段桥臂电流幅值参考信号，将其与波形发生器 2 的梯形波相乘后得到最终的桥臂电流参考信号 $i_{Ha\_S}^*$。然后，通过桥臂电流内环控制获得串联放电阶段标幺化的桥臂电压参考信号 $u_{Han\_S}^*$ 和 $u_{Fan\_S}^*$。需要注意的是，在并联充电时，各桥臂需要独立控制桥臂电流，因此每个桥臂设有独立的电流控制器。然而，在串联放电阶段，流过所有桥臂的电流是同一电流，因此只需要一个统一的电流控制器即可。

由于储能桥臂的电压与低压侧相当，桥臂子模块数目较少，因此考虑采用载波移相调制策略来提高储能桥臂的等效开关频率，以减小桥臂电流纹波。最终，电压参考信号经过载波移相调制及子模块电容电压平衡控制作用，产生各个子模块 IGBT 的驱动信号。

需要注意的是，并联充电时和串联放电时的外环控制目标是可以调换的，即并联充电时控制低压侧电压或传输功率，而串联放电时实现能量平衡。这种控制方式比较适合全直流海上风电场的应用场景，其中高压直流侧电压由岸上 MMC 换流站控制，中压直流侧电压则由高变压比型 CET 拓扑进行控制。

8.2.5 高变压比型 CET 拓扑仿真分析

为验证高变压比型 CET 拓扑及运行控制策略的有效性，本节搭建了低压侧电压 35 kV、高压侧电压 250 kV、额定传输功率 100 MW 的仿真模型。模型中每相电路包含 3 个半桥桥臂和 3 个全桥桥臂，每个桥臂包含 25 个额定电容电压为 2 kV 的子模块。详细的仿真参数见表 8.3。串联放电阶段和并联充电阶段的外环控制目标分别是传输功率和能量平衡。

图 8.8(a) 所示为高变压比型 CET 拓扑的传输功率，在[0 s,0.1 s] 期间从 0 上升到额定值 100 MW，并在[0.1 s,0.25 s] 期间保持恒定的仿真波形。图 8.8(b) 所示为低压侧电压 U_L 和高压侧电压 U_H，分别为 35 kV 和 250 kV 的仿真波形。图 8.8(c) 所示为低压侧电流 I_L 和高压侧电流 I_H 的稳态值分别为 2 857.1 A 和 400 A 的仿真波形。图 8.8(d) 所示为低压侧三相电流 i_{La}、i_{Lb}、i_{Lc} 的仿真波形，图 8.8(e) 所示为高压侧三相电流 i_{Ha}、i_{Hb}、i_{Hc} 的仿真波形。图 8.8(f) 和图 8.8(g) 所

示分别为图 8.8(d) 和图 8.8(e) 的局部放大图，可见低压侧的三相电流和高压侧的三相电流均是不连续的梯形波，但三相之间互错 120°，保证了合成的低压侧电流 I_L（即 $i_{La}+i_{Lb}+i_{Lc}$）和高压侧电流 I_H（即 $i_{Ha}+i_{Hb}+i_{Hc}$）是平滑连续的。另外，高压侧的各相电流幅值均为 400 A，与高压侧的电流 I_H 相等，低压侧的各相电流幅值均为 2 857.1 A。图 8.8(h) 所示为 a 相第一个半桥桥臂中 25 个子模块和第一个全桥桥臂中 25 个子模块的电容电压仿真波形，电容电压均在额定值 2 kV 附近波动，波动幅度约为140 V，即电容电压波动率约为 7%，与式(8.5) 理论计算结果一致。以上仿真结果验证了高变压比型 CET 拓扑及其控制策略的有效性。

表 8.3　高变压比型 CET 拓扑稳态仿真参数

仿真参数	数值
储能桥臂个数 M	3
每个桥臂的子模块数 N	25
子模块额定电容电压 U_C/kV	2
子模块电容值 C/mF	4
桥臂电感值 L/mH	5
额定传输功率 P/MW	100
高压侧电压 U_H/kV	250
低压侧电压 U_L/kV	35
载波频率 f_c/Hz	550
工作频率 f/Hz	200

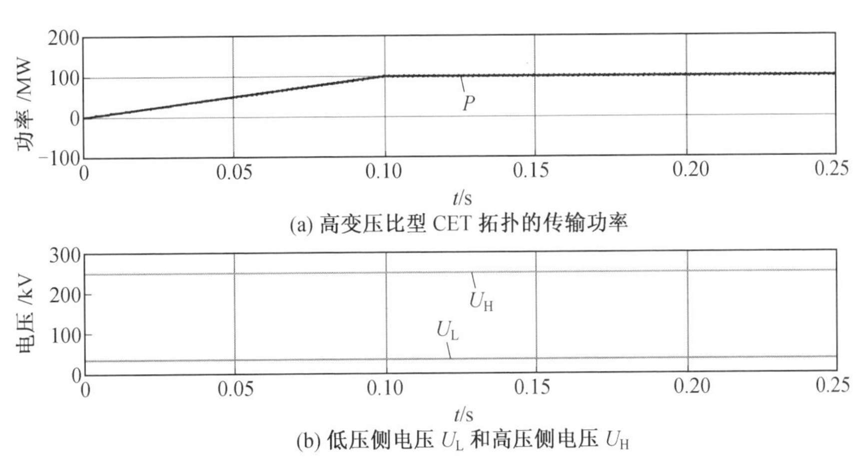

(a) 高变压比型 CET 拓扑的传输功率

(b) 低压侧电压 U_L 和高压侧电压 U_H

图 8.8　高变压比型 CET 拓扑的稳态仿真波形

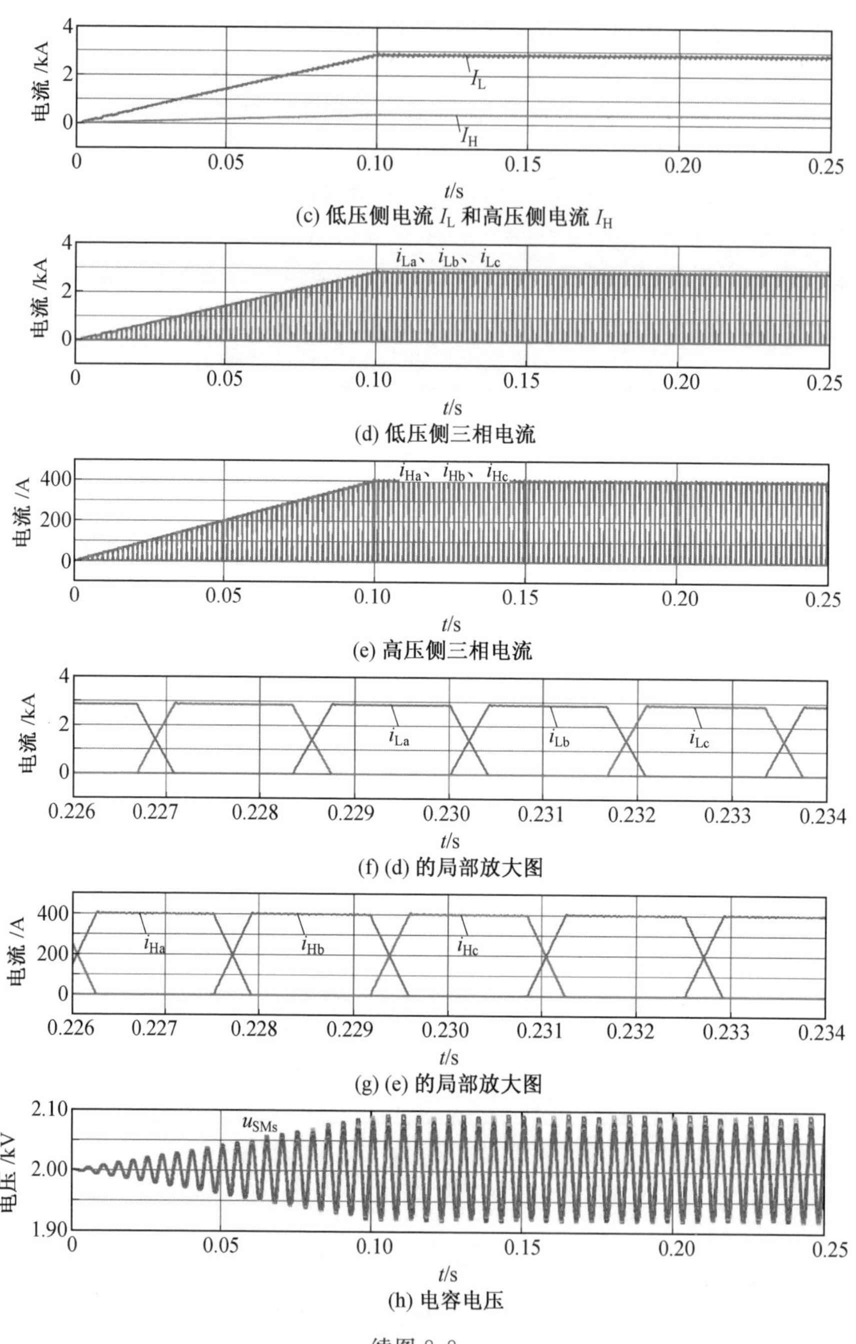

(c) 低压侧电流 I_L 和高压侧电流 I_H

(d) 低压侧三相电流

(e) 高压侧三相电流

(f) (d) 的局部放大图

(g) (e) 的局部放大图

(h) 电容电压

续图 8.8

进一步地，以 a 相第二个半桥桥臂、全桥桥臂和换流阀为例，详细展示其工作波形。图 8.9(a) 和图 8.9(b) 所示分别为全桥桥臂的电流和电压仿真波形，图 8.9(c) 和图 8.9(d) 所示分别为半桥桥臂的电流和电压仿真波形。当拓扑处于并联充电阶段时，全桥桥臂和半桥桥臂的电压均为 35 kV，与低压侧电压相等，且全桥桥臂和半桥桥臂的电流幅值均为 476.2 A(即 2 857.1 A/6)，各桥臂能够均分低压侧电流。当拓扑处于串联放电阶段时，全桥桥臂和半桥桥臂的电压分别为 −41.7 kV(即250 kV/6) 和 41.7 kV，各桥臂能够均分高压侧电压，全桥桥臂和半桥桥臂的电流幅值分别为 400 A 和 −400 A，与高压侧电流相等。以上波形与图 8.5 所示的理论波形相符，验证了高变压比型 CET 拓扑通过串、并联切换实现充、放电的工作原理。图 8.9(e) 和图 8.9(f) 所示分别为晶闸管 T_{a2} 的电流、触发信号及电压仿真波形，可见晶闸管 T_{a2} 是在近乎零电压状态下开通的，并且晶闸管的电流变化率也得到了很好的约束，通过施加大小为 5 kV 的反压确保晶闸管能够可靠关断。另外，图 8.9(g) 和图 8.9(h) 所示分别为全桥桥臂和半桥桥臂的子模块电容电压仿真波形，电容电压均在额定值 2 kV 附近小幅波动，证明了能量平衡控制和子模块电容电压平衡控制的有效性。

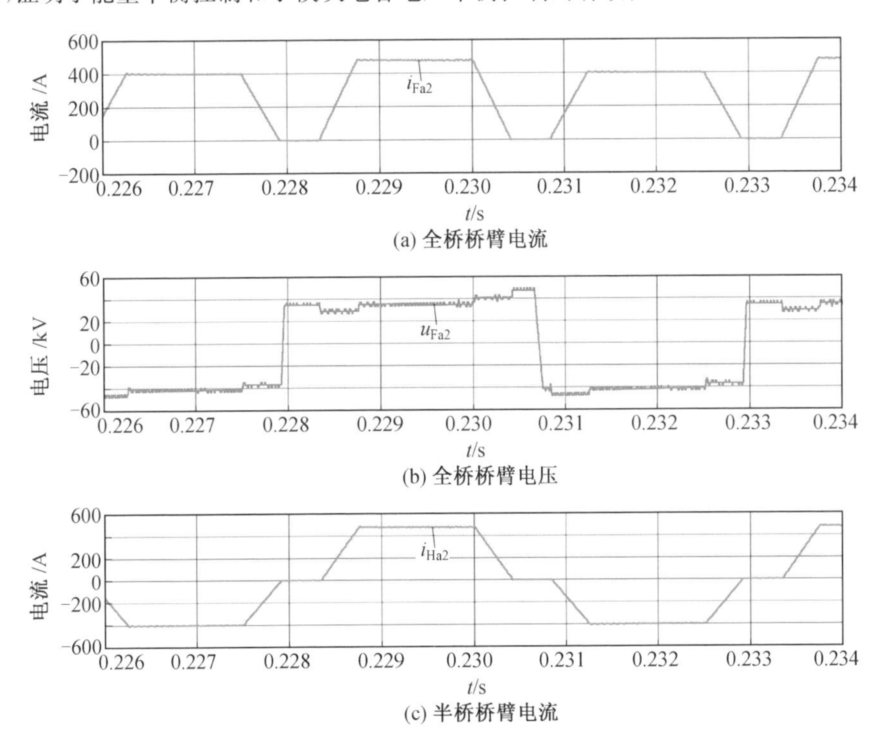

(a) 全桥桥臂电流

(b) 全桥桥臂电压

(c) 半桥桥臂电流

图 8.9　高变压比型 CET 拓扑的详细仿真波形

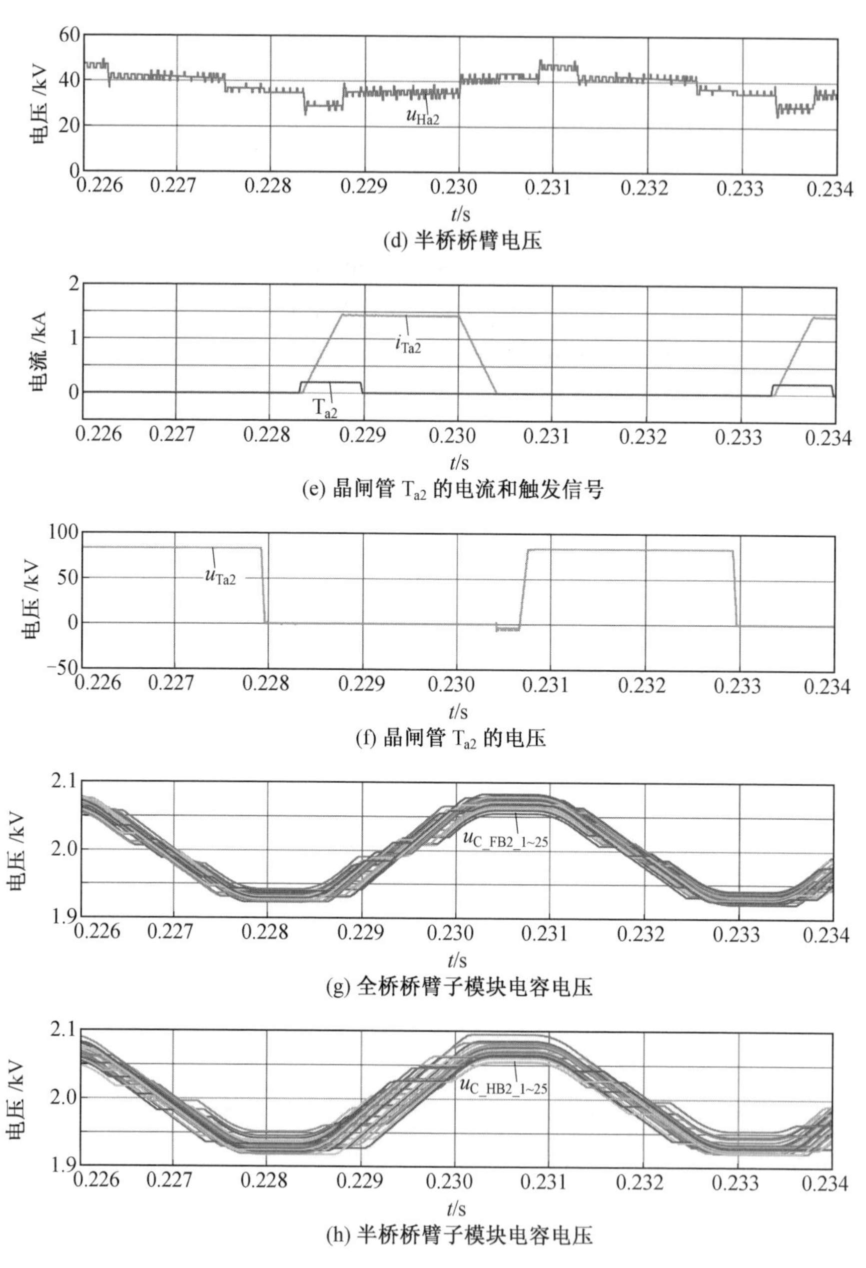

(d) 半桥桥臂电压

(e) 晶闸管 T_{a2} 的电流和触发信号

(f) 晶闸管 T_{a2} 的电压

(g) 全桥桥臂子模块电容电压

(h) 半桥桥臂子模块电容电压

续图 8.9

8.2.6　高变压比型CET拓扑技术经济性对比

为了比较所提高变压比型CET拓扑与各高压大容量DC/DC拓扑在高变压比场景下的技术经济性，本节结合仿真工况（$P=100$ MW、$U_H=250$ kV、$U_L=35$ kV、$U_C=U_B=2$ kV、$f=200$ Hz、$\varepsilon=10\%$），与MMC面对面型[13]、MMC自耦型[14]、桥臂自耦型[15]和Buck－Boost型[16]CET拓扑，在总子模块数量、总IGBT数量、总二极管数量、总晶闸管数量、内部交流功率、IGBT电流应力、IGBT器件安装容量、总电容储能需求等方面进行对比，结果见表8.4。

表8.4　高变压比场景下各高压大容量DC/DC拓扑的技术经济性比较结果

对比参数	MMC面对面型	MMC自耦型	桥臂自耦型	Buck－Boost型CET	高变压比型CET
总子模块数量	855	750	480	375	375
总IGBT数量	1 710	1 500	960	750	1 125
总二极管数量	0	0	0	645	750
总晶闸管数量	0	0	0	645	750
内部交流功率/MW	100	86	86	0	0
IGBT电流应力/A	2 857	2 474	2 474	2 857	400
IGBT器件安装容量/MW	2 400	2 064	3 689	4 286	900
总电容储能需求/(kJ·MW^{-1})	20.67	17.78	114.58	25	25

从表8.4所示的比较结果可以看出，高变压比型CET拓扑所需的总子模块数量最少。虽然需要的IGBT数量多于桥臂自耦型和Buck－Boost型CET，但是由于拓扑并联分流、串联分压的特点，其IGBT电流应力与IGBT器件安装容量是所有拓扑中最小的。同时也要注意到，高变压比型CET拓扑总电容储能需求略大于MMC面对面型和MMC自耦型，并小于桥臂自耦型，但是该拓扑不需要高绝缘的交流变压器和滤波电感，体积和重量会更小，更适合于海上换流平台轻量化、紧凑型的需求。

8.3　伪双极高变压比型CET拓扑

8.3.1　伪双极高变压比型CET拓扑及运行原理

如第7章所述，在实际柔性直流输电工程应用中，拓扑常常采用真双极或伪双极结构。在全直流海上风电场场景中，高压大容量DC/DC拓扑更适合伪双极，因为可避免使用额外的金属回线，降低工程投资成本[17]。8.2 节的高变压比型 CET 拓扑的低压侧和高压侧是共地的，若构成伪双极结构需要将两个电路级联，如图8.10 所示，与低压侧正极和高压侧正极相连的称为正极电路，与低压侧负极和高压侧负极相连的称为负极电路。正、负极电路结构相同，低压侧电流为 I_L，桥臂电流均为 $I_L/2M$，换流阀和储能桥臂所需的器件参数均按照 8.2.3 节的方法设计。需要注意的是，在并联充电阶段，正极电路和负极电路呈串联连接，低压侧电流全部流过正极电路和负极电路的换流阀，换流阀导通损耗较大，且桥臂电压等于单极电压，需要正极电路和负极电路的桥臂共同支撑低压侧正、负极之间的极间电压，桥臂数量较多。由于伪双极不需要与大地相连，根据第 6 章提出的桥臂极间复用方法，可将正极电路和负极电路的桥臂直接并联连接至低压侧的正、负极之间，令桥臂电压等于极间电压，改造后的伪双极高变压比型 CET 拓扑结构如图 8.11 所示[18]。

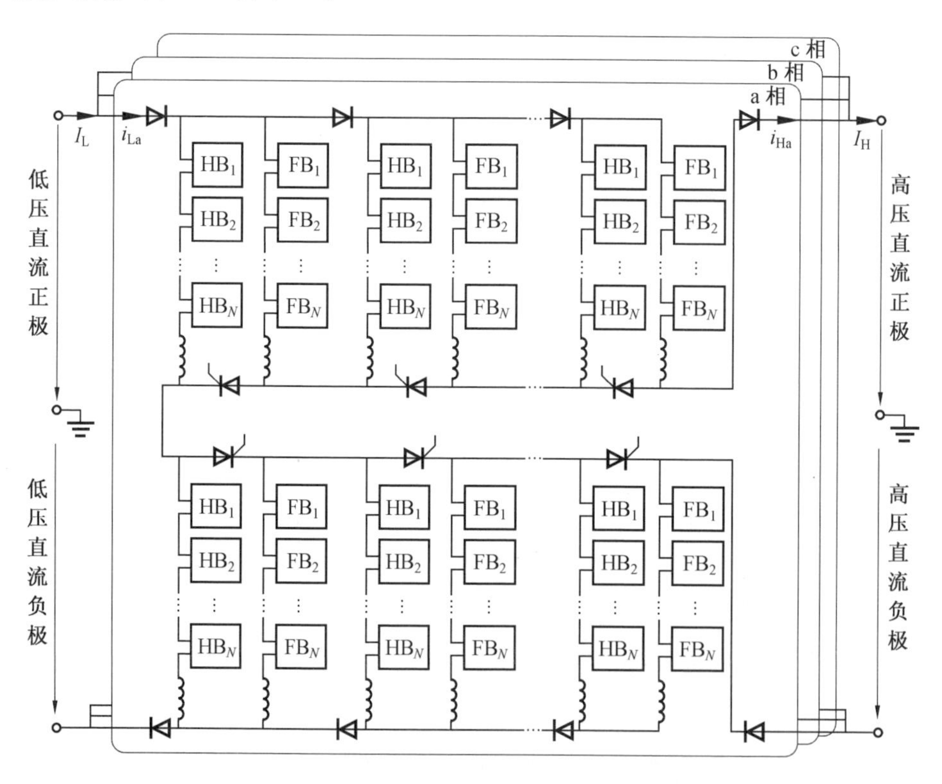

图 8.10　级联高变压比型 CET 拓扑结构

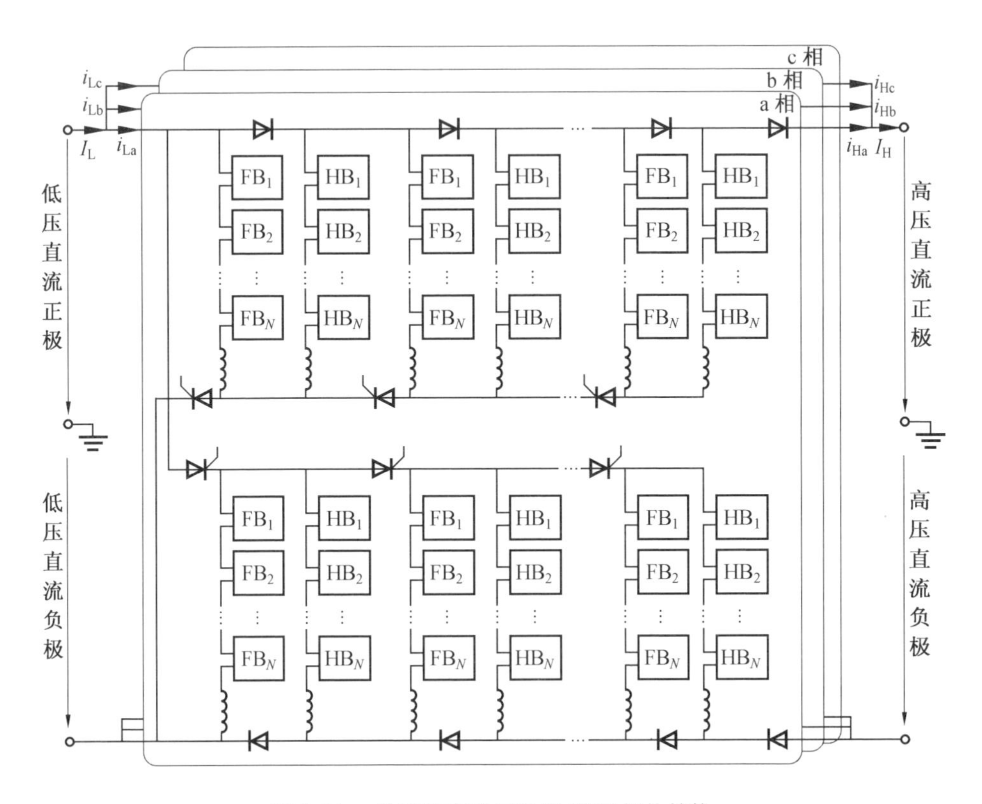

图 8.11　伪双极高变压比型 CET 拓扑结构

伪双极高变压比型 CET 拓扑的优势主要体现在三个方面：一是由于将正极电路和负极电路并联在低压侧的正、负极之间，因此在并联充电阶段，正极电路和负极电路能够均分低压侧电流，换流阀的电流应力得以减半，导通损耗随之降低；二是由于桥臂电压等于极间电压，因此桥臂数量会减少一半，同时桥臂子模块数量增加一倍，在保证相同开关纹波时可将桥臂电感降低一半；三是将半桥桥臂与全桥桥臂依次相连调整为全桥桥臂与半桥桥臂依次相连，即靠近低压侧的为全桥桥臂，靠近高压侧的为半桥桥臂，可令拓扑具有部分功率传输的特点，即低压侧直流端口能够在串联放电阶段直接参与放电，桥臂电流和电压应力可进一步降低。

伪双极高变压比型 CET 拓扑同样有并联充电和串联放电两个阶段，运行原理与级联高变压比型 CET 拓扑相似，电流路径如图 8.12 所示。本节以 a 相正极电路的第 n 个全桥桥臂、半桥桥臂和换流阀为例简要介绍运行原理，拓扑在一个工作周期 T 内的理论波形如图 8.13 所示。

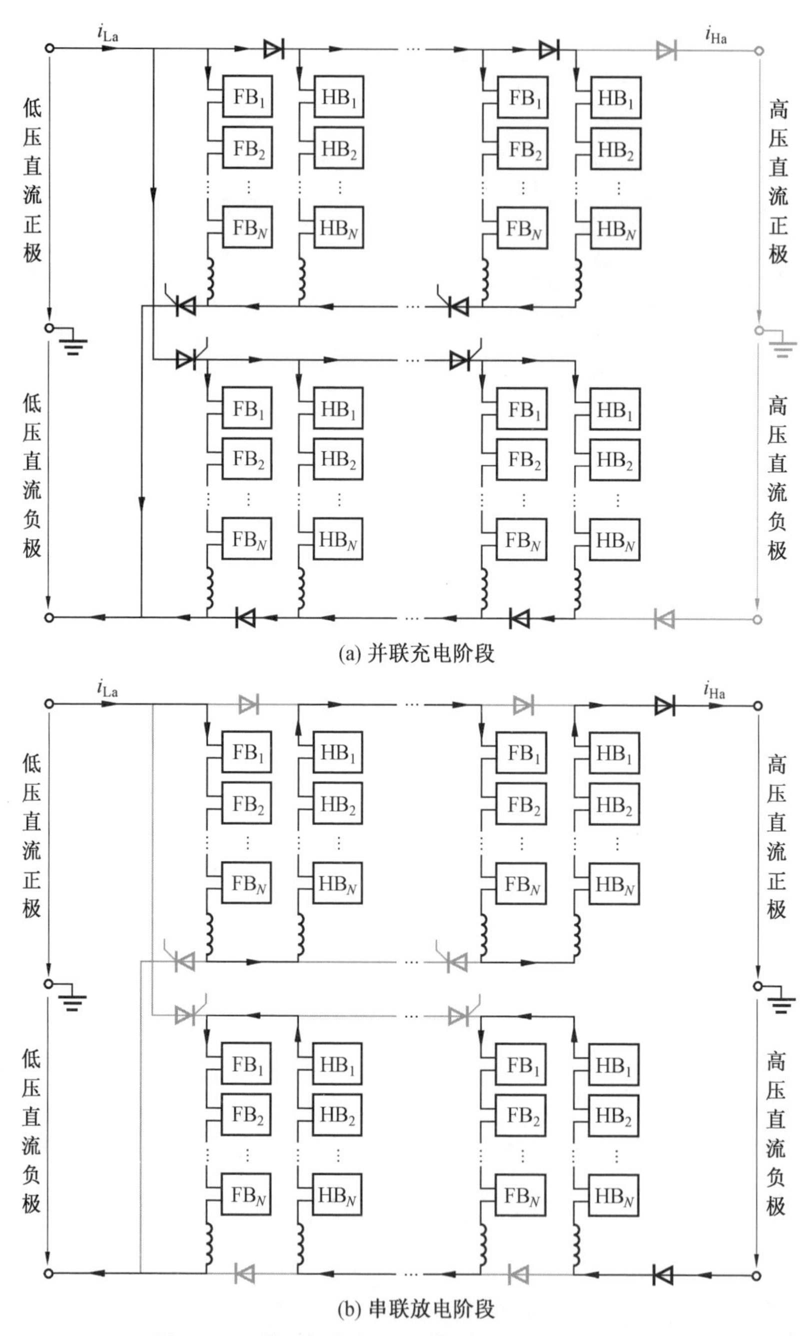

(a) 并联充电阶段

(b) 串联放电阶段

图 8.12 伪双极高变压比型 CET 拓扑的电流路径

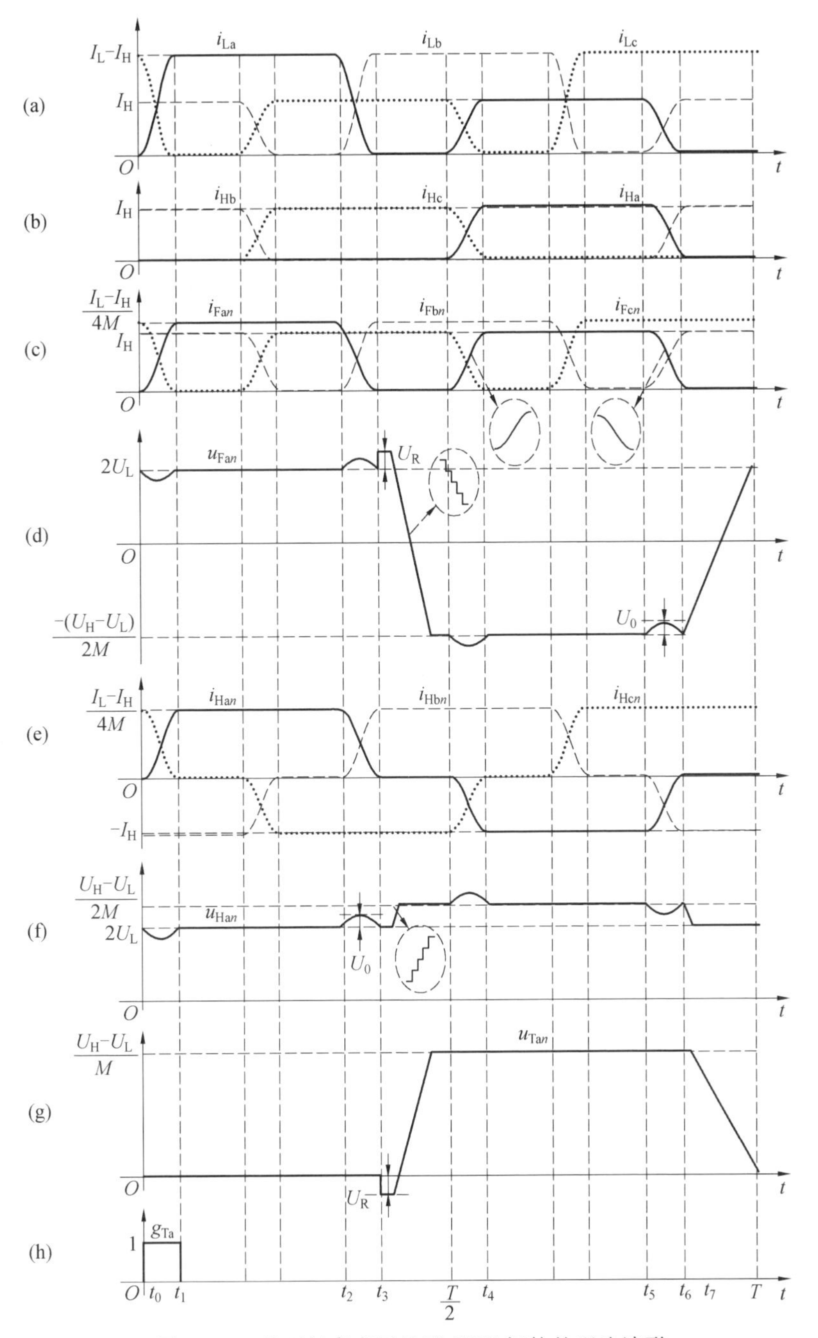

图 8.13　伪双极高变压比型 CET 拓扑的理论波形

(1) 并联充电阶段$[t_0, T/2]$。

在 t_0 时刻，各储能桥臂的桥臂电压均为 $2U_L$，触发晶闸管换流阀 T_{an} 导通，$4M$ 个储能桥臂并联接入低压侧正极和负极之间充电，如图 8.12(a) 所示。在$[t_0, t_3]$时段，桥臂电流 i_{Fan} 和 i_{Han} 均被控制成方向相同且幅值为$(I_L - I_H)/4M$的梯形波，意味着幅值为 $I_L - I_H$ 的低压侧电流 i_{La} 被 $4M$ 个储能桥臂均分。

(2) 串联放电阶段$[T/2, T]$。

在 $T/2$ 时刻，各半桥桥臂的电压为$(U_H - U_L)/4M$，各全桥桥臂的电压为$-(U_H - U_L)/4M$，正极电路的 $2M$ 个储能桥臂串联接入低压侧正极和高压侧正极之间，负极拓扑的 $2M$ 个储能桥臂串联接入低压侧负极和高压侧负极之间，各储能桥臂与低压侧串联接入高压侧放电，如图 8.12(b) 所示，高压侧电压由 $4M$ 个储能桥臂和低压侧共同承担，低压侧电流 i_{La} 与高压侧电流 i_{Ha} 相等且幅值均为 I_H。在$[T/2, t_6]$时段，桥臂电流 i_{Fan} 和 i_{Han} 分别被控制成方向相反且幅值为 I_H 的梯形波。

由于拓扑三相交错运行，低压侧依次与三相拓扑串联向高压侧放电，低压侧直接向高压侧传递的功率为 $2U_L \times I_H$，拓扑只需要传递的部分功率为 $P(1-1/k)$，因此相较于优化前的级联高变压比型 CET 拓扑，伪双极高变压比型 CET 拓扑所需传递的功率减少了 P/k。

8.3.2 伪双极高变压比型 CET 拓扑参数设计及技术经济性对比

(1) 储能桥臂个数 M 和储能桥臂的子模块数 N。

当伪双极高变压比型 CET 拓扑处于并联充电阶段时，各储能桥臂的桥臂电压等于低压侧电压 $2U_L$；当拓扑处于串联放电阶段时，$4M$ 个储能桥臂的桥臂电压需承担高压侧与低压侧的电压差 $2U_H - 2U_L$。参考式(8.1)和式(8.2)，拓扑的储能桥臂个数 M 和储能桥臂的子模块数 N 可分别表示为

$$M = \mathrm{floor}\left(\frac{U_H - U_L}{4U_L}\right) = \mathrm{floor}\left(\frac{k-1}{4}\right) \tag{8.11}$$

$$N = \frac{U_H - U_L}{2MU_C} \tag{8.12}$$

因此，拓扑共有 $3(U_H - U_L)/U_C$ 个半桥子模块和 $3(U_H - U_L)/U_C$ 个全桥子模块，则拓扑中 IGBT 的总数量为 $18(U_H - U_L)/U_C$。IGBT 的电流应力为并联充电阶段时桥臂电流的幅值$(I_L - I_H)/4M$，电压应力根据子模块电容额定电压 U_C 选取。

(2) 二极管换流阀和晶闸管换流阀。

在串联放电阶段，二极管换流阀 D_{jn} 及晶闸管换流阀 T_{jn} 处于阻断状态，所需串联的器件个数可表示为

$$N_{D_{jn}/T_{jn}}=\frac{U_H-U_L}{\lambda MU_B} \tag{8.13}$$

在并联充电阶段，高压侧二极管换流阀 D_{jH} 处于阻断状态，所需串联的器件个数可表示为

$$N_{D_{jH}}=\frac{U_H-U_L}{\lambda U_B} \tag{8.14}$$

根据式(8.13)和式(8.14)，伪双极高变压比型CET拓扑共有 $6(U_H-U_L)/\lambda U_B$ 个晶闸管，$12(U_H-U_L)/\lambda U_B$ 个二极管。

在串联放电阶段，高压侧二极管换流阀 D_{Hj} 导通，电流幅值为 I_H。在并联充电阶段，二极管换流阀 D_{jn} 及晶闸管换流阀 T_{jn} 导通，电流幅值可分别表示为

$$I_{D_{jn}}=\frac{(I_L-I_H)(2M-2n+1)}{4M} \tag{8.15}$$

$$I_{T_{jn}}=\frac{(I_L-I_H)(M-n+1)}{2M} \tag{8.16}$$

(3) 子模块电容容值 C。

伪双极高变压比型CET拓扑的子模块电容容值设计方法与式(8.3)~(8.5)相同，子模块电容容值应满足

$$C=\frac{\frac{1}{3}P(1-1/k)}{4MNU_C^2f\varepsilon} \tag{8.17}$$

总的电容储能需求可以表示为

$$E_{p.u.}=\frac{12MNCU_C^2}{2P}=\frac{1-1/k}{2f\varepsilon} \tag{8.18}$$

(4) 两种伪双极结构拓扑的技术经济性比较。

以传输容量400 MW、低压侧双极电压±25 kV、高压侧双极电压±250 kV的场景为例，在器件数量、电流应力、无源器件需求和功率损耗等方面，比较两种伪双极结构的高变压比型CET拓扑的技术经济性，比较结果见表8.5。其中，$U_C=2$ kV，$L=5$ mH，$f=200$ Hz，$\varepsilon=10\%$，开关频率为800 Hz，器件数量和功率损耗是基于型号为1000N330300的IGBT、型号为T3401N36TOF的晶闸管、型号为D3041N68T的二极管计算得到的。

根据表8.5中的比较结果可知，在器件数量、电流应力、无源器件需求和功率损耗方面，优化后的伪双极高变压比型CET拓扑相较于优化前的级联高变压比

型 CET 拓扑都具有优势，具体如下。

表 8.5 两种伪双极高变压比型 CET 拓扑的技术经济性比较结果

对比参数	级联高变压比型 CET 拓扑	伪双极高变压比型 CET 拓扑
总储能桥臂数量	48	24
总子模块数量	750	675
总 IGBT 器件数量	2 250	2 025
总晶闸管器件数量	695	625
总二极管器件数量	736	662
IGBT 电流应力 /A	1 000	900
晶闸管器件最大电流幅值 /A	7 000	3 600
二极管器件最大电流幅值 /A	8 000	2 700
总的电容储能需求 /(kJ · MW^{-1})	25	22.5
总的电感储能需求 /kJ	153.6	38.4

(1) 在器件数量方面，优化后的拓扑减少了 $6U_L/U_C$(75) 个子模块、$18U_L/U_C$(225) 个 IGBT 器件、$6U_L/\lambda U_B$(70) 个晶闸管和 $12U_L/\lambda U_B$(74) 个二极管，这是由于优化后的拓扑具有部分功率传输特点，在串联放电时所有桥臂的电压仅需耐受高压侧与低压侧电压差即可，而不是全部的高压侧电压，所需的器件数量得以降低。除此之外，总储能桥臂数量降至优化前的 1/2，这是由于优化后的拓扑桥臂电压提高了一倍，而两种拓扑在串联时的桥臂电压总耐压相当，储能桥臂数量因此减少了一半。

(2) 在器件电流应力方面，优化后的拓扑的 IGBT 器件电流应力减少了 $I_H/4M$(100 A)。特别需要注意的是，优化后的拓扑的换流阀最大电流幅值是优化前的 1/2，换流阀器件电流应力的降低，能够进一步降低拓扑的损耗和成本。

(3) 在无源器件方面，优化后的拓扑总的电容储能需求减少了 $1/2kf\varepsilon$ (2.5 kJ/MW)，这是由于优化后的拓扑具有部分功率传输的特点。此外，拓扑的电感储能需求减少至优化前的 1/4，这是由于优化后的拓扑储能桥臂数量减少了一半，同时由于储能桥臂的子模块数量是优化前的 2 倍，为保证相同的桥臂电流纹波效果，桥臂电感值也减小了 1/2。

8.3.3 伪双极高变压比型 CET 拓扑仿真分析

本节针对伪双极高变压比型 CET 拓扑进行仿真验证，其中低压侧电压为 ±25 kV、高压侧电压为 ±250 kV、额定传输功率为 400 MW，详细仿真参数见表 8.6。本节在并联充电阶段和串联放电阶段的外环控制目标分别是低压侧电压和能量平衡，以保证全直流海上风电场在功率波动时，拓扑能够稳定中压汇集侧的直流电压。

表 8.6　伪双极高变压比型 CET 拓扑稳态仿真参数

仿真参数	数值
额定传输功率 P/MW	400
高压直流侧电压 $\pm U_{H}$/kV	±250
低压直流侧电压 $\pm U_{L}$/kV	±25
储能桥臂个数 M	2
每个桥臂的子模块数 N	35
子模块额定电容电压 U_{C}/kV	2
子模块电容值 C/mF	5.5
桥臂电感值 L/mH	5
载波频率 f_{c}/Hz	800
工作频率 f/Hz	200
子模块电容电压波动率 /%	10

仿真波形如图 8.14 所示，伪双极高变压比型 CET 拓扑传输的功率在[0 s, 0.1 s] 期间由 0 逐渐上升至额定值 400 MW。在 0.5 s 时降至 350 MW，随后在 1 s 时恢复至 400 MW，如图 8.14(a) 所示。图 8.14(b) 所示为低压侧与高压侧的正极和负极电压仿真波形，可以看到即便在海上风电场功率波动期间，低压侧的电压仍能够稳定在 ±25 kV，验证了定电压的控制策略。图 8.14(c) 所示为低压侧与高压侧的电流仿真波形，电流波形平滑且连续，额定值分别为 8 000 A 和 800 A。图 8.14(d) 和图 8.14(e) 所示分别为低压侧和高压侧的三相电流 i_{La}、i_{Lb}、i_{Lc} 和 i_{Ha}、i_{Hb}、i_{Hc} 仿真波形，从局部放大图可以看出，各相电流波形为交错 120° 的梯形波。特别地，低压侧各相电流的幅值在并联充电阶段和串联放电阶

段分别为 7 200 A(即 8 000 A－800 A)和 800 A,验证了拓扑具有部分功率传输的特点。图 8.14(f) 和图 8.14(g) 所示分别为全桥桥臂和半桥桥臂的全部子模块电容电压仿真波形,电容电压能够稳定在额定值 2 kV 附近,验证了拓扑能量平衡控制策略和子模块电容电压均衡算法的有效性。

以 a 相正极电路第 1 个全桥桥臂、半桥桥臂和换流阀为例展示拓扑详细运行的仿真波形,图 8.15(a) 和图 8.15(b) 所示分别为全桥桥臂和半桥桥臂的电流和电压仿真波形。当拓扑处于并联充电阶段时,全桥桥臂和半桥桥臂的电压均为 50 kV,与低压侧极间电压相等。电流幅值均为 900 A(即 7 200 A/8),各桥臂能够均分低压侧电流。当拓扑处于串联放电阶段时,全桥桥臂和半桥桥臂的电压分别为－56.25 kV(即 225 kV/4) 和 56.25 kV,各桥臂能够均分高压侧与低压侧的电压差,桥臂电流幅值分别为 800 A 和－800 A,与高压侧电流相等。图 8.15(c) 所示为晶闸管 T_{a1} 的触发信号及电压仿真波形,可见晶闸管 T_{a1} 能够可靠关断并在低电压条件下导通。详细的仿真波形与图 8.13 中的理论波形一致,验证了拓扑工作原理的有效性。

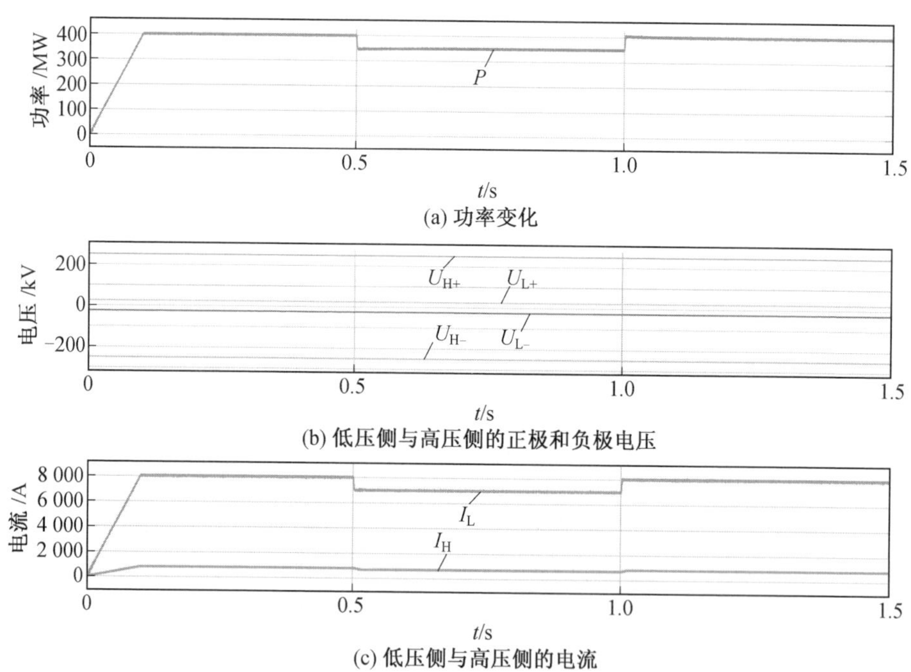

(a) 功率变化

(b) 低压侧与高压侧的正极和负极电压

(c) 低压侧与高压侧的电流

图 8.14　伪双极高变压比型 CET 拓扑的稳态仿真波形

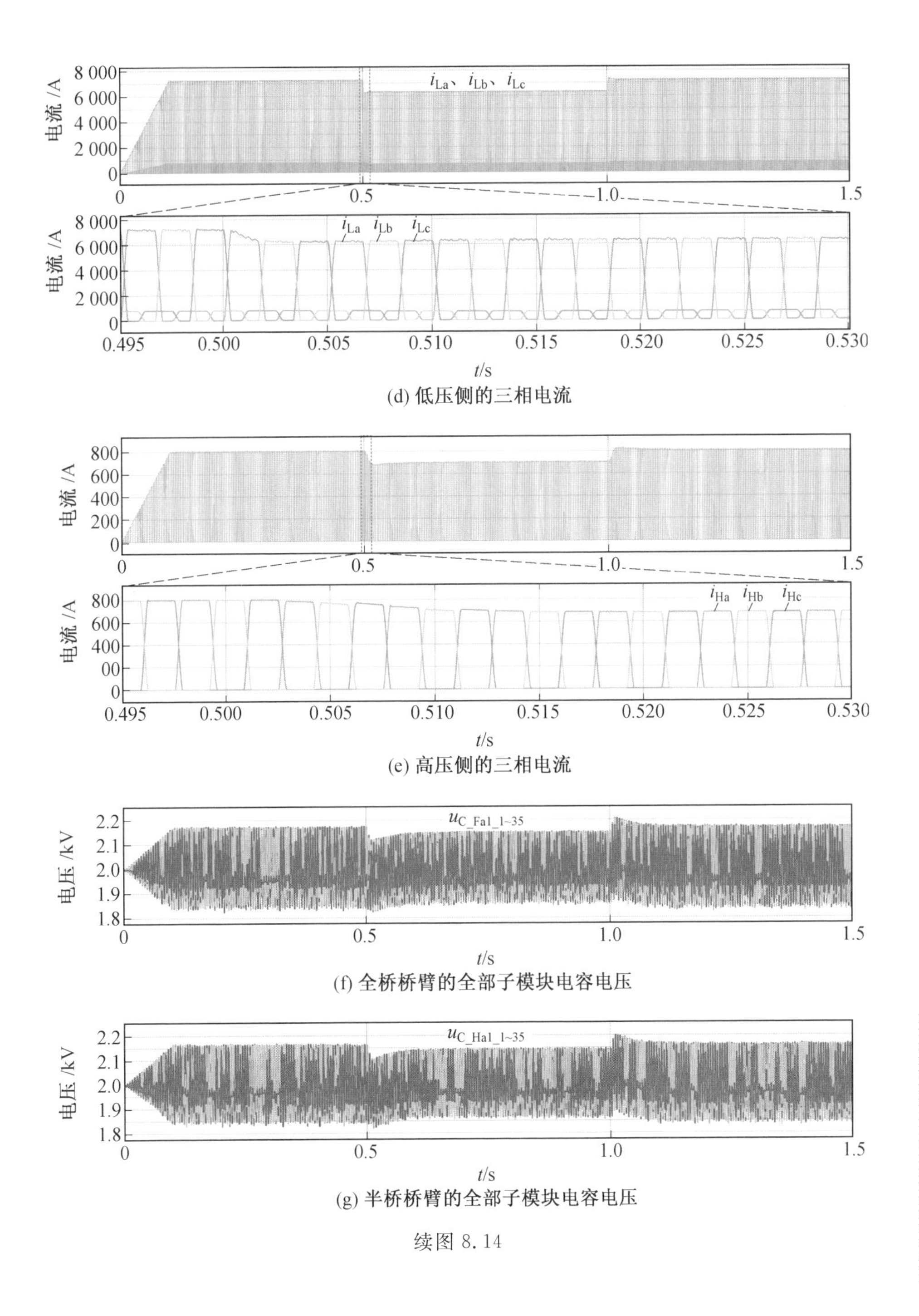

(d) 低压侧的三相电流

(e) 高压侧的三相电流

(f) 全桥桥臂的全部子模块电容电压

(g) 半桥桥臂的全部子模块电容电压

续图 8.14

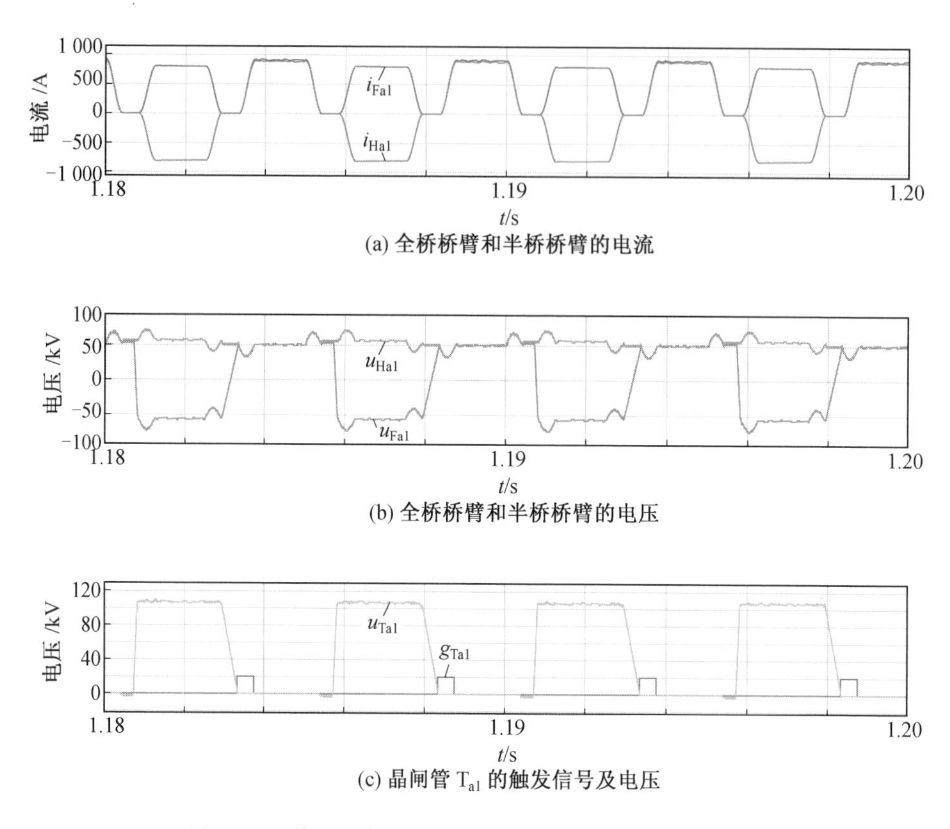

(a) 全桥桥臂和半桥桥臂的电流

(b) 全桥桥臂和半桥桥臂的电压

(c) 晶闸管 T_{a1} 的触发信号及电压

图 8.15　伪双极高变压比型 CET 拓扑的详细仿真波形

此外，为比较两种伪双极结构的高变压比型 CET 拓扑的功率损耗，本节还在 PLECS 仿真软件中搭建了级联高变压比型 CET 拓扑和伪双极高变压比型 CET 拓扑，对比工况为功率 400 MW、直流侧电压 ±25 kV/±250 kV，结果如图 8.16 所示。由图可知，优化前的拓扑效率为 98.64%，而优化后的拓扑效率为 99.19%，损耗降低了 40.6%。其中，二极管和晶闸管的总导通损耗减少了 25%，这是因为优化后的拓扑换流阀电流应力减半，从而大幅度降低了换流阀的损耗。此外，由于优化后的拓扑具有部分功率传输的特点，IGBT 器件数量和电流应力得以降低，相应减少了另外 15.6% 的功率损耗。

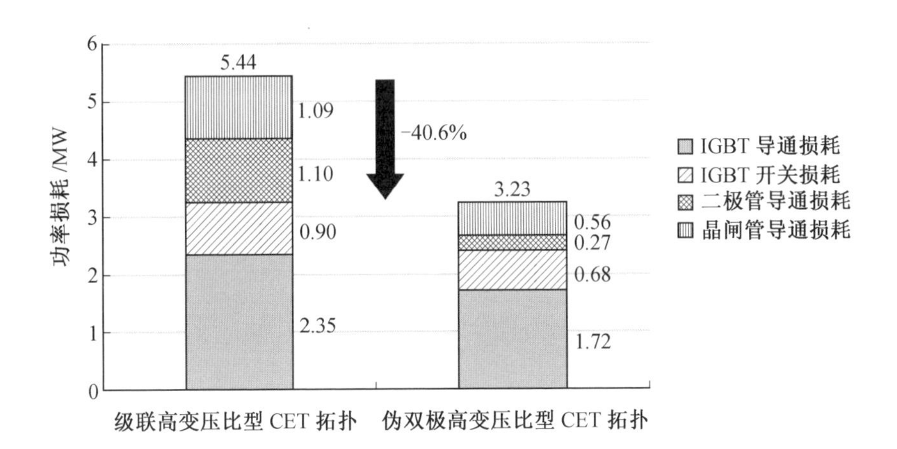

图 8.16　两种伪双极结构拓扑的功率损耗比较结果

8.3.4　伪双极高变压比型 CET 拓扑实验验证

为进一步验证伪双极高变压比型 CET 拓扑，本节通过搭建的实验样机进行实验验证，具体的实验参数见表 8.7。

表 8.7　伪双极高变压比型 CET 拓扑实验参数

实验参数	数值
额定传输功率 P/kW	5.4
低压侧正极和负极电压 $\pm U_L$/V	±60
高压侧正极和负极电压 $\pm U_H$/V	±320
储能桥臂个数 M	1
桥臂子模块个数 N	6
额定子模块电容电压 U_C/V	60
子模块电容 C/mF	2
额定运行频率 f/Hz	100
缓冲电感 L/mH	2
载波频率 f_c/kHz	6

图 8.17(a) 所示为拓扑低压侧和高压侧的电流与电压实验波形，从图中可以看出，低压侧电压能够稳定在 ±60 V 附近，低压侧电流和高压侧的电流平滑、连续且额定值分别为 44 A 和 7.6 A。图 8.17(b) 所示为低压侧和高压侧的三相电流实验波形，放大图如图 8.18(a) 所示，各相电流波形为交错 120° 的梯形波。同时，低压侧各相电流幅值在并联充电阶段时为 36.4 A，在串联放电时为 7.6 A，与拓扑部分功率传输的运行特点一致。图 8.18(b) 和 8.18(c) 所示分别为三相正极电路中全桥桥臂和半桥桥臂的桥臂电压和桥臂电流波形，可见各相储能桥臂能够交错 120° 运行。

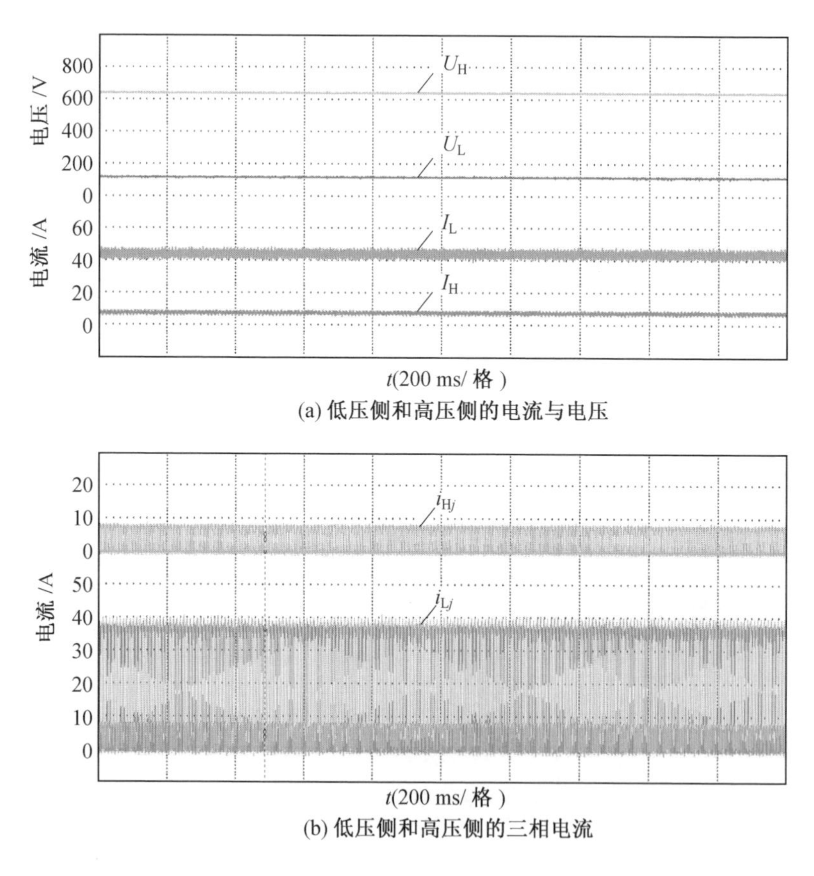

(a) 低压侧和高压侧的电流与电压

(b) 低压侧和高压侧的三相电流

图 8.17　伪双极高变压比型 CET 拓扑的稳态运行实验波形

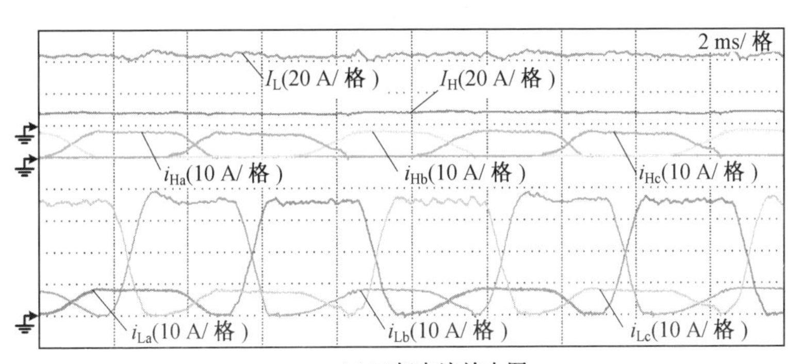

(a) 三相电流放大图

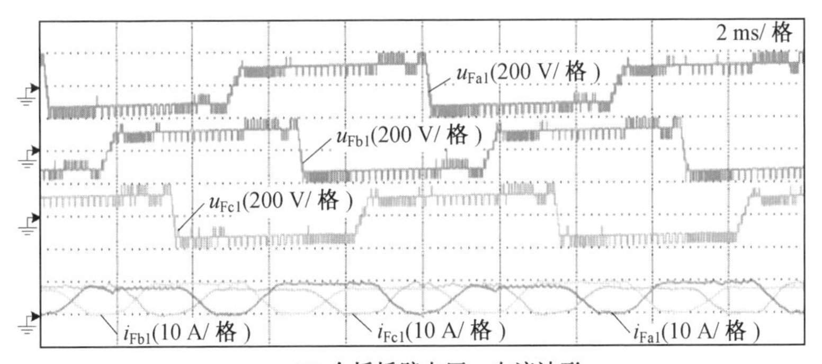

(b) 全桥桥臂电压、电流波形

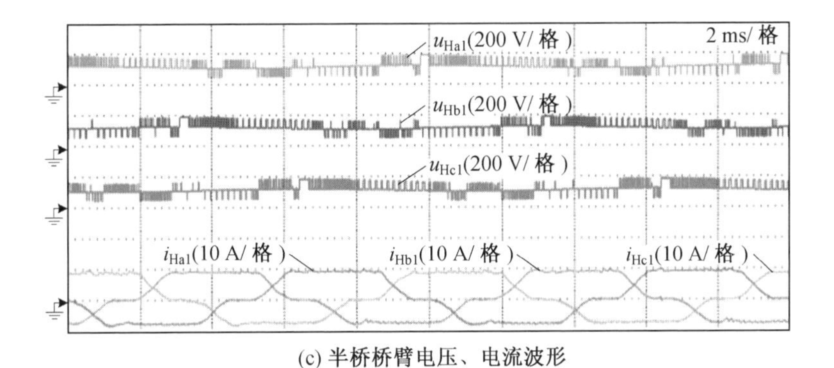

(c) 半桥桥臂电压、电流波形

图 8.18　伪双极高变压比型 CET 拓扑的三相波形

以拓扑 a 相正极电路全桥桥臂、半桥桥臂和换流阀为例，展示拓扑的详细实验波形。图 8.19(a) 所示为全桥桥臂和半桥桥臂的桥臂电压、桥臂电流和各子模块电容电压实验波形，从图中可以看出，在并联充电阶段，全桥桥臂和半桥桥臂的电流幅值均为 9.1 A(即 36.4 A/4)，且两者桥臂电压的极性相同；在串联放电阶段，桥臂电流幅值均为 7.6 A，两者桥臂电流的方向和桥臂电压的极性均相反。各子模块电容电压均稳定在额定值 60 V 附近。从图 8.19(b) 可以看出，晶闸管能够以较低的电压导通，同时在反压作用下关断。实验结果验证了伪双极高变压比型 CET 拓扑的运行原理和控制策略的有效性。

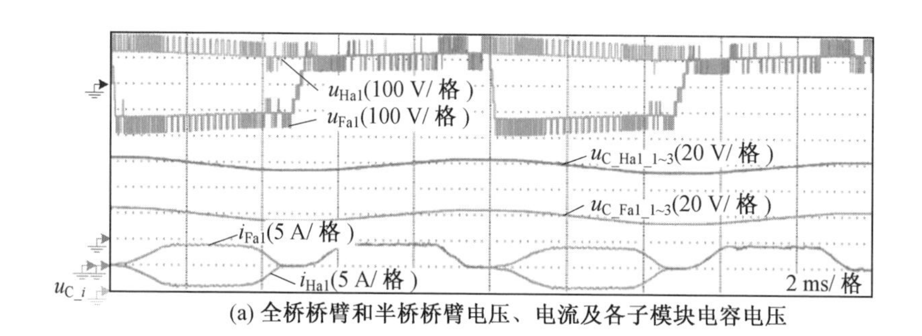

(a) 全桥桥臂和半桥桥臂电压、电流及各子模块电容电压

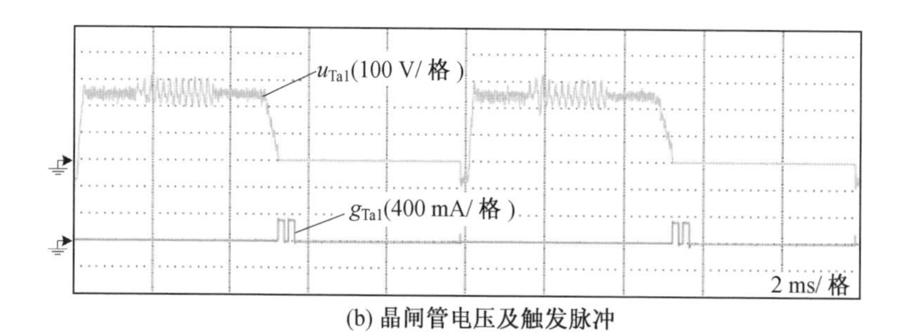

(b) 晶闸管电压及触发脉冲

图 8.19　伪双极高变压比型 CET 拓扑的详细实验波形

8.3.5　具有故障阻断能力的伪双极高变压比型 CET 拓扑

当伪双极高变压比型 CET 拓扑应用到全直流海上风电场时，低压侧或高压侧可能会发生短路故障，因此拓扑应具备故障阻断能力。当低压侧发生短路故障时，拓扑具有固有的故障阻断能力，这是因为二极管换流阀 D_{jn} 和高压侧二极

管换流阀 D_{jH} 仅能单向导电，阻止了高压侧向低压侧提供短路故障电流。然而对于高压侧短路故障，为了阻断故障电流，最外侧的储能桥臂（即最靠近高压侧的桥臂）应为全桥桥臂，如图 8.20 所示。

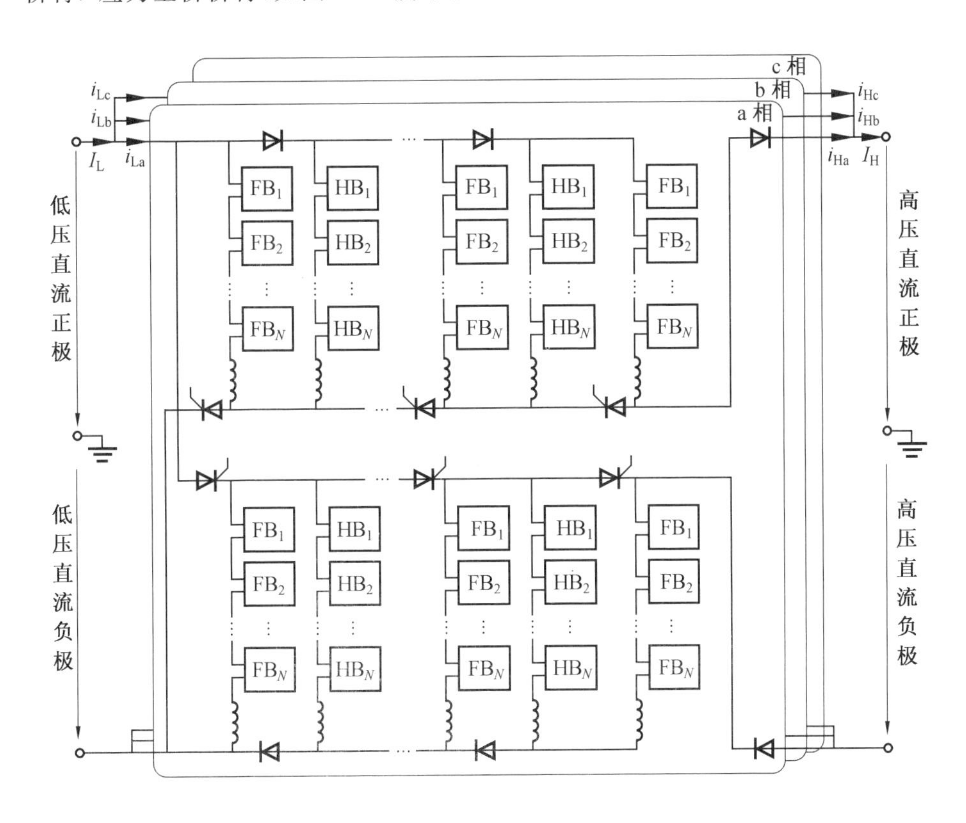

图 8.20　具有故障阻断能力的伪双极高变压比型 CET 拓扑

图 8.21 进一步展示了具有故障阻断能力的伪双极高变压比型 CET 拓扑故障电流路径。当拓扑识别出高压侧的短路故障后，闭锁所有 IGBT 和晶闸管换流阀的门极控制信号，最外侧全桥桥臂的子模块电容将自动清除故障电流。需要注意的是，该全桥桥臂并不会产生额外的功率损耗或成本，在并联充电阶段该全桥桥臂同样能够与其他桥臂并联分担低压侧的大电流，在串联放电阶段则与其他桥臂串联共同承担高压侧与低压侧的电压差。

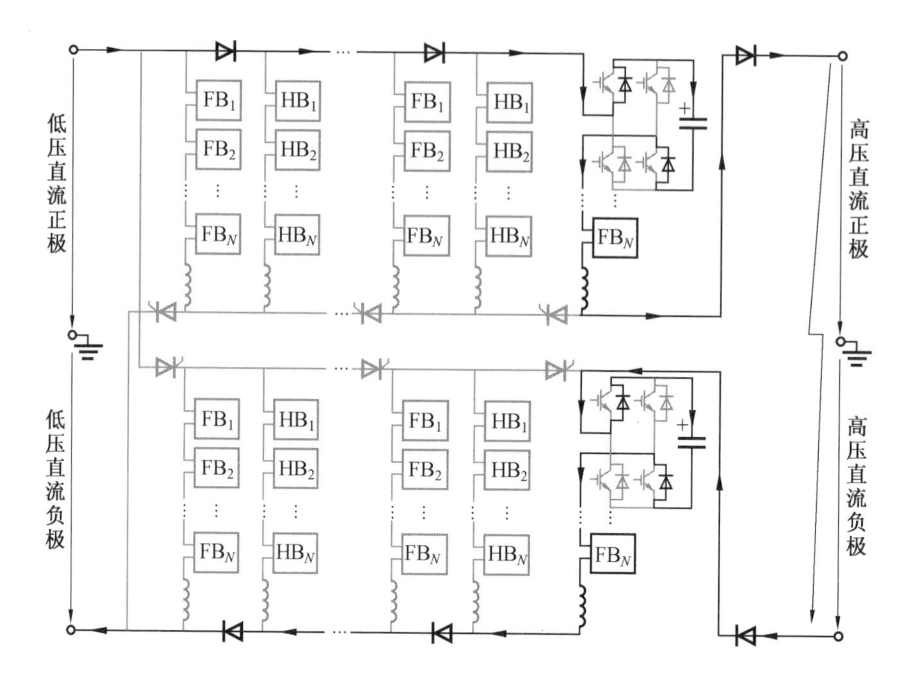

图 8.21　具有故障阻断能力的伪双极高变压比型 CET 拓扑故障电流路径

8.4　降压型高变压比 CET 拓扑

以上高变压比型 CET 拓扑的功率均为低压侧向高压侧传递，本节针对功率由高压侧向低压侧传递的应用，例如直流输电分接装置(HVDC Tap)等场景[19]，研究降压型高变压比 CET 拓扑。降压型高变压比 CET 拓扑基本电路结构与高变压比型 CET 拓扑电路结构大体相似，均由多个半桥桥臂、全桥桥臂、二极管换流阀和晶闸管换流阀构成，其特点在于从高压侧充电、向低压侧放电。具体的降压型高变压比 CET 拓扑结构如图 8.22 所示。

降压型高变压比 CET 拓扑仍通过多个储能桥臂串、并联切换的运行方式实现降压，包括串联充电和并联放电两个阶段。以 a 相为例，拓扑的电流路径如图 8.23 所示。降压型高变压比 CET 拓扑在一个工作周期 T 内的理论波形如图 8.24 所示。

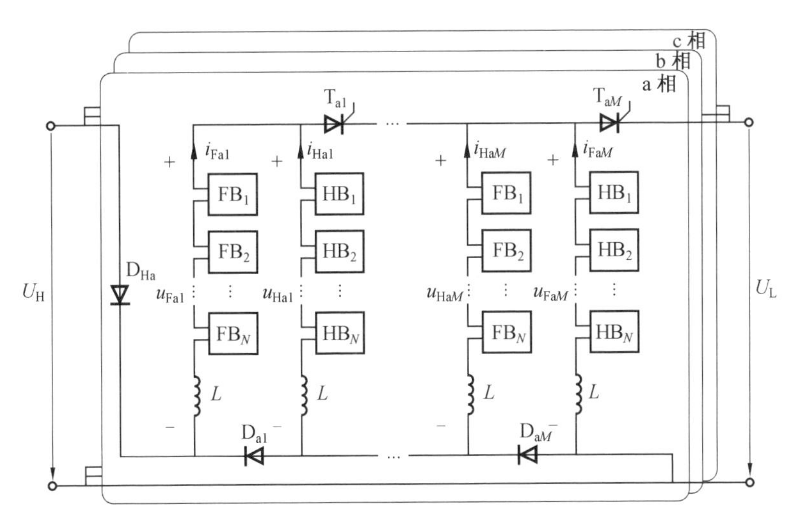

图 8.22　降压型高变压比 CET 拓扑结构(应用于 HVDC Tap)

(1) 串联充电阶段[t_0,t_2]。

在 t_0 时刻,半桥桥臂与高压侧的电压极性相同、全桥桥臂与高压侧的电压极性相反,各桥臂电压大小均为 $U_H/2M$,二极管换流阀 D_{Ha} 导通,二极管换流阀 $D_{an}(n=1,2,\cdots,M)$ 承受反向电压而阻断,晶闸管换流阀 T_{an} 承受正向电压阻断,各储能桥臂与高压侧串联充电,如图 8.23(a) 所示,高压侧电压 U_H 由 $2M$ 个储能桥臂共同承担。在[t_0,t_1]时段,桥臂电流 i_{Fan} 和 i_{Han} 被控制成方向相反且幅值均为 I_H 的梯形波。在[t_1,t_2]时段,通过调节全桥桥臂电压极性再次反转,半桥桥臂电压极性不变,桥臂电压幅值大小均转换至 U_L。

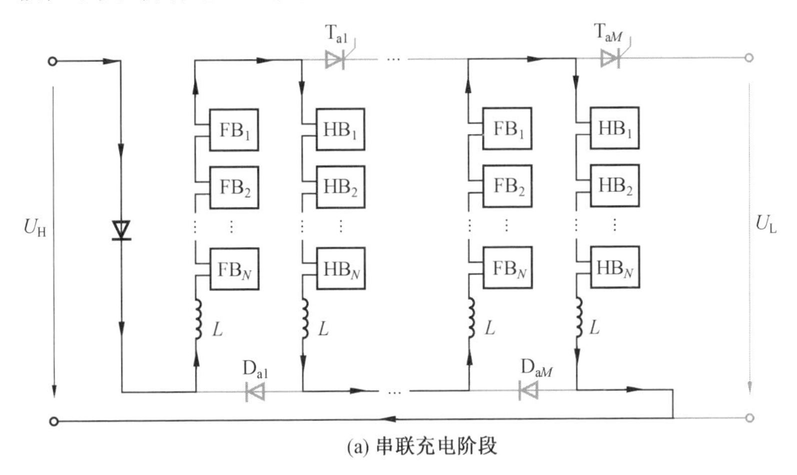

(a) 串联充电阶段

图 8.23　串联充电和并联放电阶段的电流路径

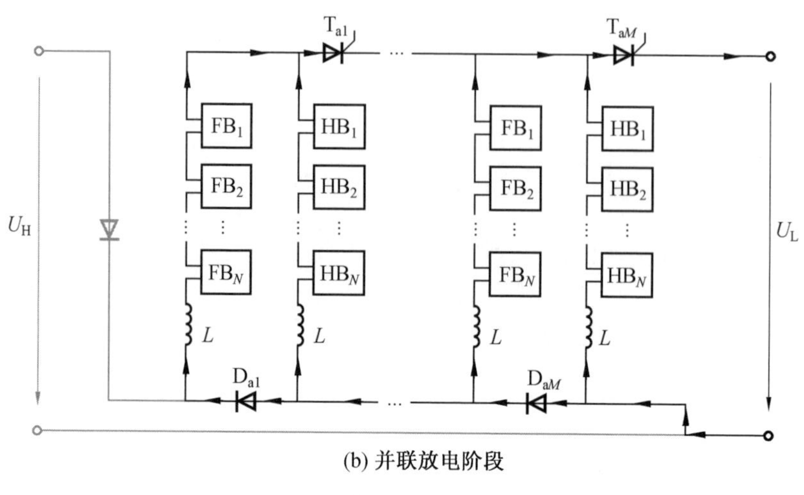

(b) 并联放电阶段

续图 8.23

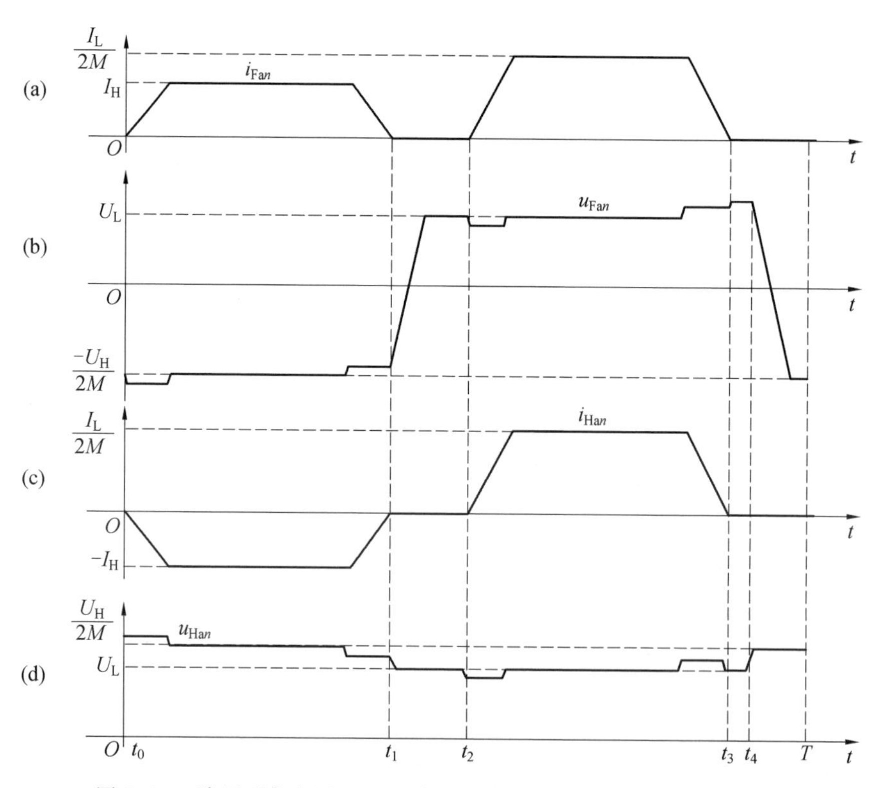

图 8.24　降压型高变压比 CET 拓扑的理论波形(应用于 HVDC Tap)

(2) 并联放电阶段$[t_2, T]$。

在t_2时刻，各储能桥臂与低压侧的电压极性相同，桥臂电压大小均为U_L，通过触发使晶闸管换流阀T_{an}导通，二极管换流阀D_{an}同时导通，各桥臂与低压侧并联放电，如图8.23(b)所示。在$[t_2, t_3]$时段，各储能桥臂的桥臂电流i_{Fan}和i_{Han}被控制成幅值为$I_L/2M$的梯形波。在$[t_3, T]$时段，首先可靠关断晶闸管换流阀T_{an}，再使全桥桥臂电压极性反转、半桥桥臂电压极性不变。换流阀关断方法与高变压比型CET拓扑类似，这里不再赘述。

本章参考文献

[1] 中华人民共和国国务院新闻办公室.《新时代的中国能源发展》白皮书[EB/OL]. [2020-12-21] (2023-2-16). http://www.scio.gov.cn/zfbps/32832/Document/1695117/1695117.htm.

[2] 鹿娟，范捷. 推进海上风电规模化开发，助力实现"双碳"目标[N]. 中国企业报，2022-03-15(003).

[3] Global Wind Energy Council (GWEC). Global offshore wind report 2020[R]. 2020.

[4] International Renewable Energy Agency (IRENA). Future of wind: deployment, investment, technology, grid integration and socio-economic aspects[R]. 2019.

[5] PAN E S, YUE B, LI X, et al. Integration technology and practice for long-distance offshore wind power in China[J]. Energy Conversion and Economics, 2020, 1(1): 4-19.

[6] 迟永宁，梁伟，张占奎，等. 大规模海上风电输电与并网关键技术研究综述[J]. 中国电机工程学报，2016，36(14)：3758-3771.

[7] 刘卫东，李奇南，王轩，等. 大规模海上风电柔性直流输电技术应用现状和展望[J]. 中国电力，2020，53(7)：55-71.

[8] 姜齐荣，王玉芝. 电力电子设备高占比电力系统电磁振荡分析与抑制综述[J]. 中国电机工程学报，2020，40(22)：7185-7201.

[9] 蔡蓉，张立波，程濛，等. 66kV海上风电交流集电方案技术经济性研究[J]. 全球能源互联网，2019，2(2)：155-162.

[10] 江道灼，谷泓杰，尹瑞，等. 海上直流风电场研究现状及发展前景[J]. 电

网技术，2015，39(9)：2424-2431.

[11] MUSASA K，NWULU N I，GITAU M N，et al. Review on DC collection grids for offshore wind farms with high-voltage DC transmission system[J]. IET Power Electronics，2017，10(15)：2104-2115.

[12] LI B B，LIU J Y，WANG Z Y，et al. Modular high-power DC-DC converter for MVDC renewable energy collection systems[J]. IEEE Transactions on Industrial Electronics，2021，68(7)：5875-5886.

[13] 杨晓峰，郑琼林，林智钦，等. 用于直流电网的大容量 DC/DC 变换器研究综述[J]. 电网技术，2016，40(3)：670-677.

[14] SCHÖN A，BAKRAN M M. A new HVDC-DC converter for the efficient connection of HVDC networks[C]// PCIM Europe Conference Proceedings. Nuremberg：VDE，2013：1-8.

[15] FERREIRA J A. The multilevel modular DC converter[J]. IEEE Transactions on Power Electronics，2013，28(10)：4460-4465.

[16] LI B B，ZHAO X D，CHENG D，et al. Novel hybrid DC/DC converter topology for HVDC interconnections[J]. IEEE Transactions on Power Electronics，2019，34(6)：5131-5146.

[17] WANG M，LETERME W，CHAFFEY G，et al. Pole rebalancing methods for pole-to-ground faults in symmetrical monopolar HVDC grids[J]. IEEE Transactions on Power Delivery，2019，34(1)：188-197.

[18] LI L，LI B B，WANG Z Y，et al. Monopolar symmetrical DC-DC converter for all DC offshore wind farms[J]. IEEE Transactions on Power Electronics，2022，37(4)：4275-4287.

[19] PARIDA N，DAS A. Modular multilevel DC-DC power converter topology with intermediate medium frequency AC stage for HVDC tapping[J]. IEEE Transactions on Power Electronics. 2021，36 (3)：2783-2792.

第9章 高变压比CET衍化拓扑

本章通过改变高变压比CET拓扑充、放电路径，衍化得到混合等压型、半桥等压型、混合等流型、半桥等流型四种高变压比CET拓扑。首先介绍半桥等压型高变压比CET拓扑的运行原理和参数设计方法，设计桥臂关断电压，并通过仿真与实验进行验证。然后分别介绍混合等流型高变压比CET拓扑和半桥等流型高变压比CET拓扑的结构与特点。最后通过对比分析，给出各种高变压比拓扑的适用范围。

在所提高变压比 CET 拓扑的基础上，通过改变桥臂并联充电、串联放电的电流路径，结合多类型桥臂和换流阀连接方式，还可以衍化出一系列高变压比 CET 拓扑。本章分别介绍衍化拓扑的结构、运行原理和参数设计方法，并通过分析各种衍化拓扑的功率损耗、器件数目及成本，明确各自适合的应用场景。

9.1　高变压比 CET 拓扑衍化方法

高变压比 CET 拓扑的核心原理是桥臂并联充电、串联放电，通过改变桥臂串、并联的电流路径，可对拓扑结构进行衍化。当桥臂与输入端口并联充电时，桥臂并联充电路径如图 9.1 所示，桥臂电流从各桥臂正极流入、负极流出，各桥臂的正极与输入端口的正极相连，各桥臂的负极与输入端口的负极相连。各桥臂电压极性相同且与输入端口一致，各桥臂均分输入端口的电流。

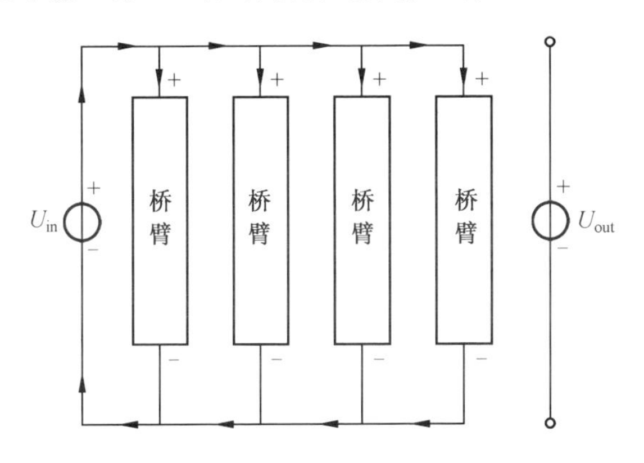

图 9.1　桥臂并联充电路径

当桥臂串联接入输出端口和输入端口之间放电时，桥臂电流从各桥臂负极流入、正极流出，输入端口的正极连接第一个桥臂的负极，各桥臂正、负极依次相连，最后一个桥臂的正极与输出端口的正极相连。根据桥臂电压极性是否反转，可将串联放电路径分为混合型和半桥型两种，如图 9.2 所示。

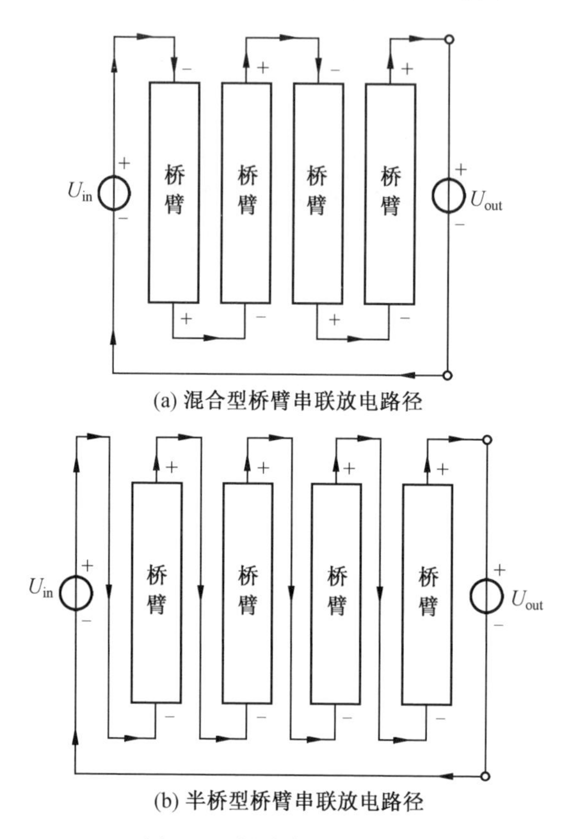

(a) 混合型桥臂串联放电路径

(b) 半桥型桥臂串联放电路径

图 9.2　桥臂串联放电路径

将并联充电路径分别与混合型、半桥型串联放电路径组合，并在桥臂并联充电或串联放电时需要断开的路径上配置换流阀，可衍化出桥臂与换流阀的四种连接方式，分别如图 9.3(a) ～ (d) 所示。

图 9.3(a)(b) 均由混合型桥臂串联放电路径与并联充电路径组合得到，对于电压极性需要反转的桥臂应采用全桥子模块，而对于电压极性保持不变的桥臂只需采用半桥子模块。对于图 9.3(a) 所示连接方式，换流阀为等压型连接，其特点是在串联放电时，各换流阀承担的阻断电压均为相邻两个桥臂的电压差，而在并联充电时，越靠近输入端口的换流阀电流越大。本书第 8 章所提出的高变压比拓扑正是采用的混合等压型连接方式。对于图 9.3(b) 所示连接方式，换流阀为

等流型连接，其特点是在并联充电时，各换流阀电流均等于桥臂电流，而在串联放电时，越靠近输出端口的换流阀阻断电压越高。

图 9.3(c)(d) 均由半桥型桥臂串联放电路径与并联充电路径组合得到，桥臂电压极性无须反转，因此桥臂只需采用半桥子模块。相比混合型拓扑，半桥型拓扑所需 IGBT 器件数量可以减少 1/3。为实现桥臂串联放电，半桥型拓扑需要使用额外的晶闸管换流阀为桥臂提供连接路径。类似地，对于图 9.3(c) 所示连接方式，换流阀为等压型连接；对于图 9.3(d) 所示连接方式，换流阀为等流型连接。

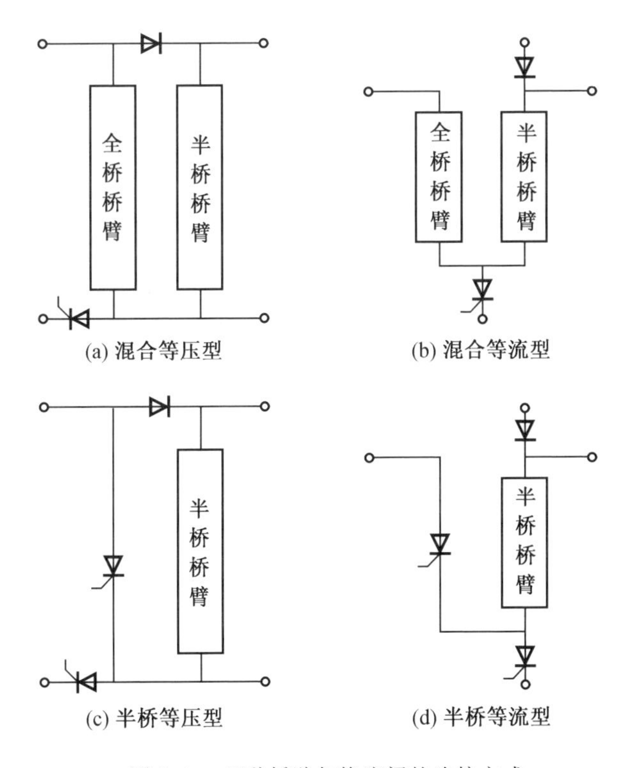

图 9.3　四种桥臂与换流阀的连接方式

针对以上衍化的四种连接方式，可以得到四种高变压比 CET 拓扑结构。考虑到实际的工程应用，亦可将其拓展为伪双极结构。本章将对衍化得到的半桥等压型、混合等流型和半桥等流型三种伪双极高变压比 CET 拓扑分别进行介绍，并与混合等压型拓扑（本书第 8 章 8.3 节所述拓扑）进行技术经济性对比。

9.2 半桥等压型高变压比 CET 拓扑

半桥等压型高变压比 CET 拓扑仅采用半桥子模块，所需 IGBT 器件数量以及器件的导通损耗较低。本节主要介绍半桥等压型高变压比 CET 拓扑的结构、运行原理及参数设计方法，并在器件数量、功率损耗和器件成本方面与混合等压型拓扑进行比较。

9.2.1 半桥等压型高变压比 CET 拓扑结构

半桥等压型高变压比 CET 拓扑的电路结构如图 9.4 所示，低压侧和高压侧均连接双极直流电压。拓扑含三相结构相同的电路(j=a，b，c)，正极电路和负极电路均包括 M 个半桥桥臂、2M 个晶闸管换流阀 T_{jn} 和 T_{sjn}、M 个二极管换流阀 D_{jn} 和一个与高压侧相连的二极管换流阀 D_{Hj}(n 代表第 n 个桥臂或换流阀，n=1，

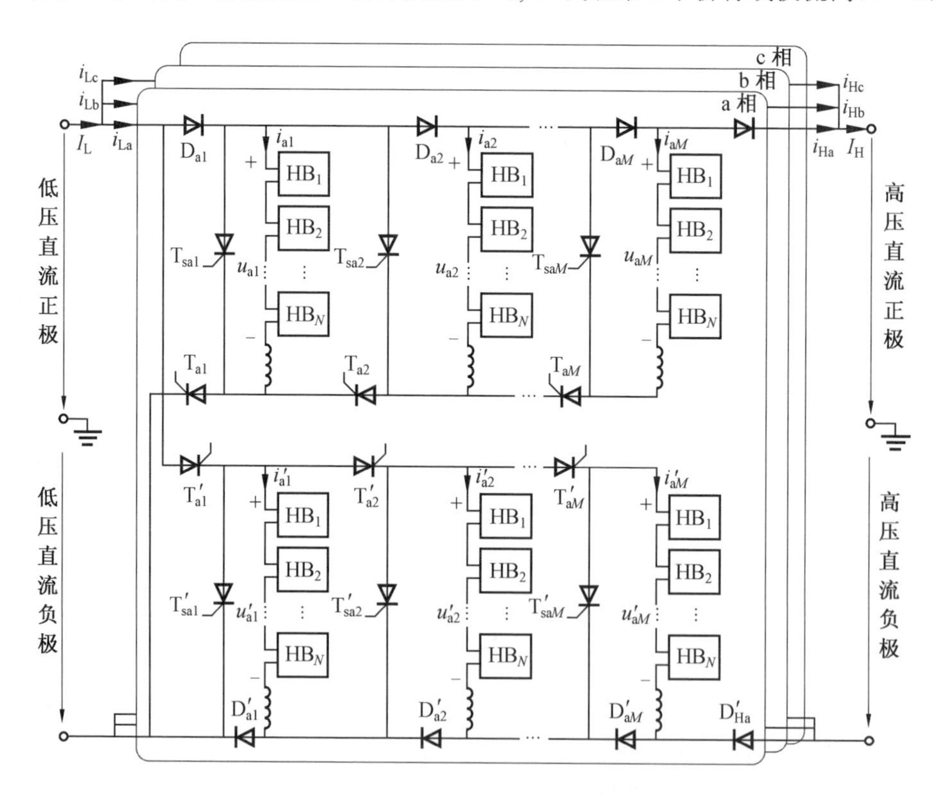

图 9.4　半桥等压型高变压比 CET 拓扑的电路结构

$2,\cdots,M$)。i_{Lj} 和 i_{Hj} 分别是低压侧和高压侧的相电流，u_{jn} 和 i_{jn} 分别是第 n 个桥臂的电压和电流。

9.2.2　半桥等压型高变压比CET拓扑运行原理

为保证低压侧和高压侧电流的平滑、连续，半桥等压型拓扑仍然采用三相波形交错120°的方式运行。每个运行周期内，各相 $2M$ 个桥臂先后并联接入低压侧、串联接入高压侧和低压侧之间。本节以a相正极第 n 个桥臂和换流阀为例，介绍半桥等压型拓扑的运行原理，并联充电路径和串联放电路径示意图如图9.5所示，桥臂和换流阀运行原理波形如图9.6所示，其中，i_{Dan}、u_{Dan}、i_{Tan}、u_{Tan}、i_{Tsan} 和 u_{Tsan} 分别为换流阀 D_{an}、T_{an} 和 T_{san} 的电流和电压，g_{Ta} 和 g_{Tsa} 分别为换流阀 T_{an} 和 T_{san} 的门极驱动信号。

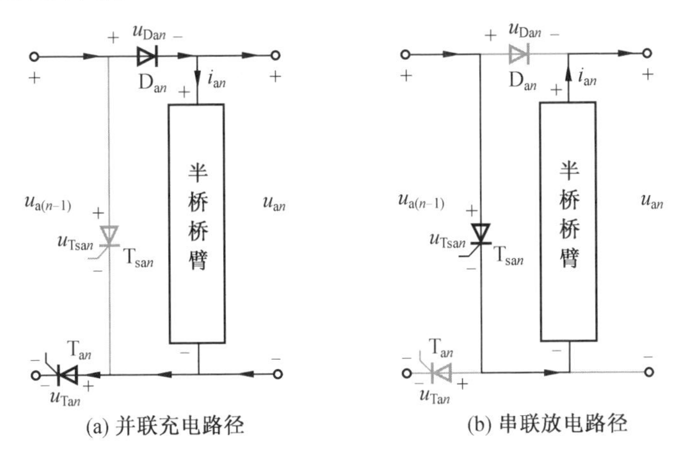

图9.5　半桥等压型高变压比CET拓扑并联充电路径和串联放电路径

(1) 并联充电阶段 $[t_0, 0.5T]$。

为使 $2M$ 个桥臂并联接入低压侧正、负极之间充电，在 t_0 时刻，调节桥臂电压 u_{an} 略低于 $2U_L$，触发换流阀 T_{an} 导通，换流阀 T_{san} 承受正向阻断电压，电流流入桥臂进行充电，如图9.5(a)所示。在 $[t_0, t_1]$ 时段，将桥臂电流 i_{an} 控制成幅值为 $(I_L - I_H)/(2M)$ 的梯形波，低压侧相电流 i_{La} 得以被各桥臂均分。

在 $[t_1, t_2]$ 时段，换流阀电流均已降为零，需调节各桥臂输出关断电压 U_{Rpn} 并持续 t_q 时间，使换流阀 T_{an} 承受反压 U_R 而可靠关断。值得注意的是，在混合等压型高变压比拓扑中，相邻两个桥臂的电压差可直接作用在换流阀两端，然而在半桥等压型拓扑中，如图9.5(a)所示，调节相邻两个桥臂的电压将同时改变换流阀 D_{an}、T_{an} 和 T_{san} 电压，三个换流阀电压之间的关系为

$$u_{\mathrm{T}an} + u_{\mathrm{Tsa}n} = u_{\mathrm{a}(n-1)} \tag{9.1}$$

$$u_{\mathrm{Tsa}n} - u_{\mathrm{Da}n} = u_{\mathrm{a}n} \tag{9.2}$$

$$u_{\mathrm{Da}n} + u_{\mathrm{Ta}n} = u_{\mathrm{a}(n-1)} - u_{\mathrm{a}n} \tag{9.3}$$

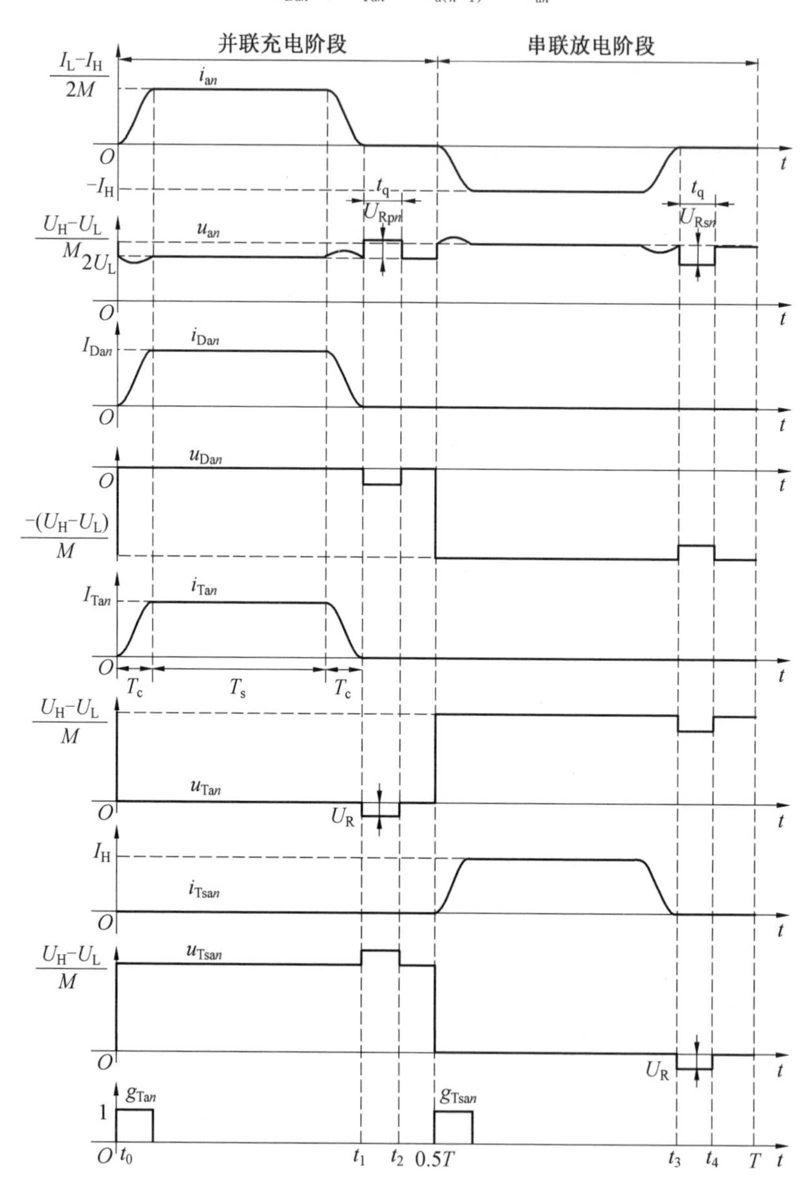

图 9.6　半桥等压型高变压比 CET 拓扑桥臂和换流阀运行原理波形

根据式(9.1)～(9.3)可知，任意两个换流阀电压之间均存在耦合关系，改变桥臂电压无法直接实现对某个换流阀电压的独立调节。换流阀电压由各自并联的缓冲电容分压决定。为可靠关断换流阀 T_{an}，本章将在第9.2.3节对桥臂电压、换流阀电压和换流阀缓冲电容之间的关系进行详细分析，设计关断电压 U_{Rpn}。

在$[t_2, 0.5T]$时段，若要实现换流阀 T_{san} 在串联放电阶段低电压导通，需要将 u_{Tsan} 从 u_{an} 减小至零，u_{Tan} 和 u_{Dan} 从零分别增大至 $u_{a(n-1)}$ 和 u_{an}。由于换流阀电压之间存在耦合关系，无论如何调节 $u_{a(n-1)}$ 和 u_{an}，u_{Tsan}、u_{Tan} 和 u_{Dan} 在各自并联的缓冲电容分压作用下，只能同时减小或同时增大，无法通过调节桥臂电压实现换流阀的低电压导通。因此在该阶段内，保持桥臂电压为 $2U_L$，不进行特殊设计。但是在这种情况下，触发 T_{san} 会导致 T_{an} 有较大的 du/dt，需借鉴常规直流输电中的换流阀设计技术，配置阳极饱和电抗器和 RC 缓冲电路来进行抑制[1]。

(2) 串联放电阶段$[0.5T, T]$。

为使 $2M$ 个桥臂与低压侧串联接入高压侧正、负极之间放电，在 $0.5T$ 时刻，调节桥臂电压略高于$(U_H - U_L)/M$，触发换流阀 T_{san}，换流阀 D_{Ha} 导通，换流阀 T_{an} 和 D_{an} 分别承受正向阻断电压和反向阻断电压，电流流出桥臂使其放电，如图9.5(b)所示。在$[0.5T, t_3]$时段，桥臂电流被控制成幅值为 $-I_H$ 的梯形波，低压侧相电流 i_{La}、高压侧相电流 i_{Ha} 和桥臂电流 i_{an} 幅值相等。

在$[t_3, t_4]$时段，各桥臂均提供关断电压 $-U_{Rsn}$ 并持续 t_q 时间，使换流阀 T_{san} 承受反压 U_R 而可靠关断，U_{Rsn} 取值将在第9.2.3节中设计。在$[t_4, T]$时段，将桥臂电压调节为$(U_H - U_L)/M$ 即可。

半桥等压型拓扑的运行原理与混合等压型拓扑相似。因此，第8章所使用的外环控制、内环控制、晶闸管控制、调制策略和时序控制等控制策略可完全适用，仅需在晶闸管控制中额外生成 T_{sjn} 的驱动信号 g_{Tsjn} 和关断电压 U_{Rsn}。

9.2.3　半桥等压型高变压比CET拓扑桥臂关断电压设计

(1) 并联充电阶段关断电压 U_{Rpn} 设计。

在$[t_1, t_2]$时段，a相电路示意图如图9.7所示，通过列写电路的KVL和KCL方程，可求解桥臂关断电压、换流阀电压和换流阀缓冲电容之间的关系，进而指导桥臂关断电压设计。图中给出了正、负极电路中，换流阀 T_{an}、T_{san}、D_{an} 和 D_{Ha} 按照缓冲电容 C_T、C_{Ts}、C_D 和 C_{DH} 分压后的电压 u_{Tan}、u_{Tsan}、u_{Dan}、u_{DHa}，设换流阀缓冲电容充电电流的方向为正方向，如图中箭头方向所示。此外，由于桥臂的等效电容(通常为mF级)远大于换流阀缓冲电容(通常为nF、μF级)，可看作受控电压源。

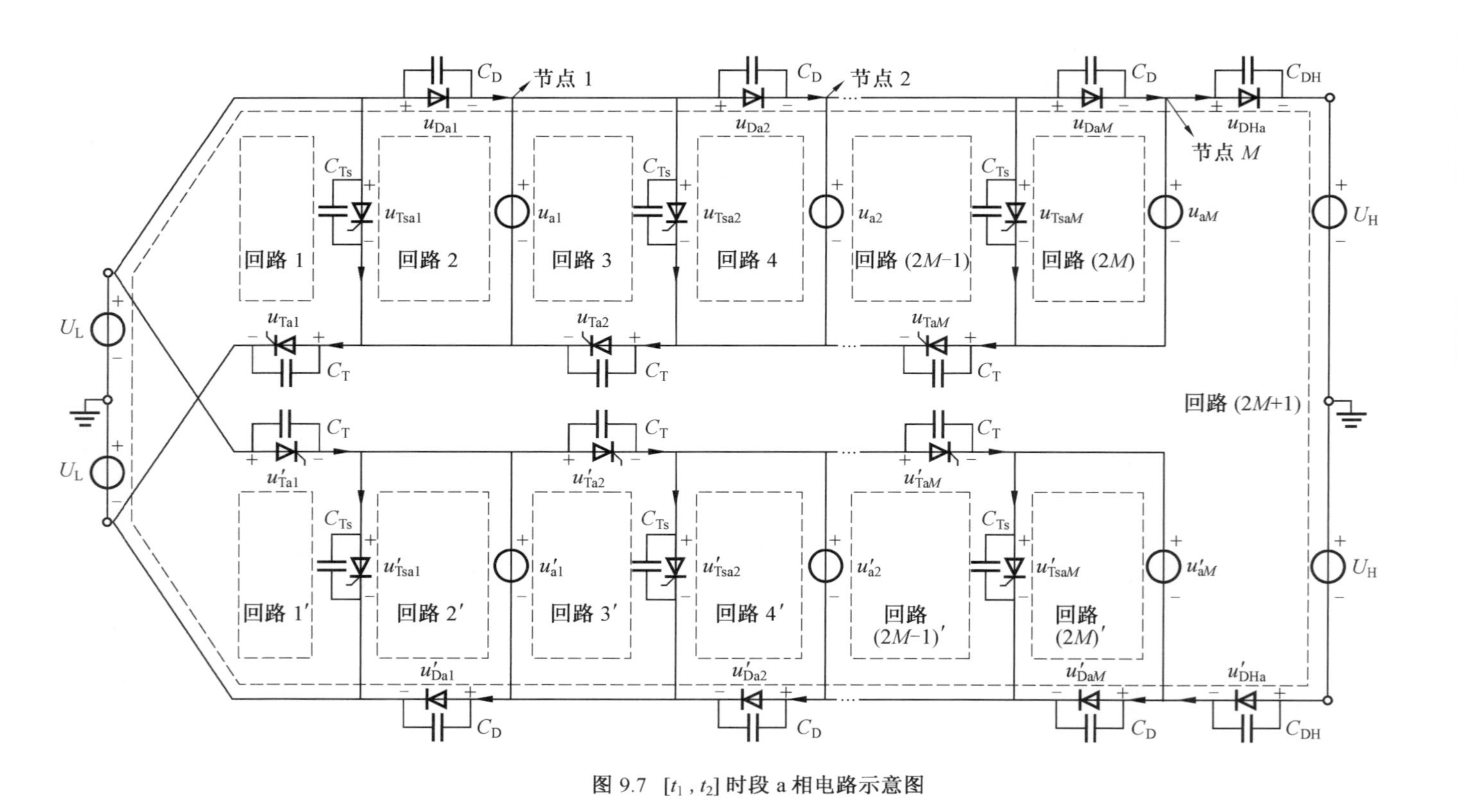

图 9.7 $[t_1, t_2]$ 时段 a 相电路示意图

对正极电路和负极电路中共 $4M+1$ 个回路列写 KVL 方程可得

正极回路 1：　$2U_{\rm L}=u_{\rm Ta1}+u_{\rm Tsa1}$

负极回路 1′：　$2U_{\rm L}=u'_{\rm Ta1}+u'_{\rm Tsa1}$

正极回路 2：　$u_{\rm Tsa1}=u_{\rm Da1}+u_{\rm a1}$

负极回路 2′：　$u'_{\rm Tsa1}=u'_{\rm Da1}+u'_{\rm a1}$

⋮

正极回路$(2M-1)$：　$u_{{\rm a}(M-1)}=u_{{\rm Ta}M}+u_{{\rm Tsa}M}$

负极回路$(2M-1)'$：　$u'_{{\rm a}(M-1)}=u'_{{\rm Ta}M}+u'_{{\rm Tsa}M}$

正极回路$(2M)$：　$u_{{\rm Tsa}M}=u_{{\rm Da}M}+u_{{\rm a}M}$

负极回路$(2M)'$：　$u'_{{\rm Tsa}M}=u'_{{\rm Da}M}+u'_{{\rm a}M}$

回路$(2M+1)$：

$$2U_{\rm L}=\sum_{n=1}^{M}u_{{\rm Da}n}+u_{\rm DHa}+\sum_{n=1}^{M}u'_{{\rm Da}n}+u'_{\rm DHa}+2U_{\rm H} \tag{9.4}$$

通过观察式(9.4)可知，在正极电路和负极电路中参数一致的情况下，正极电路中换流阀电压与负极电路中换流阀电压是相同的，则正极电路和负极电路的回路方程是相同的。因此，只需求解正极电路的回路方程，可简化一半的回路方程，且第 $2M+1$ 个回路方程可简化为

$$U_{\rm L}=\sum_{n=1}^{M}u_{{\rm Da}n}+u_{\rm DHa}+U_{\rm H} \tag{9.5}$$

通过归纳式(9.4)和式(9.5)，当 $1\leqslant n\leqslant M$ 时，换流阀电压和桥臂电压之间具有如下关系：

$$\begin{aligned} u_{{\rm Ta}n}&=-u_{{\rm a}n}+u_{{\rm a}(n-1)}-u_{{\rm Da}n}\\ u_{{\rm Tsa}n}&=u_{{\rm a}n}+u_{{\rm Da}n}\\ u_{\rm DHa}&=-\sum_{n=1}^{M}u_{{\rm Da}n}-U_{\rm H}+U_{\rm L}\end{aligned} \tag{9.6}$$

式中，当 $n=1$ 时，$u_{\rm a0}$ 即为低压侧电压，设 $u_{\rm a0}=2U_{\rm L}$。

在 t_1 时刻，桥臂和换流阀电流降至零，换流阀 ${\rm T}_{{\rm a}n}$、${\rm T}_{{\rm sa}n}$、${\rm D}_{{\rm a}n}$ 和 ${\rm D}_{\rm Ha}$ 电压初值分别为 0、$2U_{\rm L}$、0、$-U_{\rm H}+U_{\rm L}$，各桥臂电压初值均为 $2U_{\rm L}$。随后，需要给换流阀 ${\rm T}_{{\rm a}n}$ 和 ${\rm D}_{{\rm a}n}$ 施加反压。如图 9.7 中回路 1 和回路 2 所示，由于低压侧电压 $2U_{\rm L}$、$u_{\rm Da1}$ 和 $u_{\rm Tsa1}$ 都不能主动调节，且由式(9.6)可知，$u_{\rm Ta1}$ 和 $u_{\rm Da1}$ 与 $u_{\rm a1}$ 的变化相反，为使 ${\rm T}_{\rm a1}$ 和 ${\rm D}_{\rm a1}$ 承受反压而关断，仅能通过提升回路 2 中第 1 个桥臂电压 $u_{\rm a1}$ 实现。改变 $u_{\rm a1}$ 与低压侧电压 $2U_{\rm L}$ 之间的电压差(即关断电压 $U_{\rm Rp1}$)，该电压将分配给 ${\rm T}_{\rm a1}$、${\rm T}_{\rm sa1}$ 和 ${\rm D}_{\rm a1}$，从而保证 $u_{\rm Ta1}$ 和 $u_{\rm Da1}$ 分别小于 $-U_{\rm R}$ 和零。然而，对于处于回路 3 的换流阀

T_{a2}，u_{Ta2} 在 U_{Rp1} 作用下的分压结果是正压，则 u_{Da2} 的分压结果也是正压。因此，第 2 个桥臂电压 u_{a2} 与 u_{a1} 之间的电压差应由两部分组成，其中一部分用于抵消 U_{Rp1} 对 u_{Ta2} 和 u_{Da2} 的作用，另一部分是 U_{Rp1} 可保证 u_{Ta2} 和 u_{Da2} 分别小于 $-U_R$ 和零。对于其他桥臂，关断电压 U_{Rpn} 应足够抵消 $U_{Rp(n-1)}$ 作用在 T_{an} 和 D_{an} 上的正压，并保证 u_{Tan} 和 u_{Dan} 分别小于 $-U_R$ 和零。因此，越靠近高压侧的桥臂需要输出的关断电压 U_{Rpn} 越高。

为满足 u_{Tan} 和 u_{Dan} 的分压结果均能够小于 $-U_R$ 和零，需设计足够的关断电压 U_{Rpn}。然而，式(9.6)仅体现换流阀电压与桥臂电压的变化关系，不能准确反映每个换流阀的分压结果。可利用缓冲电容对换流阀分压结果的影响，建立换流阀电压与缓冲电容之间的关系。根据电荷守恒定律，流入节点的电荷等于流出节点的电荷，对正极电路中 M 个独立节点列写如下 KCL 方程：

节点 1：

$$C_{Ts}(u_{Tsa1}-2U_L)+C_T u_{Ta2}+C_D u_{Da1}=C_{Ts}(u_{Tsa2}-2U_L)+C_D u_{Da2}+C_T u_{Ta1}$$

$$\vdots$$

节点 M：

$$C_{Ts}(u_{TsaM}-2U_L)+C_D u_{DaM}=C_{DH}(u_{DHa}+U_H-U_L)+C_T u_{TaM} \tag{9.7}$$

通过归纳式(9.7)，可得到换流阀电压和缓冲电容之间具有如下关系：

$$\begin{cases} C_{Ts}(u_{Tsan}-2U_L)+C_T u_{Ta(n+1)}+C_D u_{Dan}= \\ \quad C_{Ts}(u_{Tsa(n+1)}-2U_L)+C_T u_{Tan}+C_D u_{Da(n+1)}, \quad 1\leqslant n\leqslant M-1 \\ C_{Ts}(u_{TsaM}-2U_L)+C_D u_{DaM}=C_{DH}(u_{DHa}+U_H-U_L)+C_T u_{TaM} \end{cases} \tag{9.8}$$

正极电路中有 M 个 T_{an}、M 个 T_{san}、M 个 D_{an} 和 1 个 D_{Ha}，共 $3M+1$ 个换流阀电压是未知量。式(9.6)和式(9.8)分别有 $2M+1$ 个和 M 个方程，则可对所有换流阀电压进行求解。由于 $3M+1$ 个方程中都有 u_{Dan}，可以先对 u_{Dan} 求解。通过先将式(9.6)代入式(9.8)，求解出 u_{Dan}，再将 u_{Dan} 代入式(9.6)，求解出 u_{Tan}、u_{Tsan} 和 u_{DHa}，则有

$$u_{Tan}=-\frac{C_{DH}(u_{DHa}+U_H-U_L)}{C_D+C_{Ts}+C_T}-\frac{C_D U_{Rpn}-(C_D+C_{Ts})U_{Rp(n-1)}}{C_D+C_{Ts}+C_T} \tag{9.9}$$

$$u_{Tsan}=\frac{C_{DH}(u_{DHa}+U_H-U_L)}{C_D+C_{Ts}+C_T}+\frac{C_D U_{Rpn}+C_T U_{Rp(n-1)}}{C_D+C_{Ts}+C_T}+2U_L \tag{9.10}$$

$$u_{Dan}=\frac{C_{DH}(u_{DHa}+U_H-U_L)}{C_D+C_{Ts}+C_T}-\frac{(C_T+C_{Ts})U_{Rpn}-C_T U_{Rp(n-1)}}{C_D+C_{Ts}+C_T} \tag{9.11}$$

$$u_{DHa}=\frac{C_{Ts}\sum_{n=1}^{M}U_{Rpn}+C_T U_{RpM}}{MC_{DH}+C_D+C_{Ts}+C_T}-U_H+U_L \tag{9.12}$$

式中，根据 $u_{a0}=2U_L$，设 $U_{Rp0}=0$。

式(9.9) ～ (9.12) 表示了各换流阀电压与桥臂关断电压、缓冲电容和换流阀电压初值之间的数学关系。为确保 T_{an} 和 D_{an} 均能够承受反压关断，可通过对式(9.9)和式(9.11)设置约束条件，即 $u_{Tan}\leqslant -U_R$ 和 $u_{Dan}<0$，设计出各桥臂关断电压 U_{Rpn}。此外，通过式(9.9)可知，只有 $C_D U_{Rpn}-(C_D+C_{Ts})U_{Rp(n-1)}>0$ 时，即 $U_{Rpn}/U_{Rp(n-1)}>1+C_{Ts}/C_D$，才能保证 $u_{Tan}<0$。在换流阀缓冲电容相近时，桥臂关断电压将逐个桥臂提升两倍左右，因此拓扑不适用于桥臂数量较多的应用场景。

(2) 串联放电阶段关断电压 U_{Rsn} 设计。

在$[t_3, t_4]$时段，a 相电路示意图与图 9.7 相同，则所列写的 KVL 方程与式(9.6)相同。在 t_3 时刻，换流阀 T_{an}、T_{san}、D_{an} 和 D_{Ha} 电压初值分别为 $-(U_H-U_L)/M$、0、$-(U_H-U_L)/M$、0，各桥臂电压 u_{an} 初值均为$(U_H-U_L)/M$。本阶段，需给换流阀 T_{san} 施加反压。如图 9.7 中回路 2 所示，可通过减小第 1 个桥臂电压 u_{a1}，即输出关断电压 $-U_{Rs1}$，将关断电压按照缓冲电容值分配给 T_{sa1} 和 D_{a1}，可保证 u_{Tsa1} 小于 $-U_R$。如回路 3 所示，u_{Tsa2} 在 $-U_{Rs1}$ 作用下也同时承受反压。对于其他桥臂，输出关断电压 $-U_{Rsn}$ 时，两侧换流阀 T_{san} 和 $T_{sa(n+1)}$ 在分压作用下都将承受负压。因此，在本阶段，两个相邻桥臂的关断电压不存在抵消作用，不必逐个桥臂递增，可以均设计为相同值。

与并联充电阶段各换流阀电压求解方法相似，在列写 KCL 方程后，可求得

$$u_{Tsan}=\frac{C_{DH}u_{DHa}}{C_D+C_{Ts}+C_T}-\frac{C_D U_{Rsn}+C_T U_{Rs(n-1)}}{C_D+C_{Ts}+C_T} \tag{9.13}$$

$$u_{DHa}=-\frac{C_{Ts}\sum_{n=1}^{M}U_{Rsn}+C_T U_{RsM}}{MC_{DH}+C_D+C_{Ts}+C_T} \tag{9.14}$$

根据式(9.13)，只需设置 $u_{Tsan}\leqslant -U_R$，即可设计出各桥臂关断电压 U_{Rsn}。

9.2.4　半桥等压型高变压比 CET 拓扑参数设计

(1) 桥臂参数设计。

在并联充电阶段，每相 $2M$ 个桥臂并联接入低压侧，桥臂电压应匹配低压侧电压 $2U_L$，并能够输出最高关断电压 U_{RpM}。在串联放电阶段，每相 $2M$ 个桥臂串联接入高压侧和低压侧之间，桥臂电压应匹配$(U_H-U_L)/M$。参考式(8.1)和式(8.2)，每相每极电路半桥桥臂数 M 与桥臂的子模块数 N 应设计为

$$M=\mathrm{floor}\left(\frac{U_H-U_L}{2U_L}\right)=\mathrm{floor}\left(\frac{k-1}{2}\right) \tag{9.15}$$

$$N=\frac{U_{\mathrm{H}}-U_{\mathrm{L}}}{MU_{\mathrm{C}}}+U_{\mathrm{Rp}M} \tag{9.16}$$

子模块电容值 C 和桥臂电感值 L 的设计方法与混合等压型高变压比 CET 拓扑相同，本节不再赘述。

(2) 换流阀参数设计

在并联充电阶段，换流阀 T_{jn} 和 D_{jn} 导通，流过两个换流阀的电流相等。在串联放电阶段，换流阀 D_{jn} 和 T_{jn} 承受阻断电压 $(U_{\mathrm{H}}-U_{\mathrm{L}})/M$。流过换流阀的电流幅值、$\mathrm{D}_{jn}$ 的二极管数量和 T_{jn} 的晶闸管数量分别为

$$I_{\mathrm{T}_{jn}}=I_{\mathrm{D}_{jn}}=\frac{I_{\mathrm{L}}-I_{\mathrm{H}}}{2M}(M-n+1) \tag{9.17}$$

$$N_{\mathrm{T}_{jn}}=\frac{U_{\mathrm{H}}-U_{\mathrm{L}}}{\lambda MU_{\mathrm{T}}} \tag{9.18}$$

$$N_{\mathrm{D}_{jn}}=\frac{U_{\mathrm{H}}-U_{\mathrm{L}}}{\lambda MU_{\mathrm{D}}} \tag{9.19}$$

在串联放电阶段，换流阀 T_{sjn} 和 $\mathrm{D}_{\mathrm{H}j}$ 导通，流过的电流相同。在并联充电阶段，换流阀 T_{sjn} 承受阻断电压 $2U_{\mathrm{L}}$，换流阀 $\mathrm{D}_{\mathrm{H}j}$ 承受阻断电压 $U_{\mathrm{H}}-U_{\mathrm{L}}$。流过换流阀的电流幅值、$\mathrm{T}_{sjn}$ 的晶闸管数量和 $\mathrm{D}_{\mathrm{H}j}$ 的二极管数量分别为

$$I_{\mathrm{T}_{sjn}}=I_{\mathrm{D}_{\mathrm{H}j}}=I_{\mathrm{H}} \tag{9.20}$$

$$N_{\mathrm{T}_{sjn}}=\frac{2U_{\mathrm{L}}}{\lambda U_{\mathrm{T}}} \tag{9.21}$$

$$N_{\mathrm{D}_{\mathrm{H}j}}=\frac{U_{\mathrm{H}}-U_{\mathrm{L}}}{\lambda U_{\mathrm{D}}} \tag{9.22}$$

因此，半桥等压型拓扑的晶闸管总数量为 $6[U_{\mathrm{H}}+(2M-1)U_{\mathrm{L}}]/(\lambda U_{\mathrm{T}})$，二极管总数量为 $12(U_{\mathrm{H}}-U_{\mathrm{L}})/(\lambda U_{\mathrm{D}})$。相比于混合等压型拓扑，额外需要的晶闸管数量为 $12MU_{\mathrm{L}}/(\lambda U_{\mathrm{T}})$，而二极管总数量一致。

(3) 损耗分析。

拓扑功率损耗包括功率器件开关损耗与导通损耗，可通过器件手册中参数计算，忽略结温波动对损耗的影响。半桥子模块 IGBT 的开关损耗可表示为

$$P_{\mathrm{HB\_S}}=f_{\mathrm{c}}E_{\mathrm{s}}\frac{U_{\mathrm{C}}}{U_{\mathrm{ref}}} \tag{9.23}$$

式中，E_{S} 是 IGBT 在平均电流时一次开关动作消耗的能量，由 IGBT 开通、关断和二极管反向恢复消耗的能量求和得到，U_{ref} 是 IGBT 开关损耗参考电压，f_{c} 是 IGBT 的开关频率，亦即本章中的载波频率。IGBT 器件总开关损耗为

$$P_{\mathrm{IGBT\_S}}=12MNf_{\mathrm{c}}E_{\mathrm{s}}\frac{U_{\mathrm{C}}}{U_{\mathrm{ref}}} \tag{9.24}$$

由于桥臂灵活的电压和电流控制能力，换流阀在零电流和可靠反压条件下导通和关断，因此换流阀开关损耗较低，相比于导通损耗可忽略不计。

功率器件导通损耗 P_C 与一个运行周期内电流的平均值 I_{avg} 及有效值 I_{rms} 有关，可表示为

$$P_C = I_{avg}U_{th} + I_{rms}^2 R_{th} \tag{9.25}$$

式中，U_{th} 和 R_{th} 分别为功率器件导通压降和导通电阻，二极管、晶闸管和IGBT的导通压降和导通电阻分别表示为 U_{Dth}、U_{Tth}、U_{Ith} 和 R_{Dth}、R_{Tth}、R_{Ith}。

由图9.6可知，流过换流阀 D_{jn} 的电流为梯形波，电流上升和下降过程的时间为 T_c，保持幅值的时间为 T_s。结合式(9.17)，流过换流阀 D_{jn} 的电流平均值 I_{Djn_avg} 与有效值 I_{Djn_rms} 分别表示为

$$I_{D_{jn}\_avg} = \frac{1}{3} I_{D_{jn}} \tag{9.26}$$

$$I_{D_{jn}\_rms} = \sqrt{\frac{\xi}{3}} I_{D_{jn}} \tag{9.27}$$

式中，$\xi = (3T_s + 2T_c)/T$。

将式(9.19)、式(9.26)和式(9.27)代入式(9.25)，可计算出换流阀 D_{jn} 导通损耗 P_{Djn_C}：

$$P_{Djn\_C} = \left(\frac{1}{3} I_{D_{jn}} U_{Dth} + \frac{1}{3}\xi I_{D_{jn}}^2 R_{Dth}\right) \times \frac{U_H - U_L}{\lambda M U_B} \tag{9.28}$$

同理，可计算出换流阀 D_{Hj} 导通损耗 P_{DHj_C}：

$$P_{DHj\_C} = \left(\frac{1}{3} I_H U_{Dth} + \frac{1}{3}\xi I_H^2 R_{Dth}\right) \times \frac{U_H - U_L}{\lambda U_B} \tag{9.29}$$

根据式(9.28)和式(9.29)，可计算出二极管器件总导通损耗：

$$P_{D\_C} = \left[\frac{M^2 + 3M}{2M+1} U_{Dth} + \frac{2M^3 + 3M^2 + 7M}{3(2M+1)^2}\xi I_L R_{Dth}\right]\frac{P}{\lambda U_B} \tag{9.30}$$

与计算二极管器件损耗相似，可计算出晶闸管器件总导通损耗：

$$P_{T\_C} = \left[\frac{M^2 + 3M}{2M+1} U_{Tth} + \frac{2M^3 + 3M^2 + 7M}{3(2M+1)^2}\xi I_L R_{Tth}\right]\frac{P}{\lambda U_B} \tag{9.31}$$

为简化分析IGBT器件导通损耗，令反并联二极管导通压降与导通电阻近似等于IGBT。半桥子模块中IGBT导通损耗 P_{HB_C} 为

$$P_{HB\_C} = \frac{1}{3}\left(I_H + \frac{I_L - I_H}{2M}\right) U_{Ith} + \frac{1}{3}\xi\left[I_H^2 + \left(\frac{I_L - I_H}{2M}\right)^2\right] R_{Ith} \tag{9.32}$$

因此，IGBT器件总导通损耗 P_{IGBT_C} 可由式(9.32)与总子模块数 $6MN$ 乘积计算得到

$$P_{\mathrm{IGBT\_C}}=\left[\left[I_{\mathrm{L}}+(2M-1)I_{\mathrm{H}}\right]U_{\mathrm{Ith}}+\frac{I_{\mathrm{L}}+(4M^{2}+1)I_{\mathrm{H}}/k-2I_{\mathrm{H}}}{2M}\xi I_{\mathrm{L}}R_{\mathrm{Ith}}\right]N \tag{9.33}$$

9.2.5 半桥等压型高变压比 CET 拓扑仿真验证

本节对半桥等压型高变压比 CET 拓扑进行仿真验证，拓扑额定传输功率为 400 MW，低压侧双极电压为±50 kV，高压侧双极电压为±250 kV。根据 9.2.4 节参数设计，模型中每相正极和负极电路均有两个半桥桥臂，每个桥臂包含 62 个额定电压为 2 kV 的子模块，详细仿真参数见表 9.1。根据变换器参数，子模块 IGBT 选用 3.3 kV/1 kA 的 5SNA1000N330300，晶闸管换流阀与二极管换流阀分别选用 3.6 kV/0.94 kA 的 T901N36TOF 和 3.6 kV/0.85 kA 的 D850N36T，换流阀 T_{jn}、T_{sjn}、D_{jn} 和 D_{Hj} 所需的串联器件个数分别为 40、40、39 和 79。

表 9.1　半桥等压型高变压比 CET 拓扑仿真参数

仿真参数	数值
额定传输功率 P/MW	400
低压侧双极电压 $\pm U_{\mathrm{L}}$/kV	±50
高压侧双极电压 $\pm U_{\mathrm{H}}$/kV	±250
每相每极电路半桥桥臂数 M	2
每个桥臂子模块数 N	62
子模块电容额定电压 U_{C}/kV	2
子模块电容值 C/mF	5.4
桥臂电感值 L/mH	5
运行频率 f/Hz	200
载波频率 f_{c}/Hz	300

仿真波形如图 9.8 所示。在[0 s,0.05 s]期间，传输功率从零逐渐上升到额定值 400 MW，随后保持在额定值，高压侧和低压侧极间电压能够分别稳定在 100 kV 和 500 kV，如图 9.8(a)(b) 所示。图 9.8(c) 所示为低压侧电流 I_{L} 和高压侧电流 I_{H}，稳态值分别为 4 000 A 和 800 A，波形保持平滑。图 9.8(d)(e) 所示分别为低压侧相电流 i_{La}、i_{Lb}、i_{Lc} 和高压侧相电流 i_{Ha}、i_{Hb}、i_{Hc}，相位均交错 120°。通过局部放大波形可以看出，$i_{\mathrm{L}j}$ 有两个幅值分别为 3 200 A 和 800 A 的梯形波，$i_{\mathrm{H}j}$ 有一个幅值为 800 A 的梯形波，仿真结果与理论波形一致。图 9.8(f)(g) 所示分别为各相正极第 1 个桥臂的电流 i_{j1} 和电压 u_{j1}，可以看出各相桥臂的运行波形完全相同且交错 120°。

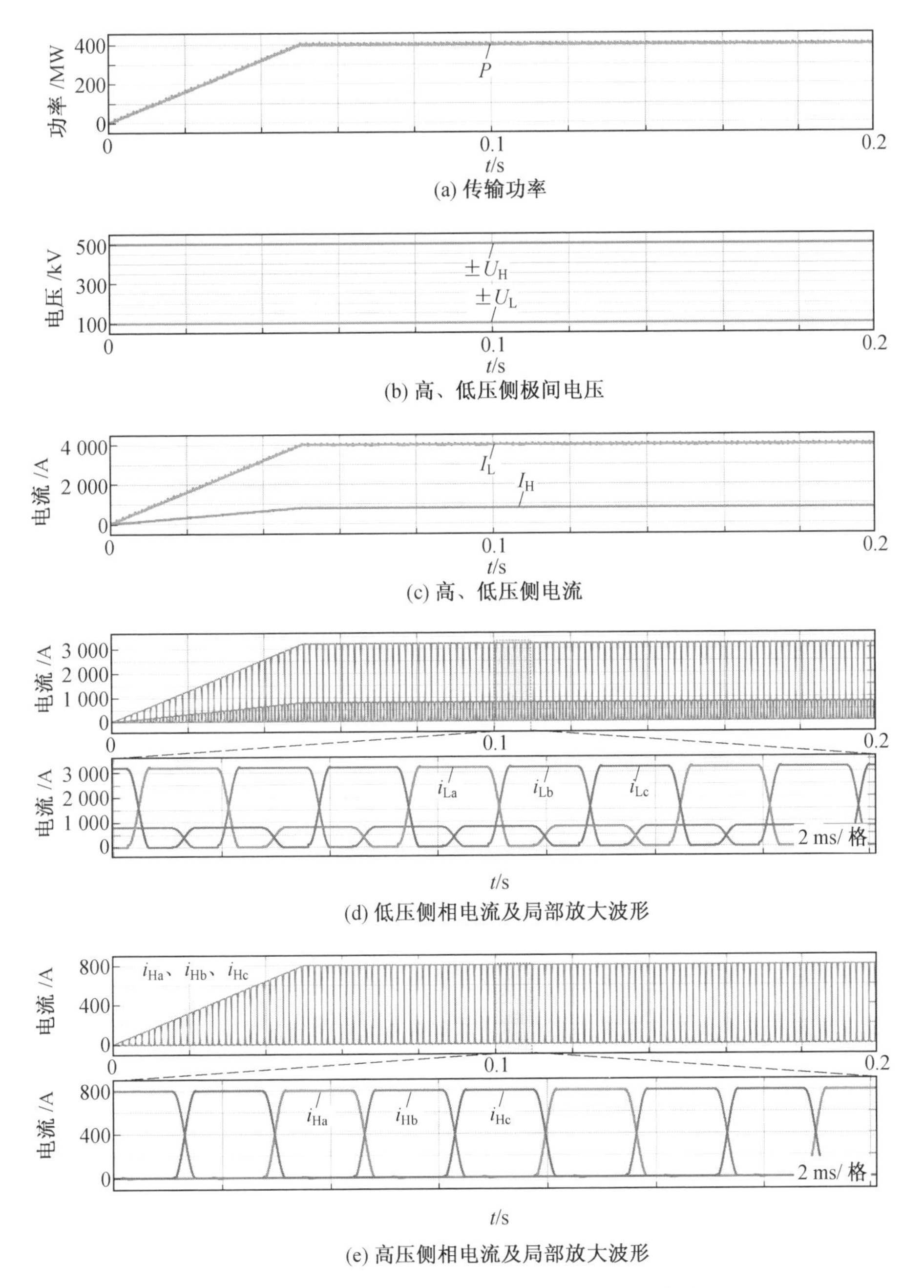

图 9.8　半桥等压型高变压比 CET 拓扑三相仿真波形

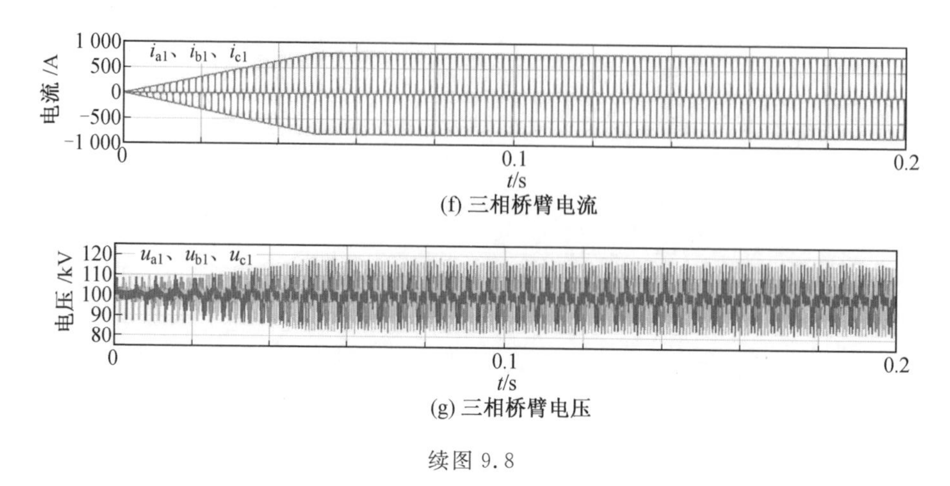

(f) 三相桥臂电流

(g) 三相桥臂电压

续图 9.8

进一步地，以 a 相正极第二个桥臂为例展示变换器详细运行波形。图 9.9(a)(b) 所示分别为桥臂电流和桥臂电压波形，可见在并联充电阶段，各桥臂并联至低压侧充电，桥臂电流 i_{a2} 幅值为 800 A，桥臂电压 u_{a2} 等于低压侧电压 100 kV。在串联放电阶段，各桥臂串联接入低压侧和高压侧之间放电，桥臂电流 i_{a2} 幅值为－800 A，桥臂电压 u_{a2} 为 100 kV。在并联充电阶段初始时刻，变换器生成换流阀 T_{a2} 触发信号 g_{Ta2}，换流阀 T_{a2} 和 D_{a2} 导通，换流阀 T_{sa2} 正向阻断，阻断电压等于桥臂电压 100 kV，如图 9.9(d)(f)(h) 所示。流过换流阀 T_{a2} 和 D_{a2} 的电流幅值均为 800 A，与式(9.17) 计算结果一致，如图 9.9(c)(e) 所示。当换流阀电流降为零后，第二个桥臂和第一个桥臂分别生成 24 kV 和 8 kV 关断电压，并持续 300 μs，使换流阀 T_{a1} 和 T_{a2} 均承受 4 kV 反压被可靠关断，与 9.2.3 节关断电压设计一致，如图 9.9(f) 所示。在串联放电阶段初始时刻，变换器生成换流阀 T_{sa2} 触发信号 g_{Tsa2}，换流阀 T_{sa2} 导通，换流阀 D_{a2} 负向阻断、T_{a2} 正向阻断，阻断电压均等于桥臂电压 100 kV。流过换流阀 T_{sa2} 的电流幅值为 800 A，与式(9.20) 理论计算结果一致。在换流阀电流降为零后，第二个桥臂和第一个桥臂均生成－12 kV 关断电压，使换流阀 T_{sa1} 和 T_{sa2} 分别承受 4.5 kV 和 8 kV 反压被可靠关断，与9.2.3 节关断电压设计相符，如图 9.9(h) 所示。图 9.9(i) 展示了桥臂 62 个子模块的电容电压，均能够稳定在额定值 2 kV 附近波动。

基于仿真工况和器件选型，进一步将半桥等压型拓扑与混合等压型拓扑进行比较，桥臂数量均为 2，对比结果如图 9.10 所示。在器件数量和成本方面，由于半桥等压型拓扑在并联充电阶段的关断电压是混合等压型拓扑的三倍，子模

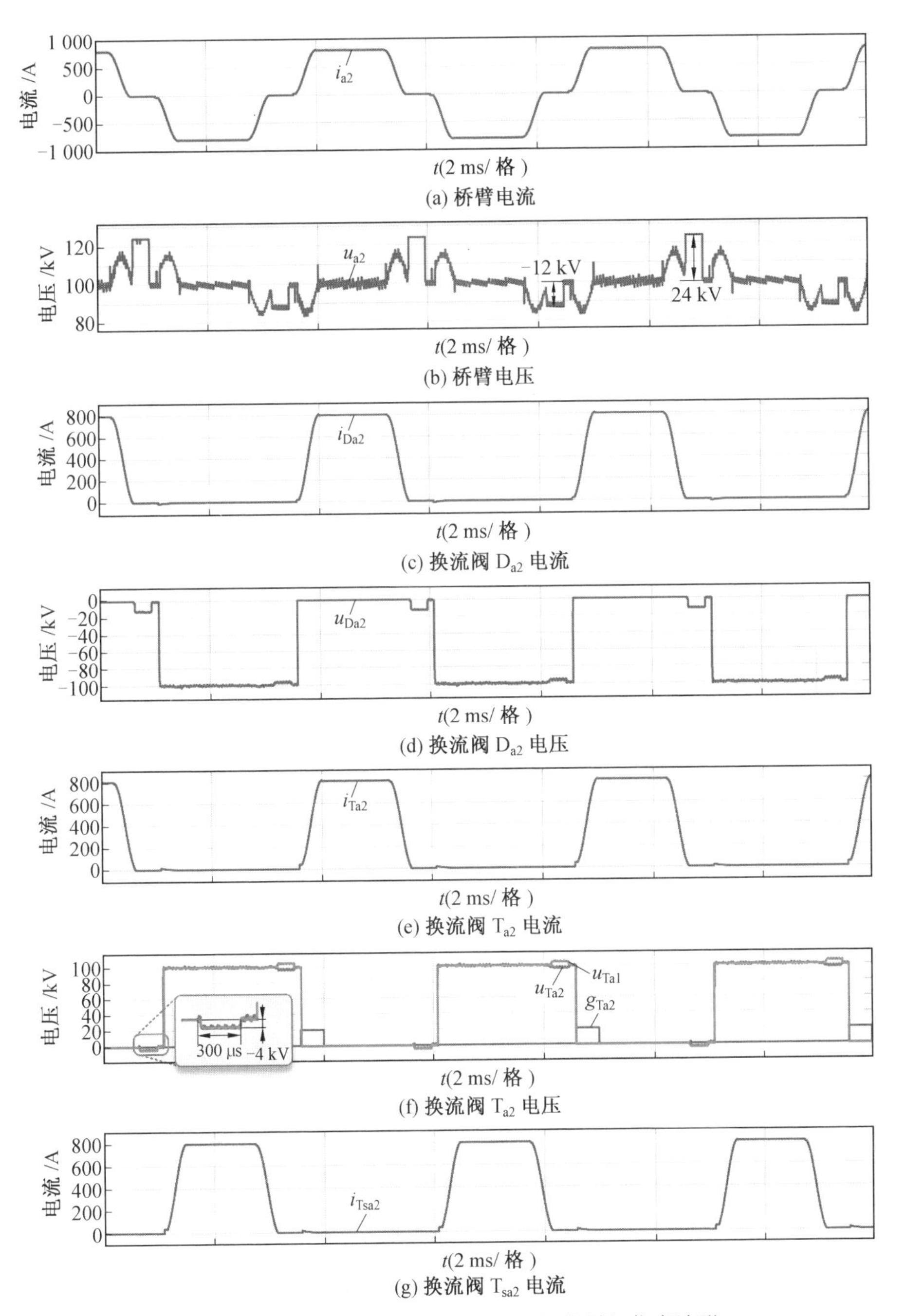

图 9.9　半桥等压型高变压比 CET 拓扑详细仿真波形

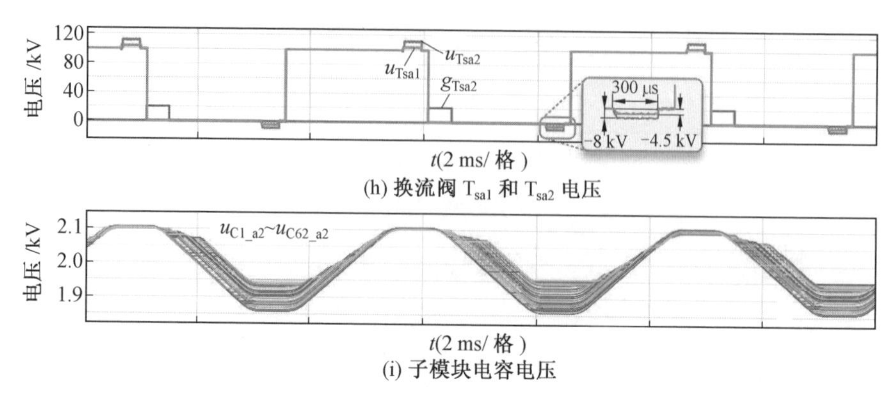

(h) 换流阀 T_{sa1} 和 T_{sa2} 电压

(i) 子模块电容电压

续图 9.9

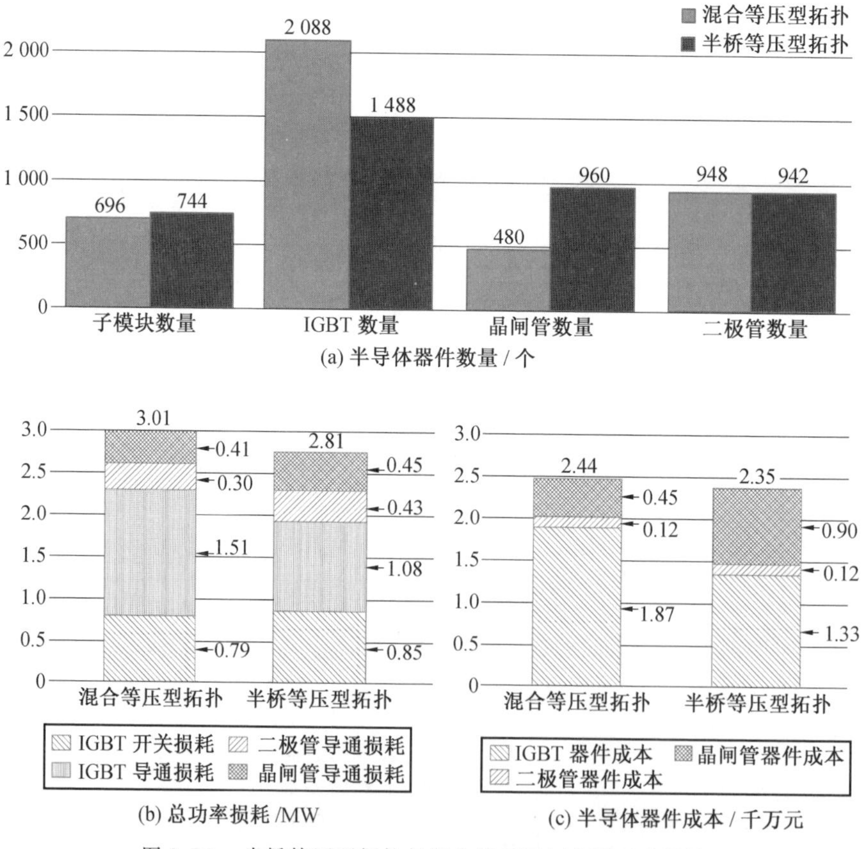

(a) 半导体器件数量 / 个

(b) 总功率损耗 /MW

(c) 半导体器件成本 / 千万元

图 9.10　半桥等压型拓扑与混合等压型拓扑的对比结果

块数量多了 48 个。半桥等压型拓扑的二极管数量与混合等压型拓扑基本相同，但需要额外的晶闸管换流阀为桥臂串联提供连接路径，晶闸管数量是混合等压型拓扑的两倍，晶闸管器件成本也相应多了一倍。但由于半桥等压型拓扑仅由半桥子模块构成，IGBT 数量比混合等压型拓扑少了 600 个，IGBT 器件成本节约了 28.7%，因此半导体器件总成本较小。

在功率损耗方面，半桥等压型拓扑的子模块数量多于混合等压型拓扑，IGBT 开关损耗略高。虽然两种拓扑的二极管数量相同，但流过半桥等压型拓扑二极管换流阀的最高电流幅值为 1 600 A，而混合等压型拓扑仅为 800 A，因此半桥等压型拓扑的二极管导通损耗略高。半桥等压型拓扑需要更多的晶闸管器件，因此晶闸管导通损耗也略高。但由于半桥等压型拓扑所需 IGBT 器件数量较少，IGBT 导通损耗仅为混合等压型拓扑的 71.5%，因此总功率损耗较小。

由上述分析可知，半桥等压型拓扑的主要优势是桥臂仅由半桥子模块构成，IGBT 器件数量少、导通损耗小。但需要注意的是，虽然半桥等压型拓扑的半导体器件总成本和总功率损耗小于混合等压型拓扑，但仅分别减少了 3.7% 和 6.6%。随着桥臂数量的增多，半桥等压型拓扑为了关断换流阀所需的关断电压更高，每个桥臂的子模块数量更多，导致 IGBT 数量会多于混合等压型拓扑，半导体器件总成本和总功率损耗会高于混合等压型拓扑。因此，半桥等压型拓扑在桥臂数量为 2 时的技术经济性最好，根据式(9.15)，即适用于变比 k 不高于 7 的应用场景。

9.2.6　半桥等压型高变压比 CET 拓扑实验验证

本节针对半桥等压型高变压比 CET 拓扑开展实验验证，实验详细参数见表 9.2。图 9.11(a) 所示为实验样机低压侧和高压侧的电流和电压波形，高压侧和低压侧极间电压分别为 600 V 和 120 V，高压侧和低压侧电流的稳态值与额定值相同，分别为 20 A 和 4 A。图 9.11(b) 所示为低压侧相电流 i_{Lj} 和高压侧相电流 i_{Hj}，在一个运行周期内，i_{Lj} 有两个幅值分别为 16 A 和 4 A 的梯形波，i_{Hj} 有一个幅值为 4 A 的梯形波。由于三相电流交错 120°，因此保证了低压侧和高压侧电流均为平滑、连续的直流。实验波形与三相电路理论波形完全一致，验证了三相电路交错运行的原理。图 9.11(c) 所示为各相正极电路第一个桥臂的电压、电流及桥臂内第一个子模块电容电压，从图中可以看出，各相桥臂运行波形完全相同且交错 120°，各相电容电压均能够维持在额定值附近波动。

表 9.2　半桥等压型高变压比直流变换器实验样机参数

拓扑参数	数值
额定传输功率 P/W	2 400
低压侧双极电压 $\pm U_L$/V	±60
高压侧双极电压 $\pm U_H$/V	±300
每相每极电路半桥桥臂数 M	2
每个桥臂子模块数 N	3
子模块电容额定电压 U_C/V	50
子模块电容值 C/mF	2
桥臂电感值 L/mH	2
运行频率 f/Hz	100
载波频率 f_c/Hz	6 000

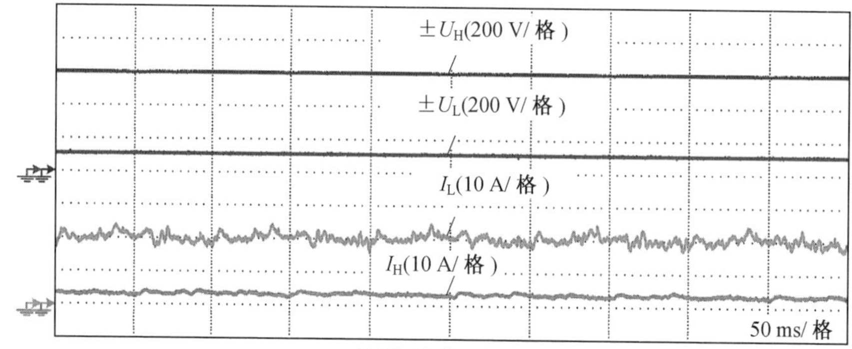

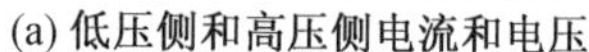
(a) 低压侧和高压侧电流和电压

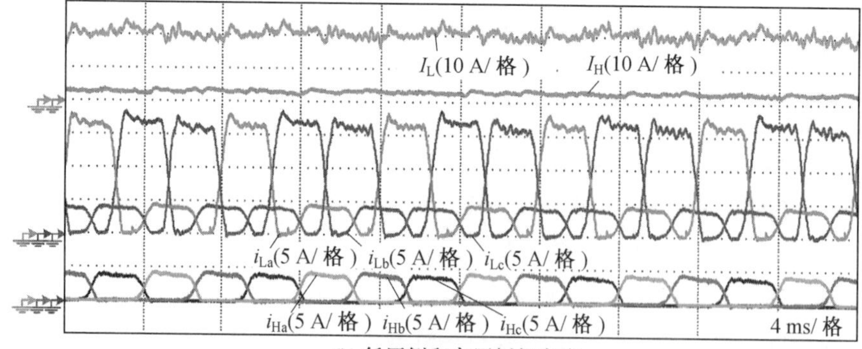

(b) 低压侧和高压侧相电流

图 9.11　半桥等压型高变压比直流变换器实验样机三相运行波形

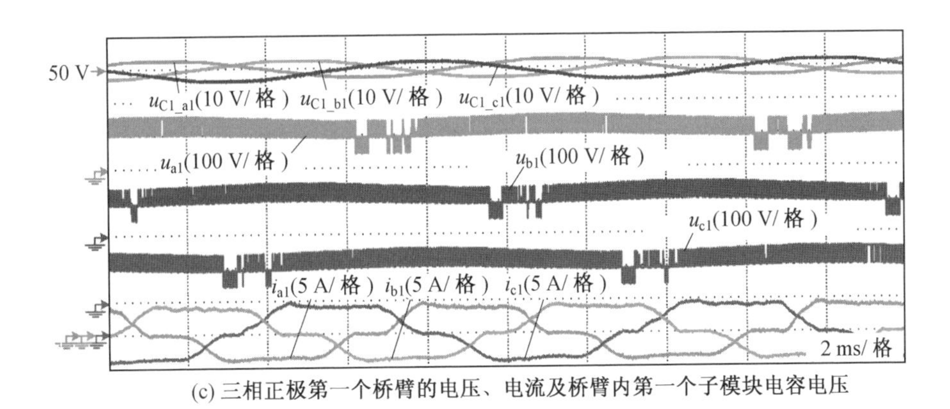

(c) 三相正极第一个桥臂的电压、电流及桥臂内第一个子模块电容电压

续图 9.11

以 a 相正极电路第二个桥臂为例，图 9.12(a) 所示为桥臂电流、桥臂电压和三个子模块电容电压，桥臂电流在并联充电阶段和放电阶段的梯形波电流幅值均为 4 A，桥臂电压幅值大小均为 120 V，与理论值一致，电容电压的充、放电波动与两个运行阶段一致且均能够稳定在额定值 50 V 附近。

图 9.12(b) 所示为换流阀电流和电压，换流阀 T_{a2} 在触发信号 g_{Ta2} 作用后导通，换流阀 D_{a2} 同时导通，换流阀电流 i_{Ta2} 和 i_{Da2} 幅值均为额定值 4 A，换流阀 T_{sa2} 阻断电压等于桥臂电压。触发信号 g_{Tsa2} 作用后，换流阀 T_{sa2} 导通，为桥臂串联至高压侧放电提供连接路径，换流阀电流 i_{Tsa2} 幅值为额定值 4 A，换流阀 T_{a2} 和 D_{a2} 阻断电压均等于桥臂电压。实验结果与图 9.6 所示理论波形一致，验证了拓扑运行原理的正确性。此外，在电流降为零之后，换流阀 T_{a2} 和 T_{sa2} 均在持续承受反压后可靠关断，符合关断电压设计。

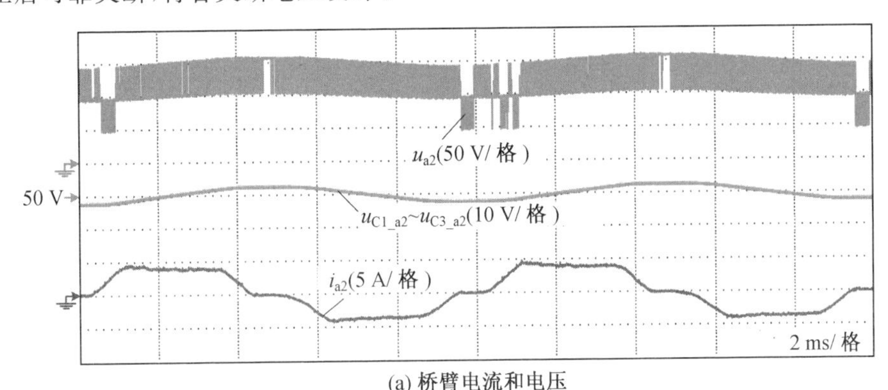

(a) 桥臂电流和电压

图 9.12　半桥等压型高变压比 CET 拓扑实验样机详细运行波形

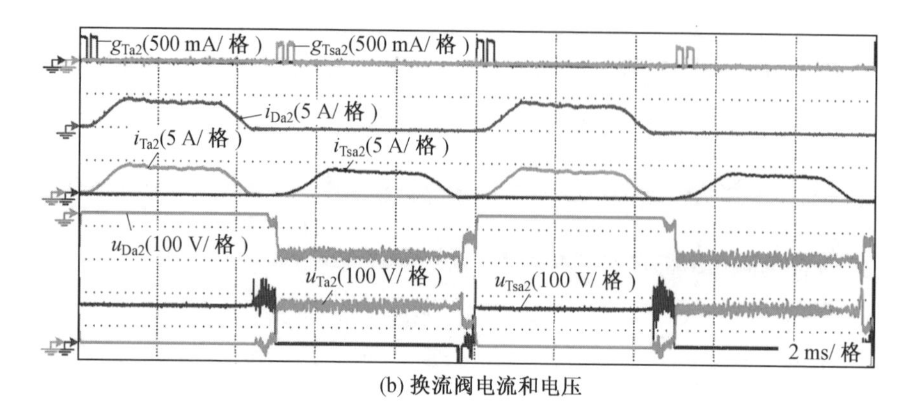

(b) 换流阀电流和电压

续图 9.12

9.3 等流型高变压比 CET 拓扑

9.3.1 混合等流型高变压比 CET 拓扑

混合等流型高变压比 CET 拓扑相电路结构如图 9.13 所示。在并联充电阶段，换流阀 T_{jn} 和 D_{jn} 导通，流过各换流阀的电流相等，为两个桥臂电流之和(只有流过 D_{jM} 的电流等于一个桥臂电流)。在串联放电阶段，换流阀 T_{jn} 和 D_{jn} 阻断，阻断电压为第 1 ~ n 个桥臂的电压之和。因此，混合等流型拓扑中换流阀 T_{jn} 和 D_{jn} 能够实现均流，但越靠近高压侧的换流阀阻断电压越大。

表 9.3 汇总了混合等流型拓扑和混合等压型拓扑的换流阀电流幅值和阻断电压。从表中可知，两种拓扑对换流阀器件选型要求不同。混合等压型拓扑换流阀阻断电压相等、电流幅值不等，换流阀额定平均电流需按照最大电流幅值选型，换流阀串联器件个数相同。而混合等流型拓扑换流阀电流幅值相等、阻断电压不等，换流阀可选择额定平均电流较小的器件，但越靠近高压侧的换流阀串联器件个数越多。

混合等流型拓扑的运行原理与混合等压型拓扑完全相同，两种拓扑的桥臂数量、桥臂子模块个数和桥臂电流均一致，因此损耗差异只与换流阀导通损耗有关。混合等流型拓扑中二极管和晶闸管器件的总导通损耗 P_{D_C} 和 P_{T_C} 可分别表示为

$$P_{D\_C}=\left[\frac{8M^2}{4M+1}U_{Dth}+\frac{16M^2-8M}{(4M+1)^2}\xi I_M R_{Dth}\right]\frac{P}{\lambda U_D} \tag{9.34}$$

$$P_{T\_C}=\left[\frac{8M^2}{4M+1}U_{Tth}+\frac{16M^2}{(4M+1)^2}\xi I_M R_{Tth}\right]\frac{P}{\lambda U_T} \tag{9.35}$$

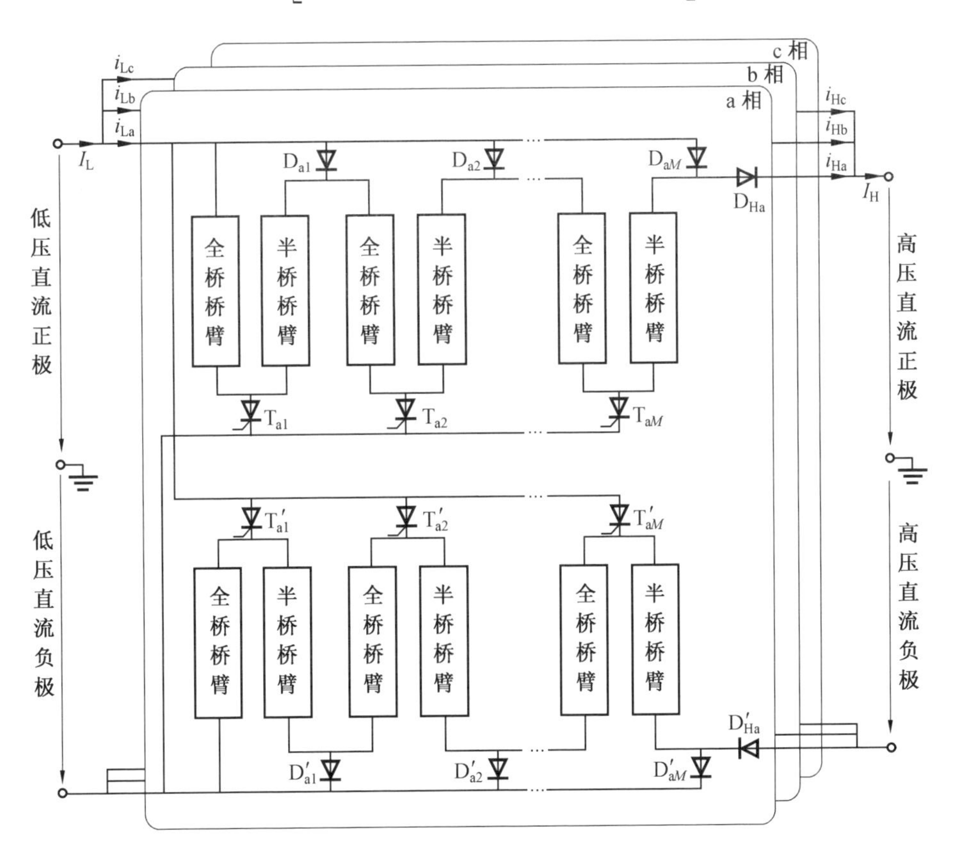

图 9.13　混合等流型高变压比 CET 拓扑相电路结构

表 9.3　混合等流型拓扑和混合等压型拓扑的换流阀电流幅值和阻断电压

参数	混合等流型拓扑换流阀	混合等压型拓扑换流阀
T_{jn} 电流幅值	$(I_L-I_H)/(2M)$	$\frac{I_L-I_H}{2M}(M-n+1)$
D_{jn} 电流幅值	$\begin{cases}(I_L-I_H)/(2M),1\leqslant n<M\\(I_L-I_H)/(4M),n=M\end{cases}$	$\frac{I_L-I_H}{4M}(2M-2n+1)$
T_{jn} 阻断电压	$n(U_H-U_L)/M$	$(U_H-U_L)/M$
D_{jn} 阻断电压	$n(U_H-U_L)/M$	$(U_H-U_L)/M$

然而，由于两种拓扑中换流阀的额定平均电流不同，器件的导通电阻和导通压降等特性均不相同，无法直接对比。通过比较额定电压相同、额定平均电流不同的二极管和晶闸管可知，器件的导通电阻与额定平均电流近似为反比例关系，而导通压降相差不大。例如，在第 8 章仿真工况中，对于混合等压型拓扑，二极管和晶闸管的最大平均电流分别为 0.9 kA 和 1.2 kA，二极管的选型为 D1481N68T(6.8 kV/1.59 kA)，晶闸管的选型为 T1601N36TOF(3.6 kV/1.9 kA)，导通电阻和导通压降分别为 0.346 mΩ、0.25 mΩ 和 0.812 V、0.825 V。对于混合等流型拓扑，二极管和晶闸管的平均电流为 0.6 kA，可选用型号为 D711N68T(6.8 kV/0.79 kA) 的二极管和型号为 T901N36TOF (3.6 kV/0.94 kA) 的晶闸管，其导通电阻和导通压降分别为 0.75 mΩ、0.5 mΩ 和0.85 V、0.9 V。二极管和晶闸管在额定平均电流减小一半时，导通电阻均增加 2 倍左右，导通压降略微增大。因此，本节假设混合等流型拓扑中，换流阀所使用器件的导通电阻是混合等压型拓扑换流阀的 2 倍，导通压降和额定电压均相同，可得两种拓扑的晶闸管总导通损耗 P_{T_C}、二极管总导通损耗 P_{D_C} 和换流阀总导通损耗 P_{V_C} 分别与桥臂数量的关系曲线图，如图 9.14 所示，图中各损耗以额定功率 P 为基准值进行标幺处理，桥臂数量代表的是相正极电路的总桥臂数目。

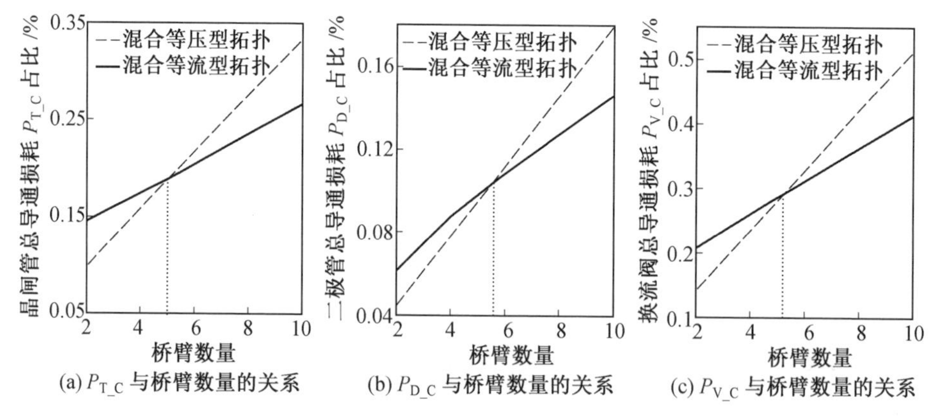

(a) P_{T_C} 与桥臂数量的关系　(b) P_{D_C} 与桥臂数量的关系　(c) P_{V_C} 与桥臂数量的关系

图 9.14　混合等流型拓扑和混合等压型拓扑 P_{T_C}、P_{D_C} 和 P_{V_C} 与桥臂数量的关系曲线

从图 9.14 中可以看出，当桥臂数量大于等于 6 时，混合等流型拓扑的换流阀总导通损耗较小，而当桥臂数量小于 6 时，混合等压型拓扑的总导通损耗较小。因此，当变比 k 小于 13 时，应选用混合等压型拓扑，换流阀的总导通损耗较小，反

之适宜选用混合等流型拓扑。此外，不同厂商和不同电压、电流应力的器件导通压降和导通电阻差异较大，这些会影响图 9.14 中的曲线交点，两种拓扑的适用范围需要结合实际应用场景和器件特性具体分析。

9.3.2 半桥等流型高变压比 CET 拓扑

半桥等流型高变压比 CET 拓扑相电路结构如图 9.15 所示。在并联充电阶段，换流阀 T_{jn} 和 D_{jn} 导通，流过各换流阀的电流均与桥臂电流相等。在串联放电阶段，换流阀 T_{jn} 和 D_{jn} 阻断，阻断电压为第 $1\sim n$ 个桥臂的电压之和。因此，半桥等流型拓扑中换流阀 T_{jn} 和 D_{jn} 电流相等，但越靠近高压侧的换流阀阻断电压越大。该拓扑运行原理与半桥等压型拓扑相同，本节亦不再赘述。

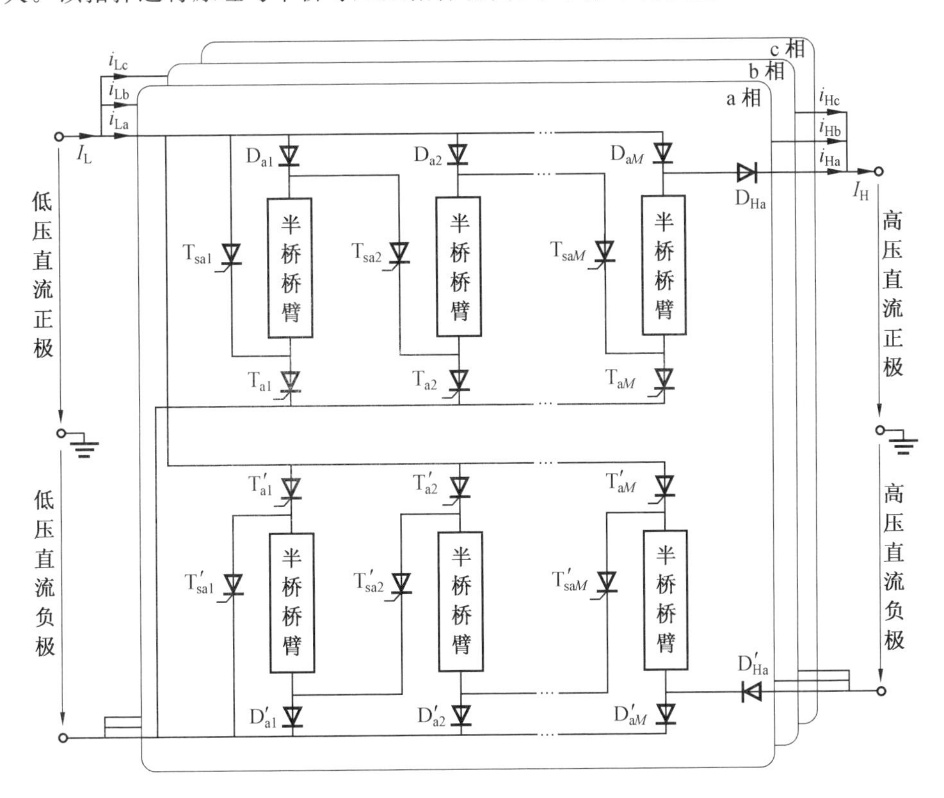

图 9.15　半桥等流型高变压比 CET 拓扑相电路结构

与混合等流型拓扑类似，半桥等流型拓扑相较于半桥等压型拓扑，亦更适用于变比较高的应用场景。但由于半桥型拓扑随着变比升高，桥臂关断电压显著增大，因此半桥等流型拓扑的应用场景相对受限。

本章参考文献

[1] WEEKES T, KIRBY N, BARKER C, et al. HVDC connecting to the future[M]. Paris: Alstom Grid, 2010.

第10章

多输入端口高变压比CET拓扑

本章针对当前多个海上风电场集中汇集与送出的需求，在第8章的基础上进行拓展，提出含有多个输入端口的高变压比CET拓扑。以两输入端口为例，介绍拓扑多相电路波形交错和桥臂串、并联切换的运行原理，并给出参数设计方法。在此基础上，构造出伪双极多输入端口高变压比CET拓扑，并进行仿真与实验验证。最后，针对海上风电场的启动需求，分别提出通过高压端口或低压端口进行启动的方法，并进行仿真验证。

10.1　多输入端口 DC/DC 变换器概述

受生态、航道、渔业等因素限制，我国海洋局对单个海上风电场的海域面积有明确约束[1]，因此大规模海上风电场群通常由多个分布的海上风电场组成。对于全直流海上风电场，这意味着需要多个高变压比 DC/DC 变换器及海上平台。图 10.1 所示为多台高变压比 DC/DC 变换器海上风电场示意图，其中各海上平台均需按高压直流等级进行绝缘设计，平台体积重量较大，造价较为高昂。

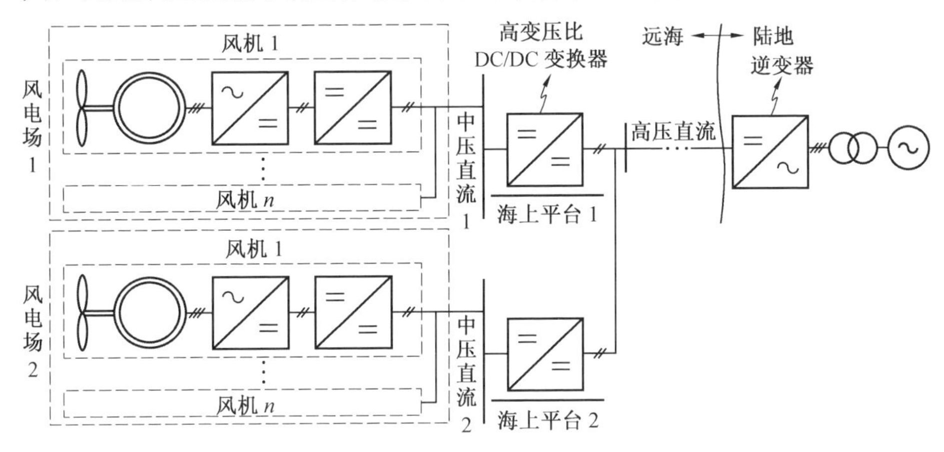

图 10.1　多台高变压比 DC/DC 变换器海上风电场示意图

为解决这一问题，可采用含有多个输入端口的高变压比 DC/DC 变换器对多个全直流海上风电场进行集中汇集与送出[2]，从而减少海上平台数目。图 10.2 所示为两输入端口高变压比 DC/DC 变换器海上风电场示意图，同时连接两个海上风电场的直流汇集线路，通过集中控制实现两个输入端口的功率或电压调控，能够复用部分元器件，更具技术经济性。

在传统高压大容量 DC/DC 变换器拓扑的基础上，通过复用部分元器件，能够构造出多输入端口 DC/DC 变换器拓扑[3-4]。图 10.3(a) 所示为面对面型多输入端口 DC/DC 变换器拓扑，该拓扑采用三个 DC/AC 电路通过公共交流环节互

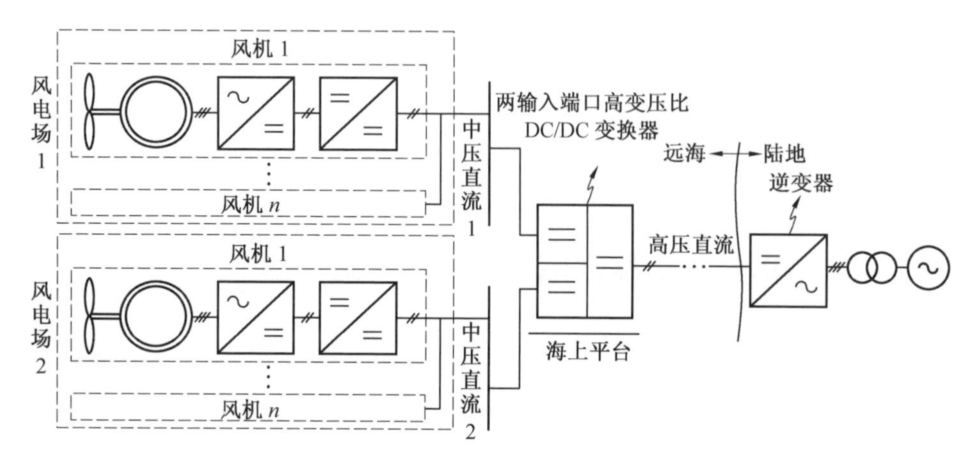

图 10.2　两输入端口高变压比 DC/DC 变换器海上风电场示意图

联，交流环节可采用两个交流变压器或一个三绕组交流变压器实现升压变换。图 10.3(b) 所示为自耦型多输入端口 DC/DC 变换器拓扑，该拓扑采用三个子电路串联连接，得到两个输入端口[5-6]，三者交流环节通过交流变压器或通过注入交流电压与电流，来维持各子电路的功率平衡。通过增加串联子电路个数，理论上可以拓展得到更多的输入端口。但由于自耦型拓扑各直流端口的电压等级要依次升高，并不适用于多个相同电压等级海上风电场的汇集升压场景。因此，本章针对海上风电场等大规模新能源直流升压汇集，基于 CET 原理研究包含多个输入端口的 DC/DC 变换器拓扑。

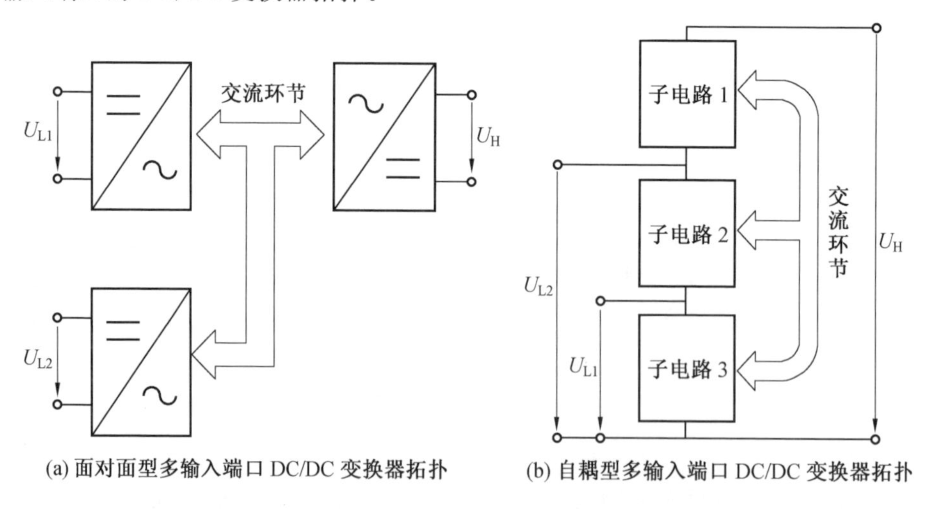

图 10.3　多输入端口高变压比 DC/DC 变换器拓扑

10.2　多输入端口高变压比 CET 拓扑

前面章节中所提到的高变压比 CET 拓扑及其衍化拓扑均只含有输入、输出两个直流端口，通常采用三相电路结构，在一个运行周期内，每相桥臂并、串联切换，交替连接至输入和输出端口完成能量转移，因此任意时刻总有一相桥臂并联接入输入端口，另外一相桥臂串联接入输出端口，分别控制输入、输出直流电流平滑连续，同时第三相桥臂则用于换流控制。基于此原理，当高变压比 DC/DC 变换器拓扑需要 m 个输入端口时，可设计 $m+2$ 相电路，并保证各相电路波形交错设计，实现各输入、输出端口直流电流的平滑连续。另外，多个输入端口之间的功率控制可保持相互独立，避免某个端口的故障影响其他端口的正常运行。本节以第 8.2 节所提高变压比 CET 拓扑为例，介绍包含多个输入端口情况下的拓扑设计。

10.2.1　多输入端口高变压比 CET 拓扑结构与运行原理

包含两个输入端口($m=2$)的高变压比 CET 拓扑电路结构如图 10.4 所示，其两个输入端口可分别连接两个相同电压等级的风电直流汇集系统，两个低压端口的直流电压分别为 U_{L1} 和 U_{L2}($U_{L1}=U_{L2}=U_L$)。该拓扑包含四相结构相同的电路($j=a,b,c,d$)，每相电路由 M 个全桥桥臂、M 个半桥桥臂、M 个晶闸管换流阀 T_{jn}、$M-1$ 个二极管换流阀 $D_{j(n-1)}$、三个换流阀 T_{jL1}、T_{jL2} 和 D_{jH} 组成($n=1,2,\cdots,M$)。半桥桥臂和全桥桥臂依次相连，第 1 个半桥桥臂靠近低压端口，第 M 个全桥桥臂靠近高压端口。I_{L1} 和 I_{L2} 分别为低压端口 1、2 的电流，U_H 和 I_H 分别为高压端口的直流电压和电流，i_{L1j}、i_{L2j} 和 i_{Hj} 分别为低压端口 1、2 以及高压端口的相电流，u_{Hjn}、i_{Hjn} 和 u_{Fjn}、i_{Fjn} 分别为第 n 个半桥桥臂和全桥桥臂的电压和电流。

拓扑有两个低压端口和一个高压端口，任意时刻需要一相桥臂并联接入低压端口 1、一相桥臂并联接入低压端口 2、一相桥臂串联接入高压端口，分别支撑各端口电压并调控各端口电流。为避免桥臂持续接入低压端口充电或高压端口放电，还需要另一相桥臂来换流。通过设计四相交错 90°(即 $2\pi/(m+2)$)的梯形波电流，能够在各个端口合成平滑连续的直流电流。此外，在一个运行周期内，桥臂吸收与释放的能量要保持相等，因此每相桥臂要先后并联接入两个低压端口吸收能量，再串联接入高压端口释放能量。每相桥臂电流波形含有三个梯形波，四相共有 12(即$(m+1)(m+2)$) 个梯形波，拓扑每个工作周期需要换流 12 次，其中换流阶段和恒流阶段依次出现 12 次，$T=12(T_c+T_h)$。

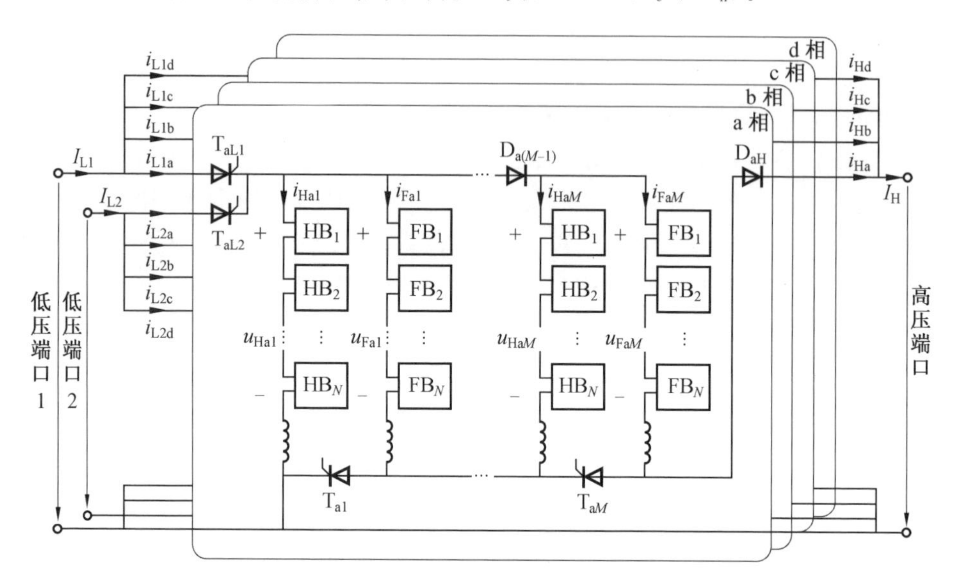

图 10.4　两输入端口高变压比 CET 拓扑电路结构

为使两个低压端口彼此保持独立工作、互不影响，可在各低压端口处配置换流阀 T_{jL1} 和 T_{jL2} 来承担端口间的电压差。在任意时刻仅令一个换流阀导通，即便某个端口电压出现变化甚至发生故障，阻断的换流阀也能够保证两个端口之间是隔离的，不影响另一个端口的正常运行。

图 10.5 所示为一个运行周期 T 内三个端口相电流的运行波形以及换流阀 T_{jL1}、T_{jL2} 的门极触发信号。三个端口的四相梯形波电流交错 90°，低压端口 1 的相电流 i_{L1j} 呈幅值为 I_{L1} 的梯形波，低压端口 2 的相电流 i_{L2j} 呈幅值为 I_{L2} 的梯形波，高压端口的相电流 i_{Hj} 呈幅值为 I_H 的梯形波。通过交错设计，三个端口的各相电流之和分别得以保持为 I_{L1}、I_{L2} 和 I_H。换流阀 T_{jL1} 在各相桥臂接入低压端口 1 被触发，T_{jL2} 在各相桥臂接入低压端口 2 时被触发。当某个低压端口发生故障时，闭锁该端口换流阀的触发信号可隔离故障。

在一个运行周期内，各相桥臂通过并、串联切换交替接入三个端口充、放电，因此有低压端口 1 并联充电、高压端口串联放电和低压端口 2 并联充电三个阶段。以 a 相为例，电流路径如图 10.6 所示。接下来以第 n 个半桥桥臂、全桥桥臂和换流阀为例，详细介绍其工作原理，相应波形如图 10.7 所示。

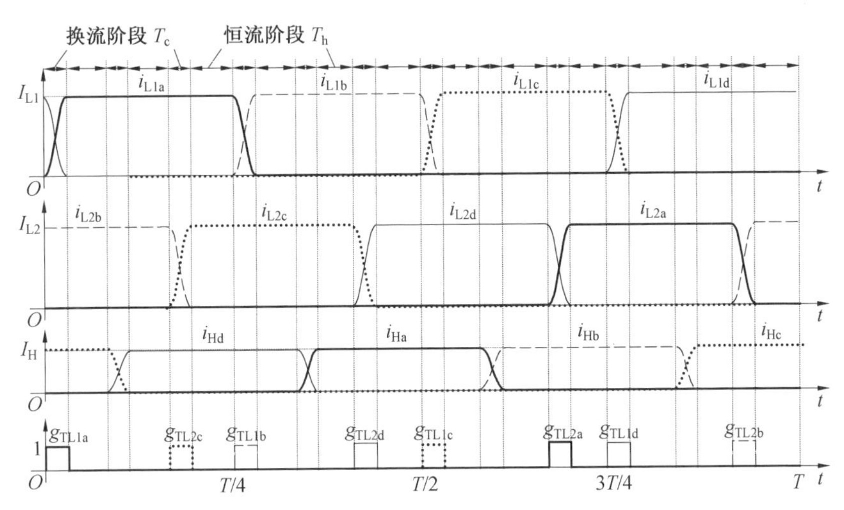

图 10.5　各端口相电流的运行波形以及换流阀 T_{jL1}、T_{jL2} 的门极触发信号

(1) 低压端口 1 并联充电阶段$[t_0, T/3]$。

为使 $2M$ 个桥臂并联接入低压端口 1 充电，在 t_0 时刻，调节各桥臂电压 u_{Fan} 和 u_{Han} 略低于U_L，触发换流阀 T_{aL1} 和 T_{an}，电流路径如图 10.6(a) 所示。由于换流阀 T_{aL2} 处于阻断状态，可隔离低压端口 2。在$[t_0, t_1]$时段，将各桥臂电流 i_{Fan} 和 i_{Han} 控制成方向相同、幅值均为 $I_{L1}/(2M)$ 的梯形波，低压端口 1 电流 I_{L1} 得以被均分。在$[t_1, T/3]$时段，桥臂和换流阀电流降为零，先调节第一个半桥桥臂电压高于低压端口 1 以及各全桥桥臂电压高于半桥桥臂，保证换流阀 T_{aL1} 和 T_{an} 均能够承受持续 t_q 时长的反压 U_R 而可靠关断，再将全桥桥臂电压极性翻转、半桥桥臂电压极性保持不变，大小均转换至 $U_H/(2M)$，为换流阀 D_{aH} 创造低电压导通条件。

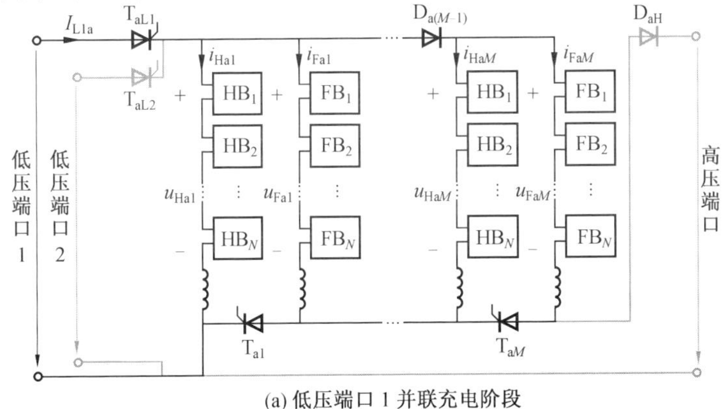

(a) 低压端口 1 并联充电阶段

图 10.6　多端口高变压比 CET 拓扑相电路的电流路径

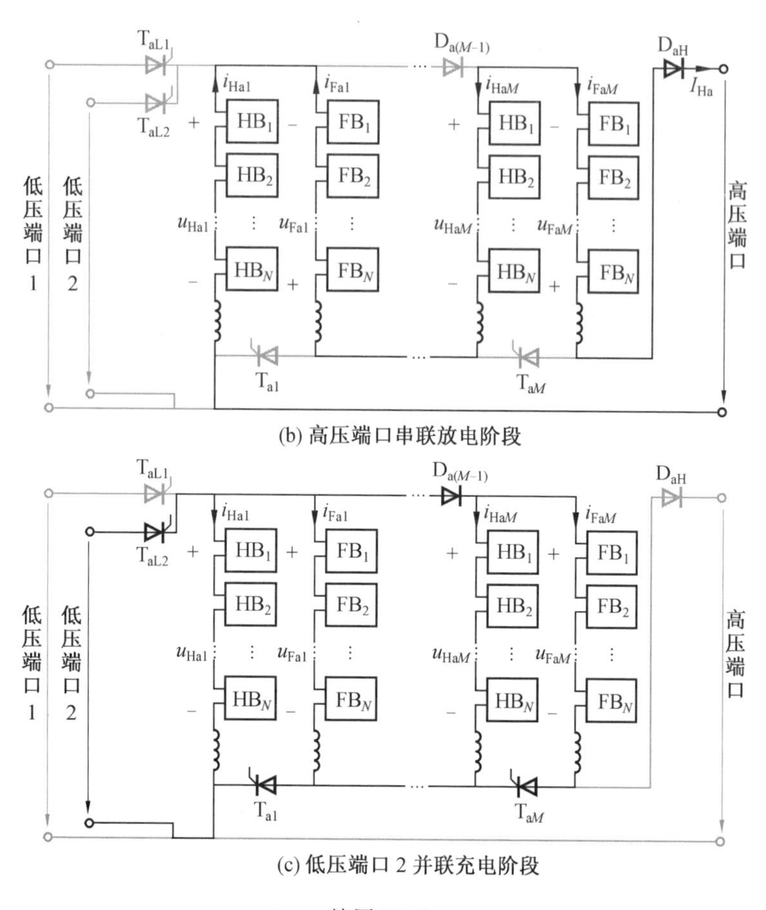

(b) 高压端口串联放电阶段

(c) 低压端口 2 并联充电阶段

续图 10.6

在这一阶段，$2M$ 个桥臂支撑低压端口 1 并均分端口电流，桥臂电流平均导通 $T/4$ 周期，因此各桥臂从低压端口 1 吸收的能量可由功率积分得到，即

$$\Delta E_{\text{charge1}}=\int_0^{T/3}u_{\text{Fa}n}i_{\text{Fa}n}\,\mathrm{d}t=\int_0^{T/3}u_{\text{Ha}n}i_{\text{Ha}n}\,\mathrm{d}t=\frac{P_1T}{8M}\tag{10.1}$$

式中，P_1 为低压端口 1 的额定传输功率，$P_1=U_\text{L}I_\text{L1}$。

(2) 高压端口串联放电阶段[$T/3$,$2T/3$]。

为确保 $2M$ 个桥臂串联接入高压端口放电，在 $T/3$ 时刻，调节各桥臂电压 $u_{\text{Fa}n}$ 和 $u_{\text{Ha}n}$ 的大小略高于 $U_\text{H}/(2M)$，电流路径如图 10.6(b) 所示，高压端口电压由各桥臂共同承担。在这一阶段，保持换流阀 T_{aL1} 和 T_{aL2} 处于阻断状态，可隔离低压端口。在[$T/3$,t_3]时段，桥臂电流 $i_{\text{Fa}n}$ 和 $i_{\text{Ha}n}$ 被控制成方向相反、幅值均为 I_H 的梯形波。在[t_3,$2T/3$]时段，逐渐转换桥臂电压将 $\text{T}_{\text{a}n}$、$\text{D}_{\text{a}(n-1)}$ 两端电压调节至零。

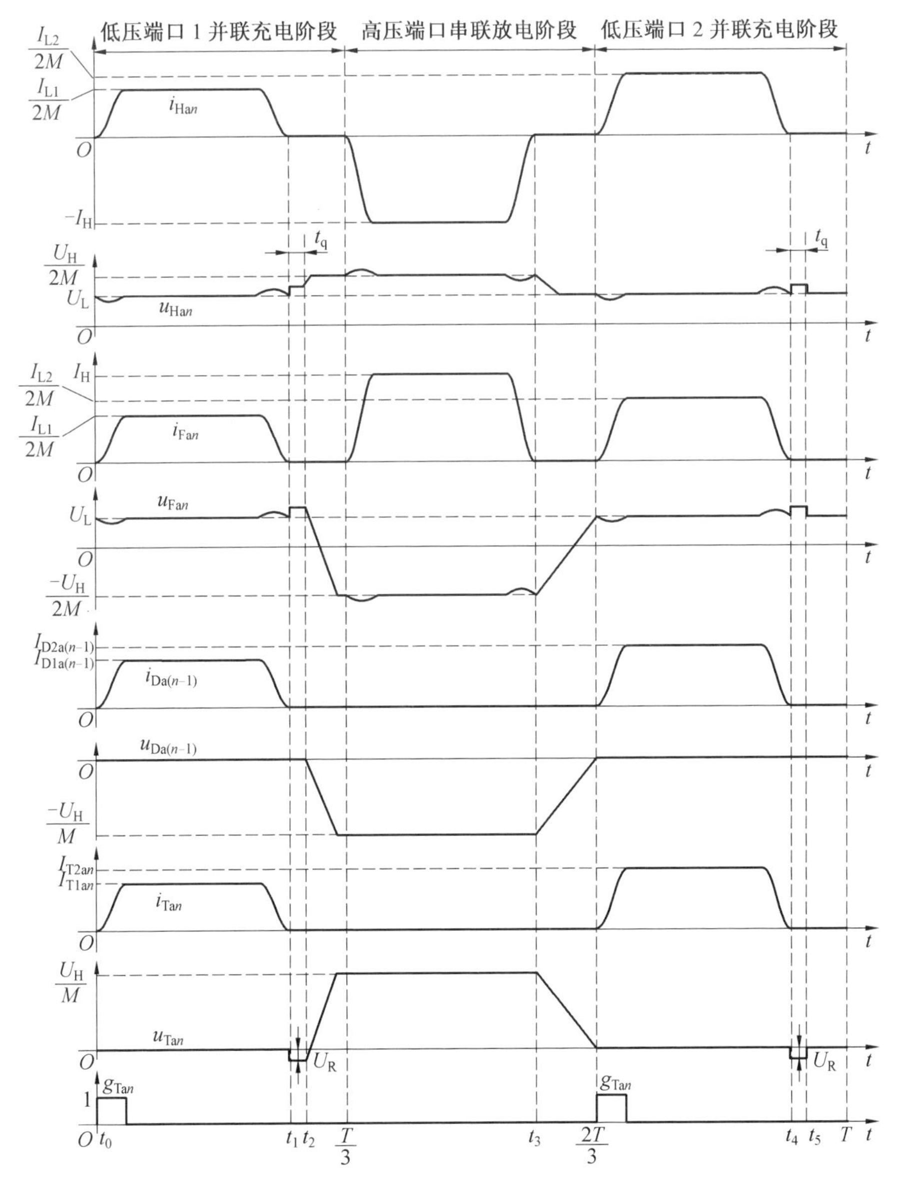

图 10.7　多输入端口高变压比 CET 拓扑桥臂和换流阀运行原理波形

在这一阶段，桥臂电流同样导通 $T/4$ 周期，各桥臂向高压端口释放的能量可表示为

$$\Delta E_{\text{discharge}}=\int_{T/3}^{2T/3}u_{\text{Fa}n}i_{\text{Fa}n}\,\mathrm{d}t=\int_{T/3}^{2T/3}u_{\text{Ha}n}i_{\text{Ha}n}\,\mathrm{d}t=-\frac{PT}{8M}\tag{10.2}$$

式中，P 为拓扑向高压端口传输的额定功率，$P=U_{\mathrm{H}}I_{\mathrm{H}}$。

(3) 低压端口2并联充电阶段$[2T/3, T]$。

桥臂在本阶段的运行原理与低压端口1并联充电阶段相同，通过触发换流阀 $\mathrm{T}_{\mathrm{aL2}}$ 和 T_{an}，可使 $2M$ 个桥臂并联至低压端口2充电，电流路径如图10.6(c)所示。梯形波电流幅值被控制为 $I_{\mathrm{L2}}/(2M)$，其他换流过程不再赘述。

在这一阶段，各桥臂从低压端口2吸收的能量为

$$\Delta E_{\mathrm{charge2}}=\int_{2T/3}^{T}u_{\mathrm{F}an}i_{\mathrm{F}an}\mathrm{d}t=\int_{2T/3}^{T}u_{\mathrm{H}an}i_{\mathrm{H}an}\mathrm{d}t=\frac{P_2T}{8M} \tag{10.3}$$

式中，P_2 为低压端口2的额定传输功率，$P_2=U_{\mathrm{L2}}I_{\mathrm{L2}}$，忽略拓扑的功率损耗则有 $P=P_1+P_2$，即 $U_{\mathrm{H}}I_{\mathrm{H}}=U_{\mathrm{L1}}I_{\mathrm{L1}}+U_{\mathrm{L2}}I_{\mathrm{L2}}$。

根据式(10.1)～(10.3)可知，各桥臂在一个运行周期内从低压端口1、2吸收的能量等于向高压端口释放的能量，桥臂保持能量平衡，拓扑能够稳定运行。

在运行控制方面，参考第8.2.4节，多输入端口高变压比CET拓扑需要控制两个低压端口电压稳定和拓扑能量平衡，因而分别将两个并联充电阶段的外环控制目标设为两个端口的电压，将串联放电阶段的外环控制目标设为能量平衡，外环控制器输出作为桥臂电流内环控制的参考幅值，将内环控制器输出的电压参考信号送入调制策略模块，可得到子模块开关信号，此外晶闸管控制逻辑与第8.2.4节相似。

10.2.2 多输入端口高变压比CET拓扑参数设计

(1) 储能桥臂参数。

在两个并联充电阶段，$2M$ 个桥臂先后接入低压端口1、2，桥臂电压应匹配端口电压 U_{L}。在串联放电阶段，$2M$ 个桥臂串联接入高压端口，桥臂电压应匹配 $U_{\mathrm{H}}/(2M)$。可见多输入端口高变压比CET拓扑的桥臂电压与高变压比CET拓扑相同，因此 N 和 M 的设计公式可参考式(8.1)和式(8.2)。

含两个输入端口的多输入端口高变压比CET拓扑中半桥子模块和全桥子模块个数均为 $2U_{\mathrm{H}}/U_{\mathrm{C}}$，IGBT器件的总数量为 $12U_{\mathrm{H}}/U_{\mathrm{C}}$。相比于两个高变压比CET拓扑，可节省 $6U_{\mathrm{H}}/U_{\mathrm{C}}$ 个IGBT器件。

桥臂电流在串联放电阶段的幅值为 I_{H}，在两个并联充电阶段的幅值分别为 $I_{\mathrm{L1}}/(2M)$ 和 $I_{\mathrm{L2}}/(2M)$。因此，子模块中IGBT器件的电流应力由 $\max[I_{\mathrm{H}}, I_{\mathrm{L1}}/(2M), I_{\mathrm{L2}}/(2M)]$ 决定。

在每个运行周期内，子模块电容吸收低压端口1、2的能量，再将吸收的能量释放至高压端口。因此，电容电压峰峰值波动可通过释放的能量求解，有

$$\Delta E_{\mathrm{discharge}}=NCU_{\mathrm{C}}^2\varepsilon \tag{10.4}$$

将式(10.2)代入式(10.4)，可得子模块电容容值应满足

$$C=\frac{P}{8MNU_{\mathrm{C}}^{2}f\varepsilon} \tag{10.5}$$

(2) 换流阀参数设计。

如图10.7所示，在一个运行周期内，换流阀 T_{jn} 和 $\mathrm{D}_{j(n-1)}$ 导通两次。接入低压端口1时，流过换流阀的电流幅值分别为 $I_{\mathrm{T}_{1jn}}$ 和 $I_{\mathrm{D}_{1j(n-1)}}$，接入低压端口2时分别为 $I_{\mathrm{T}_{2jn}}$ 和 $I_{\mathrm{D}_{2j(n-1)}}$。四个电流幅值可分别表示为

$$I_{\mathrm{D}_{1j(n-1)}}=\frac{I_{\mathrm{L1}}(M-n+1)}{M} \tag{10.6}$$

$$I_{\mathrm{T}_{1jn}}=\frac{I_{\mathrm{L1}}(2M-2n+1)}{2M} \tag{10.7}$$

$$I_{\mathrm{D}_{2j(n-1)}}=\frac{I_{\mathrm{L2}}(M-n+1)}{M} \tag{10.8}$$

$$I_{\mathrm{T}_{2jn}}=\frac{I_{\mathrm{L2}}(2M-2n+1)}{2M} \tag{10.9}$$

四相电路交错90°，换流阀每次导通的时间占运行周期的1/4，则流过换流阀 T_{jn} 和 $\mathrm{D}_{j(n-1)}$ 的平均电流可分别表示为

$$I_{\mathrm{avg-D}_{j(n-1)}}=\frac{(I_{\mathrm{L1}}+I_{\mathrm{L2}})(M-n+1)}{4M} \tag{10.10}$$

$$I_{\mathrm{avg-T}_{jn}}=\frac{(I_{\mathrm{L1}}+I_{\mathrm{L2}})(2M-2n+1)}{8M} \tag{10.11}$$

对于与各端口直接连接的换流阀 $\mathrm{T}_{j\mathrm{L1}}$、$\mathrm{T}_{j\mathrm{L2}}$ 和 $\mathrm{D}_{j\mathrm{H}}$，其电流等于各端口相电流，如图10.5所示，因此流过三个换流阀的平均电流分别为 $I_{\mathrm{L1}}/4$、$I_{\mathrm{L2}}/4$ 和 $I_{\mathrm{H}}/4$。在换流阀器件选型时，晶闸管的额定平均电流应大于 T_{jn}、$T_{j\mathrm{L1}}$ 和 $T_{j\mathrm{L2}}$ 平均电流中的最大值，二极管的额定平均电流应大于 D_{jn} 和 $\mathrm{D}_{j\mathrm{H}}$ 平均电流中的最大值。

换流阀 T_{jn} 和 $\mathrm{D}_{j(n-1)}$ 在串联放电阶段承受阻断电压 U_{H}/M，则需要串联的晶闸管或二极管的个数为

$$N_{\mathrm{D}_{j(n-1)}/\mathrm{T}_{jn}}=\frac{U_{\mathrm{H}}}{\lambda MU_{\mathrm{B}}} \tag{10.12}$$

在两个并联充电阶段，换流阀 $\mathrm{D}_{j\mathrm{H}}$ 均承受阻断电压 U_{H}。换流阀 $\mathrm{T}_{j\mathrm{L1}}$ 和 $\mathrm{T}_{j\mathrm{L2}}$ 承受两个低压端口的电压差，考虑故障隔离功能，$\mathrm{T}_{j\mathrm{L1}}$ 和 $\mathrm{T}_{j\mathrm{L2}}$ 的阻断电压应按照 U_{L} 设计，因此换流阀 $\mathrm{D}_{j\mathrm{H}}$、$\mathrm{T}_{j\mathrm{L1}}$ 和 $\mathrm{T}_{j\mathrm{L2}}$ 所需串联的器件数量为

$$N_{\mathrm{D}_{j\mathrm{H}}}=\frac{U_{\mathrm{H}}}{\lambda U_{\mathrm{B}}} \tag{10.13}$$

$$N_{\mathrm{T}_{j\mathrm{L1}}}=N_{\mathrm{T}_{j\mathrm{L2}}}=\frac{U_{\mathrm{L}}}{\lambda U_{\mathrm{B}}} \tag{10.14}$$

10.3 伪双极多输入端口高变压比 CET 拓扑

10.3.1 伪双极多输入端口高变压比 CET 拓扑结构与运行原理

考虑到全直流海上风电场在实际工程中的应用，参照第 8.3 节的伪双极拓扑，可将两个单极多输入端口高变压比 CET 拓扑拓展为伪双极结构，得到的拓扑电路结构如图 10.8 所示，其主要特点是低压端口能够与各相桥臂共同串联接入高压端口放电。为了令低压端口 1 直接参与串联放电，相比于单极拓扑，换流阀 T_{jL1} 需要额外在串联放电阶段触发一次，低压端口 1 的相电流 i_{L1j} 包含两个幅值分别为 $I_{L1}-I_H$ 和 I_H 的梯形波，伪双极拓扑中各端口相电流的运行波形以及换流阀 T_{jL1}、T_{jL2} 的门极触发信号如图 10.9 所示。

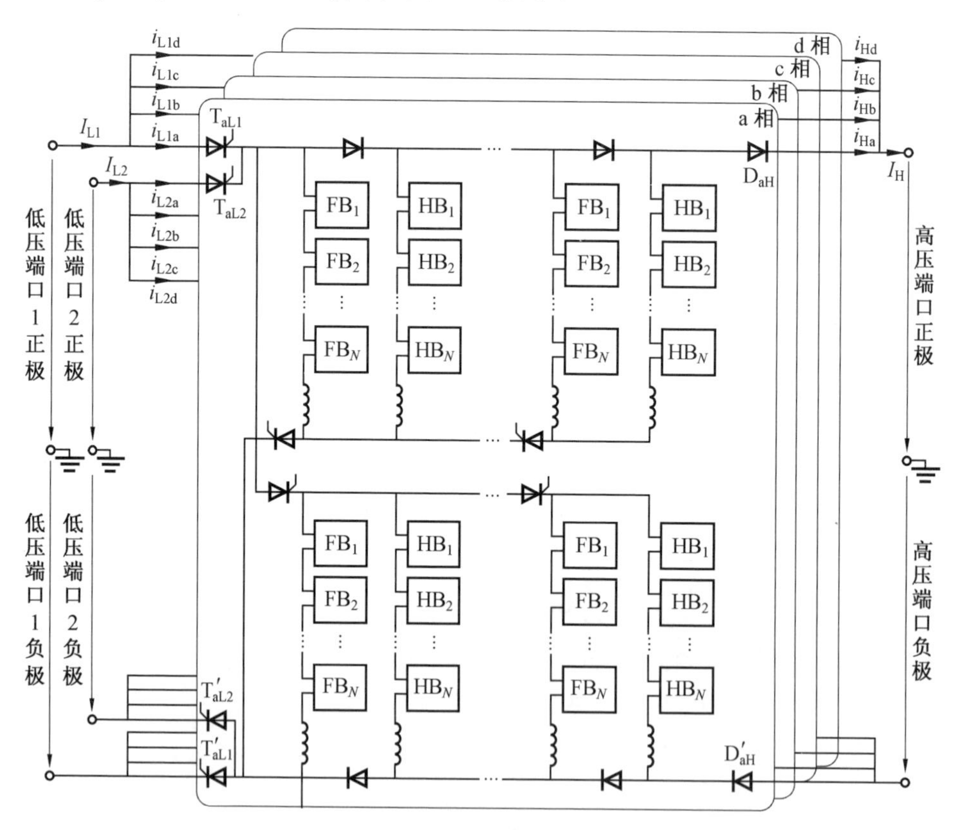

图 10.8 伪双极多输入端口高变压比 CET 拓扑电路结构

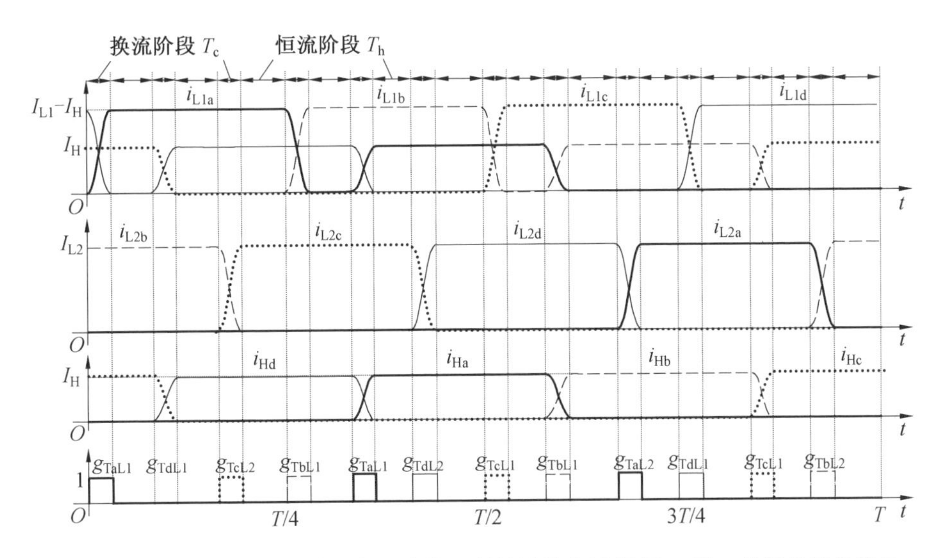

图 10.9　伪双极拓扑中各端口相电流的运行波形及换流阀 T_{jL1}、T_{jL2} 的门极触发信号

伪双极拓扑中各相桥臂的运行原理与单极拓扑相同，各相桥臂串、并联切换交替接入三个端口充、放电，以 a 相正极第 n 个全桥、半桥桥臂和换流阀为例，原理波形如图 10.10 所示。与单极拓扑的不同之处在于，在$[T/3,2T/3]$时段，低压端口 1 可与桥臂串联共同接入高压端口放电，因而各桥臂在高压端口串联放电阶段需要承担的电压略有减小，在低压端口 1 并联充电阶段需要均分的电流同样有所降低。此外，由于换流阀 T_{aL1} 需要在高压端口串联放电阶段导通，在串联放电阶段结束时，即$[t_3,t_4]$时段，各桥臂需要减小电压以保证换流阀 T_{aL1} 可靠关断。

伪双极多输入端口高变压比 CET 拓扑的储能桥臂和换流阀参数设计方法与第 10.2.2 节相似，本节不再赘述。

10.3.2　伪双极多输入端口高变压比 CET 拓扑仿真分析

为模拟两个海上风电场集中送出的应用场景，本小节搭建了伪双极多输入端口高变压比 CET 拓扑的仿真模型。特别地，为验证拓扑的端口隔离功能，两个海上风电场的汇集电压略有不同，其中一个海上风电场的低压汇集电压和装机容量为 ±20 kV/300 MW，另外一个风电场的工况与第 8.3 节仿真工况相同，低压汇集电压和装机容量为 ±25 kV/400 MW。高压端口电压等级为 ±250 kV。根据第 10.2.2 节参数设计方法，仿真模型中正极和负极电路都有两个全桥桥臂和两个半桥桥臂，每个桥臂包含 42 个额定电压为 2 kV 的子模块，详细仿真参数见表 10.1。

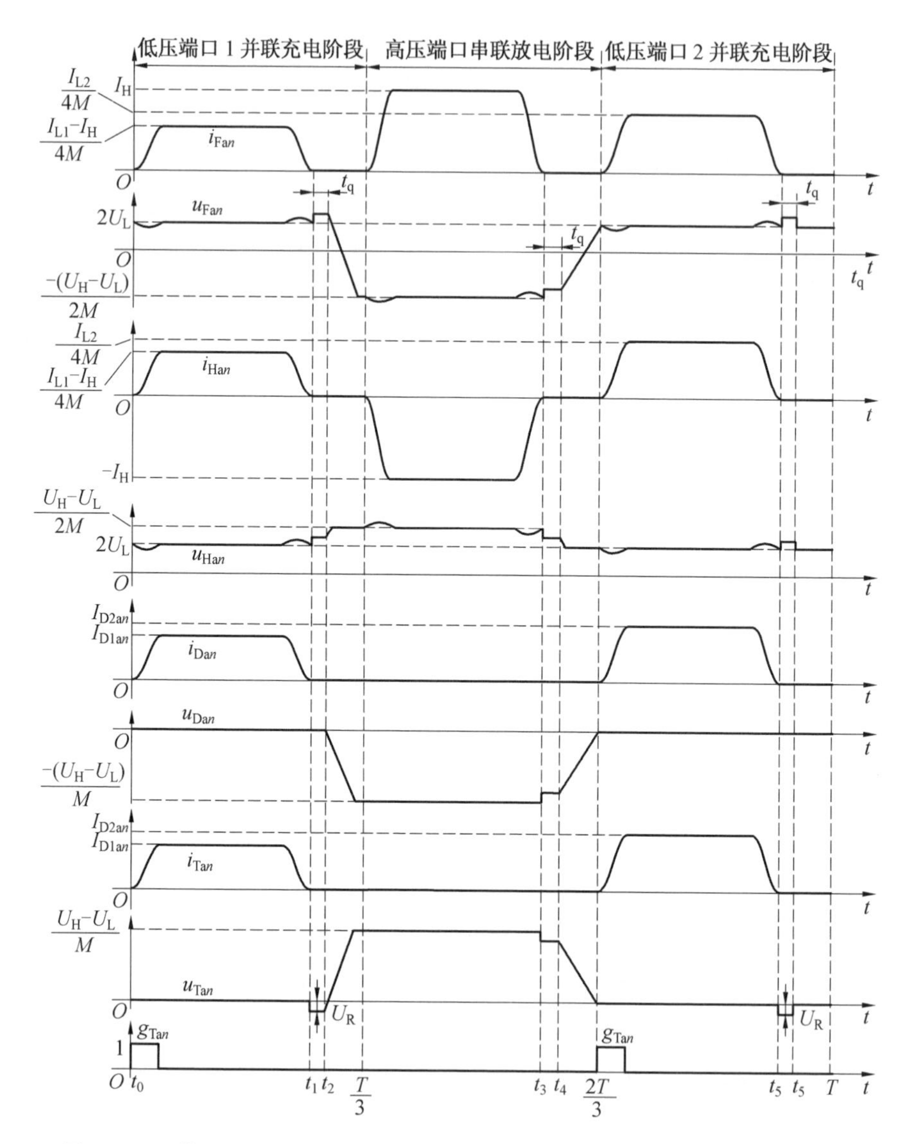

图 10.10　伪双极多输入端口高变压比 CET 拓扑桥臂和换流阀运行原理波形

表 10.1　伪双极多输入端口高变压比 CET 拓扑仿真参数

拓扑参数	数值
低压端口 1 额定传输功率 P_1/MW	300
低压端口 2 额定传输功率 P_2/MW	400
高压端口额定传输功率 P/MW	700
低压端口 1 双极电压 $\pm U_{L1}$/kV	±20
低压端口 2 双极电压 $\pm U_{L2}$/kV	±25
高压端口双极电压 $\pm U_H$/kV	±250
半桥桥臂和全桥桥臂数 M	2
每个桥臂子模块数 N	42
子模块电容额定电压 U_C/kV	2
子模块电容值 C/mF	12.5
桥臂电感值 L/mH	5
运行频率 f/Hz	100
载波频率 f_c/Hz	440

如图 10.11(a) 所示，在[0 s,0.05 s] 时段，两个风电场的传输功率均从零逐渐上升至额定值，在[0.05 s,0.2 s] 时段，拓扑进入稳态运行，两个低压端口的功率维持在 300 MW 和 400 MW。图 10.11(b) 所示为两个低压端口和高压端口的极间电压，分别稳定在 40 kV、50 kV 和 500 kV。图 10.11(c) 所示为低压端口 1 电流 I_{L1}、低压端口 2 电流 I_{L2} 和高压端口电流 I_H，稳态值分别为 7 500 A、8 000 A 和1 400 A。低压端口 1 相电流 i_{L1j}、低压端口 2 相电流 i_{L2j} 和高压端口相电流 i_{Hj} 的波形如图 10.11(d) ～ (f) 所示，通过局部放大的波形可看出，在每个运行周期内各相电流均是不连续的。其中，由于低压端口 1 先与各相桥臂并联，再与各相桥臂串联接入高压端口，因此 i_{L1j} 呈两个幅值分别为 6 100 A(即 $I_{L1}-I_H$) 和 1 400 A(即 I_H) 的梯形波，电流之和为低压端口 1 电流 i_{L1}，低压端口 2 仅与各相桥臂并联，i_{L2j} 呈一个幅值为 8 000 A(即 I_{L2}) 的梯形波，高压端口与各相桥臂及低压端口 1 串联，i_{Hj} 呈一个幅值为1 400 A(即 I_H) 的梯形波。由于四相波形交错 90° 的设计，因此仍保证了三个端口电流 I_{L1}、I_{L2} 和 I_H 的平滑连续。

图 10.11(g) 所示为换流阀 T_{L1a} 和 T_{L2a} 的门极触发信号，可见两个换流阀被依次触发，在任意时刻只有一个换流阀导通。因此，即便两个低压端口的电压等级不同，也不会相互影响，验证了两个低压端口之间的隔离功能。仿真波形与图 10.9 的理论波形一致。

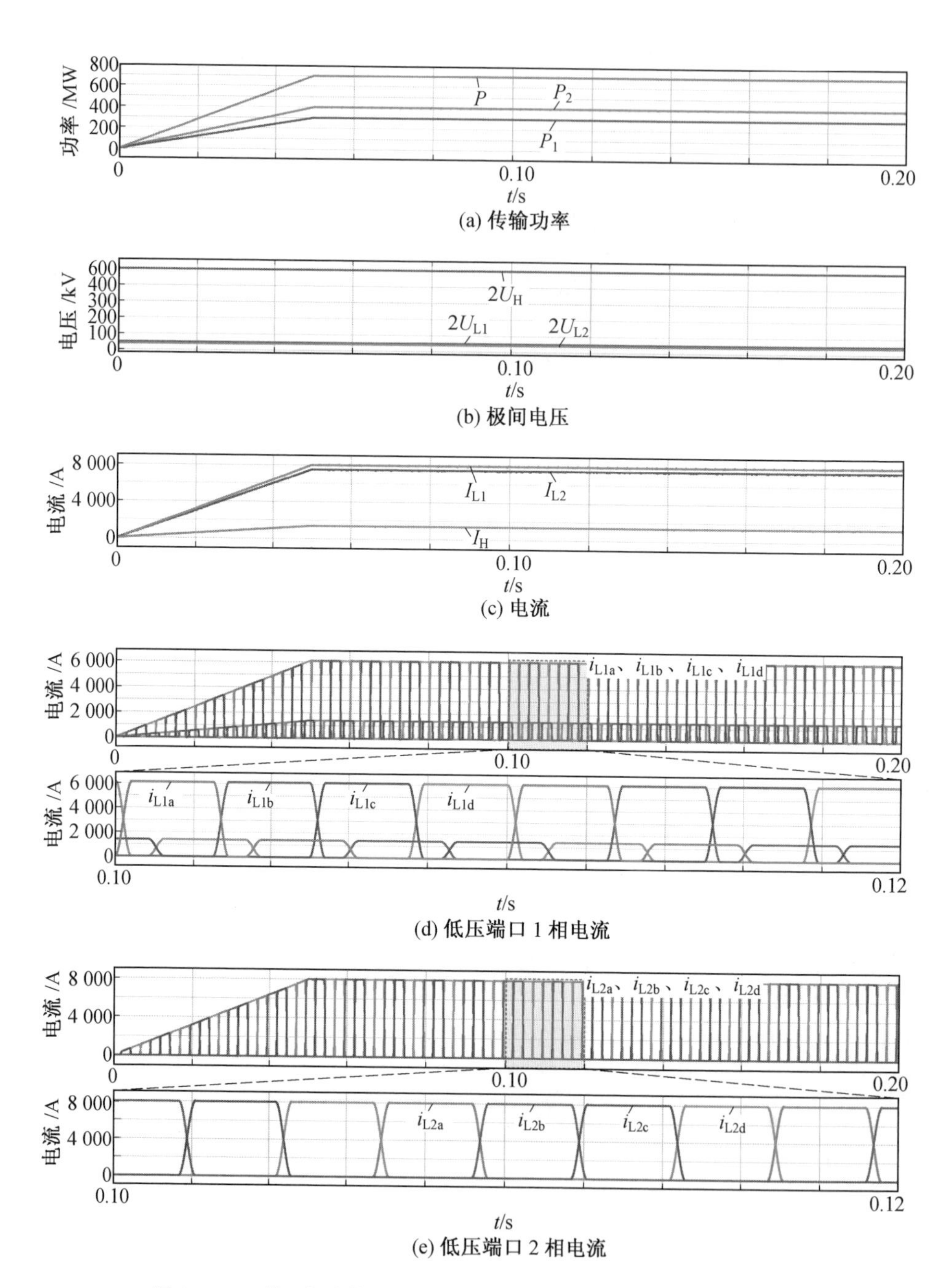

图 10.11 伪双极多输入端口高变压比 CET 拓扑的稳态仿真波形

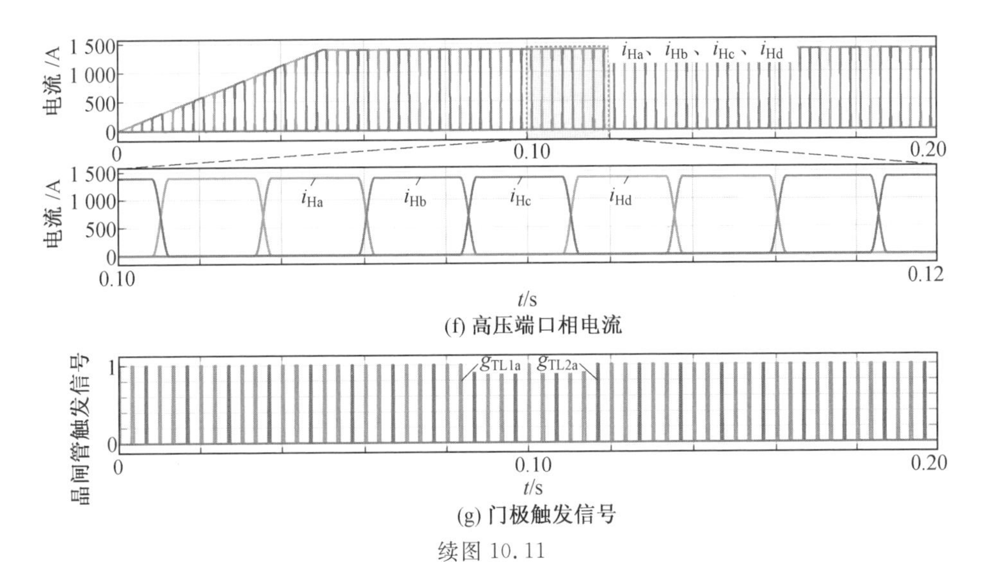

(f) 高压端口相电流

(g) 门极触发信号

续图 10.11

图 10.12 所示为四相正极电路第一个半桥桥臂电流 i_{Hj1}、第一个全桥桥臂电流 i_{Fj1} 以及局部放大的波形，可看出各相桥臂的运行波形完全相同且同样交错 90°，四相桥臂电流共计换流 12 次，与设计相符。

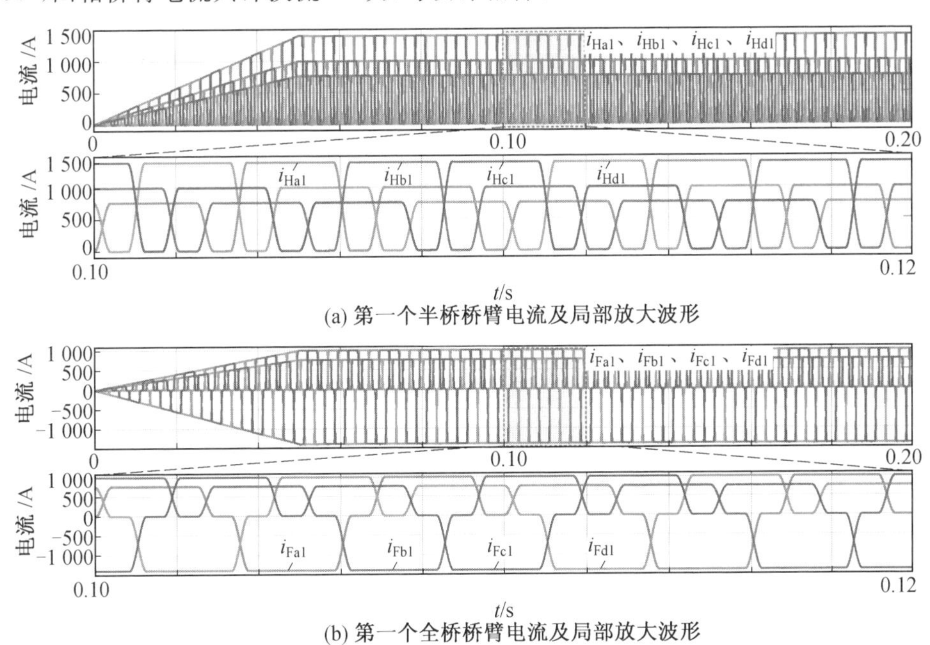

(a) 第一个半桥桥臂电流及局部放大波形

(b) 第一个全桥桥臂电流及局部放大波形

图 10.12　伪双极多输入端口高变压比 CET 拓扑的四相仿真波形

以 a 相正极电路第二个全桥桥臂、半桥桥臂和换流阀为例，进一步展示伪双极拓扑详细运行波形。如图 10.13(a)(b) 所示，在低压端口 1 并联充电阶段，a 相 8 个桥臂并联接入低压端口 1，共同支撑端口电压同时均分电流 $I_{L1}-I_H$，全桥桥臂电流 i_{Fa2} 和半桥桥臂电流 i_{Ha2} 方向相同且幅值为 762.5 A，全桥桥臂电压 u_{Fa2} 和半桥桥臂电压 u_{Ha2} 极性相同且幅值约为 40 kV。在高压端口串联放电阶段，各桥臂和低压端口 1 串联接入高压端口承担高电压 $2U_H$，i_{Fa2} 和 i_{Ha2} 方向相反且幅值与 I_H 相等为 1 400 A，u_{Fa2} 和 u_{Ha2} 极性相反且幅值约为 57.5 kV。在低压端口 2 并联充电阶段，各桥臂并联接入低压端口 2 均分电流 I_{L2}，i_{Fa2} 和 i_{Ha2} 方向相同且幅值为 1 000 A，u_{Fa2} 和 u_{Ha2} 极性相同且幅值约为 50 kV。仿真波形与图 10.10 中理论运行波形一致。图 10.13(c)～(f) 所示为换流阀 T_{a2} 和 D_{a2} 的运行波形，包括电压 u_{Ta2} 和 u_{Da2}、电流 i_{Ta2} 和 i_{Da2} 以及 T_{a2} 的门极触发信号 g_{Ta}。从图中可以看出，在两个并联充电阶段，通过调节桥臂电压略低于端口电压，各换流阀均在低电压条件下被触发导通。导通时流过换流阀 D_{a2} 的两个梯形波电流幅值分别为 762.5 A 和 1 000 A，流过换流阀 T_{a2} 的两个梯形波电流幅值分别为 1 525 A 和 2 000 A。在换流阀电流降为零后，控制桥臂输出关断电压并持续 300 μs，使换流阀 T_{a2} 被可靠关断。换流阀电流幅值与理论相符，触发导通与可靠关断过程符合设计。图 10.13(g)(h) 所示分别为全桥桥臂和半桥桥臂中 42 个子模块电容电压，可见在一个运行周期内，电容被充电两次、放电一次，电压能够稳定在额定值 2 kV 附近，说明桥臂吸收与释放的能量相同。

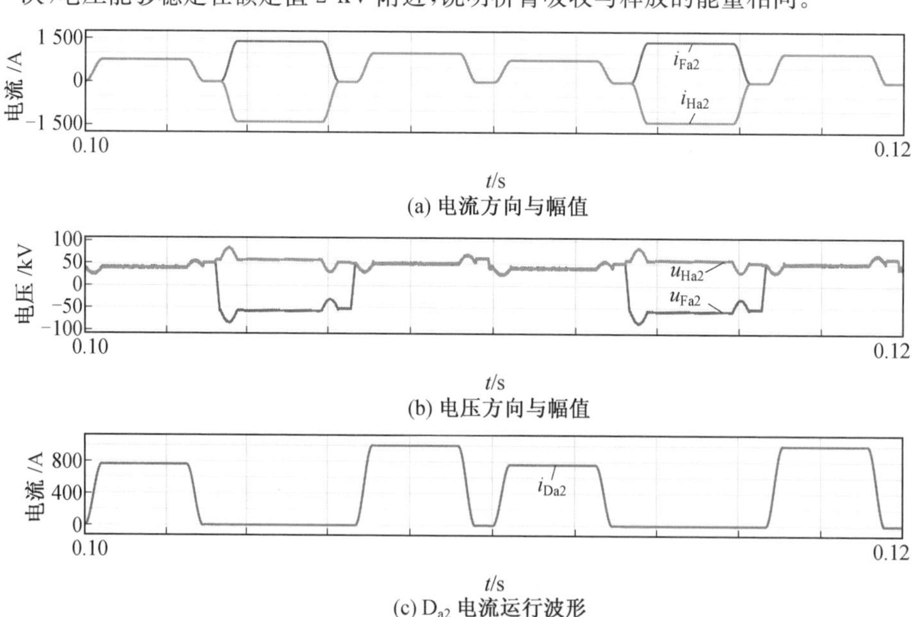

图 10.13　伪双极多输入端口高变压比 CET 拓扑的详细仿真波形

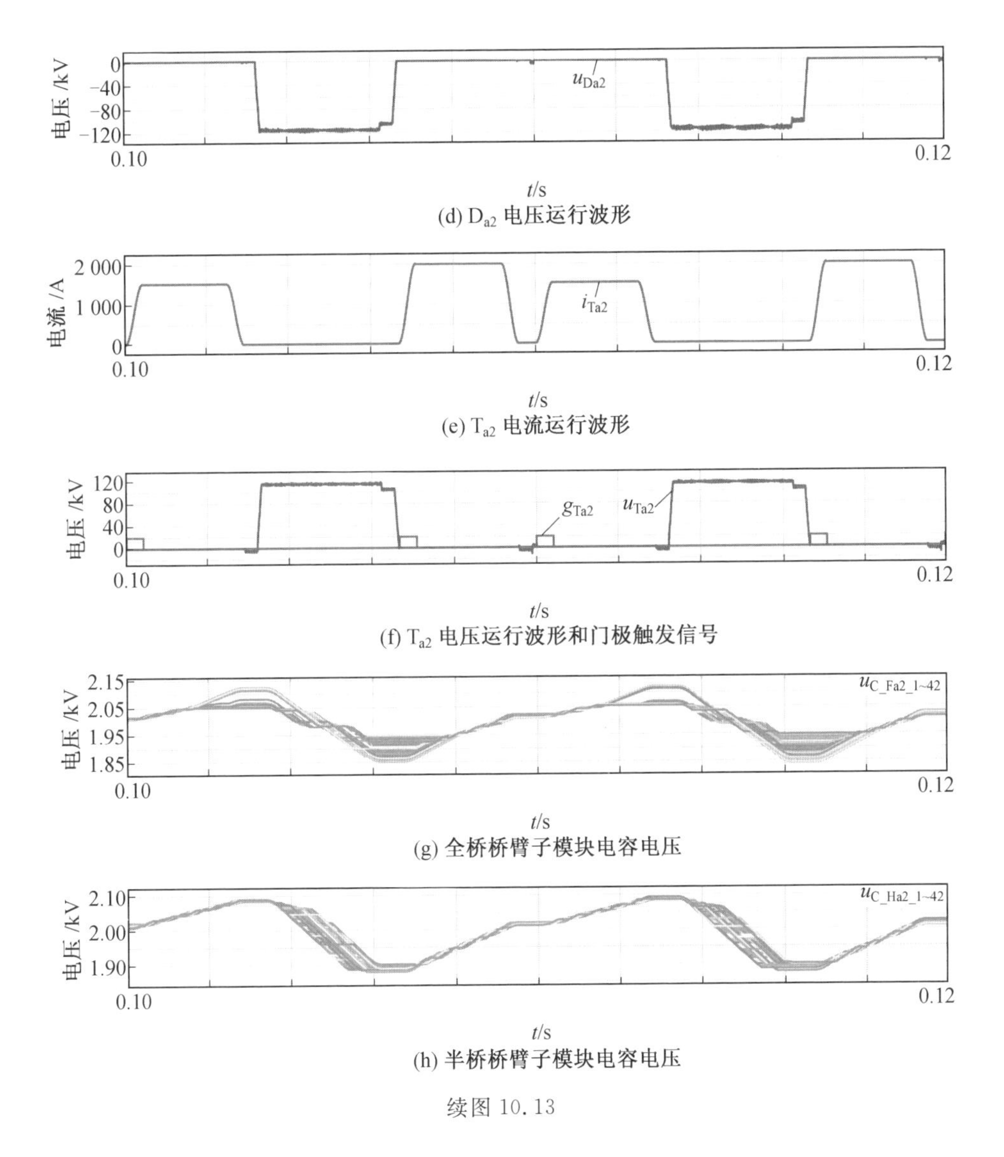

续图 10.13

10.3.3　伪双极多输入端口高变压比 CET 拓扑实验验证

受限于实验条件，本节仅针对伪双极拓扑的单极电路进行实验验证，如图 10.14 所示，节省了一半的桥臂数目，其中低压端口同样能够与各相桥臂串联接入高压端口放电，与伪双极拓扑运行原理相同，实验参数见表 10.2。

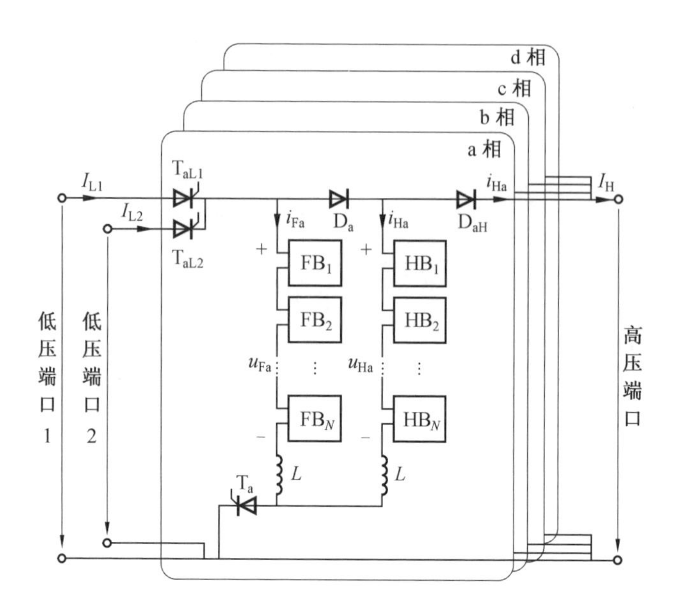

图 10.14　单极多输入端口高变压比 CET 拓扑实验电路接线图

表 10.2　单极多输入端口高变压比 CET 拓扑实验样机参数

拓扑参数	数值
低压端口 1 额定传输功率 P_1/W	1 500
低压端口 2 额定传输功率 P_2/W	2 000
高压端口额定传输功率 P/W	3 500
低压端口 1 电压 U_{L1}/V	100
低压端口 2 电压 U_{L2}/V	125
高压端口电压 U_H/V	390
半桥桥臂和全桥桥臂数 M	1
每个桥臂子模块数 N	3
子模块电容额定电压 U_C/V	70
子模块电容容值 C/mF	2
桥臂电感感值 L/mH	2
运行频率 f/Hz	100
载波频率 f_c/Hz	6 000

图 10.15(a) 所示为低压端口 1、低压端口 2 和高压端口的电压与电流波形，可见端口电压分别为 100 V、125 V 和 390 V，端口电流稳态值分别为 15 A、16 A 和8.6 A。图 10.15(b) 所示为一个运行周期内三个端口相电流 i_{L1j}、i_{L2j}、i_{Hj} 的波

形，可见各相电流均不连续，其中 i_{L1j} 的两个梯形波幅值分别为 6.4 A（即 $I_{L1}-I_H$）和 8.6 A（即 I_H），i_{L2j} 的梯形波幅值为 16 A（即 I_{L2}），i_{Hj} 的梯形波幅值为 8.6 A（即 I_H）。由于各端口的四相电流波形交错 90°，保证了三个端口电流均为连续平滑的直流，因此实验波形与图 10.9 中各端口运行的理论波形一致。

图 10.16(a) 所示为全桥桥臂和半桥桥臂的电流、电压和电容电压波形。在低压端口 1 并联充电阶段，两个桥臂并联接入低压端口 1 均分电流，桥臂电流幅值均为 3.2 A，桥臂电压幅值均为 100 V。在高压端口串联放电阶段，两个桥臂与低压端口 1 串联支撑高压端口，桥臂电流幅值均为 8.6 A，桥臂电压幅值均为 145 V。在低压端口 2 并联充电阶段，桥臂并联接入低压端口 2，桥臂电流幅值均为 8 A，桥臂电压幅值均为 125 V。电容电压能够稳定在额定值 70 V 附近。图 10.16(b) 所示为换流阀电压和电流，在一个运行周期内，换流阀 T_a 被触发导通两次且均能够被可靠反压关断，换流阀 T_a 的两个梯形波幅值分别为 6.4 A 和 16 A，换流阀 D_a 的两个梯形波幅值分别为 3.2 A 和 8 A。桥臂与换流阀的实验波形与图 10.10 理论波形相符。

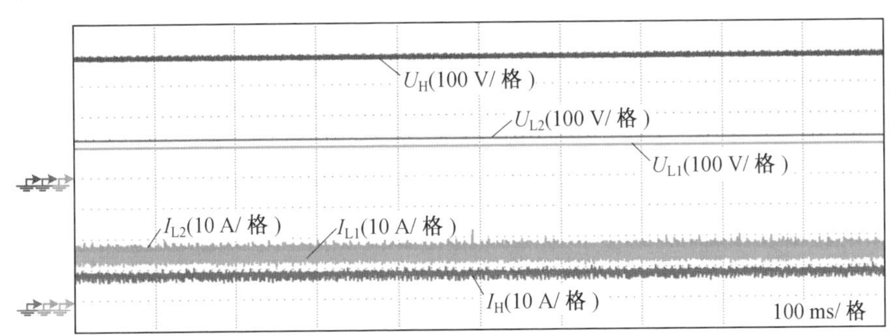

(a) 低压端口 1、低压端口 2 和高压端口电流和电压

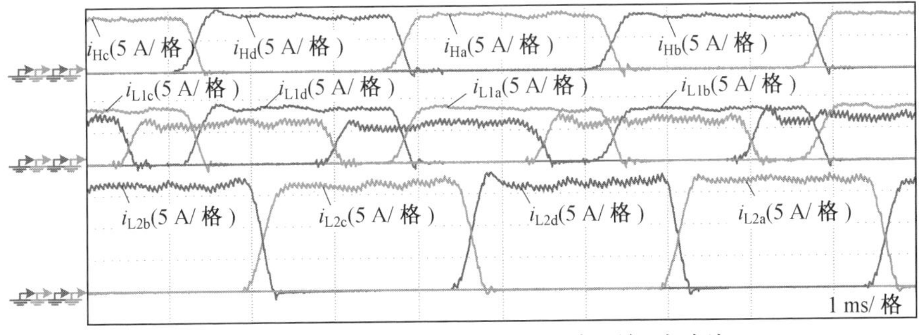

(b) 低压端口 1、低压端口 2 和高压端口相电流

图 10.15　单极多输入端口高变压比 CET 拓扑的稳态实验波形

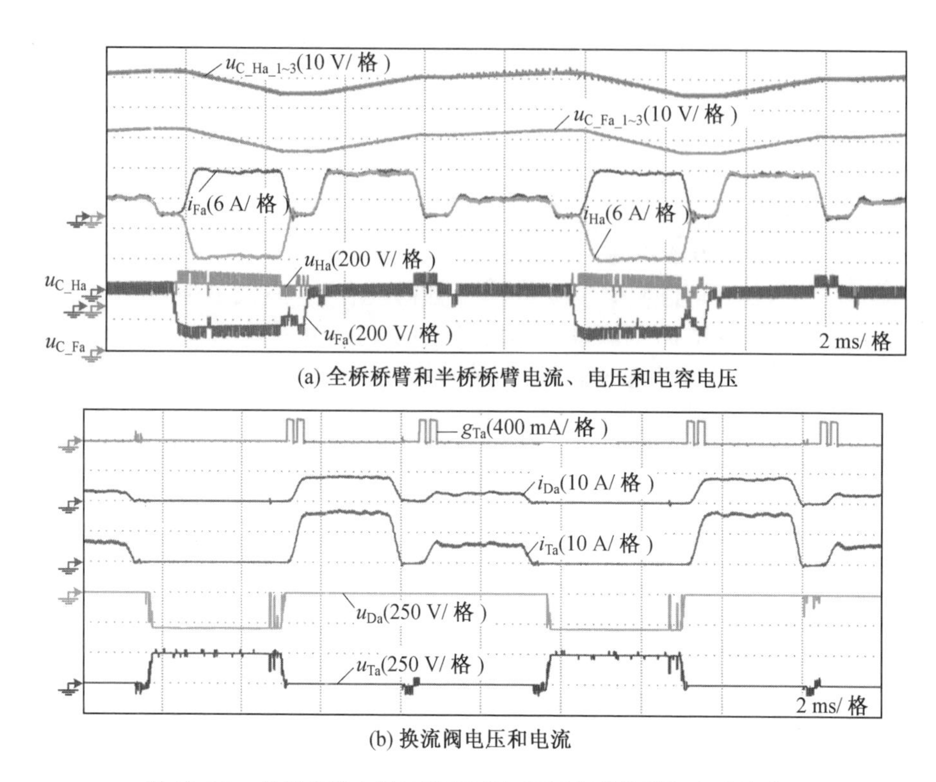

(a) 全桥桥臂和半桥桥臂电流、电压和电容电压

(b) 换流阀电压和电流

图 10.16　单极多输入端口高变压比 CET 拓扑的详细实验波形

10.4　多输入端口高变压比 CET 拓扑启动控制

根据汇集的海上风电场是否具备自启动能力，多输入端口高变压比 CET 拓扑和海上风电场的启动主要分为两种情况。当海上风电场均不具备自启动能力时，拓扑需要通过高压端口启动预充电，并向海上风电场传输启动功率。当有其中一个风电场具备自启动能力时，拓扑亦可首先通过低压端口启动预充电，再向不具备自启动能力的风电场传输启动功率。因此，本节以第 10.2 节提出的单极拓扑为例，介绍拓扑的高压端口启动控制和中压端口启动控制。

10.4.1　高压端口启动控制

启动过程主要分为两个阶段：桥臂充电阶段和风场充电阶段。在桥臂充电阶段，高压端口向拓扑的桥臂子模块电容充电，将电容电压充至额定值。之后，

在风场充电阶段，陆上电网经由拓扑将启动功率传输至海上风电场，令风机启动。启动功率通常较小，约为额定容量的 1% ~ 2%。为使拓扑具备功率反向传输能力，需增加反向通流的元器件。为尽量减少元器件数目，本节提出通过高压端口启动的电路结构如图 10.17 所示，以 a 相为例，其中，在高压端口处配置隔离开关 K_{aH} 与换流阀 D_{aH} 并联，限流电阻 R_C 与隔离开关 K_{aH} 串联，配置的换流阀 T_{aC1} 和 T_{aC2} 分别与换流阀 T_{aL1} 和 T_{aL2} 反向并联。

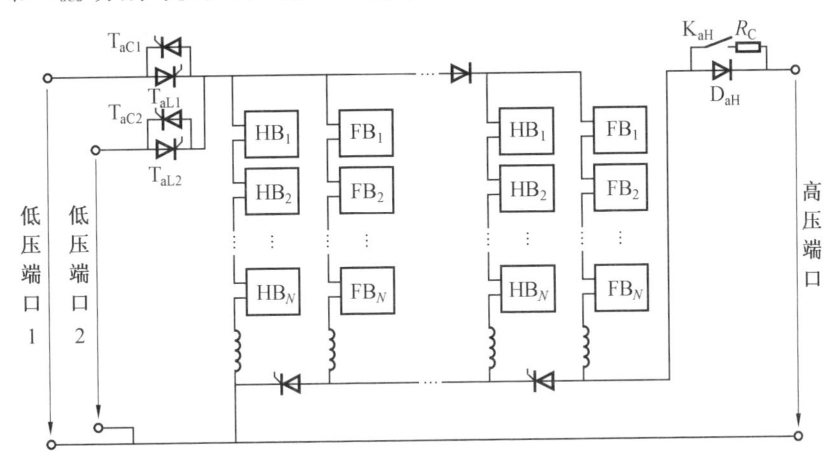

图 10.17　通过高压端口启动的电路结构

(1) 桥臂充电阶段。

桥臂充电阶段包括桥臂不控充电和桥臂可控充电两个阶段。在桥臂不控充电阶段初始状态，子模块电容不带电，IGBT 呈闭锁状态。首先闭合隔离开关 K_{aH}，高压端口经由各子模块反并联二极管直接向电容充电，桥臂不控充电阶段的电流路径如图 10.18 所示，限流电阻 R_C 可限制浪涌电流尖峰。充电结束后电路中 $2MN$ 个子模块共同承担高压端口电压，各子模块电容电压最高可充电至

$$U_{C_{in}} = \frac{U_H}{2MN} \tag{10.15}$$

在桥臂不控充电结束后，子模块电容电压足够使其自取电辅助电源工作，为 IGBT 驱动电路供电，进入桥臂可控充电阶段。解锁 IGBT 后，通过控制电路中电流为恒定的充电电流 I_C，可将电容电压逐渐充至额定值 U_C。之后桥臂可控充电阶段结束，闭合 K_{aH}。

(2) 风场充电阶段。

进入风场充电阶段，拓扑应通过高压端口向两个风场传输启动功率，建立两个风场的电压，并保证桥臂充、放电能量平衡。拓扑可以仍然采用桥臂串、并联

切换运行的方式，即各桥臂先并联接入两个低压端口放电，再串联接入高压端口充电，同时分别将端口电压和子模块电容电压作为控制目标。然而，为实现桥臂并联，需要所有换流阀都并联反向通流器件，拓扑成本会变高。

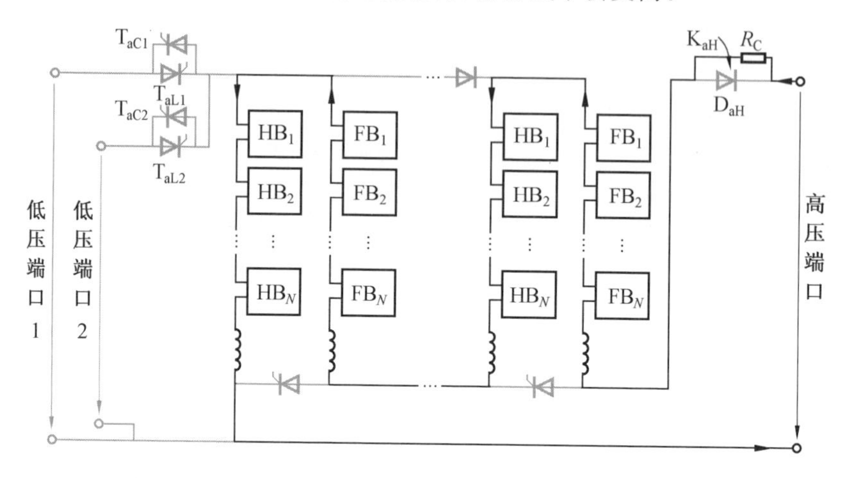

图 10.18　通过高压端口启动的桥臂不控充电阶段电流路径

为避免增加反向通流器件，各桥臂只能保持串联连接，且一端始终与高压端口正极相连。在向两个低压端口传输启动功率时，桥臂需要串联接入高压端口和低压端口之间。在这个过程中，启动电流的方向是从高压端口先流向桥臂、再流入低压端口，启动电流将对子模块电容进行充电。低压端口 2 充电阶段和低压端口 1 充电阶段的电流路径分别如图 10.19(a)(b) 所示，运行原理波形如图 10.20 所示。需要注意的是，因为第一个半桥桥臂始终与低压端口并联，无法与其他桥臂串联接入低压端口和高压端口之间，所以需将其闭锁。在这两个阶段中，均只有 $2M-1$ 个桥臂串联支撑高、低压端口之间的电压差 U_H-U_L，桥臂梯形波电流的幅值为两个低压端口的启动电流 $-I_{L2}$ 或 $-I_{L1}$，且平均导通 $T/4$ 周期，则桥臂吸收的能量可分别表示为

$$\Delta E_{charge2}=\frac{T(U_H-U_L)I_{L2}}{4(2M-1)} \tag{10.16}$$

$$\Delta E_{charge1}=\frac{T(U_H-U_L)I_{L1}}{4(2M-1)} \tag{10.17}$$

为关断导通的换流阀 T_{aC1} 或 T_{aC2}，在桥臂电流降为零后，各桥臂输出关断电压，使换流阀承受反压可靠关断。

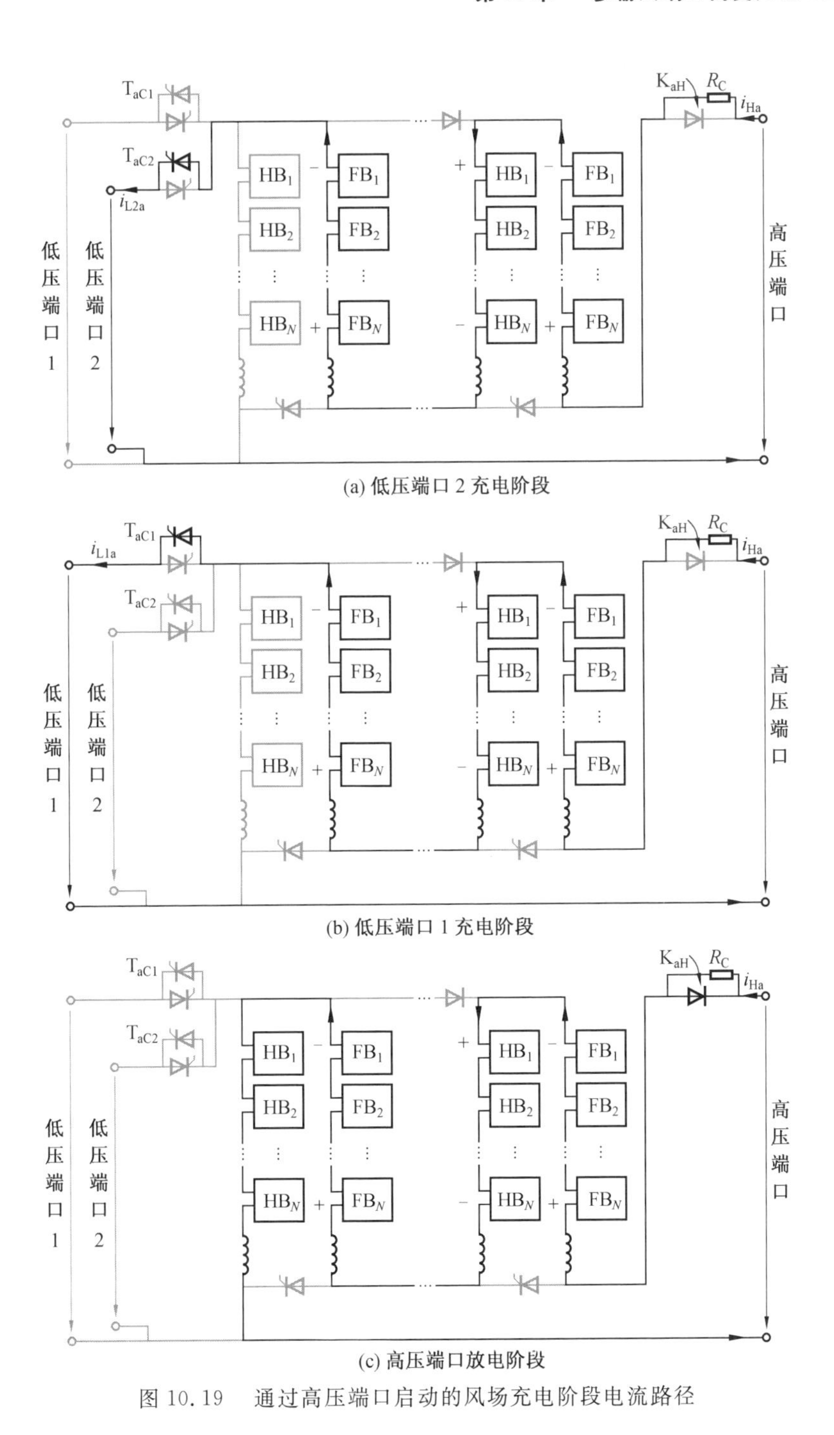

(a) 低压端口 2 充电阶段

(b) 低压端口 1 充电阶段

(c) 高压端口放电阶段

图 10.19　通过高压端口启动的风场充电阶段电流路径

为维持桥臂能量平衡，需要在桥臂串联接入高压端口时令子模块电容放电，桥臂放电电流方向应从桥臂流向高压端口，电流路径如图 10.19(c) 所示，其中，将第一个半桥桥臂旁路是因为其未在充电阶段吸收能量。因为高压端口在两个充电阶段的电流幅值分别为 $-I_{L2}$ 和 $-I_{L1}$，为保证高压端口合成的电流为 I_H，所以放电阶段的桥臂电流幅值应为 $I_{L1}+I_{L2}-I_H$。在高压端口放电阶段，$2M-1$ 个桥臂串联接入高压端口，桥臂梯形波电流幅值为 $I_{L1}+I_{L2}-I_H$，桥臂向高压端口释放的能量可表示为

$$\Delta E_{discharge}=-\frac{TU_H(I_{L1}+I_{L2}-I_H)}{4(2M-1)} \tag{10.18}$$

根据式(10.16) ~ (10.18) 可知，各桥臂在一个运行周期内吸收与释放的能量相同，桥臂能量能够自然平衡。说明在这种运行方式下，拓扑可通过高压端口向两个风场传输启动功率。

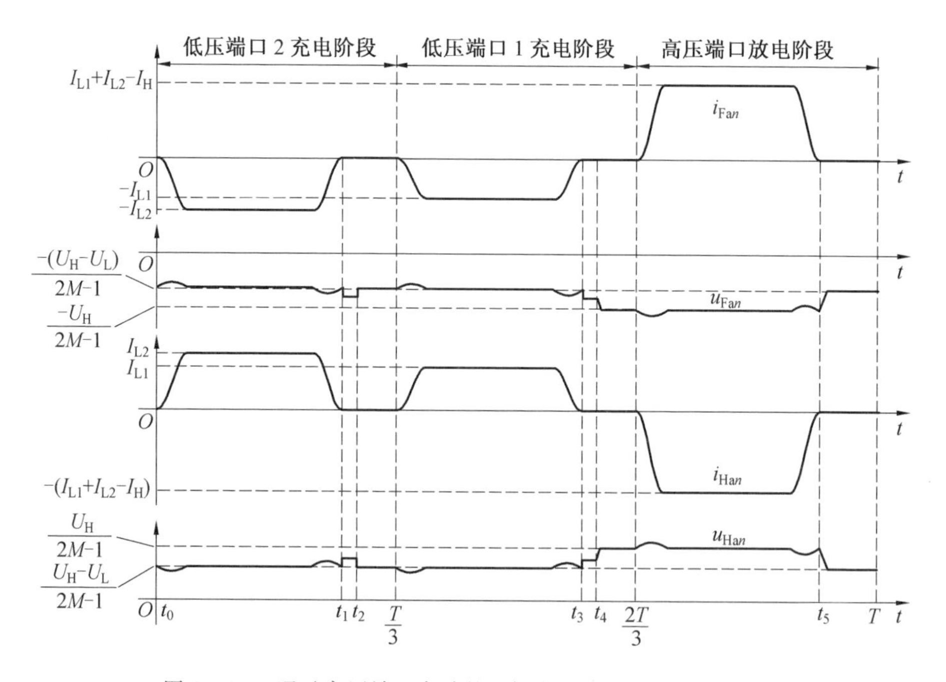

图 10.20 通过高压端口启动的风场充电阶段运行原理波形

进一步，为保证高压端口向两个低压端口连续传输启动功率，可以仍然采用四相梯形波电流交错 90° 设计，在各端口合成平滑连续的直流电流。图 10.21 所示为在一个运行周期内，三个端口相电流 i_{L1j}、i_{L2j} 和 i_{Hj} 的运行波形以及换流阀

T_{jC1} 和 T_{jC2} 的门极触发信号。高压端口相电流 i_{Hj} 含有三个梯形波，其中两个低压端口的启动电流波形幅值分别为 $-I_{L1}$ 和 $-I_{L2}$，桥臂放电电流波形的幅值为 $I_{L1}+I_{L2}-I_{H}$。四相梯形波电流在低压端口 1、低压端口 2 和高压端口可分别合成幅值为 $-I_{L1}$、$-I_{L2}$ 和 $-I_{H}$ 的连续直流。换流阀 T_{jC1} 和 T_{jC2} 的触发信号分别在各相桥臂接入低压端口 1 和低压端口 2 时生成。

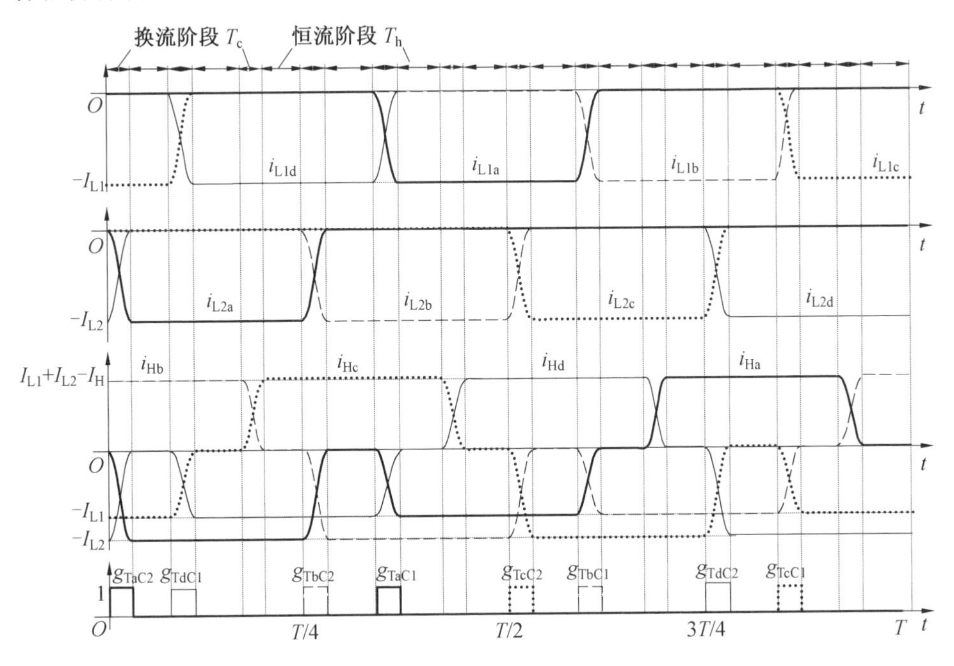

图 10.21　风场充电阶段各端口相电流的运行波形及换流阀门极触发信号

10.4.2　低压端口启动控制

低压端口启动控制与高压端口启动控制原理基本相同。在桥臂充电阶段，子模块电容电压由具有自启动能力的低压端口充至额定值。在风场充电阶段，具有自启动能力的风电场通过拓扑将启动功率传输至其他风电场。

通过低压端口启动的电路结构如图 10.22 所示，其中，在低压端口 1 配置隔离开关 K_{aL1} 及并联的限流电阻 R_{C1}，在低压端口 2 配置隔离开关 K_{aL2} 及并联的限流电阻 R_{C2}，两个隔离开关均直接与两个低压端口串联，配置的换流阀 T_{aC1} 和 T_{aC2} 与高压端口启动时相同。

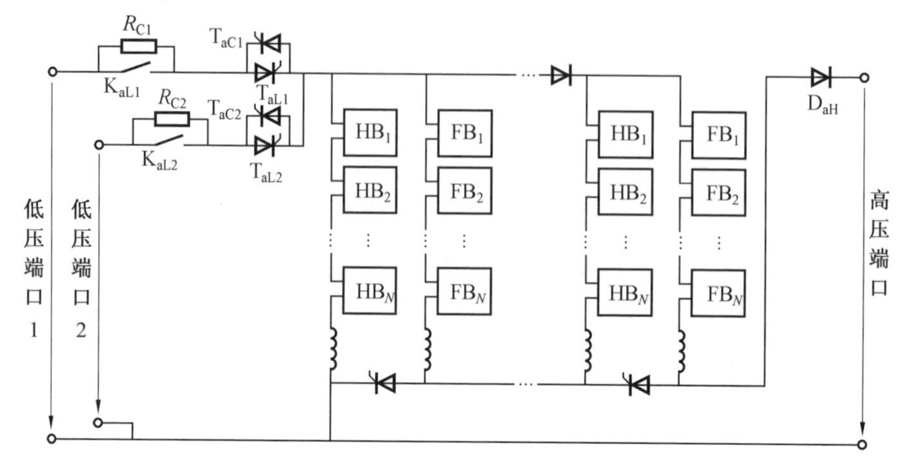

图 10.22　通过低压端口启动的电路结构

通过低压端口启动的桥臂充电阶段电流路径如图 10.23 所示。在桥臂不控充电阶段，首先断开电路中的隔离开关 K_{aL1}，随后触发换流阀 T_{aL1} 和 T_{an}，$2M$ 个桥臂并联接入低压端口 1 充电。充电结束后，每个桥臂中 N 个子模块共同承担低压端口 1 的电压，各子模块的电容电压最高可充电至

$$U_{C_{in}}=\frac{U_L}{N} \tag{10.19}$$

进入桥臂可控充电阶段后，解锁 IGBT，控制方法与高压端口启动时相同，可将电容电压逐渐充至额定值 U_C。之后桥臂可控充电阶段结束，闭合 K_{aL1} 和 K_{aL2}。

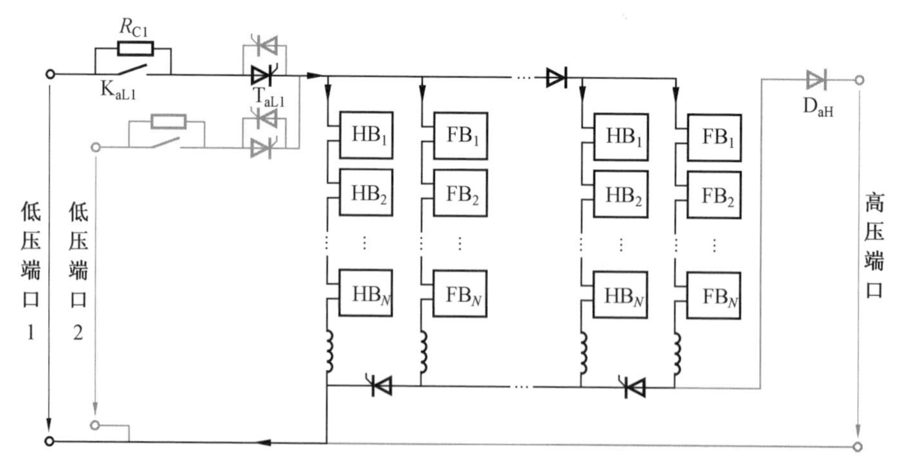

图 10.23　通过低压端口启动的桥臂充电阶段电流路径

在风场充电阶段，拓扑需要通过低压端口 1 向低压端口 2 传输启动功率，并建立与低压端口 2 相连的风场电压。因此，第一个半桥桥臂先并联接入低压端口 1 充电，再接入低压端口 2 放电，电流路径如图 10.24 所示。此外，为连续传输启动功率，四相桥臂仍然交错 90° 运行。

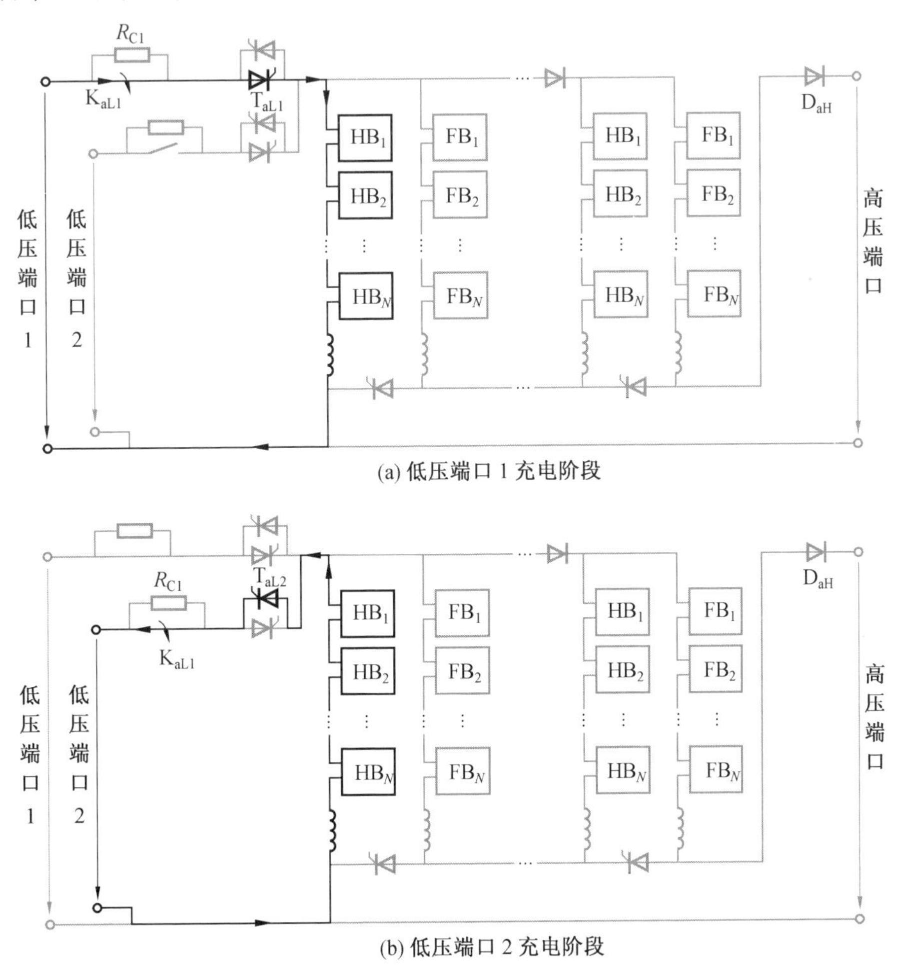

图 10.24　通过低压端口启动的风场充电阶段电流路径

10.5 伪双极多输入端口高变压比 CET 拓扑启动控制

10.5.1 高压端口启动控制

伪双极多输入端口高变压比 CET 拓扑启动控制与单极拓扑相似。图 10.25 所示为伪双极拓扑通过高压端口启动的电路结构，与单极拓扑不同之处在于，为了在充电阶段实现所有桥臂串联，伪双极拓扑需要额外在低压端口正、负极线路之间配置隔离开关 K_{aL}，并将限流电阻 R_C 与 K_{aL} 串联。此外，为了向两个低压端口传输启动功率，在低压端口正、负极处配置反向通流的晶闸管换流阀是必不可少的，同时还需额外配置换流阀 T_{aC} 与换流阀 T_{a1} 反向并联，以实现桥臂串联向高压端口放电。

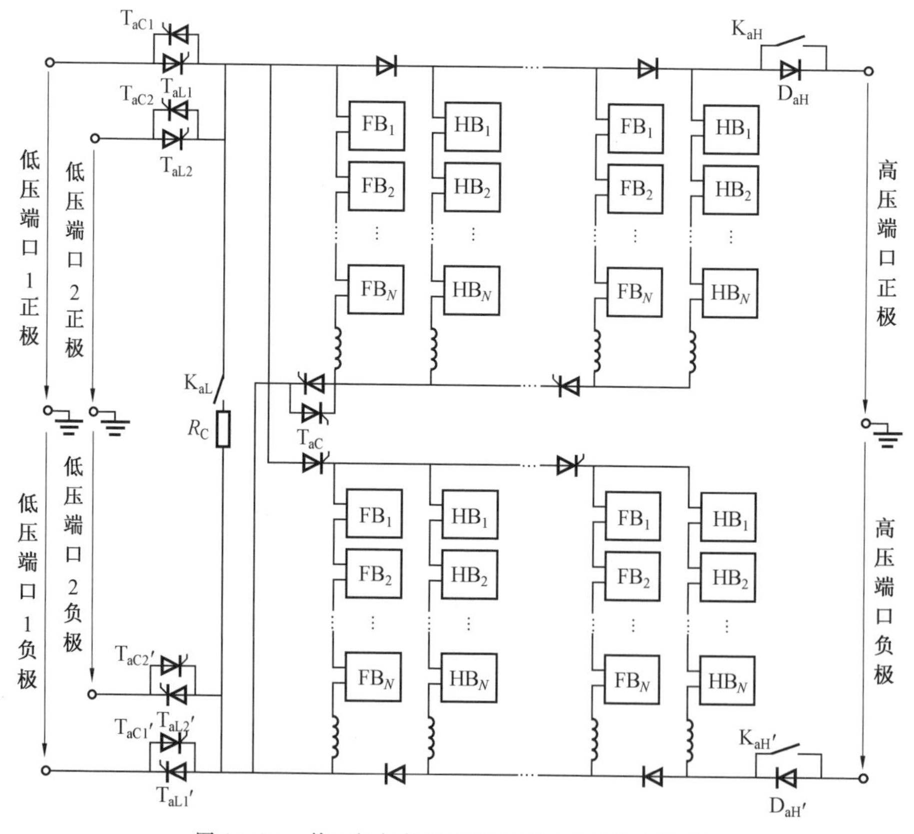

图 10.25 伪双极拓扑通过高压端口启动的电路结构

在桥臂充电阶段，电流路径如图 10.26 所示。伪双极拓扑需要先闭合电路中的 K_{aL}，再闭合 K_{aH} 和 $K_{aH'}$，以完成高压端口对子模块电容的不控充电和可控充电。在桥臂充电阶段结束后，再断开 K_{aL}，闭合 K_{aH} 和 $K_{aH'}$。

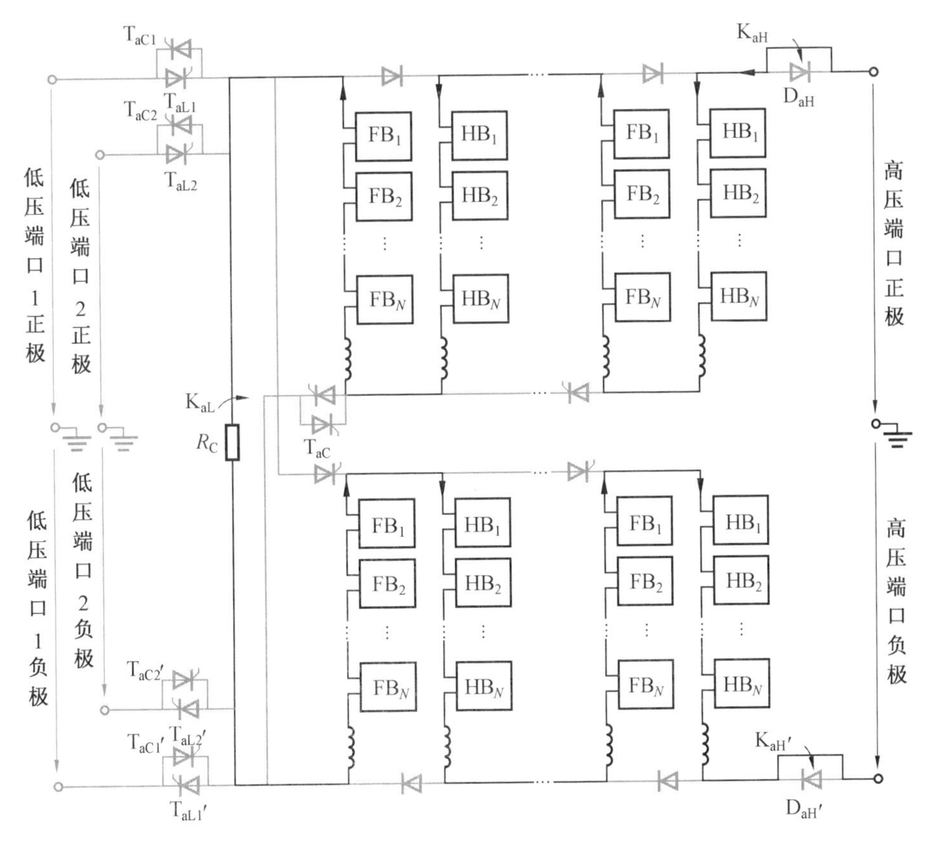

图 10.26　伪双极拓扑通过高压端口启动的桥臂充电阶段电流路径

在风场充电阶段，伪双极拓扑向低压端口传输启动功率的运行原理与单极拓扑相同，只有桥臂的连接方式略有不同。在高压端口放电阶段，由于正极电路和负极电路中第一个全桥桥臂呈并联连接，无法同时与其他桥臂串联接入高压端口，因此需触发换流阀 T_{aC} 并将正极电路中第一个全桥桥臂闭锁，如图 10.27(a) 所示。在两个低压端口充电阶段，将正极电路中第一个全桥桥臂旁路，其他 $4M-1$ 个桥臂串联接入高压端口和低压端口之间，如图 10.27(b)(c) 所示。此外，各端口相电流交错 90°，换流阀 T_{jC1} 和 T_{jC2} 的触发信号均与图 10.21 相同。

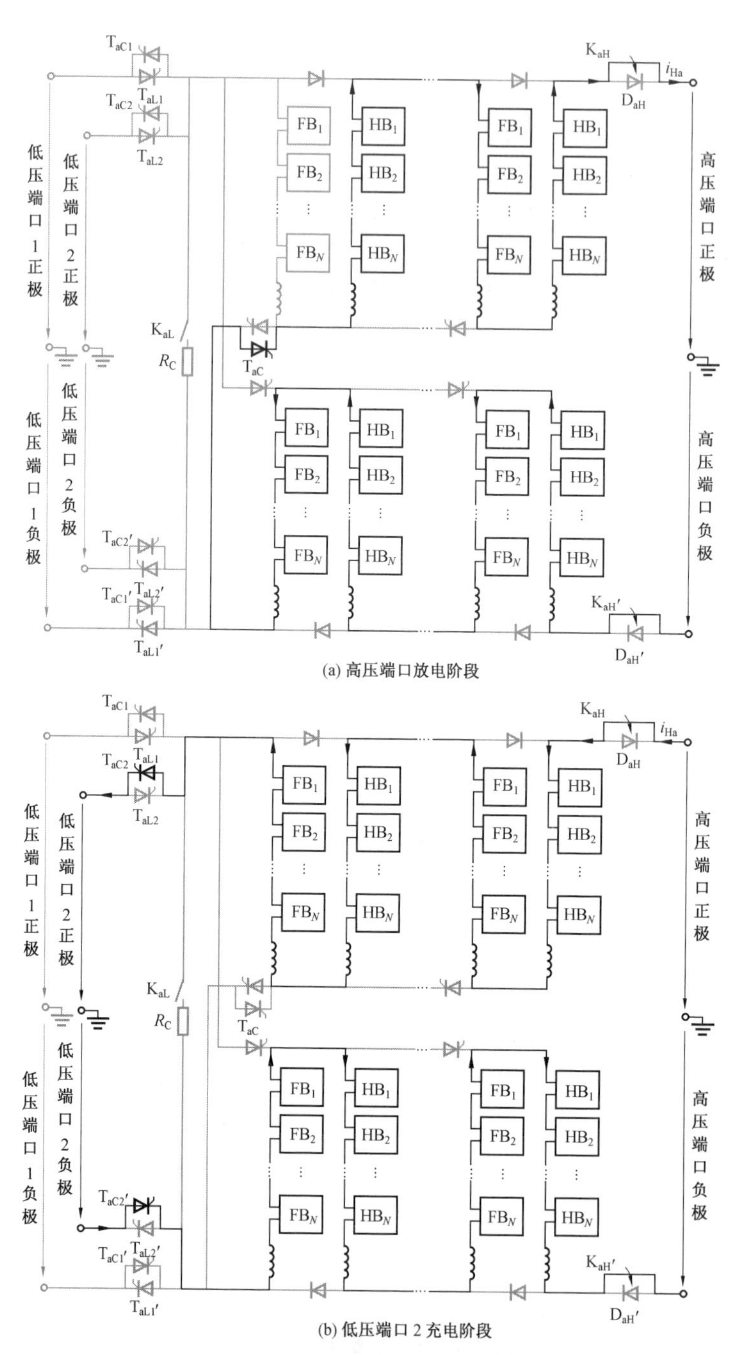

(a) 高压端口放电阶段

(b) 低压端口 2 充电阶段

图 10.27　伪双极拓扑通过高压端口启动的风场充电阶段电流路径

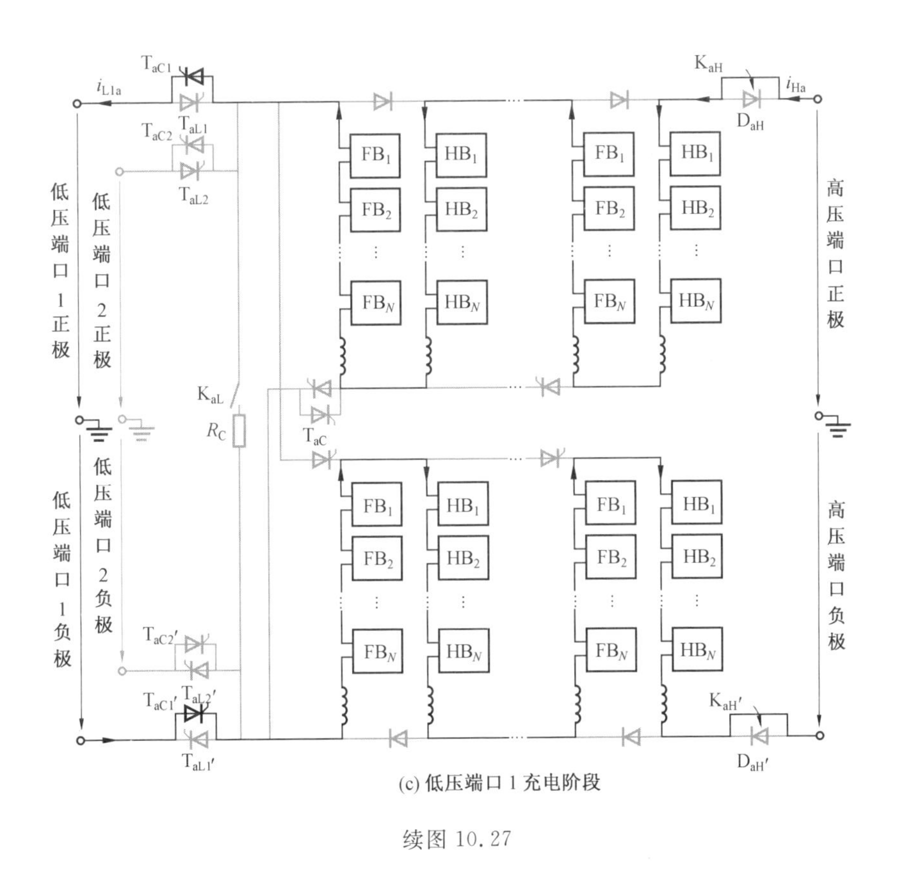

(c) 低压端口 1 充电阶段

续图 10.27

10.5.2　低压端口启动控制

图 10.28 所示为伪双极拓扑通过低压端口启动的电路结构。相较于单极拓扑，伪双极拓扑额外配置了与换流阀 T_{a1} 反向并联的换流阀 T_{aC}，为正极电路中第一个全桥桥臂向低压端口 2 传输启动功率提供电流路径。桥臂充电阶段和风场充电阶段的控制也与单极拓扑相同，本节不再赘述。

10.5.3　仿真验证

(1) 高压端口启动控制验证。

在 10.3.2 节仿真模型基础上，本节验证伪双极多输入端口高变压比 CET 拓扑的高压端口启动控制，风场启动功率为额定功率的 2%，即 $P_1 = 6$ MW，$P_2 = 8$ MW，仿真波形如图 10.29 所示，其中 U_{C_avg} 为所有子模块电容电压的平均值。

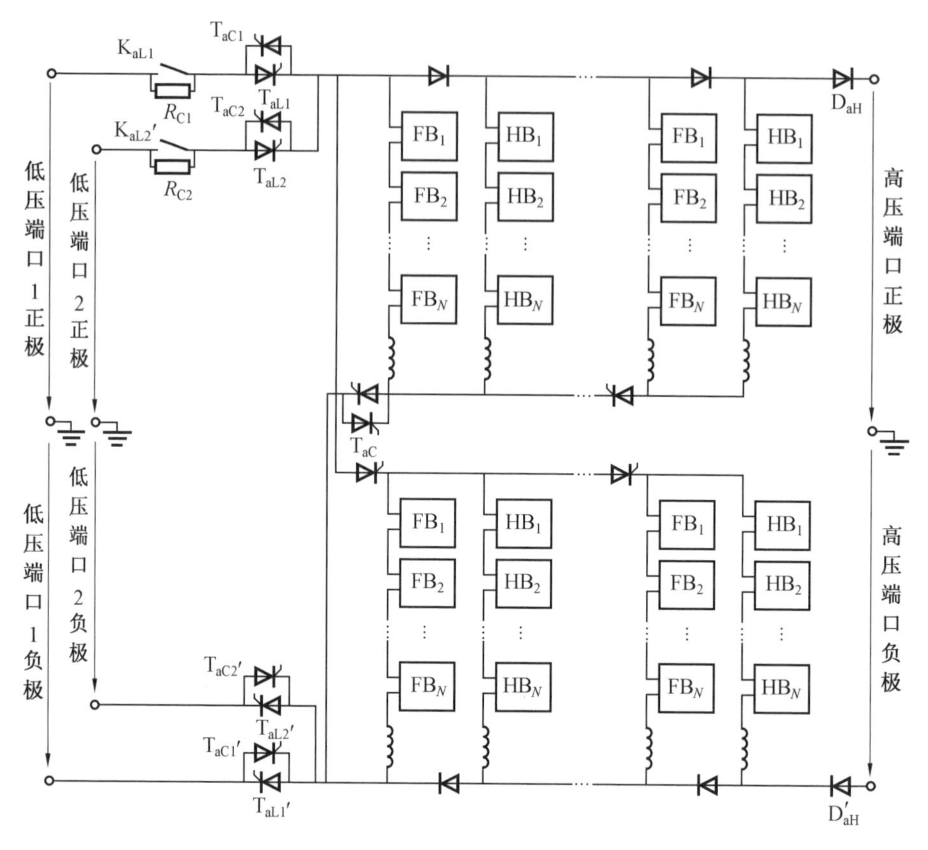

图 10.28　伪双极拓扑通过低压端口启动的电路结构

在[0.10 s,1.00 s] 期间,闭合隔离开关 K_{aL}、K_{aH} 和 $K_{aH'}$,拓扑处于桥臂不控充电阶段,如图 10.29(a) 所示,高压端口将所有子模块电容电压从 0 kV 充电至 1.49 kV,与理论计算结果相同。在限流电阻作用下,高压端口电流峰值为 750 A。在 1 s时,拓扑进入桥臂可控充电阶段,解锁IGBT,各相充电电流设置为 30 A。通过图 10.29(b) 可以看出,四相在高压端口汇集的电流维持在 120 A,经过恒流充电控制,所有子模块电容电压约在 1.31 s 充电至额定值 2 kV。

随后,断开 K_{aL},拓扑进入风场充电阶段。在[1.31 s,1.41 s] 期间,各端口启动功率逐渐从零上升至额定值。如图 10.29(b)(c) 所示,高压端口、低压端口 1 和低压端口 2 的电流和功率分别为 −28 A/−14 MW、−160 A/−6 MW 和 −150 A/−8 MW,电流和功率均能够保持连续。在[2.00 s,2.10 s] 期间,各端口启动功率逐渐从额定值下降至零。

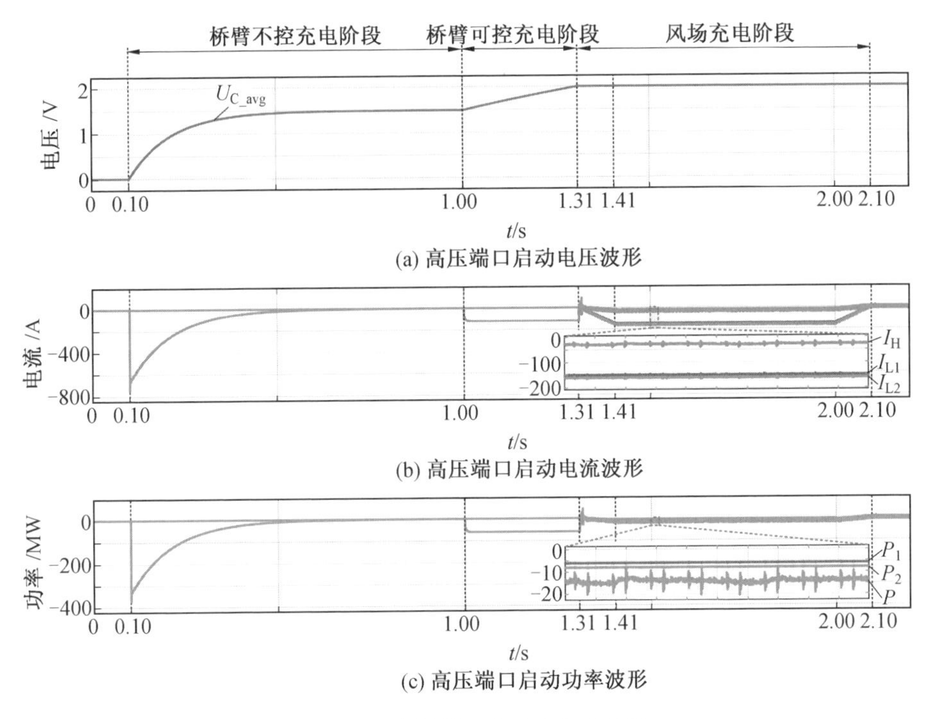

图 10.29 高压端口启动的仿真波形

图 10.30 所示为通过高压端口启动的风场充电阶段详细仿真波形。图 10.30(a)～(c) 分别为三个端口的相电流波形，可见各相梯形波电流交错 90°，保证三个端口电流为连续直流。其中，高压端口相电流 i_{Hj} 的三个梯形波幅值分别为 282 A、－150 A 和－160 A，与图 10.20 理论波形一致。图 10.30(d)(e) 分别为 a 相正极第二个半桥桥臂、全桥桥臂的电流与电压，在一个运行周期内桥臂有三个梯形波。在高压端口放电阶段，由于靠近低压端口的全桥桥臂闭锁，七个桥臂串联支撑高压端口电压，桥臂电流幅值与高压端口电流幅值相同，桥臂电压和电流幅值分别为 71.43 kV 和 282 A。在低压端口 1 充电阶段，七个桥臂串联接入高压端口和低压端口 1 之间，桥臂电压为 65.71 kV，桥臂电流幅值为低压端口 1 启动电流150 A。在低压端口 2 充电阶段，七个桥臂串联接入高压端口和低压端口 2 之间，桥臂电压为 64.28 kV，桥臂电流幅值为低压端口 2 启动电流 160 A。仿真结果与本节设计的高压端口启动控制相符。

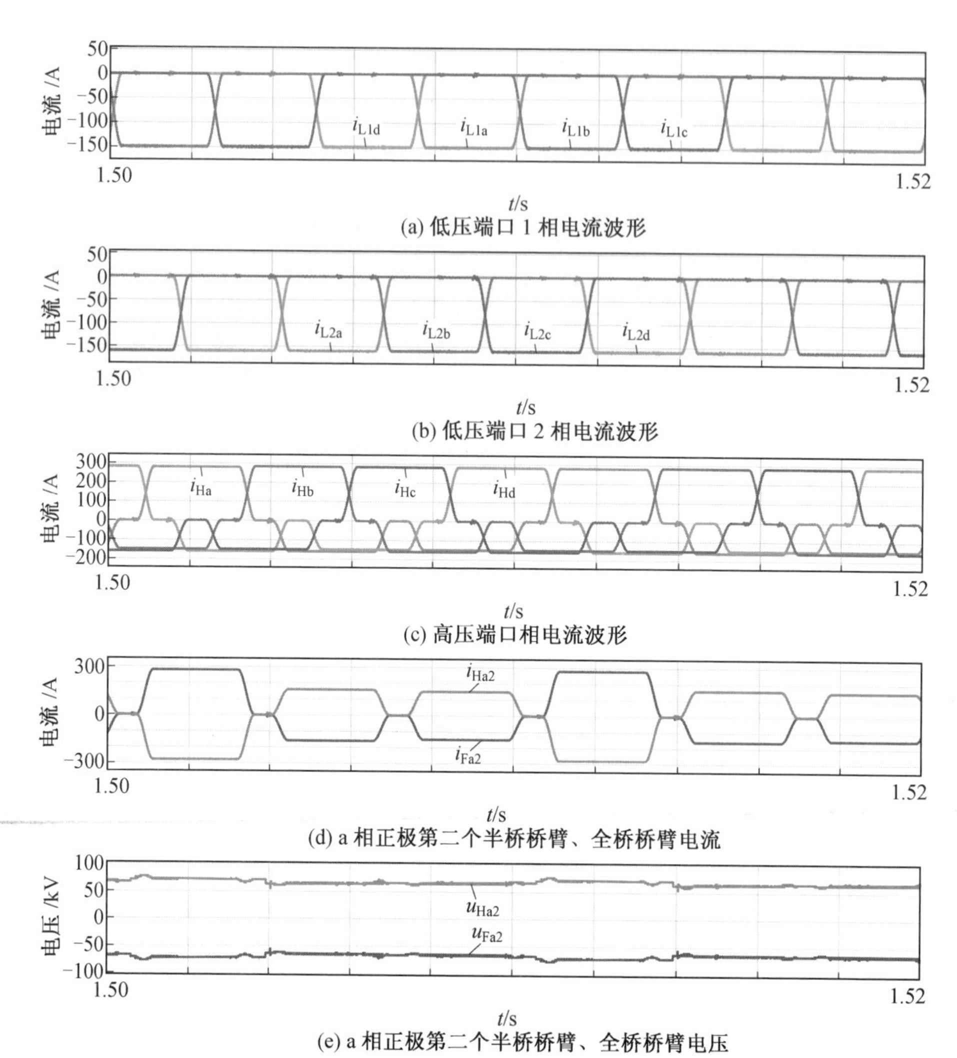

图 10.30　通过高压端口启动的风场充电阶段详细仿真波形

(2) 低压端口启动控制验证。

本节继续验证伪双极多输入端口高变压比 CET 拓扑的低压端口启动控制，由与低压端口 1 相连的风场向与低压端口 2 相连的风场传输启动功率，仿真波形如图 10.31 所示。

在[0.10 s，1.00 s] 期间，断开隔离开关 K_{aL1}，拓扑处于桥臂不控充电阶段，如图 10.31(a) 所示，所有子模块电容电压从零被充电至 0.95 kV，与理论计算结果相同。在限流电阻作用下，低压端口 1 的电流峰值为 4 000 A。在 1 s 时，拓扑

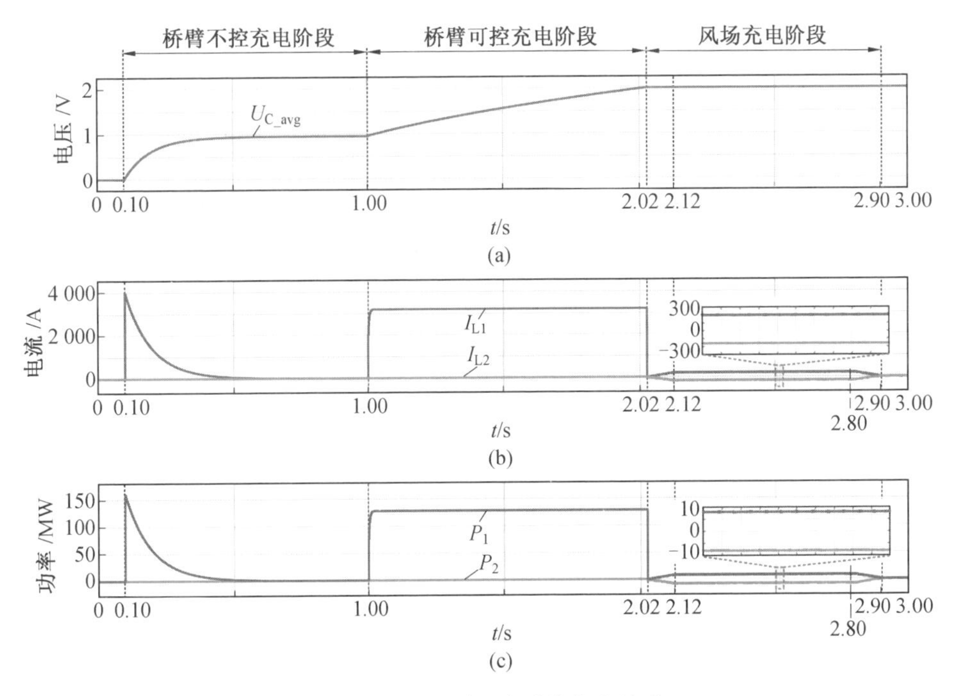

图 10.31　低压端口启动的仿真波形

进入桥臂可控充电阶段，解锁 IGBT，桥臂充电电流设置为 100 A。如图 10.31(b) 所示，由于低压端口 1 汇集了四相共 32 个桥臂的电流，因此维持在 3 200 A。经过恒流充电控制，所有子模块电容电压约在 2.02 s 充电至额定值 2 kV。随后，闭合 K_{aL1} 和 K_{aL2}，拓扑进入风场充电阶段。在[2.02 s，2.12 s] 期间，启动功率逐渐从零上升至额定值。如图 10.31(b) 和(c) 所示，低压端口 1 和低压端口 2 的电流能够分别保持为额定值 200 A 和 −160 A。在[2.80 s，2.90 s] 期间，启动功率逐渐从额定值下降至零。

图 10.32 所示为通过低压端口启动的风场充电阶段详细仿真波形。图 10.32(a)(b) 分别为两个低压端口相电流波形，各相梯形波电流交错 90°。由于 a 相其他桥臂均处于闭锁状态，因此只展示 a 相正极第一个全桥桥臂的电流与电压，分别如图 10.32(c)(d) 所示。桥臂只需分别接入两个低压端口进行充、放电，桥臂电流在每个运行周期有两个梯形波。全桥桥臂先并联接入低压端口 1 充电，桥臂电流和电压幅值分别为 200 A 和 40 kV，再并联接入低压端口 2 放电，桥臂电流和电压幅值分别为 160 A 和 50 kV。

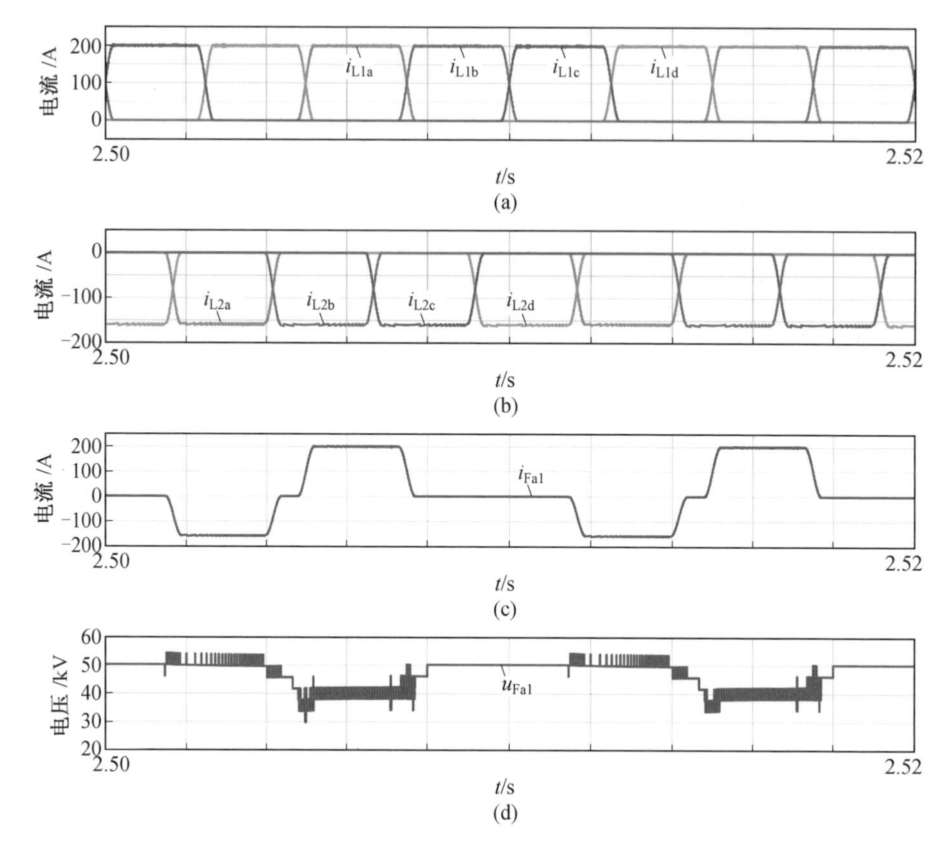

图 10.32　通过低压端口启动的风场充电阶段详细仿真波形

本章参考文献

[1] 国家海洋局. 国家海洋局关于进一步规范海上风电用海管理的意见[EB/OL]. [2016-10-31] (2023-2-16). http://f.mnr.gov.cn/201807/t20180702_1967043.html.

[2] 索之闻，李庚银，迟永宁，等. 适用于海上风电的多端口直流变电站及其主从控制策略[J]. 电力系统自动化，2015，39(11)：16-23.

[3] KONTOS E，PAPADAKIS H，POIKILIDIS M，et al. MMC-based multi-port DC hub for multiterminal HVDC grids[C]// PCIM Europe

International Exhibition and Conference for Power Electronics, Intelligent Motion, Renewable Energy and Energy Management. Nuremberg:VDE, 2017: 1-8.

[4] 杨仁炘，孙长江，蔡旭，等. 应用于海上直流风场的模块化多电平多端口直流变电站拓扑探究[J]. 中国电机工程学报，2016，36(S1)：61-68.

[5] LIN W, WEN J Y, CHENG S J. Multiport DC-DC autotransformer for interconnecting multiple high-voltage DC systems at low cost[J]. IEEE Transactions on Power Electronics, 2015, 30(12): 6648-6660.

[6] 林卫星，文劲宇，程时杰. 直流一直流自耦变压器及其扩展技术[J]. 南方电网技术，2016，10(1)：11-17.

第11章

升压型隔离CET拓扑

本章充分结合晶闸管、二极管阀组导通损耗低、功率密度高、串联技术成熟的优势与储能桥臂电压、电流波形高度可控的特点，介绍一种基于储能桥臂与晶闸管阀组、二极管阀组相配合的升压型隔离CET拓扑。首先，详细介绍升压型隔离CET拓扑的电路结构、工作原理以及控制策略，并通过±35 kV/±400 kV、300 MW仿真模型以及动模实验样机进行验证。其次，通过与现有柔性直流输电中MMC海上换流平台以及高压大容量DC/DC变换器方案进行对比，说明升压型隔离CET拓扑的技术经济性。最后，针对功率双向传输场景，介绍双向隔离CET拓扑的结构，并通过仿真验证其可行性。

11.1　高升压比 DC/DC 拓扑概述

采用中压直流汇集、高压直流送出的全直流海上风电场方案，利用直流电缆扩大汇集范围、降低汇集损耗，不存在无功功率、负序、锁相稳定等问题，并通过省去笨重的工频升压变压器与功率密度较低的MMC换流阀，有效降低海上平台的载荷[1]。高压大容量、高升压比 DC/DC 变换器是实现中压直流汇集与高压直流送出的枢纽，也是整个全直流海上风电系统的核心装备，并且面临着一系列技术挑战：容量高达百兆瓦、汇集侧电流可达上千安培、送出侧电压为数百千伏、电压增益为 5 ～ 8 倍以上[2]。为此，研究新型高升压比、高效率、轻量化、紧凑型的高压大容量 DC/DC 拓扑及其相关基础性问题，对于推动我国海上风电的规模化发展具有重要的学术研究意义与工程应用前景。

在经典的低压应用中，高升压比 DC/DC 拓扑已取得了广泛的研究成果[3]，拓扑类型丰富，但受限于器件电压等级、电压变化率（du/dt）、损耗、滤波器体积等因素，这些拓扑均难以适应中高压、大容量的场景。为提升 DC/DC 变换器的电压等级与功率容量，文献[4] 提出了基于晶闸管的谐振型升压变换器拓扑。该拓扑采用串联晶闸管阀组作为换流开关，通过调节晶闸管的触发频率来控制输出功率，并利用直流侧电抗器与交流电容器的谐振作用，在每个开关周期结束时谐振电容电压将高于直流侧电压，实现晶闸管阀组的反压关断。由于晶闸管的阻断电压、导通电流、过载以及浪涌电流能力等指标均远超其他类型功率半导体器件，且串联均压技术成熟、成本低、通态损耗小，因此易满足高电压、大容量的要求。针对全直流海上风场等功率单向流动的场景，该拓扑副边可采用二极管阀组，以降低器件成本[5]。此类拓扑的换流机理为谐振强迫换流 —— 通过激发无源器件的谐振来关断晶闸管，因此对晶闸管触发时序的精确性与无源器件的参数稳定性极为敏感。从波形质量角度来看，此类拓扑输入、输出电流脉动大、谐波严重，需要安装笨重昂贵的高压滤波装置。另外，谐振导致低压侧的晶闸管阀组与谐振电容均需耐受约 1.4 倍的高压侧直流电压[6]，这对于高电压增益的 DC/DC 应用场景是不可接受的。

基于 IGBT、IGCT 等全控型器件的高压大容量 DC/DC 变换器拓扑类型更为丰富，如最典型的DAB变换器。由于全控型器件具有自关断能力，换流方式为器件主动换流，可分别在原副边产生方波电压，激励出梯形波电流，因此控制简单，功率器件可工作于零电压软开关。进一步，对于单向功率流动场景，文献[7]研究了 DAB 副边采用二极管整流桥的结构，但由于该结构仅原边方波电压占空比可控，电流波形呈现为三角波，因此显著增大了器件的电流应力与损耗，且输入、输出电流谐波含量较大。虽然通过串联器件理论上可使DAB拓扑达到百千伏电压等级，但在如此高电压下，$\mathrm{d}u/\mathrm{d}t$、$\mathrm{d}i/\mathrm{d}t$ 以及杂散参数引发的过电压问题将严重危害变压器等设备的绝缘安全[6]，且全控型器件串联的静动态均压设计极为困难。为避免全控型器件的直接串联，将若干 DAB 变换器以模块形式进行串并联组合是一种有效提升电压和功率等级的方案[8]。但需要指出，在海上风电高压直流送出场景下，串并联组合结构至少要包含数十个 DAB 模块，其中各 DAB 模块的交流变压器均要求数百千伏的绝缘等级。受爬电距离和空气间隙等绝缘因素的制约[9]，各交流变压器的体积重量极大，数十个如此高绝缘等级的交流变压器将导致海上平台极为笨重。

近年来，随着模块化多电平换流器技术的快速发展，一系列基于 MMC 的高压大容量 DC/DC 变换器拓扑被提出[10]，其核心技术思想是采用子模块级联构建桥臂，替代全控型器件的直接串联，并采用子模块中的低压电容器取代直流母线上的高压电容组，实现了拓扑的模块化设计。MMC 类拓扑由于子模块数目较多，换流方式为桥臂换流，其特点是将各子模块的开关动作隐藏在桥臂内部，桥臂整体对外几乎不再呈现开关特性。各桥臂电流波形平滑连续，上下桥臂共同分担输出电流，通常不存在电流路径的完全切换。基于 MMC 原理，近年来陆续衍化出一系列高压大容量 DC/DC 拓扑。文献[11]最早提出将 MMC 三相输出端并联作为直流端口，在桥臂中注入较高幅值的共模交流电压与环流分量，实现 DC/DC 变换。文献[12]通过在桥臂中引入全桥子模块，使该拓扑进一步具备电压调节与直流故障阻断能力。但此类拓扑的缺点是需要在直流侧安装极为笨重的高压滤波电感(高达数百毫亨)，以滤除注入的共模交流电压。文献[13]提出将两个 MMC 直流侧串联、交流侧经变压器并联，巧妙地构造出自耦型 DC/DC 拓扑，省去了直流滤波器。文献[14]则进一步采用高压电容器替代其中的交流变压器，以降低体积重量。

针对现有问题，同时结合前面介绍的 CET 运行原理，本章提出基于储能桥臂

与晶闸管、二极管阀组相结合的隔离 CET，充分利用晶闸管、二极管通态损耗低、功率密度高的优势以及储能桥臂电压电流波形高度可控的特点，更为适用高升压比应用场景。本章主要分析该拓扑的工作原理并通过仿真和实验验证隔离 CET 的有效性。同时，与现有方案进行对比，以验证隔离 CET 的技术经济性。最后简要探讨双向隔离 CET 拓扑方案。

11.2　隔离 CET 拓扑

11.2.1　隔离 CET 拓扑推演过程

图 11.1 所示为第 2 章所介绍的 Buck－Boost 型 CET 运行波形，为便于理解，此处以两相结构为例进行说明。其中，U_H、I_H 分别为高压直流侧电压和电流，U_M、I_M 分别为中压直流侧电压和电流，T_c 为桥臂电流换流时间，T_h 为桥臂电流恒流时间。由图 11.1 可知，共有两种状态，对于每一种状态 CET 有一个桥臂并联在中压侧充电，另一个桥臂并联在高压侧放电。例如，状态 1 中换流开关 1 和换流开关 2′ 导通，而换流开关 1′ 和换流开关 2 断开，桥臂 1 并联在中压直流侧，输出电压为中压直流电压 U_M，充电电流为中压直流电流 I_M；桥臂 2 则并联在高压直流侧，输出电压和电流分别为 U_H 和 I_H。状态 2 与状态 1 类似，不做赘述。因此储能桥臂既要承担高压侧电压 U_H，又要承受中压直流的大电流 I_M，使得变换器桥臂的器件数目和器件安装容量较大（$U_H I_M$），变换器成本和体积问题突出，电压变比越高问题越显著。另外，根据第 2 章分析可知，桥臂能量波动对应图 11.1 中阴影部分电压电流乘积 $u_{A1} \times i_{A1}$ 的积分，即

$$\Delta E = \int_{t_1}^{t_4} u_{A1} \times i_{A1} \mathrm{d}t = U_M I_M (T_c + T_h) \tag{11.1}$$

由于变换器传输的功率均需通过储能桥臂进行缓冲，因此桥臂需要吞吐较大的能量，导致子模块电容容量较大，而电容体积在子模块总体积中占比较大（如柔直 MMC 子模块电容体积占比约为 50%～70%）。因此，针对高变比场景，有必要对现有 CET 拓扑进行改造，推演出既能减少模块数目和器件安装容量，又能降低电容容量的新型拓扑方案。

本章针对高变比场景，对图 11.1 所示的 CET 拓扑进行改造，其出发点是利用变压器的变压和直接功率传输的特性，构造隔离 CET 结构，其两相结构如图 11.2 所示。在桥臂 1 和桥臂 2 的输出端连接一个变比为 1∶n 的变压器实现隔

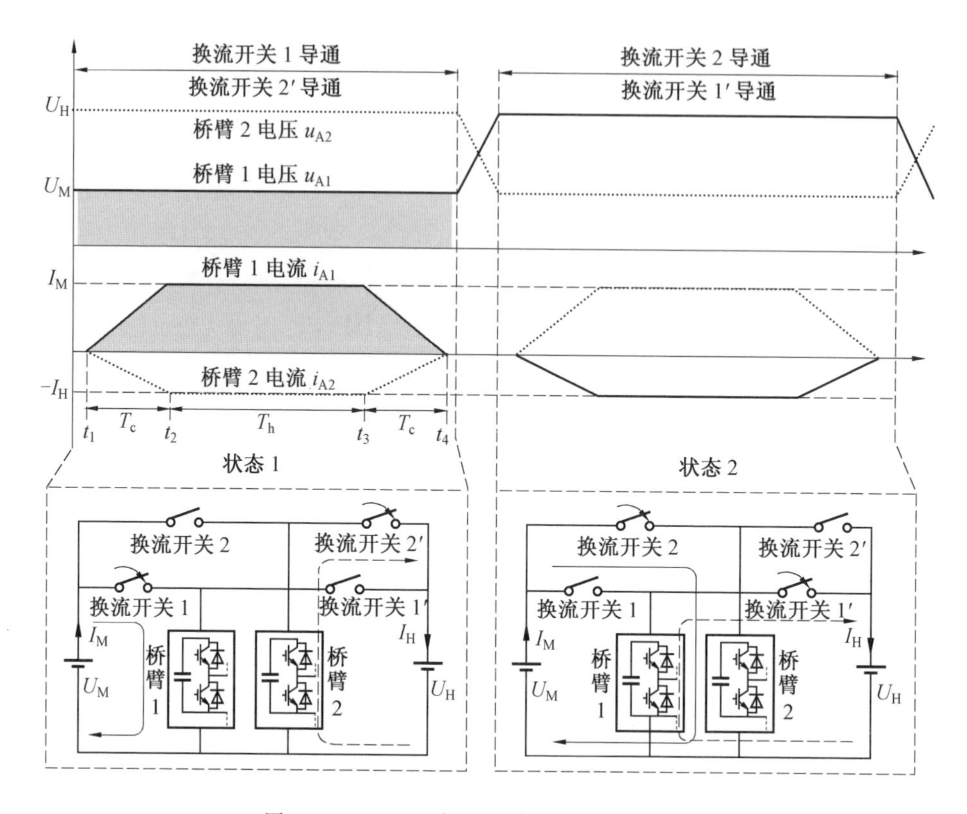

图 11.1　CET 运行原理波形(以两相为例)

离与升压,变压器副边经过不控整流桥得到高压直流电压 U_H,其运行原理与图 11.1 所示的 CET 类似。对于状态 1,换流开关 1 导通而换流开关 2 断开,桥臂 2 与变压器原边绕组串联接至中压直流侧,变压器副边绕组与高压直流并联。因此,桥臂 2 输出电压为中压直流电压 U_M 与变压器原边绕组电压 U_H/n 的差值,即 U_M-U_H/n,其电流为 nI_H,且可以通过调节桥臂 2 的电压实现电压调控。桥臂 1 则并联在中压直流侧,其电流为中压直流与变压器原边绕组电流的差值,即 I_M-nI_H。由于直流电压会使变压器伏秒累积而导致饱和,因此需要切换桥臂状态实现交变励磁。在状态 2 时,换流开关 2 导通而换流开关 1 断开,桥臂 1 与变压器原边绕组反向串联接至中压直流端口,变压器副边绕组与高压直流端口并联但电压极性发生反转,为 $-U_H$。桥臂 1 输出电压为中压直流电压 U_M 与变压器原边绕组电压 $-U_H/n$ 的和,即 U_M-U_H/n,其电流为 nI_H;桥臂 2 则并联在中压直流侧,其电流为中压直流与变压器原边绕组电流的差值,即 I_M-nI_H。

综上,隔离 CET 因为变压器的存在,桥臂与高压直流侧无直接电气连接,桥

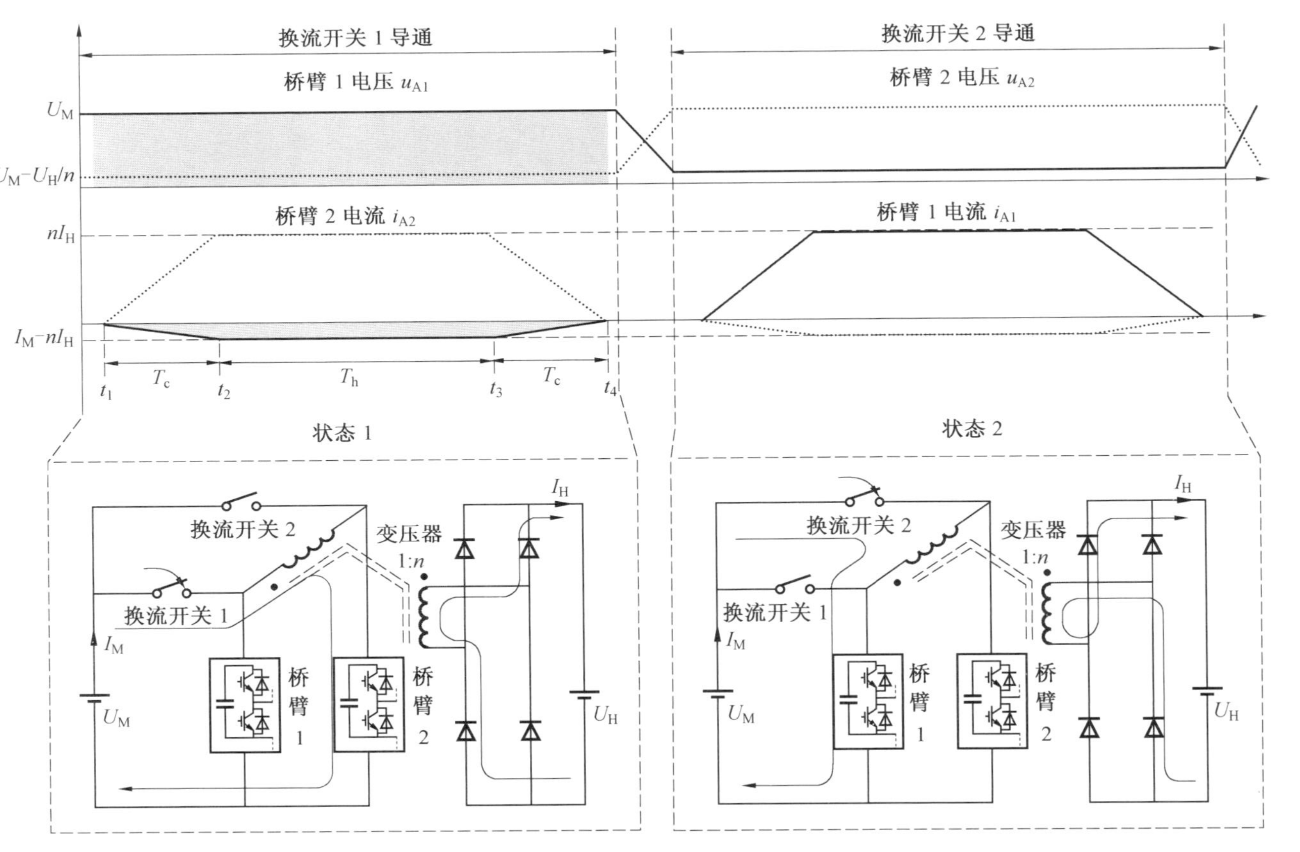

图 11.2　隔离 CET 运行原理波形（以两相为例）

臂电压不再需要承受高压直流电压，桥臂最大电压为中压直流电压 U_{M}，相较于图 11.1 所示的 CET 可显著减少桥臂子模块数目。同时，由图 11.2 可知，当桥臂输出电压为最大值 U_{M} 时，其电流仅为中压直流与变压器原边绕组电流的差值，即 $I_{M}-nI_{H}$，而当桥臂承担变压器原边绕组电流 nI_{H} 时，其电压仅为中压直流电压 U_{M} 与变压器原边绕组电压 U_{H}/n 的差值，即 $U_{M}-U_{H}/n$。因此，桥臂的能量波动（即图 11.2 中阴影部分电压电流乘积 $u_{A1}\times i_{A1}$ 的积分）将显著低于图 11.1 所示的 CET，特别是当变压器变比 n 接近 U_{H}/U_{M} 时，储能桥臂能量波动接近零，无须储能，其计算公式为

$$\Delta E=\int_{t_1}^{t_2}u_{A1}\times i_{A1}\,\mathrm{d}t=U_{M}(I_{M}-nI_{H})(T_{c}+T_{h})=U_{M}I_{M}\left(1-\frac{U_{H}}{nU_{M}}\right)(T_{c}+T_{h}) \tag{11.2}$$

总结而言，隔离 CET 一方面可以降低桥臂耐压等级，减少模块数目；另一方面，功率不再通过桥臂进行存储，而是通过变压器进行直接传递，桥臂主要用来实现电压调节和电流控制，可显著减小桥臂能量波动，降低子模块电容容量，实现低成本和轻量化。

11.2.2 三相隔离 CET 拓扑结构

11.2.1 节介绍了隔离 CET 拓扑的推演过程，同时简要介绍了两相结构的隔离 CET 基本运行原理。然而，两相结构的隔离 CET 的输入输出电流仍然是断续的，需要额外的直流滤波装置。为此，本节将晶闸管、二极管阀组通态损耗低、功率密度高、串联技术成熟的优势与储能桥臂电压电流波形高度可控的能力相结合，拓展提出三相隔离 CET 拓扑。其优势在于三相均分功率，可实现百兆瓦级大容量的需求，同时可以合成连续的直流电流，无须任何滤波装置。如图 11.3 中两种拓扑示例所示，本章将主要聚焦图 11.3(a) 所示的拓扑，分析其工作原理、运行控制方法以及在全直流海上风电场中应用的技术经济性。该拓扑电路为三相结构，中压侧采用晶闸管阀组，高压侧包含二极管阀组、电感以及储能桥臂，两者通过中频交流变压器（150 Hz 左右）相连。储能桥臂的主要作用是配合晶闸管、二极管换流，并保持对输入、输出直流电流的控制能力。拓扑功率主要通过中频变压器直接由中压侧传递至高压侧，储能桥臂只需在换流暂态过程中吸收和释放少部分功率，因此子模块电容容量相比传统 MMC 拓扑可显著降低。通过控制变压器三相电流波形交错，合成平滑的输入、输出电流，无须在直流侧安装滤波器，实现了拓扑的轻量化设计。晶闸管阀组与二极管阀组具有导通损耗低、功率密度高、串联技术成熟的优势，可实现拓扑的高效率、紧凑化以及低成本设计。因

此，储能桥臂与晶闸管阀组、二极管阀组在性能上相互取长补短，另外中间交流变压器频率高于工频，体积重量及造价亦得以降低，从而综合构成了高效率、紧凑型、轻量化、低成本的隔离 CET 拓扑。

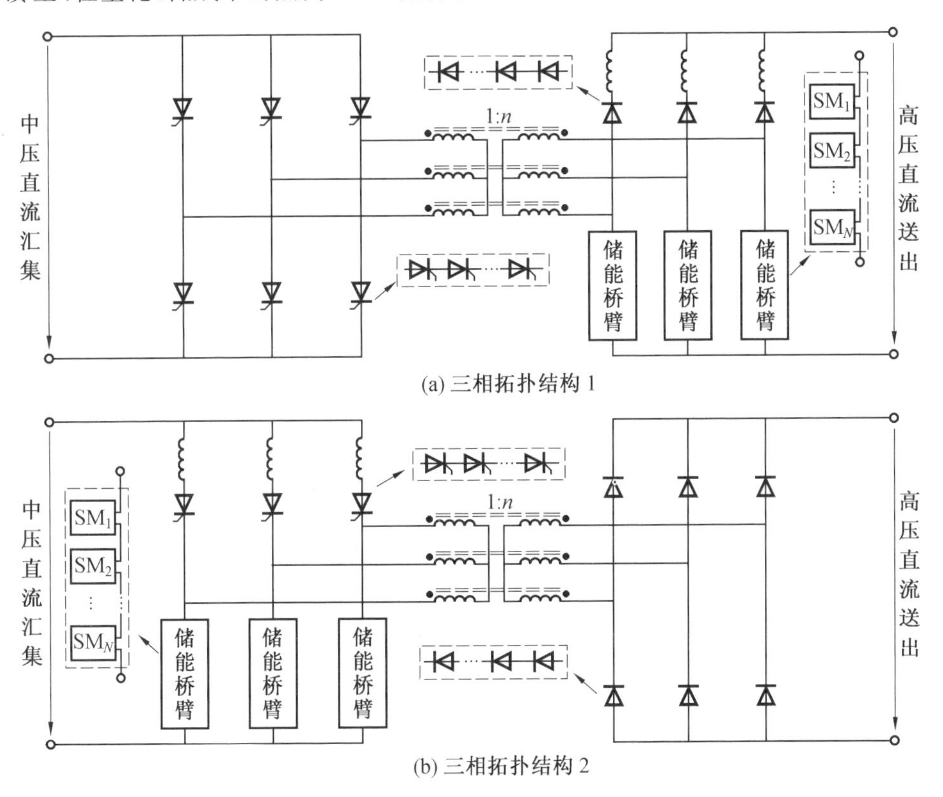

(a) 三相拓扑结构 1

(b) 三相拓扑结构 2

图 11.3　隔离 CET 拓扑示例

11.2.3　三相隔离 CET 运行原理

为详细说明隔离 CET 拓扑的工作原理，本章以图 11.4 所示的详细电路为基础，介绍其具体的工作原理与参数设计。图中 $T_1 \sim T_6$ 为晶闸管阀组，D_a、D_b、D_c 为二极管阀组，三相储能桥臂 S_a、S_b、S_c 均由半桥子模块级联构成，各桥臂含有 N 个子模块；L_j 为二极管阀组串联电感（$j=a,b,c$），L_{kj} 为变压器漏感；U_M 和 I_M 分别代表中压侧电压和电流，U_H 和 I_H 分别代表高压侧电压和电流；u_{Sj} 和 i_{Sj} 分别为储能桥臂电压和电流；i_A、i_B、i_C 为中频变压器中压侧三相电流，i_a、i_b、i_c 为变压器高压侧三相电流；变压器的变比为 $1:n$，且设计 n 略低于 U_H/U_M。

隔离 CET 拓扑运行原理波形及对应电路状态如图 11.5 所示。在每个工作

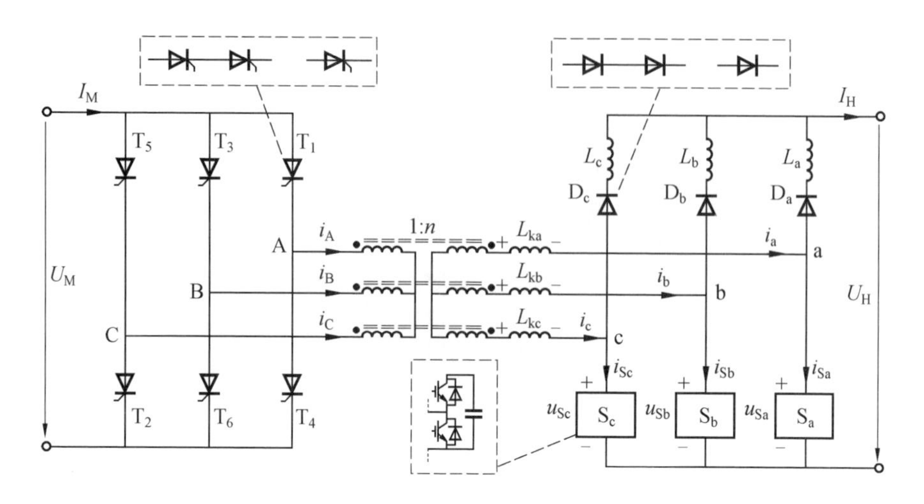

图 11.4　隔离 CET 拓扑详细电路

周期 T_h 内，三相晶闸管阀组 $T_1 \sim T_6$ 依次触发导通，且相邻两相阀组之间设计一定的导通重叠时间以实现换流，其中变量 T_c 表示晶闸管、二极管换流时间，T_q 为晶闸管反压持续时间。晶闸管阀组电流和二极管阀组电流在三相储能桥臂的配合下分别控制成幅值为 I_M 和 I_H 的梯形波，三相波形之间交错 120°，得到平滑的输入、输出直流电流，无须外加直流滤波器。

因此，所提拓扑每个工作周期可等分为六段，每段对应 60° 电角度，每段均包含恒流和换流两种状态，其中各时段中恒流状态的器件导通情况见表 11.1。在恒流状态中，中压侧需要两个晶闸管导通，形成中压侧电流通路，其中一个晶闸管是共阳极组的，另一个晶闸管是共阴极组的，两者不同相，从而中压侧直流电流将从两个晶闸管和变压器的两相绕组中流过。同时，电流也将通过变压器在高压侧形成通路，对应相的二极管和储能桥臂导通，从而在高压侧直流端口流出，实现功率的传递。为保证输入、输出电流的波形质量，储能桥臂将主动调节输出电压，以适应输入、输出端口直流电压的波动，保证电流恒定不受影响。特别需要指出的是，对于由半桥子模块构成的储能桥臂，桥臂能够输出的最低电压是零，因此为了保证桥臂电压具有一定的调节范围，需设计变压器变比 n 略低于 U_H/U_M。基于输入、输出功率守恒关系，于是有 $I_M/n > I_H$，即变压器高压侧电流大于二极管电流，要求二极管对应的储能桥臂也要辅助导通，承担该电流差。

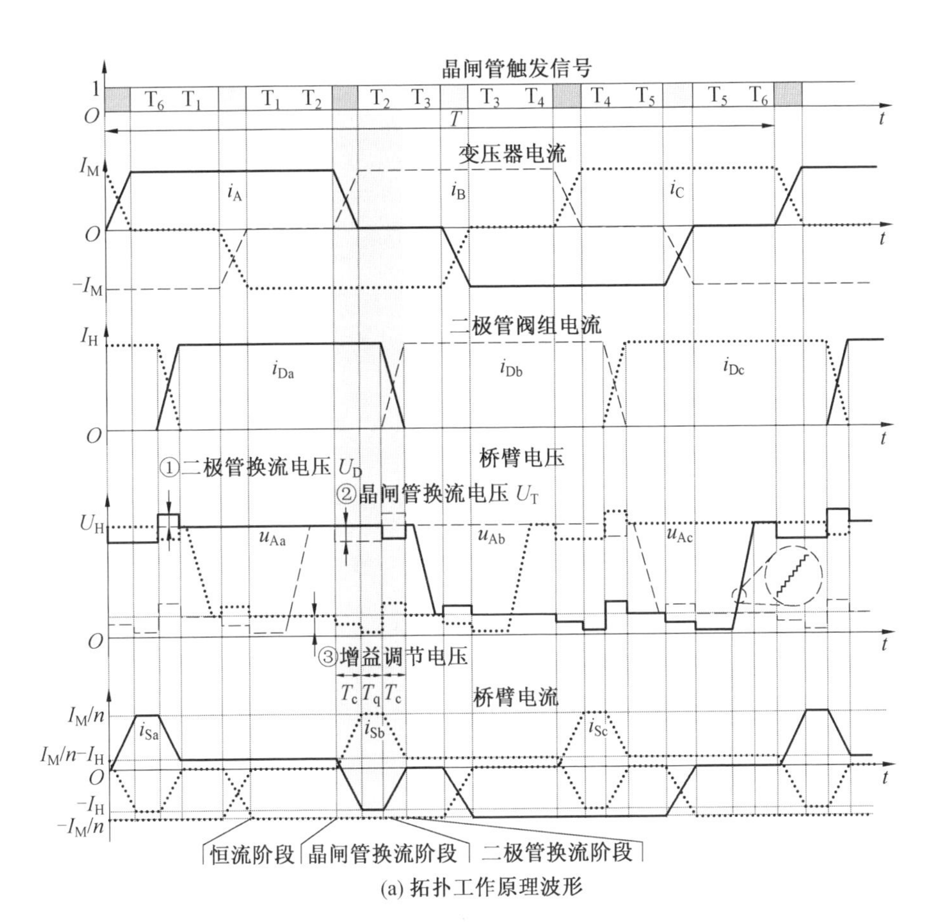

(a) 拓扑工作原理波形

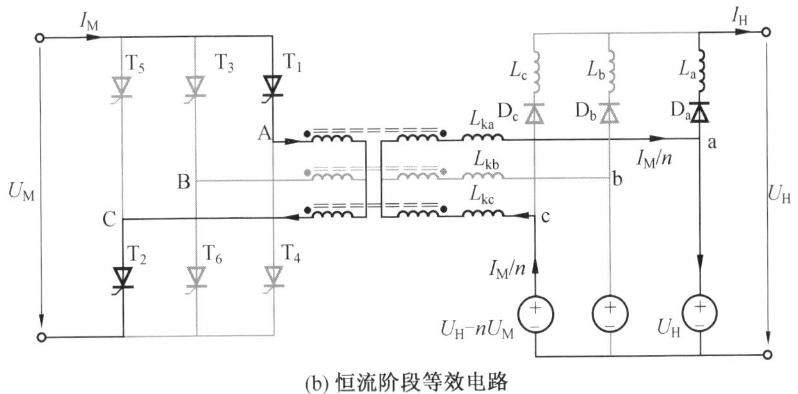

(b) 恒流阶段等效电路

图 11.5　隔离 CET 拓扑运行原理波形及对应电路状态

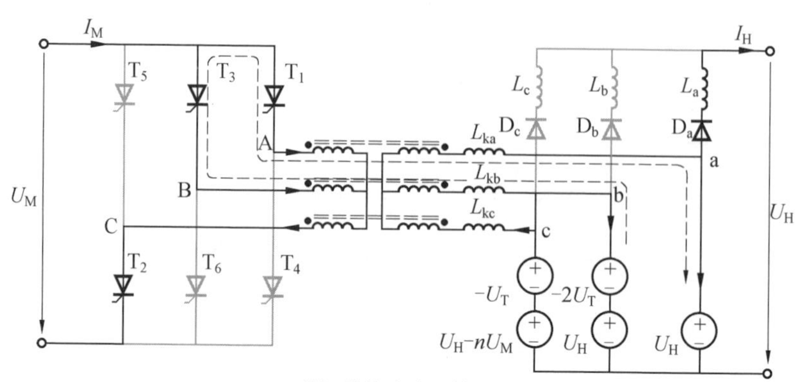

(c) 晶闸管换流阶段等效电路

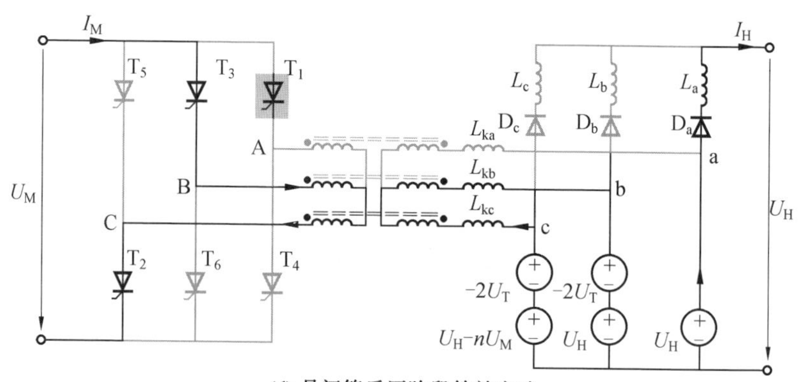

(d) 晶闸管反压阶段等效电路

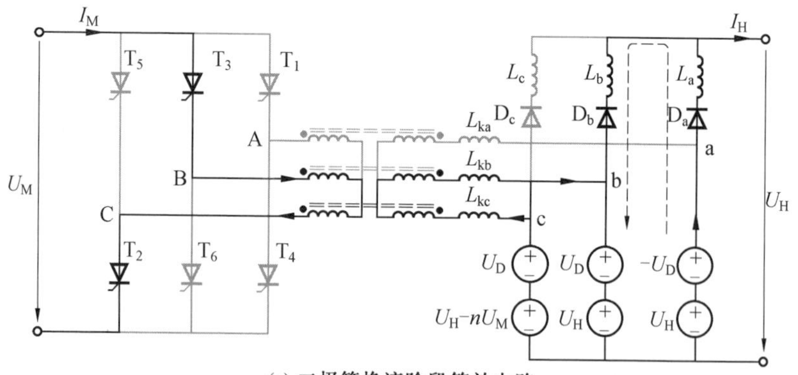

(e) 二极管换流阶段等效电路

续图 11.5

表 11.1　隔离 CET 拓扑各时段恒流状态工作情况

各时段恒流状态下拓扑工作情况	各恒流状态时段					
	Ⅰ	Ⅱ	Ⅲ	Ⅳ	Ⅴ	Ⅵ
中压侧共阳极组中导通的晶闸管（流过的电流为 I_M）	T_1	T_3	T_3	T_5	T_5	T_1
中压侧共阴极组中导通的晶闸管（流过的电流为 I_M）	T_2	T_2	T_4	T_4	T_6	T_6
高压侧导通的二极管（流过的电流为 I_H）	D_a	D_b	D_b	D_c	D_c	D_a
高压侧导通的储能桥臂（流过的电流为 I_M/n）	S_c	S_c	S_a	S_a	S_b	S_b
高压侧辅助工作的储能桥臂（流过的电流为 $I_M/n-I_H$）	S_a	S_b	S_b	S_c	S_c	S_a

为避免变压器励磁饱和，需要对拓扑的恒流状态进行切换，在切换的过程中则进入换流状态。换流状态又分为两种情况：一种是状态Ⅰ→Ⅱ、Ⅲ→Ⅳ、Ⅴ→Ⅵ，中压侧直流电流在两个共阳极组晶闸管之间交换，高压侧直流电流在两个二极管之间交换；另一种是状态Ⅱ→Ⅲ、Ⅳ→Ⅴ、Ⅵ→Ⅰ，中压侧直流电流在两个共阴极组晶闸管之间交换，高压侧直流电流在两个储能桥臂之间交换。换流原理均依靠三相储能桥臂之间的协同配合，通过调节桥臂电压，在变压器漏感或二极管电感上施加换流电压，在一段时间内完成两相电路之间的线性换流。在换流过程中，总有一个储能桥臂用于维持中压侧直流电流恒定，另一个储能桥臂用于维持高压侧直流电流恒定，而最后一个储能桥臂则用于控制电流交换。

具体对于第二种换流情况，通过调节新导通相储能桥臂的电压，将在变压器两相漏感上施加电压，实现电流在变压器两相之间交换，同时还要调节第三相桥臂电压，保证变压器第三相绕组电流不受影响，亦即保证中压侧直流电流不变，同时高压侧直流电流由原导通相的储能桥臂控制为恒定，保持高压侧直流电流不受影响。当原导通相晶闸管电流降为零后，该换流电压将作为反压施加在晶闸管上并持续一段时间，保证其可靠关断。

对于第一种换流情况，电流需要在中压侧的两个晶闸管之间、高压侧的两个二极管之间换流，但晶闸管和二极管均不具有主动控制能力，不得不依靠储能桥臂来实现换流。因此拟导通的二极管所对应的储能桥臂需要首先在变压器漏感上施加电压，才能完成晶闸管的换流。在晶闸管可靠关断后，再调节两相储能桥臂电压向二极管阀组电感施加电压，实现高压侧电流在两个二极管之间的交换。在这个过程中，第三相储能桥臂电压则始终在维持变压器第三相绕组电流不受影响，亦即保证中压侧直流电流恒定不变。

下面具体以恒流状态 Ⅰ 以及 Ⅰ → Ⅱ 换流状态为例，详细分析所提拓扑的工作过程。

恒流状态 Ⅰ 对应的电路如图 11.5(b) 所示，中压侧晶闸管阀组 T_1 和 T_2 导通，a 相和 c 相变压器电流大小相等方向相反，即 $i_a=-i_c=I_M/n$。高压侧二极管阀组 D_a 导通，i_a 大部分流经 D_a 形成高压侧电流 I_H，有小部分会流向储能桥臂 S_a，即 $i_{Sa}=I_M/n-I_H$，同时 S_a 需要支撑起高压侧电压，即 $u_{Sa}=U_H$。另外，为保持变压器电流恒定，线电压 u_{ac} 需要维持在 nU_M，故储能桥臂 S_c 需要承担幅值较小的电压差，即 $u_{Sc}=U_H-nU_M$。此阶段大部分中压侧功率将直接经过变压器传递至高压侧，储能桥臂 S_a 电压高但电流小，储能桥臂 S_c 电流大但电压低，因此桥臂承担的充、放电能量均较小。另外，此阶段储能桥臂 S_b 电压 u_{Sb} 逐渐上升至 U_H，为下一阶段的晶闸管换流做准备。在 u_{Sb} 上升过程中，该桥臂中子模块的开关信号依次间隔少许时间，以限制在二极管和晶闸管阀组上产生的 $\mathrm{d}u/\mathrm{d}t$，并且此阶段 b 相变压器电流为零，S_b 中子模块功率器件为零电流开关。

晶闸管换流阶段电路如图 11.5(c) 所示，此阶段晶闸管阀组 T_1 和 T_3 进行换流。换流初始时刻，储能桥臂 S_b 电压 u_{Sb} 为 U_H，于是线电压 $u_{AB}=0$，故 T_3 在 ZVS 条件下触发导通。换流过程中 T_1 和 T_3 共同导通，储能桥臂 S_b 电压调整至 U_H-2U_T，此时变压器高压侧线电压 $u_{ba}=-2U_T$，进而变压器漏感 L_{ka} 和 L_{kb} 上将得到方向相反、大小均为 U_T 的换流电压，T_1 电流 i_{T1} 将线性减小至零，而 T_3 电流 i_{T3} 将线性增大至 I_M，两者变化速率相同，维持中压侧输入直流电流恒定不变。需要注意的是，此阶段中 c 相为非换流相，储能桥臂 S_c 电压需要调整为 $U_H-nU_M-U_T$，使得变压器漏感 L_{kc} 电压为零，保证 c 相变压器电流不受影响，亦即维持中压侧直流电流恒定、功率平稳传输。晶闸管电流 i_{T1} 下降至零后，如图 11.5(d) 所示，晶闸管阀组 T_1 将承受反压实现可靠关断，反压大小即为变压器中压侧线电压 $u_{BA}=-2U_T/n$，施加反压的时间 T_q 应大于晶闸管器件的关断时间。在反压阶段 S_c 电压则调整至 $U_H-nU_M-2U_T$，以维持变压器漏感上电压为零，避免变压器电流(亦对应中压侧直流电流)受到影响。

二极管换流阶段电路如图 11.5(e) 所示。此阶段二极管阀组 D_a 和 D_b 进行换流，a、b 两相储能桥臂电压 u_{Sa} 和 u_{Sb} 分别为 U_H-U_D 和 U_H+U_D，使得电感 L_a 和 L_b 上产生方向相反、大小为 U_D 的换流电压。因此，电流 i_{Da} 从 I_H 线性下降至零，而 i_{Db} 以相同速率从零线性上升至 I_H，换流过程中两者合成恒定的高压侧直

流电流 I_H。同时，储能桥臂 S_c 电压调整至 $U_H - nU_M + U_D$，以保持变压器漏感 L_{kb} 和 L_{kc} 上的电压为零，避免变压器电流 i_b 和 i_c（亦对应中压侧直流电流）受到二极管阀组换流过程的影响。

在各相储能桥臂的协调配合下，晶闸管阀组 $T_1 \sim T_6$ 均可以实现 ZVS 导通，并通过调节桥臂电压，实现两相电路之间的线性换流。晶闸管阀组电流降至零之后，储能桥臂主动施加反压并维持一段时间，以可靠关断晶闸管阀组。此外，在桥臂电压上升、下降的过程中，桥臂电流为零，桥臂内子模块可以实现 ZCS 软开关。另外，根据图 11.5 可知，当储能桥臂电压输出高电压时，其流过的电流仅为变压器电流和二极管电流的差值，并可主动调节电流差值大小来调节传输功率；而当储能桥臂承载全部变压器电流时，其电压仅为变压器线电压与高压侧直流电压的差值，并可通过调节电压差值大小来调节电压增益，以适应直流电压一定范围的波动。在这种运行方式下，一个周期内储能桥臂吸收与释放的能量可自动平衡，且储能桥臂仅在换流过程中同时承担较大的电压与电流，总体上吸收与释放的能量相比传统 MMC 明显降低，可显著减小子模块电容容量。

综上所述，隔离 CET 拓扑三相储能桥臂轮流负责调控中压侧直流电流、高压侧直流电流以及线性换流，能够兼顾多目标调控需求。通过充分发挥储能桥臂的电压、电流波形调节能力，解决了传统 DC/DC 变换器仅调节占空比或移相角的局限以及带来的输入 / 输出谐波大、电压适应范围小、多控制目标耦合甚至矛盾等问题，实现对电压增益、传输功率、电容能量、换流过程等目标的独立调控，并从本质上消除了输入、输出直流电流的谐波。

11.2.4　隔离 CET 拓扑参数设计

(1) 桥臂模块数目 N。

隔离 CET 拓扑的储能桥臂需要承受的最大电压为二极管换流阶段电压 $U_M + U_D$，因此在不考虑冗余子模块时，储能桥臂的子模块数 N 的选择依据为

$$N \geqslant \frac{U_M + U_D}{U_C} \tag{11.3}$$

式中，U_C 为子模块电容额定电压；U_D 为二极管换流电压，且相比于 U_M 很小，可按 $5\% \sim 10\% U_M$ 近似计算。

(2) 变压器漏感和二极管串联电感。

变压器漏感 L_{kj} 和二极管串联电感 L_j 的设计需要综合考虑直流电流纹波大小和换流过程的电流变化速率，电感值过大则换流时间会延长，电感值过小则会造成较大的直流电流纹波。对于给定的换流时间 T_c，以及晶闸管、二极管换流电压 U_T 和 U_D，变压器漏感 L_{kj} 和二极管串联电感 L_j 应满足

$$\frac{nU_C}{4\varepsilon_i I_M N f_c} \leqslant L_{kj} \leqslant \frac{nU_T T_c}{I_M} \tag{11.4}$$

$$\frac{U_C}{4\varepsilon_i I_H N f_c} \leqslant L_j \leqslant \frac{U_D T_c}{I_H} \tag{11.5}$$

式中，f_s 为子模块的平均开关频率；ε_i 为电流峰峰纹波率。

(3) 子模块电容容量 C。

对于子模块电容容量设计，主要考虑限制电压波动，避免电容过压。在一个工作周期 T_h 内，储能桥臂存在充电与放电两个过程，桥臂能量平衡情况下仅考虑放电过程，并忽略换流电压大小，根据拓扑工作波形可计算桥臂放电的能量为

$$\Delta E = \frac{T_h}{3}(U_H - nU_M)\frac{I_M}{n} + T_c I_H U_H + T_q I_H U_H \tag{11.6}$$

同时，根据电容能量公式可得到储能桥臂电容能量波动的表达式为

$$\Delta E = \frac{1}{2}NC(U_{C,\max}^2 - U_{C,\min}^2) = NCU_C^2\varepsilon_u \tag{11.7}$$

式中，$U_{C,\max}$ 和 $U_{C,\min}$ 分别为子模块电容电压最大值和最小值；ε_u 为子模块电容电压峰峰纹波率，$\varepsilon_u = (U_{C,\max} - U_{C,\min})/U_C$。

储能桥臂放电过程中的能量波动由电容来承担，因此有 $\Delta E_C = \Delta E_i$，进而推导出子模块电容容量设计公式为

$$C = \left[\left(\frac{U_H}{nU_M} - 1\right) + \frac{3(T_c + T_q)}{T_h}\right]\frac{P}{3\varepsilon_u N U_C^2 f_h} \tag{11.8}$$

式中，P 为传输功率；f_h 为拓扑工作频率。

由式(11.8)可以看出，由于 U_H/nU_M 接近 1，电容容量主要取决于换流时间 T_c 和晶闸管反压时间 T_q。

(4) 二极管阀组和晶闸管阀组。

由于二极管阀组位于高压侧，其电压应力即为高压直流电压 U_H，因此每个二极管阀组需要串联的二极管数目为

$$N_{dio.} = \frac{U_H}{\lambda_d U_B} \tag{11.9}$$

式中，U_B 为单个二极管的耐压值；λ_d 为器件电压利用率，一般为 0.5～0.6。因为变换器是三相结构，所以二极管阀组的平均电流为高压侧电流的 1/3，即

$$I_{F(AV)-D}=\frac{1}{T_h}\int_0^{T_h} i_{Dj}\,dt=\frac{I_H}{3} \tag{11.10}$$

式中，T_h 为变换器运行周期。

同理，晶闸管阀组位于中压侧，其电压应力按中压直流电压 U_M 设计，因此每个晶闸管阀组需要串联的晶闸管数目及其平均电流分别为

$$N_{Thy.}=\frac{U_M}{\lambda_d U_B} \tag{11.11}$$

$$I_{F(AV)-T}=\frac{1}{T_h}\int_0^{T_h} i_{Tj}\,dt=\frac{I_M}{3} \tag{11.12}$$

(5) 子模块 IGBT。

根据式(11.3) 得到了各储能桥臂子模块数 N 的表达式，进而可得隔离 CET 拓扑共需 $3N$ 个半桥子模块，即所需 IGBT 器件的总数量为

$$N_{IGBT}=6N\approx\frac{6(U_H+U_D)}{U_C} \tag{11.13}$$

在选择子模块 IGBT 型号时，主要考虑其电压和电流应力，其工作电压即为子模块电容电压，因此 IGBT 额定电压应按电容电压 U_C 选取并留有 40%～50% 电压裕量，即

$$U_{IGBT}=\frac{U_C}{\lambda_{IGBT}} \tag{11.14}$$

式中，λ_{IGBT} 为 IGBT 电压利用率，一般为 0.5 左右。

各 IGBT 的电流应力由桥臂电流的最大值决定，由图 11.5(a) 所示的原理波形可知桥臂子模块 IGBT 的最大电流应力为 I_M/n。

11.2.5　隔离 CET 拓扑控制策略

为实现隔离 CET 拓扑的稳定运行，本节设计了图 11.6 所示的控制策略，包括外环电压 / 功率控制与桥臂能量平衡控制、储能桥臂电流控制、子模块及晶闸管阀组控制。

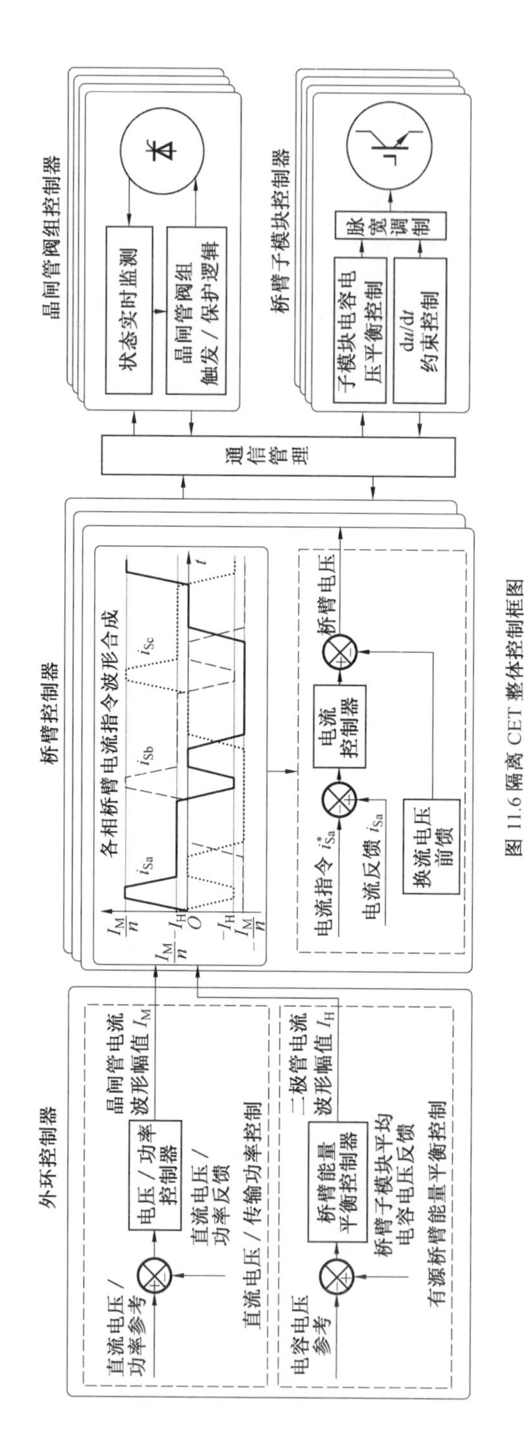

图 11.6 隔离 CET 整体控制框图

图 11.6 中外环控制器为实现直流电压 / 传输功率的控制需求，生成中压侧直流电流 I_M（亦即晶闸管和变压器梯形波电流的幅值）参考。同时，对每相桥臂设计能量平衡控制器，通过调节高压侧直流电流 I_H（即晶闸管电流波形的幅值）参考，从而改变储能桥臂在恒流状态下承担电流 $I_M/n - I_H$ 的大小，维持桥臂子模块电容充、放电能量平衡，保证电容电压稳定在额定值。根据外环控制器提供的电流幅值参考，进一步设计各储能桥臂的电流内环控制器。按图 11.5 中储能桥臂电流的原理波形，设计波形发生器，并将外环控制器得到的幅值参考 I_M 与 I_H 代入，得到电流控制器的波形指令，进而与实际反馈的桥臂电流构成闭环控制。在此基础上，进一步在换流状态中引入电压前馈，于储能桥臂电流为零的阶段调节桥臂电压，为下一次晶闸管的零电压开通做准备。最终得到桥臂电压的参考信号，并结合换流时序、最近电平调制（NLC）与子模块电容电压均衡控制、考虑通过限制各控制周期内的子模块投切数量来约束 du/dt，从而优化换流过程的电压、电流环境，最终获得储能桥臂各子模块的 IGBT 驱动信号以及晶闸管阀组的触发信号。

11.3　隔离 CET 拓扑仿真与实验验证

为验证隔离 CET 拓扑的有效性，本节针对额定功率为 300 MW、中压侧和高压侧直流电压等级分别为 ±35 kV、±400 kV 的全直流海上风电场进行仿真验证，并通过一台 2.4 kW、150 V/400 V 的实验样机进行实验验证。具体的仿真与实验参数见表 11.2。

表 11.2　隔离 CET 拓扑仿真与实验参数

拓扑参数	仿真	实验
功率等级 P/MW	300	2.4×10^{-3}
中压侧电压 U_M/kV	±35	0.15
高压侧电压 U_H/kV	±400	0.4
中压侧电流 I_M/A	4 300	16
高压侧电流 I_H/A	375	6
变压器变比 $1:n$	1∶10	1∶2

续表 11.2

拓扑参数	仿真	实验
运行频率 f_h/Hz	150	150
反压时间 T_q/μs	120	300
换流时间 T_c/μs	300	300
子模块电容 C/mF	0.4	1.88
变压器漏感 L_{kj}/mH	30	3
串联电感 L_j/mH	30	5.3
子模块电容电压 U_C/V	3 500	100
子模块个数 N	240	6

11.3.1 隔离 CET 拓扑仿真分析

±35 kV/±400 kV 全直流海上风电系统的仿真结果如图 11.7 所示，其中图 11.7(a) 为拓扑稳态运行仿真波形。可见，变压器中压侧电流与二极管电流均为三相交错的梯形波，幅值分别为 4 300 A 和 375 A，该幅值亦即中压侧电流 I_M 和高压侧电流 I_H。晶闸管和二极管换流过程均为线性换流，保证了中压侧直流电流 i_M 和高压侧直流电流 i_H 的平滑连续。

在[t_1,t_2]阶段，隔离 CET 处于恒流状态，a 相二极管 D_a 导通，储能桥臂 S_a 支撑起高压侧直流电压 U_H，u_{Sa} 等于 800 kV，而 S_a 仅流过变压器电流与二极管电流的差值，大小为 55 A(4 300 A/10－375 A)，同时储能桥臂 S_c 流过变压器二次侧电流，大小为 430 A，而电压 u_{Sc} 大小仅为直流电压 U_H 与变压器线电压的差值，大小为 100 kV(800 kV－70 kV×10)，因此恒流过程中储能桥臂承担的功率较小，子模块电容储能要求较低，电容容量可设计得较小。

在[t_2,t_3]阶段，晶闸管 T_1 和 T_3 发生换流，通过调节储能桥臂 S_b 电压，从而在变压器漏感 L_{ka} 与 L_{kb} 上产生方向相反、大小为 U_T 的换流电压，两个晶闸管阀组发生线性换流，i_A 下降，i_B 上升，仿真中变压器漏感为 30 mH，换流电压 U_T 大小设计为 44.5 kV。从晶闸管换流过程中可以看到，c 相变压器电流保持恒定，维持中压侧直流电流和传输功率的稳定。

晶闸管 T_1 电流下降至零后，在[t_3,t_4]阶段，储能桥臂将会主动对其施加反压，目前大容量快速晶闸管关断时间最快可达到 50～70 μs，仿真中反压时间设计为 120 μs，以保证晶闸管阀组能够可靠关断，并且反压大小为 9 kV。

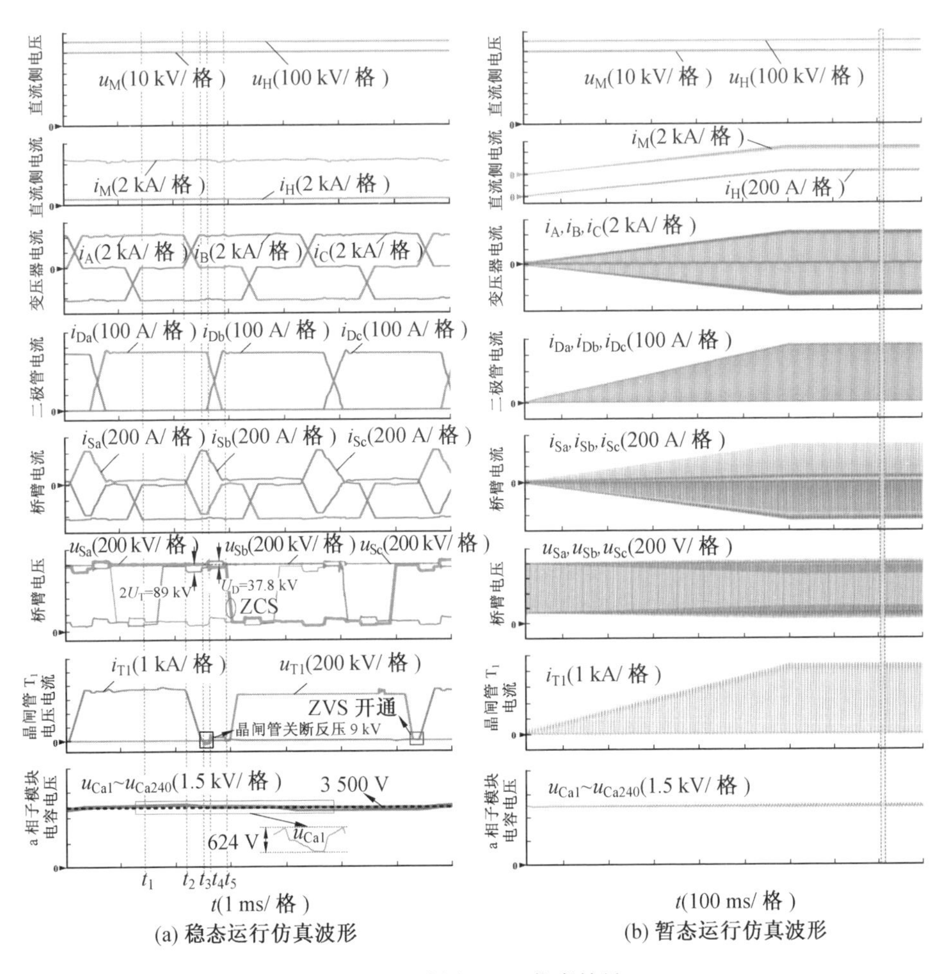

图 11.7　隔离 CET 仿真结果

反压过程结束后，如$[t_4, t_5]$阶段所示，二极管阀组 D_a 与 D_b 之间发生换流，在储能桥臂 S_a 和 S_b 的配合下，串联电感 L_a 与 L_b 上产生换流电压，仿真中串联电感为 30 mH，二极管阀组换流电压 U_D 大小为 37.8 kV。二极管换流过程调节 c 相储能桥臂电压，使得变压器漏感上电压为零，因此可以看到 a 相和 b 相变压器电流并未受到二极管换流过程的影响。换流结束后，u_{Sa} 下降至 100 kV，为下一阶段换流做准备，且下降过程中 S_a 电流为零，因此桥臂内 IGBT 实现了 ZCS 软开关。由晶闸管阀组电压电流波形可知，在晶闸管阀组开通前，其两端电压为零，因此晶闸管阀组可以实现 ZVS 开通，降低了开通应力。

仿真中每相储能桥臂内共有 240 个子模块，能量平衡控制中子模块电容电压给定值为 3 500 V，根据图 11.7(a) 所示的子模块电容电压可见，240 个电容电压均稳定在 3 500 V。另外，电容电压纹波大小约为 ± 312 V，峰峰波动率 ε_u 为 17.83%，与理论值 18.7% 基本一致，验证了电容参数设计的正确性。

图 11.7(b) 所示为风电场功率从零线性升高至额定 300 MW 的暂态运行仿真波形。在功率变化过程中，隔离 CET 维持稳定运行，中压侧与高压侧直流电流 i_M 与 i_H 分别平滑地升高至 4 300 A 和 375 A，储能桥臂子模块电容电压平衡且稳定。

11.3.2 隔离 CET 拓扑实验验证

在表 11.2 所示实验参数条件下，隔离 CET 实验结果如图 11.8 所示，其中图 11.8(a) 为稳态运行实验波形。变压器中压侧电流与二极管电流均为交错的梯形波，幅值分别为 16 A 和 6 A，即直流电流 I_M 和 I_H 的大小，晶闸管与二极管换流过程均为线性换流。

在[t_1，t_2]阶段，a 相二极管 D_a 导通，拓扑处于恒流阶段，储能桥臂 A_a 支撑起高压侧直流电压 400 V，而电流大小仅为变压器电流和二极管电流的差值，大小为 2 A，同时 c 相储能桥臂 S_c 流过变压器的电流大小为 8 A，此过程中储能桥臂储能均较小。随后在[t_2，t_3]阶段，晶闸管发生换流，T_1 和 T_3 同时导通，晶闸管 T_1 电流线性下降至零后承受反压而关断，实验中反压大小为 60 V，反压时间为 300 μs。同样在储能桥臂的配合下二极管发生相间换流，D_a 与 D_b 同时导通，i_{Db} 上升同时 i_{Da} 下降，换流结束后 S_a 电压 u_{Sa} 下降至 100 V，电压下降过程中桥臂电流 i_{Sa} 为零，储能桥臂内的 IGBT 均可以实现 ZCS 软开关，同时晶闸管阀组可实现 ZVS 导通。

实验中每相储能桥臂包含六个子模块，电容电压给定值为 100 V，根据图 11.8(a) 可以看出，电容电压波动在 ± 2.5 V 左右，峰峰波动率为 5%，与理论相符，同时六个子模块电容电压之间保持平衡，均维持在 100 V，验证了电容之间的电压平衡能力。需要说明的是，由于实验中子模块数目较少，投入或切除一个子模块引起的桥臂电压变化比例较大，因此相比仿真，中压直流电流 i_M 与高压直流电流 i_H 波动更为明显。

图 11.8(b) 所示为隔离 CET 功率从零线性上升至 2.4 kW 的暂态运行实验波形。在功率变化过程中，隔离 CET 平稳运行，i_M 和 i_H 分别平滑升高至 16 A 和 6 A，子模块电容电压保持稳定。

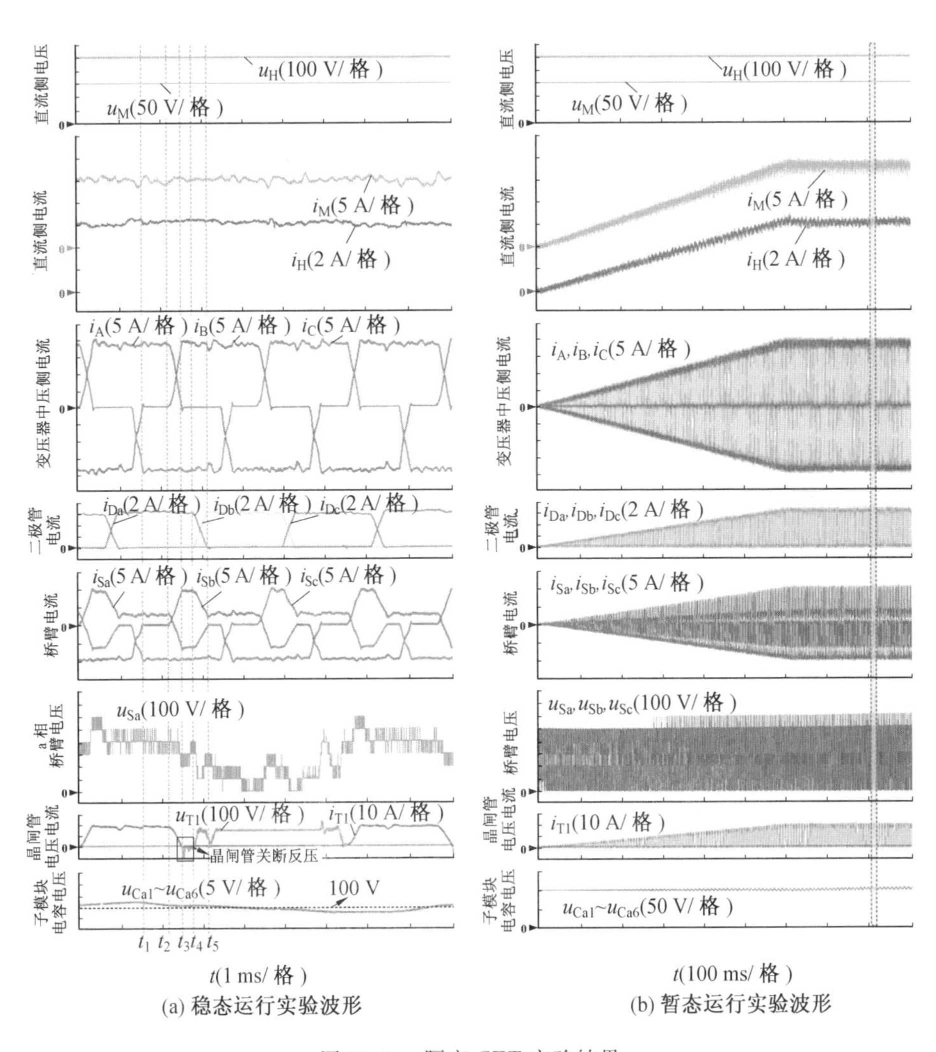

(a) 稳态运行实验波形　(b) 暂态运行实验波形

图 11.8　隔离 CET 实验结果

11.4　隔离 CET 拓扑技术经济性对比

11.4.1　隔离 CET 拓扑与柔直 MMC 对比

为论证隔离 CET 拓扑在全直流海上风电场应用中的技术经济性，本章以第 11.3 节仿真中的 300 MW/±400 kV 直流送出工况为例，具体对所介绍的隔离

CET 拓扑与目前海上风电柔性直流海上平台的 MMC 换流器进行对比。柔性直流 MMC 的交流调制比设计为 0.875(与隔离 CET 拓扑的 nU_M/U_H 一致),功率因数取 1,以最小化桥臂电流应力。为简化对比,两种拓扑中的子模块额定电压相等,选取相同电压规格的器件,桥臂子模块数目相同,并且均不考虑冗余,子模块开关频率均为 150 Hz。在隔离 CET 的中压侧,晶闸管的电流应力为中压侧直流电流 4 300 A,这里选用快速晶闸管 KK4500－40(4 kV/4.5 kA) 构成串联阀组。在高压侧,二极管的电流应力为高压侧直流电流 375 A,选用 ZP8600－65 (6.5 kV/600 A) 构成串联阀组。另外,对于晶闸管与二极管阀组,器件串联电压降额系数均按 $\lambda=0.55$ 设计。储能桥臂中功率器件 IGBT 最大电流应力为 I_M/n,约为 430 A,其型号选用 5SNA0600G650100(6.5 V/600 A),子模块额定电压设计为$U_C=3.5$ kV。柔性直流 MMC 子模块亦选用相同的 IGBT。在上述前提下,下面将从半导体器件数目、半导体器件损耗、半导体器件成本以及桥臂储能需求四个方面对两种方案进行技术经济性对比。

隔离 CET 中晶闸管串联阀组需要承受中压侧直流电压±35 kV(即 70 kV),而在高压侧,二极管串联阀组和储能桥臂均需要承受高压侧直流电压±400 kV(即 800 kV)的电压应力,考虑到串联降额系数λ,各晶闸管阀组需要 32 个晶闸管串联、各二极管阀组需要 224 个二极管串联,每个储能桥臂需要 229 个子模块,共需要 458 个 IGBT。柔性直流 MMC 每个桥臂同样承受直流电压±400 kV(800 kV),每个桥臂需要的 IGBT 数目为 458 个。图 11.9(a) 给出了两者半导体器件数目的对比情况,虽然 MMC 不含晶闸管和二极管阀组,但需要六个桥臂,总器件数目仍然较多。图 11.9(b) 进一步给出了两者的成本对比情况。由于晶闸管、二极管成本远低于 IGBT,所选用晶闸管、二极管的单价分别约为 1 300 元和 600 元,IGBT 单价则约为 8 500 元(价格数据源自代理商或器件网站,仅供参考),因此隔离 CET 的半导体成本相比 MMC 降低了 47.2%,晶闸管和二极管分别只占其总成本的 2% 和 3.2%。另外,晶闸管、二极管的辅助电路更为简单,结构设计简洁,实际的成本优势将更高。

结合运行工况、器件数目以及器件参数手册,柔性直流 MMC 与隔离 CET 的损耗对比情况如图 11.9(c) 所示。柔性直流 MMC 中的损耗主要源自 IGBT 的通态损耗和开关损耗,且两者均与 MMC 正弦桥臂电流的绝对平均值 $I_{AV,MMC}$ 和有效值 $I_{rms,MMC}$ 有关,分别为 200 A 和 237.6 A。根据 $I_{AV,MMC}$ 和 $I_{rms,MMC}$ 大小以及 5SNA0600G650100 导通时的 V－A 特性曲线可以计算出 MMC 中总 IGBT 通态

损耗约为 1.06 MW。另外，考虑 IGBT 的电压应力为子模块电容电压 3.5 kV，参考 5SNA0600G650100 的开关损耗能量 E_{sw} 与其通态电流 I_C 之间的关系曲线，可根据 $I_{AV,MMC}$ 和 $I_{rms,MMC}$ 大小进一步估算出柔性直流 MMC 中总 IGBT 开关损耗约为 0.654 MW。相比之下，隔离 CET 储能桥臂电流的绝对平均值 $I_{AV,Arm}$ 和有效值 $I_{rms,Arm}$ 分别为 200 A 和 271.7 A，子模块数量为 MMC 的一半，计算出 IGBT 的通态损耗为 0.564 MW，相较于 MMC 降低了 46.8%。同时在储能桥臂电压大范围上升下降的过程中，桥臂电流为零，桥臂内子模块均可以实现 ZCS 软开关，因此即使开关频率与 MMC 相同，但 IGBT 的开关损耗可以进一步降低 48.9%，仅为 0.334 MW。此外，隔离 CET 中晶闸管能够实现 ZVS 触发导通，且晶闸管和二极管关断过程的 di/dt 很小，分别为 14.3 A/μs 和 1.25 A/μs，因此可以忽略开关过程中的反向恢复损耗，同时晶闸管和二极管有着较低的通态压降，计算得到两者的通态损耗分别为 0.424 MW 和 0.1 MW。综上，隔离 CET 的总半导体损耗与 MMC 相比可降低 16.6%。

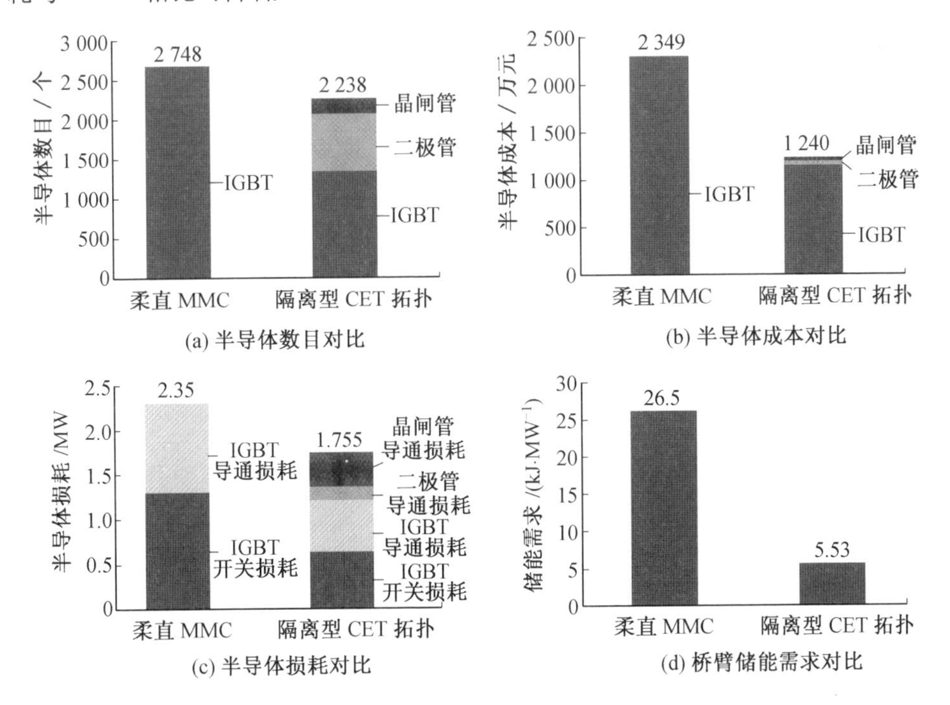

图 11.9　隔离 CET 与柔直 MMC 技术经济性对比

此外，子模块电容容量是影响 MMC 与隔离 CET 体积重量的主要因素。为了对比总的电容储能需求，这里以单位功率电容储能作为对比指标，具体表达式为

$$E_{p,u}=\frac{N_{all}CU_C^2}{2P} \tag{11.15}$$

式中，N_{all} 为拓扑中总的子模块数目。

MMC 中的子模块电容值大小可以根据如下公式计算[15]：

$$C=\frac{I_{dc}}{3\pi\varepsilon_u f_{MMC}MU_C\cos\varphi}\left(1-\frac{M^2\cos^2\varphi}{4}\right)^{\frac{3}{2}} \tag{11.16}$$

式中，MMC 的工作频率 $f_{MMC}=50$ Hz；交流调制比 M 为 0.875；功率因数 $\cos\varphi$ 取单位值 1；I_{dc} 的为高压侧直流电流 I_H 的大小，即 375 A。同时，考虑电容电压纹波率 ε_u 为 ±10%，通过式(11.16) 可以计算出 MMC 所需要的电容大小约为 0.94 mF，则根据式(11.15) 得到电容的单位功率储能为 26.5 kJ/ MW。而隔离 CET 功率主要通过中频变压器传递至高压侧，储能桥臂仅在换流的暂态过程中承担一定功率，且充、放电频率高于工频，因此电容容量可以大大降低，在相同纹波率条件下，根据式(11.8) 可计算出子模块的电容为 0.39 mF，电容的单位功率储能为 5.53 kJ/MW。两者对比结果如图 11.9(d) 所示，隔离 CET 的电容储能较 MMC 可下降 79%。因此，隔离 CET 能够显著降低体积重量，此外中频变压器相比于 MMC 的工频变压器体积重量更小，可实现海上平台的轻量化和紧凑化设计。

综上，相较于柔性直流 MMC 拓扑，隔离 CET 拓扑具有更少的元件数目、更低的器件成本、更高的效率以及更小的电容储能需求，整体体积重量可以显著降低，有望实现高压大容量、高升压比的 DC/DC 变换以及轻量化、紧凑型的海上平台，支撑全直流海上风电技术的发展，发挥直流汇集在大容量风机、大范围汇集场景下的优势。

11.4.2 隔离 CET 拓扑与现有 DC/DC 变换器对比

为了论述所提隔离 CET 的技术经济性，本节将隔离 CET 与 SRDC[5]、MMC-FTF[17] 及 TLC-MMC[16] 进行定量对比。因为 MMC-FTF 的中压侧子模块也采用 IGBT，而目前商用压接 IGBT 的最大容量为 5.2 kV/3 kA，这导致其整机容量受限。因此，本部分选取 150 MW、50 kV/400 kV 的场景进行对比，子模块额定电压 $U_C=2.2$ kV、运行频率 $f_h=150$ Hz、子模块电容电压峰峰纹波 $\varepsilon_{pp}=\pm10\%$，对比计算结果见表 11.3。

表 11.3　与现有 DC/DC 拓扑的对比

参数		SRDC[5]	MMC－FTF[17]	TLC－MMC[16]	隔离 CET
中压侧器件	数目	1 200(Thy.)	276(IGBT)	138(IGCT)	150(Thy.)
	型号	KK3500－40	5SNA3000K452300	5SHX 26L4520	KK3500－40
	单价 / 元	1 300	64 500	29 800	1 300
中压侧器件电流应力 /A		4 720	3 353	3 142	3 000
高压侧 IGBT	数目	—	2 592	2 592	1 296
	型号		5SNA0650J450300	5SNA0650J450300	5SNA0650J450300
	单价 / 元		10 960	10 960	10 960
高压侧 IGBT 电流应力 /A		—	419	433	441
高压侧二极管	数目	876	—	—	267
	型号	5SDF08H6005			D471N90T
	单价 / 元	6 350			4 200
高压侧二极管电流应力 /A		3 120	—	—	375
总器件安装容量 /GW		18.84	4.43	3.42	2.61
器件成本 / 万元		713	4 621	3 252	1 552
储能需求 /(kJ · MW^{-1})		12.8	18.5	10.0	6.1

注:1. 器件价格来自于网站“https: // octopart. com/”;

2. 器件电压利用率均按 50% 选取。

对于隔离 CET、MMC－FTF 以及 TLC－MMC 高压侧子模块采用型号为 5SNA0650J450300 的 IGBT(4.5 kV),而隔离 CET 和 SRDC 的二极管阀分别采用型号为 D471N90T 的二极管(9 kV) 和型号为 5SDF08H6005 的二极管(5.5 kV 快恢复二极管)。对于中压侧,MMC－FTF 和 TLC－MMC 分别选用型号为 5SNA3000K452300 的 IGBT(4.5 kV) 和 5SHX26L4520 的 IGCT(4.5 kV),而隔

离 CET 和 SRDC 则采用晶闸管 KK3500－40(4 kV/3.5 kA)。对于 SRDC，将其最大开关频率选为 1 388 Hz(最小化储能需求)。此外，对于 MMC－FTF 和 TLC－MMC，按功率因数为 1 计算，以最小化其电流应力。从表 11.3 中可以看出，对于中压侧器件而言，除了 SRDC 之外，隔离 CET 与 MMC－FTF 及 TLC－MMC 的器件电流应力相近。对于高压侧器件而言，隔离 CET 与 MMC－FTF 及 TLC－MMC 的 IGBT 电流应力也相近，但 SRDC 的二极管电流应力远大于隔离 CET 方案。另外，与 SRDC 相比，隔离 CET 的中压侧器件数量减少到了 SRDC 的 1/8，而与 MMC－FTF 和 TLC－MMC 相比，无论是中压侧还是高压侧，隔离 CET 的器件数量都较少。因此，隔离 CET 的器件总装机容量(由器件数量乘电流应力和电压应力得到)分别约为 SRDC、MMC－FTF 和 TLC－MMC 的 13.9%、58.9% 和 76.3%。同时，由于晶闸管和二极管的成本远低于 IGBT 和 IGCT，因此隔离 CET 的总器件成本分别约为 MMC－FTF 和 TLC－MMC 的 33.8% 和 48%。此外，为了对比各拓扑电容，将传输单位功率需要电容存储的容量需求(kJ/MW)也对比列入表 11.3 中。可以看出，隔离 CET 的储能需求显著低于其他三个拓扑，这有助于海上平台的轻量紧凑化设计。

此外，为了进一步验证隔离 CET 在效率方面具有优势，以各拓扑对应选取的器件额定参数和数据手册数据进行损耗估算。其中，隔离 CET 的开关频率设置为 330 Hz，而 MMC－FTF 和 TLC－MMC 的子模块开关频率设置为 200 Hz，对应的损耗计算结果如图 11.10 所示。对于 SRDC，因为需要大量晶闸管导致晶闸管的通态损耗约为隔离 CET 的 8 倍。同时，因为谐振导致晶闸管关断时的 $\mathrm{d}i/\mathrm{d}t$ 很大，约为 122 A/μs，造成晶闸管反向恢复损耗也非常大，约 1.45 MW。对于 MMC－FTF 和 TLC－MMC，由于 TLC－MMC 中 IGCT 能够实现零电压软开关，因此 TLC－MMC 的中压侧损耗低于 MMC－FTF。但是，TLC－MMC 的高压侧损耗仍然较大。对于隔离 CET，由于 IGBT 数量约为 TLC－MMC 的 50%，因此对应的 IGBT 通态损耗降低了约 45%。同时，由于隔离 CET 子模块在桥臂电压上升和下降过程能够实现零电流软开关，因此隔离 CET 的 IGBT 开关损耗也比 TLC－MMC 低得多。此外，由于隔离 CET 晶闸管和二极管能够实现零电压触发导通和低关断 $\mathrm{d}i/\mathrm{d}t$(晶闸管为 10 A/μs，二极管为 1.25 A/μs)，同时由于晶闸管和二极管较低的通态压降，因此它们的总损耗相对较小。总结而言，与 SRDC、MMC－FTF 和 TLC－MMC 相比，隔离 CET 整机损耗可分别降低 78.8%、51.8% 和 31.3%。

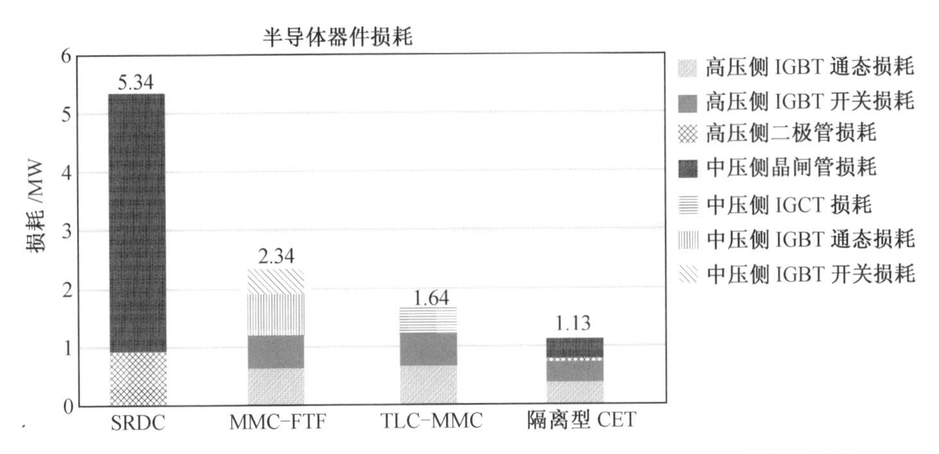

图 11.10　隔离 CET 与 SRDC、MMC－FTF 以及 TLC－MMC 的损耗对比

综上，相较于现有拓扑方案，隔离 CET 具有更低的器件成本、更小的电容体积重量以及更高的效率。

11.5　双向隔离 CET 拓扑

11.5.1　双向隔离 CET 拓扑结构及其运行原理

如第 10 章所述，当海上风电场不具备黑启动能力时，需要通过高压直流端口向海上风电场传输启动功率。此外，对于中压直流和高压直流互联场景，也需要隔离 CET 具备双向功率传输能力。因此，本节基于隔离 CET 拓扑的思想，将其拓展至双向功率传输场景，探讨双向隔离 CET 拓扑的构造与运行原理。

基于面对面结构，可以构造出图 11.11 所示的两种拓扑结构，两种拓扑运行原理基本一致，本小节主要聚焦图 11.11(a) 所示的拓扑展开分析。该拓扑中、高压侧电路结构相同，两者通过一个 Y－Y 结构、变比为 $1:n(n=U_H/U_M)$ 的中频变压器(150 Hz 左右) 相连。每侧电路均由反向并联的晶闸管阀组 T_j/T_J、储能桥臂 P_j/P_J 以及桥臂电感 L_j/L_J 构成(j=a，b，c 表示中压侧电气量，J=A，B，C 表示高压侧电气量)。其中，中、高压侧储能桥臂分别由 N_M 和 N_H 个半桥子模块串联构成。图中 U_M 和 I_M 为中压直流侧电压和电流，U_H 和 I_H 为高压直流侧电压和电流，u_{Pj}/u_{PJ} 和 i_{Pj}/i_{PJ} 分别表示中 / 高压侧第 j/J 相储能桥臂的电压和电流，

i_{Tj}/i_{TJ} 和 i_j/i_J 分别表示中 / 高压侧第 j/J 相晶闸管阀组和变压器的电流，$L_{ka} \sim L_{kc}$ 为变压器漏感。

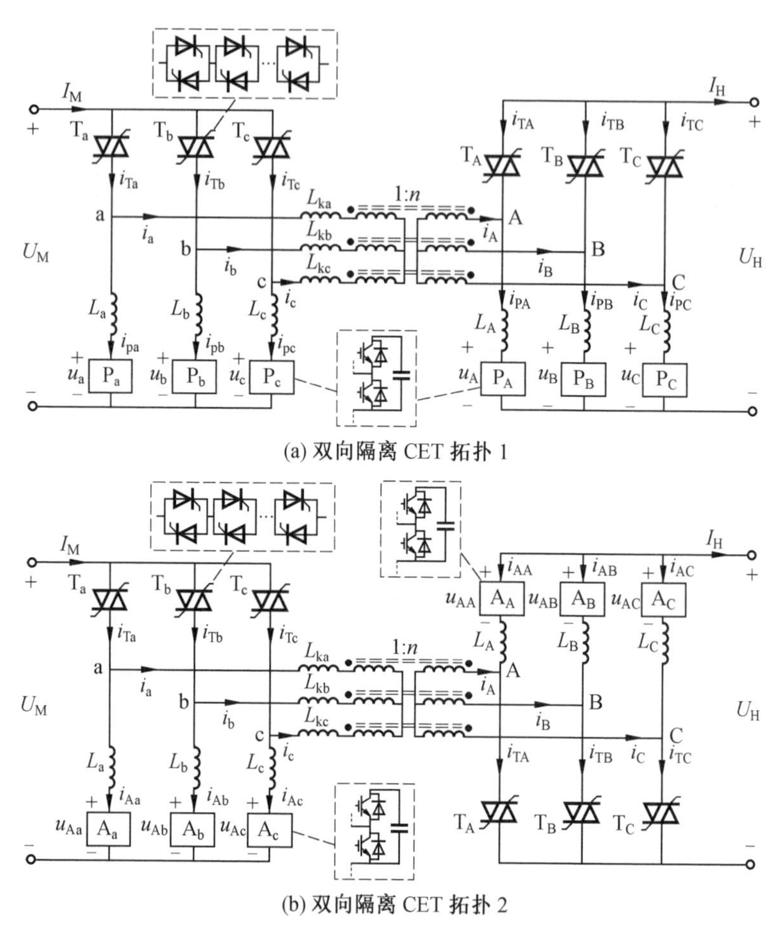

图 11.11　双向隔离 CET 拓扑结构

当功率从中压侧传递至高压侧时，双向隔离 CET 的运行原理波形如图 11.12 所示。如图 11.12(a)(b) 所示，在每个运行周期 T 中，中压侧晶闸管阀组 $T_a \sim T_c$ 和高压侧晶闸管阀组 $T_A \sim T_C$ 依次触发导通，且相邻两相的阀组之间设计一定的导通重叠时间以实现换流。高、低压侧晶闸管阀组电流在三相储能桥臂的配合下分别控制成幅值为 I_M 和 I_H 的梯形波，三相波形之间交错 120°，得到平滑的输入、输出直流电流，无须额外的直流滤波器。变压器电流 $i_a \sim i_c$ 被储能桥臂控制成图 11.12(c) 所示的幅值为 I_T 且相互交错的梯形波。图 11.12(d)(e)

分别为中压侧与高压侧桥臂电流，图 11.12(f)(g) 分别为中压侧与高压侧的桥臂电压。其中，T_i 为换流时间，T_q 为晶闸管反压持续时间。

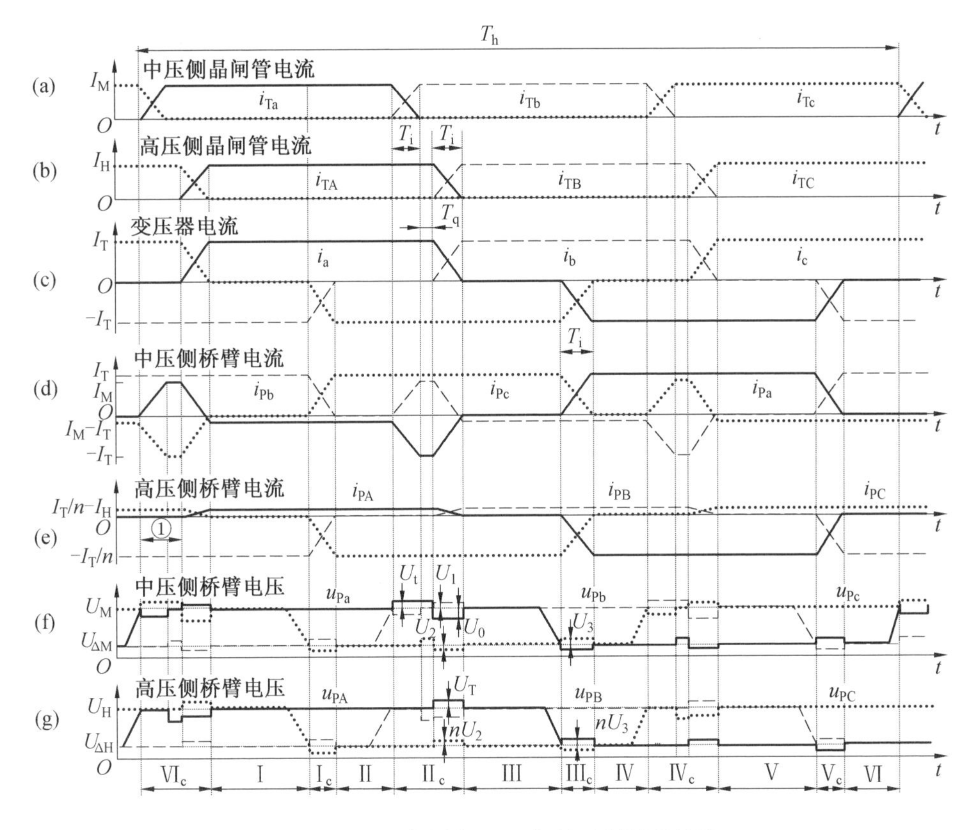

图 11.12　双向隔离 CET 拓扑运行原理波形

与 11.2.3 节所述隔离 CET 相比，由于双向隔离 CET 将中压侧三个晶闸管阀组替换成了储能桥臂，因此双向隔离 CET 具备更多的控制自由度，中压侧储能桥臂和高压侧储能桥臂可以各自负责实现对应侧晶闸管的换流。而对于变压器电流的换流，则有以下三种实现时序。

(1) 对应图 11.12 所示的运行原理，中压侧桥臂先实现中压晶闸管 $i_{Ta}\sim i_{Tc}$ 的换流，然后由中压侧负责实现变压器 $i_a\sim i_c$ 的换流，而高压侧桥臂仅负责高压侧晶闸管的换流。该方式的优势是高压侧晶闸管电流和变压器电流可以同时换流，使得时段 ① 期间(图 11.12(e))，高压侧桥臂电流 $i_{PA}=i_a/n-i_{TA}=0$，可以降低高压侧桥臂电容充、放电电流，即降低子模块电容容量。

(2) 将图 11.12 中中压侧晶闸管电流 $i_{\mathrm{Ta}} \sim i_{\mathrm{Tc}}$ 和高压侧晶闸管电流 $i_{\mathrm{TA}} \sim i_{\mathrm{TC}}$ 时序互换，即先实现高压侧晶闸管换流，然后由高压侧负责实现变压器 $i_{\mathrm{a}} \sim i_{\mathrm{c}}$ 的换流，而中压侧桥臂仅负责中压侧晶闸管的换流。该方式与(1) 类似，其优势是在时段 ① 期间中压侧桥臂电流 $i_{\mathrm{Pa}} = i_{\mathrm{a}} - i_{\mathrm{Ta}} = 0$，可以降低中压侧桥臂子模块电容容量。

(3) 在中、高压侧桥臂分别实现了对应侧晶闸管换流后，再实现变压器换流，此时的电流波形与图 11.12类似，仅需将高压侧晶闸管电流 $i_{\mathrm{TA}} \sim i_{\mathrm{TC}}$ 与中压侧晶闸管电流 $i_{\mathrm{Ta}} \sim i_{\mathrm{Tc}}$ 波形时序对齐。该方式的缺点在于中、高压侧桥臂电流在时段 ① 期间均不为零，使得两侧子模块电容容量都较大。

综上，对于双向隔离 CET 拓扑的运行有多种实现时序，其中时序(1) 和(2) 效果类似，能够降低一侧桥臂子模块电容容量，而时序(3) 没有明显优势。因此，本节以图 11.12 所示的时序(1) 进行运行原理说明。

具体如图 11.12 所示，双向隔离 CET 在一个运行周期中也具有六个恒流状态 Ⅰ ~ Ⅵ，期间，中、高压侧各有一个晶闸管和一个桥臂处于导通状态，且电流均维持恒定，而第三相电路电流为零。以恒流状态 Ⅱ 为例，其等效电路如图 11.13(a) 所示，功率通过 $\mathrm{T_a}$、$\mathrm{T_A}$ 和储能桥臂 $\mathrm{P_C}$、$\mathrm{P_c}$ 直接传输到高压直流侧，其中 a、c 两相变压器电流相等，即 $i_{\mathrm{a}} = -i_{\mathrm{c}} = I_{\mathrm{T}}$，桥臂 $\mathrm{P_c}$ 和 $\mathrm{P_C}$ 分别输出 $U_{\Delta\mathrm{M}}$ 和 $U_{\Delta\mathrm{H}}$。与 11.2.3 节隔离 CET 不同之处在于，双向隔离 CET 的中、高压侧均有一个桥臂串联在功率回路。根据图 11.13(a) 所示功率回路，可列写其回路电压方程为

$$U_{\mathrm{M}} - U_{\Delta\mathrm{M}} - \frac{U_{\mathrm{H}} - U_{\Delta\mathrm{H}}}{n} = L_{\mathrm{ka}} \frac{\mathrm{d}i_{\mathrm{a}}}{\mathrm{d}t} - L_{\mathrm{kc}} \frac{\mathrm{d}i_{\mathrm{c}}}{\mathrm{d}t} = 0$$

$$\Rightarrow nU_{\mathrm{M}} - U_{\mathrm{H}} = nU_{\Delta\mathrm{M}} - U_{\Delta\mathrm{H}} \tag{11.17}$$

由式(11.17) 可知，无论变压器变比 $n > U_{\mathrm{H}}/U_{\mathrm{M}}$ 还是 $n < U_{\mathrm{H}}/U_{\mathrm{M}}$，双向隔离 CET 拓扑都可以通过调节两侧桥臂的输出电压 $U_{\Delta\mathrm{M}}$ 和 $U_{\Delta\mathrm{H}}$ 使得式(11.17) 成立，因此变压器变比不再需要满足 $n < U_{\mathrm{H}}/U_{\mathrm{M}}$ 的约束条件。本节选取 $n = U_{\mathrm{H}}/U_{\mathrm{M}}$ 进行分析。此外，需要指出的是，由于桥臂是由半桥子模块串联构成的，其电压不能为负，因此为了保持电流控制能力，$U_{-\mathrm{M}}$ 和 $U_{-\mathrm{H}}$ 的大小需满足大于换流电压，以确保桥臂电压始终大于零。由于换流电压一般仅为直流侧电压的5% ~10%，因此 $U_{\Delta\mathrm{M}}$ 和 $U_{\Delta\mathrm{H}}$ 的大小可分别设置在 $10\%U_{\mathrm{M}}$ 和 $10\%U_{\mathrm{H}}$ 左右。

另外，从中压直流侧吸收 / 释放的功率均通过变压器传输到高压直流侧，因此根据功率守恒有

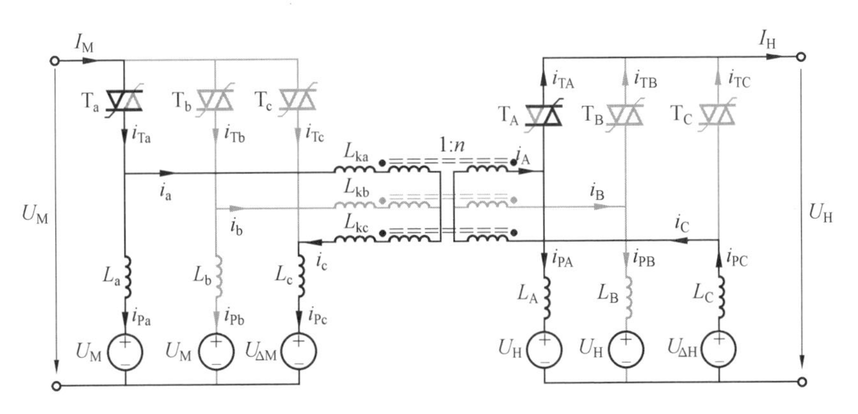

(a) 恒流状态Ⅱ

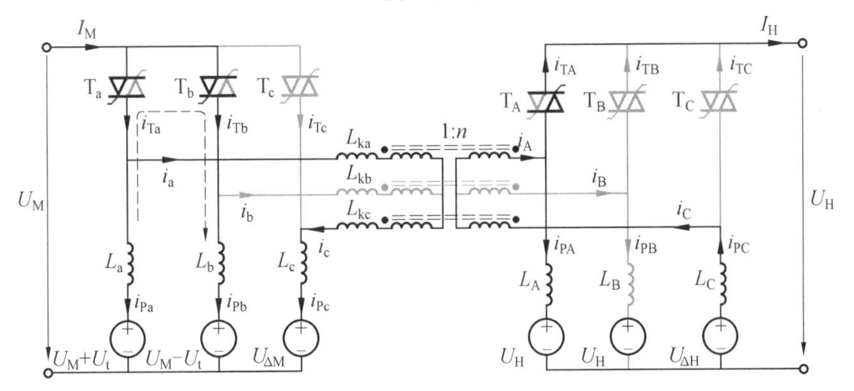

(b) 换流状态Ⅱ$_c$：中压侧晶闸管换流

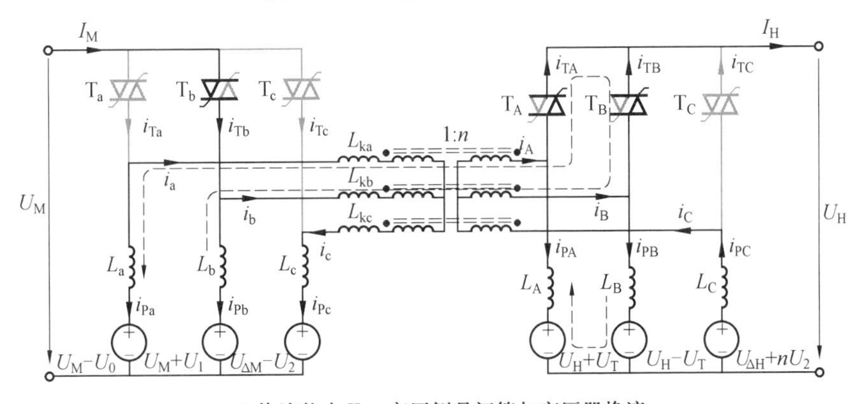

(c) 换流状态Ⅱ$_c$：高压侧晶闸管与变压器换流

图 11.13　各运行状态电路

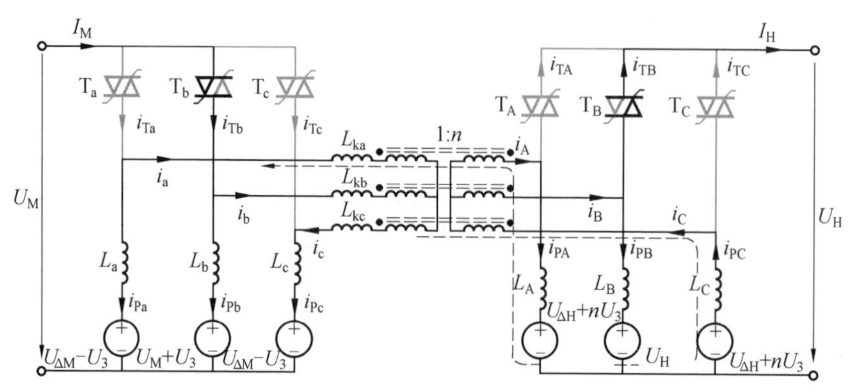

(d) 换流状态III_c：变压器换流

续图 11.13

$$U_M I_M = U_H I_H = (U_M - U_{\Delta M}) I_T \Rightarrow I_T = \frac{U_M}{U_M - U_{\Delta M}} I_M > I_M \tag{11.18}$$

所以变压器电流幅值 $I_T > I_M$，即变压器电流幅值大于晶闸管电流幅值，要求桥臂 P_a 和 P_A 也要辅助导通，承担该电流差 $I_M - I_T$ 和 $I_T/n - I_H$，其电压分别为 U_M 和 U_H。此外，由于此状态 b 相电流为零，因此 b 相中、高压侧的子模块可以实现零电流开关。

同前述隔离 CET，为避免变压器饱和以及桥臂持续充电或放电，需要对拓扑的恒流阶段进行切换。每个运行周期 T 内，在相邻的恒流状态 Ⅰ ～ Ⅵ 之间同样有六个换流状态 I_c～ VI_c。如图 11.12 所示，换流状态可以进一步分为两种类型：一种是状态 II_c、IV_c 和 VI_c，期间两侧直流电流在晶闸管之间换流，变压器电流在两相绕组之间换流；另一种是状态 I_c、III_c 和 V_c，期间变压器/桥臂电流在两相之间交换。两种类型的换流都是依靠三相储能桥臂之间的协同配合实现的，通过在换流两相对应的桥臂电感 L_j/L_J 或漏感 L_{kj} 两端施加相反的电压，使得一相的晶闸管/变压器电流上升，另一相的电流以相同的速率下降，而不会影响直流侧电流。此外，为保证第三相电流不受影响，还应适当调整第三相的桥臂电压，使该相漏感两端的电压保持为零。下面以换流状态 II_c 和 III_c 为例进行具体说明。

对于换流状态 II_c，电流在中压侧晶闸管 T_a 与 T_b、高压侧晶闸管 T_A 与 T_B 以及变压器 a、b 两相绕组之间换流。根据图 11.12 的运行时序可知，中压侧晶闸管 T_a 与 T_b 的换流和变压器 a、b 两相绕组之间换流都是通过调整中压侧 a、b 两相桥臂电压 u_{Pa} 和 u_{Pb} 之间的电压差来实现的，而高压侧晶闸管 T_A 与 T_B 的换流是通

过调整高压侧桥臂电压 u_{PA} 和 u_{PB} 之间的电压差来实现的。然而，从图 11.13(b) 可以看出，u_{Pa} 应高于 u_{Pb}，以实现 T_a 和 T_b 之间的换流。另外，从图 11.13(c) 可以看出，在变压器 a、b 两相绕组换流时，u_{Pa} 应低于 u_{Pb}。因此，先将 u_{Pa} 和 u_{Pb} 分别调整为 U_M+U_t 和 U_M-U_t，使得在桥臂电感 L_a 和 L_b 上施加方向相反、大小均为 U_t 的换流电压，即 $u_{La}=-u_{Lb}=-U_t$。进而使得在换流时间 T_i 内，晶闸管 T_a 的电流 i_{Ta} 从 I_M 线性下降到零，而 i_{Tb} 则以相同的速率从零线性上升到 I_M。在晶闸管电流 i_{Ta} 下降为零后，u_{Pa} 维持输出 U_M+U_t。因此，在时间 T_q 内使得 T_a 被施加一个反向电压 U_t，以确保其可靠关断。T_a 可靠关断后，u_{Pa} 和 u_{Pb} 分别调整为 U_M-U_0 和 U_M+U_1，使得 i_a 从 I_T 线性下降到零，而 i_a 以相同的速率从零线性上升到 I_T，而 I_M 维持恒定。其中 U_0 和 U_1 满足

$$\begin{cases} U_0=(L_a+L_{ka}+L_{kb})\dfrac{I_T}{T_i} \\ U_1=L_b\dfrac{I_T}{T_i} \end{cases} \tag{11.19}$$

与此同时，高压侧桥臂电压 u_{PA} 和 u_{PB} 分别调整为 U_H+U_T 和 U_H-U_T，使得在桥臂电感 L_A 和 L_B 上施加方向相反、大小均为 U_T 的换流电压，即

$$u_{LA}=-u_{LB}=-U_T$$

进而使得在换流时间 T_i 内，晶闸管 T_A 的电流 i_{TA} 从 I_H 线性下降到零，而 i_{Tb} 则以相同的速率从零线性上升到 I_H。两侧直流电流（I_M 和 I_H）在整个换流状态 $Ⅱ_c$ 期间均为恒定的直流，不需要额外的滤波装置。为使 i_{Pc} 和 i_{PC} 不受影响，调整 u_{Pc} 和 u_{PC} 分别为 $U_{\Delta M}-U_2$ 和 $U_{\Delta H}+nU_2$，使得桥臂电感 L_c、L_C 和变压器漏感 L_{kc} 两端电压始终为零，其中

$$U_2=\frac{1}{2}\frac{L_{kb}}{L_a+L_{ka}+L_{kb}}U_0 \tag{11.20}$$

对于换流阶段 $Ⅲ_c$，电流在变压器 a、c 相绕组之间换流。具体是通过调整 a、b 两相桥臂电压 u_{Pa}/u_{PA} 和 u_{Pc}/u_{PC} 之间的电压差来实现，对应电路状态如图 11.13(d) 所示。中压侧桥臂电压 u_{Pa}、u_{Pc} 分别调整为 $U_{\Delta M}-U_3$ 和 $U_{\Delta M}+U_3$，高压侧桥臂电压 u_{PA}、u_{PC} 分别调整为 $U_{\Delta H}+nU_3$ 和 $U_{\Delta H}-nU_3$，其中

$$U_3=\frac{1}{2}\left(L_a+L_{ka}+\frac{L_A}{n^2}\right)\frac{I_T}{T_i}=\frac{1}{2}\left(L_c+L_{kc}+\frac{L_C}{n^2}\right)\frac{I_T}{T_i} \tag{11.21}$$

从而在换流时间 T_i 内使电流 i_a 从零线性下降至 $-I_T$，i_c 从 $-I_T$ 以相同的速率上升到零，而直流侧电流不受影响。

基于上述原理，其他恒流状态和换流状态的运行波形类似，以保证三相波形对称。当功率从高压侧传递至中压侧时，双向隔离 CET 的运行原理波形与图 11.12 类似，但所有电流波形方向反向。

11.5.2 双向隔离 CET 仿真验证

为了验证所提的双向隔离 CET 拓扑的有效性，搭建了将 40 kV 中压直流转化为 400 kV 高压直流、功率为 ±100 MW 的仿真模型。其中，中压侧每个桥臂包含 28 个子模块，高压侧每个桥臂包含 280 个子模块，每个子模块的额定电压为 1.67 kV。具体仿真参数见表 11.4。

表 11.4 双向隔离 CET 拓扑仿真参数

仿真参数	参数值
功率等级 P/MW	±100
运行频率 f_h/Hz	150
中/高压侧直流电压 U_M,U_H/kV	40,400
中压侧每桥臂子模块数 N_M/个	28
高压侧每桥臂子模块数 N_H/个	280
中压侧子模块电容容值 C_M/mF	25
高压侧子模块电容容值 C_H/mF	1
子模块额定电压 U_C/kV	1.67
反压时间 T_q/μs	140
变压器匝数比 n:1	10
中压侧桥臂电感值 L_j/mH	0.7
高压侧桥臂电感值 L_J/mH	70
变压器漏感值 L_{kj}/mH	0.1

图 11.14 所示为双向隔离 CET 拓扑动态仿真结果。如图 11.14(a) 所示，中压侧和高压侧电压分别为额定的 40 kV 和 400 kV。如图 11.14(b) 所示，在[0.10 s, 0.20 s] 期间，中压侧电流 I_M 和高压侧电流 I_H 分别维持在 2.5 kA 和 250 A；在[0.20 s,0.50 s] 期间，中压侧电流 I_M 从 2.5 kA 线性下降到 −2.5 kA，而高压侧电流 I_H 从 250 A 线性下降到 −250 A 以维持双向隔离 CET 输入、输出功率守恒；在[0.5 s,0.6 s] 期间，I_M 和 I_H 分别维持在 −2.5 kA 和 −250 A。在整个过程中，I_M 和 I_H 均为稳定的直流电流，不需要额外的滤波装置。如图 11.14(c)(e) 所示，中压侧晶闸管电流和高压侧晶闸管电流的幅值分别为中压侧电流 I_M 和高压侧电流 I_H，而图 11.14(d) 所示的变压器电流的幅值 I_T 略高于中压侧电流 I_M。

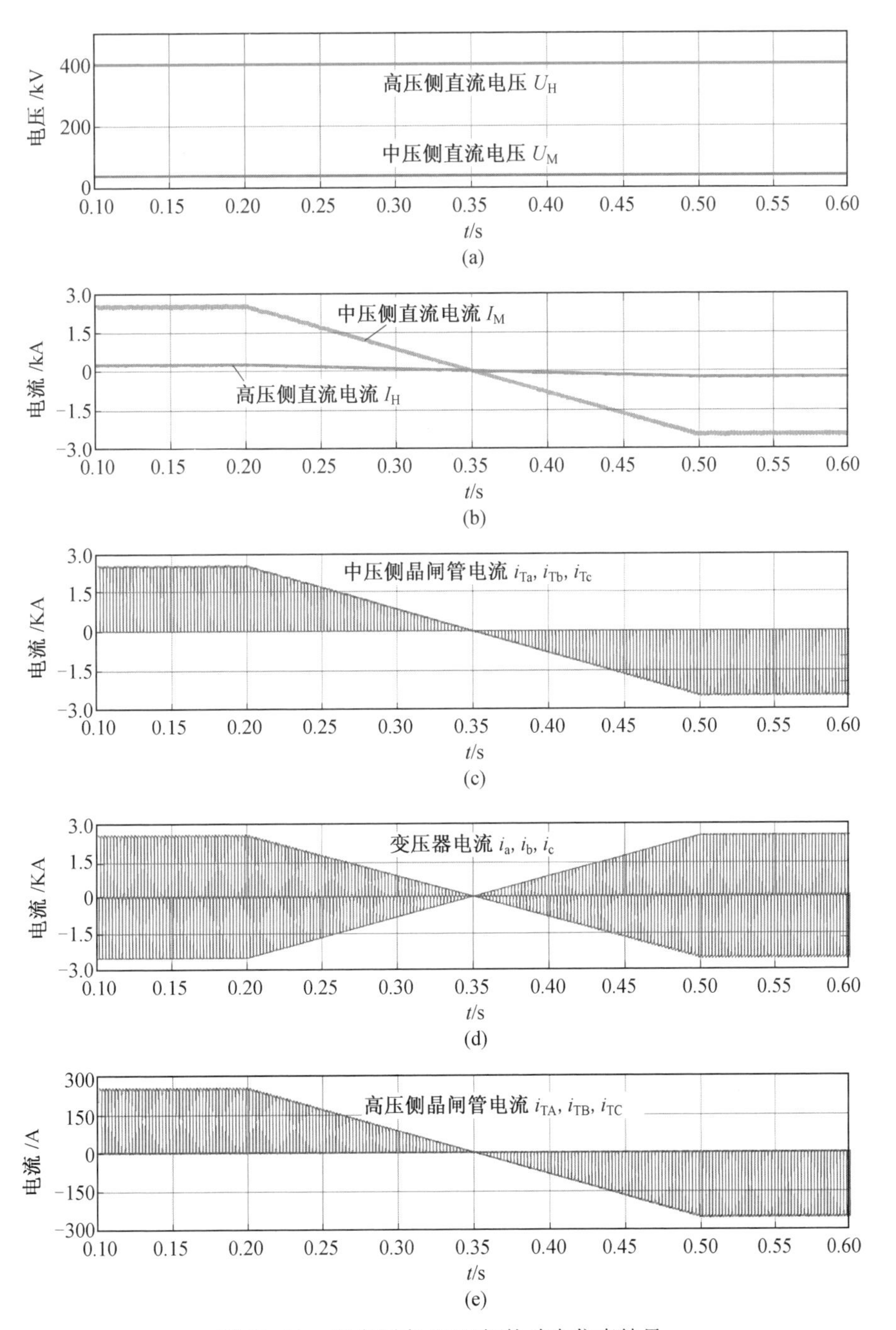

图 11.14　双向隔离 CET 拓扑动态仿真结果

图 11.15 所示为当功率从中压侧向高压侧传输额定 100 MW 功率时双向隔离 CET 拓扑稳态放大波形。由波形结果可知，中压侧晶闸管电流

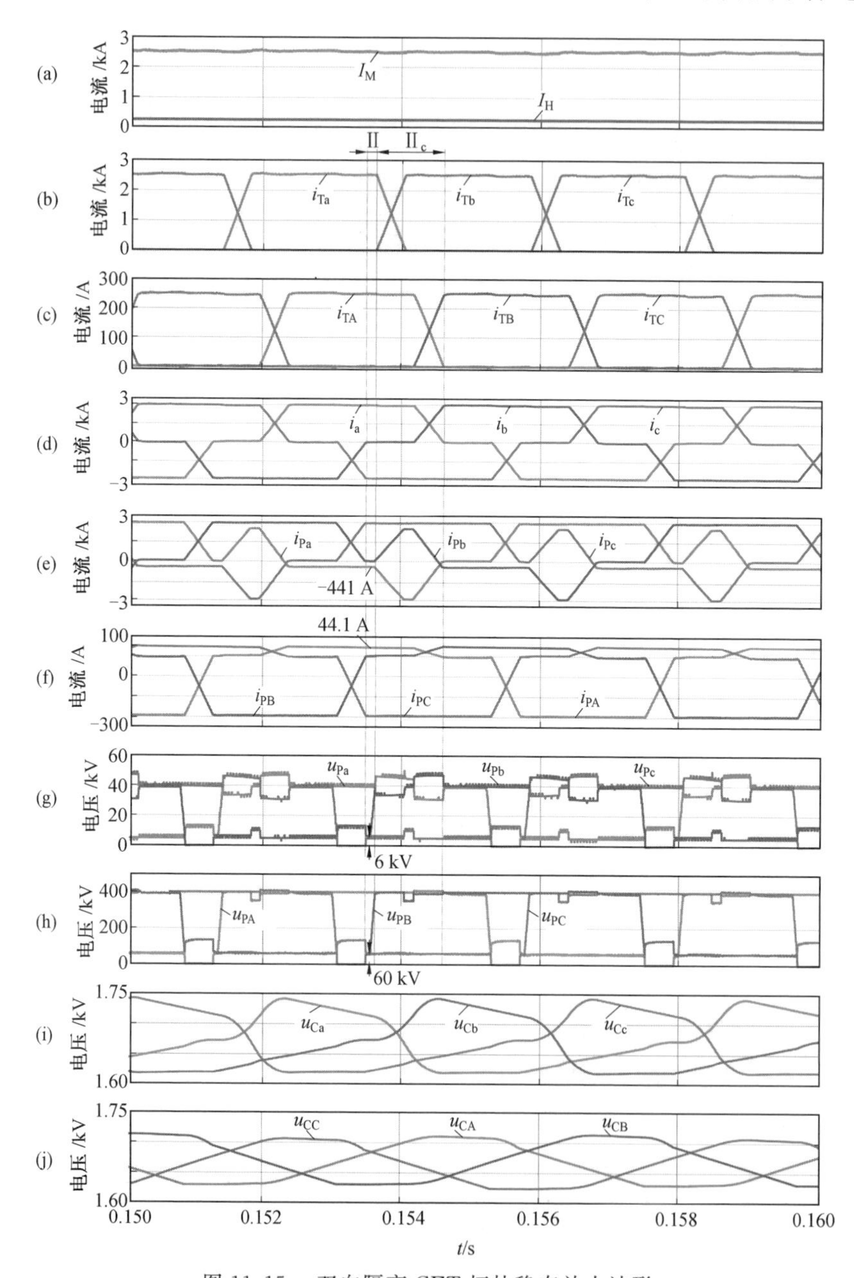

图 11.15　双向隔离 CET 拓扑稳态放大波形

(图 11.15(b))、高压侧晶闸管电流(图 11.15(c))和变压器电流(图 11.15(d))均为交错 120°的梯形波,且存在电流换相过程,使得合成的中、高压侧电流 I_M 和 I_H(图 11.15(a))分别为 2.5 kA 和 250 A 的平滑直流。对于恒流状态 Ⅱ,c 相中压侧桥臂电压 u_{Pc}(图 11.15(g))和高压侧桥臂电压 u_{PC}(图 11.15(h))分别为 6 kV 和 60 kV,控制 a、c 相变压器电流 $i_a=-i_c=2\ 941$ A($>I_M$)为恒定值。而 a 相中压侧桥臂电流 i_{Pa}(图 11.15(e))和高压侧桥臂电流 i_{PA}(图 11.15(f))分别承担 −441 A($=I_M-I_T$)和 44.1 A($=I_T/n-I_H$)电流差值,对应的桥臂电压 u_{Pa}(图 11.15(g))和 u_{PA}(图 11.15(h))分别为 40 kV($=U_M$)和 400 kV($=U_H$)。同时,由于 b 相电流 $i_{Pb}=i_b=i_{PB}=0$,因此 b 相中、高压侧储能桥臂子模块在这一时段内实现了零电流软开关。对于换流状态 $Ⅱ_c$,电流在中压侧晶闸管 i_{Ta} 和 i_{Tb}、高压侧晶闸管 i_{TA} 和 i_{TB} 以及变压器 i_a 和 i_b 之间换流,而 c 相变压器电流 i_c(亦即 c 相桥臂电流)为恒定的 −3 kA,确保高压电流 I_H 为恒定直流而不受换流影响。此外,中、高压侧的桥臂子模块电容电压分别如图 11.15(i) 和(j) 所示,均稳定在额定电压 1.67 kV 附近。以上仿真结果验证了双向隔离 CET 在功率双向传输中的有效性,且仿真结果与前述的运行原理吻合。

本章参考文献

[1] 江道灼,谷泓杰,尹瑞,等. 海上直流风电场研究现状及发展前景[J]. 电网技术,2015,39(9):2424-2431.

[2] 蔡旭,施刚,迟永宁,等. 海上全直流型风电场的研究现状与未来发展[J]. 中国电机工程学报,2016,36(8):2036-2048.

[3] FOROUZESH M, SIWAKOTI Y P, GORJI S A, et al. Step-up DC-DC converters: A comprehensive review of voltage-boosting techniques, topologies, and applications[J]. IEEE Transactions on Power Electronics, 2017, 32(12): 9143-9178.

[4] JOVCIC D. Bidirectional, high-power DC transformer[J]. IEEE Transactions on Power Delivery, 2009, 24(4): 2276-2283.

[5] JOVCIC D. Step-up DC-DC converter for megawatt size applications[J]. IET Power Electronics, 2009, 2(6): 675-685.

[6] ADAM G P, GOWAID I A, FINNEY S J, et al. Review of DC-DC converters for multi-terminal HVDC transmission networks[J]. IET Power Electronics, 2016, 9(2): 281-296.

[7] SANG Y, JUNYENT-FERRÉ A, GREEN T C. Operational principles of three-phase single active bridge DC/DC converters under duty cycle control[J]. IEEE Transactions on Power Electronics, 2020, 35 (8): 8737- 8750.

[8] 尹瑞，江道灼，唐伟佳，等. 基于模块化隔离型DC/DC变换器的海上直流风电场并网方案[J]. 电力系统自动化，2016，40(17)：190-196.

[9] 王威望，刘莹，何杰峰，等. 高压大容量电力电子变压器中高频变压器研究现状和发展趋势[J]. 高电压技术，2020，46(10)：3362-3373.

[10] 杨晓峰，郑琼林，林智钦，等. 用于直流电网的大容量 DC/DC 变换器研究综述[J]. 电网技术，2016，40(3)：670-677.

[11] FERREIRA J A. The multilevel modular DC converter[J]. IEEE Transactions on Power Electronics, 2013, 28(10): 4460-4465.

[12] KISH G J, RANJRAM M, LEHN P W. A modular multilevel DC/DC converter with fault blocking capability for HVDC interconnects[J]. IEEE Transactions on Power Electronics, 2015, 30(1): 148-162.

[13] 林卫星，文劲宇，程时杰. 具备阻断直流故障电流能力的直流－直流自耦变压器[J]. 中国电机工程学报，2015，35(4)：985-994.

[14] DU S X, WU B, TIAN K, et al. A novel medium-voltage modular multilevel DC-DC converter[J]. IEEE Transactions on Industrial Electronics, 2016, 63(12): 7939-7949.

[15] 李彬彬，徐梓高，徐殿国. 模块化多电平换流器原理及应用[M]. 北京：科学出版社，2021.

[16] CUI S H, HU J X, DE DONCKER R W. Control and experiment of a TLC-MMC hybrid DC-DC converter for the interconnection of MVDC and HVDC grids[J]. IEEE Transactions on Power Electronics, 2020, 35(3): 2353-2362.

[17] JOVCIC D, ZHANG H B. Dual channel control with DC fault ride through for MMC-based, isolated DC/DC converter[J]. IEEE Transactions on Power Delivery, 2017, 32(3): 1574-1582.

[18] 李彬彬，王宁，赵晓东，等. 适用于全直流海上风电场的柔性换流高压大容量直流变压器[J]. 电力系统自动化，2022，46(22)：129-141.

[19] ZHAO X D, LI B B, ZHANG B X, et al. A high-power step-up DC/DC converter dedicated to DC offshore wind farms[J]. IEEE Transactions on Power Electronics, 2022, 37(1): 65-69.

第12章

降压型隔离CET拓扑

本章将CET拓扑拓展至中压与低压互联应用。首先,分别针对宽输出电压范围和宽输入电压范围两种场景,详细介绍降压型隔离CET的运行特性、工作原理及控制策略,其中着重介绍输入电流断续运行模式和降电容电压均值抑制电容电压波动的方法,并进行仿真和实验验证。然后通过与传统DC/DC拓扑进行对比分析,证明降压型隔离CET拓扑的技术经济性。最后,介绍一种可降低子模块电容容量和桥臂电流有效值的降压型隔离CET衍化拓扑。

12.1 降压型隔离DC/DC拓扑概述

中压直流配电技术凭借线路造价低、传输效率高、便于新能源和储能设备接入等优势成为近年来的研究热点[1]。为了向低压直流设备供电，需要DC/DC变换器实现中压直流与低压直流之间的电压变换，且为了简化绝缘设计，保障用电设备安全，通常要选择隔离型拓扑。特别对于制氢电解槽、直流电弧炉、大功率等离子炬以及船舶电源等单向大功率工业负荷[2]，DC/DC变换器需要提供几千安甚至几十千安的电流，并要能够适应几十伏到1 kV左右的宽输出电压变化范围。此外，对于深远海域中压直流供电等场景的应用，还要求DC/DC变换器具备宽输入电压范围运行能力。由于距离岸边比较远，电缆电阻上的压降显著，如300 km供电线缆电阻可达450 Ω，当输入电流由0 A变化至10 A时，输入电压变化可达4.5 kV。因此，该场景要求DC/DC变换器能够适应这一宽输入电压范围(50% 的变化范围)[3]。

现如今，经典的双有源桥变换器由于具有软开关特性而受到广泛关注。但是，其优点仅限于一定的电压范围。当输入侧和输出侧的直流电压不匹配时，将丢失软开关特性，且变压器电流有效值将急剧增加[4]。与双有源桥变换器相比，单有源桥输出侧采用二极管整流桥降低了器件成本。然而，随着输出电压的降低，其开关器件的电流应力和关断电流将增加到直流电流的2.5倍左右[5]。另一类备受关注的变换器是LLC谐振转换器，但为匹配宽电压需求，其运行频率须在很宽的范围内变化，导致较高的循环电流降低了转换效率。目前，扩展电压运行范围最常用的方法是级联一个额外的电压调节电路，其代价是显著增加了元件数量和损耗[6]。

另外，经典的隔离型DC/DC变换器均无法直接适应中压直流电压等级，目前虽已有10 kV和15 kV碳化硅MOSFET，但高压碳化硅器件的额定电流仍然非常有限。通过器件串联，理论上可达到数十千伏的电压等级，但器件串联的静动态均压设计困难[7]。为避免全控型器件的直接串联，将若干 DC/DC 变换器以模块形式进行输入串联、输出并联(input－series－output－parrell，ISOP)组合是提高电压和功率等级的一种有效方案[8]。但需要指出，基于 ISOP 结构的 DC/DC 变换器每个模块都需要一个具有高绝缘要求的大功率中频变压器。参考文献[9]可知，当频率增加到 1 kHz 以上时，绝缘材料的击穿强度显著下降。例如，环氧树脂的击穿强度在 10 kHz 时比 500 Hz 时降低了约 40%。同时，由于局部放电的影响，绝缘寿命随运行频率和 du/dt 呈指数下降[10]。考虑到绝缘配合、局部放电、磁芯材料和散热，ISOP－DC/DC 中大量绝缘要求苛刻的中频变压器增加了整体体积和成本。

另一种可行的解决方案是基于 MMC 的 DC/DC 变换器(后文简称为 MMC－DC/DC)。其中，MMC 的交流端口与一个集中的中频变压器相连，通过输出端二极管整流器得到低压直流输出。MMC 利用子模块串联来有效地分担高电压应力，且已在数十兆瓦至数百兆瓦的场景中得到了有效验证。此外，MMC－DC/DC 中集中的变压器和二极管整流器与 ISOP－DC/DC 中数目众多的小功率变压器相比，结构更加紧凑，且易于绝缘设计[11]。同时，通过调节 MMC 的交流电压幅度[12]，可满足宽电压范围的需求。且通过充分利用 MMC 桥臂的高可控性，变压器电流可被主动控制为正弦波形[13-14]。但是，对于现有的 MMC－DC/DC，任意时刻总有一半子模块处于闲置状态，导致功率器件数目多、导通损耗大。同时，子模块 IGBT 驱动电路、电容器、控制单元和外壳的数量和成本也很显著。

本章基于第 11 章的思想，通过将晶闸管和二极管与由子模块级联构成的储能桥臂相结合，重点探讨降压型隔离 CET 拓扑，充分利用晶闸管和二极管低导通损耗和低成本的特点。同时，由于储能桥臂对电压和电流的高可控性，可确保连续输入和连续输出电流(continuous－input－continuous－output currents，CICO)，而无须任何输入输出滤波器。此外，本章将针对宽输出电压范围场景，探讨采用断续输入和连续输出电流(discontinuous－input－continuous－output currents，DICO)模式来抑制子模块电容器电压纹波。与传统的 MMC－DC/DC 相比，降压型隔离 CET 可以节省 50% 的子模块和 46.3% 的总子模块电容储能。同时将其拓展至宽输入电压范围场景，分析隔离 CET 的适用性和控制策略，论证其可行性与技术经济性。最后，简要介绍一种可降低子模块电容容量和桥臂电流有效值的降压型隔离 CET 衍化拓扑。

12.2　宽输出电压范围运行

12.2.1　降压型隔离 CET 拓扑结构

降压型隔离 CET 拓扑电路结构如图 12.1(a) 所示，该拓扑由 a、b、c 三相电路组成，其中 T_a、T_b 和 T_c 为晶闸管阀组，$D_1 \sim D_6$ 为二极管。三相储能桥臂 P_a、P_b、P_c 由半桥子模块串联构成，每个桥臂含有 N 个子模块。中频变压器（150 Hz 左右）采用 Y－Y 结构，变比为 $n:1(n < U_M/U_L)$。L_a、L_b、L_c 为晶闸管阳极电感，L_{ka}、L_{kb}、L_{kc} 为变压器漏感。图中 U_M 和 I_M 为中压直流侧电压和电流，U_L 和 I_L 为低压直流侧电压和电流，u_{pj} 和 i_{pj} 分别表示第 $j(j = a, b, c)$ 相储能桥臂电压和电流，i_{Tj} 和 i_j 分别表示流过第 j 相晶闸管阀组和变压器的电流。

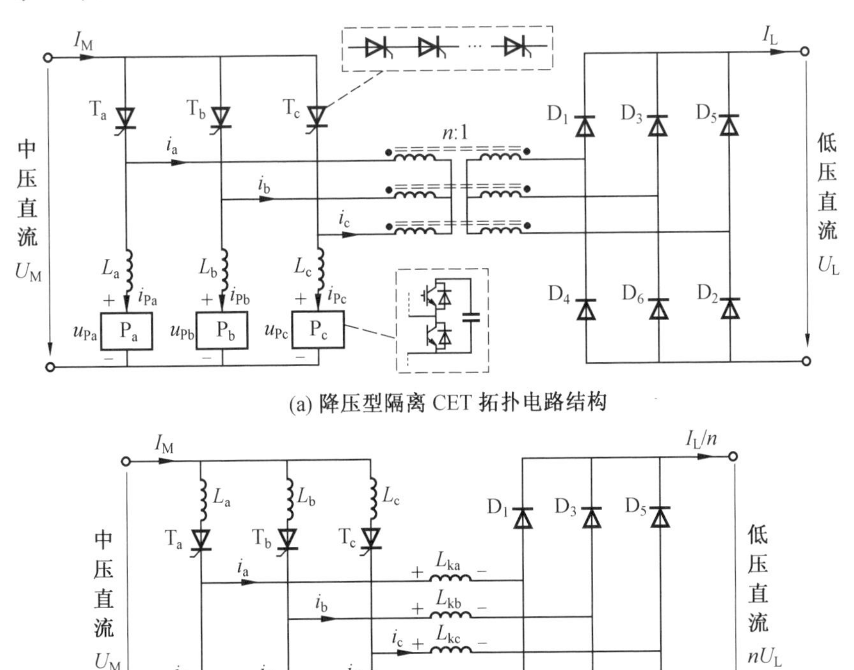

(a) 降压型隔离 CET 拓扑电路结构

(b) 降压型隔离 CET 等效电路

图 12.1　降压型隔离 CET 拓扑

为了便于分析，可将低压侧电路折算至中压侧，简化省去变压器。折算后的等效电路如图 12.1(b) 所示，折算后的低压侧电压和电流分别表示为 nU_L 和 I_L/n。

12.2.2 CICO 模式下降压型隔离 CET 运行原理

在连续输入和连续输出电流运行模式下，降压型隔离 CET 拓扑的运行原理波形如图 12.2 所示。如图 12.2(a) 所示，在每个工作周期 T 内，为了合成连续的低压直流电流，变压器电流 i_a、i_b、i_c 在三相储能桥臂的配合下被控制成幅值为 I_L/n 但交错 120° 的梯形波。其中，变压器电流正的部分流经顶部二极管 D_1、D_3 和 D_5，而变压器电流负的部分流经底部二极管 D_2、D_4 和 D_6。同样，为了合成连续的中压直流电流，$T_a \sim T_c$ 依次触发导通，轮流承载 I_M。如图 12.2(b) 所示，晶闸管电流 $i_{Ta} \sim i_{Tc}$ 也在三相储能桥臂的配合下被控制成波形相同但交错 120° 的梯形波。桥臂电压 $u_{Pa} \sim u_{Pc}$ 和桥臂电流 $i_{Pa} \sim i_{Pc}$ 分别如图 12.2(c) 和图 12.2(d) 所示。总体而言，在三相储能桥臂的协同配合下，可实现对晶闸管电流和变压器电流的控制，同时为晶闸管可靠关断提供反向电压。

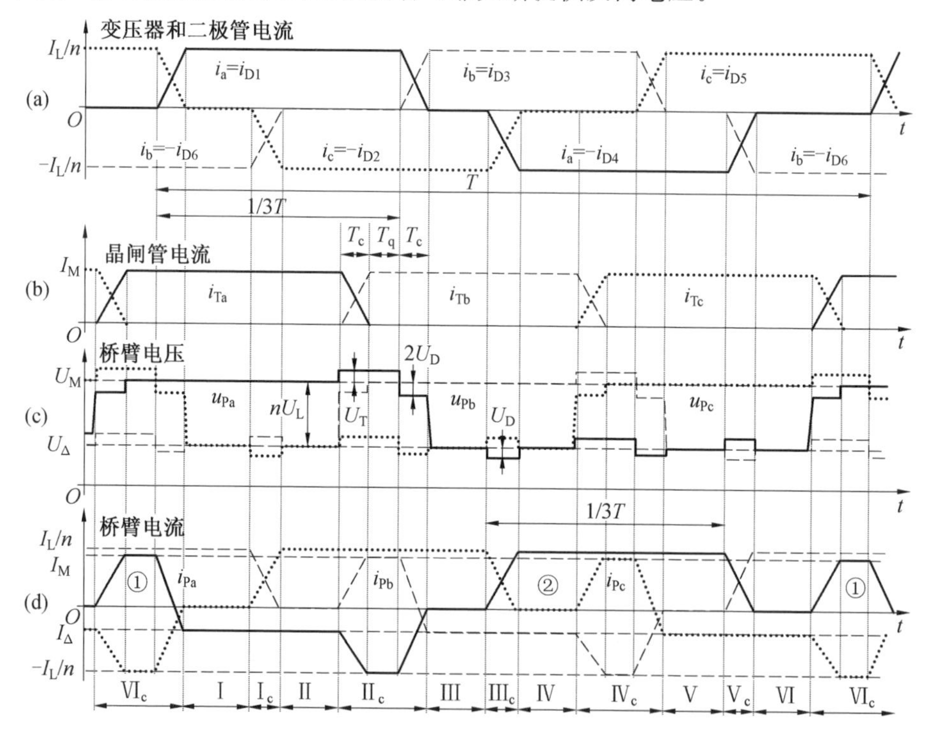

图 12.2 降压型隔离 CET 拓扑在 CICO 模式下运行原理波形

如图 12.2 所示，在每个工作周期 T 内，有六个恒流状态 Ⅰ ～ Ⅵ，期间两相变压器电流保持恒定，而第三相电流为零，如恒流状态 Ⅱ，其对应的等效电路如图 12.3(a) 所示。电流通过 $\mathrm{T_a}$、$\mathrm{D_1}$、$\mathrm{D_2}$ 和储能桥臂 $\mathrm{P_c}$ 将功率传输到低压侧，其中变压器电流 $i_a=-i_c=I_L/n$，桥臂 $\mathrm{P_c}$ 承担电压差 $U_\Delta(=U_M-nU_L)$。需要指出的是，由于储能桥臂由级联半桥子模块组成，桥臂能够输出的最低电压为零，因此为了保证桥臂电压具有一定的调节范围，需设计变压器变比 $n<U_M/U_L$。同时基于功率守恒，即 $U_M\times I_M=U_L\times I_L$，有 $I_L/n>I_M$，即变压器电流峰值大于中压侧电流 I_M。因此，桥臂 P_a 需要承担电流差值 $I_\Delta=I_M-I_L/n$，桥臂电压 u_{Pa} 为 U_M。

为了避免变压器饱和，需要对拓扑的恒流状态进行切换，因此在一个运行周期 T 内，在相邻的恒流状态 Ⅰ ～ Ⅵ 之间共有六个换流状态 $\mathrm{Ⅰ_c}$～ $\mathrm{Ⅵ_c}$。换流状态可以进一步分为两种类型：一种是状态 $\mathrm{Ⅱ_c}$、$\mathrm{Ⅳ_c}$ 和 $\mathrm{Ⅵ_c}$，期间电流在导通的两个晶闸管和两个顶部二极管之间交换；另一种是状态 $\mathrm{Ⅰ_c}$、$\mathrm{Ⅲ_c}$ 和 $\mathrm{Ⅴ_c}$，期间电流仅在两个底部二极管之间交换。两种类型的换流都是依靠三相储能桥臂之间的协同配合，通过对换流两相电路的晶闸管电感 L_j 或漏电感 L_{kj} 两端施加相反的电压来实现的。换流过程中一相的晶闸管 / 二极管电流上升，而另一相的晶闸管 / 二极管电流则以相同的速率下降，同时直流侧电流保持恒定。此外，为保证第三相电流不受影响，还应适当调整第三相的桥臂电压，使该相漏感或晶闸管电感两端电压保持为零。下面具体以换流状态 $\mathrm{Ⅱ_c}$ 和 $\mathrm{Ⅲ_c}$ 为例进行说明。

(1) 对于换流状态 $\mathrm{Ⅱ_c}$，电流在晶闸管 $\mathrm{T_a}$ 与 $\mathrm{T_b}$ 以及顶部二极管 $\mathrm{D_1}$ 与 $\mathrm{D_3}$ 之间换流，且两者都是通过调整 a、b 两相桥臂电压 u_{Pa} 和 u_{Pb} 之间的电压差来实现的，对应的电路状态如图 12.3(b)(c) 所示。然而，从图 12.3(b) 中可以看出，u_{Pa} 应该高于 u_{Pb}，以实现 $\mathrm{T_a}$ 和 $\mathrm{T_b}$ 之间的换流。另外，从图 12.3(c) 中可以看出，在二极管 $\mathrm{D_1}$ 和 $\mathrm{D_3}$ 换流时，u_{Pa} 应该低于 u_{Pb}。因此，首先将 u_{Pa} 和 u_{Pb} 分别调整为 U_M+U_T 和 U_M-U_T，使得在晶闸管电感 L_a 和 L_b 上施加方向相反、大小均为 U_T 的换流电压，即

$$u_{La}=-u_{Lb}=-U_T$$

进而在换流时间 T_c 内，使晶闸管 $\mathrm{T_a}$ 的电流 i_{Ta} 从 I_M 线性下降到零，而 i_{Tb} 则以相同的速率从零线性上升到 I_M。在晶闸管电流 i_{Ta} 降为零后，u_{Pa} 输出 U_M+U_T 并维持 T_q 时间。因此，$\mathrm{T_a}$ 将在反向电压 U_T 的持续作用下可靠关断。之后，u_{Pa} 和 u_{Pb} 分别调整为 U_M-2U_D 和 U_M，使得在变压器漏感 L_{ka} 和 L_{kb} 上施加方向相反、大小均为 U_D 的换流电压，即

$$u_{Lka}=-u_{Lkb}=-U_D$$

这将使得二极管电流 i_{D1} 从 I_L/n 线性下降至零，而 i_{D3} 则以相同速率从零线性上升至 I_L/n。此外，如图 12.3(b) 所示，在 $\mathrm{T_a}$ 和 $\mathrm{T_b}$ 换流期间，非换流相(c 相)

的桥臂电压 u_{Pc} 应调整为 $U_{\Delta}+U_{T}$，而在 D_1 和 D_3 换流期间，如图 12.3(c) 所示，c 相桥臂电压 u_{Pc} 调整至 $U_{\Delta}-U_{D}$。这保证 c 相变压器漏感 L_{kc} 两端的电压始终为零，确保 c 相变压器电流 i_c 为恒定值 I_L/n。另外值得注意的是，降压型隔离 CET 的中压与低压侧电流（I_M 和 I_L）在整个换流状态 $Ⅱ_c$ 期间均为恒定的直流，无须安装额外的滤波装置。

(2) 对于换流状态 $Ⅲ_c$，电流在底部二极管 D_2 和 D_4 之间换流，对应的电路状态如图 12.3(d) 所示。a、c 相桥臂电压 u_{Pa} 和 u_{Pc} 分别调整至 $U_{\Delta}-U_{D}$ 和 $U_{\Delta}+U_{D}$，使得变压器漏感 L_{ka} 和 L_{kc} 承受方向相反、大小均为 U_D 的换流电压，即

$$u_{Lka}=-u_{Lkc}=-U_D$$

因此，电流 i_{D2} 从 I_L/n 线性下降至零，而 i_{D4} 以相同速率从零线性上升至 I_L/n，换流过程中两者合成恒定的低压侧电流 I_L。同时，储能桥臂 P_b 的电压 u_{Pb} 维持在 U_M，以确保中压侧直流电流 I_M 为恒定直流。

基于上述原理，其他恒流状态和换流状态的运行波形与过程类似，保证三相波形对称。

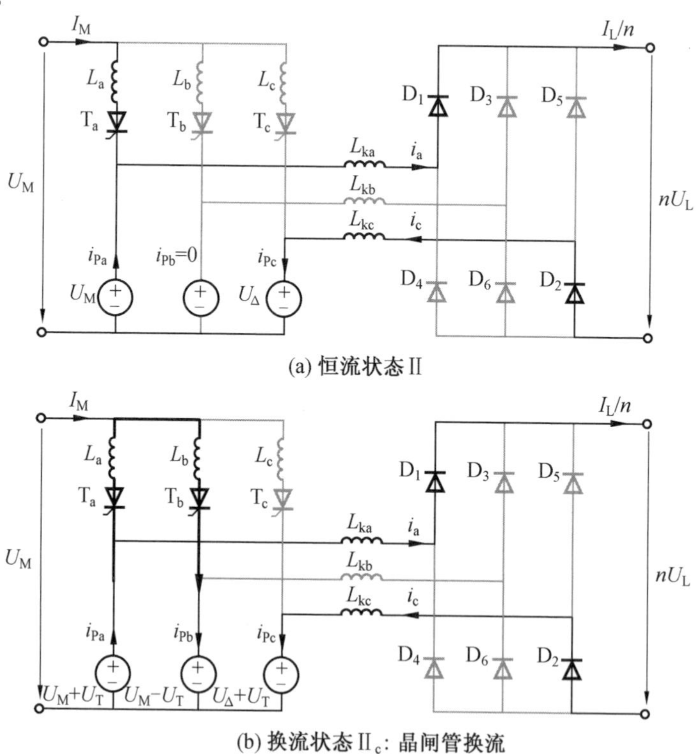

图 12.3　各运行状态电路

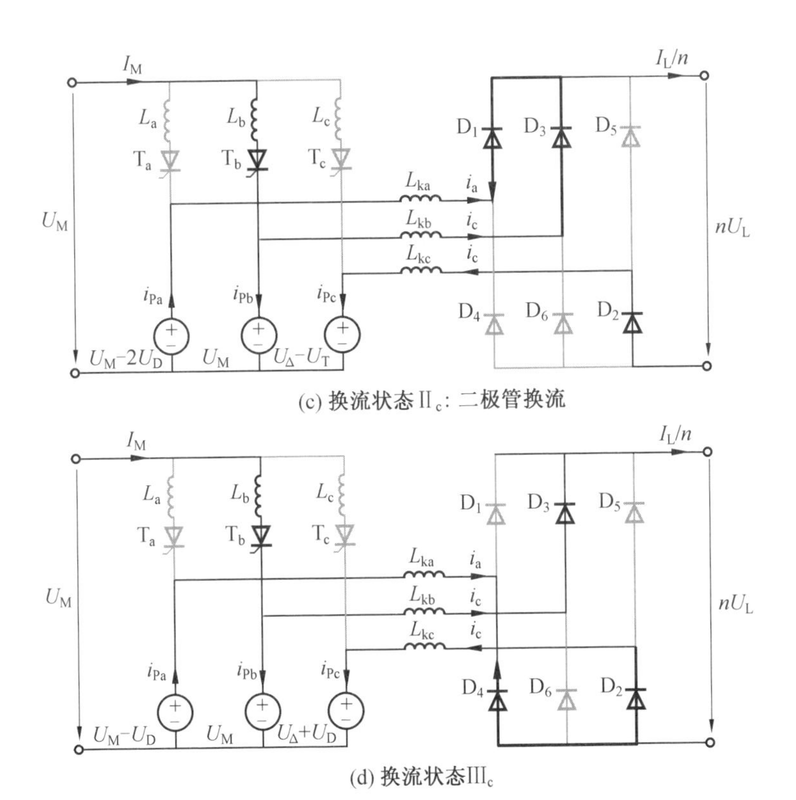

(c) 换流状态Ⅱ$_c$: 二极管换流

(d) 换流状态Ⅲ$_c$

续图 12.3

12.2.3　降压型隔离 CET 拓扑性能分析与参数设计

(1) 输出电压范围分析。

根据上述运行原理可知,为了在恒流状态保持对电流的控制能力,降压型隔离 CET 拓扑应保证 $U_M > nU_L$。而在换流状态,为了实现晶闸管/二极管换流并保证直流侧电流平稳,也需要拓扑满足一定的约束条件。这些约束综合决定了降压型隔离 CET 拓扑能够适应的输出电压范围。根据波形的对称性,这里具体以换流状态 Ⅱ$_c$ 和 Ⅲ$_c$ 为例进行分析。

如图 12.3(b) 所示,对于换流状态 Ⅱ$_c$,在晶闸管 T_a 与 T_b 换流期间,b 相桥臂电压 $u_{Pb}(=U_M-U_T)$ 应始终大于 c 相桥臂电压 $u_{Pc}(=U_\Delta+U_T)$,以确保 D_2 导通为 I_L/n,而 D_6 始终处于阻断状态,即有

$$U_M-U_T \geqslant U_\Delta+U_T \Rightarrow U_L \geqslant 2U_T/n \tag{12.1}$$

式中,U_T 为晶闸管换流电压,满足

$$U_{\mathrm{T}}=L_j\frac{I_{\mathrm{M}}}{T_{\mathrm{c}}}=L_j\frac{I_{\mathrm{L}}}{T_{\mathrm{c}}U_{\mathrm{M}}}U_{\mathrm{L}} \tag{12.2}$$

联立式(12.1)和式(12.2)可得

$$L_j\leqslant\frac{nU_{\mathrm{M}}T_{\mathrm{c}}}{2I_{\mathrm{L}}} \tag{12.3}$$

式(12.3)表明，只要晶闸管电感 L_j 的设计满足式(12.3)，则始终满足式(12.1)的约束条件，即使低压侧电压 U_{L} 为零。另外，如图 12.3(c) 所示，在二极管 D_1 与 D_3 换流期间，c 相桥臂电压 $u_{\mathrm{Pc}}(=U_{\Delta}-U_{\mathrm{D}})$ 应始终大于零，以确保对电流的控制能力，即有

$$U_{\Delta}-U_{\mathrm{D}}\geqslant 0\Rightarrow U_{\mathrm{L}}\leqslant(U_{\mathrm{M}}-U_{\mathrm{D}})/n \tag{12.4}$$

式中，U_{D} 为二极管换流电压，且满足

$$U_{\mathrm{D}}=L_{\mathrm{k}j}\frac{I_{\mathrm{L}}}{nT_{\mathrm{c}}} \tag{12.5}$$

由于 U_{D} 较小，约为 5% ～ 10%U_{M}，因此低压侧直流电压最高可达 $0.9U_{\mathrm{M}}/n$。

此外，如图 12.3(d) 所示，对于换流状态 Ⅲ$_{\mathrm{c}}$，a 相桥臂电压 $u_{\mathrm{Pa}}(=U_{\Delta}-U_{\mathrm{D}})$ 应始终大于零，以实现二极管 D_2 与 D_4 之间的换流，同时确保 I_{L} 为恒定直流。此状态的约束条件与式(12.4)相同。

综上，结合式(12.1)、式(12.3)和式(12.4)可知，低压侧直流电压的范围为

$$0\leqslant U_{\mathrm{L}}\leqslant(U_{\mathrm{M}}-U_{\mathrm{D}})/n\approx 0.9U_{\mathrm{M}}/n \tag{12.6}$$

因此，降压型隔离 CET 具备宽输出电压范围运行能力。

(2) 储能桥臂。

由图 12.2(c) 可知，桥臂最大输出电压为 $U_{\mathrm{M}}+U_{\mathrm{T}}$。因此，在不考虑子模块冗余的情况下，每个桥臂所需的子模块数目为

$$N=\frac{U_{\mathrm{M}}+U_{\mathrm{T}}}{(1-\varepsilon/2)U_{\mathrm{C}}} \tag{12.7}$$

式中，U_{C} 为子模块电容电压额定值；ε 为子模块电容电压峰峰纹波率；U_{T} 为晶闸管换流电压，其大小约为 5% ～ 10%U_{M}。相比于传统的 MMC－DC/DC，降压型隔离 CET 可减少三个桥臂，即节省约 50% 子模块。

另外，由图 12.2(d) 可知，无论输出电压为多少，降压型隔离 CET 拓扑桥臂子模块 IGBT 电流应力始终为 I_{L}/n。对于传统的基于 SAB 的 ISOP－DC/DC，随着输出电压的降低，IGBT 电流应力和 IGBT 关断电流将上升到输出电流 I_{L}/n 的 2.5 倍左右[7]。

此外，值得一提的是，对于降压型隔离 CET，在恒流阶段，总有一相桥臂可以实现零电流软开关。具体而言，对于恒流阶段 Ⅱ，由于 b 相桥臂电流 $i_{\mathrm{Pb}}=0$，因此

b 相桥臂中的子模块具有零电流开关的特点，开关损耗降低。

(3) 串联晶闸管阀组。

为了承受数十千伏的中压侧直流电压，需要采用晶闸管串联阀组。由于晶闸管需要承受的最大电压应力为 U_M，因此需要串联的晶闸管数目为

$$N_{\text{Thy.}}=\frac{U_M}{\lambda_d U_B} \tag{12.8}$$

式中，U_B 为每个晶闸管的额定阻断电压；λ_d 为器件串联的电压降额因子，一般为 0.5 ～ 0.6。

对于晶闸管的额定电流，由于 T_a、T_b 和 T_c 交替导通，轮流承受中压侧直流电流 I_M，因此晶闸管的额定平均电流为 $I_M/3$。

相较于 IGBT，晶闸管具有更低的导通压降，即意味着更低的通态损耗。同时，晶闸管的成本仅为相同电压和电流等级 IGBT 价格的 20% ～ 30%。此外，晶闸管的串联技术成熟，仅需无源均压电路即可，且在常规直流输电领域得到了广泛应用。另外，通过充分发挥储能桥臂对电压和电流的高度可控性，可以实现晶闸管在极低的电压和电流应力条件下开通及在可靠的反压下关断。

(4) 子模块电容。

在一个运行周期 T 内，有如图 12.2(d) 所示的 ① 和 ② 两部分桥臂电流对子模块电容进行充电，而导致电容电压波动。根据运行原理波形，一个周期内每个桥臂充(放) 电能量波动$\left(\int u_{Pj}\times i_{Pj}\,dt\right)$为

$$\Delta E_{\text{Arm}}=\underbrace{\left[\frac{1}{2}\left(1+\frac{nU_L}{U_M}\right)T_c+T_q\right]I_M U_M}_{\text{由时段①的桥臂电流所致}}+\underbrace{\frac{T}{3}(U_M-nU_L)\frac{I_L}{n}}_{\text{由时段②的桥臂电流所致}} \tag{12.9}$$

每个桥臂的能量波动 ΔE_{Arm} 由桥臂内 N 个子模块电容承担，即

$$\Delta E_{\text{Arm}}=\frac{1}{2}NC(U_{C,\max}^2-U_{C,\min}^2)=NCU_C^2\varepsilon \tag{12.10}$$

式中，$U_{C,\max}$ 和 $U_{C,\min}$ 分别为子模块电容电压最大值和最小值；ε 为子模块电容电压峰峰纹波率 $\varepsilon=(U_{C,\max}-U_{C,\min})/U_C$。

联立式(12.9) 和式(12.10)，可推导出子模块电容容量设计公式为

$$C=\frac{\Delta E_{\text{Arm}}}{N\varepsilon U_C^2} \tag{12.11}$$

12.2.4 DICO 模式下降压型隔离 CET 运行原理

CICO 模式下储能桥臂能量波动 ΔE_{Arm} 关于输出电压和电流，即 U_L 和 I_L 的

变化关系如图 12.4(a) 所示，其中 U_L 和 I_L 均归一化到其额定值，ΔE_{Arm} 按额定 U_L 和 I_L 时的波动大小进行标幺化。从图 12.4(a) 可以看出，ΔE_{Arm} 随着输出电压 U_L 的降低而增加。特别是在 $U_L=0$ 而 I_L 为额定值时，ΔE_{Arm} 将增加到额定 U_L 和 I_L 时的 3.1 倍左右。因此，当降压型隔离 CET 运行在较低输出电压 U_L 和高输出电流 I_L 时，有必要考虑采取一定措施降低 ΔE_{Arm}，以减小子模块电容容值。根据式(12.9) 可知，可以从两个方面来抑制 ΔE_{Arm}：在阶段 ① 降低桥臂电流大小；在阶段 ② 降低桥臂电压大小。

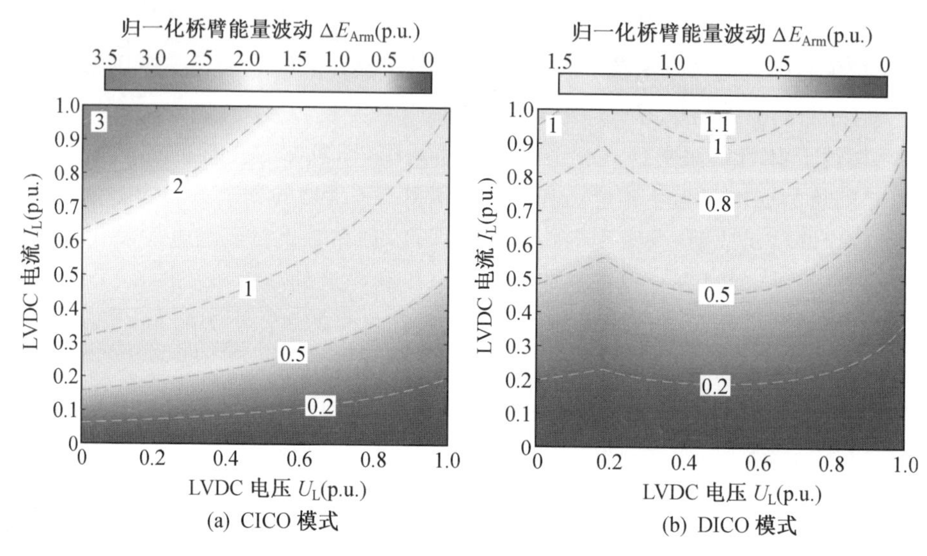

图 12.4　桥臂能量波动 ΔE_{Arm} 随 U_L 和 I_L 的变化关系

图 12.4 中结果是由表 12.1 所示仿真参数代入式(12.9) 和式(12.16) 得到的。

基于上述分析，本小节进一步提出降压型隔离 CET 的断续输入和连续输出电流(discontinuous－input－continuous－output currents，DICO) 运行模式，相应的运行原理波形如图 12.5 所示。为了合成连续的低压直流电流，图 12.5(a) 所示的变压器电流与 CICO 模式下的相同。图 12.5(b) 所示的晶闸管电流仍旧为梯形波形，但其幅值为 $I_{TP}(\neq I_M)$。同时，在每个运行周期 T 内，存在三个晶闸管电流 $i_{Ta}\sim i_{Tc}$ 全为零的时段，因此在 DICO 模式下输入电流 I_M 不再需要在晶闸管之间换流，从而可以同时控制晶闸管电流 i_{Tj} 和变压器电流 i_j。具体以 a 相为例，其对应电路如图 12.5(e) 所示。T_a 处于导通状态，a 相储能桥臂电压 u_{Pa} 调整为 U_M-U_T，使得晶闸管电流 i_{Ta} 从零线性上升到 I_{TP}。同时，c 相储能桥臂电压 u_{Pc} 调整为 $U_M-U_T-2U_D$，实现顶部二极管 D_1 和 D_5 之间的换流，使得 i_{D1}

线性上升而 i_{D5} 线性下降。如图 12.5(d) 所示，由于 i_{Ta} 和 i_a 同时受到控制，因此在阶段 ① 期间的 a 相桥臂电流，即 $i_{Pa}(=i_{Ta}-i_a)$，接近于零。因此，阶段 ① 内的桥臂电流引起的桥臂能量波动 ΔE_{Arm} 得到有效抑制。

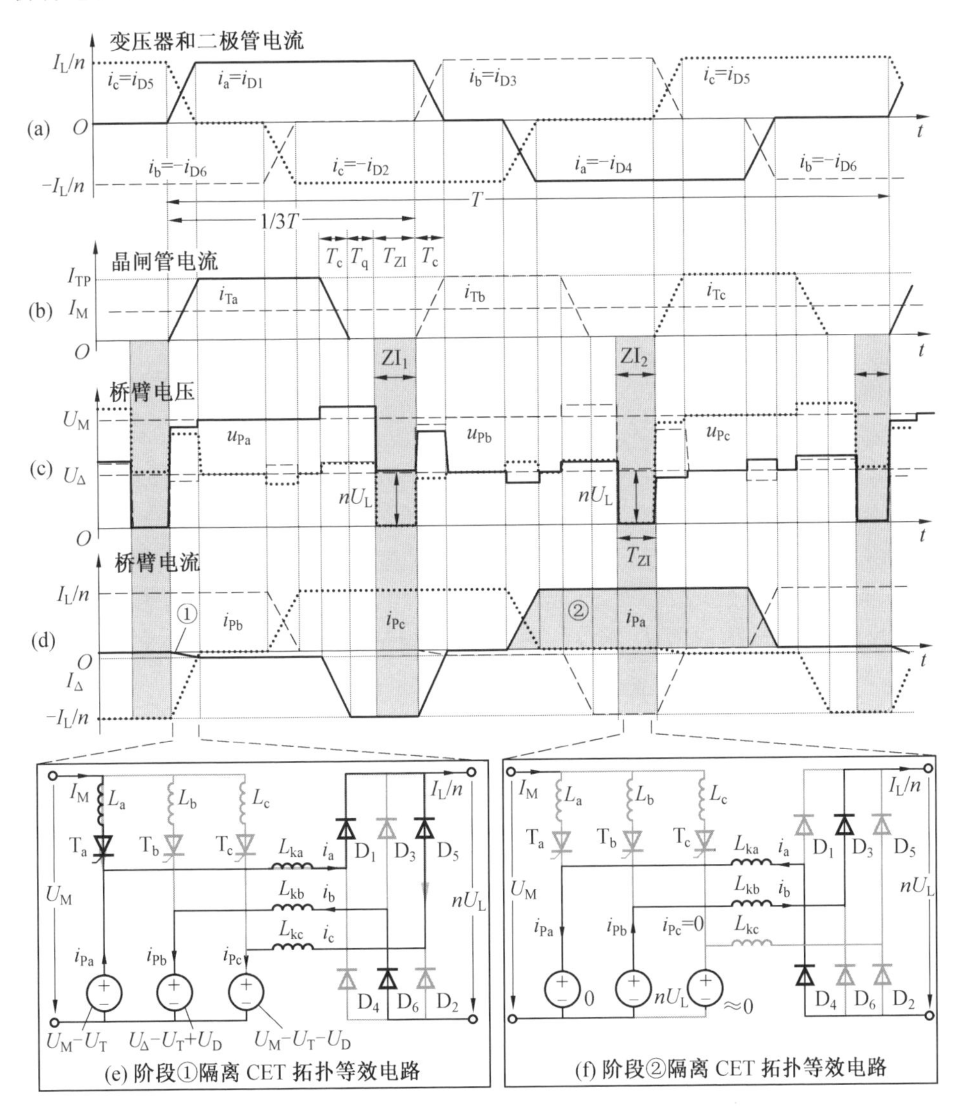

图 12.5　降压型隔离 CET 在 DICO 模式下运行原理波形

此外，从图 12.5 中可以看出，有三个零电流时段 $ZI_1 \sim ZI_3$，在此期间晶闸管 $T_a \sim T_c$ 均处于截止状态，且具备正向阻断能力。因此，在 $ZI_1 \sim ZI_3$ 期间，可以通

过降低桥臂电压 $u_{\mathrm{Pa}} \sim u_{\mathrm{Pc}}$ 来抑制桥臂能量波动。具体以 a 相为例，ZI_2 期间的对应等效电路如图 12.5(f) 所示。功率通过 b 相储能桥臂、顶部二极管 D_3、底部二极管 D_4 和 a 相储能桥臂传输到低压侧。在此期间，可将 a 相储能桥臂电压 u_{Pa} 降低到零，使得在 ZI_2 时段内桥臂电压电流乘积($u_{\mathrm{Pa}} \times i_{\mathrm{Pa}}$)的积分，即桥臂能量波动为零，而将 b 相桥臂电压 u_{Pb} 调整至 nU_{L} 以确保变压器电流 $i_{\mathrm{a}} = -i_{\mathrm{c}} = -I_{\mathrm{L}}/n$ 为恒定值。其他两个时段 ZI_1 和 ZI_2 的情况类似。因此，通过降低 $\mathrm{ZI}_1 \sim \mathrm{ZI}_3$ 时段内的桥臂电压可抑制阶段 ② 内由于桥臂电流充电导致的桥臂能量波动。

需要指出的是，$\mathrm{ZI}_1 \sim \mathrm{ZI}_3$ 的时长 T_{ZI} 与输出电压 U_{L} 有关。由于每个晶闸管交替导通，其平均电流为 $I_{\mathrm{M}}/3$，因此有

$$\frac{I_{\mathrm{M}}}{3} = \frac{\frac{1}{3}T - (T_{\mathrm{c}} + T_{\mathrm{q}} + T_{\mathrm{ZI}})}{T} I_{\mathrm{TP}} \tag{12.12}$$

同时结合功率守恒公式，即

$$U_{\mathrm{M}} \times I_{\mathrm{M}} = U_{\mathrm{L}} \times I_{\mathrm{L}}$$

可推导出 $\mathrm{ZI}_1 \sim \mathrm{ZI}_3$ 的时长 T_{ZI} 的表达式为

$$T_{\mathrm{ZI}} = \frac{T}{3}\left(1 - \frac{I_{\mathrm{L}}}{I_{\mathrm{TP}} U_{\mathrm{M}}} U_{\mathrm{L}}\right) - T_{\mathrm{c}} - T_{\mathrm{q}} \tag{12.13}$$

由式(12.13)可知，当晶闸管电流峰值 I_{TP} 为恒定值时，T_{ZI} 的大小随输出电压 U_{L} 的减小而线性增加。然而，由图 12.5 可知，为了实现二极管换流和晶闸管可靠反压关断，换流时间 T_{c} 和反压时间 T_{q} 应维持恒定值。因此，T_{ZI} 的最大值不能超过 $\frac{1}{3}T - 2T_{\mathrm{c}} - T_{\mathrm{q}}$。将 $T_{\mathrm{ZI}} = \frac{1}{3}T - 2T_{\mathrm{c}} - T_{\mathrm{q}}$ 代入式(12.13)可得

$$I_{\mathrm{TP}} = \frac{T}{3T_{\mathrm{c}}} \frac{I_{\mathrm{L}} U_{\mathrm{L}}}{U_{\mathrm{M}}} \tag{12.14}$$

式(12.14)表明，当 T_{ZI} 上升至最大值 $-T - 2T_{\mathrm{c}} - T_{\mathrm{q}}$ 后，晶闸管电流峰值 I_{TP} 应随着输出电压 U_{L} 的减小而线性降低，从而维持输入、输出功率守恒。

12.2.5 最小化桥臂能量波动设计

类似式(12.9)的推导过程，根据晶闸管电流峰值 I_{TP} 是否大于 I_{L}/n，通过桥臂电压电流乘积积分$\left(\int u_{\mathrm{P}j} \times i_{\mathrm{P}j} \mathrm{d}t\right)$可推导出桥臂能量波动表达式为

$$\Delta E_{\mathrm{Arm}} = \begin{cases} \left(\frac{T}{3}\frac{U_{\mathrm{L}} I_{\mathrm{L}}}{U_{\mathrm{M}} I_{\mathrm{TP}}} + T_{\mathrm{c}} + T_{\mathrm{q}}\right)(U_{\mathrm{M}} - nU_{\mathrm{L}})\frac{I_{\mathrm{L}}}{n}, & I_{\mathrm{TP}} \leqslant \frac{I_{\mathrm{L}}}{n} \\ \frac{T}{3}\left(1 - \frac{U_{\mathrm{L}} I_{\mathrm{L}}}{U_{\mathrm{M}} I_{\mathrm{TP}}}\right) U_{\mathrm{L}} I_{\mathrm{L}} + (T_{\mathrm{c}} + T_{\mathrm{q}})(U_{\mathrm{M}} - nU_{\mathrm{L}})\frac{I_{\mathrm{L}}}{n}, & I_{\mathrm{TP}} > \frac{I_{\mathrm{L}}}{n} \end{cases} \tag{12.15}$$

由式(12.15)可知，当 $I_{TP} < I_L/n$ 时，桥臂能量波动 ΔE_{Arm} 随晶闸管电流峰值 I_{TP} 的增加而减小，而当 $I_{TP} > I_L/n$ 时，ΔE_{Arm} 随 I_{TP} 的增加而增加。因此，ΔE_{Arm} 的最小值出现在 $I_{TP} = I_L/n$ 时，ΔE_{Arm} 可表示为

$$\Delta E_{Arm} = \left(\frac{T}{3} - T_{ZI}\right)(U_M - nU_L)\frac{I_L}{n} \tag{12.16}$$

式中，T_{ZI} 可通过将 $I_{TP} = I_L/n$ 代入式(12.13)求得，即

$$T_{ZI} = \begin{cases} \dfrac{T}{3}\left(1 - \dfrac{nU_L}{U_M}\right) - T_c - T_q, & U_L \geqslant \dfrac{3T_cU_M}{Tn} \\ \dfrac{T}{3} - 2T_c - T_q, & U_L < \dfrac{3T_cU_M}{Tn} \end{cases} \tag{12.17}$$

图 12.4(b)所示为 DICO 模式下，最小臂能量波动 ΔE_{Arm} 相对于 U_L 和 I_L 的变化关系。与图 12.4(a)相比，DICO 模式下的桥臂能量波动 ΔE_{Arm} 显著降低。且在宽输出电压范围内，DICO 模式下的 ΔE_{Arm} 不会超过 CICO 模式下在额定 U_L 和额定 I_L 时桥臂能量波动的 1.1 倍。因此，与 CICO 相比，DICO 可以使用更小的子模块电容。

12.2.6　降压型隔离 CET 拓扑仿真分析

为了验证所提降压型隔离 CET 拓扑在宽输出电压范围内的有效性，本节搭建了将 20 kV 中压直流转换为 0～1 kV 低压直流的仿真模型。其中，每个桥臂包含 23 个子模块，每个子模块额定电压为 1 kV。具体的仿真与实验参数见表 12.1。本章沿用第 11 章介绍的隔离 CET 通用控制策略，仿真中降压型隔离 CET 控制低压直流电流，同时通过调节中压直流输入电流来保持功率平衡。电流内环用于控制变压器电流和晶闸管电流跟随其参考波形。仿真中采用移相载波调制，其中载波频率为 $f_c = 280$ Hz，并采用排序选择法平衡子模块电容电压。

表 12.1　降压型隔离 CET 拓扑仿真与实验参数

拓扑参数	仿真	实验
功率等级 P/MW	5	2×10^{-3}
中压输入电压 U_M/V	20 000	400
低压输出电压 U_L/V	0～1 000	10/50/100
每个桥臂子模块数 N	23	6
子模块电容额定电压 U_C/V	1 000	90

续表 12.1

拓扑参数	仿真	实验
子模块电容容值 C/mF	2	2.25
载波频率 f_c/Hz	280	6 000
运行频率 f_h/Hz	150	150
变压器匝比 $n:1$	16.5∶1	220∶80
变压器漏感 L_{kj}/mH	2	2
串联电感 L_j/mH	2	1.3
换流时间 T_c/μs	300	300
反压时间 T_q/μs	75	300

图 12.6(a1) ～ (g1) 所示为降压型隔离 CET 拓扑在 CICO 模式下的动态仿真结果。如图 12.6(a1) 所示，在[0 s，0.2 s] 期间，中压侧和低压侧电压分别维持额定的 20 kV 和 1 kV；在[0.2 s，0.6 s] 期间，低压侧输出电压从 1 kV 线性下降到0 V；在[0.6 s，0.8 s] 期间，保持低压侧 0 V 输出。如图 12.6(b1) 所示，整个动态过程降压型隔离 CET 始终控制低压直流电流 I_L 为恒定 5 kA 电流，而中压直流电流I_M($=U_L\times I_L/U_M$) 和晶闸管电流幅值(图 12.6(c1)) 从额定 250 A 线性下降到 0 A。在 U_L 调节过程中，变压器电流(图 12.6(d1)) 和桥臂电流(图 12.6(e1)) 的幅值始终为恒定的 303 A($=I_L/n$)。在整个过程中，I_M 和 I_L 均为平滑连续的直流，无须额外的滤波装置。

此外，图 12.6(a2) ～ (g2) 所示为 DICO 模式下的动态仿真结果。如图 12.6(b2) 所示，在该模式下低压侧电流 I_L 仍为额定的 5 kA 直流，而中压直流电流 I_M 变为断续电流。晶闸管电流如图 12.6(c2) 所示，其幅值首先保持恒定的 303 A($=I_L/n$) 以最小化桥臂能量波动，且在 $U_L<164$ V 后晶闸管电流幅值随 U_L 降低而线性减小，与式(12.14) 分析相符。此外，CICO 模式和 DICO 模式下子模块电容电压纹波分别如图 12.6(g1)(g2) 所示。随着 U_L 的降低，CICO 模式下子模块电容电压纹波从 87 V 增加到 270 V($\approx 3.1\times 87$ V)，而在 DICO 模式下电容电压纹波最大值为 96 V($\approx 1.1\times 87$ V)，这些结果与图 12.4 的结果相吻合。上述波形表明无论是在 CICO 模式还是在 DICO 模式，所提降压型隔离 CET 均能在宽输出电压范围内可靠运行。

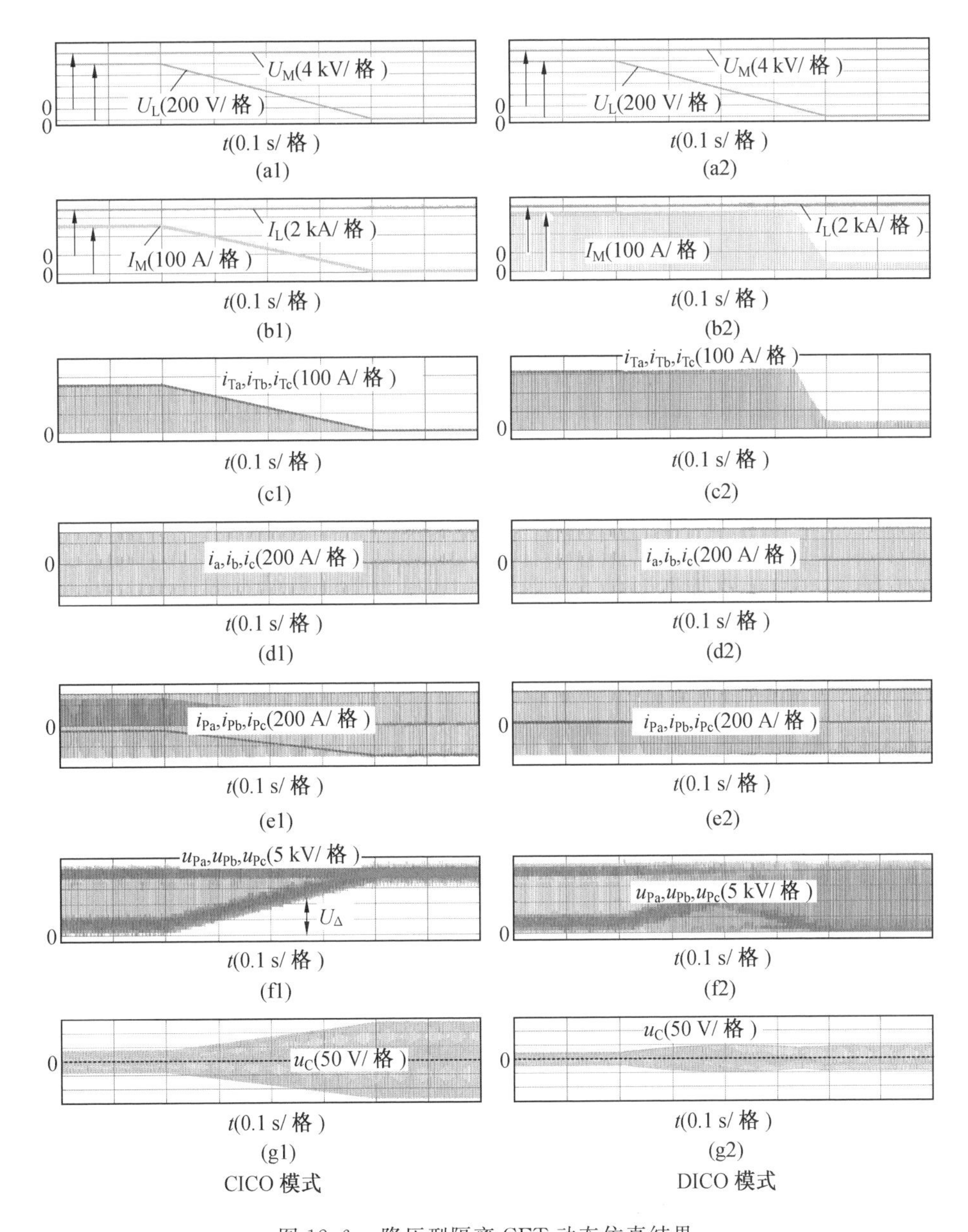

图 12.6　降压型隔离 CET 动态仿真结果

图 12.7 进一步展示了低压直流电压 U_L 为 1 000 V、500 V 和 100 V 时隔离 CET 在 CICO 模式下的稳态仿真结果。由波形结果可知，晶闸管电流（图 12.7(c1) ～(c3)）和变压器电流（图 12.7(d1) ～(d3)）为交错 120° 的梯形波，且

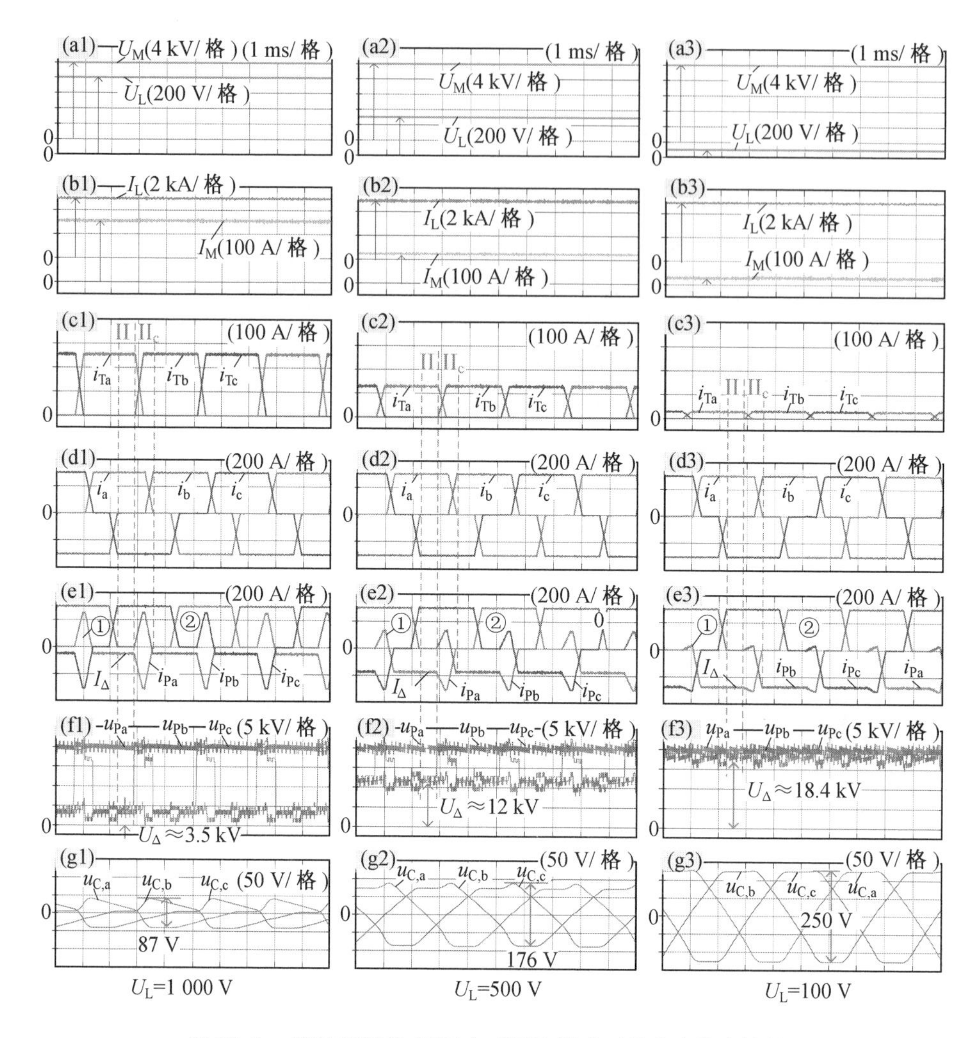

图 12.7　降压型隔离 CET 在 CICO 模式下的稳态仿真结果

存在电流换相过程，使得合成的直流电流 I_M 和 I_L（图 12.7(b1) ～ (b3)）平滑连续。对于恒流状态 Ⅱ，c 相桥臂电压 u_{Pc}（图 12.7(f1) ～ (f3)）为 U_-（$=U_M-nU_L$），控制 a、c 相变压器电流 $i_a=-i_c=303$ A($=I_L/n$) 为恒定值。而 A 相桥臂电流 i_{Pa}（图 12.7(e1) ～ (e3)）承担电流差值 I_-（$=I_M-I_L/n$），对应桥臂电压 u_{Pa}（图 12.7(f1) ～(f3)）为 20 kV($=U_M$)。同时，由于 b 相桥臂电流 $i_{Pb}=0$，因此 b 相储能桥臂中的子模块在这一时段实现了零电流软开关。对于换流状态 Ⅱ$_c$，电流在晶闸管 i_{Ta} 和 i_{Tb} 以及变压器 i_a 和 i_b 之间换流，而 c 相变压器电流 i_c 为恒定

-303 A，确保低压侧电流 I_L 为恒定直流不受换流影响。图 12.8 所示为降压型隔离 CET 在 DICO 模式下的稳态仿真结果。如图 12.8(b1) ～ (b3) 所示，相较于 CICO 运行模式，DICO 模式下输出电流 I_L 仍为恒定的 5 kA 直流，但晶闸管电流（图 12.8(c1) ～ (c3)）之间不存在换流过程，使得 I_M 不再连续，且存在三个零电流时段 ZI_1 ～ ZI_3。

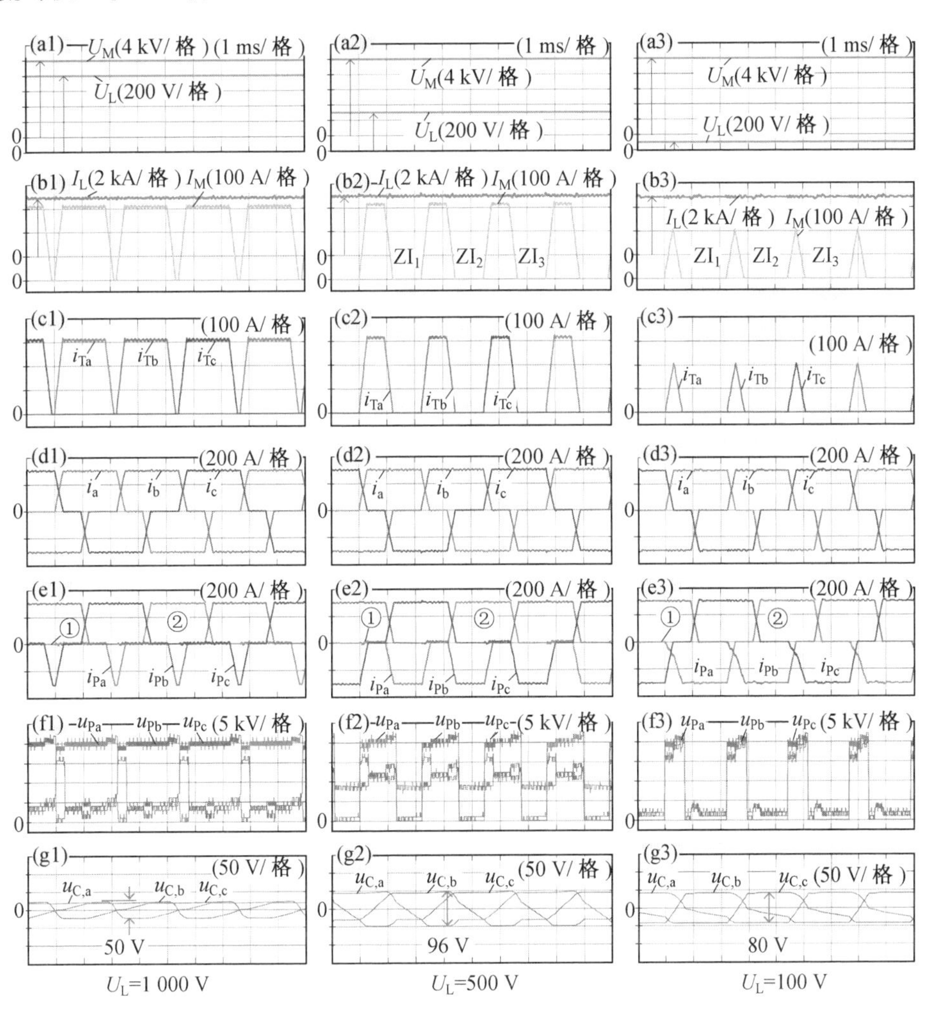

图 12.8　降压型隔离 CET 在 DICO 模式下的稳态仿真结果

此外，对于CICO运行模式而言，在每个运行周期T内，有如图12.7(e1)～(e3)所示的阶段①和阶段②两部分桥臂电流对子模块电容进行充电。且在②阶段，a相桥臂电压u_{Pa}(图12.7(f1)～(f3))为电压差值U_{-}($=U_{M}-nU_{L}$)，而U_{Δ}随U_{L}的降低而增加，使得子模块电容电压纹波$u_{C,a}$随U_{L}的降低而升高。然而，对于DICO模式而言，其对应桥臂的电流波形如图12.8(e1)～(e3)所示，在阶段①内，桥臂电流i_{Pa}($=i_{Ta}-i_{a}$)为零。同时，在阶段②期间，桥臂电压u_{Pa}在时段ZI_2内降至零(图12.8(f1)～(f3))。使得图12.8(g1)～(g3)所示的电容电压纹波$u_{C,a}$在阶段①和时段ZI_2内维持恒定，没有波动。因此，在U_{L}分别为1 000 V、500 V和100 V时，DICO模式下的子模块电容电压纹波相较于CICO模式分别降低了43%、45%和68%。

上述仿真结果验证了降压型隔离CET无论是在CICO模式下还是在DICO模式下，均具备宽输出电压范围运行能力，且仿真结果与前述运行原理吻合。

12.2.7　降压型隔离CET拓扑实验验证

为了进一步验证降压型隔离CET拓扑的有效性，本节搭建了额定功率为2 kW的小功率原理验证样机，输入电压为400 V，输出电压范围为[10 V, 100 V]，其中每个桥臂包含6个子模块，每个子模块的额定电容电压为90 V，其他实验参数见表12.1。

图12.9所示为降压型隔离CET在CICO模式下的实验结果，其中图12.9(a1)～(e1)、图12.9(a2)～(e2)和图12.9(a3)～(e3)分别对应U_{L}为100 V、50 V和10 V输出时的三种工况。实验中隔离CET始终将低压侧电流I_{L}控制为额定的20 A。因此，三种实验工况下变压器电流波形相同，且各相交错120°。同时，各相晶闸管电流也被控成三相交错的梯形波，使得直流电流I_{M}和I_{L}均为平滑连续的直流。图12.10所示为降压型隔离CET在DICO模式下的实验结果，可以看出，I_{L}仍然是恒定的20 A直流，而I_{M}不再连续，且存在三个零电流时段ZI_1～ZI_3。与CICO模式相比，DICO模式下①阶段的桥臂电流i_{Pb}($=i_{Tb}-i_{c}$)为零，而在②阶段桥臂电压u_{Pb}在ZI_3时段内为零。因此，当U_{L}分别为100 V、50 V和10 V时，电容电压纹波从CICO模式下的2.4 V、3.85 V和4.8 V

分别降低到 DICO 模式下的 1.65 V、2.3 V 和 2.1 V。所有实验结果与仿真结果一致，进一步证实了所提降压型隔离 CET 可运行于宽输出电压范围。

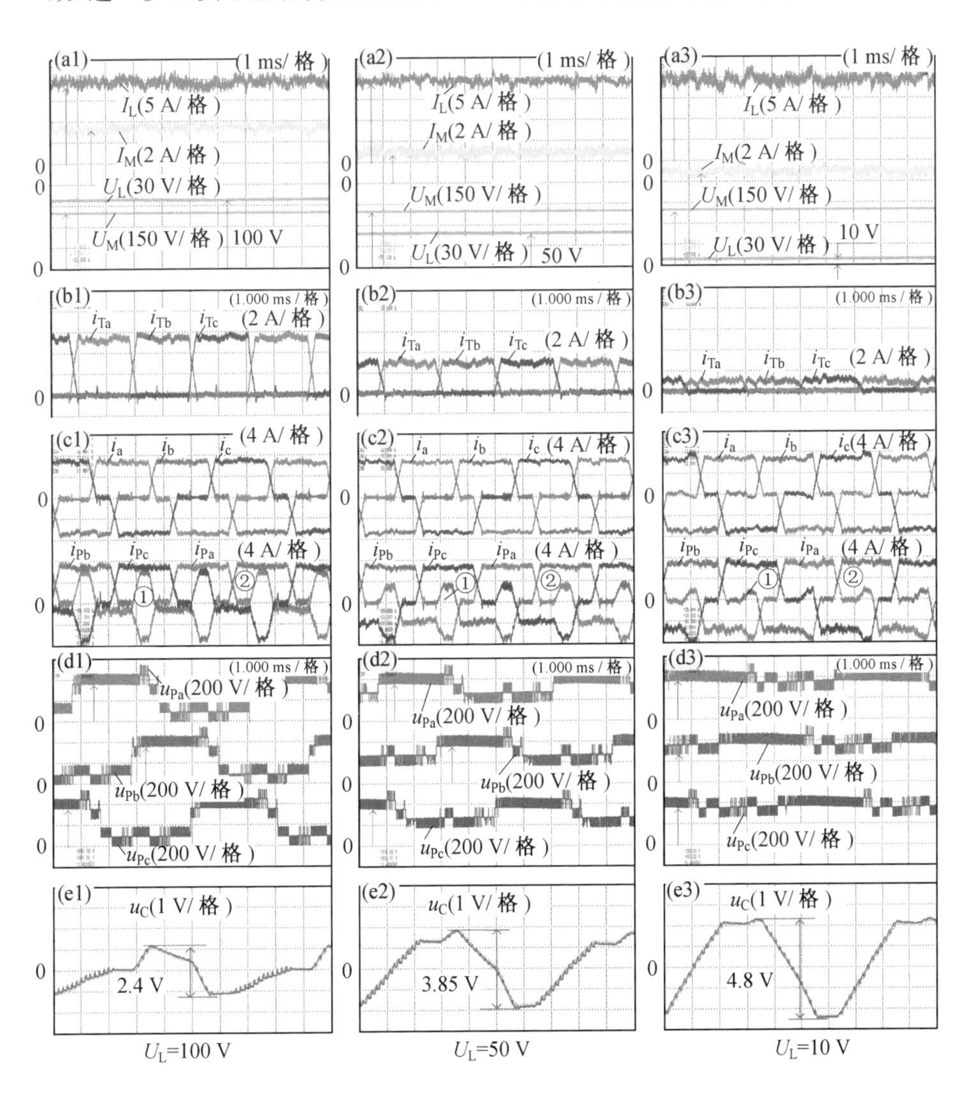

图 12.9　降压型隔离 CET 在 CICO 模式下的实验结果

图 12.11 所示为子模块电容电压波动的实验结果与理论计算结果的对比图。其中理论结果是通过将表 12.1 中列出的具体实验参数代入式(12.9)、式(12.10) 和式(12.16) 中计算得到的。从对比结果可以看出，实验测量结果与理

论计算结果基本吻合，证明了前述理论分析的有效性和准确性，同时表明在相同电容电压波动允许的条件下，DICO 模式可采用更小的子模块电容。

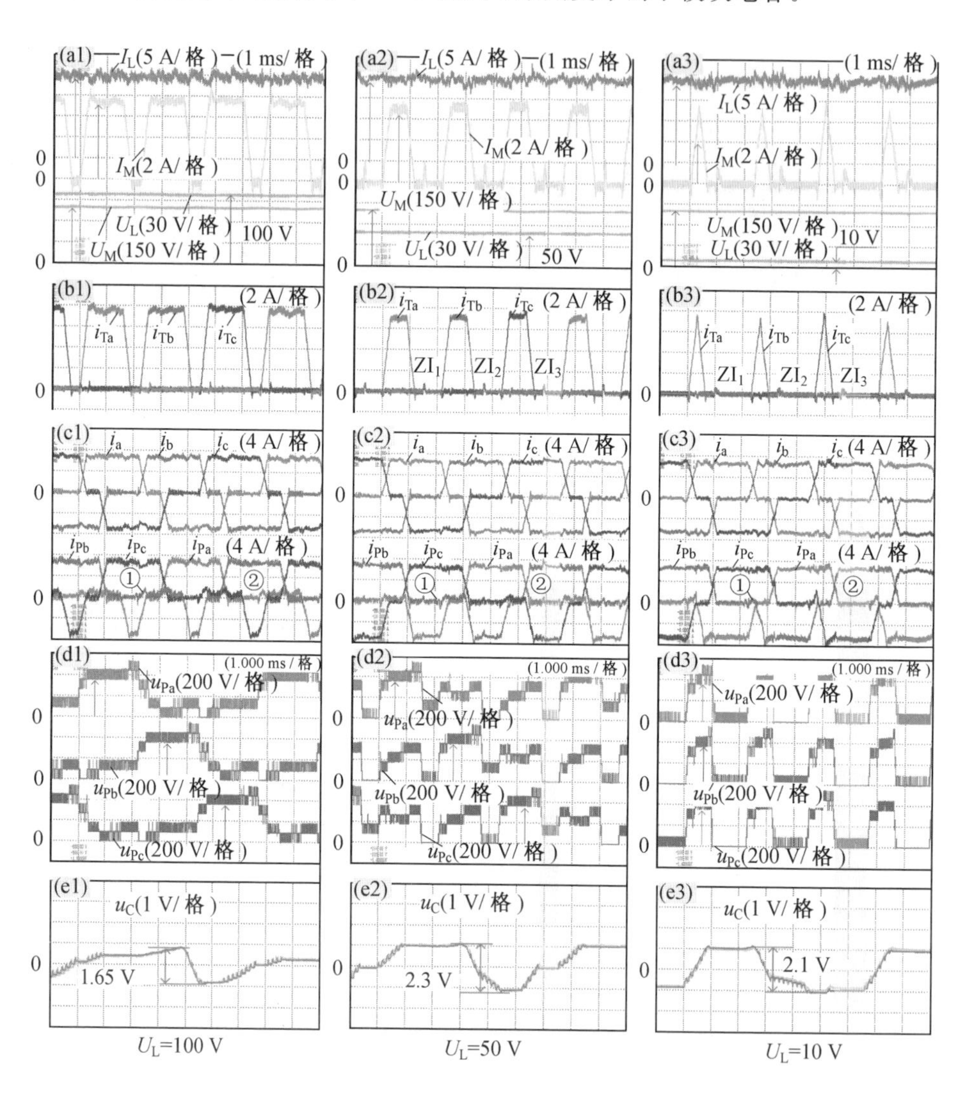

图 12.10　降压型隔离 CET 在 DICO 模式下的实验结果

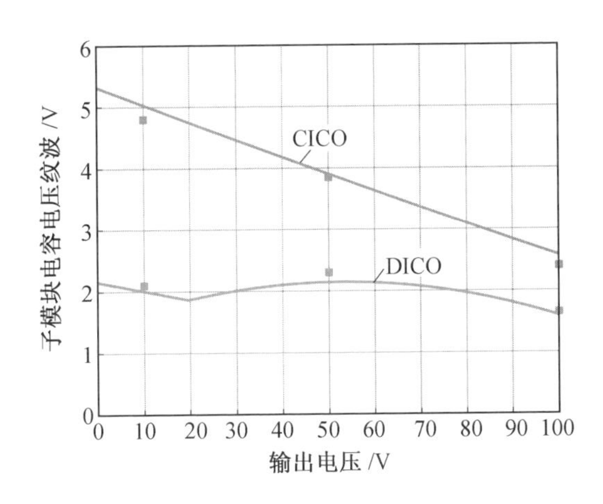

图 12.11 电容电压纹波实验结果与理论计算结果对比

(■表示实验结果,实线表示理论计算结果)

12.2.8 降压型隔离 CET 拓扑技术经济性对比

为论证降压型隔离 CET 拓扑的技术经济性,本小节根据表 12.1 中的仿真工况,从以下四个方面对隔离 CET 与 MMC－DC/DC[14] 进行具体量化对比。其中,隔离 CET 和 MMC－DC/DC 输出电流均为额定的 5 kA。

(1) 电流特性。

桥臂和晶闸管的RMS电流(缩写为 I_{RMS})和绝对值平均电流(缩写为 $|I|_{avg}$)分别如图 12.12(a)(b) 所示。其中 MMC－DC/DC 的电流数据根据文献[13]和文献[14]中的分析计算得到。由计算结果可知,当低压侧电压为额定 1 kV 时,隔离 CET 桥臂的 I_{RMS} 和 $|I|_{avg}$ 与 MMC－DC/DC 中的大小相近甚至更低。然而,随着 U_L 的降低,传输功率随之减小,I_M 降低。因此,MMC－DC/DC 中桥臂的 I_{RMS} 和 $|I|_{avg}$(包含$\frac{1}{3}I_M$ 和$\frac{1}{2}$ 变压器电流)随 U_L 的降低而略微降低。对于隔离 CET 而言,晶闸管的 I_{RMS} 和 $|I|_{avg}$ 均趋近于零,但由于变压器电流是恒定的,因此桥臂的 I_{RMS} 和 $|I|_{avg}$ 均随 U_L 的降低而增加,此外 DICO 模式下桥臂的 I_{RMS} 和 $|I|_{avg}$ 均略低于 CICO 模式,这是因为在 DICO 模式下桥臂电流在图 12.5 所示的 ① 阶段为零。

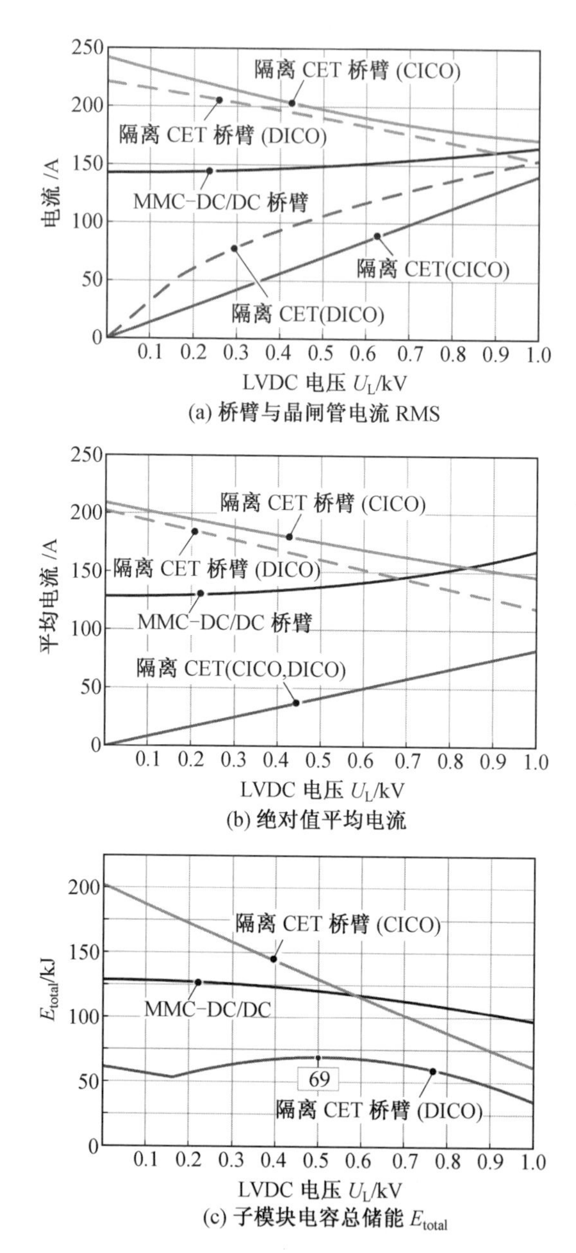

(a) 桥臂与晶闸管电流 RMS

(b) 绝对值平均电流

(c) 子模块电容总储能 E_{total}

图 12.12　降压型隔离 CET 与 MMC－DC/DC 的对比结果

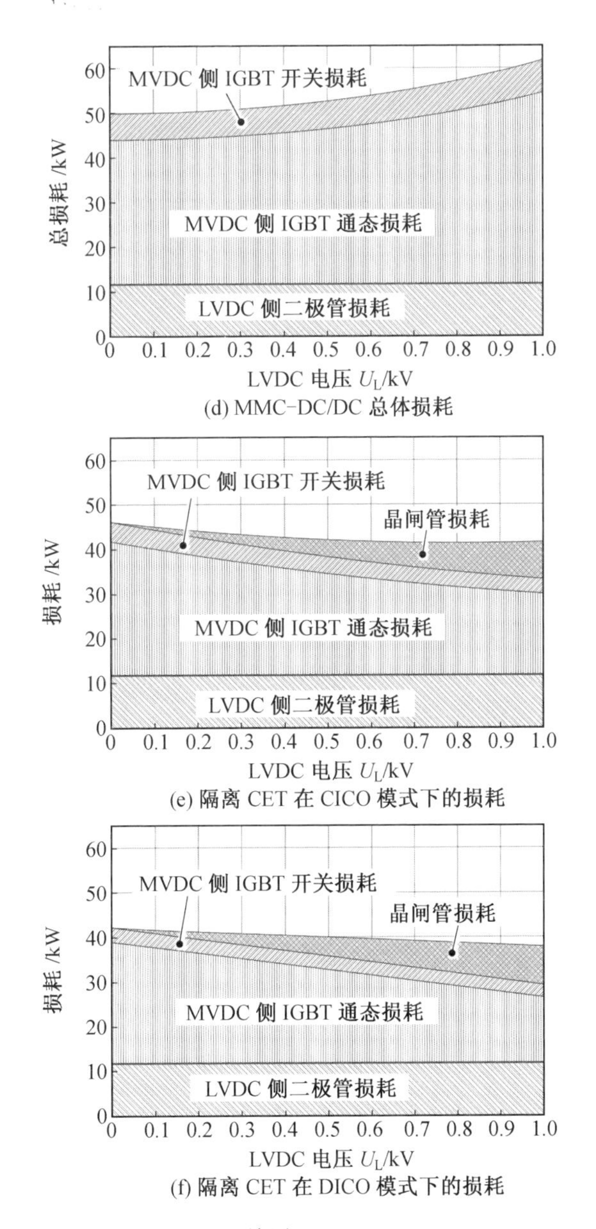

(d) MMC-DC/DC 总体损耗

(e) 隔离 CET 在 CICO 模式下的损耗

(f) 隔离 CET 在 DICO 模式下的损耗

续图 12.12

（2）半导体成本。

根据图 12.12(a)(b) 所示的 I_{RMS} 和 $|I|_{avg}$，降压型隔离 CET 的子模块采用型号为 FF300R17ME4（1.7 kV/300 A，¥1 170）的 IGBT 模块，而 MMC－

DC/DC 则选用额定电流更低的 FF225R17ME4(1.7 kV/225 A,¥1 020)。同时,隔离 CET 选用型号为 Y30KKE－18(1.8 kV/400 A,¥310) 的晶闸管,对于隔离 CET 和 MMC－DC/DC 均选用 6 个型号为 Y76ZPC－60－16(1.6 kV/6 kA,¥1 730) 的二极管构成低压侧整流桥。虽然降压型隔离 CET 中 IGBT 的单价略高于 MMC－DC/DC,但由于隔离 CET 相较于 MMC－DC/DC 减少了 3 个储能桥臂,节省了 50% 的子模块数目。因此,隔离 CET 只需 69 个(=3×23) 个 IGBT 模块和 57 个(=3×19) 晶闸管,而 MMC－DC/DC 则需要 138 个(=6×23)IGBT 模块。因此,隔离 CET 的总器件成本(约 10.9 万人民币) 相比于 MMC－DC/DC(约 15.1 万人民币) 可降低约 28%。此外,由于隔离 CET 所需子模块数目减半,使得 IGBT 驱动、子模块电容器、控制电路和壳体的成本也更低。

(3) 子模块电容。

这里采用子模块总储能 E_{total}(由子模块总数量乘 1/2CU2C 计算得到) 来评估子模块电容的总投资。计算结果如图 12.12(c) 所示,其中允许的子模块电容电压纹波率选取为 $\varepsilon=10\%$。由对比结果可知,在额定 1 kV 输出时,隔离 CET 在 CICO 模式和 DICO 模式下的 E_{total} 分别为 MMC－DC/DC 的 63% 和 36%。然而,当 U_{L} 低于 580 V 时,CICO 模式下隔离 CET 的 E_{total} 将高于 MMC－DC/DC。不过在所提出的 DICO 模式下,隔离 CET 的最大 E_{total} 为 69 kJ(发生在 $U_{\text{L}}=500$ V),仅为 MMC－DC/DC 最大 E_{total}(约为 128 kJ) 的 53.9%。

(4) 半导体损耗。

器件损耗包含通态损耗和开关损耗两部分,可根据下式近似计算得到,即

$$\begin{cases}P_{\text{Cond}}=U_{\text{S0}}\,|\,i\,|_{\text{avg}}+R_{\text{S}}I_{\text{RMS}}^{2}\\P_{\text{SW}}=f_{\text{s}}[E_{\text{on}}(i)+E_{\text{off}}(i)+E_{\text{rec}}(i)]\end{cases}\tag{12.18}$$

式中,$|\,i\,|_{\text{avg}}$ 为器件绝对值平均电流;I_{RMS} 为器件电流 RMS;U_{S0} 为器件开启阈值电压;R_{S} 为器件导通电阻;f_{s} 为器件开关频率;E_{on} 为器件开通损耗;E_{off} 为器件关断损耗;E_{rec} 为二极管反向恢复损耗;U_{S0}、R_{S}、E_{on}、E_{off} 和 E_{rec} 均可从所选器件的数据手册中获得。

根据获得的桥臂和晶闸管 RMS 电流与绝对值平均电流、器件数目以及器件手册,计算得到降压型隔离 CET 与 MMC－DC/DC 的损耗对比情况如图 12.12(d)～(f) 所示。由计算结果可知,两者低压侧二极管损耗几乎相同,其中主要的器件损耗来自于 IGBT 通态损耗。虽然隔离 CET 在 U_{L} 较低时桥臂的 RMS 电流和绝对值平均电流均高于 MMC－DC/DC,但由于隔离 CET 节省了 50% 的 IGBT,因此隔离 CET 的 IGBT 通态损耗和开关损耗始终低于 MMC－DC/DC,而且当 U_{L} 较大时,隔离 CET 的 IGBT 损耗显著低于 MMC－DC/DC。

此外，由于晶闸管的通态压降更低，其损耗相对较小，因此在0～1 kV的宽输出电压范围内，隔离CET的半导体总损耗始终低于MMC－DC/DC。特别是在低压侧电压为额定1 kV时，隔离CET在CICO模式和DICO模式下的总损耗相较于MMC－DC/DC分别降低了33%和39%。另外，由于DICO模式下桥臂RMS电流和绝对值平均电流比CICO模式略低，因此DICO模式下效率略高。

根据上述对比，可以总结出如下几条结论。

(1) 如果输出电压范围需要0～1 p.u.的宽范围需求，DICO运行模式为优选方案。与传统MMC－DC/DC相比，DICO模式下的隔离CET可节省50%的子模块和28%的半导体器件成本，子模块总储能可降低约46.3%，且整体损耗更低，但需要指出的是，输入电流为断续电流。

(2) 如果输出电压变化范围为0.6～1 p.u.，如制氢电解槽等，CICO运行模式是一个不错的选择方案。在该电压范围内，桥臂RMS电流不会显著增加(不超过额定U_L时的1.1倍)，子模块总储能也低于MMC－DC/DC(尤其是在额定低压直流电压下)。同时，CICO模式下隔离CET同样可以减少50%的子模块和28%的半导体器件成本，不需要输入输出滤波器，且效率也高于MMC－DC/DC。

12.3　宽输入电压范围运行

12.3.1　海底供电背景下隔离CET的适用性

对于图12.13所示的深远海域海底供电场景，变换器传输功率P可表示为

$$P=U_M\times\frac{U_i-U_M}{R}=-\frac{1}{R}U_M^2+\frac{U_i}{R}U_M \tag{12.19}$$

式中，U_i为直流供电电压；R为中压侧供电线路电阻；U_M为变换器输入电压。由于海底供电电源距离岸边比较远，线路电阻往往较大，如300 km供电线缆的电阻可达450 Ω，因此随着传输功率的增加，线路压降U_i-U_M变得显著。因此，该类场景要求隔离CET拓扑具有宽输入电压范围运行能力(约50%的变化范围)。

对于12.2节的降压型隔离CET拓扑，其通过储能桥臂子模块级联的结构可以承受中压侧较高的电压，即在恒流阶段储能桥臂支撑起中压侧电压。由于储能桥臂具有模块化、多电平的特点，可以灵活调节桥臂电压，因此降压型隔离CET具备匹配输入电压变化的能力。

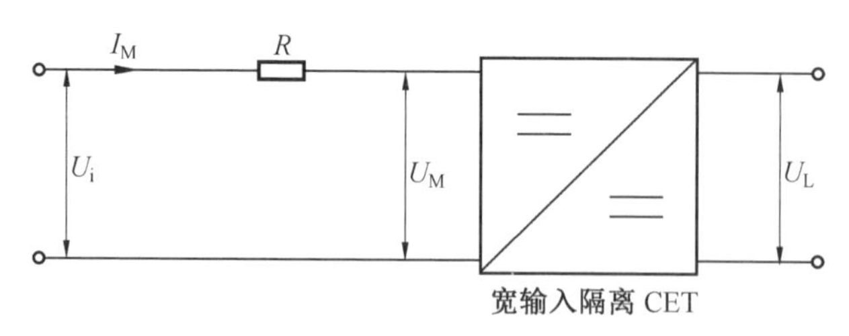

图 12.13　深远海域海底供电示意图

另外，对于深远海域海底供电电源以及船舶电源等应用，通常都将高功率密度作为设计目标，从而实现电源的高集成度和高模块化。隔离 CET 拓扑中由于存在晶闸管阀组的反压时间以及多段换流过程，因此拓扑整体运行周期长、变压器体积大，导致功率密度与集成度低。对于降压型隔离 CET 拓扑，在几百千瓦的功率下其中压侧电流仅有几十安培，因此可以选用 IGBT 器件来代替晶闸管阀组，消除反压时间，从而提升拓扑运行频率，提高功率密度。当中压侧使用 IGBT 器件时，宽输入隔离 CET 拓扑结构如图 12.14 所示(为与使用晶闸管的降压型隔离 CET 区分，下面简称为“宽输入隔离 CET”)。

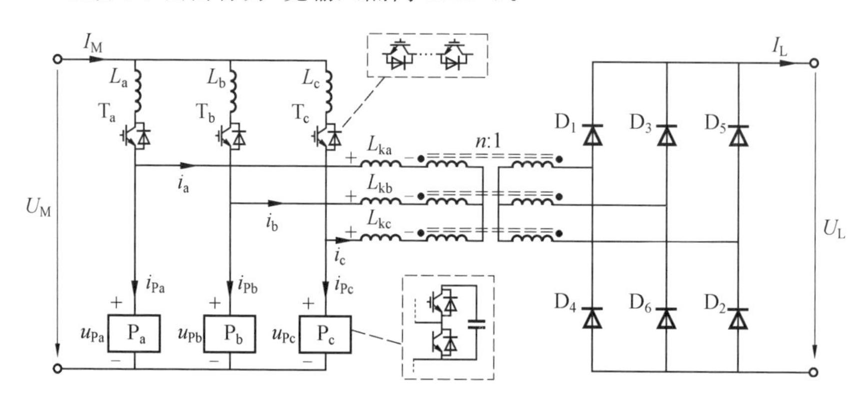

图 12.14　宽输入隔离 CET 拓扑结构

目前市场上 IGBT 模块产品耐压已经可以达到 6.5 kV，在中压侧电压等级为 10 ~ 20 kV 的情况下，仅需 4 ~ 6 个 IGBT 模块进行串联。同时，根据隔离 CET 的工作原理，IGBT 可以实现 ZVS 导通，同时在电流降至零后实现 ZSC 关断，因此串联均压难度大大降低，可借鉴、沿用现有文献中的无源均压方案，具备可行性。

宽输入隔离 CET 基本运行原理与 CICO 模式下基本一致，不同的是不存在晶闸管反压关断时间，其工作原理波形与换流阶段等效电路如图 12.15 所示。在

Ⅱ$_c$ 阶段，首先 IGBT 阀组 T_a 和 T_b 进行换流，换流初始时刻，储能桥臂 P_b 电压 u_{Pb} 为 U_M，故 T_b 在 ZVS 条件下触发导通。a、b 两相储能桥臂电压 u_{Pa} 和 u_{Pb} 分别为 U_H-U_T 和 U_H+U_T（U_T 为 IGBT 阀组换流电压），使得电感 L_a 和 L_b 上产生方向相反、大小为 U_T 的换流电压。因此，电流 i_{Ta} 从 I_M 线性下降至零，而 i_{Tb} 以相同速率从零线性上升至 I_M，换流过程中两者合成恒定的中压侧直流电流 I_M。同时，储能桥臂 P_c 电压调整至 $U_M-nU_L+U_T$，以保持变压器漏感 L_{kb} 和 L_{kc} 上的电压为零，避免变压器电流 i_b 和 i_c（亦对应中压侧直流电流）受到 IGBT 阀组换流过程的影响。IGBT 换流完成后，二极管 D_1 和 D_3 进行换流，换流过程中 D_1 和 D_3 共同导通，储能桥臂 P_a 电压调整至 U_M-2U_T，使得在变压器漏感 L_{ka} 和 L_{kb} 上施加方向相反、大小均为 U_T 的换流电压后，D_1 电流 i_{D1} 将线性减小至零，而 D_3 电流 i_{D3} 将线性增大至 I_L，两者变化速率相同，维持低压侧输出直流电流恒定不变。此阶段中 c 相为非换流相，储能桥臂 P_c 电压需要调整为 $U_M-nU_L-U_T$，使得变压器漏感 L_{kc} 电压为零，保证 c 相变压器电流不受影响，亦即维持中压侧直流电流恒定、功率平稳传输。

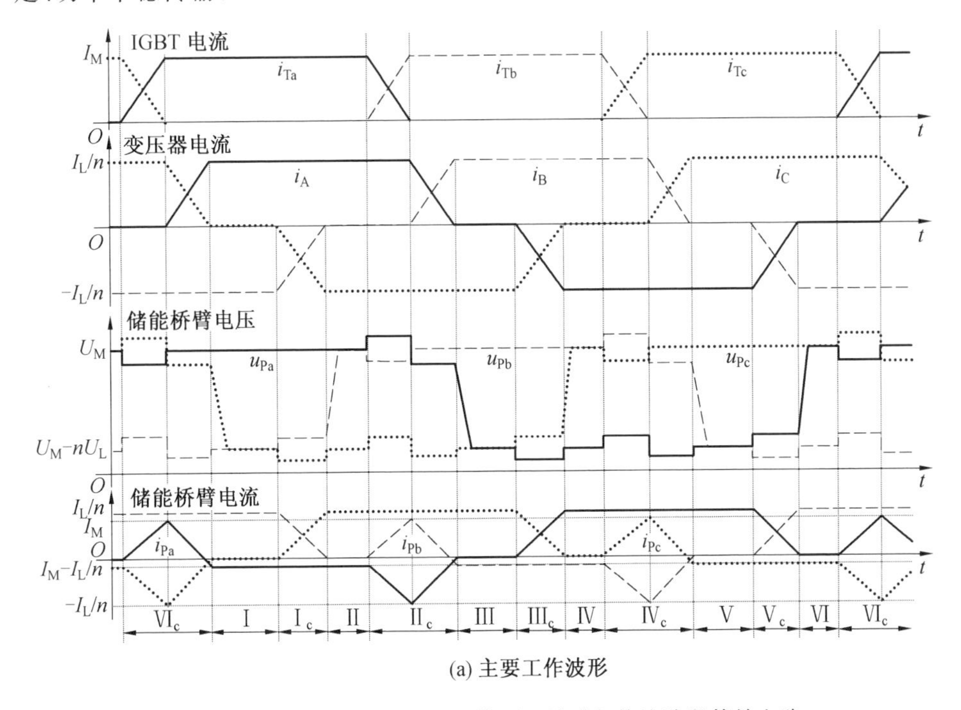

(a) 主要工作波形

图 12.15　宽输入隔离 CET 工作原理波形与换流阶段等效电路

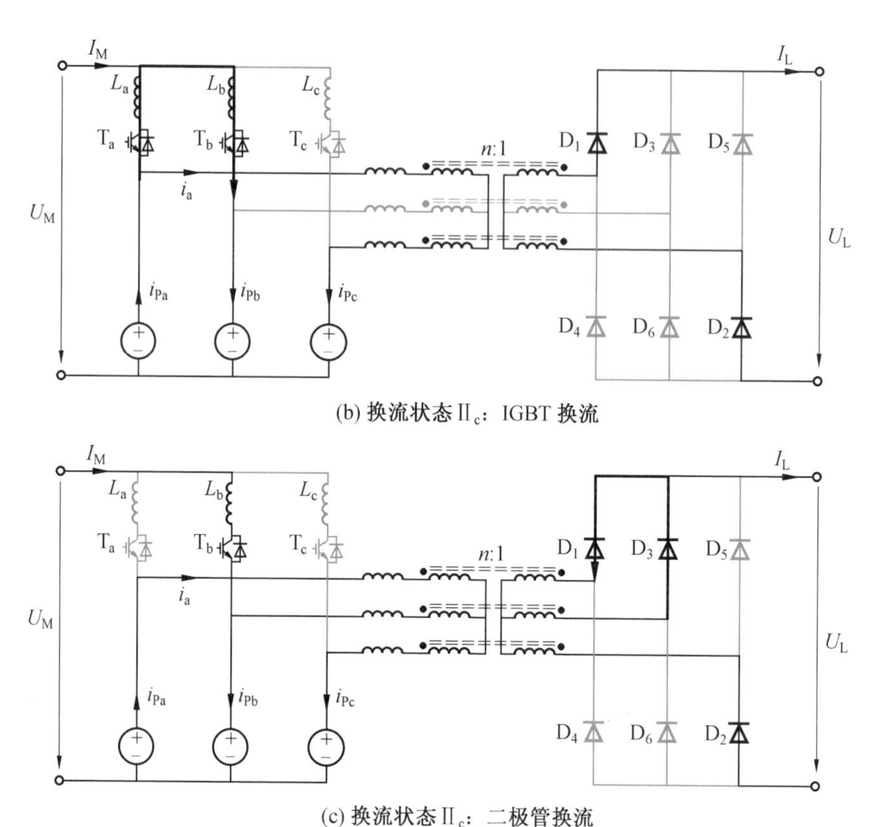

(b) 换流状态Ⅱc：IGBT 换流

(c) 换流状态Ⅱc：二极管换流

续图 12.15

可见，中压侧 IGBT 换流过程完成后将立即进入低压侧二极管换流阶段，拓扑运行频率得以提高，有望提升至 1 kHz。储能桥臂不再存在持续大电流、大电压的阶段，只需在短暂的换流过程中承担功率，因此储能桥臂子模块电容容量得以进一步降低。下面将重点介绍宽输入隔离 CET 的宽输入电压调节原理。

12.3.2 宽输入隔离 CET 控制策略

根据上述原理分析可知，宽输入隔离 CET 实现输入电压宽范围调节的关键在于能够灵活调节储能桥臂的电压 u_{Pj}。储能桥臂内子模块以一定占空比投入与切除，以此来调节储能桥臂的电压，故桥臂内所含子模块个数 N、子模块电容电压 U_C 以及投切的占空比 D 有如下关系：

$$U_M = D \times NU_C \tag{12.20}$$

根据式(12.20)可知，宽输入隔离 CET 适应输入电压 U_M 变化有两个可调

量，即占空比 D 和电容电压 U_C。因此，具备以下两种控制策略。

(1) 定均值控制策略。

定均值策略亦即传统策略，通过调节子模块投切的占空比 D，同时子模块电容电压均值 U_C 保持恒定。定均值下不需要额外的复杂控制，利用子模块本身的调制策略与电容能量平衡控制就可以实现。具体控制方案详见11.3节隔离CET拓扑的通用控制策略，其中能量平衡控制器通过调节中压侧直流电流 I_M，从而改变储能桥臂在恒流状态下承担电流的大小，维持桥臂子模块电容能量充、放电平衡，保证电容电压均值稳定在 U_C。在此基础上，子模块PWM控制的调制波幅值会随着输入电压 U_M 变化而变化，因此子模块投切的占空比 D 可以实现闭环调控，自动适应输入电压 U_M，从而实现输入电压宽范围调节。

(2) 变均值控制策略。

变均值控制策略通过调节子模块电容电压均值 U_C，而占空比 D 保持基本不变。其思想是：由于储能桥臂的最大输出电压随中压侧输入电压 U_M 的降低而减小，因此可通过降低子模块电容电压均值 U_C 来允许更大的电压波动范围（但不超过最大耐受电压），从而减小子模块电容，降低成本与体积。其具体实现与"定均值"策略基本一致，仅需在宽输入隔离CET的能量平衡环节调节子模块电容电压参考值，使其随着中压侧输入电压 U_M 的降低进行调整。

两种控制策略下子模块电容容值设计表达式可根据式(12.10)推得，即

$$C=\frac{2\Delta E_{\mathrm{Arm}}}{N(U_{\mathrm{C,max}}^2-U_{\mathrm{C,min}}^2)} \tag{12.21}$$

式中，ΔE_{Arm} 为桥臂能量波动，可通过对图12.15中桥臂电压电流乘积进行积分 $\left(\int u_{\mathrm{P}j}\times i_{\mathrm{P}j}\,\mathrm{d}t\right)$ 得到，即

$$\Delta E_{\mathrm{Arm}}=\left[\left(\frac{U_{\mathrm{M}}}{nU_{\mathrm{L}}}-1\right)+\frac{3T_{\mathrm{c}}}{T}\right]\times\frac{TP}{3} \tag{12.22}$$

根据式(12.21)可知，随着输入电压的变化，两种控制策略下子模块电容电压最大值均不可超过其最大耐受电压 $U_{\mathrm{C,max}}$。对于允许的峰峰纹波率 ε，电容最大耐受电压 $U_{\mathrm{C,max}}$ 可表示为

$$\begin{cases}U_{\mathrm{C,max}}=\left(1+\dfrac{\varepsilon}{2}\right)U_{\mathrm{C}}\\[2mm] U_{\mathrm{C,min}}=\left(1-\dfrac{\varepsilon}{2}\right)U_{\mathrm{C}}\end{cases}\Rightarrow U_{\mathrm{C,max}}=\frac{2+\varepsilon}{2-\varepsilon}U_{\mathrm{C,min}} \tag{12.23}$$

这二者的区别在于，定均值控制策略下电容电压的最小值 $U_{\mathrm{C,min}}$ 应按在任何情况下均可支撑起输入电压 U_M，即按最大输入电压设计：

$$U_{\mathrm{C,min}}=\frac{U_{\mathrm{i}}}{N} \tag{12.24}$$

对于变均值控制策略，应保证任何均值下储能桥臂总是能够支撑起对应的输入电压。因此，变均值控制策略下电容电压最小值可表示为

$$U_{\mathrm{C,min}}=\frac{U_{\mathrm{M}}}{N} \tag{12.25}$$

将式(12.23)～(12.25)代入式(12.21)，可求得两种控制策略下的子模块电容容值计算公式为

$$\begin{cases}\text{定均值}:C=\dfrac{2\left[\left(\dfrac{U_{\mathrm{M}}}{nU_{\mathrm{L}}}-1\right)+\dfrac{3T_{\mathrm{c}}}{T}\right](U_{\mathrm{i}}-U_{\mathrm{M}})U_{\mathrm{M}}}{\left[\left(\dfrac{2+\varepsilon}{2-\varepsilon}\right)^{2}-1\right]U_{\mathrm{i}}^{2}}\times\dfrac{NT}{3R}\\ \text{变均值}:C=\dfrac{2\left[\left(\dfrac{U_{\mathrm{M}}}{nU_{\mathrm{L}}}-1\right)+\dfrac{3T_{\mathrm{c}}}{T}\right](U_{\mathrm{i}}-U_{\mathrm{M}})U_{\mathrm{M}}}{\left[\left(\dfrac{2+\varepsilon}{2-\varepsilon}\right)^{2}-1\right]U_{\mathrm{M}}^{2}}\times\dfrac{NT}{3R}\end{cases} \tag{12.26}$$

图 12.16 所示为两种控制策略下归一化到 $NT/3R$ 的子模块电容容值随输入电压 U_{M} 的变化曲线。

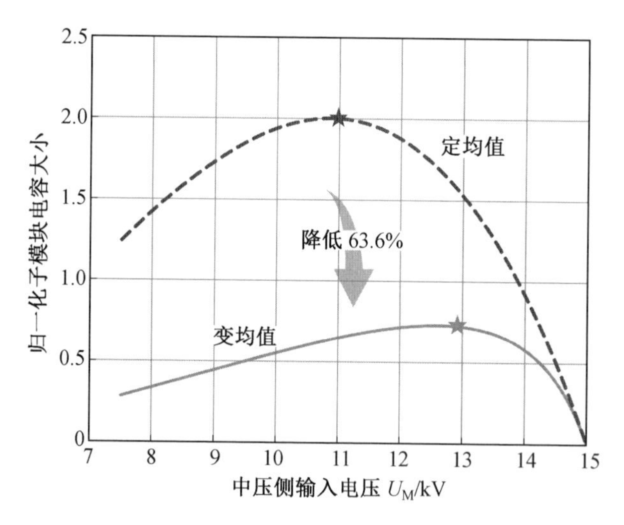

图 12.16　定均值与变均值电容大小对比

图 12.16 中，对于定均值控制策略，峰峰纹波率 ε 选取为 ±5%，输入电压变化范围为 7.5～15 kV，输出电压为 750 V，拓扑运行频率为 1 kHz，换流时间为 100 μs。从图中可以看出，定均值控制策略下子模块电容最大值出现在输入电压

为 11 kV 附近，变均值控制策略下子模块电容最大值出现在 13 kV 附近，且在整个输入电压范围内变均值控制策略下电容始终低于定均值控制策略，仅在最大输入电压时二者相等（此时功率 P 为零）。对电容进行参数设计与选取时，应按照最大电容值进行设计，因此变均值相较于定均值，可降低 63.6% 的电容容量。

综上，变均值控制策略的优势在于：随着输入电压 U_{M} 的降低可以降低子模块电容电压均值，从而使电容电压与最大耐受电压之间具有更高的裕量，允许更大的电容电压波动，使得电容得以降低。因此，在变均值控制策略下宽输入隔离 CET 的体积、成本与重量可以显著降低，功率密度得以提高。

为了验证宽输入隔离 CET 在变均值控制策略下的有效性，研究过程中搭建了输入电压范围为 7.5 ～ 15 kV、输出电压为 750 V、额定功率为 140 kW 的仿真模型。其中，拓扑运行频率为 1 kHz，每个桥臂包含 40 个子模块，子模块电容为 50 μF，每个子模块额定电压为 400 V，具体的仿真参数见表 12.2。本章在隔离 CET 通用控制策略的基础上，随着输入电压的变化，在能量平衡环节调节子模块电容电压均值，其中均值大小根据式（12.23）和式（12.25）计算获得，即

$$U_{c}=\frac{1}{2}(U_{C,\max}+U_{C,\min,\mathrm{var}})$$

并通过控制输出电流来调节传输的功率。

表 12.2　宽输入隔离 CET 拓扑仿真参数

拓扑参数	仿真
功率等级 P/kW	140
中压输入电压 U_{M}/kV	7.5 ～ 15
低压输出电压 U_{L}/V	750
每个桥臂子模块数 N/ 个	40
子模块电容额定电压 U_{C}/V	400
子模块电容容值 C/μF	15
运行频率 f_{h}/kHz	1
变压器匝比 n ∶ 1	8 ∶ 1
变压器漏感 L_{kj}/mH	0.6
串联电感 L_{j}/mH	0.6
换流时间 T_{c}/μs	100
线路电阻 R/Ω	400

图 12.17 所示为变均值控制策略下宽输入隔离 CET 暂态仿真结果。

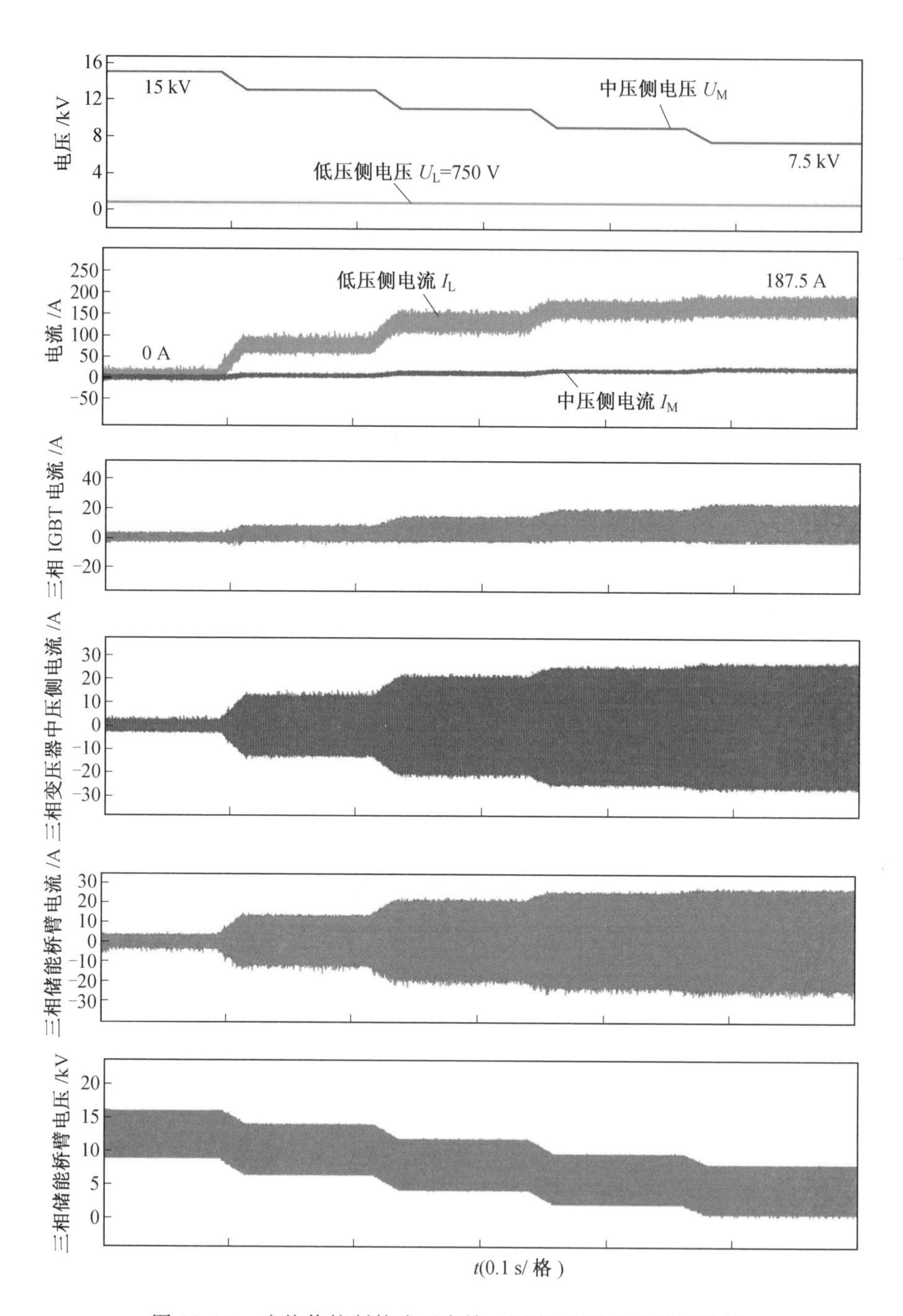

图 12.17　变均值控制策略下宽输入隔离 CET 暂态仿真结果

由图 12.17 可以看出，中压侧输入电压从 15 kV 逐渐下降至 7.5 kV，而根据式(12.19) 可知，功率从 0 W 逐渐上升至额定功率 140 kW，此时对应的输出电流为 187.5 A。中压侧输入电压 U_M 为 15 kV 时，线路电阻 R 上的压降为 0 V，因此线路中没有电流，故传输功率为 0 W。当低压侧输出电流 I_L 上升至 187.5 A 后，传输功率达到最大，此时线路电阻上的压降也达到最大值，为输入侧直流母线电压 U_i 的一半，即 7.5 kV。在功率上升过程中，线路电流升高导致线路电阻压降增大，导致输入电压降低，因此仿真过程与理论分析相符。在输入电压变化的暂态过程中，拓扑依然能够维持稳定运行，验证了变均值控制策略下宽输入隔离 CET 的有效性。

变均值控制策略下子模块电容电压如图 12.18 所示，随着输入电压的降低，电容电压均值 U_C 也逐渐降低，从 400 V 降低至 311 V。在动态变化的过程中，电容电压最大值出现在 $U_M = 13$ kV 时，为 410 V，其他输入电压下电容电压均小于最大值。当 U_C 等于 355 V 和 330 V 时，电容电压波动相比 $U_C = 380$ V 时更大，但由于均值降低，因此电压最大值仍低于 410 V，验证了前面理论分析的正确性。可见变均值控制策略提高了电容电压的利用率，同时降低了子模块的电容值，使宽输入隔离 CET 可很好地适用于宽输入电压范围场景中。

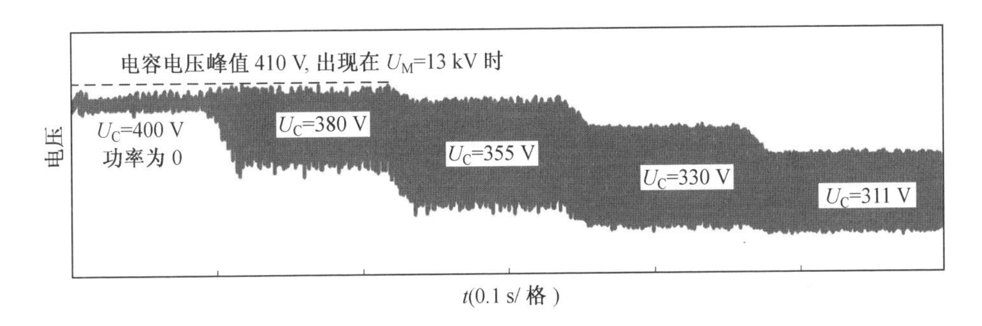

图 12.18 变均值控制策略下子模块电容电压

12.4　隔离 CET 衍化拓扑

前述章节的分析表明降压型隔离 CET 拓扑在 CICO 运行模式下无法同时控制晶闸管电流和变压器电流，使得有如图 12.2(d) 所示的 ① 和 ② 两部分桥臂电流对子模块电容进行充电，且在时段 ① 中储能桥臂需同时承担较大的电压和电流，增大了电容电压波动。针对此问题，本节对降压型隔离 CET 拓扑进行改进，提出隔离 CET 衍化拓扑。

12.4.1　隔离 CET 衍化拓扑结构

隔离 CET 衍化拓扑的电路结构为图 12.19 所示的对称结构，该拓扑由 a、b、c 结构相同的电路构成，其中 T_{pj} 和 T_{nj}(j=a,b,c) 为上、下晶闸管阀组，D_{pj}、D_{nj} 和 D_1 ～ D_6 为二极管阀组。上、下储能桥臂 P_{pj} 和 P_{nj} 由半桥子模块串联构成，每个桥臂含有 N 个子模块。中频变压器(150 Hz 左右) 采用 Y－Y 结构，变比为 $n:1(n>U_M/U_L)$。L_{pj} 和 L_{nj} 为 j 相上、下桥臂电感，L_{kj} 为 j 相变压器漏感。图中 U_M 和 I_M 为中压直流侧电压和电流，U_L 和 I_L 为低压直流侧电压和电流，u_{pj} 和 i_{pj} 分别表示第 j 相上储能桥臂的电压和电流，u_{nj} 和 i_{nj} 分别表示第 j 相下储能桥臂的电压和电流。

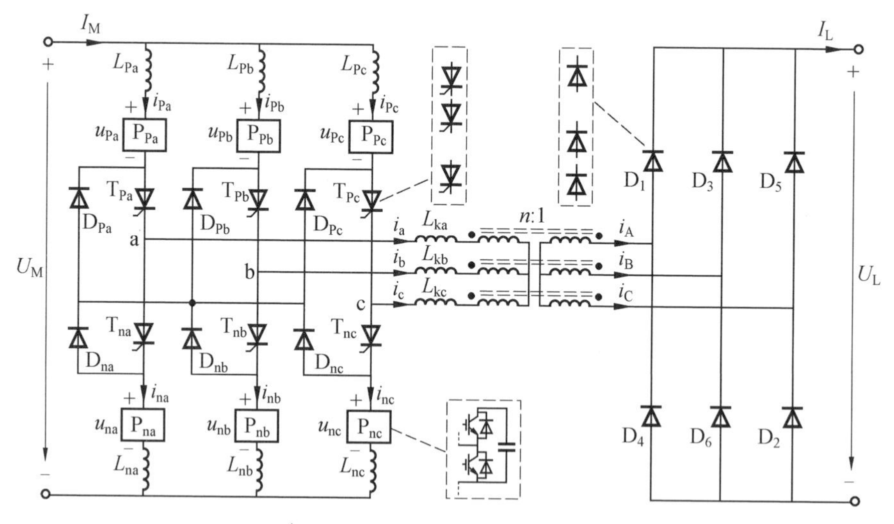

图 12.19　隔离 CET 衍化拓扑的电路结构

12.4.2　隔离 CET 衍化拓扑运行原理

隔离 CET 衍化拓扑工作原理波形如图 12.20 所示，图 12.20(a) 所示为晶闸管阀组触发信号波形，在每个工作周期 T 内，晶闸管阀组按 $T_{pa} \to T_{nc} \to T_{pb} \to T_{na} \to T_{pc} \to T_{nb}$ 的顺序交错 60° 依次触发导通。同前述降压型隔离 CET 拓扑，为合成连续的低压直流电流，变压器电流 i_a、i_b、i_c 在三相储能桥臂的配合下被控制成如图 12.20(b) 所示的幅值为 I_L/n 但交错 120° 的梯形波。当变压器电流为正时，对应相上晶闸管阀组 T_{pj} 处于导通状态，变压器电流流经上储能桥臂 P_{pj}（图 12.20(c)）和上晶闸管阀组 T_{pj}，即 $i_{pj} = i_{Tpj} = i_j$，而此时下桥臂 P_{nj} 电流为图 12.20(d) 所示的幅值为 $I_\Delta(=I_M - I_L/n)$ 的梯形波。当变压器电流为负时，对应相下晶闸管阀组 T_{nj} 处于导通状态，变压器电流流经下储能桥臂 P_{nj} 和下晶闸管阀组 T_{nj}，即 $i_{nj} = i_{Tnj} = -i_j$，而此时上桥臂电流为幅值 I_Δ 的梯形波。a、b、c 三相桥臂电压分别如图 12.20(e) ～ (g) 所示。

如图 12.20 所示，与降压型隔离 CET 拓扑相同，衍化拓扑在每个工作周期 T 内同样有六个恒流状态 Ⅰ ～ Ⅵ 和六个换流状态 Ⅰ_c ～ Ⅵ_c。在恒流状态期间，两相电路电流保持恒定，第三相电流为零，如恒流状态 Ⅱ，其对应的等效电路如图 12.20(h) 所示。功率通过 a 相上桥臂 P_{pa}、T_{pa}、D_1、D_2、T_{nc} 和 c 相下桥臂 P_{nc} 直接传输到低压侧，其中变压器电流 $i_a = -i_c = I_L/n$。与 12.2 节降压型隔离 CET 拓扑不同之处在于，衍化拓扑在恒流阶段由桥臂 P_{pa} 和 P_{nc} 共同承担电压差 $U_\Delta(=U_M - nU_L)$，即

$$u_{pa} = u_{nc} = \frac{1}{2}U_\Delta$$

另一个不同之处在于，a 相下桥臂 P_{na} 和 c 相上桥臂 P_{pc} 共同支撑起中压直流侧电压 U_M，即

$$u_{na} = u_{pc} = \frac{1}{2}U_M$$

而其电流为

$$I_\Delta(=I_M - I_L/n)$$

即

$$i_{na} = i_{pc} = I_\Delta$$

对于换流状态，电流在两相电路之间交换，而第三相电流维持恒定，如换流状态 Ⅱ_c，其对应的等效电路如图 12.20(i) 所示。电流在 a、b 两相电路间换流，c 相电路维持电流恒定。u_{Pa} 和 u_{Pb} 分别调整为 $\frac{1}{2}U_M + U_T$ 和 $\frac{1}{2}U_M - U_T$，使得在桥

臂电感 L_{pa} 和漏感 L_{ka} 以及 L_{pb} 和 L_{kb} 上施加方向相反、大小均为 U_T 的换流电压，即

$$u_{Lpa}+u_{Lka}=-(u_{Lpb}+u_{Lkb})=-U_T$$

进而在换流时间 T_c 内，使得 a 相变压器电流 i_a 从 I_L/n 线性下降到零，b 相变压器电流 i_b 则以相同的速率从零线性上升到 I_L/n，保证低压侧电流 I_L 为恒定直流。同时，下桥臂 P_{na} 和 P_{nb} 分别在下桥臂电感 L_{na} 和 L_{nb} 上施加方向相反、大小均为 U_D 的换流电压，即

$$u_{Lna}=-u_{Lnb}=U_D$$

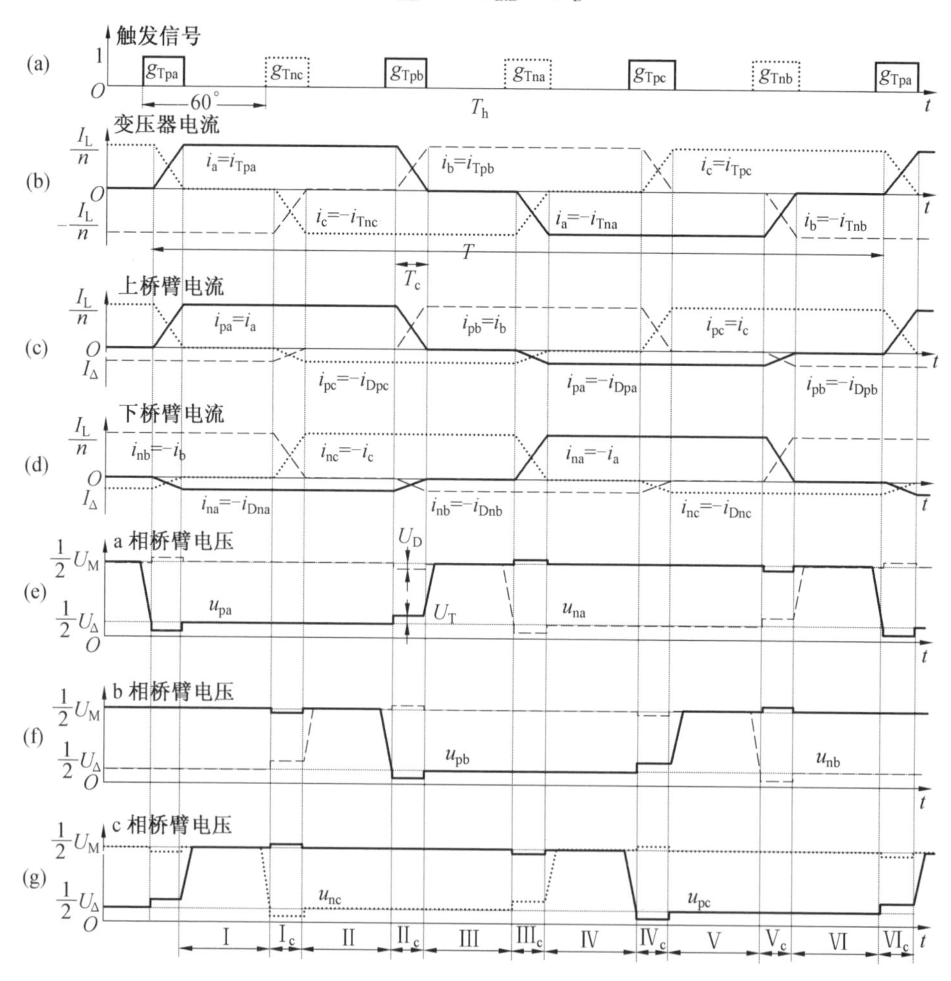

图 12.20　隔离 CET 衍化拓扑工作原理波形

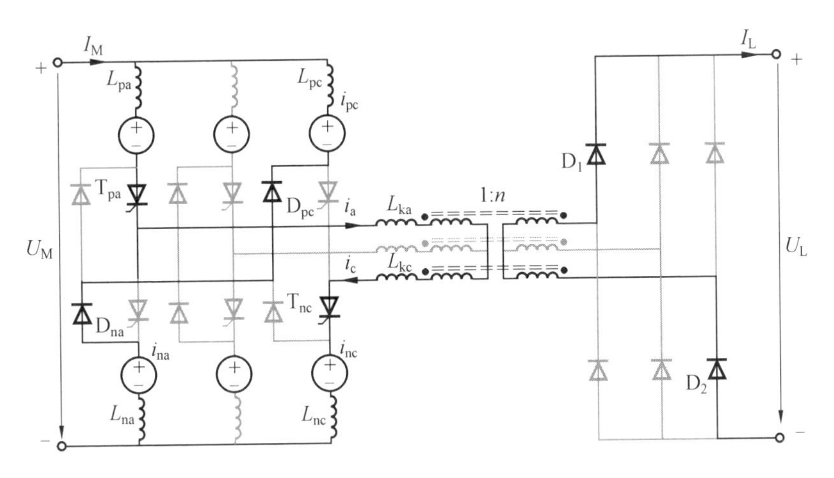

(h) 恒流状态Ⅱ

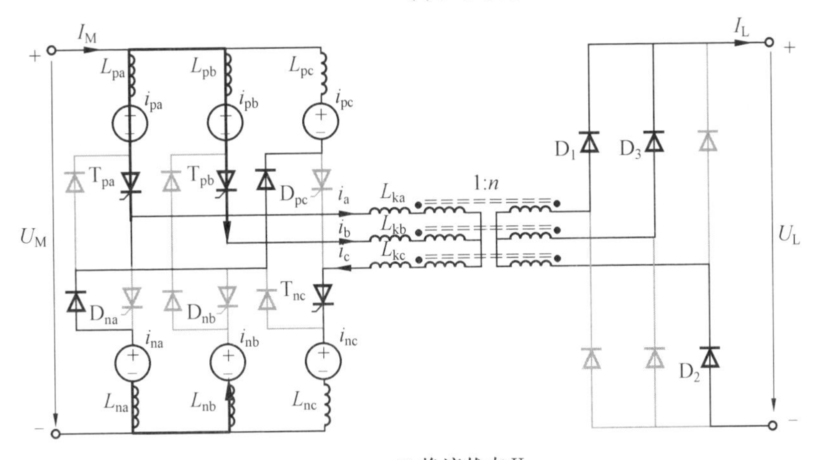

(i) 换流状态Ⅱ$_c$

续图 12.20

实现下桥臂间的线性换流。与前述降压型隔离 CET 拓扑不同之处在于，衍化拓扑在变压器电流为正时 $i_{pj}=i_{Tpj}=i_j$，在变压器电流为负时 $i_{nj}=i_{Tnj}=-i_j$。因此，晶闸管、变压器和桥臂三者换流同时进行，不存在如图 12.2(d) 所示时段 ① 的充电电流部分，此特性可以带来两方面的优势。

(1) 更低的子模块电容容量。

根据运行原理波形，可推导一个周期内每个桥臂充（放）电能量波动 $\left(\int u_{Pj}\times i_{Pj}\,\mathrm{d}t\right)$ 为

$$\Delta E_{\mathrm{Arm}}=\frac{T}{3}\frac{(U_{\mathrm{M}}-nU_{\mathrm{L}})}{2}\frac{I_{\mathrm{L}}}{n} \tag{12.27}$$

对比式(12.27)和式(12.9)可以发现，衍化拓扑每个桥臂能量波动不仅比降压型隔离 CET 拓扑少了一项波动分量，同时其波动仅为降压型隔离 CET 拓扑第二项波动的一半，这是因为衍化拓扑同时存在两个桥臂共同承担电压差 $U_{\Delta}(=U_{\mathrm{M}}-nU_{\mathrm{L}})$。因此，衍化拓扑相较于降压型隔离 CET 拓扑可以降低子模块电容容量。

(2) 更低的桥臂电流 RMS。

12.2 节所述降压型隔离 CET 拓扑桥臂电流 RMS 与衍化拓扑桥臂电流公式分别如式(12.28)和式(12.29)所示。对比可以发现，由于衍化拓扑不存在如图 12.20(d)所示时段①的桥臂电流，其桥臂电流 RMS 也将更低，即意味着更低的桥臂通态损耗。

$$\begin{aligned}I_{\mathrm{p,RMS}}&=\sqrt{\frac{1}{T}\int_{0}^{T}i_{\mathrm{p}j}^{2}\,\mathrm{d}t}\\&=\sqrt{\frac{1}{3}\left(1-\frac{T_{\mathrm{c}}}{T}\right)I_{\mathrm{M}}^{2}-\frac{2}{3}\left(1-\frac{T_{\mathrm{c}}}{T}\right)\frac{I_{\mathrm{L}}}{n}I_{\mathrm{M}}+\frac{2}{3}\left(1-\frac{T_{\mathrm{c}}}{T}\right)\left(\frac{I_{\mathrm{L}}}{n}\right)^{2}+\left(2\frac{T_{\mathrm{q}}}{T}+\frac{4}{3}\frac{T_{\mathrm{c}}}{T}\right)\frac{I_{\mathrm{L}}}{n}I_{\mathrm{M}}}\end{aligned} \tag{12.28}$$

$$\begin{aligned}I_{\mathrm{p/n,RMS}}&=\sqrt{\frac{1}{T}\int_{0}^{T}i_{\mathrm{p/n}j}^{2}\,\mathrm{d}t}\\&=\sqrt{\frac{1}{3}\left(1-\frac{T_{\mathrm{c}}}{T}\right)I_{\mathrm{M}}^{2}-\frac{2}{3}\left(1-\frac{T_{\mathrm{c}}}{T}\right)\frac{I_{\mathrm{L}}}{n}I_{\mathrm{M}}+\frac{2}{3}\left(1-\frac{T_{\mathrm{c}}}{T}\right)\left(\frac{I_{\mathrm{L}}}{n}\right)^{2}}\end{aligned} \tag{12.29}$$

此外，需要强调的是，尽管衍化拓扑需要六个储能桥臂，但由图 12.20(e)～(g)可知，桥臂最大输出电压约为 $\frac{1}{2}U_{\mathrm{M}}$，仅为降压型隔离 CET 储能桥臂电压的一半。因此，衍化拓扑能够确保更低的子模块电容容量和更低的桥臂电流 RMS，而不会增加子模块数目。

本章参考文献

[1] ALHURAYYIS I, ELKHATEB A, MORROW J. Isolated and nonisolated DC-to-DC converters for medium-voltage DC networks: A review[J]. IEEE Journal of Emerging and Selected Topics in Power

Electronics, 2021, 9(6): 7486-7500.

[2] SOLANKI J, FROÖHLEKE N, BÖCKER J, et al. High-current variable-voltage rectifiers: State of the art topologies[J]. IET Power Electronics, 2015, 8(6): 1068-1080.

[3] SHAO S, LI Y C, SHENG J, et al. A modular multilevel resonant DC-DC converter[J]. IEEE Transactions on Power Electronics, 2020, 35(8): 7921-7932.

[4] HU J X, YANG Z Q, CUI S H, et al. Closed-form asymmetrical duty-cycle control to extend the soft-switching range of three-phase dual-active-bridge converters[J]. IEEE Transactions on Power Electronics, 2021, 36(8): 9609-9622.

[5] SANG Y, JUNYENT-FERRE A, GREEN T C. Operational principles of three-phase single active bridge DC/DC converters under duty cyclecontrol[J]. IEEE Transactions on Power Electronics, 2020, 35(8): 8737-8750.

[6] SHEN C, WU H F, LIU T, et al. A three-phase asymmetrical dual-active-bridge converter with series/parallel-reconfigurable output for wide voltage range applications[J]. IEEE Transactions on Industrial Electronics, 2021, 68(9): 7714-7724.

[7] 赵彪，安峰，宋强，等. 双有源桥式直流变压器发展与应用[J]. 中国电机工程学报，2021，41(1)：288-298,418.

[8] ENGEL S P, STIENEKER M, SOLTAU N, et al. Comparison of the modular multilevel DC converter and the dual-active bridge converter for power conversion in HVDC and MVDC grids[J]. IEEE Transactions on Power Electronics, 2014, 30(1):124-137.

[9] ZHAO Y K, ZHANG G Q, GUO R R, et al. The breakdown characteristics of thermostable insulation materials under high-frequency square waveform[J]. IEEE Transactions on Dielectrics and Electrical Insulation, 2019, 26(4): 1073-1080.

[10] AGARWAL R, LI H, GUO Z H, et al. The effects of PWM with high dv/dt on partial discharge and lifetime of medium-frequency transformer for medium-voltage (MV) solid state transformer applications[J]. IEEE Transactions on Industrial Electronics, 2023, 70(4): 3857-3866.

[11] SHENG J. Control optimization of modular multilevel resonant DC converters for wide-input-range MVDC to LVDC applications[J]. IEEE Transactions on Power Electronics, 2022, 37(5): 5284-5298.

[12] MILOVANOVIC S, DUJIC D. Unidirectional high-power DC-DC converter utilizing scott transformer connection[C]//2019 10th International Conference on Power Electronics and ECCE Asia (ICPE 2019-ECCE Asia). Busan:IEEE, 2019: 2860-2867.

[13] CUI S H, SOLTAU N,DE DONCKER R W. A high step-up ratio soft-switching DC-DC converter for interconnection of MVDC and HVDC grids[J]. IEEE Transactions on Power Electronics, 2017, 33(99): 2986-3001.

[14] LAMBERT G, SOARES M V, WHEELER P, et al. Current-fed multipulse rectifier approach for unidirectional HVDC and MVDC applications[J]. IEEE Transactions on Power Electronics, 2019, 34(4): 3081-3090.

[15] ZHAO X D, LI B B, XU D G. An mv hybrid isolated DC transformer for wide output voltage range applications[J]. IEEE Transactions on Industrial Electronics, 2024, 71(2): 1583-1593.

第13章

CET 直流潮流控制器

本章首先介绍直流潮流控制器的调控原理和线间潮流控制器的拓扑演化。在此基础上，基于 CET 原理提出一种新型线间潮流控制器拓扑，其由全桥子模块桥臂和双向晶闸管换流阀构成，通过子模块桥臂交替连接至不同线路，实现 CET 线间潮流控制器的能量平衡。其次，根据拓扑的工作原理，设计基于差共模电压的 CET 线间潮流控制器控制策略，并分析拓扑的参数设计方法，给出仿真及实验验证结果，证明所提拓扑及控制方法的有效性。然后，讨论 CET 线间潮流控制器的多端口拓扑构造方法和衍生拓扑，并给出仿真验证结果。最后，提出一种具备故障容错能力的直流潮流控制器，所提拓扑最多可实现 8 种晶闸管换流阀故障状态的容错运行。

在环形或含网孔结构的直流电网中，潮流传输具有多条线路路径，因此潮流将根据各直流线路的电阻大小被动分布，易引发个别线路过载等问题。线间直流潮流控制器(DC power flow controller,DCPFC)是解决这一问题的关键技术。线间DCPFC本质上是一种特殊的DC/DC变换器，通常安装在换流站节点处，两个直流端口分别串联接入对应的直流线路中，从而通过对线路施加电压来调控潮流，并维持自身的功率平衡。本章基于CET原理提出了新型线间DCPFC拓扑，详细介绍其工作原理、控制方法、多端口拓扑、衍生拓扑以及仿真实验结果，并通过与传统方案进行对比论证其技术经济性优势。

13.1 直流潮流控制器概述

含有网孔的直流电网在带来冗余性的同时，也引入了直流线路潮流控制自由度不足的问题。由于各换流站只能控制其自身的输出电压，并通过调节换流站之间的电压差来控制线路潮流，但对于含网孔的直流电网来说，其线路数目将多于控制自由度，无法通过换流站实现各个线路潮流的独立调控[1]。因此直流潮流将根据线路的电阻大小进行自然分布，且直流线路电阻较小，极易引发潮流分布不合理，导致某些直流线路发生过载，而其他线路容量却未得到充分利用。

为了解决这一问题，借鉴柔性交流输电技术(flexible alternative current transmission system,FACTS)可在直流电网中引入直流潮流控制器来增加潮流控制的自由度。鉴于直流电网不存在交流系统中的电抗、相角以及无功功率等参数，潮流的调控只能采取调节线路电阻或线路电压两种方式。相比改变线路电阻，调节线路电压在效率、经济性、灵活性、控制效果等方面更具优势。调节直流电压的DCPFC的电路结构根据连接方式可分为并联型和串联型两类，如图13.1所示。并联型DCPFC实际上是一个高压大容量DC/DC变换器，通常用于连接两个不同电压等级的直流线路，直流潮流控制为其辅助功能。若用于单一电压等级的直流电网中实现潮流控制，则设备容量过大，成本与损耗均难以承

受。串联型 DCPFC 的原理是在线路中串联一个电压源,通过改变线路上的压降来增加控制自由度,实现潮流调控。由于直流线路的阻抗较小,仅很小的电压即可产生显著的功率变化。因此串联型 DCPFC 通常只需提供直流系统中很小比例(2% ~ 3%)的电压即可,一般为 10 ~ 20 kV 左右,电压和容量相比并联型方案能够明显降低,更具可行性。串联型 DCPFC 按电能变换原理又可具体分为 AC/DC 型与线间 DC/DC 型两类。

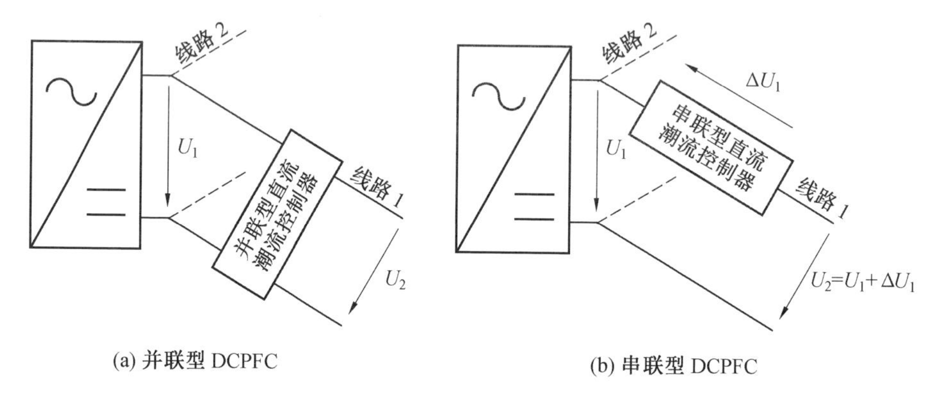

(a) 并联型 DCPFC

(b) 串联型 DCPFC

图 13.1　调节直流电压的 DCPFC 示意图

13.1.1　AC/DC 型 DCPFC

串联型 DCPFC 最简单的电路结构为 AC/DC 变换器,其交流侧通过变压器与交流电网相连,整流得到的直流电压串联至直流线路中。为了满足潮流调控的要求,输出直流电压应具有宽电压范围运行能力并能够反转极性,同时要求 DCPFC 能够与交流电网进行双向功率交换。典型的 DCPFC 结构如图 13.2(a)所示,采用两组三相六脉波晶闸管桥反并联[2],可通过控制正组或反组晶闸管桥向线路中串入正电压或负电压来增大或减小线路潮流。由于采用了晶闸管,该拓扑具有低成本、低损耗、高可靠性的优点,但存在控制响应慢以及谐波含量高的缺点,还需要额外增加笨重的滤波装置。为提升控制能力与波形质量,可采用 MMC 作为 AC/DC 变换器[3-4],如图 13.2(b) 所示。但为了实现宽直流输出电压范围和极性反转,MMC 桥臂中需要采用全桥子模块。模块化多电平 DCPFC 的主要问题是半导体器件数目多,成本较高。此外,AC/DC 变换器依赖于交流电网,导致复杂的交直流系统耦合,并且交流变压器需要承受直流输电等级的电压偏置,绝缘成本极高,以上因素限制了 AC/DC 型 DCPFC 的工程应用。

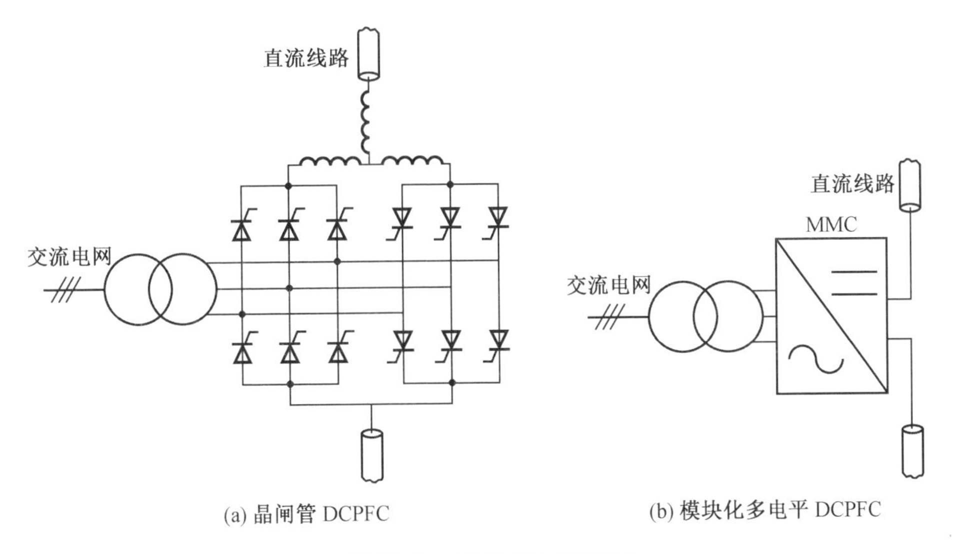

(a) 晶闸管 DCPFC (b) 模块化多电平 DCPFC

图 13.2 AC/DC 型 DCPFC

13.1.2 线间 DCPFC

为了避免依赖外部交流电网,国内外学者先后提出了一系列线间 DCPFC 拓扑[5],其原理是在两条相邻的直流输电线路中,分别串联一个直流电压源,并且构建两个直流电压源之间的功率交互途径,无须与外部电网进行能量交换。因此,线间 DCPFC 本质上是一种宽电压范围的双向 DC/DC 变换器[6]。如图 13.3 所示,DC/DC 变换器的公共端点连接至直流母线,另两个端点分别与电网中的两条直流线路相连。DC/DC 变换器的两个直流电压分别串联接入两条直流线路中。

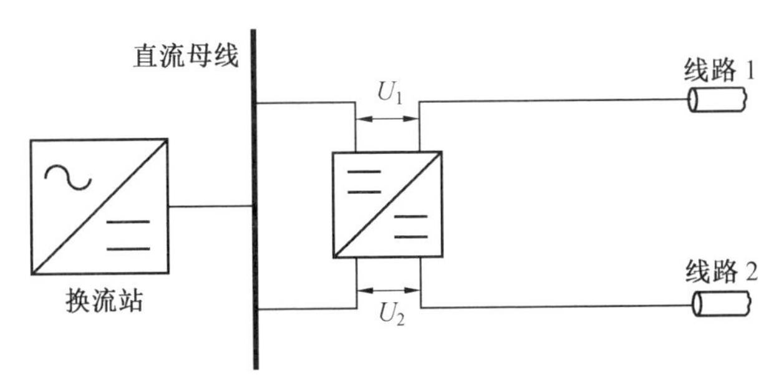

图 13.3 线间 DCPFC 示意图

13.2　线间 DCPFC 的工作原理与拓扑演化

13.2.1　线间 DCPFC 工作原理

本节主要分析线间 DCPFC 对直流电网线路电流的调控原理。图 13.4 所示为一个含有线间 DCPFC 的三端环形直流电网，I_1、I_2 和 I_3 分别表示三条线路的电流，R_1、R_2 和 R_3 表示线路的电阻，U_1 和 U_2 表示线间 DCPFC 两个端口的电压，可以看作两个电压源。

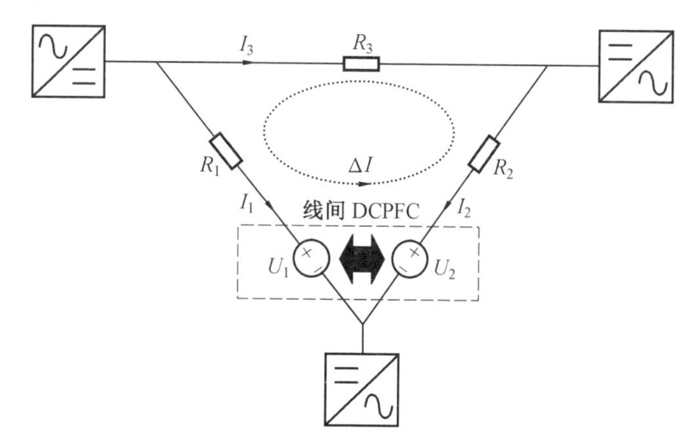

图 13.4　含有线间 DCPFC 的三端环形直流电网

根据电路的叠加定理，电压源 U_1 和 U_2 均可对直流电网中的电流产生影响，共同决定线路电流的变化量。该变化量可用直流电网网孔中的环流表示，即

$$\Delta I = \frac{U_2 - U_1}{R_{\text{loop}}} \tag{13.1}$$

式中，ΔI 是由线间 DCPFC 引入的环流大小；R_{loop} 是网孔中所有线路的电阻之和，即

$$R_{\text{loop}} = R_1 + R_2 + R_3$$

该环流与各条线路的初始电流 I'_1、I'_2和 I'_3相叠加，即可得到线间 DCPFC 投入运行后各条线路的电流 I_1、I_2 和 I_3，即

$$\begin{cases} I_1 = I'_1 + \Delta I \\ I_2 = I'_2 - \Delta I \\ I_3 = I'_3 - \Delta I \end{cases} \tag{13.2}$$

另外,线间 DCPFC 不与外部电网进行能量交换,在近似忽略其功率损耗的前提下,其内部存储的能量应保持稳定,即两个端口的功率之和为零,满足

$$U_1 I_1 + U_2 I_2 = 0 \tag{13.3}$$

将式(13.1)和式(13.2)代入式(13.3)中,可得线间 DCPFC 两个直流端口的电压 U_1 和 U_2:

$$\begin{cases} U_1 = -\dfrac{I_2 \Delta I R_{\text{loop}}}{I_1 + I_2} = \dfrac{(\Delta I^2 - I'_2 \Delta I) R_{\text{loop}}}{I'_1 + I'_2} \\ U_2 = \dfrac{I_1 \Delta I R_{\text{loop}}}{I_1 + I_2} = \dfrac{(\Delta I^2 + I'_1 \Delta I) R_{\text{loop}}}{I'_1 + I'_2} \end{cases} \tag{13.4}$$

线间 DCPFC 根据式(13.4)关系改变端口电压,便可引入对应大小的环流,从而得到所期望的线路电流调控效果。这一结论同样适用于网孔中包含三条以上线路的情况。

13.2.2　线间 DCPFC 拓扑演化

最基本的线间 DCPFC 拓扑是如图 13.5(a)所示的双 H 桥结构[7]。两个 H 桥具有公共直流电容,通过控制 IGBT 的通断可使直流电容交替串联于两个线路中,两个 H 桥等效成两个可控的直流电压源,用于控制线路潮流。通过控制电容的充、放电平衡,无须与外部电网进行能量交换。然而双 H 桥 DCPFC 仅含一个电容器,因此串联到两条线路中的电压为不连续的方波,容易产生较大的直流电流纹波。为弥补这一缺陷,可采用双电容线间 DCPFC 拓扑[8],如图 13.5(b)所示。两个直流电容通过 Buck－Boost 变换器相连,但将电容器直接串联在直流线路中易在启动、故障等异常工况中出现过压损坏问题,可靠性较低。特别需要指出,在直流电网中 DCPFC 需提供的电压可达数十千伏、功率最高可达数十兆瓦。上述线间 DCPFC 拓扑由于单个 IGBT 的耐压能力有限,难以在高压直流电网中实际应用。

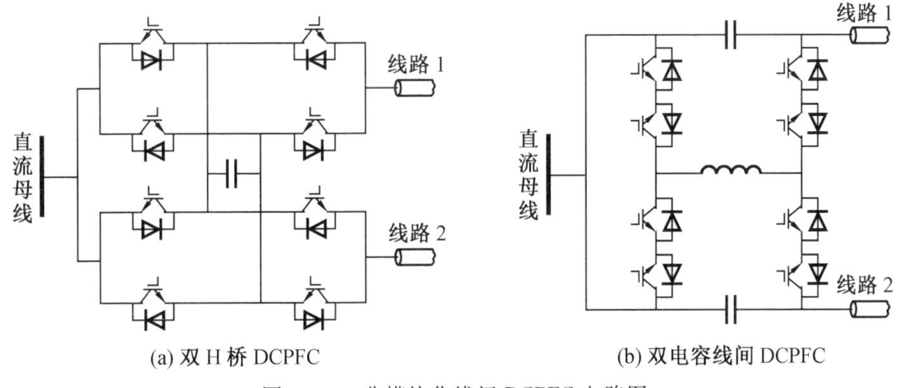

(a) 双 H 桥 DCPFC　　(b) 双电容线间 DCPFC

图 13.5　非模块化线间 DCPFC 电路图

为提高电压与功率等级，模块化的线间 DCPFC 拓扑近年来得到了广泛关注。如图 13.6(a) 所示，通过面对面连接两个全桥 MMC 电路，即可构成线间 DCPFC[9]，继承了 MMC 在高压大容量工况下灵活性、扩展性、可靠性等方面的技术优势，且采用全桥子模块能够保证宽直流电压运行范围。但这一拓扑的缺点是功率半导体器件数目较多，中间交流变压器绝缘设计困难。图 13.6(b) 所示为环形模块化线间 DCPFC 拓扑，通过在桥臂中注入高频交流电压和交流环流来实现两个直流端口的能量平衡，有效避免了交流变压器的使用[10]。但该拓扑需要增加额外的子模块来提供交流电压，并且注入的交流环流显著增大了子模块中 IGBT 的电流应力和损耗，这些因素导致环形模块化线间 DCPFC 的损耗以及体积重量均较高。

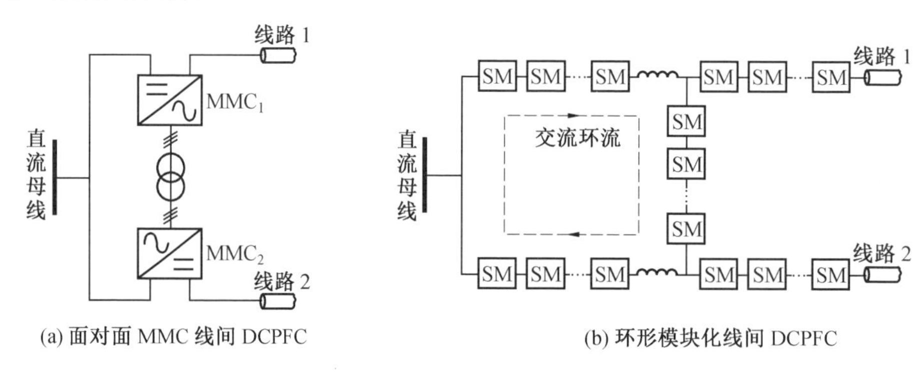

图 13.6　模块化线间 DCPFC 电路图

综上，线间 DCPFC 本质上是一种特殊的高压大容量 DC/DC 变换器。在直流电网应用中，应具备宽直流电压运行范围、极性可反转、输出电压波形平滑的能力，并能够达到一定的电压与功率等级。线间 DCPFC 拓扑设计的关键在于如何减少器件数目、降低运行损耗、缩减体积重量。

13.3　CET 线间 DCPFC 拓扑

根据直流电网中线间 DCPFC 的技术要求，本节基于 CET 原理，提出一种新型线间 DCPFC 拓扑，其由全桥子模块储能桥臂和双向晶闸管换流阀构成，适用于任意电流方向的工况，相比前述环形模块化拓扑，避免了高频交流电压和环流的注入，能够降低子模块数目和电流应力，在成本、效率以及体积重量方面具有明显优势。

13.3.1　CET 线间 DCPFC 拓扑结构

图 13.7 所示为 CET 线间 DCPFC 拓扑的基本结构。拓扑中一共含有三个端子，其中端子 1 和端子 2 分别与 HVDC 线路 1 和线路 2 相连，端子 3 与 HVDC 母线相连。端子 1 和端子 3 构成了 CET 线间 DCPFC 的一个直流端口，该端口串入线路 1 并输出直流电压 U_1。类似地，端子 2 和端子 3 构成了 CET 线间 DCPFC 的另一个直流端口，该端口与线路 2 串联并产生直流电压 U_2。

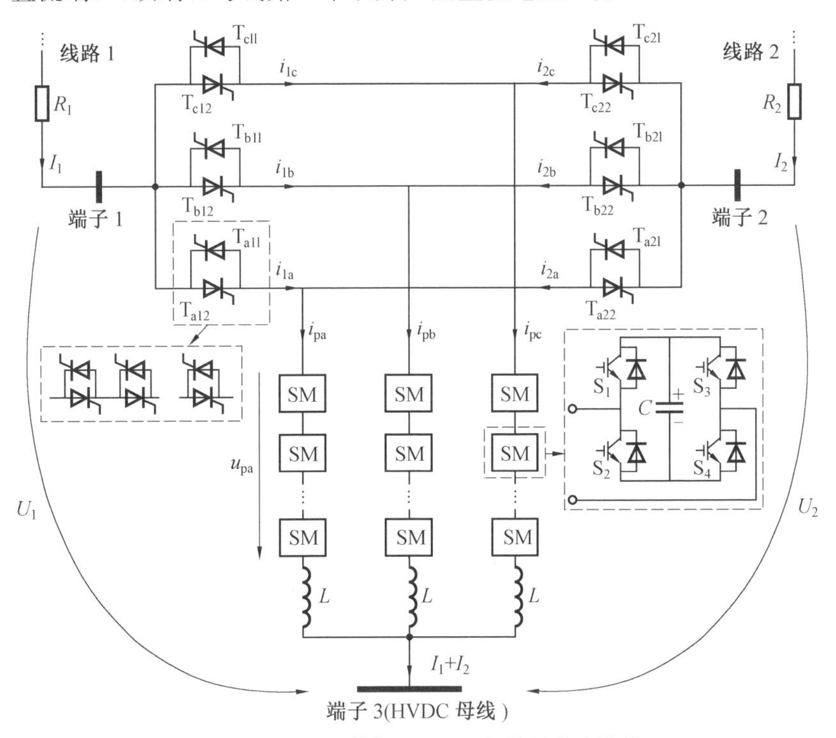

图 13.7　CET 线间 DCPFC 拓扑的基本结构

CET 线间 DCPFC 拓扑由三相结构相同的电路并联而成(j=a,b,c)，其中每相电路包括两个换流阀和一个储能桥臂。T_{j11}/T_{j12} 是与端子 1 连接的换流阀，T_{j21}/T_{j22} 是与端子 2 连接的换流阀。为承担较高的直流电压，换流阀均由两组串联晶闸管反向并联而成(或直接采用串联的双向晶闸管)。为了能够适应双向线路电流方向并提供双极性直流电压，储能桥臂由 N 个全桥子模块串联构成。对于任意一相结构，两个换流阀处于互补工作状态。当 T_{j11}/T_{j12} 导通时，储能桥臂与线路 1 串联；反之，当 T_{j21}/T_{j22} 导通时，储能桥臂与线路 2 串联。i_{Pj} 表示流经储能桥臂的电流，u_{Pj} 表示储能桥臂的电压。i_{1j} 和 i_{2j} 分别表示流经换流阀 T_{j11}/T_{j12} 和 T_{j21}/T_{j22} 的电流。

13.3.2 CET 线间 DCPFC 工作原理

基于 CET 原理，线间 DCPFC 三相电路交替工作，电压和电流波形彼此交错。在任意时刻，总有两个储能桥臂与对应的两条线路串联，分别输出电压 U_1 和 U_2 来调控线路电流，第三个储能桥臂则用于与其中一个储能桥臂进行换流。需要注意的是，与前面章节中的 CET 拓扑相比，CET 线间 DCPFC 的一个不同之处在于，根据式(13.4)，拓扑的两个直流端口需具备输出较大范围正、负电压的能力，以此来应对任意线路电流方向的工况。

CET 线间 DCPFC 的工作工况根据线路电流方向可分为两类：两条线路电流 I_1 和 I_2 方向相反或相同。

当两条线路电流 I_1 和 I_2 方向相反时，CET 线间 DCPFC 运行波形如图 13.8 所示，其中特别以 a 相为例进行分析。在$[t_0, t_1]$期间，T_{a12} 触发导通，a 相储能桥

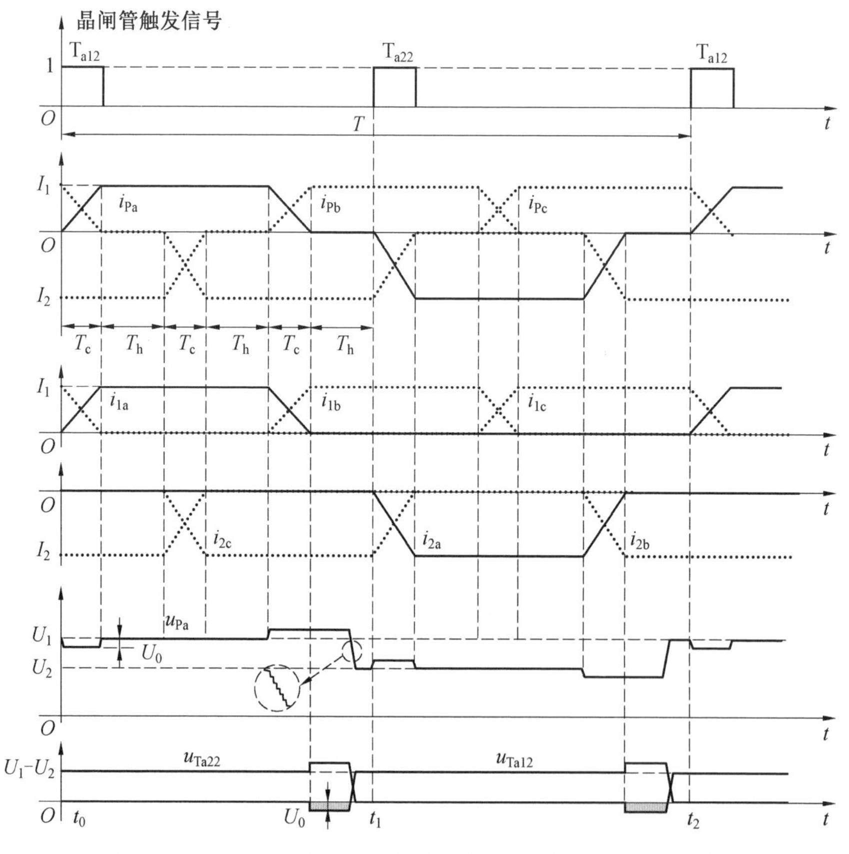

图 13.8　CET 线间 DCPFC 运行波形(线路电流 I_1 和 I_2 方向相反)

臂与线路 1 串联，输出正的直流端口电压 U_1。流经储能桥臂的电流 i_{Pa} 是幅值为 I_1 的梯形波，该电流使储能桥臂中子模块电容充电。在$[t_1, t_2]$期间，T_{a22} 触发导通，储能桥臂切换成与线路 2 串联的状态，输出正的直流端口电压 U_2。i_{Pa} 是幅值为 I_2 的负梯形波，该电流使储能桥臂中子模块电容放电。两个换流阀交替导通，使储能桥臂得以轮流串联到两条线路中进行充、放电，并且要保证储能桥臂在$[t_0, t_1]$期间吸收的能量等于在$[t_1, t_2]$期间释放的能量，维持子模块电容的能量稳定。CET 线间 DCPFC 的工作频率记作 $f(f=1/T)$。

特别地，与前面章节中 CET 拓扑的另一个不同之处在于，CET 线间 DCPFC 储能桥臂电流的梯形波是通过调节两个储能桥臂并联换流时的输出电压之差来实现的。例如，图 13.9 所示为 a 相和 c 相储能桥臂并联换流状态示意图，$u_{Pa}=U_1-U_0$，$u_{Pc}=U_1+U_0$，将两个储能桥臂输出电压之差 $2U_0$ 施加到两个桥臂的缓冲电感 $2L$ 上，使 i_{Pa} 以 U_0/L 的变化速率逐渐增加，此时 $I_1=i_{Pa}+i_{Pc}$，$I_2=i_{Pb}$。在此换流状态期间(记作 T_c)，i_{Pa} 逐渐增大而 i_{Pc} 逐渐减小，且两者变化速率相等。同时 i_{Pb} 保持不变，因此 I_1 和 I_2 得以保持为恒定的直流电流，线路电流不受影响。换流过程结束后，三相储能桥臂电流将保持不变(其中一相储能桥臂电流为零)，这一状态被称为恒流状态(记作 T_h)。如图 13.8 所示，T_c 和 T_h 交替出现，在半个工作周期中分别出现 3 次。三相储能桥臂电流波形完全相同，但彼此交错 120°，因此总有两个储能桥臂分别与两条线路串联，输出电压 U_1 和 U_2 来对线路潮流进行调控，而第三个储能桥臂即将或正在与前面两个储能桥臂中的一个进行换流。因此，尽管流经各相换流阀的电流 i_{1j} 和 i_{2j} 并不连续，但三相换流阀电流合成的 HVDC 线路电流 $I_1=i_{1a}+i_{1b}+i_{1c}$ 与 $I_2=i_{2a}+i_{2b}+i_{2c}$ 始终保持为连续的直流电流，不必安装滤波装置。

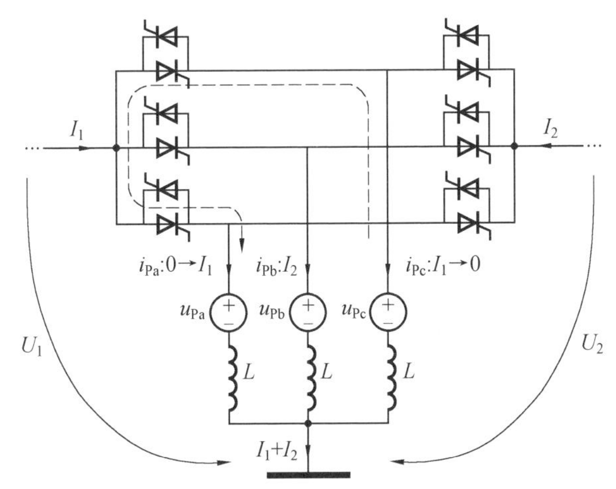

图 13.9　换流过程 T_c 期间 CET 线间 DCPFC 拓扑等效电路

此外，储能桥臂还负责为晶闸管换流阀提供理想的开通和关断条件。当需要关断换流阀时，在储能桥臂电流降为零之后，u_{Pa} 将保持输出额外的电压 U_0，该电压将作为反向电压施加到晶闸管上，使其可靠关断，如图 13.8 阴影区域所示。当需要触发开通换流阀时，储能桥臂电压 u_{Pa} 将调节至与 DCPFC 直流端口电压 U_1 或 U_2 相等，为晶闸管创造零电压开通条件。此外，在储能桥臂电压上升或下降阶段，子模块逐个进行投切，以避免造成过大的 du/dt。

当两条线路电流 I_1 和 I_2 方向相同时，CET 线间 DCPFC 的运行波形如图 13.10 所示。$[t_0, t_1]$ 期间的波形与图 13.8 中线路电流方向相反的情况基本相同。然而在 $[t_1, t_2]$ 期间，储能桥臂电流梯形波幅值仍为正，储能桥臂则需要输出负的电压 U_2。因此储能桥臂需要采用具备正、负电压输出能力的全桥子模块，在两条线路电流方向相同时，产生正、负相反的两个端口电压对潮流进行调控。

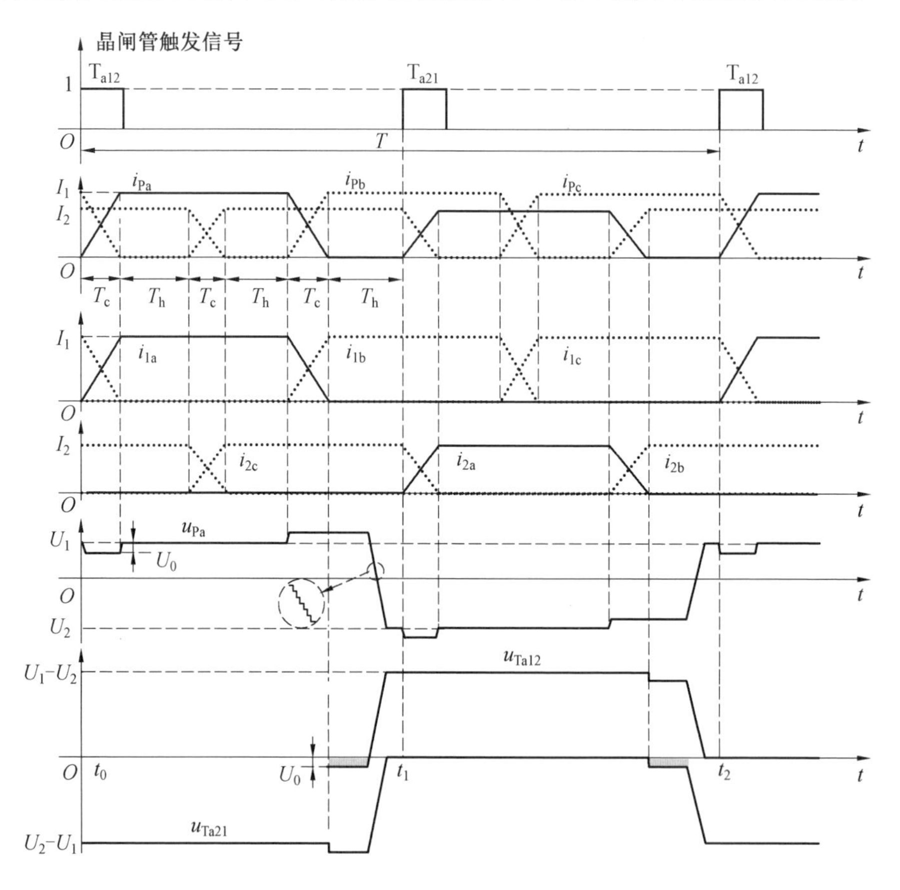

图 13.10　CET 线间 DCPFC 运行波形（线路电流 I_1 和 I_2 方向相同）

通过上述分析可知，CET 线间 DCPFC 能够分别向线路 1 和线路 2 中施加电压 U_1 和 U_2 来调控线路中的电流，其波形平滑、控制灵活，且电压及容量可扩展性强，能够满足大容量远距离直流电网的应用要求。

13.3.3 CET 线间 DCPFC 参数设计

根据 CET 线间 DCPFC 的工作原理可知，储能桥臂最高需要提供直流端口电压 U_1 和 U_2 中的较大值及其与电流驱动电压 U_0 之和。因此，在不考虑冗余子模块的情况下，每相桥臂中需要的子模块数目 N 为

$$N=\frac{\max[|U_1|,|U_2|]+U_0}{U_C} \tag{13.5}$$

式中，U_C 表示子模块电容额定电压。相应地，每相桥臂含 $4N$ 个 IGBT，三相结构共需要 $3N$ 个子模块、$12N$ 个 IGBT。子模块 IGBT 的电流应力 I_{stress} 为桥臂电流 i_{Pj} 的最大值，即与端子 1 和端子 2 相连的两条线路电流中的较大值：

$$I_{stress}=\max[|I_1|,|I_2|] \tag{13.6}$$

IGBT 总数目与单个子模块 IGBT 的电压应力 U_C 以及电流应力 I_{stress} 相乘，可得出 IGBT 总的安装容量为 $12NU_CI_{stress}$。

子模块电容需要能够缓冲储能桥臂充、放电产生的最大能量波动，使子模块电容电压不超过设定的范围，即

$$\frac{1}{2}NC(U_{C,\max}^2-U_{C,\min}^2)=NC\varepsilon U_C^2=\Delta E \tag{13.7}$$

式中，C 是子模块电容值；ε 是子模块电容电压最大峰峰值波动；ΔE 是储能桥臂最大能量波动，可表示为

$$\Delta E=\int_0^{0.5T}u_{Pa}i_{Pa}\mathrm{d}t=\frac{PT}{3} \tag{13.8}$$

式中，$P=|U_1I_1|=|U_2I_2|$ 对应 CET 线间 DCPFC 额定功率。将式(13.8)代入式(13.7)，可得子模块电容的计算公式为

$$C=\frac{PT}{3N\varepsilon U_C^2} \tag{13.9}$$

由式(13.9)可进一步得到 CET 线间 DCPFC 的总电容储能为 $1.5NCU_C^2$。

在 CET 线间 DCPFC 中，换流阀需要承受的电压等于两端口电压之差并加上 U_0，因此换流阀中串联晶闸管的数量应为

$$N_{thy.}=\frac{|U_1-U_2|+U_0}{\lambda_d U_B}=\frac{|\Delta IR_{loop}|+U_0}{\lambda_d U_B} \tag{13.10}$$

式中，U_B 为每个晶闸管的额定电压；λ_d 为器件串联时的电压降额系数。

晶闸管的通态平均电流为

$$I_{F(AV)-T_{j11}/T_{j12}}=\frac{1}{2\pi}\int_0^{\frac{2\pi}{3}}|I_1|\mathrm{d}\theta=\frac{|I_1|}{3} \tag{13.11}$$

$$I_{F(AV)-T_{j21}/T_{j22}}=\frac{1}{2\pi}\int_{0}^{\frac{2\pi}{3}}|I_2|\,d\theta=\frac{|I_2|}{3} \tag{13.12}$$

储能桥臂缓冲电感 L 则与储能桥臂电流纹波大小成反比，即

$$L\geqslant\frac{U_C}{4\Delta i_{max}f_{eq}} \tag{13.13}$$

式中，Δi_{max} 为容许的最大储能桥臂电流纹波；f_{eq} 为储能桥臂的等效开关频率，其等于子模块平均开关频率乘桥臂子模块数量。

另外，缓冲电感 L 与储能桥臂换流过程中梯形波电流的变化速率有关，即

$$L\leqslant\frac{U_0 T_c}{\max(|I_1|,|I_2|)} \tag{13.14}$$

式中，T_c 和 T_h 满足图 13.8 中的关系，即

$$T_c+T_h=\frac{T}{6} \tag{13.15}$$

式中，T_h 应大于换流阀中晶闸管的关断时间 t_q，普通高压晶闸管的 t_q 约为 500 ~ 800 μs，这主要由晶闸管的反向恢复特性决定，或应使用快速晶闸管。因此，CET 线间 DCPFC 的工作频率通常约为 100 ~ 200 Hz。

13.4 CET 线间 DCPFC 控制方法

考虑到线间直流潮流控制器仅能改变两条线路电流的分配比例，为了兼顾线路电流调控和储能桥臂能量平衡，设计了基于端口电压差共模分解的 CET 线间 DCPFC 控制方法。线路电流调控和储能桥臂能量平衡分别通过调节差模分量和共模分量实现，两部分相互独立。

13.4.1 CET 线间 DCPFC 端口电压差共模分析

CET 线间 DCPFC 储能桥臂交替串联到两条线路中，线路电流分别对储能桥臂进行充、放电。两条线路电流汇总到同一直流母线，而直流母线的总电流保持不变，因此 CET 线间 DCPFC 实际上改变的是两条线路电流的分配比例，无法同时对两条线路电流大小进行独立控制。若沿用前述章节对 CETDC 两个端口电流独立控制的方法，将会产生电流控制变量上的冲突。

针对 CET 线间 DCPFC 电流控制变量冲突的问题，本书对 CET 线间 DCPFC 端口电压 U_1 和 U_2 进行电压差共模分解，表示为如图 13.11 所示的电压差共模分量，其中，U_{dif} 表示 U_1 和 U_2 的差模分量，U_{com} 表示 U_1 和 U_2 的共模分量，其大小为

$$\begin{cases} U_{dif}=\dfrac{U_2-U_1}{2} \\ U_{com}=\dfrac{U_1+U_2}{2} \end{cases} \tag{13.16}$$

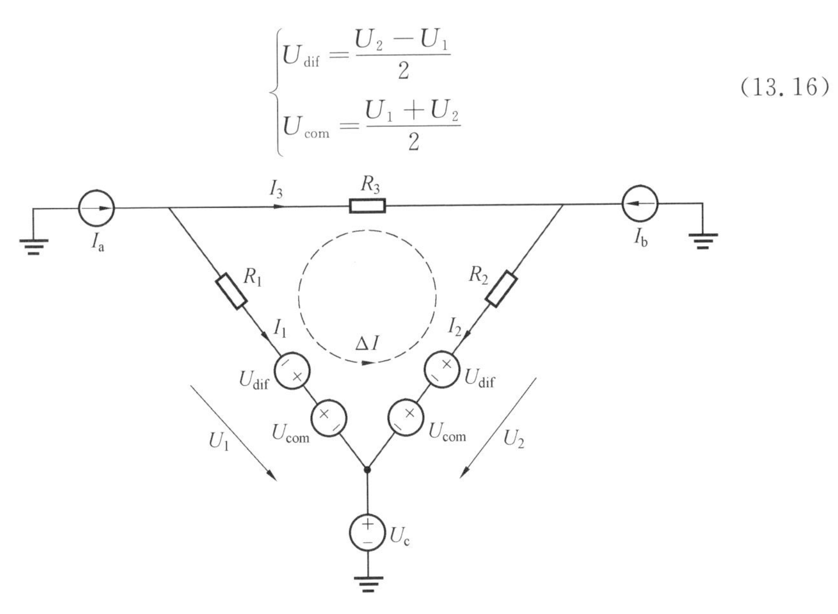

图 13.11 CET 线间 DCPFC 端口电压差共模分解示意图

根据叠加定理，CET 线间 DCPFC 的两个直流端口电压 U_1 和 U_2 的共模分量对于线路电流的影响会互相抵消。差模分量用于在环形直流电网的网孔中产生环流，改变流经各线路的直流电流，即

$$U_{dif}=\frac{\Delta IR_{loop}}{2} \tag{13.17}$$

根据式(13.17)可知，当端口电压 U_1 和 U_2 的差模分量 U_{dif} 较大时，将会使流经各线路的直流电流产生较大的变化，反之亦然。

另外，将式(13.16)和式(13.17)代入式(13.3)所示的能量平衡关系，可得

$$U_{com}(I_1+I_2)+U_{dif}(I_2-I_1)=0 \tag{13.18}$$

由上面可知 I_1+I_2 保持不变，故 CET 线间 DCPFC 必须通过调节端口电压共模分量 U_{com} 的大小来实现自身存储能量的稳定。

13.4.2 CET 线间 DCPFC 控制方法

在端口电压差共模分解的基础上，本节设计了如图 13.12 所示的 CET 线间 DCPFC 控制方法，其中以 a 相为例，所提控制方法需要实现以下五个控制功能。

(1) 线路电流调控。

线路电流调控部分用来控制 HVDC 线路 1 的电流 I_1 跟踪其参考指令，主要通过调节 CET 线间 DCPFC 两个直流端口电压 U_1 和 U_2 的差模分量 U_{dif} 来实现。当线路 1 的电流参考信号 I_{1_ref} 与反馈 I_1 之间存在偏差时，该偏差经过 PI 控制器生成

U_{dif}。需要注意的是，当储能桥臂分别串联不同的线路时，U_{dif} 的符号应相反，这由波形发生器 1 来实现。波形发生器具体是根据工作原理波形的时序进行设计的。

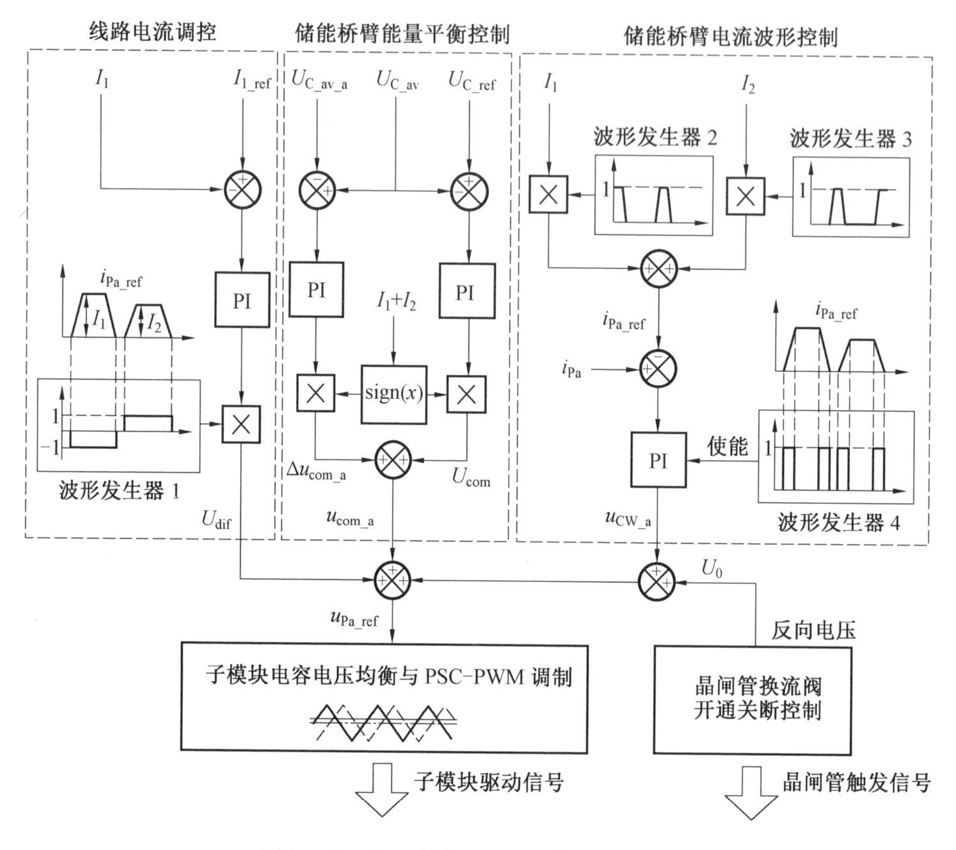

图 13.12　CET 线间 DCPFC 控制方法框图

(2) 储能桥臂能量平衡控制。

储能桥臂能量平衡控制部分用来维持 CET 线间 DCPFC 内部子模块电容存储能量的稳定。由式(13.17)可知，当改变直流端口电压的共模分量 U_{com} 时，CET 线间 DCPFC 将从线路吸收或释放更多的能量，具体是吸收还是释放能量取决于线路电流之和 I_1+I_2 的符号。同时，调节 U_{com} 对线路潮流的控制效果不产生影响。为此，将子模块电容电压参考信号 U_{C_ref} 与反馈的三相全部子模块平均电容电压 U_{C_av} 之间的偏差送入 PI 控制器，生成共模电压 U_{com}。线路电流之和 I_1+I_2 的方向决定 U_{com} 的符号。此外，尽管 CET 线间 DCPFC 的三相电路结构完全相同，但实际应用中不可避免地会有一些细微的参数差异，导致三相储能桥臂能量出现不均衡。为解决这一问题，可在每相储能桥臂的共模电压信号 U_{com}

上再叠加一个调节量，其中 a 相对应的调节量记作 Δu_{com_a}，具体由 a 相储能桥臂子模块平均电容电压 $U_{C\_av\_a}$ 与 U_{C_av} 之间的偏差经 PI 控制器作用后得到，以保证各相桥臂的能量稳定。

(3) 储能桥臂电流波形控制。

储能桥臂电流波形控制部分的作用是将流经储能桥臂的电流波形控制为梯形波。除了电压差共模分量外，还需要在处于并联换流状态时(图 13.8 中 T_c 阶段)为储能桥臂施加一个额外的电流驱动电压 u_{CW_a}，使储能桥臂电流能够跟踪其参考信号。这部分需要增加一个电流控制环，该闭环控制仅在换流状态 T_c 期间生效，在恒流状态 T_h 期间输出为零，由波形发生器 4 作为使能信号实现。桥臂电流参考信号 i_{Pa_ref} 根据桥臂连接的两条线路状态，由两个幅值分别为 I_1 和 I_2 的梯形波相加得到。

(4) 晶闸管换流阀开通关断控制。

换流阀控制部分一方面负责产生对应的晶闸管触发信号，使换流阀能够配合储能桥臂的状态交替导通，另一方面还需要在流经晶闸管的电流降为零后，令储能桥臂产生反向电压 U_0 来保证换流阀中晶闸管的可靠关断。

(5) 子模块电容电压均衡与 PSC－PWM 调制。

子模块电容电压均衡与 PSC－PWM 调制部分负责产生各个子模块的驱动信号。将 U_{dif}、u_{com_a}、u_{CW_a} 以及 U_0 求和，获得完整的储能桥臂电压参考信号 u_{Pa_ref}，将其送入子模块电容电压均衡与PSC－PWM 调制模块，最终产生各个子模块的驱动信号。

13.5　CET 线间 DCPFC 仿真与实验验证

13.5.1　CET 线间 DCPFC 仿真分析

本节参考张北 ±500 kV 直流电网工程，搭建了四端环形高压直流电网的仿真模型，如图 13.13 所示，考虑张北电网真双极系统的对称性，这里只研究其中一极的情况。图中标注了环形直流电网中各条 HVDC 线路的长度，其中每公里线路的电阻和电感参数分别为 0.04 Ω 和 1.02 mH。仿真中直流电网采用主从控制，其中 VSC y 是主换流站，其直流电压参考为 $U_y=500$ kV。VSC w 和 VSC x 分别向高压直流电网中注入 1 500 A 和 3 000 A 的直流电流，而 VSC z 从直流电网吸收 3 000 A 的直流电流。当 CET 线间 DCPFC 未对线路潮流进行调控时，流经各线路的初始电流方向及大小如图 13.13 所示。DCPFC 装设在 VSC z 处。仿真中所采用的 CET 线间 DCPFC 具体参数见表 13.1。

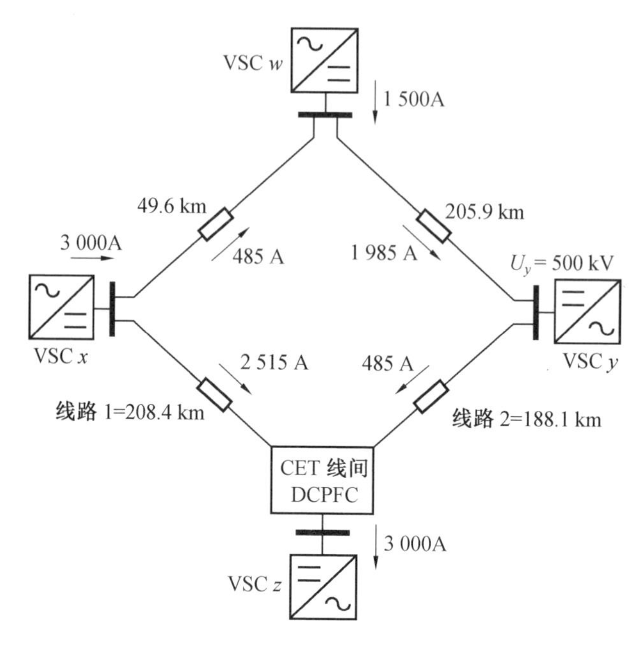

图 13.13　四端环形高压直流电网仿真模型

表 13.1　CET 线间 DCPFC 仿真参数

仿真参数	数值
桥臂子模块个数 N	10
子模块电容电压额定值 U_C/kV	2.4
子模块电容值 C/mF	5
桥臂电感 L/mH	0.5
工作频率 f/Hz	200
载波移相调制波频率 f_c/Hz	650
换流状态时间 T_c/μs	313
恒流状态时间 T_h/μs	520

图 13.14 所示为 CET 线间 DCPFC 潮流控制动态仿真结果。起始状态下，CET 线间 DCPFC 不对线路潮流进行控制，线路电流 I_1 和 I_2 分别为 2 515 A 和 485 A，此时线路 1 负荷较重。CET 线间 DCPFC 在 1.2 s 开始对线路 1 的电流 I_1 进行控制，使其在 1.2～1.6 s 逐渐由 2 515 A 减小到 1 500 A。在[1.6 s，2.0 s]期间，I_1 和 I_2 均维持为 1 500 A。由于线路电流方向相同，从图中可以看出，CET 线间 DCPFC 在此期间两个直流端口分别输出正的 U_1 和负的 U_2。然后在[2.0 s，2.4 s]期间，VSC z 从直流电网吸收的电流主动从 3 000 A 逐渐减小到

1 000 A。由于 CET 线间 DCPFC 的控制目标是使 I_1 维持为 1 500 A，因此 I_2 被动地随着 VSC z 的电流变化而变化。最后，在[2.4 s，2.8 s]期间，I_1 仍然维持在 1 500 A，而 I_2 变为 −500 A。因为线路电流方向相反，所以 U_1 和 U_2 均为负。

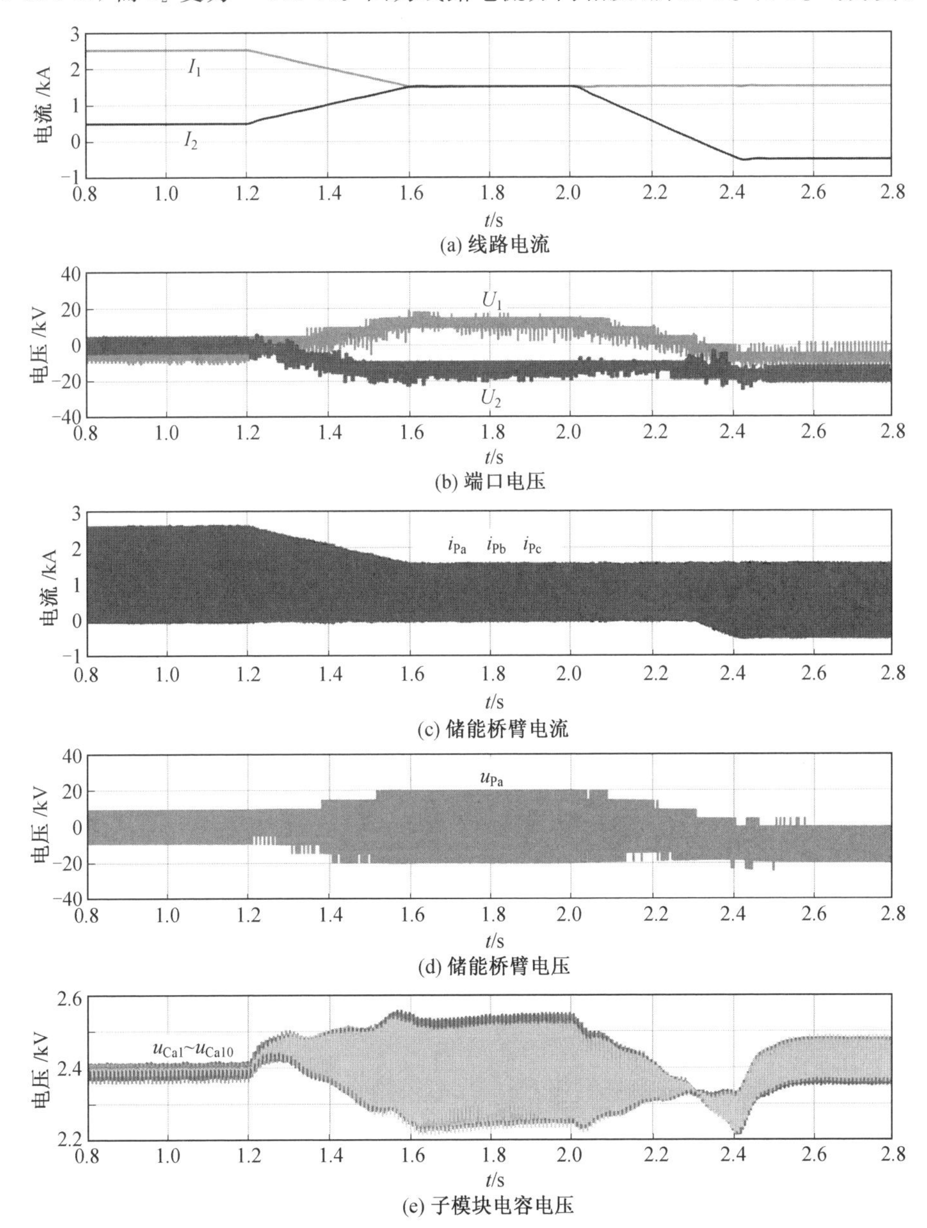

图 13.14　CET 线间 DCPFC 潮流控制动态仿真结果

图 13.15 所示为 CET 线间 DCPFC 在[1.96 s,1.98 s]期间的稳态仿真波形。在此期间 I_1 和 I_2 方向相同，均为 1 500 A，因此两个直流端口的电压极性相反，分别为 $U_1=13.2$ kV 和 $U_2=-13.2$ kV，与式(13.3)的理论计算值相符合。在 U_1 和 U_2 的波形中能够观察到一些由子模块投切引起的电平变化。三相储能桥臂电流(i_{Pa},i_{Pb},i_{Pc})均为幅值为 1 500 A 的梯形波，且彼此交错 120°，合成连续平滑的线路电流 I_1 和 I_2。从图中还可以观察到，当储能桥臂分别串联到线路 1 和线路 2 时，u_{Pa} 的值在 U_1 和 U_2 两个直流电压之间切换。u_{Pa} 波形在变化过程中呈现阶梯波，限制了 du/dt。在晶闸管换流阀电压 u_{Ta12} 和 u_{Ta21} 的波形中，还可以观察到持续时间超过晶闸管关断时间 $t_q=500$ μs 的反向电压。如图中圆圈所示，当储能桥臂电流降为零后开始向晶闸管施加反向电压，保证了晶闸管的可靠关断。此外，a 相 10 个全桥子模块的电容电压 $u_{Ca1}\sim u_{Ca10}$ 的均衡效果良好，子模块电容电压最大峰峰值波动约为 11.5%，与式(13.9)的理论计算值相符。

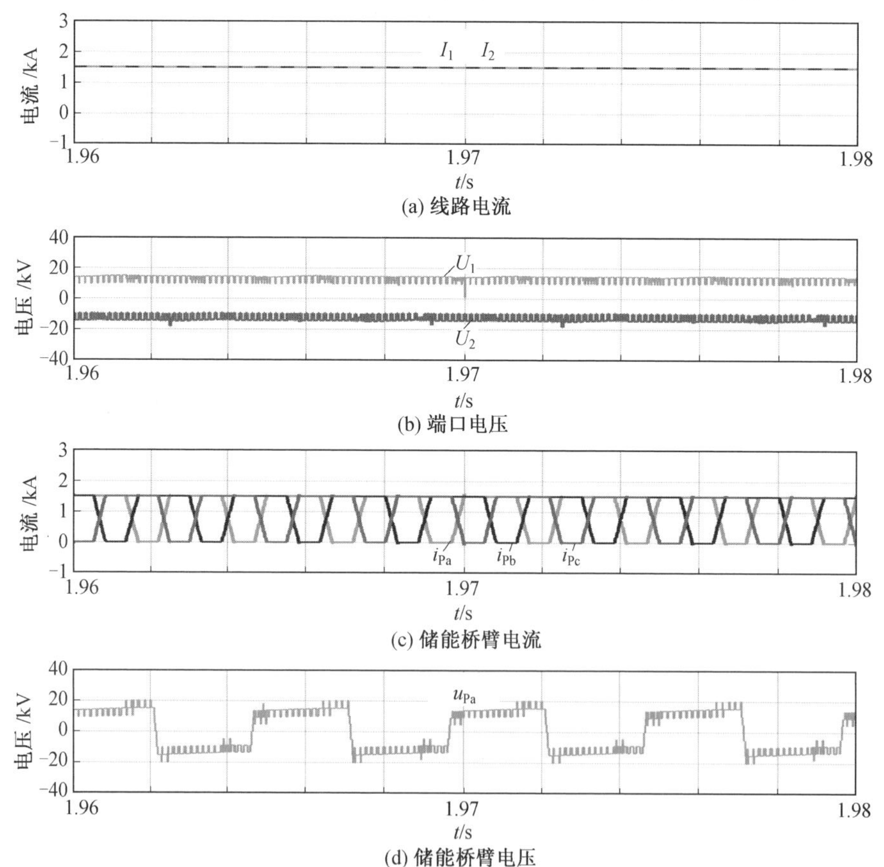

图 13.15 CET 线间线路电流方向相同时的稳态仿真波形

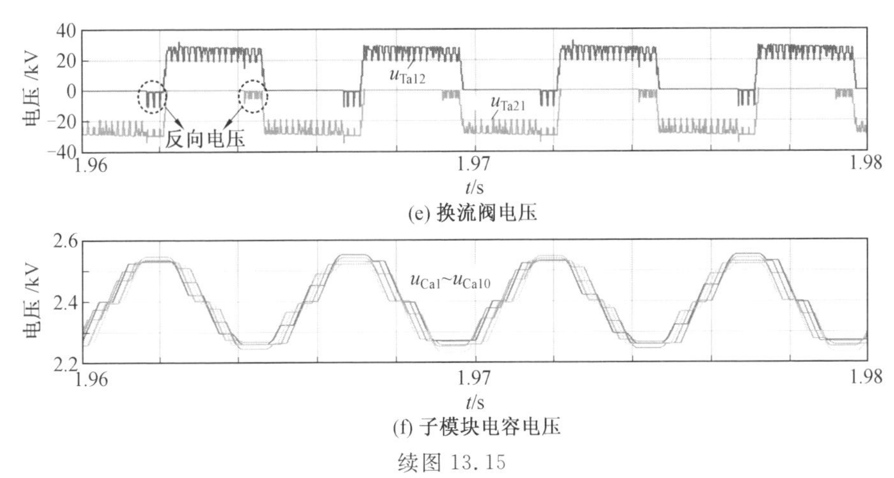

(e) 换流阀电压

(f) 子模块电容电压

续图 13.15

图 13.16 所示为 CET 线间 DCPFC 在[2.76 s,2.78 s] 期间的稳态仿真波形。在此期间 I_1 和 I_2 方向相反，分别为 1 500 A 和 −500 A。因此，交错 120° 的三相储能桥臂电流也呈现幅值分别为 1 500 A 和 − 500 A 的梯形波。由于 HVDC 线路电流方向相反，CET 线间 DCPFC 的直流端口电压极性相同，分别为 $U_1 = -5.7$ kV 和 $U_2 = -17.1$ kV，符合式(13.4) 的理论计算值。从图中还可以看出，在电流方向相反的工况下，储能桥臂电压在相同极性的 U_1 和 U_2 之间切换。从换流阀电压波形中可以观察到与图 13.15 类似的反向关断电压。10 个子模块的电容电压均衡效果良好，子模块电容电压最大峰峰值波动约为 5%，符合式(13.9) 的理论计算值。

为论证 CET 线间 DCPFC 的技术优势，本节进一步基于仿真工况参数，将其与图 13.6(b) 所示的环形模块化线间 DCPFC 拓扑[10] 进行对比，其中 CET 线间 DCPFC 需要输出的最大端口电压为 13 kV、功率为 20 MW。两种拓扑采用相同的全桥子模块，其中 IGBT 的型号为 5SNA3000K452300(4.5 kV/3 kA)。CET 线间 DCPFC 的换流阀采用的晶闸管型号为 5STP25L5200(5.2 kV/2.76 kA)。

表 13.2 对比了两种拓扑中器件的电流应力和所需的器件数量。环形模块化线间 DCPFC 为维持子模块电容电压的稳定，需要注入幅值高达 1 500 A 的交流电流，因此其子模块 IGBT 电流应力是 CET 线间 DCPFC 的 2 倍。此外，环形模块化线间 DCPFC 各桥臂除了需要 10 个子模块来产生端口所需的直流电压之外，还需要额外引入 20 个子模块来注入交流电压，因此所需要的子模块总量为 120 个，远多于 CET 线间 DCPFC 所需的 30 个。因此，尽管 CET 线间 DCPFC 额外需要 120 个晶闸管来组成换流阀，但由于其储能桥臂只需输出直流电压分量，所需的 IGBT 数量仅为 120 个，相比环形模块化线间 DCPFC 能够大幅减少成本与损耗。

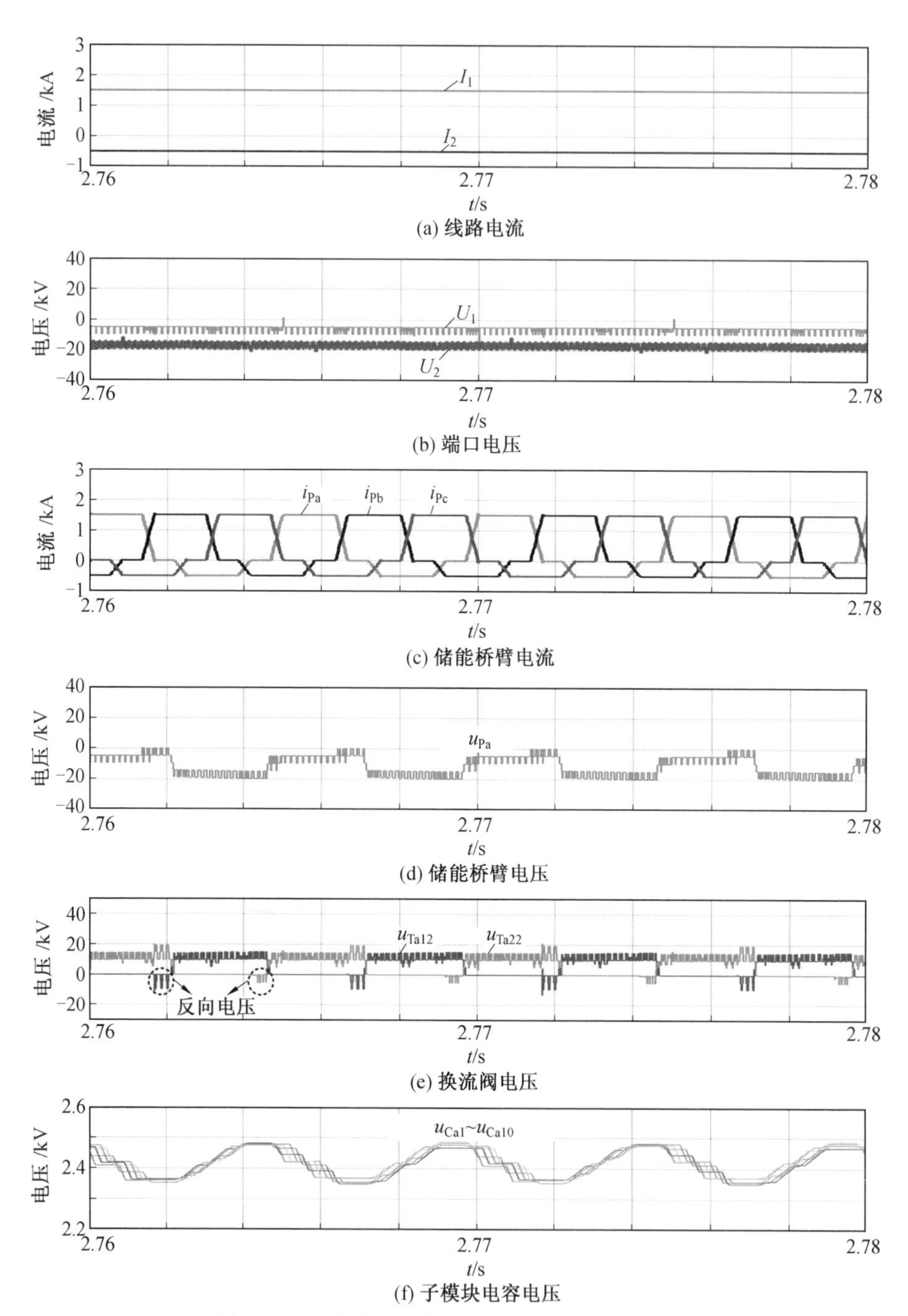

图 13.16　线路电流方向相反时的稳态仿真波形

表 13.2　电流应力与器件数量对比

拓扑	环形模块化线间 DCPFC	CET 线间 DCPFC
子模块中 IGBT 电流应力 /A	3 000	1 500
子模块数量	120	30
IGBT 数量	480	120
晶闸管数量	0	120

图 13.17 所示为两种线间 DCPFC 损耗对比结果。尽管 CET 线间 DCPFC 额外需要一些晶闸管，但晶闸管的典型导通压降仅为 1.3 V，因此晶闸管的总损耗仅为 38 kW。CET 线间 DCPFC 中 30 个子模块的导通损耗和开关损耗总和分别为 141 kW 和 639 kW，而环形模块化线间 DCPFC 共有 120 个子模块，导致子模块的导通损耗和开关损耗均较高，分别为 919 kW 和 2 427 kW。对于所研究的四端环形直流电网，线间 DCPFC 的额定功率为 20 MW，其中所提拓扑的总损耗为 818 kW，仅为环形模块化线间 DCPFC 总损耗 3 346 kW 的 24.4%。

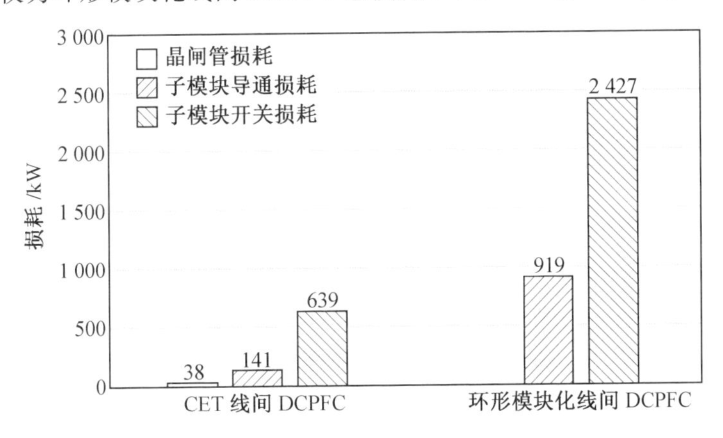

图 13.17　两种线间 DCPFC 损耗对比结果

13.5.2　CET 线间 DCPFC 实验验证

本小节进一步对 CET 线间 DCPFC 进行实验验证，实验电路如图 13.18 所示，包括输出恒定电流 I_{total} 的直流电源、模拟两条线路的电阻 R_1 和 R_2 以及 CET 线间 DCPFC，其中 CET 线间 DCPFC 的实验参数见表 13.3。

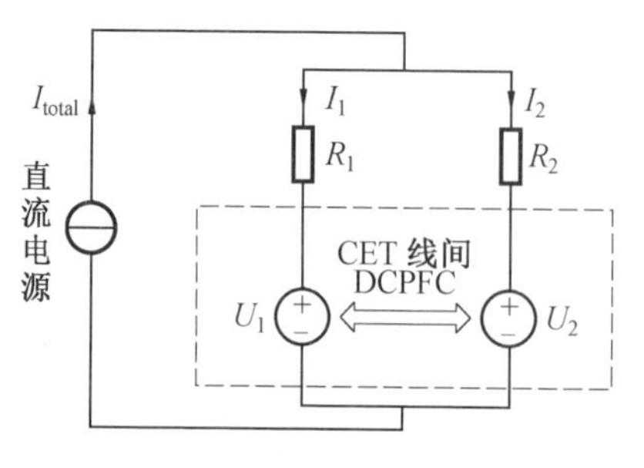

图 13.18　CET 线间 DCPFC 实验电路

表 13.3　CET 线间 DCPFC 实验参数

实验参数	数值
桥臂子模块个数 N	4
子模块电容电压额定值 U_C/V	60
子模块电容值 C/mF	1
桥臂电感 L/mH	2
工作频率 f/Hz	100
载波移相调制波频率 f_c/kHz	6

首先验证线路电流方向相同的工况，潮流控制动态实验结果波形如图 13.19 所示。在此工况下，直流电源输出恒定的直流电流 $I_{total}=16$ A，R_1 和 R_2 分别为 6 Ω 和 42 Ω。当 DCPFC 不对潮流进行控制时，两条线路的初始电流分别为 $I_1=14$ A 和 $I_2=2$ A。然后，CET 线间 DCPFC 开始对潮流进行控制，控制目标为令 I_1 等于 10 A，以减轻线路 1 的负荷。从图中可以看出，I_1 由 14 A 减小到 10 A，减少的 4 A 负荷转移到线路 2，使 I_2 由 2 A 增加到 6 A。在整个过程中，线路电流 I_1 和 I_2 均保持平滑，四个全桥子模块的电容电压 $u_{Ca1}\sim u_{Ca4}$ 保持均衡。

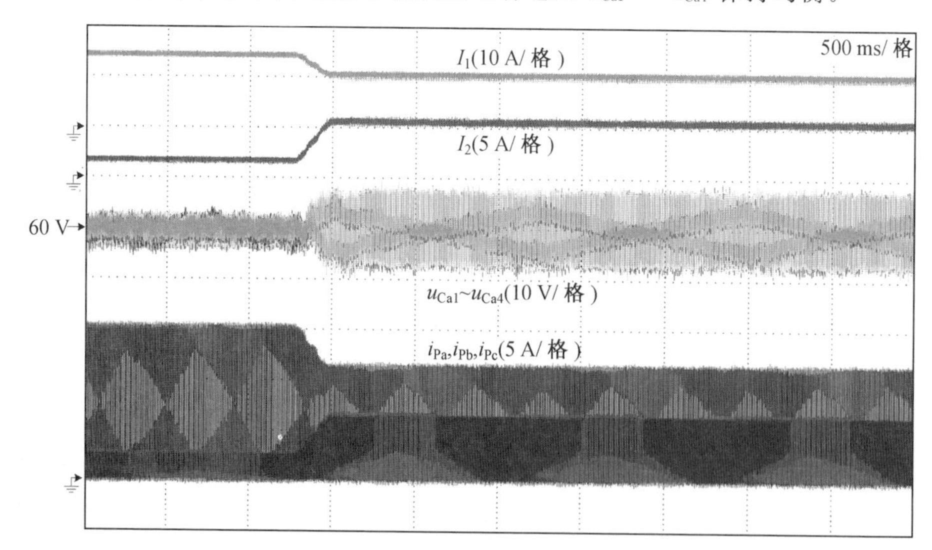

图 13.19　潮流控制动态实验结果波形

图 13.20 所示为线路电流方向相同工况下的稳态实验波形。如图 13.20(a) 所示，储能桥臂电流 i_{Pa}、i_{Pb} 以及 i_{Pc} 为交错 120°运行的梯形波，在连接不同线路时

对应的梯形波幅值分别为 10 A 和 6 A，合成了连续平滑的线路电流 I_1 和 I_2，无须额外配置滤波器。另外，如图 13.20(b) 所示，在换流阀电压波形中可观察到，当储能桥臂电流降到零后，晶闸管承受反向电压而关断。在实验中，该反压的持续时间为 300 μs，超过所选择晶闸管的关断时间 $t_q=200$ μs，因此能够保证晶闸管的可靠关断。此外，如图 13.20(c) 所示，储能桥臂交替串入两条线路中，其电压 u_{Pa} 对应 DCPFC 的两个直流端口电压 $U_1=72$ V 和 $U_2=-120$ V，与式(13.4)的理论计算值相符。此外，子模块电容电压最大波动约为 10 V，符合式(13.9)的理论计算结果。

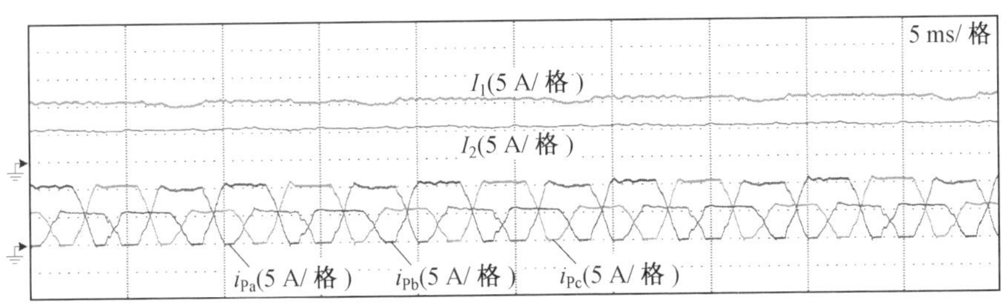

(a) 线路电流与储能桥臂电流

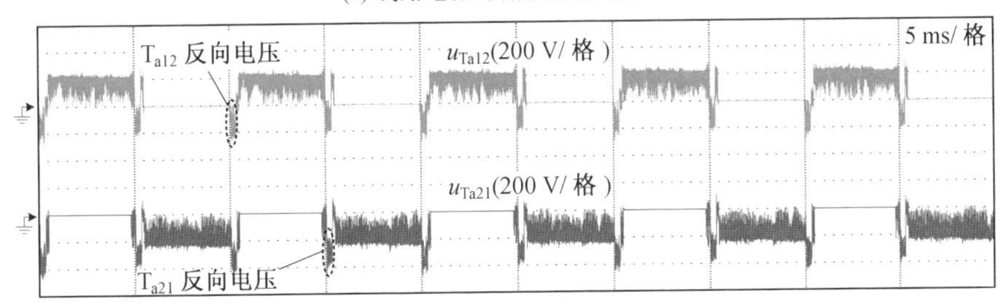

(b) 换流阀电压

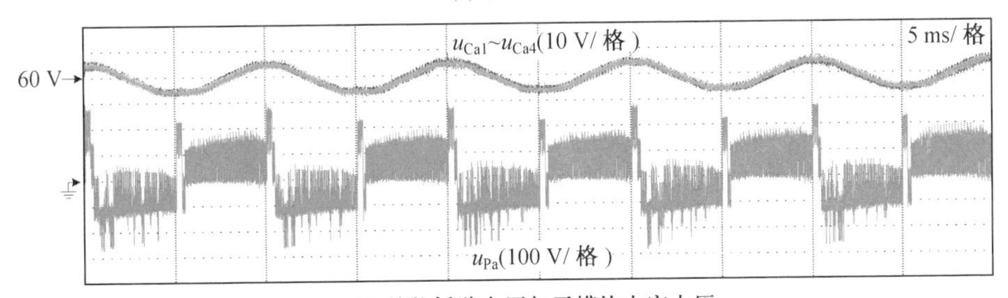

(c) 储能桥臂电压与子模块电容电压

图 13.20　线路电流方向相同工况下的稳态实验波形

图 13.21 所示为线路电流方向相反工况下的稳态实验波形。在此工况中，直流电源输出恒定的直流电流 $I_{total}=12$ A，R_1 和 R_2 分别为 6 Ω 和 18 Ω。当 DCPFC

不对潮流进行控制时，两条线路的初始电流分别为 $I_1=9$ A 和 $I_2=3$ A。DCPFC 投入运行后，DCPFC 将 I_1 控制在 14 A，于是 I_2 变为 -2 A，使 I_2 方向发生了反转，验证了 CET 线间 DCPFC 在线路电流方向相反工况下的潮流控制能力。如图 13.21(a) 所示，三相储能桥臂电流 i_{Pa}、i_{Pb} 以及 i_{Pc} 仍是交错 120° 的梯形波，但其对应的直流电流幅值与线路电流同样为一正一负，分别为 14 A 和 -2 A。在图 13.21(b) 中，同样能观察到晶闸管关断时的反向电压。此外，如图 13.21(c) 所示，储能桥臂电压 u_{Pa} 交替匹配 DCPFC 直流端口电压 $U_1=20$ V 和 $U_2=140$ V，符合式(13.4) 的理论计算结果。子模块电容电压最大峰峰值波动约为 4 V，与式(13.9) 的理论计算值相符。

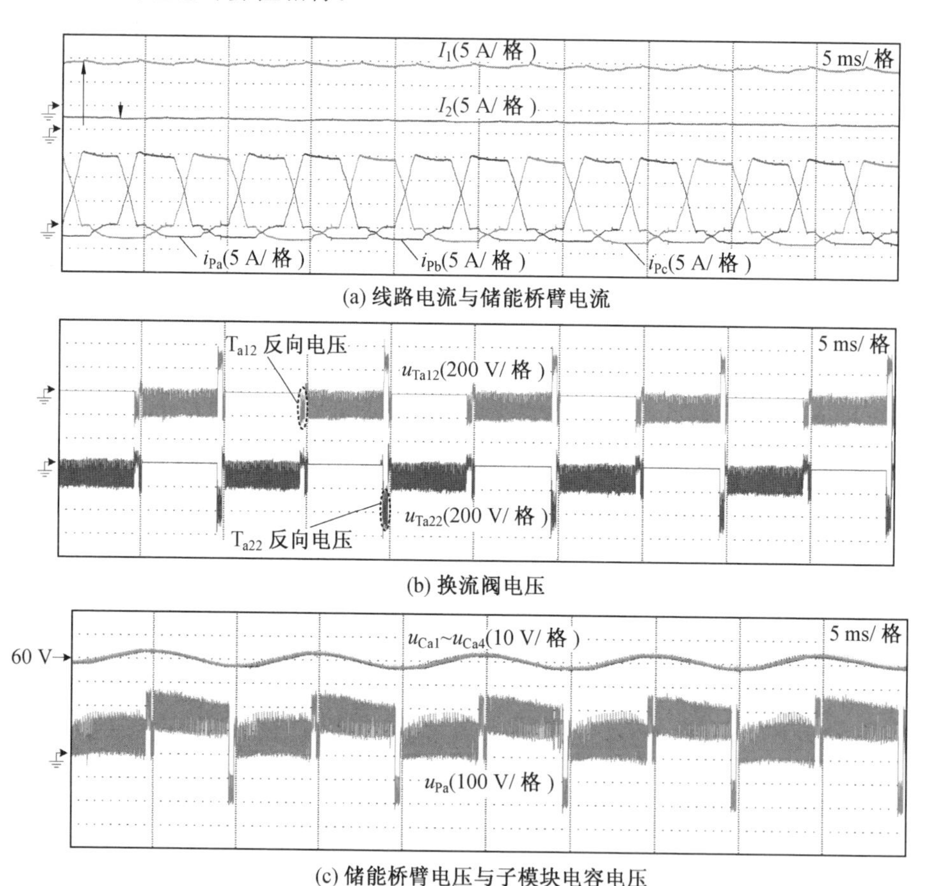

(a) 线路电流与储能桥臂电流

(b) 换流阀电压

(c) 储能桥臂电压与子模块电容电压

图 13.21　线路电流方向相反工况下的稳态实验波形

图 13.22 所示为 CET 线间 DCPFC 启动充电实验波形。在直流电网正常工

作状态下，CET 线间 DCPFC 的两个直流端口被机械开关旁路。由于机械开关在非零压的条件下没有电流开断能力，因此当需要投入 DCPFC 时，首先需要将线路电流转移至 DCPFC 的储能桥臂，再断开机械开关。因此在实验中，通过触发 a 相线路 1 对应的换流阀 T_{a11}/T_{a12} 和 b 相线路 2 对应的换流阀 T_{b21}/T_{b22}，并且旁路 a 相和 b 相中所有子模块，然后断开机械旁路开关。如图 13.22 中初始状态所示，此时线路 1 电流 I_1 和线路 2 电流 I_2 分别流过 CET 线间 DCPFC 的 a 相和 b 相。在机械开关完全断开后，CET 线间 DCPFC 进入启动充电状态，充电过程中受控线路的电流参考给定为线路电流当前值。在此状态下，线路电流 I_1 和 I_2 保持不变，且通过换流阀交替流过 DCPFC 的三相储能桥臂，使子模块电容电压从 0 V 逐渐充至额定 60 V。桥臂子模块电容充完电后，即可进入正常运行，进行潮流控制。

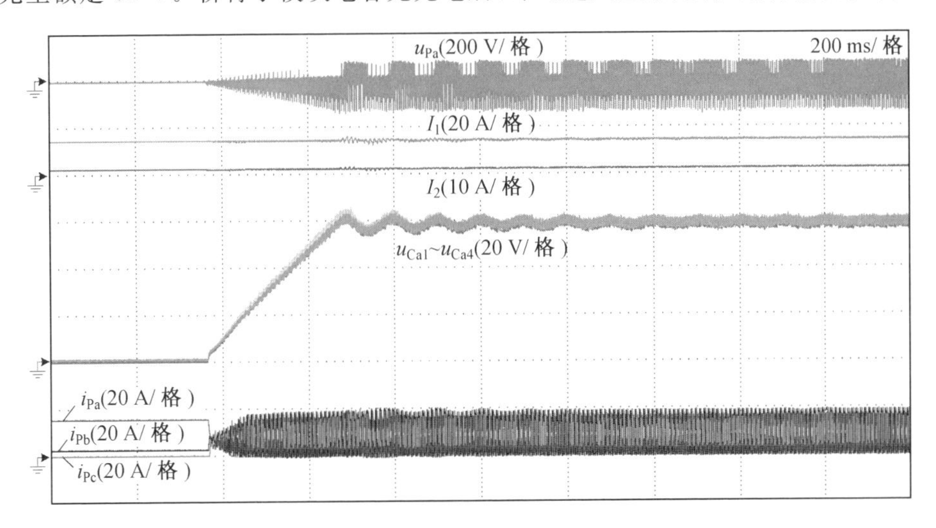

图 13.22　CET 线间 DCPFC 启动充电实验波形

13.6　多端口 CET 线间 DCPFC 拓扑

13.6.1　多端口 CET 线间 DCPFC 工作原理

CET 线间 DCPFC 的基本工作原理是各相储能桥臂周期性串联接入不同的线路中，且各相依次交错运行，进而确保在任意时刻总有储能桥臂与对应的线路串联，施加直流电压来调控线路电流。下面以三端口 CET 线间 DCPFC 为例，进一步详细说明多端口 CET 线间 DCPFC 拓扑结构与工作原理。

图 13.23 所示为三端口 CET 线间 DCPFC 拓扑基本结构。拓扑中一共含有四个端子，其中端子 1、2、3 分别与 HVDC 线路 1、2、3 相连，端子 4 与 HVDC 母线相连。端子 1 和端子 4 构成了三端口 CET 线间 DCPFC 的一个直流端口，该端口串入线路 1 并输出直流电压 U_1。类似地，另两个端口分别串入线路 2 和 3 并输出直流电压 U_2 和 U_3。

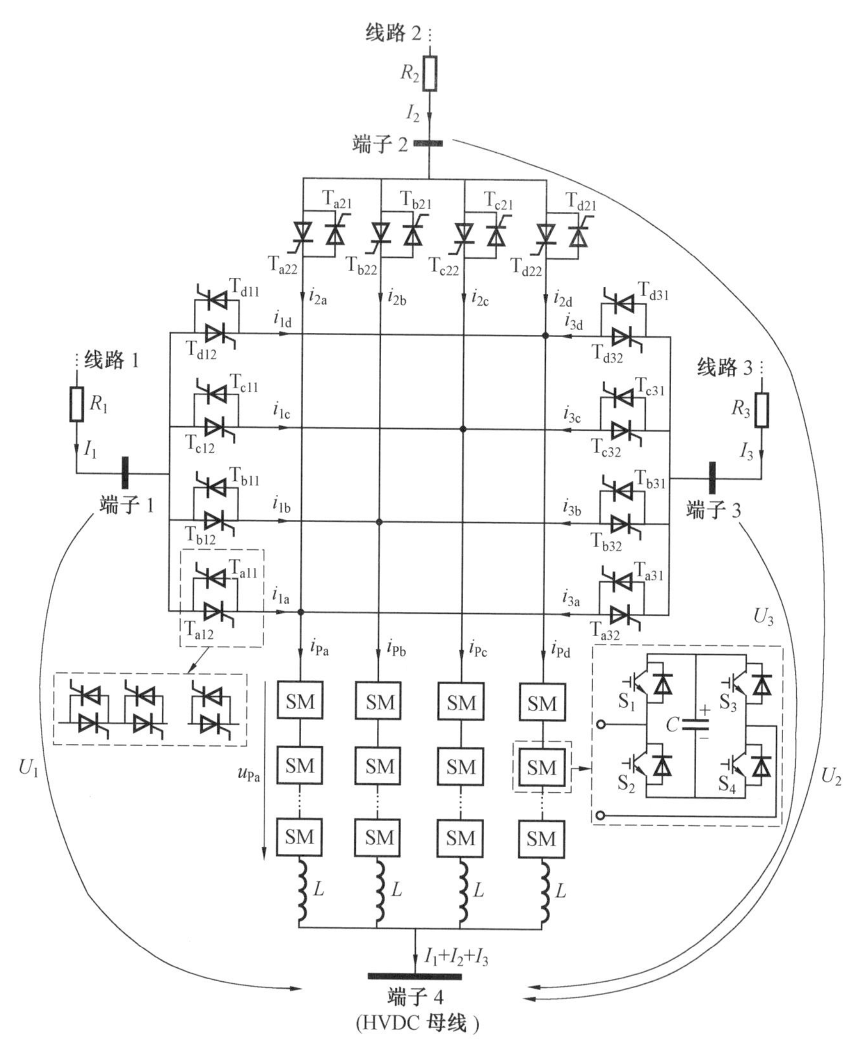

图 13.23 三端口 CET 线间 DCPFC 拓扑基本结构

三端口 CET 线间 DCPFC 拓扑由四相相同结构的电路并联而成($j=\mathrm{a,b,c,d}$)，其中每相电路包括三个由晶闸管反向并联而成的换流阀和一个由全桥子模

块串联构成的储能桥臂。T_{j11}/T_{j12} 是与端子 1 连接的换流阀，T_{j21}/T_{j22} 是与端子 2 连接的换流阀，T_{j31}/T_{j32} 是与端子 3 连接的换流阀。对于任意一相结构，换流阀 T_{j11}/T_{j12}、T_{j21}/T_{j22}、T_{j31}/T_{j32} 依次导通，将储能桥臂依次串入线路 1、2、3。i_{1j}、i_{2j}、i_{3j} 分别表示流经换流阀 T_{j11}/T_{j12}、T_{j21}/T_{j22}、T_{j31}/T_{j32} 的电流。

三端口 CET 线间 DCPFC 运行波形如图 13.24 所示。基于 CET 原理，三端口 CET 线间 DCPFC 四相电路交替工作，每相运行波形相同，但相移 90°。下面以 a 相为例进行分析，在$[t_0, t_1]$期间，T_{a12} 触发导通，a 相储能桥臂串入线路 1 中输出负的直流端口电压 U_1。流经储能桥臂的电流 i_{Pa} 是具有正的幅值 I_1 的梯形波，该

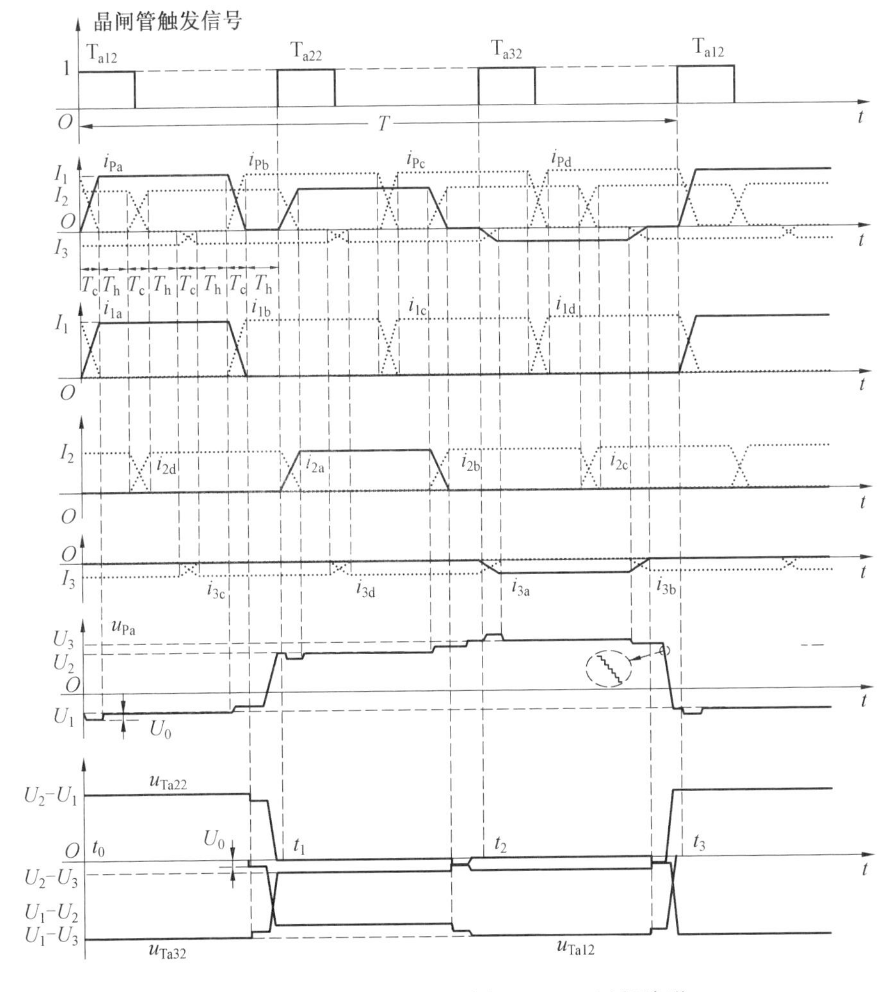

图 13.24　三端口 CET 线间 DCPFC 运行波形

电流使储能桥臂中子模块电容放电。在$[t_1,t_2]$期间，T_{a22}触发导通，a 相储能桥臂切换成与线路 2 串联的状态，输出正的直流端口电压U_2。i_{Pa}是具有正的幅值I_2的梯形波，该电流使储能桥臂中子模块电容充电。在$[t_2,t_3]$期间，T_{a32}触发导通，a 相储能桥臂切换成与线路 3 串联的状态，输出正的直流端口电压U_3。i_{Pa}是具有负的幅值I_3的梯形波，该电流使储能桥臂中子模块电容放电。三个换流阀轮流导通，使储能桥臂得以轮流地串联到三条线路中进行充电或放电，并且要保证在一个工作周期T内($[t_0,t_3]$期间)储能桥臂吸收的能量等于释放的能量，维持子模块电容中的能量稳定。从图 13.24 中还可以看出，在任意时刻，总有三个储能桥臂与对应的三条线路串联，分别输出电压U_1、U_2、U_3来调控线路电流，第四个储能桥臂则用于与其中一个储能桥臂进行换流。

n端口 CET 线间 DCPFC 还应满足两个基本功能和要求，即$n-1$条线路的电流控制和总能量平衡。如图 13.25 所示，以直流端口n为参考端口，将其他$n-1$个直流端口电压U_1、U_2、…、U_{n-1}与参考端口电压U_n之间的电压差分别作用于$n-1$个网孔，从而实现对$n-1$条线路的电流控制。另外，可以通过调整参考端口电压U_n来实现总能量平衡。

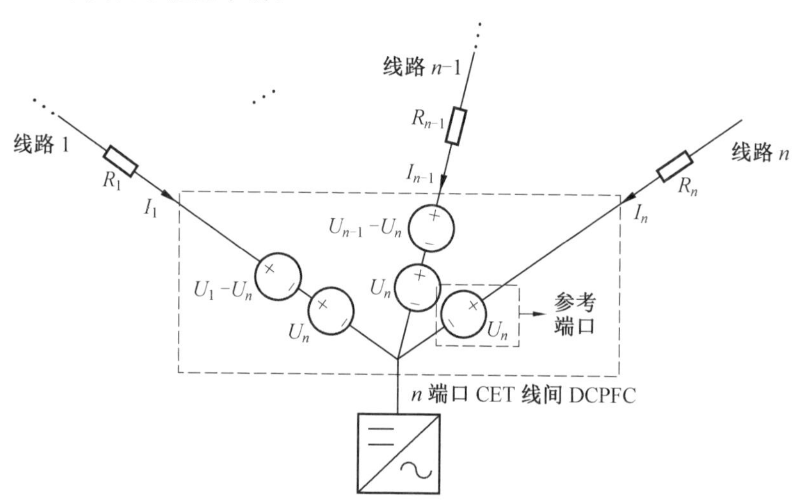

图 13.25　n端口 CET 线间 DCPFC 等效电路

13.6.2　多端口 CET 线间 DCPFC 仿真分析

本小节搭建了含有三端口 CET 线间 DCPFC 的直流电网仿真模型，如图 13.26 所示。图中标注了直流电网中各条 HVDC 线路的长度，其中每千米线路的电阻和电感参数分别为 0.01 Ω 和 0.4 mH。仿真中直流电网仍采用主从控

制，其中 VSC D 是主换流站，其直流电压参考为 $U_D = 500$ kV。VSC B 和 VSC C 分别向高压直流电网中注入 3 000 A 和 1 500 A 的直流电流，而 VSC A 从直流电网中吸收 3 000 A 的直流电流。当三端口 CET 线间 DCPFC 未对线路潮流进行调控时，流经各线路的初始电流方向及大小如图 13.26 所示。三端口 CET 线间 DCPFC 装设在 VSC A 处，控制 HVDC 线路 1 和 2 的电流。仿真中所采用的三端口 CET 线间 DCPFC 具体参数见表 13.4。

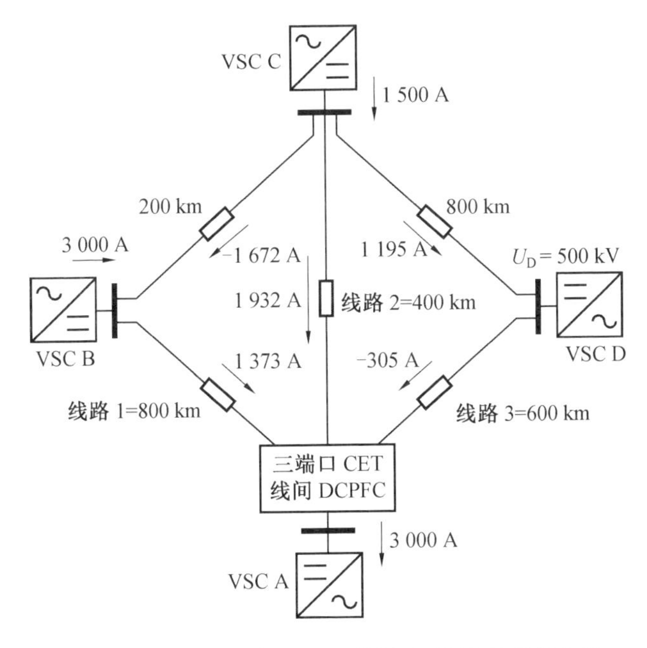

图 13.26　含有三端口 CET 线间 DCPFC 的直流电网

表 13.4　三端口 CET 线间 DCPFC 仿真参数

仿真参数	数值
桥臂子模块个数 N	9
子模块电容电压额定值 U_C/kV	2.4
子模块电容值 C/mF	8
桥臂电感 L/mH	0.5
工作频率 f/Hz	100
载波移相调制波频率 f_c/Hz	350
换流状态时间 T_c/μs	313
恒流状态时间 T_h/μs	520

图 13.27 所示为三端口 CET 线间 DCPFC 潮流控制动态仿真结果。在初始状态下，三端口 CET 线间 DCPFC 不对线路潮流进行控制，线路 1、2、3 的电流 I_1、

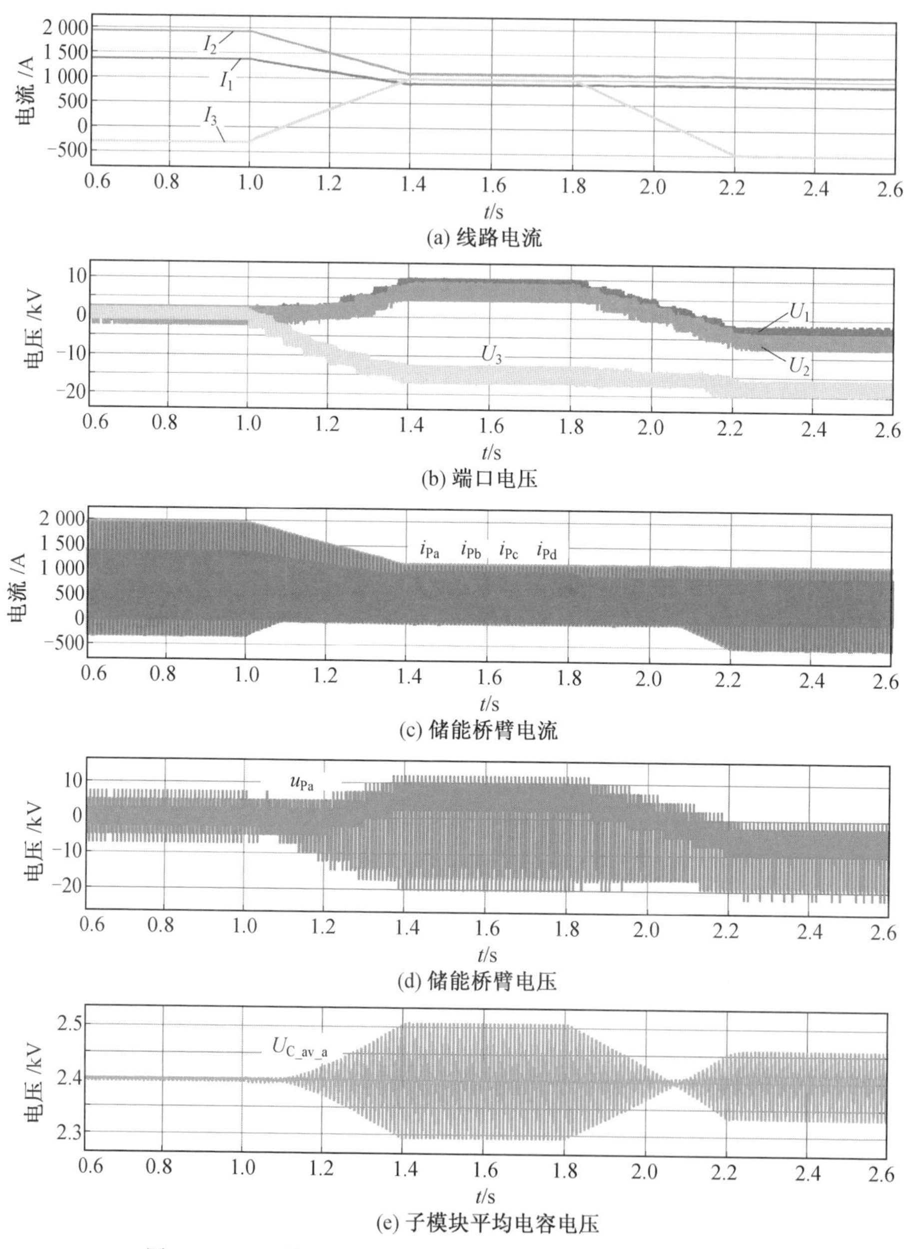

图 13.27　三端口 CET 线间 DCPFC 潮流控制动态仿真结果

I_2、I_3 分别为1 373 A、1 932 A、−305 A，此时线路1和2负荷较重。所提的三端口CET线间DCPFC在1 s时刻开始对线路1和2的电流 I_1、I_2 进行控制，使 I_1 在[1 s,1.4 s]期间逐渐从1 373 A减小到900 A，I_2 在[1 s,1.4 s]期间逐渐从1 932 A减小到1 100 A。在[1.4 s,1.8 s]期间，I_1、I_2、I_3 分别维持为900 A、1 100 A和1 000 A。该结果验证了CET线间DCPFC的线路电流控制能力。随后在[1.8 s,2.2 s]期间，VSC A从直流电网吸收的电流主动从3 000 A逐渐减小到1 500 A。由于三端口CET线间DCPFC的控制目标是使 I_1、I_2 分别维持在900 A和1 100 A，因此 I_3 被动地随着VSC A的电流变化而变化。在2.2 s后，I_1、I_2 仍分别维持在900 A和1 100 A，I_3 变为−500 A。该结果表明，当换流站功率发生变化时，CET线间DCPFC可以令受控电流维持在稳定值。

图13.28所示为三端口CET线间DCPFC在[1.7 s,1.73 s]期间的稳态仿真波形。在此期间 I_1、I_2、I_3 分别为900 A、1 100 A、1 000 A。四相储能桥臂电流(i_{Pa},i_{Pb},i_{Pc},i_{Pd})在一个周期内均呈现幅值分别为900 A、1 100 A、1 000 A的三段梯形波，且四相波形彼此交错90°，合成连续平滑的线路电流 I_1、I_2、I_3。储能桥臂电压 u_{Pa} 仅包含直流分量，且当储能桥臂分别串联到线路1、线路2和线路3时，u_{Pa} 的值在 U_1、U_2 和 U_3 三个直流电压之间切换。u_{Pa} 波形在变化过程中呈现阶梯波，限制了 du/dt。在晶闸管换流阀电压波形中，还可以观察到关断时的反向电压以及开通前的零电压。a相储能桥臂子模块平均电容电压 $U_{C\_av\_a}$ 维持在电容电压额定值2.4 kV左右。该结果验证了三端口CET线间DCPFC的工作原理。

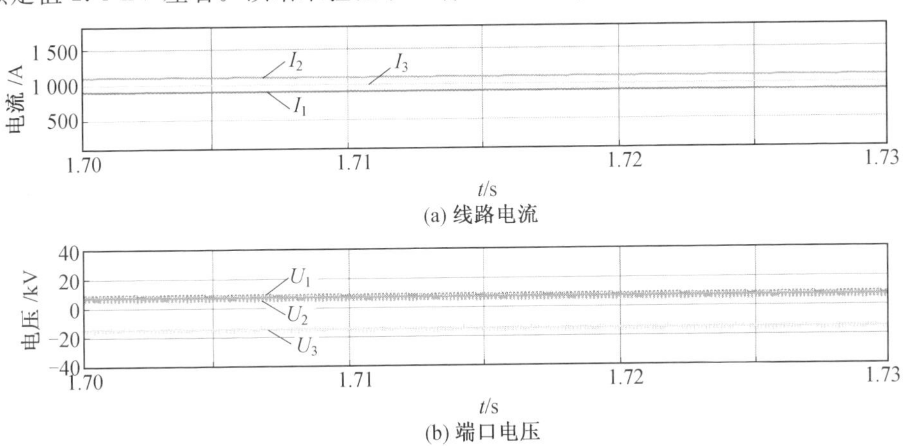

图13.28 三端口CET线间DCPFC在[1.7 s,1.73 s]期间的稳态仿真波形

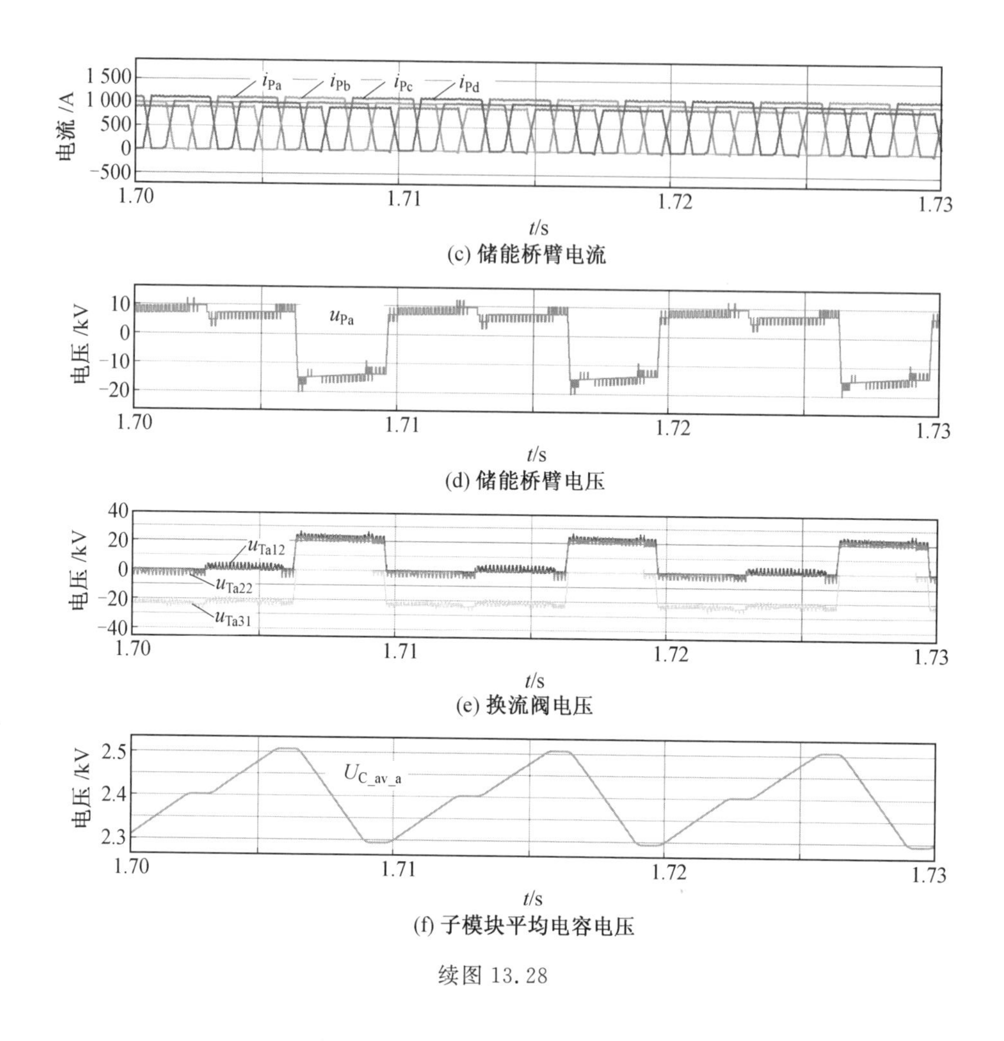

(c) 储能桥臂电流

(d) 储能桥臂电压

(e) 换流阀电压

(f) 子模块平均电容电压

续图 13.28

13.7 CET 线间 DCPFC 衍生方案

13.7.1 CET 线间 DCPFC 衍生方案电流调控原理

前几节所提的 CET 线间 DCPFC 两个直流端口电压 U_1 和 U_2 分别串入两条输电线路中，它们的差模分量和共模分量调节分别实现线路电流调控及储能桥臂能量平衡，如图 13.29(a) 所示，这里记作接线方案 Ⅰ。但实际上，对于 CET 线间 DCPFC 两个直流端口电压 U_1 和 U_2，还可以一个串入输电线路实现线路电流调控，

另一个串入母线负责储能桥臂能量平衡。为此，本节探讨 CET 线间 DCPFC 的另外两种接线方案，如图 13.29(b)(c) 所示，分别记作接线方案Ⅱ和Ⅲ。

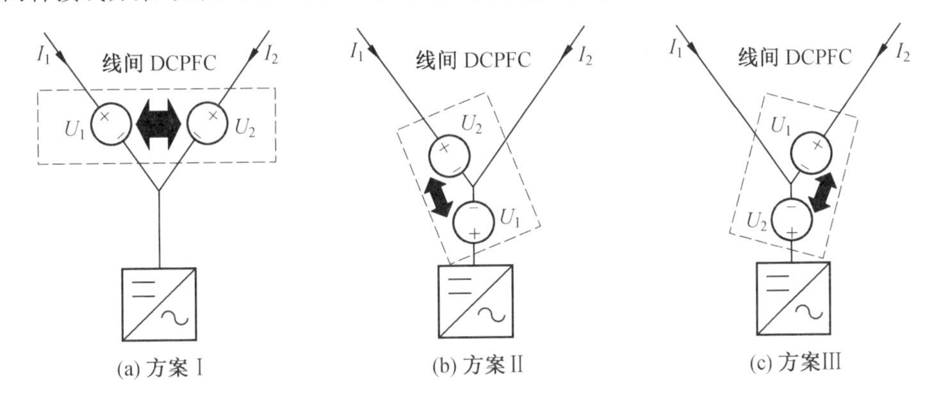

图 13.29 CET 线间 DCPFC 的三种接线方案

当 CET 线间 DCPFC 采用接线方案 Ⅱ 时，仅端口电压 U_2 作用在环形直流电网的网孔中产生环流 ΔI，改变流经网孔内各线路的直流电流，即

$$\Delta I = \frac{-U_2}{R_{\text{loop}}} \tag{13.19}$$

该环流与各线路的初始电流 I'_1 和 I'_2 相叠加，可得到线间 DCPFC 投入运行后各条线路的电流 I_1 和 I_2，即

$$\begin{cases} I_1 = I'_1 + \Delta I \\ I_2 = I'_2 - \Delta I \end{cases} \tag{13.20}$$

另外，在不考虑功率损耗的前提下，两个端口功率之和为零，满足

$$U_2 I_1 - U_1 (I_1 + I_2) = 0 \tag{13.21}$$

由上面可知，母线电流 $I_1 + I_2$ 保持不变，故 CET 线间 DCPFC 采用接线方案 Ⅱ 时必须要通过调节端口电压 U_1 的大小来实现自身存储能量的稳定。

将式(13.19)和式(13.20)代入式(13.21)中，可得 CET 线间 DCPFC 采用接线方案 Ⅱ 时两个直流端口电压 U_1 和 U_2 的大小为

$$\begin{cases} U_1 = -\dfrac{I_1 \Delta I R_{\text{loop}}}{I_1 + I_2} = -\dfrac{(\Delta I^2 + I'_1 \Delta I) R_{\text{loop}}}{I'_1 + I'_2} \\ U_2 = -\Delta I R_{\text{loop}} \end{cases} \tag{13.22}$$

类似地，当 CET 线间 DCPFC 采用接线方案 Ⅲ 时，其端口电压 U_1 串入输电线路实现线路电流调控，端口电压 U_2 串入母线实现自身存储能量的稳定，满足如下关系式

$$\Delta I=\frac{U_1}{R_{\text{loop}}} \tag{13.23}$$

$$U_1 I_2-U_2(I_1+I_2)=0 \tag{13.24}$$

将式(13.23)和式(13.20)代入式(13.24)中，可得此时 CET 线间 DCPFC 两个直流端口电压 U_1 和 U_2 的大小为

$$\begin{cases}U_1=\Delta I R_{\text{loop}}\\ U_2=\dfrac{I_2\Delta I R_{\text{loop}}}{I_1+I_2}=-\dfrac{(\Delta I^2-I'_2\Delta I)R_{\text{loop}}}{I'_1+I'_2}\end{cases} \tag{13.25}$$

式(13.22)和式(13.25)分别给出了接线方案 Ⅱ 和 Ⅲ 中线路电流与 CET 线间 DCPFC 端口电压的关系。采用不同接线方案的 CET 线间 DCPFC 可通过改变相应的端口电压，得到相同的线路电流调控效果，同时实现自身能量平衡。

13.7.2 CET 线间 DCPFC 接线方案的选择

CET 线间 DCPFC 装设在任意一个换流站时，其端子与线路均有三种接线方案可供选择。虽然采用不同的接线方案，CET 线间 DCPFC 可以实现相同的线路电流调控效果，但所需子模块数目、晶闸管数目、IGBT 电流应力、IGBT 总安装容量及总电容储能等方面存在差异。实际工程需根据具体工况，综合考虑各种因素来选择 CET 线间 DCPFC 最优的接线方案。下面以一个拓扑及参数确定的三端环形直流电网为例进行说明。如图 13.30 所示，假设 CET 线间 DCPFC 装设在 VSC A 处，下面论述此时 CET 线间 DCPFC 技术经济性最优的接线方案。

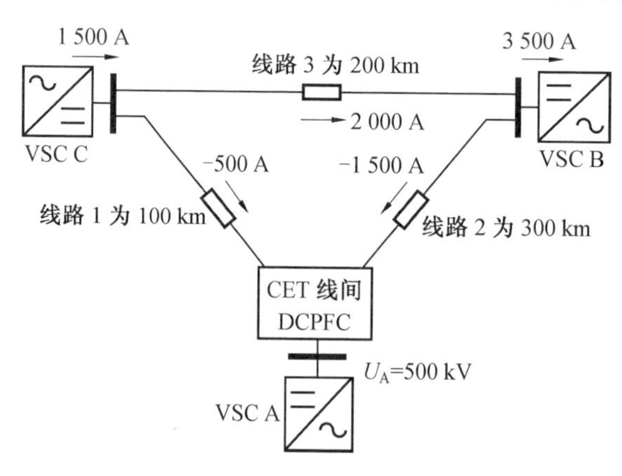

图 13.30 三端环形直流电网

图 13.30 中直流电网采用主从控制，其中 VSC A 是主换流站，其直流电压参考为 $U_A=500$ kV。VSC B 从高压直流电网吸收 3 500 A 的直流电流，VSC C 向

高压直流电网中注入 1 500 A 的直流电流。环形直流电网中每条 HVDC 线路的长度标注在图中，每千米线路的电阻和电感参数分别假设为 0.01 Ω 和 0.4 mH。当 CET 线间 DCPFC 不对线路潮流进行调控时，流经各线路的初始电流方向及大小如图 13.30 所示。潮流控制的对象是线路 1 的电流，由 CET 线间 DCPFC 引入的环流 ΔI 将其控制在[−1 500 A,2 000 A] 区间内。为了直观地比较 CET 线间 DCPFC 各种接线方案，根据式(13.4)、式(13.22) 和式(13.25)，得到如图 13.31 所示三种接线方案的 CET 线间 DCPFC 端口电压随 ΔI 的变化曲线，可见采用接线方案 Ⅱ 时其端口电压 U_1 与 U_2 绝对值的最大值更小，即采用接线方案 Ⅱ 时桥臂电压应力较小，此时所需子模块数目较少。

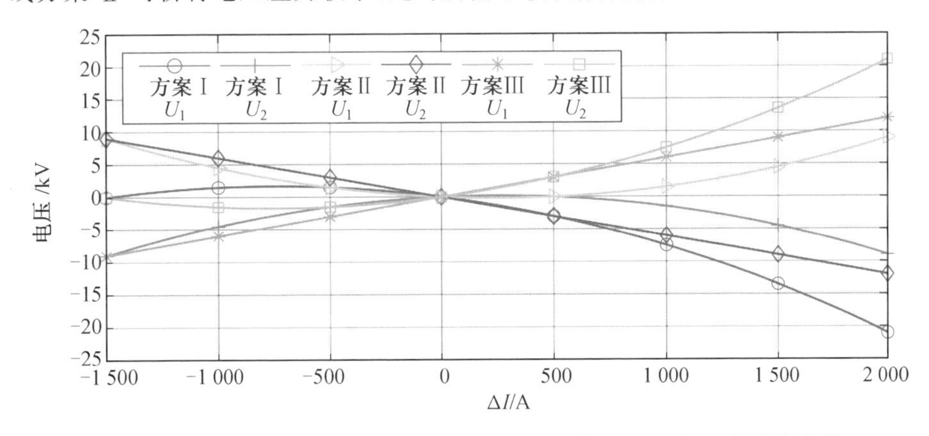

图 13.31　三种接线方案的 CET 线间 DCPFC 端口电压随 ΔI 的变化曲线

根据式(13.4)、式(13.22) 和式(13.25) 可求得采用方案 Ⅰ、Ⅱ、Ⅲ 时储能桥臂电压的最大值分别为 21 kV、12 kV、21 kV，选取子模块额定电容电压 U_C = 2.4 kV，进而得到采用方案 Ⅰ、Ⅱ、Ⅲ 时分别需要 33、18、33 个子模块。根据式(13.10)，可得采用方案 Ⅰ、Ⅱ、Ⅲ 时晶闸管阀组所需承受的最大电压分别为 12 kV、21 kV、9 kV，选取每个晶闸管的额定电压 U_B = 3.6 kV，器件串联时的电压降额系数 λ_d = 0.7，可得采用方案 Ⅰ、Ⅱ、Ⅲ 时分别需要 60、108、48 个晶闸管。子模块 IGBT 的电流应力由式(13.6) 计算获得，IGBT 总安装容量等于 IGBT 器件数量 × 器件电压应力 × 器件电流应力，其中器件电压应力为子模块额定电压 U_C。总电容储能为总模块数目 × 单个模块电容储能(即 $\frac{1}{2}CU_C^2$)，其中子模块电容根据式(13.9) 并结合实际工况 f = 200 Hz、ε = 10% 进行选取。具体结果见表13.5。

表 13.5　相关参数对比

接线方案	子模块数目/个	晶闸管数目/个	IGBT 电流应力/A	IGBT 总安装容量/MW	总电容储能/kJ
Ⅰ	33	60	3 500	1 108.8	787.4
Ⅱ	18	108	2 000	345.6	450
Ⅲ	33	48	3 500	1 108.8	1 050

可见，在本示例中采用接线方案Ⅱ时所需子模块数目最少。同时，采用接线方案Ⅱ时子模块IGBT的电流应力最小，IGBT总安装应力和总储能也最小。尽管采用接线方案Ⅱ时使用了相对较多的晶闸管，但是考虑到晶闸管成本和损耗远低于IGBT，故此时CET线间DCPFC采用接线方案Ⅱ的技术经济性最优。对于其他应用场景，则可以类似地对三种接线方案进行对比择优。

13.8　具备故障容错能力的线间 DCPFC 拓扑

13.8.1　拓扑结构与工作原理

鉴于线间DCPFC可通过三种不同方式调控直流线路电流，本节提出一种具备故障容错能力的线间DCPFC，其拓扑如图13.32所示。该拓扑由三个桥臂（A_0、A_1、A_2）和六个换流阀（T_{11}/T_{12}、T_{21}/T_{22}、T_{31}/T_{32}、T_{41}/T_{42}、T_{51}/T_{52}、T_{61}/T_{62}）组成。为了能够适应双向线路电流方向并提供双极性直流电压，三个桥臂均由全桥子模块串联构成。为承担较高的直流电压，六个换流阀均由两组串联晶闸管反向并联构成。i_{A0}、i_{A1}、i_{A2} 分别表示流经桥臂 A_0、A_1、A_2 的电流，u_{A0}、u_{A1}、u_{A2} 分别表示桥臂 A_0、A_1、A_2 的电压。此外，该拓扑含有三个端子，其中端子1、2分别与直流线路1、2相连，端子0与母线0相连。

图13.33给出了该拓扑的三种运行模式。当该拓扑运行于模式 p(p＝Ⅰ，Ⅱ，Ⅲ)时，与端子 x 相连的两个换流阀处于常通状态，连接在端子 y 和端子 z(x，y，z＝0，1，2 且 $x \neq y \neq z$)之间的两个换流阀处于互补导通状态，剩余两个换流阀始终处于关断状态，端子 x 和端子 y 构成该拓扑的一个直流端口，该端口串入与端子 y 相连的线路并输出直流电压 $U_{1,p}$，端子 x 和端子 z 构成该拓扑的另一个直流端口，该端口串入与端子 z 相连的线路并输出直流电压 $U_{2,p}$。

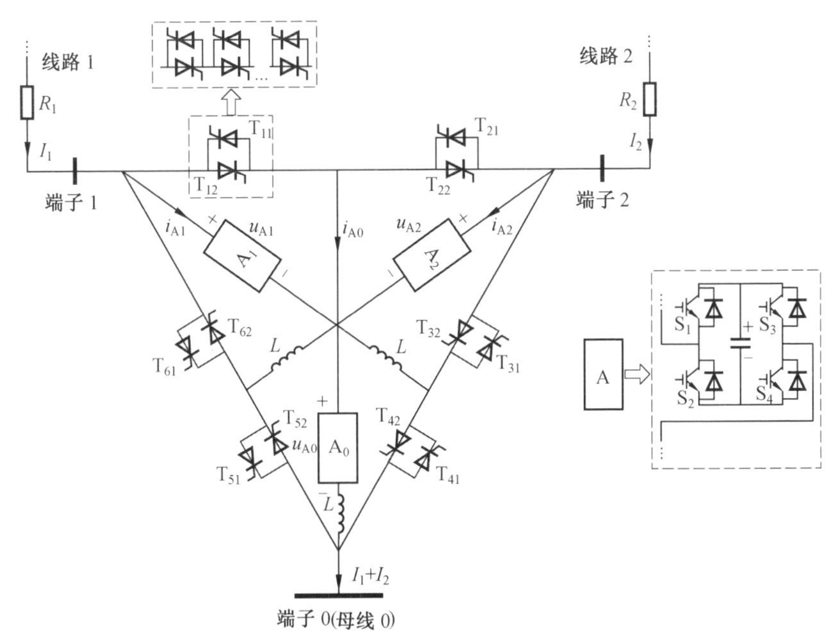

图 13.32　具备故障容错能力的线间 DCPFC 拓扑

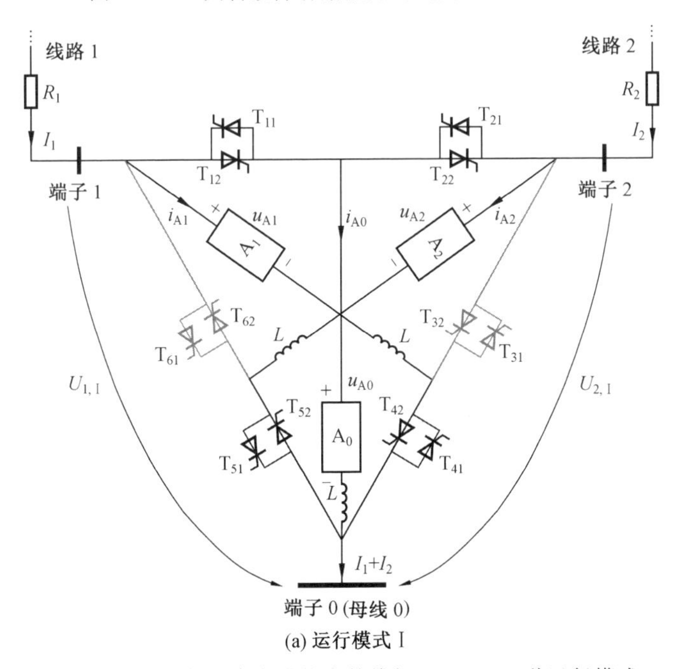

(a) 运行模式 Ⅰ

图 13.33　具备故障容错能力的线间 DCPFC 三种运行模式

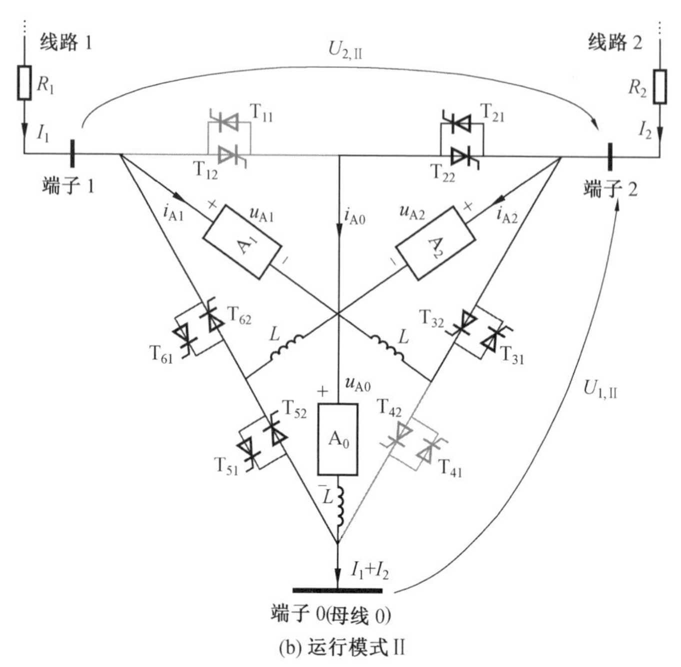

(b) 运行模式Ⅱ

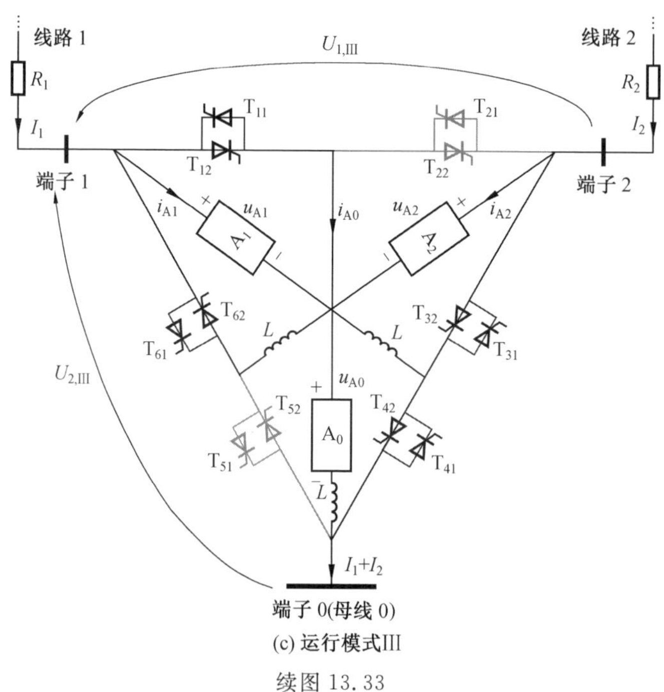

(c) 运行模式Ⅲ

续图 13.33

所提拓扑运行于任意模式时，总有两个桥臂始终与对应的两条线路串联，分别输出直流电压 $U_{1,p}$ 和 $U_{2,p}$ 来调控直流线路电流，第三个桥臂则用于线路间的能量交换。本节以运行模式 Ⅰ 为例，对该拓扑的工作原理进行分析。

当该拓扑运行于模式 Ⅰ 时，其工作工况根据线路电流方向可分为两类：两条线路电流 I_1 和 I_2 方向相反或相同。

当两条线路电流 I_1 和 I_2 方向相反时，该拓扑运行波形如图 13.34 所示。

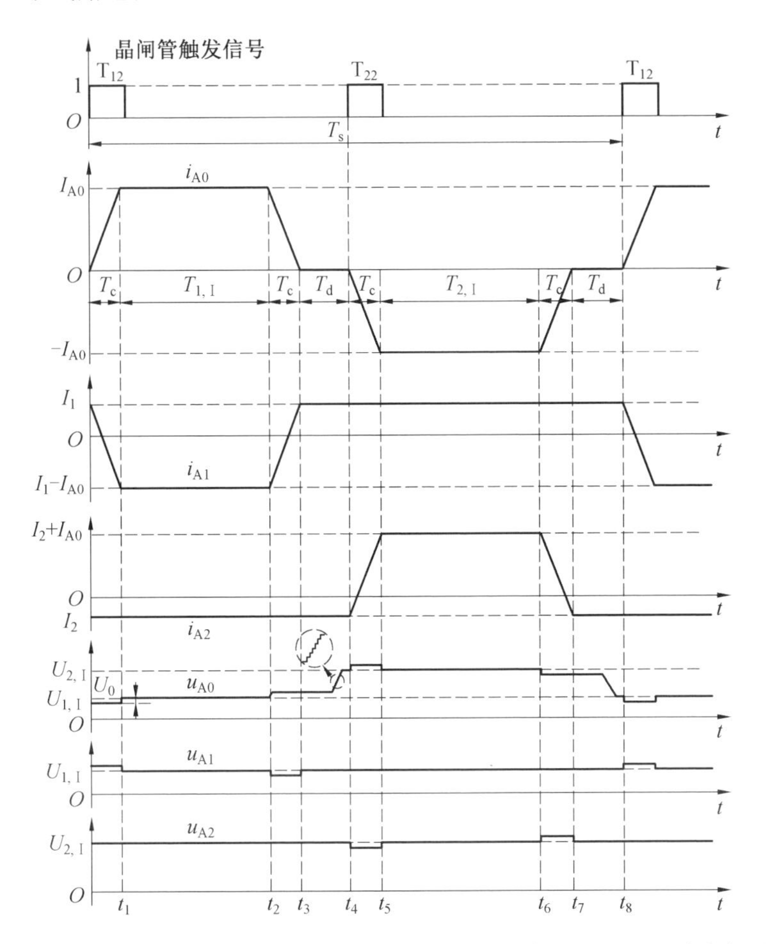

图 13.34 所提拓扑运行于模式 Ⅰ 时的运行波形（线路电流 I_1 和 I_2 方向相反）

整个运行周期[0，t_8]内，桥臂 A_1 始终与直流线路 1 和端子 0 串联，桥臂 A_2 始终与直流线路 2 和端子 0 串联，分别输出正的直流端口电压 $U_{1,Ⅰ}$ 和 $U_{2,Ⅰ}$。在[0，t_3]期间，拓扑处于图 13.35(a) 所示的充电阶段。T_{12} 触发导通，桥臂 A_0 与桥臂 A_1 并联串入直流线路 1，输出正的直流端口电压 $U_{1,Ⅰ}$。流经桥臂 A_0 的电流 i_{A0}

是幅值为 I_{A0} 的梯形波，该电流使桥臂 A_0 中子模块电容充电。流经桥臂 A_1 的电流 i_{A1} 被控制为带有一定直流偏置的梯形波来补偿 i_{A0} 与 I_1 的差，同时流经桥臂 A_2 的电流 i_{A2} 保持 I_2 不变，因此线路电流 I_1 和 I_2 得以保持为恒定的直流电流。

在$[t_3, t_4]$期间，拓扑处于图 13.35(b) 所示的过渡阶段Ⅰ。i_{A0} 降为零，u_{A0} 将保持输出额外的电压 U_0，为 T_{12} 提供反向电压，使其可靠关断。之后，u_{A0} 将逐级切换至与直流端口电压 $U_{2,\mathrm{I}}$ 相等，为 T_{22} 创造零电压开通条件。在此期间，三个桥臂电流保持不变，其中 i_{A0} 为零，i_{A1} 和 i_{A2} 分别保持为连续的直流电流 I_1 和 I_2，线路电流不受影响。

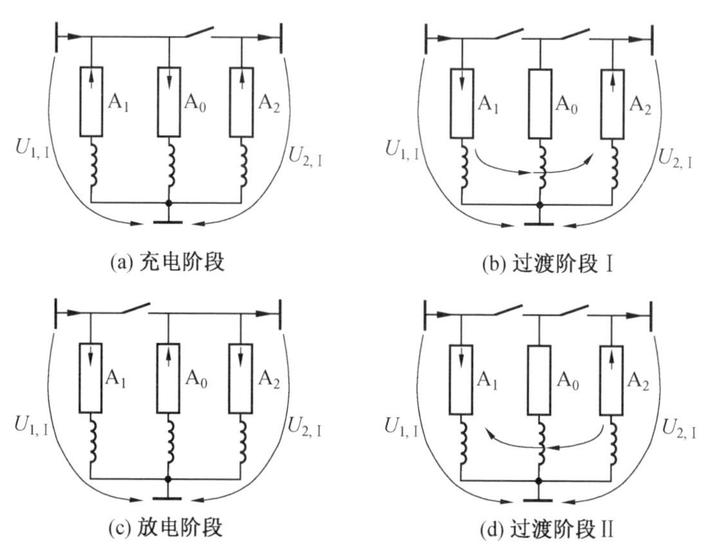

图 13.35　具备故障容错能力的线间 DCPFC 四个运行阶段

在$[t_4, t_7]$期间，拓扑处于图 13.35(c) 所示的放电阶段。T_{22} 触发导通，桥臂 A_0 由与桥臂 A_1 并联的状态切换到与桥臂 A_2 并联的状态，同时串入直流线路 2，输出正的直流端口电压 $U_{2,\mathrm{I}}$。i_{A0} 是幅值为 $-I_{A0}$ 的梯形波，该电流使桥臂 A_0 中子模块电容放电。为保持线路电流为连续的直流电流，控制 i_{A2} 为带有一定直流偏置的梯形波来补偿 i_{A0} 与 I_2 的差，同时 i_{A1} 保持 I_1 不变。

在$[t_7, t_8]$期间，拓扑处于图 13.35(d) 所示的过渡阶段Ⅱ。i_{A0} 降为零，u_{A0} 将保持输出额外的电压 U_0，为 T_{22} 提供反向电压，使其可靠关断。之后，u_{A0} 将调节至与直流端口电压 $U_{1,\mathrm{I}}$ 相等，为 T_{12} 创造零电压开通条件。在此期间，i_{A0} 恒为零，i_{A1} 和 i_{A2} 分别保持为连续的直流电流 I_1 和 I_2，线路电流不受影响。T_{12} 和 T_{22} 互补导通，使桥臂 A_0 得以轮流地串联到直流线路 1 和 2 中进行充、放电，为降低开关器件的电流应力，桥臂 A_0 在充、放电过程中的电流幅值保持一致。同时为

了保证桥臂 A_0 在$[0,t_3]$期间吸收的能量与在$[t_4,t_7]$期间释放的能量相等，维持子模块电容中的能量稳定，需要对桥臂 A_0 的充、放电时间进行调整。

特别地，桥臂电流的梯形波是通过调节两个桥臂并联时输出电压的差值来实现的。例如，在$[0,t_1]$期间，$u_{A1}=U_{1,\mathrm{I}}+U_0$，$u_{A0}=U_{1,\mathrm{I}}-U_0$，将两个桥臂输出电压的差值 $2U_0$ 施加到两个桥臂的缓冲电感 $2L$ 上，使 i_{A1} 以 U_0/L 的变化速率从 I_1 线性减小到 I_1-I_{A0}，i_{A0} 以相同的变化速率从 0 线性增大到 I_{A0}。此外，在桥臂电压上升和下降过程中，逐个投切子模块，以避免造成过大的 $\mathrm{d}u/\mathrm{d}t$。

另外，当两条线路电流 I_1 和 I_2 方向相同时，该拓扑运行波形如图 13.36 所示。该工况下，桥臂需要输出正、负相反的两个直流端口电压 $U_{1,\mathrm{I}}$ 和 $U_{2,\mathrm{I}}$ 对直流线路电流进行调控，其具体的工作原理与线路电流方向相反时类似，在这里不做赘述。

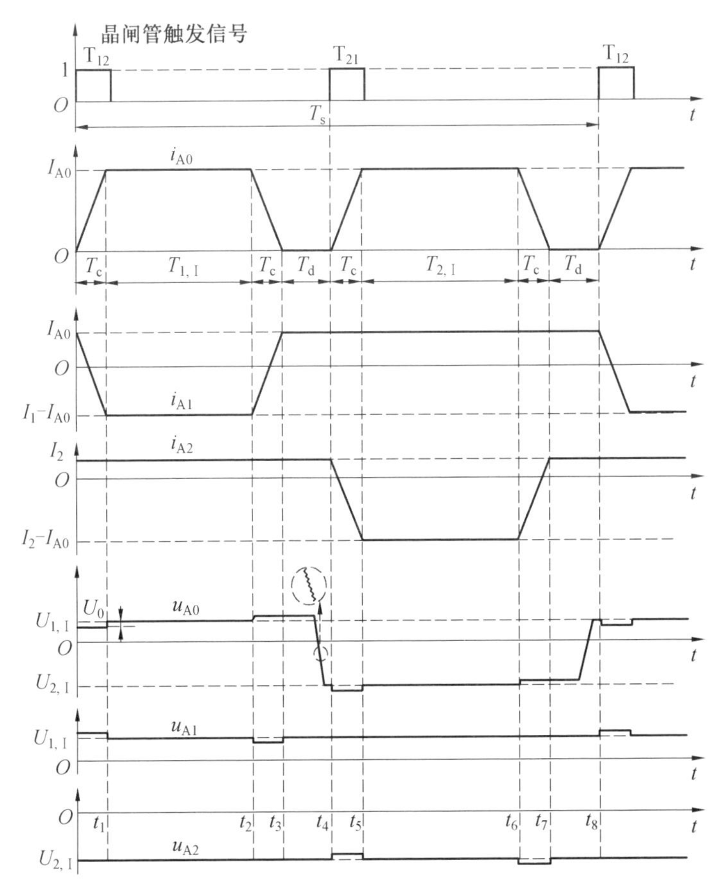

图 13.36　所提拓扑运行于模式 Ⅰ 时的运行波形(线路电流 I_1 和 I_2 方向相同)

通过上述分析可知，该DCPFC能够分别向两条线路中施加直流电压$U_{1,p}$和$U_{2,p}$来调控直流线路电流，其波形平滑、控制灵活，且电压及容量可扩展性强，能够满足大容量远距离直流电网的应用要求。

13.8.2 故障容错能力分析

由于DCPFC是直流电网中的辅助设备，必然要具备较高的可靠性，避免因自身失效而造成整个直流电网停运。所提DCPFC拓扑主要可能发生的故障包括两类：储能桥臂中子模块开路或短路故障以及晶闸管换流阀开路或短路故障。其中，储能桥臂中通过设计冗余子模块以及子模块旁路开关，能够保证储能桥臂不因部分子模块失效而停止运行，相关技术方案已非常成熟[11]。本小节主要介绍所提DCPFC拓扑对晶闸管换流阀开、短路故障的容错能力。

根据图13.33分析，在任一运行模式下，所提DCPFC均有两个晶闸管换流阀不需要承受电流，处于关断状态，同时有两个晶闸管换流阀处于常通状态。因此，当某些晶闸管换流阀发生失效短路或发生开路故障时，通过改变DCPFC拓扑的运行模式，可保持对线路电流的调控作用。根据晶闸管换流阀开路或短路故障数目的不同，所提DCPFC拓扑最多可实现八种晶闸管换流阀故障类型的容错运行。下面对该DCPFC可容错的晶闸管换流阀故障类型分别予以介绍。

(1) 故障类型1。

任意一个晶闸管换流阀失效短路。以T_{11}/T_{12}失效短路的情况为例进行分析。当T_{11}/T_{12}失效短路时，该DCPFC可转变成如图13.33(c)所示的运行模式Ⅲ继续运行，并通过式(13.25)改变对应的直流端口电压，可得到与故障发生前相同的线路电流调控效果。此时，T_{11}/T_{12}失效短路处于常通状态，T_{61}/T_{62}没有发生故障但也处于常通状态，T_{31}/T_{32}、T_{41}/T_{42}处于交替导通状态，T_{21}/T_{22}、T_{51}/T_{52}始终处于关断状态。故障类型1的故障容错方案见表13.6。

表13.6 故障类型1的故障容错方案

短路故障晶闸管阀	容错运行模式	线路电压公式
T_{11}/T_{12} 或 T_{61}/T_{62}	Ⅲ	式(13.25)
T_{21}/T_{22} 或 T_{31}/T_{32}	Ⅱ	式(13.22)
T_{41}/T_{42} 或 T_{51}/T_{52}	Ⅰ	式(13.4)

(2) 故障类型2。

两晶闸管换流阀失效短路。当与任意一端子x相连的两个晶闸管换流阀(即T_{11}/T_{12}、T_{61}/T_{62}或T_{21}/T_{22}、T_{31}/T_{32}或T_{41}/T_{42}、T_{51}/T_{52})失效短路时，能够通过

改变该 DCPFC 的运行模式继续起到相同的线路电流调控作用。故障类型 2 的故障容错方案见表 13.7。

表 13.7　故障类型 2 的故障容错方案

短路故障晶闸管阀	容错运行模式	线路电压公式
T_{11}/T_{12} 和 T_{61}/T_{62}	Ⅲ	式(13.25)
T_{21}/T_{22} 和 T_{31}/T_{32}	Ⅱ	式(13.22)
T_{41}/T_{42} 和 T_{51}/T_{52}	Ⅰ	式(13.4)

(3) 故障类型 3。

任意一个晶闸管换流阀发生开路故障。以 T_{11}/T_{12} 开路故障的情况为例进行分析。当 T_{11}/T_{12} 发生开路故障时，该 DCPFC 可转变成如图 13.33(b) 所示的模式 Ⅱ 继续运行，并通过式(13.22) 给出的关系改变对应的直流端口电压，可得到与故障发生前相同的线路电流调控效果。此时，T_{11}/T_{12} 开路故障处于常断状态，T_{41}/T_{42} 没有发生故障但也处于常断状态，T_{21}/T_{22}、T_{31}/T_{32} 始终处于常通状态，T_{51}/T_{52}、T_{61}/T_{62} 处于交替导通状态。故障类型 3 的故障容错方案见表 13.8。

表 13.8　故障类型 3 的故障容错方案

短路故障晶闸管阀	容错运行模式	线路电压公式
T_{11}/T_{12} 或 T_{41}/T_{42}	Ⅱ	式(13.22)
T_{21}/T_{22} 或 T_{51}/T_{52}	Ⅲ	式(13.25)
T_{31}/T_{32} 或 T_{61}/T_{62}	Ⅰ	式(13.4)

(4) 故障状态 4。

两晶闸管换流阀发生开路故障。故障类型 4 的故障容错方案见表 13.9。

表 13.9　故障类型 4 的故障容错方案

短路故障晶闸管阀	容错运行模式	线路电压公式
T_{11}/T_{12} 和 T_{41}/T_{42}	Ⅱ	式(13.22)
T_{21}/T_{22} 和 T_{51}/T_{52}	Ⅲ	式(13.25)
T_{31}/T_{32} 和 T_{61}/T_{62}	Ⅰ	式(13.4)

(5) 故障状态 5。

一个晶闸管换流阀失效短路，另一晶闸管换流阀发生开路故障。故障类型 5 的故障容错方案见表 13.10。

表 13.10　故障类型 5 的故障容错方案

短路故障晶闸管阀	开路故障晶闸管阀	容错运行模式	线路电压公式
T_{11}/T_{12} 或 T_{61}/T_{62}	T_{21}/T_{22} 或 T_{51}/T_{52}	Ⅲ	式(13.25)
T_{21}/T_{22} 或 T_{31}/T_{32}	T_{11}/T_{12} 或 T_{41}/T_{42}	Ⅱ	式(13.22)
T_{41}/T_{42} 或 T_{51}/T_{52}	T_{31}/T_{32} 或 T_{61}/T_{62}	Ⅰ	式(13.4)

(6) 故障状态 6。

两个晶闸管换流阀失效短路，另一晶闸管换流阀发生开路故障。故障类型 6 的故障容错方案见表 13.11。

表 13.11　故障类型 6 的故障容错方案

短路故障晶闸管阀	开路故障晶闸管阀	容错运行模式	线路电压公式
T_{11}/T_{12} 和 T_{61}/T_{62}	T_{21}/T_{22} 或 T_{51}/T_{52}	Ⅲ	式(13.25)
T_{21}/T_{22} 和 T_{31}/T_{32}	T_{11}/T_{12} 或 T_{41}/T_{42}	Ⅱ	式(13.22)
T_{41}/T_{42} 和 T_{51}/T_{52}	T_{31}/T_{32} 或 T_{61}/T_{62}	Ⅰ	式(13.4)

(7) 故障状态 7。

一个晶闸管换流阀失效短路，两晶闸管换流阀发生开路故障。故障类型 7 的故障容错方案见表 13.12。

表 13.12　故障类型 7 的故障容错方案

短路故障晶闸管阀	开路故障晶闸管阀	容错运行模式	线路电压公式
T_{11}/T_{12} 或 T_{61}/T_{62}	T_{21}/T_{22} 和 T_{51}/T_{52}	Ⅲ	式(13.25)
T_{21}/T_{22} 或 T_{31}/T_{32}	T_{11}/T_{12} 和 T_{41}/T_{42}	Ⅱ	式(13.22)
T_{41}/T_{42} 或 T_{51}/T_{52}	T_{31}/T_{32} 和 T_{61}/T_{62}	Ⅰ	式(13.4)

(8) 故障状态 8。

两晶闸管换流阀失效短路，两晶闸管换流阀发生开路故障。故障类型 8 的故障容错方案见表 13.13。

表 13.13　故障类型 8 的故障容错方案

短路故障晶闸管阀	开路故障晶闸管阀	容错运行模式	线路电压公式
T_{11}/T_{12} 和 T_{61}/T_{62}	T_{21}/T_{22} 和 T_{51}/T_{52}	Ⅲ	式(13.25)
T_{21}/T_{22} 和 T_{31}/T_{32}	T_{11}/T_{12} 和 T_{41}/T_{42}	Ⅱ	式(13.22)
T_{41}/T_{42} 和 T_{51}/T_{52}	T_{31}/T_{32} 和 T_{61}/T_{62}	Ⅰ	式(13.4)

此外，对于极端故障情况，如 DCPFC 的控制系统失效等极为恶劣的故障发生时，因为晶闸管换流阀通常为压接型封装，在直流系统的电压下能够被击穿短路，相当于把潮流控制器从直流系统中切出，保证了直流电网不因 DCPFC 的失效而停运[12]。

13.8.3　具备故障容错能力的线间 DCPFC 仿真分析

本节在图 13.13 所示的四端环形直流电网中搭建了具备故障容错能力的线间 DCPFC 拓扑仿真模型，直流电网参数及初始条件与 13.5 节相同。仿真中所采用的具备故障容错能力的线间 DCPFC 具体参数见表 13.14。

表 13.14　具备故障容错能力的线间 DCPFC 仿真参数

仿真参数	数值
桥臂子模块个数 N	10
子模块电容电压额定值 U_C/kV	2.4
子模块电容值 C/mF	10
桥臂电感 L/mH	0.5
工作频率 f/Hz	100
载波移相调制波频率 f_c/Hz	650
换流状态时间 T_c/μs	300
零电流状态时间 T_h/μs	700

图 13.37 所示为具备故障容错能力的线间 DCPFC 的潮流控制动态仿真结果。起始状态下，具备故障容错能力的线间 DCPFC 不对线路潮流进行控制，线路电流 I_1 和 I_2 分别为 2 515 A 和 485 A，此时线路 1 负荷较重。所提的具备故障容错能力的线间 DCPFC 在 1.2 s 时刻开始对线路 1 的电流 I_1 进行控制，使其在[1.2 s，1.6 s]之间逐渐从 2 515 A 减小到 1 500 A。在[1.6 s，2.0 s]期间，I_1 和 I_2 均维持为 1 500 A。因为线路电流方向相同，从图中可以看出具备故障容错能力的线间 DCPFC 在此期间两个直流端口分别输出正的 U_1 和负的 U_2。然后在[2.0 s，2.4 s]期间，VSC z 从直流电网吸收的电流主动从 3 000 A 逐渐减小到 1 000 A。由于线间 DCPFC 的控制目标是使 I_1 维持为 1 500 A，因此 I_2 被动地随着 VSC z 的电流变化而变化。最后，在[2.4 s，2.8 s]期间，I_1 仍然维持在 1 500 A，然而 I_2 变为 −500 A。因为线路电流方向相反，所以 U_1 和 U_2 均为负。

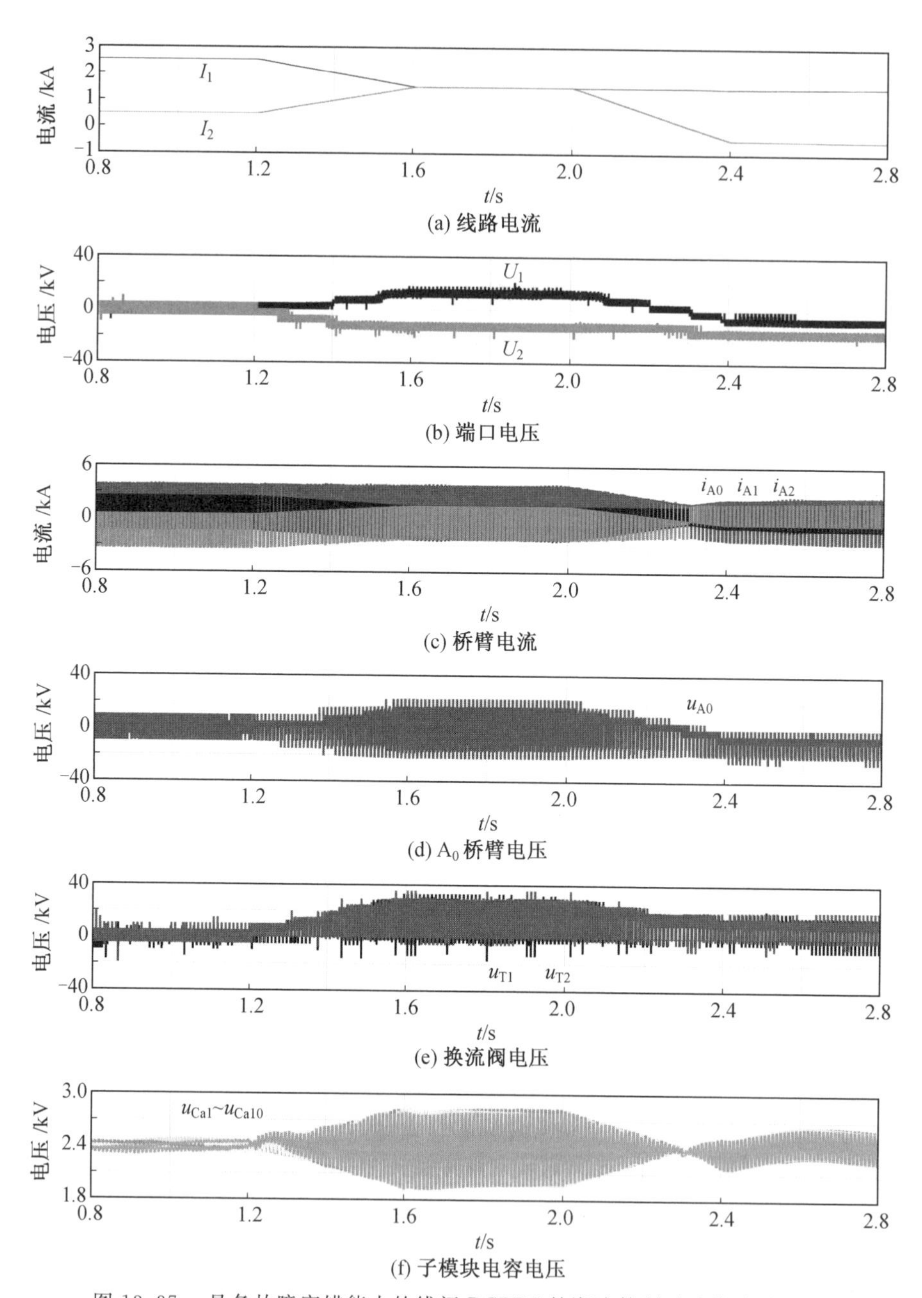

图 13.37　具备故障容错能力的线间 DCPFC 的潮流控制动态仿真结果

图13.38能示为具备故障容错能力的线间 DCPFC 在[1.96 s,1.98 s]期间的稳态仿真波形。

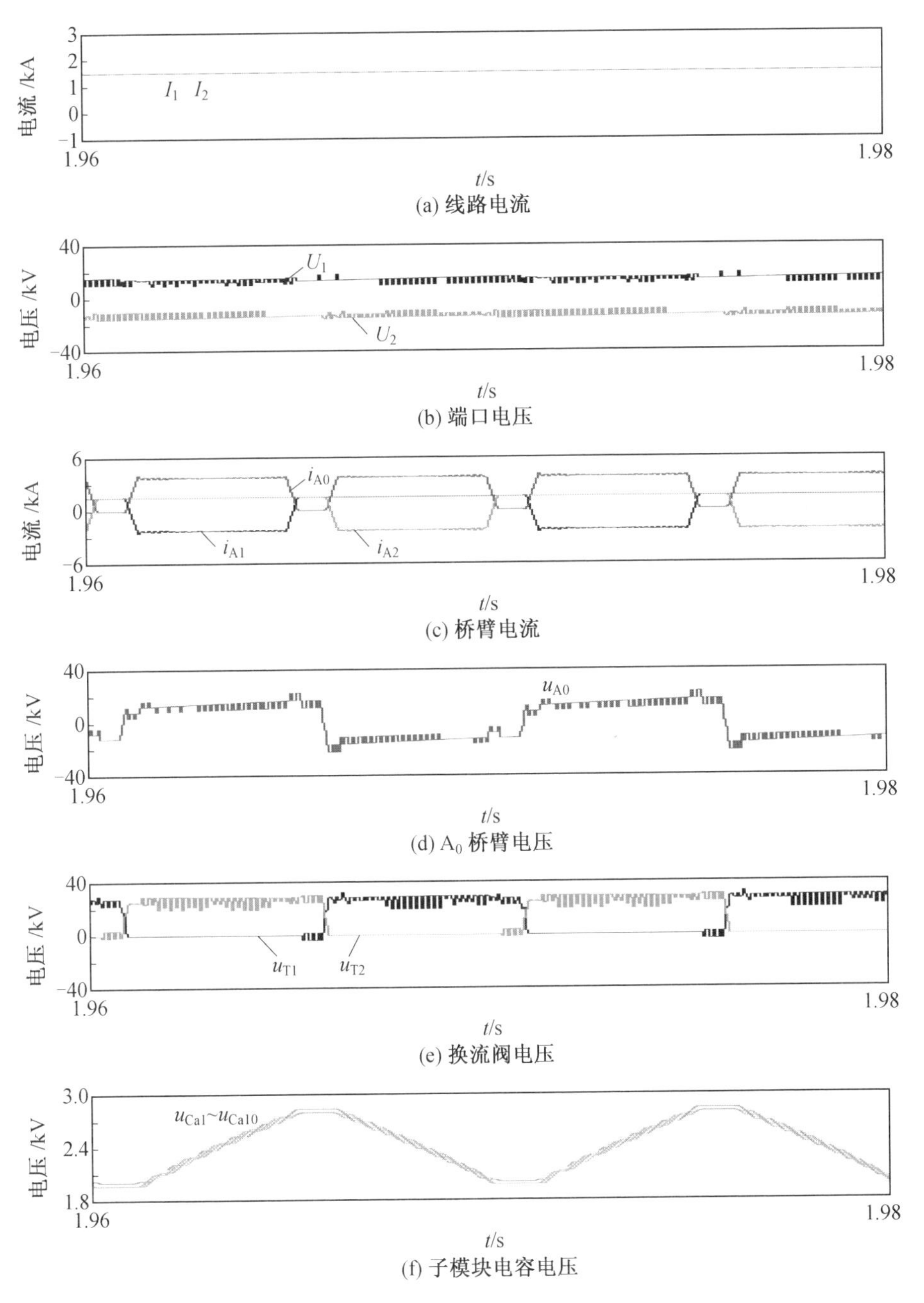

图 13.38　线路电流方向相同时的稳态仿真波形

在此期间 I_1 和 I_2 方向相同，均为 1 500 A，因此两个直流端口的电压极性相反，分别为 $U_1=13.2$ kV 和 $U_2=-13.2$ kV，与式(13.3)的理论计算值相符。在 U_1 和 U_2 的波形中能够观察到一些由子模块投切引起的电平变化。与线路 1 和线路 2 串联的桥臂电流(i_{A1}、i_{A2})为幅值在 1 500 A 与 −2 250 A 间变化的梯形波。能量交换桥臂电流(i_{A0})为幅值 3 750 A 的梯形波。从图中还可以观察到，当能量交换桥臂 A_0 分别串联到线路 1 和线路 2 时，u_{A0} 的值在 U_1 和 U_2 两个直流电压之间切换。u_{A0} 波形在变化过程中呈现阶梯波，限制了 du/dt。在晶闸管换流阀电压 u_{T1} 和 u_{T2} 的波形中，还可以观察到持续时间超过晶闸管关断时间 $t_q=500\ \mu s$ 的反向电压。当能量交换桥臂电流降为零后开始向晶闸管施加反向电压，保证了晶闸管的可靠关断。此外，能量交换桥臂 A_0 的 10 个全桥子模块电容电压 $u_{Ca1}\sim u_{Ca10}$ 的均衡效果良好。

图 13.39 所示为具备故障容错能力的线间 DCPFC 在[2.76 s，2.78 s]期间的稳态仿真波形。在此期间 I_1 和 I_2 方向相反，分别为 1 500 A 和 −500 A。因此，与线路 1 串联的桥臂电流(i_{A1})为幅值在 1 500 A 与 −1 000 A 间变化的梯形波，与线路 2 串联的桥臂电流(i_{A2})为幅值在 −500 A 与 2 000 A 间变化的梯形波。能量交换桥臂电流(i_{A0})为 2 500 A 的梯形波。由于直流电网线路电流方向相反，因此与具备故障容错能力的线间 DCPFC 的直流端口电压极性相同，分别为 $U_1=-5.7$ kV 和 $U_2=-17.1$ kV，符合式(13.4)的理论计算值。从图中可以看出，在电流方向相反的工况下，能量交换桥臂电压在相同极性的 U_1 和 U_2 之间切换。从换流阀电压波形中可以观察到与图 13.38 类似的反向关断电压。

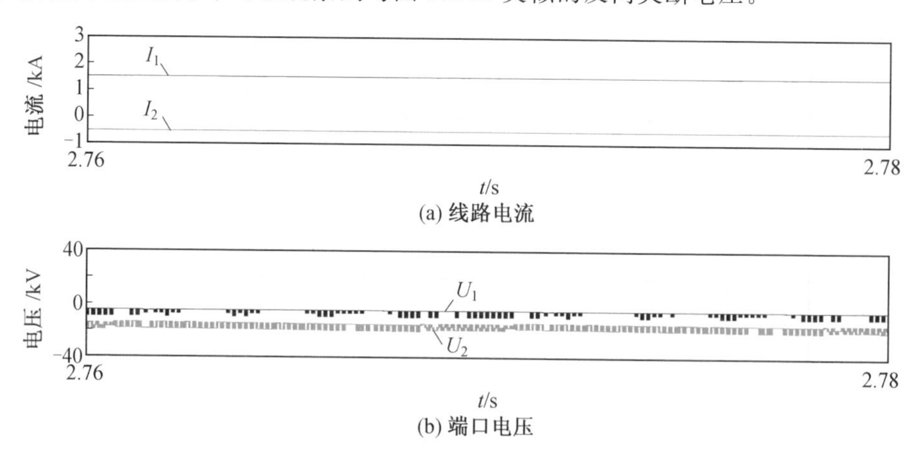

(a) 线路电流

(b) 端口电压

图 13.39　线路电流方向相反时的稳态仿真波形

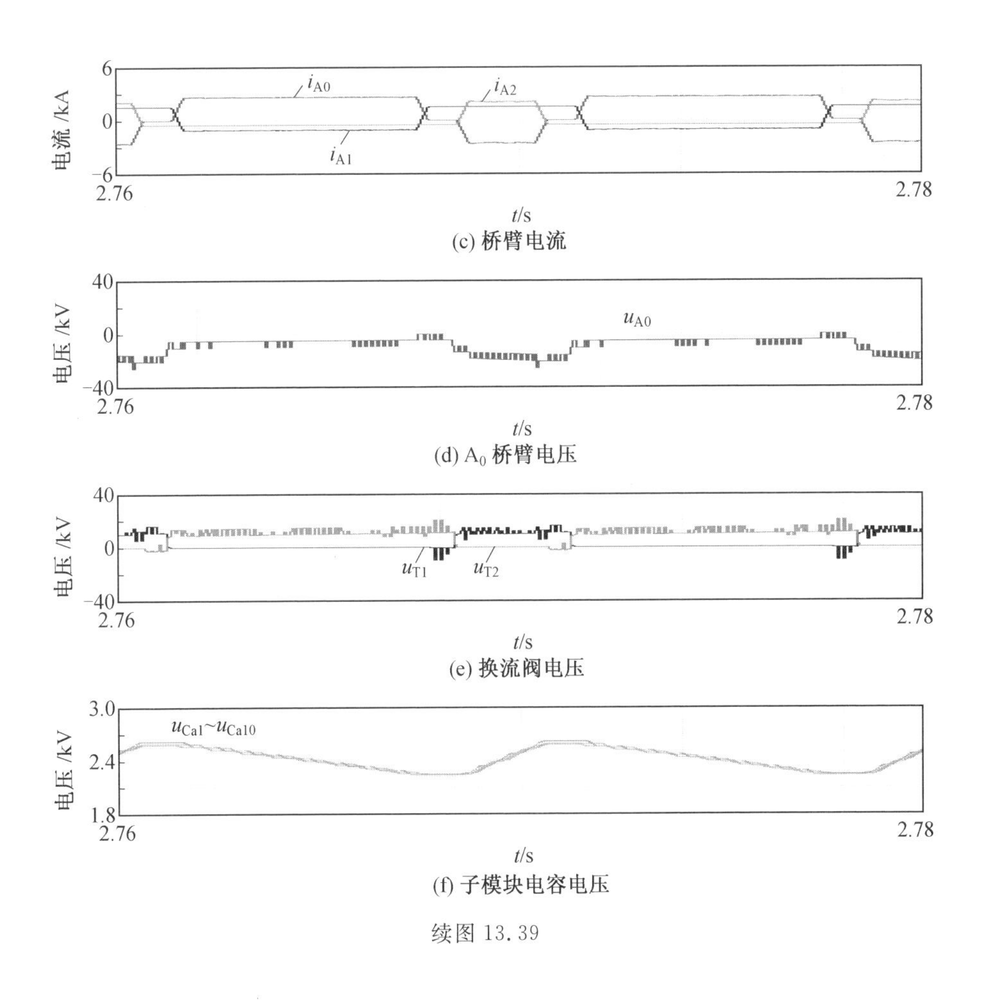

(c) 桥臂电流

(d) A_0 桥臂电压

(e) 换流阀电压

(f) 子模块电容电压

续图 13.39

本章参考文献

[1] 拓超群，贺之渊，徐千鸣，等．直流电网潮流控制器研究与应用综述[J]．电力系统自动化，2022，46(6)：173-183.

[2] VEILLEUX E，OOI B T. Multiterminal HVDC with thyristor power-flow controller[J]. IEEE Transactions on Power Delivery，2012，27(3)：1205-1212.

[3] 许烽，徐政．一种适用于多端直流系统的模块化多电平潮流控制器[J]．电力系统自动化，2015，39(3)：95-102.

[4] XU F, XU Z. A modular multilevel power flow controller for meshed HVDC grids[J]. Science China Technological Sciences, 2014, 57(9): 1773-1784.

[5] BARKER C D, WHITEHOUSE R S. A current flow controller for use in HVDC grids[C]//10th IET International Conference on AC and DC Power Transmission (ACDC 2012). Birmingham: IET, 2012: 1-5.

[6] GOMIS-BELLMUNT O, SAU-BASSOLS J, PRIETO-ARAUJO E, et al. Flexible converters for meshed HVDC grids: From flexible AC transmission systems (FACTS) to flexible DC grids[J]. IEEE Transactions on Power Delivery, 2020, 35(1): 2-15.

[7] BALASUBRAMANIAM S, UGALDE-LOO C E, LIANG J, et al. Experimental validation of dual H-bridge current flow controllers for meshed HVDC grids[J]. IEEE Transactions on Power Delivery, 2018, 33(1): 381-392.

[8] 陈武，朱旭，姚良忠，等. 适用于多端柔性直流输电系统的直流潮流控制器[J]. 电力系统自动化，2015，39(11)：76-82.

[9] RANJRAM M, LEHN P W. A multiport power-flow controller for DC transmission grids[J]. IEEE Transactions on Power Delivery, 2016, 31(1): 389-396.

[10] HOFMANN V, SCHÖN A, BAKRAN M M. A modular and scalable HVDC current flow controller[C]//2015 17th European Conference on Power Electronics and Applications (EPE'15 ECCE-Europe). Geneva: IEEE, 2015: 1-9.

[11] LI B B, ZHANG Y, YANG R F, et al. Seamless transition control for modular multilevel converters when inserting a cold-reserve redundant submodule [J]. IEEE Transactions on Power Electronics, 2015, 30(8): 4052-4057.

[12] 周文鹏，曾嵘，赵彪，等. 大容量全控型压接式 IGBT 和 IGCT 器件对比分析：原理、结构、特性和应用[J]. 中国电机工程学报，2022，42(8)：2940-2957.

第 14 章

CET 拓扑实验样机设计

本章以 400 V/600 V、10 kW 小功率 CET 实验样机为例，首先从主电路、控制器以及控制程序等方面详细展示其设计过程。其次，针对实验样机主电路，重点介绍储能桥臂子模块功率电路、驱动电路、电容电压采样电路、整体电路以及换流阀驱动电路的设计。针对主控制器，主要介绍控制板、光纤板和采样板的设计，以实现与实验样机主电路的数据交互。最后，针对控制器软件程序，分别介绍主控制器中DSP和FPGA的程序架构。

前面介绍了基于CET原理的高压大容量DC/DC变换器的基本拓扑结构、运行原理、控制策略以及在不同应用场景下的衍化结构。为了进一步加深读者理解，本章以图 14.1 所示的 400 V/600 V、10 kW 小功率 CET 实验样机为例，从实验样机的主电路、控制器以及软件结构等方面详细展示其设计过程。实验样机主电路中储能桥臂子模块、桥臂电感以及换流阀器件均采用模块化设计，主电路和主控制器使用光纤通信，实现强弱电之间的电气隔离。

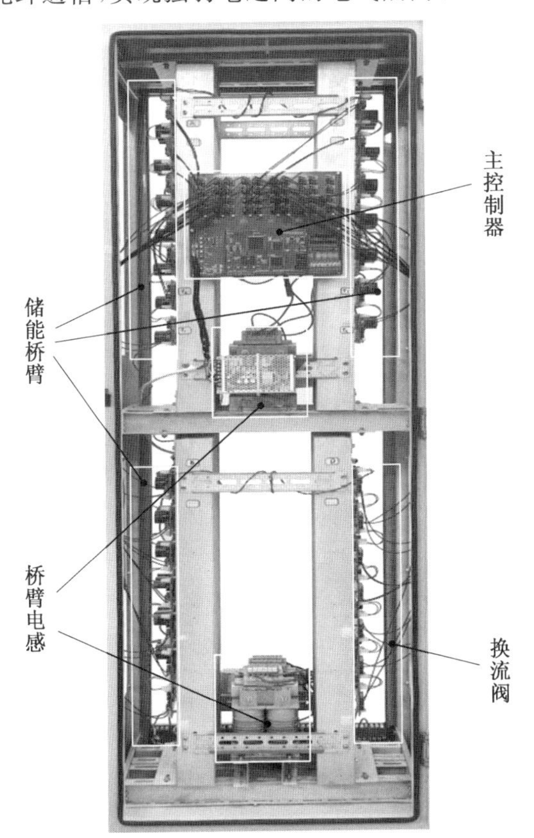

图 14.1　CET 实验样机

14.1 CET 拓扑实验样机主电路设计

实验样机的主电路包括储能桥臂、换流阀和桥臂电感三部分。其中，储能桥臂由模块化的子模块电路级联而成，换流阀由二极管或晶闸管级联而成。考虑到桥臂电流中包含直流电流和交流电流分量，且电流频率在百赫兹，桥臂电感磁芯材料采用了饱和磁密较高的硅钢片。

14.1.1 CET 拓扑储能桥臂设计

储能桥臂子模块电路如图 14.2 所示。子模块采用经典的半桥电路结构，主要包括功率电路、驱动电路、采样电路及控制电路四个部分[1]。其中功率电路包含电容器和 IGBT；驱动电路按指令实现开关器件的通断控制；采样电路负责采集子模块的电容电压等状态；控制电路负责收取主控制器发送的子模块投切信号并生成驱动电路的控制指令，同时向主控制器发送电容电压等数据。

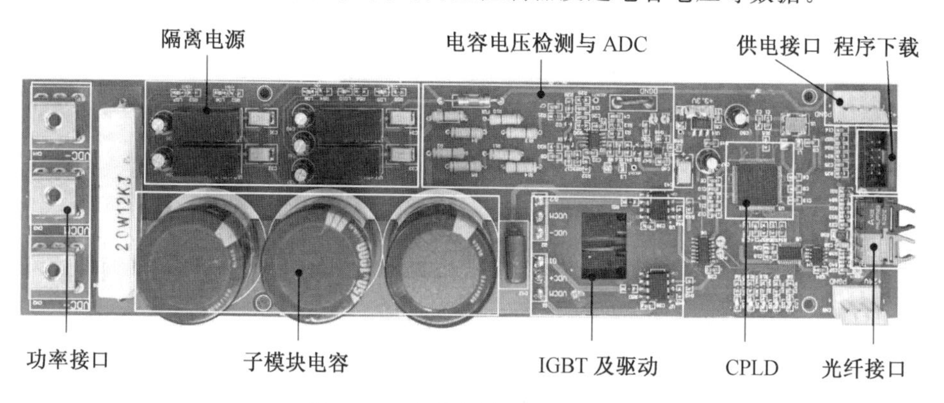

图 14.2　储能桥臂子模块电路

(1) 子模块功率电路设计。

实验样机的储能桥臂包含 6 个级联的子模块。为防止桥臂电压过调制，储能桥臂所有子模块电容电压之和应大于样机的额定工作电压，因此每个子模块的额定电压设计为 150 V，并以此作为子模块电容和开关器件的选型依据。

子模块电容的选型主要考虑容量和耐压两个方面。其中，电容容量的选择依据主要是保证电容电压波动在合理范围，实际应用中通常将电容电压波动比例限制在10%左右，根据电容计算公式(2.10)，最终选择三个 1 000 μF 的铝电解电容 LGG2G102MELC50 并联。

实验样机额定功率为10 kW,低压侧额定电压为400 V,可计算求得低压侧的桥臂电流幅值为25 A。因此,子模块IGBT选用IKW30N60T,额定电流30 A,峰值电流90 A,采用TO－247封装。

(2) 子模块驱动电路设计。

子模块控制器接收到主控制器的投切控制指令后,输出幅值为3.3 V的开关信号,需设计驱动电路将开关信号转化为IGBT的驱动信号。这里选用栅极驱动芯片HCPL3180－300,其输出电流峰值可达2.5 A,传输延时最大为200 ns,开关频率最大为250 kHz,平均输入电流为25 mA。该驱动芯片的原理图及外部接线情况如图14.3所示。当输入的开关信号为低电平时,驱动芯片输出15 V,通过驱动电阻作用在IGBT门极和源极两端,使IGBT导通;当输入的投切信号为高电平时,则输出0 V令IGBT关断。此外,该驱动芯片内部以光为媒介来传输信号,实现功率电路与控制电路之间的电气隔离。为满足该驱动芯片输入电流的需求,在子模块控制器输出引脚和驱动芯片输入引脚之间增加了SN74LS09逻辑门芯片。半桥子模块含有两个开关器件,故需两个驱动芯片,并配备WRB2415S－1WR2的15V隔离电源为驱动芯片独立供电。

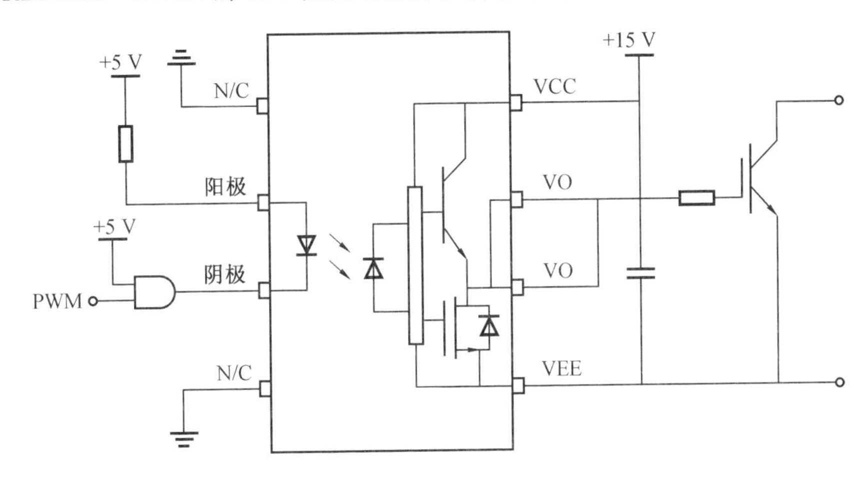

图14.3　子模块驱动芯片的原理图及外部接线情况

(3) 子模块电容电压采样电路设计。

子模块电容电压稳定是实验样机正常运行的前提,同时子模块电容电压也是执行桥臂能量平衡控制与电容电压均衡控制中必要的反馈量。这里采用基于MC33078运算放大器的电压采样电路,如图14.4所示,被测电压在经过前级调理电路后,转化为－5～0 V电压信号,再经过后级的反比例放大电路转化为5～0 V电压信号。该电压信号进一步经过AD7995模数转换芯片转换为数字量。

AD7995 为 10 位逐次逼近型模数转换芯片，转换时间为 1 μs，采用 I^2C 兼容型串行接口，对应的子模块电容电压采样精度可达 0.2%。

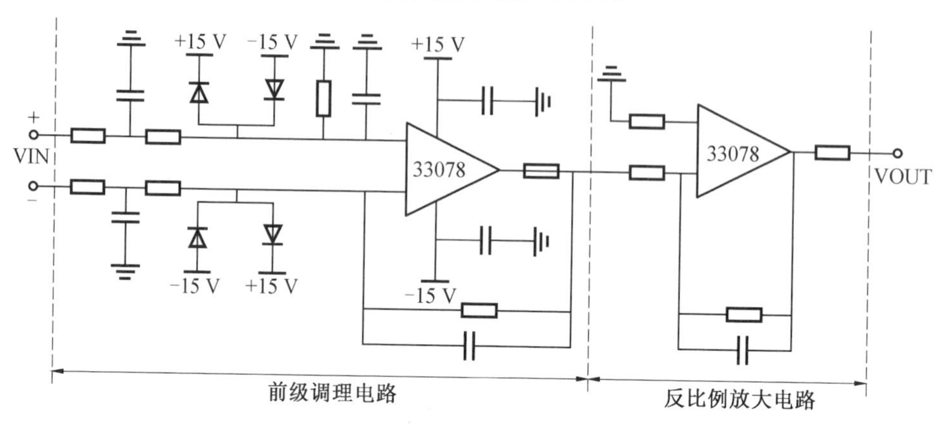

图 14.4　电容电压采样电路

(4) 子模块总体电路设计。

每个子模块中均采用 EPM570T100C5N CPLD 芯片作为控制器，芯片含 440 个宏单元、570 个逻辑单元、76 个输入/输出端口，可实现子模块的 IGBT 驱动、电容电压采样以及子模块保护等功能需求。子模块功能结构如图 14.5 所示，CPLD 通过光纤通信接收主控制器发送的子模块投切信号，电压采样电路实时检测子模块电容电压，经由 ADC 和 CPLD 将电压信号反馈至主控制器。CPLD 通过判断子模块电容电压大小、通信状态，生成过压故障、欠压故障和通信故障等故障信号反馈至主控制器。子模块控制器由独立的辅助电源供电，输入电压为 24 V。

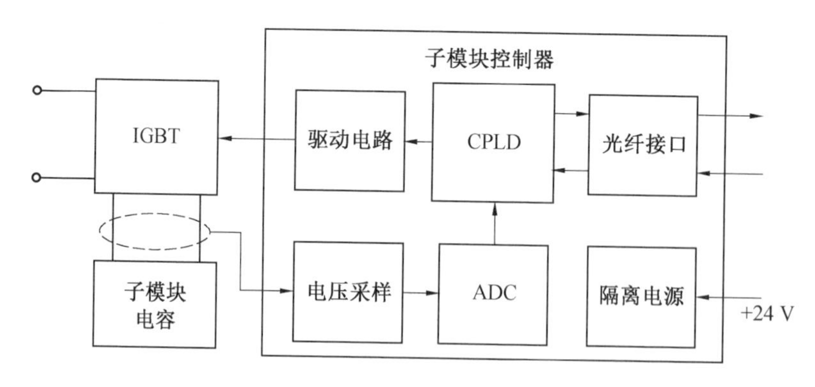

图 14.5　子模块功能结构

14.1.2　CET 拓扑换流阀设计

图 14.6 所示为二极管换流阀和晶闸管换流阀的实物照片，考虑换流阀为器件串联结构，因此均选取两个器件串联的模块，并留有较大裕量。其中，二极管采用 DD100N16S，晶闸管采用 TT120N16SOF。此外，设计了独立的驱动电路和 RC 缓冲电路，以实现晶闸管的触发控制和 du/dt 抑制。

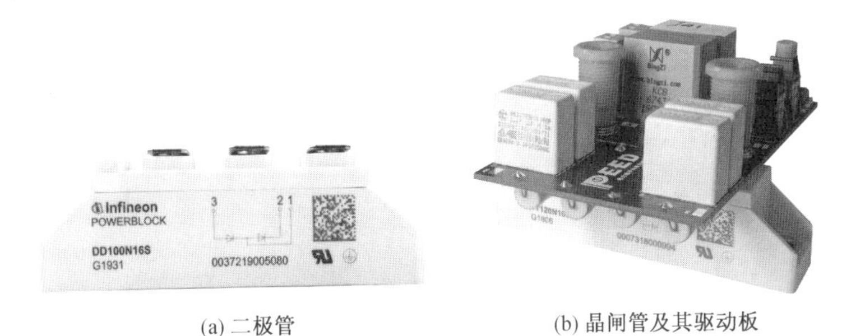

图 14.6　二极管换流阀和晶闸管换流阀的实物照片

晶闸管驱动板如图 14.7 所示。其中，RC 缓冲电路由缓冲电容和耗能电阻构成。考虑驱动板需要流过晶闸管电流，功率接口与晶闸管端子垂直连接，以降低 PCB 的耐流需求。驱动电路负责接收主控制器发送的晶闸管触发信号，并按指令实现晶闸管的触发导通。

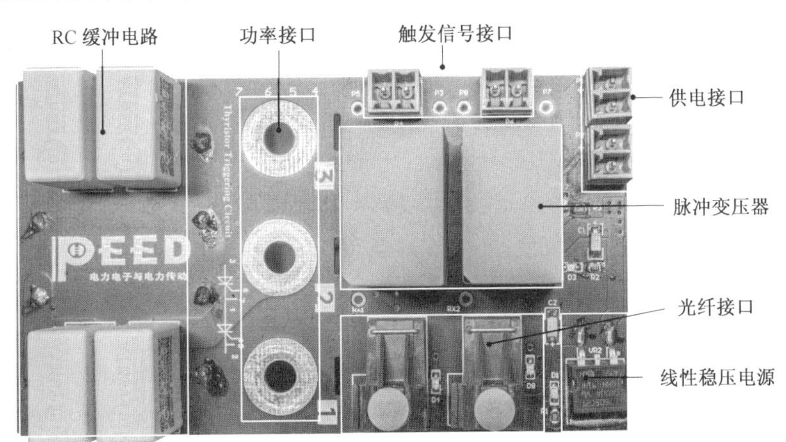

图 14.7　晶闸管驱动板

晶闸管为电流驱动型器件，需设计驱动电路将接收到的光纤信号转化为晶闸管的门极驱动电流。考虑晶闸管主电路和驱动电路之间的电气隔离，这里采用 KCB6743A 脉冲变压器实现晶闸管触发脉冲的传递，变压器变比为 1∶1，频率为 100 Hz 时的额定伏微秒积为 1 600 μVs(即当输入脉冲幅度为 8 V 时,变压器的额定最大传输脉宽为 200 μs)。图 14.8 所示为该驱动电路原理,当输入的光纤信号为低电平时,幅值为 8 V 的电压施加在脉冲变压器的一次侧,进而在二次侧感应出驱动电流 i_G 作用于晶闸管门极,对晶闸管进行触发。当光纤信号为高电平时,脉冲变压器一次侧无电压,二次侧不产生驱动电流,变压器中的剩磁通过一次侧的二极管和电阻进行消耗,实现脉冲变压器的磁复位。为保证可靠导通晶闸管,借鉴常规直流输电工程运行经验,对晶闸管门极进行多次脉冲触发。

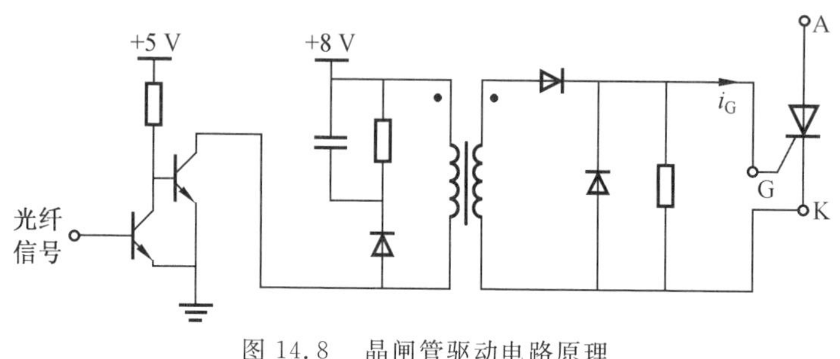

图 14.8 晶闸管驱动电路原理

14.2 CET 拓扑实验样机主控制器设计

图 14.9 所示为 CET 实验样机主控制器结构,该结构分为控制板、采样板和光纤板三部分。控制板负责执行各种控制算法及调制策略,产生储能桥臂子模

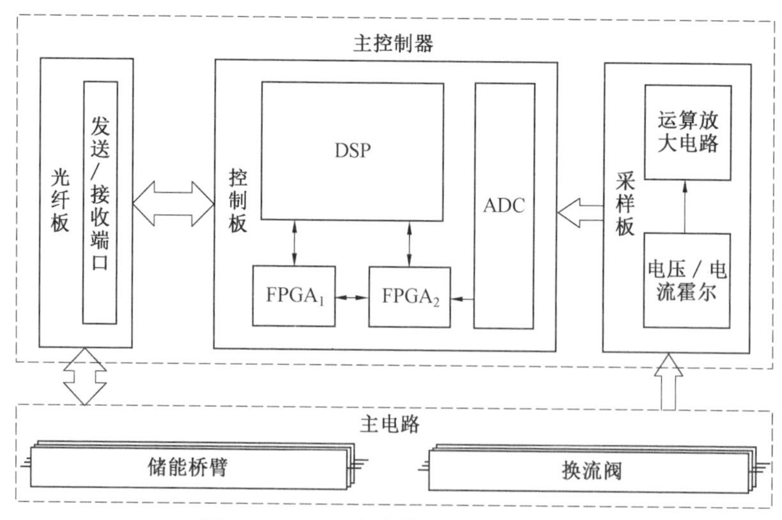

图 14.9 CET 实验样机主控制器结构

块投切信号和晶闸管换流阀触发信号；采样板负责采集控制所需的反馈量，包括储能桥臂电流、输入 / 输出电压等信号；光纤板负责提供主控制器和主电路之间数据交互的接口。

14.2.1　CET 拓扑实验样机控制板设计

图 14.10 所示为实验样机控制板结构，该结构主要由 DSP、$FPGA_1$ 和 $FPGA_2$ 三个控制芯片构成。DSP 与 $FPGA_1$ 和 $FPGA_2$ 通过 EMIF 总线通信，$FPGA_1$ 与 $FPGA_2$ 通过双口 RAM 通信。

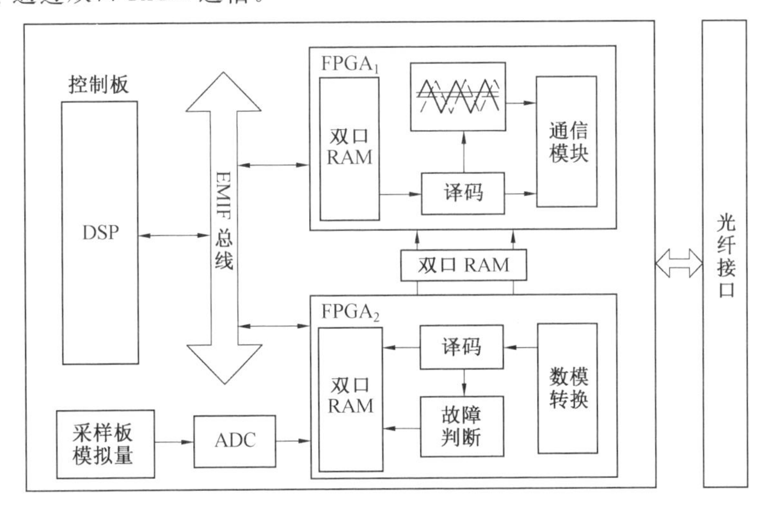

图 14.10　CET 实验样机控制板结构

DSP 主要负责实现 CET 拓扑的控制算法，包括输入 / 输出电压控制、传输功率控制、能量平衡控制和桥臂电流控制等，并生成储能桥臂的电压参考信号和换流阀的触发信号。在实验样机搭建中，DSP 芯片选用 TMS320F28377D 的双核浮点 32 位微处理器，该芯片采用双核并行计算方式，最高运算速度可达 200 MHz，能确保运算速度和控制精度，实现不小于 30 kHz 的控制周期。DSP 从 $FPGA_1$ 中读取子模块状态数据，从 $FPGA_2$ 中读取桥臂电流及输入 / 输出电压等数据，经过控制计算生成储能桥臂的电压参考信号并发送给 $FPGA_1$。同时，DSP 根据储能桥臂的运行时序，生成换流阀的触发信号发送给 $FPGA_1$。

$FPGA_1$ 主要负责实现储能桥臂的调制策略并与储能桥臂和换流阀通信，芯片选型见表 14.1，工作频率和逻辑单元满足 CET 拓扑对逻辑运算及引脚数目的要求。$FPGA_1$ 结合 DSP 发送的储能桥臂电压参考信号、调制策略产生的载波信号和子模块电容电压平衡控制指令，得到储能桥臂各子模块的投切信号，并将这些投切信号整合后由 $FPGA_1$ 串口通信，经由光纤板发送至各子模块的 CPLD。同时，

$FPGA_1$ 将 DSP 生成的换流阀触发信号通过光纤板发送给各晶闸管驱动板。此外，$FPGA_1$ 从各子模块接收电容电压及故障信号，从 $FPGA_2$ 中接收各桥臂电流的过流故障信号，将各种故障信号整合后连同子模块电容电压一并发送至 DSP。

表 14.1 $FPGA_1$ 及 $FPGA_2$ 芯片型号及参数

芯片种类	芯片型号	I/O 端口 / 个	片内存储 /Mbit	逻辑单元 / 个	最大工频 /MHz
$FPGA_1$	EP3C25Q240	148	0.6	24 624	315
$FPGA_2$	EP3C10E144C8N	94	0.4	10 320	315

$FPGA_2$ 主要负责实现采样信号预处理，控制 ADC 将采样板采集的模拟量转化为数字量，同时判断各桥臂电流方向以及过流故障。最终，将各桥臂电流、输入 / 输出电压等反馈信号发送至 DSP，将桥臂电流的方向、故障信号发送至 $FPGA_1$。ADC 芯片选用 MAX1308，其采样速率最高可达 1 MSPS，输入电压范围为 −5 ～+ 5V，分辨率为 12 bit，含 8 路并行采样通道。

为了便于实验调试，控制板中还设置了一些人机接口，包括 DAC 芯片、LED 和按键等，还有一些引出的扩展 I/O 引脚。选用两片双极性 DAC 芯片 DAC124S085 用于实时观测控制器中的变量，该芯片具有 12 位数字输入、4 路模拟量输出通道，对应电压输出范围为 −5 ～+5 V，转换速率超过 300 kHz，其系统时钟及控制信号均由 $FPGA_1$ 提供。LED 用于指示样机的运行状态，按键用于切换样机的运行模式。CET 实验样机的控制板如图 14.11 所示。

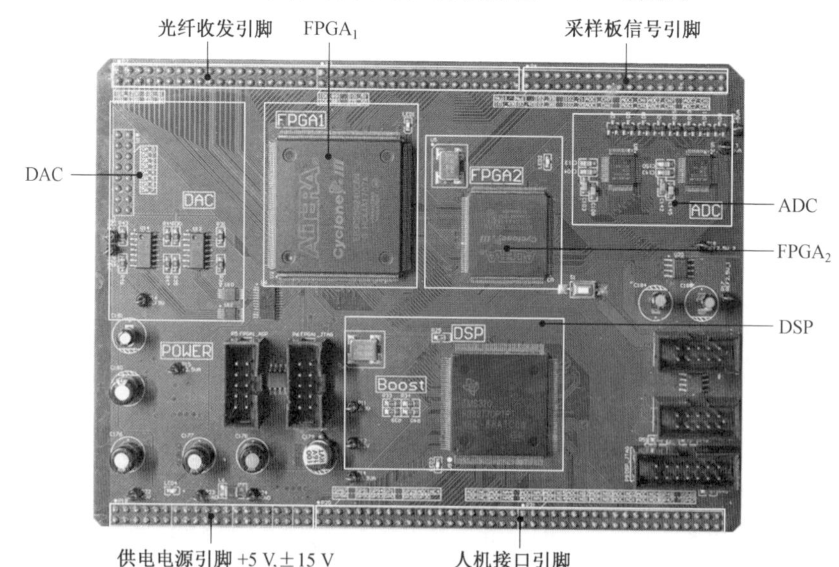

图 14.11 CET 实验样机控制板

14.2.2　CET 拓扑实验样机采样板设计

为实现实验样机主电路和主控制器之间的电气隔离，这里采用霍尔传感器来采集主电路的电压和电流。CET 实验样机采样板如图 14.12 所示，考虑实验样机在真 / 伪双极场景下的应用，设计了 4 路电压霍尔传感器和 6 路电流霍尔传感器，分别用于采集输入 / 输出侧正、负极电压和三相六个桥臂电流。与控制板相连接的采样数据接口留有 16 组，可最多扩展至两个采样板同时采集，以满足含较多桥臂数目的 CET 拓扑对桥臂电流的检测要求。

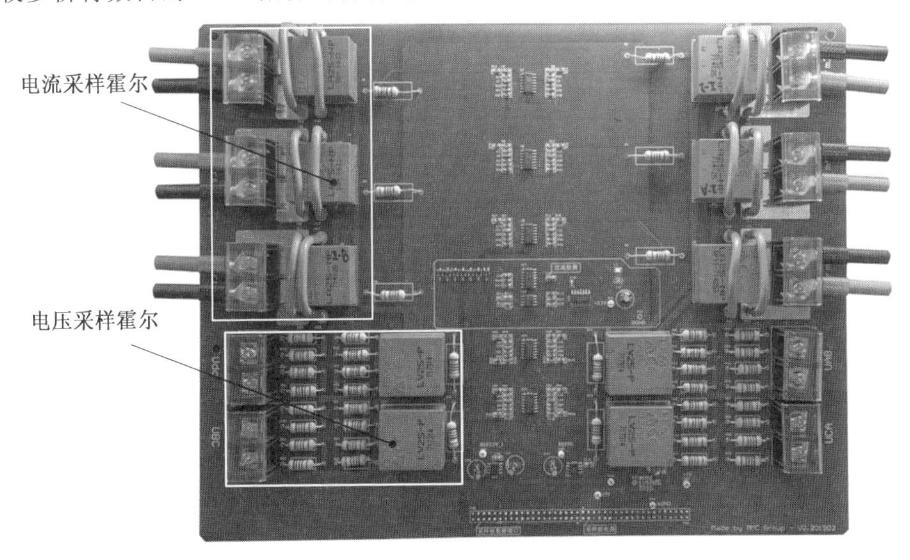

图 14.12　CET 实验样机采样板

电压霍尔传感器采用 LV25－P，测量范围为 ± 800 V，测量精度为 ± 0.8%，线性误差小于 0.2%，响应时间小于 40 μs。在传感器输入侧将 ± 800 V 电压经 80 kΩ 电阻变为 ± 10 mA 电流，电压霍尔将输入的电流信号按 2 : 5 的比例在传感器输出侧获得 ± 25 mA 的电流，输出电流经过阻值为 200 Ω 的采样电阻后转化为 ± 5 V 的电压信号送给控制板。电流霍尔传感器采用 LA25－NP，电流测量范围为 ± 25 A，测量精度为 ± 0.5%，线性误差小于 0.2%，响应时间小于 1 μs。电流信号转换后输出为 ± 25 mA 电流，经过阻值为 200 Ω 的采样电阻后转变为 ± 5 V 的电压信号。该电压信号经过图 14.13 所示的两级运放电路调理后，送给控制板的 AD 芯片，此处运放的增益为 1。

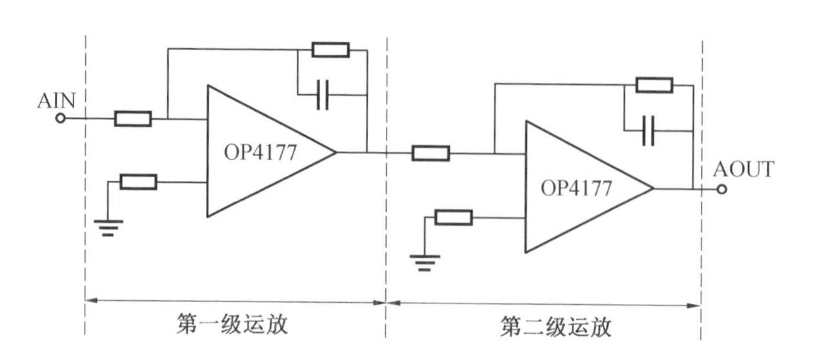

图 14.13　CET 实验样机采样板运放电路

14.2.3　CET 拓扑实验样机光纤板设计

基于光介质的通信方案具有较强的抗干扰能力和可靠的电气隔离，CET 实验样机光纤板如图 14.14 所示。控制板与采样板通过插针安装至光纤板，控制板上的扩展 I/O 引脚、LED 和按键均通过插针引至光纤板。同时，光纤板为主控制器供电，留有开关电源接口。光纤板上共留有 40 对光纤收发口，每对由一个发送端和一个接收端构成，用于实现主控制器与换流阀和各储能桥臂子模块的信息

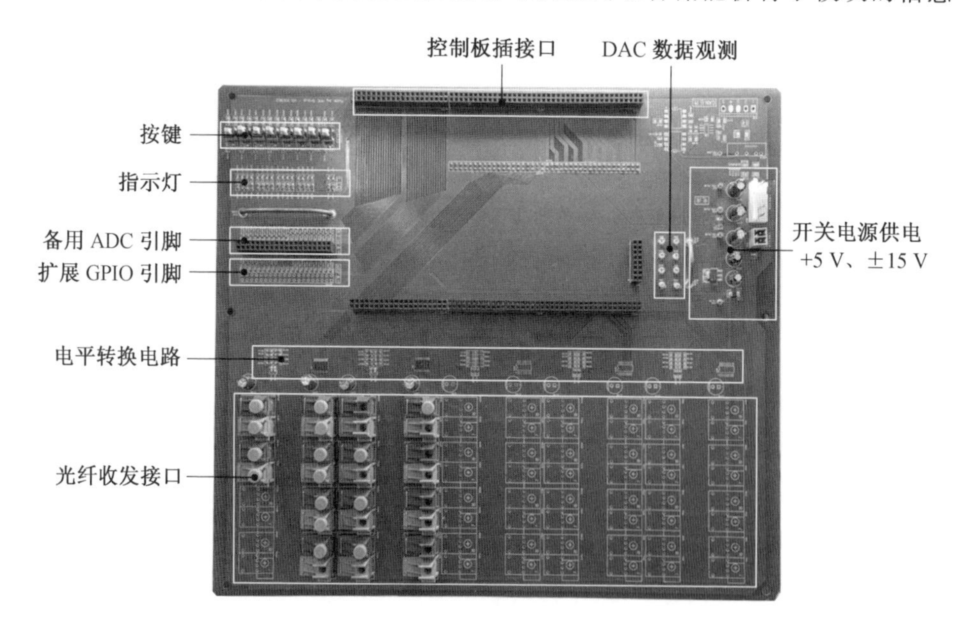

图 14.14　CET 实验样机光纤板

交互。采用 HFBR－1531Z 作为光纤接收器，HFBR－2531Z 作为光纤发送器，通信速率为 5 Mbit/s。

14.3　CET 拓扑实验样机控制程序设计

14.3.1　DSP 程序架构

DSP 代码主要包括初始化设置、主函数和中断函数等。初始化设置一般进行中断频率设置、寄存器设置、GPIO 设置和 EMIF 总线设置等。主函数内一般执行时序性不强、允许被打断的功能，如按键检测、LED 显示等。中断函数内执行 CET 相关的控制算法，包含启动预充电控制、直流系统控制、能量平衡控制、桥臂电流参考波形生成、桥臂电流控制和换流阀触发等。图 14.15 所示为 CET 实验样机 DSP 程序框架。DSP 的两核 CPU 并行工作，CPU_1 的中断函数执行启动充电控制、换流阀触发控制和桥臂电流控制，最终生成储能桥臂的电压参考信号和换流阀的触发信号，同时将相应的电压电流信息传递至 CPU_2。CPU_2 中断函数执行输入/输出电压或传输功率控制、桥臂能量平衡控制等外环控制，生成桥臂电流的参考信号，并发送给 CPU_1。

14.3.2　FPGA 程序架构

FPGA 具有并行处理的特点，其程序框架仅体现出各模块的功能与信号流，如图 14.16 所示。内部时钟发生模块为 FPGA 内各个模块提供时钟参考；RAM_1 ～RAM_4 为在 FPGA 内部创建的双口 RAM 模块，用于 DSP 与 FPGA 之间以及两片 FPGA 之间的通信[2]。DAC 转化模块和 ADC 转化模块相应地驱动 DAC 芯片和 ADC 芯片进行数模和模数转换。子模块状态接收模块用于与子模块通信接收状态信息。子模块 PWM 发送模块则将调制模块生成的子模块投切信号传送给子模块。换流阀触发发送模块将从 DSP 接收的换流阀触发信号发送给晶闸管。

综上，通过控制器软硬件架构设计，实现了 CET 实验样机的各项控制功能。

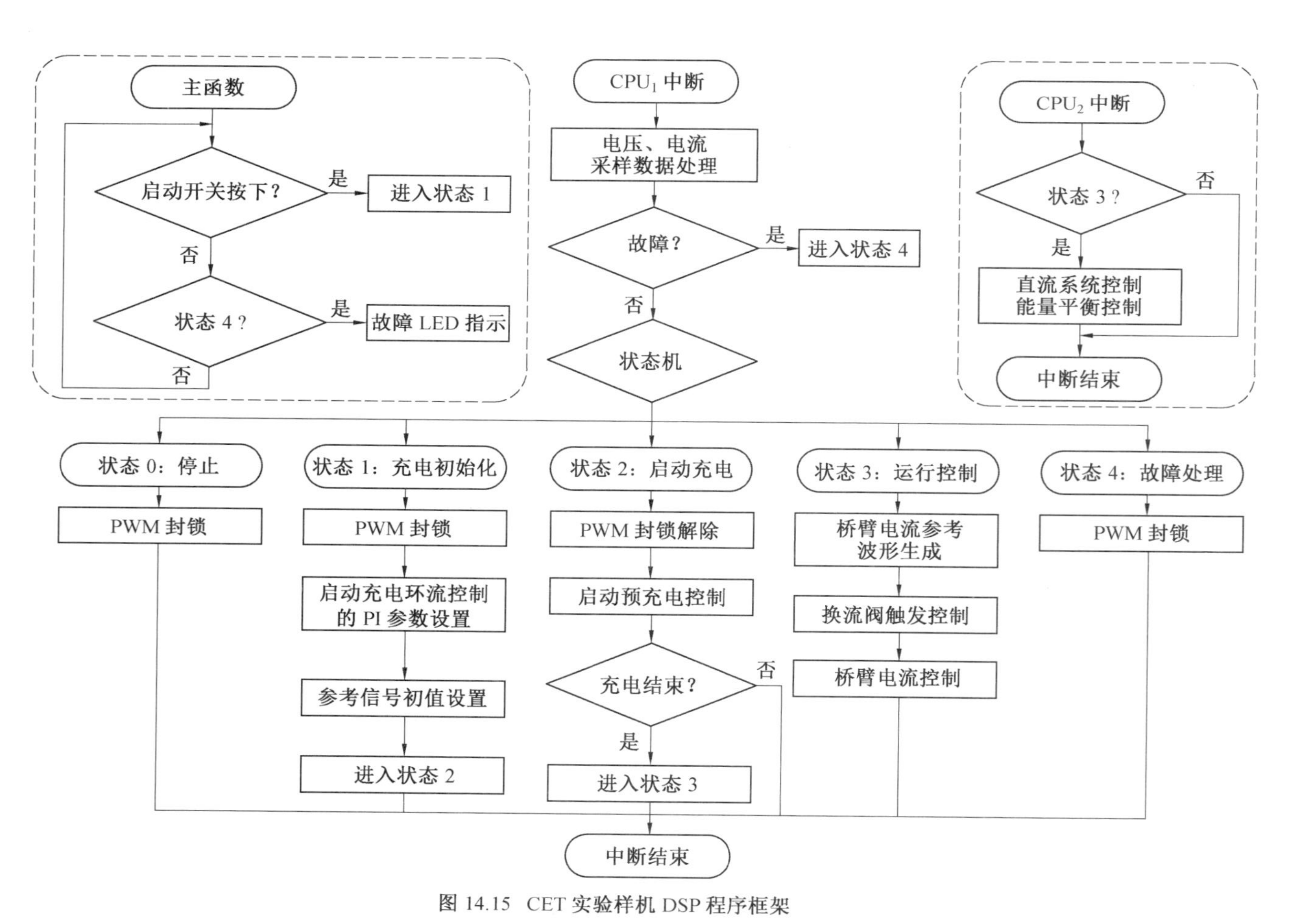

图 14.15 CET 实验样机 DSP 程序框架

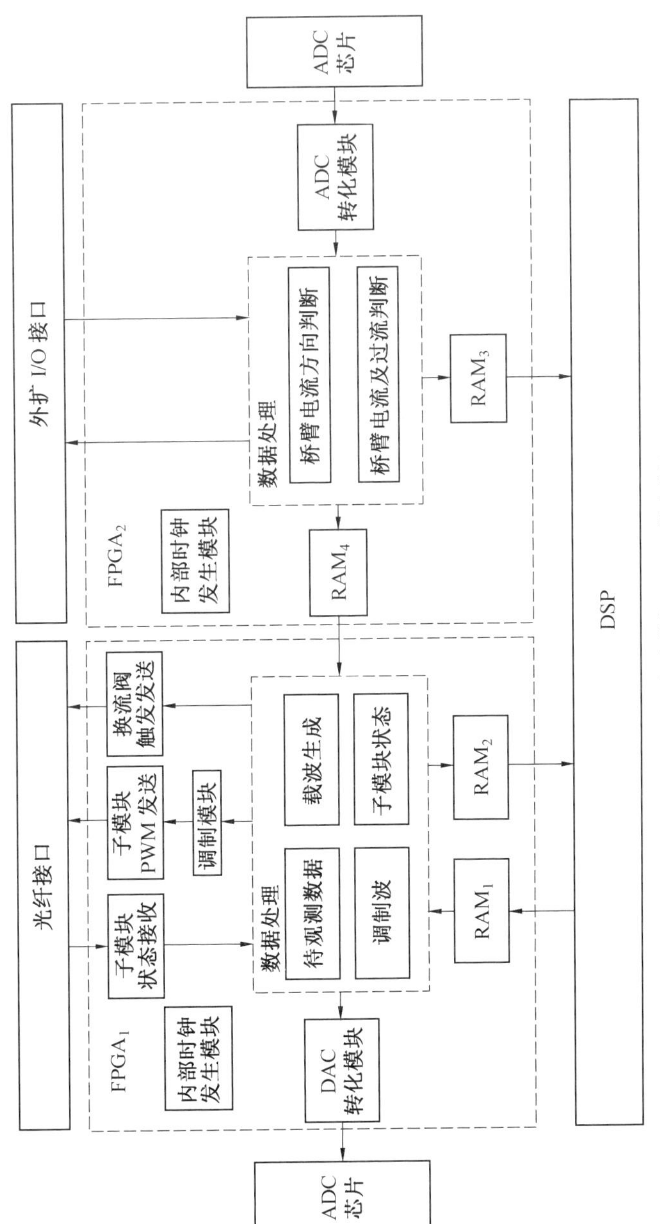

图 14.16 CET 实验样机 FPGA 程序框架

本章参考文献

[1] 张毅. 隔离型模块化多电平DC－DC变换器的设计和控制策略的研究[D]. 哈尔滨:哈尔滨工业大学，2016.
[2] 李彬彬，徐梓高，徐殿国. 模块化多电平换流器原理及应用[M]. 北京：科学出版社，2021.

名词索引